Finite Elemente in der Baupraxis

Modellierung, Berechnung und Konstruktion

Ernst & Sohn

Finite Elemente in der Baupraxis

Modellierung, Berechnung und Konstruktion

Beiträge der Tagung FEM '95
an der Universität Stuttgart
am 23. und 24. Februar 1995

Herausgegeben von
Prof. Dr.-Ing. E. Ramm
Universität Stuttgart

Prof. Dr.-Ing. Dr. Sc. h.c. E. Stein
Universität Hannover

Prof. Dr.-Ing. W. Wunderlich
Technische Universität München

Prof. Dr.-Ing. Ekkehard Ramm
Universität Stuttgart
Institut für Baustatik
Pfaffenwaldring 7
D-70569 Stuttgart

Prof. Dr.-Ing. Dr. Sc. h.c. Erwin Stein
Universität Hannover
Institut für Baumechanik und Numerische Mechanik
Appelstraße 9A
D-30167 Hannover

Prof. Dr.-Ing. Walter Wunderlich
Technische Universität München
Lehrstuhl für Statik
Arcisstraße 21
D-80333 München

CIP-Titelaufnahme der Deutschen Bibliothek

Finite Elemente in der Baupraxis
Modellierung, Berechnung und Konstruktion
Beiträge zur Tagung an der Universität Stuttgart am 23. und 24. Februar 1995,
hrsg. v. E. Ramm, E. Stein u. W. Wunderlich – Berlin: Ernst, Verlag für Architektur u. techn. Wiss., 1995

ISBN 3-433-01289-X
NE: Ramm, E. (Hrsg.); Universität Stuttgart

© 1995 Ernst & Sohn Verlag für Architektur und technische Wissenschaften GmbH, Berlin

Ernst & Sohn ist ein Unternehmen der VCH Verlagsgruppe
Ernst & Sohn is a member of the VCH Publishing Group

Alle Rechte, insbesondere die der Übersetzung in andere Sprachen, vorbehalten. Kein Teil dieses Buches darf ohne schriftliche Genehmigung des Verlages in irgendeiner Form – durch Fotokopie, Mikrofilm oder irgendein anderes Verfahren – reproduziert oder in eine von Maschinen, insbesondere von Datenverarbeitungsmaschinen, verwendbare Sprache übertragen oder übersetzt werden.

All rights reserved (including those of translation into other languages). No part of this book may be reproduced in any form – by photoprint, microfilm, or any other means – nor transmitted or translated into a machine language without written permission from the publisher.

Die Wiedergabe von Warenbezeichnungen, Handelsnamen oder sonstigen Kennzeichen in diesem Buch berechtigt nicht zu der Annahme, daß diese von jedermann frei benutzt werden dürfen. Vielmehr kann es sich auch dann um eingetragene Warenzeichen oder sonstige gesetzlich geschützte Kennzeichen handeln, wenn sie als solche nicht eigens markiert sind.

Druck: Mercedes-Druck GmbH, Berlin
Bindung: Buchbinderei B. Helm, Berlin

Printed in Germany

Vorwort:

Die rechnergestützte Planung, Berechnung und Konstruktion von Projekten im Bauingenieurwesen ist heute Stand der Technik in Ingenieurbüros und Baufirmen. Aufgrund leistungsfähiger Rechner, hochentwickelter Methoden und benutzerfreundlicher Programme gehören computerintegrierte Arbeitsmethoden, insbesondere die Finite–Element–Methode (FEM) und das Computer Aided Design (CAD), zu den wichtigsten Hilfsmitteln bei der Tragwerksplanung. Die durchgängige Integration von Programmen und Daten im Planungsprozeß sowie Fragen der Modellbildung, der Zuverlässigkeit und Beurteilung der Ergebnisse nehmen an Bedeutung zu.

Der vorliegende Band enthält die 60 Beiträge der Tagung "Finite Elemente in der Baupraxis – Modellierung, Berechnung und Konstruktion – FEM '95 ", die an der Universität Stuttgart am 23. und 24. Februar 1995 stattfand. Die Veranstaltung setzte die Tradition der erfolgreichen Tagungsreihe 'Finite Elemente in der Statik' (Stuttgart 1970), 'Finite Elemente in der Baupraxis' (Hannover 1978) und 'Finite Element–Anwendungen in der Baupraxis' (München 1984, Bochum 1988, Karlsruhe 1991) fort. In dieser Weise ist auch die Beibehaltung der traditionellen Bezeichnung des Themas zu verstehen; 'Finite Elemente' steht als Synonym für eine Methodik, die heute weit mehr als die reine Tragwerksberechnung umfaßt. Modellbildung, Zuverlässigkeit und Bewertung der Berechnungsergebnisse im Hinblick auf die Bemessung spielen eine zentrale Rolle. Ein Teil des angesprochenen Gebiets wird international auch als 'Computational Mechanics' bezeichnet. Daher wurde die Tagung vom deutschen Zweig GACM der 'International Association for Computational Mechanics' (IACM) veranstaltet.

Die Beiträge kommen aus den Bereichen

– Modellbildung, Leistungsfähigkeit, Zuverlässigkeit, Beurteilung

– Anwendungen im Massiv–, Stahl– und Verbundbau und der Geotechnik

– Integrierte Tragwerksplanung und übergreifende Softwarekonzepte

– Nichtlineare Tragwerksberechnungen und Dynamik

– Neuere Entwicklungen der Methode.

Die Aufsätze spiegeln die Intention der Tagung wider, in erster Linie die Praxis anzusprechen und den Erfahrungsaustausch untereinander, aber auch mit Wissenschaftlern, zu fördern. Über zwei Drittel der 620 Teilnehmer kamen aus der Praxis. Der entstandene Dialog zwischen Anwendern und Wissenschaftlern zeigte die Notwendigkeit für ein solches Forum.

Die Veranstalter möchten den Mitgliedern des Beraterausschusses für ihre aktive Unterstützung danken.

Dank gilt vor allem den Autoren für ihre wertvollen Beiträge.

Den Mitarbeitern des Instituts für Baustatik möchten wir besonders für die perfekte Organisation der Tagung und das dadurch entstandene freundliche Klima danken.

Den Damen und Herren des Verlags Ernst & Sohn, Berlin, gilt der Dank, daß sie erneut die Herstellung dieses Bandes ermöglicht haben.

Stuttgart, den 27. März 1995

E. Ramm   Universität Stuttgart
E. Stein   Universität Hannover
W. Wunderlich   Technische Universität München

Beraterausschuß:

Prof. Dr.-Ing. H. Bechert, Stuttgart
Dr.-Ing. Th. Baumann, München
Dr.-Ing. K. Beucke, Frankfurt
Prof. Dr.-Ing. K.H. Bökeler, Stuttgart
Prof. Dr.-Ing. J. Eibl, Karlsruhe
Dr.-Ing. W. Jäger, Radebeul
Prof. Dr.-Ing. Dr.-Ing. E.h. W.B. Krätzig, Bochum
Prof. Dr. techn. H.A. Mang, Ph.D., Wien
Dr.-Ing. W. Meihorst, Hannover
Prof. Dr.-Ing. H. Müller, Dresden
Dr.-Ing. L. Obermeyer, München
Prof. Dr. H. Obrecht, Dortmund
Prof. Dr. P.J. Pahl, Berlin
Dr. sc. techn. D.D. Pfaffinger, Zürich
Dr.-Ing. J. Schnell, Düsseldorf
Dr.-Ing. G. Timm, Hamburg
Prof. Dr.-Ing. P. Wriggers, Darmstadt
Prof. Dr.-Ing. W. Zielke, Hannover

Organisationsteam des Instituts für Baustatik:

Frau M. Benovsky
Dr.-Ing. K.-U. Bletzinger
Dipl.-Ing. M. Bischoff
Dipl.-Math.techn. M. Braun
Dipl.-Ing. F. Çirak
Dipl.-Ing. Ch. Haußer
Dipl.-Ing. H. Hofmeyer
Dipl.-Ing. D. Kuhl
Dipl.-Ing. K. Maute
Dipl.-Ing. H. Menrath
Dipl.-Ing. J. Müller
Dipl.-Ing. N. Rehle
Dr.-Ing. R. Reitinger
Dipl.-Ing. H. Schmidts
Frau E. Seyfried
Dipl.-Ing. M. Trautz
Dipl.-Ing. W. Wall
H. Wang, M.Sc.

INHALTSVERZEICHNIS

Plenarbeiträge I

Die FE–Technik im Massivbau zwischen Praxis und Wissenschaft
J. Eibl,
Universität Karlsruhe   1

Einige Problemfälle bei FE–Berechnungen aus der Sicht eines Prüfingenieurs
K. Tompert,
Prüfingenieur für Baustatik, Stuttgart   11

Methodik zur Unterstützung heterogener Teilprozesse in der Bauplanung
K. Beucke, B. Firmenich, S. Holzer,
Hochtief AG, Frankfurt   21

FE im Massivbau I

Einsatz der Methode der Finiten Elemente am Beispiel
eines schiefwinkligen Rahmentragwerks
A. Krebs, A. Pellar, Th. Runte,
Krebs u. Kiefer Beratende Ingenieure für das Bauwesen, Karlsruhe   31

Kann die FE–Methode wirklich alles?
C. Katz,
Ingenieurbüro Katz u. Bellmann / SOFiSTiK, Oberschleißheim   43

Berechnungen von Stahlbetonscheiben und –platten mit Finiten Elementen
und der statische Grenzwertsatz des Traglastverfahrens
D. Schade,
Ingenieurbüro Leonhardt, Andrä u. Partner, Stuttgart   53

Der Schadensfall Sleipner und die Folgerungen für den
computerunterstützten Entwurf von Tragwerken aus Konstruktionsbeton
K.-H. Reineck,
Universität Stuttgart   63

Integrierte Tragwerksplanung

Computergestützte Integrierte Tragwerksplanung
    W. Haas,
    Haas + Partner Ingenieurgesellschaft, Stuttgart   73

Intelligente Lastgeneratoren für Eurocode
    T. Bachmaier,
    Nemetschek Programmsystem, München   83

Objektorientierte Formulierung eines integrierten Nachweis– und Konstruktionssystems für den allgemeinen Stahlhochbau
    U. Pfingst, W. Michalowsky, B. Weber,
    INIT, Bochum   91

Integrierte Gesamtplanung am Beispiel der Goethe–Galerie, Jena
    R. Braschel,
    IfB Dr. Braschel, Stuttgart   103

Finite Elemente – Neuere Entwicklungen I

Scheibengleitungseffekte hybrider Faltwerkselemente – linear und nichtlinear
    H. Müller, A. Hoffmann, J. Kluger,
    TU Dresden   113

Modelle zur Berechnung von Faserverbundstrukturen
    N. Gebbeken, J. Jagusch, M. Kaliske, H. Rothert,
    Universität Hannover   125

Kopplung FE–Modellierung und neuronale Netze zur Quantifizierung von Erfahrungswerten
    U. Janz, Atlas Datensysteme, Essen
    W. Schweiger, PSP Ingenieur–Planung, Puchheim   135

Die Methoden der Spline–Funktionen und ihre Anwendung auf den Stahlbau
    M. Fischer, J. Zhu,
    Universität Dortmund   145

Plenarbeiträge II

Integrierte Tragwerksplanung und –fertigung im Stahlbau
U. Peil,
TU Braunschweig   155

Zur Modellierung von Stahlbrücken in der Baupraxis
W. Schleicher,
Krebs und Kiefer, Beratende Ingenieure für das Bauwesen, Berlin   167

Zuverlässigkeit und Effizienz von Finite–Element–Berechnungen durch adaptive Methoden
E. Stein, S. Ohnimus,
Universität Hannover   177

FE im Stahlbau / Verbundbau

Zur Modellbildung im Verbundbrückenbau
U. Kuhlmann,
Stahlbauwerk Dörnen, Dortmund   191

Untersuchungen zum Tragverhalten von Netzkuppeln
Th. Bulenda, J. Knippers, S. Sailer
Schlaich, Bergermann und Partner, Stuttgart   201

Baupraktische Tragwerksplanung mit computerorientierten Rechenbausteinen am Beispiel vorgespannter Verbundbrücken
K. Peters,
Büro Dr. Schippke u. Partner, Hannover   213

Nichtlineare FE–Modellierung von Stahlverbundtragwerken
I. Lukas, U. Wittek,
Universität Kaiserslautern   223

Beitrag zur nichtlinearen FE–Analyse der Tragreserven von nach DIN 4133 bemessenen stählernen Kaminen
W. Schneider, R. Thiele,
Universität Leipzig   233

Nichtlineare Tragwerksberechnungen

Entwurf und Beurteilung dünner Stahlbetonschalen mittels
nichtlinearer FE–Modelle
    W. Zahlten, K. Meskouris, *Universität Rostock*
    U. Eckstein, *Ingenieurgesellschaft Krätzig & Partner, Bochum*
    W.B. Krätzig, *Ruhr–Universität Bochum*   243

FE–Anwendungen zu Untersuchungen des Tragverhaltens
von wendelbewehrten Stahlbetonsäulen
unter mittiger und ausmittiger Druckbelastung
    A. Triwiyono, G. Mehlhorn,
    Universität GH Kassel   253

Nichtlineare FE–Berechnung von ebenen Stahlbetontragwerken
    V. Cervenka, *Cervenka–Consulting, Prag, Tschechische Republik*   269

Baupraktische Anwendung nichtlinearer Traglastermittlung
– Bemessung im Stahlbetonbau
    W. von Grabe, H. Tworuschka,
    Bergische Universität GH Wuppertal   277

Punktgestützte Stahlbetondecke mit Gewölbewirkung
    J. Kollegger, *VSL Vorspanntechnik, Elstal*
    J.–U. Schulz, *L. Rothmann, TU Berlin*   287

Finite Elemente – Neuere Entwicklungen II

Aktuelle Finite Elemente für lineare Plattenberechnungen
mit Interpolationsfunktionen niederer Ansatzordnung
    R. Hauptmann, K. Schweizerhof, *Universität Karlsruhe*   297

Stochastische Finite Elemente
    H. Matthies,
    Germanischer Lloyd, Hamburg   317

Stochastisch nichtlineare Sicherheitsberechnung von Tragwerken
mit der Monte–Carlo–Simulation und finiten Elementen
    D. Thieme,
    Universität Rostock   329

Adaptive Vernetzung bei mehreren Lastfällen
  N. Rehle, E. Ramm,
  Universität Stuttgart — 337

Anwendung adaptiver Finite−Element−Verfahren auf statische Problemstellungen des Grundbaus
  W. Wunderlich, H. Cramer, M. Rudolph, G. Steinl
  TU München — 349

FE in der Geotechnik

FEM−Berechnung des Fundamentes der Frauenkirche Dresden
  H. Bergander, W. Jäger,
  Ingenieurgemeinschaft Frauenkirche Dresden,
  Prof. Dr.−Ing F. Wenzel, Karlsruhe und Dr.−Ing. W. Jäger, Radebeul — 359

Grafikgestützte wirtschaftliche Tunnelberechnungen
− Leistungsvergleich zwischen Stabstatik und FE−Methode
  J.−M. Hohberg, IUB Ing.−Unternehmung, Bern
  H. M. Hilber, RIB Bausoftware, Stuttgart — 371

Bemessung von großflächigen, rückverankerten Bodenplatten gegen Auftrieb
  S. Nagelsdiek, P.−M. Mayer,
  Ed. Züblin AG, Stuttgart — 381

Modellbildung

Visualisierungsmodelle für Finite Elemente
  R. Damrath,
  Universität Hannover — 395

Die Rolle der Finiten Elemente bei der Modellbildung in der Tragwerksplanung
  R. Dietrich,
  Philipp Holzmann AG, Neu−Isenburg — 405

Bemessung eines Gebäudes für statische und dynamische Lasten am integralen, finiten 3D−Schalenmodell
  F.−O. Henkel, D. Klein, H. Wölfel,
  WÖLFEL Beratende Ingenieure, Höchberg — 413

Anwendung der FE−Methode bei Flachdecken und Gründungskörpern
− Erfahrungen und Erkenntnisse
 M. Möller,
 Hochtief AG, Frankfurt   423

Materialmodellierung im Massivbau

FE−Modellierung von Stahlbeton− und Spannbetonkonstruktionen
 G. Hofstetter, H.A. Mang,
 TU Wien, Österreich   433

Materialmodellierung bei FE−Berechnungen von Stahlbetontragwerken
 P.H. Feenstra, R. de Borst,
 TU Delft, Niederlande   443

Instationärer Wärme−, Feuchte− und Schadstofftransport in Betonbauteilen
− Numerischer Beitrag zu Schadensanalysen
 N. Oberbeck, H. Duddeck, H. Ahrens,
 TU Braunschweig   453

Numerisches Modell zur Berechnung von Stahlbetontragwerken
unter hohen Dehnungsgeschwindigkeiten und hohem Druck
 D. Kraus, J. Rötzer,
 Universität der Bundeswehr München   465

FE im Massivbau II

FE−Berechnung oder Stabwerkmodelle?
 K. Schäfer,
 Universität Stuttgart   473

Kopplung von Platten−, Scheiben− und Balkenelementen
= das Problem der "voll mittragenden Breite"
 H. Bechert, A. Bechert,
 Ingenieurbüro H. Bechert u. Partner, Stuttgart   485

Konstruktion mit CAD am Beispiel von Straßenbrücken
 C. Schliephake, B. Racky,
 Hochtief AG, Dresden / Frankfurt   493

Probleme und Grenzen bei der FE–Modellierung von Deckenplatten
C. Hein, K.–U. Oberdieck
Ingenieurbüro für Tragwerksplanung Dipl.–Ing. P. Lieberum, Hannover 501

Dynamik

Computersimulation des dynamischen Antwortverhaltens
von windbelasteten Großbrücken im Traglastbereich
I. Kovacs, *Büro für Baudynamik, Stuttgart* 511

Simulation von Gebäudeschwingungen
– Aspekte der Gebrauchs– und Tragfähigkeit
A. Burmeister,
DELTA–X Ingenieurgesellschaft, Stuttgart 521

FE–Berechnungen als Entwurfsgrundlage von LNG–Lagertanks
bei dynamischen Belastungen
G. Liebich, J. Böhler,
Dyckerhoff & Widmann AG, München 531

Fahrt eines Fahrzeugs über eine Brücke:
FE–Berechnung – Dynamische Messung
W. Baumgärtner, *TU München*
U. Fritsch, *Straßenbauamt Nürnberg* 541

Integrierte Softwarekonzepte

Parallele Algorithmen und Hardware für Berechnungsverfahren
des Ingenieurbaus
P. Wriggers, S. Meynen
TH Darmstadt 551

Produktmodellierung für die integrierte Tragwerksplanung
U. Rüppel, U. Meißner,
TH Darmstadt 561

Die Produktmodellierungsmethode für die durchgängige Bearbeitung
Architektenplanung – Tragwerksplanung – Detaillierung
Th. Fink, B. Protopsaltis, *SOFiSTiK, Oberschleißheim,*
P. Katranuschkov, R.J. Scherer, *TU Dresden* 571

Integrierte Tragwerksplanung im Stahlbau mit CAD–Einsatz
P. Osterrieder, TU Cottbus
H.–W. Haller, Haller Industriebau, Villingen–Schwenningen 585

Plenarbeiträge III

Fachübergreifendes Planen mit CAD als Grundlage für sinnvolle FE–Modelle
L. Obermeyer,
Obermeyer Planen + Beraten, München 597

Materialmodelle in der Geotechnik und ihre Anwendung
P.A. Vermeer,
Universität Stuttgart 609

Erfahrungen bei der baupraktischen Anwendung der FE–Methode
bei Platten– und Scheibentragwerken
A. Konrad, FH München
W. Wunderlich, TU München 619

Structural Concrete in California
– Analysis Models and New Developments
F. Seible,
University of California, San Diego, USA 631

Verzeichnis der Verfasser 641

Stichwortverzeichnis 645

Die FE-Technik im Massivbau zwischen Praxis und Wissenschaft

Prof. Dr.-Ing. J. Eibl, Universität Karlsruhe

Zusammenfassung:

Der derzeit erreichte Stand der FE-Technik, aufbauend auf der E-Theorie, darf für die täglichen Belange der Praxis durchaus als befriedigend bezeichnet werden. Eine zunehmende Anwendung von graphischer Darstellung und Visualisierung wird erwartet. Der Eurocode EC2 wird in unmittelbarer Zukunft rasch eine Nachfrage nach entsprechenden Werkzeugen fordern. Langfristig sind mit Sicherheit Anstrengungen zur Gewinnung und Implementierung von realistischen Stoffgesetzen in stofflich nichtlinearen Rechencodes notwendig.

Der erreichte Stand

Wenngleich die Wissenschaft legitimiert ist, die Ziele ihrer Arbeit selbst zu definieren, wird eine technische Disziplin stets danach trachten, auch die Bedürfnisse der für sie relevanten Praxis nach Möglichkeit zu befriedigen. Aus der Sicht der letzteren sei im folgenden zunächst kurz der erreichte Stand in der praktischen Anwendung der FE-Technik im Massivbau an Hand eigener Erfahrungen und Beispiele veranschaulicht.

Der Einsatz der FE-Technik wird derzeit im Bereich des Massivbaus von der Elastizitätstheorie bestimmt. Hier ist ein befriedigender Zustand mit einem hinreichenden Umfang an leicht handhabbaren Werkzeugen erreicht worden. Beispielhaft sei die Berechnung von Scheiben angeführt. Die FE-Technik gestattet es, durch hinreichende Informationen Bewehrungsmenge und Bewehrungsführung dafür zuverlässig zu bestimmen (Bild 1).
Gleiches gilt auch für komplexere Fälle, wie z.B. das vom Verfasser mit Mitarbeitern studierte geometrisch nichtlineare Fugenöffnungs-Verhalten im Endfeld einer durchlaufenden Segmentbrücke unter Eigenlast und exzentrischer Verkehrslast (Torsion, siehe Bild 2). Daß hier dann in einem zweiten Rechengang die unmittelbare Beanspruchung des Segments auch stofflich nichtlinear in einem gesonderten Rechengang erfolgte, sei erwähnt.

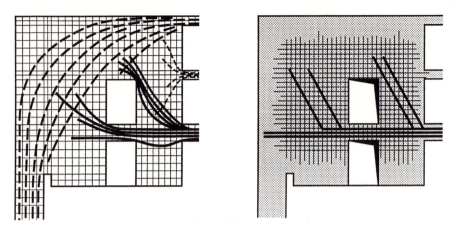

Bild 1 Scheibenberechnung als Hilfsmittel zur Festlegung der Bewehrung

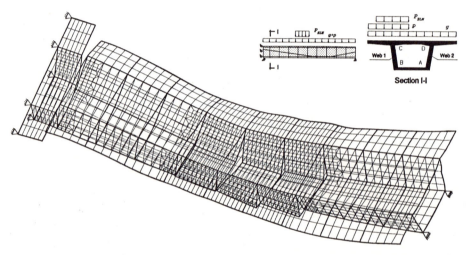

Bild 2 Sich öffenende Segmentfugen bei Eigenlast und exzentrischem Verkehr

Es mag weiter interessieren, daß u.a. auch für die Erforschung von Schadensursachen oft bereits eine, vom Standpunkt der Bemessung nur grobe, elastische Analyse hilfreich sein kann. Eine solche wurde beim sogenannten "Schürmannbau" mit einer großen dreistöckigen Tiefgarage im Untergrund und bis zu drei Etagen Aufbauten durchgeführt (Bild 3). Zu einem Zeitpunkt, als noch keinerlei Besichtigung der durch das Hochwasser 1993 gefluteten Untergeschosse möglich war, wurde mit einem zwar umfangreichen aber technisch simplen, elastischen Modell der Aufschwimmvorgang innerhalb der seitlichen Dichtwände, in die Wasser eingedrungen war, rechnerisch simuliert. Der so nachvollzogene Aufschwimmvorgang stimmte gut mit dem Beobachtungs-Protokoll überein. Die nur elastisch approximierten Spannungen gaben wertvolle Hinweise auf die zu erwartenden, wenngleich noch nicht sichtbaren, Schäden.

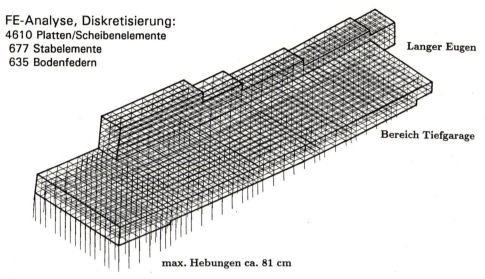

Bild 3 Auftriebsuntersuchungen zum Schürmannbau, Bonn

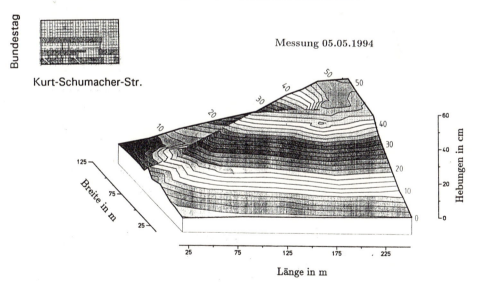

Bild 4 Höhenprofil, Tiefgarage Schürmannbau nach dem Hochwasser

Parallel dazu durchgeführte Vermessungen der Tiefgaragen-Oberfläche, visualisiert in Bild 4, bildeten zusammen mit den Beobachtungen durch Taucher einen guten Überblick über den zu prognostizierenden Zustand, der sieben Monate später, als das Bauwerk voll gelenzt wurde, keiner Korrektur bedurfte.

Diese Möglichkeit der Visualisierung gewonnener Ergebnisse stellt in vielen Fällen ein nicht zu unterschätzendes Hilfsmittel zur Analyse rechnerisch gewonnener Ergebnisse dar.

In zunehmendem Maße erweist sich auch die Notwendigkeit, konstruktive Details, wie auch hier, dem Bauherrn visuell zu vermitteln. Gleiches gilt für Diskussionen mit Kollegen anderer Fachgebiete bei technisch komplexen Bauwerken, etwa im Chemie-Anlagenbau oder bei vergleichbaren Produktionsstätten. So müssen für eine vom Verfasser zu planende Anlage die Maschinenbau-Zeichnungen "on-line" in die Bau-Übersichtszeichnungen übernommen werden.

Unmittelbar bevorstehende Aufgaben

Die mit der bevorstehenden Verbindlichkeit des Eurocodes 2 zulässige nichtlineare Traglastermittlung wird die Entwicklung entsprechender Software – erste kommerzielle Codes stehen bereits zur Verfügung – initiieren. Damit erzielbare wirtschaftliche Einsparungen und eine realistischere Bemessung für Katastrophenlastfälle, wie Impact, Erdbeben etc., werden die entsprechende Nachfrage beschleunigen.

Wenngleich die stoffgesetzlich nichtlinearen Grundlagen hierfür prinzipiell bekannt sind, ergeben sich, wie von den üblichen "Knickberechnungen" auf gleicher Basis bekannt ist, doch eine Reihe Schwierigkeiten. Dies sei am Beispiel einer Rahmenecke demonstriert, deren Rotationskapazität realistisch simuliert werden muß (Bild 5, 6).

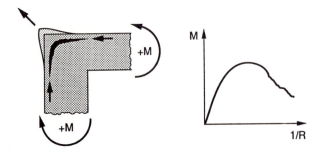

Bild 5 Zur Rotationskapazität von Rahmenecken

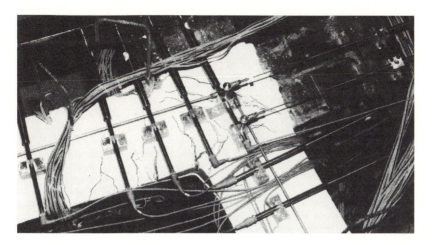

Bild 6 Rahmenecke, Rotationskapazität im Experiment

So führt die nach einem trennenden Schrägriß in der Ecke nach außen schiebende Druckzone leicht zu numerischen Stabilitätsproblemen als Folge unzulänglicher stoffgesetzlicher Bedingungen bei der dabei rasch zunehmenden Zerstörung.

Fragen nach der Realitätsnähe des zu modellierenden Verbundverhaltens, nach der Art der Rißabbildung, diskret, verschmiert oder verschmiert adaptiv, sind noch nicht hinreichend geklärt. Üblicherweise wird die Verbundwirkung durch eine mit Rücksicht auf die Betonumgebung modifizierte Stahl-Dehnungslinie im Zustand II abgebildet, eine Methode, die für derartige Verbunduntersuchungen nur bedingt geeignet ist. Bild 7 zeigt Auszüge aus einer Dissertation, bei der die Interaktion zwischen Stahl und Beton ausschließlich unter Verwendung der Stoffgesetze für Stahl und Beton – für letzteren triaxial – modelliert wurde. Eine solche Simulation des Verbundes ist sehr viel realistischer, aber auch gleichzeitig sehr viel aufwendiger. Je nach Problemstellung müssen wohl zukünftig unterschiedlich detaillierte Modelle den Untersuchungen zugrunde gelegt werden.

Neu ist wohl die Anwendung der Methode Stochastisch Finiter Elemente (MSFE) für Untersuchungen zum neuen Sicherheitskonzept, welches dasjenige des Eurocodes 2 zukünftig in Deutschland ersetzen soll. Danach werden, anders als bisher, widerstehende System-Traglasten mit einwirkenden Lasten wieder unter Zuhilfenahme eines globalen Sicherheitsfaktors verglichen.

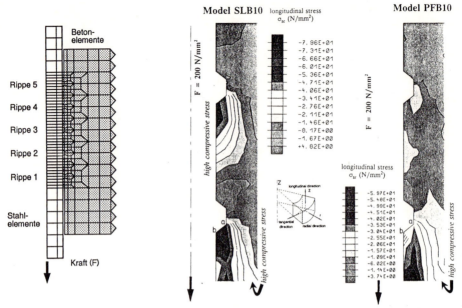

Bild 7 Zum Verbundverhalten unter ausschließlicher Verwendung der Stoffgesetze von Stahl und Beton (triaxial)

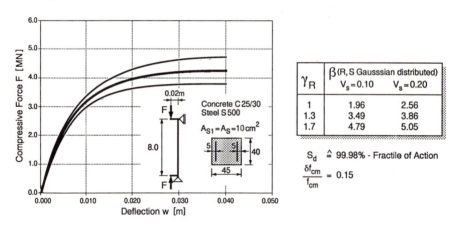

Bild 8 Lastverformungsverhalten einer exzentrisch belasteten Stahlbetonstütze, stofflich und geometrisch nichtlinear, einschließlich Materialstreuung

Mit der MSFE kann die Mittelwertsbeziehung zwischen Last und Verformung beliebiger nichtlinearer Tragsysteme einschließlich der zugehörigen Streuungen bei beliebig vielen Basisvariablen und nichtlinearen Stoffgesetzen rechnerisch verfolgt werden. Die Dichtefunktionen der maximalen Traglast und der einwirkenden Lasten ermöglichen die Berechnung einer einigermaßen realistischen Versagenswahrscheinlichkeit (Bild 8).

Langfristige Zielsetzungen

Aus der Sicht des Massivbaus ist festzustellen, daß sich derzeit der Mangel an zutreffenden stoffgesetzlichen Beziehungen in den einzelnen Codes weit hinderlicher erweist als deren numerische Unzulänglichkeiten. Es ist oftmals festzustellen, daß in Rechencodes Stoffgesetze verwendet werden, die nicht hinreichend verifiziert sind und nur bedingt das tatsächliche Verhalten der Werkstoffe wiedergeben.

Auf die Schwierigkeiten bei üblichen Stahlbetonkonstruktionen unter statischen bzw. moderaten, dynamischen Belastungen wurde bereits hingewiesen. Wesentlich komplexere Zusammenhänge sind bei den inzwischen stark interessierenden Studien zur Lebensdauer von Bauwerken, d.h. beim Studium des Gebrauchszustands, zu berücksichtigen. Hier interessiert derzeit vorrangig die vorzeitige Rißbildung in jungem Beton unter der gekoppelten Wirkung von veränderlicher Steifigkeit, Feuchtigkeit, Schwinden, Kriechen und der sich auf- und abbauenden Hydratationswärme (Bild 9 und 10).

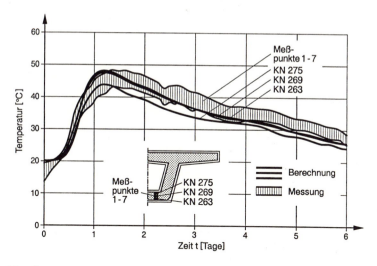

Bild 9 Junger Beton, Temperaturentwicklung in einer Hohlkasten-Bodenplatte

Offen sind Fragen im Zusammenhang mit der zyklischen Beanspruchung von Stahlbetonbauteilen bei Erdbebenbelastung. Große Lücken klaffen bei extremeren dynamischen Beanspruchungen in Katastrophenfällen, die mehr und mehr interessieren, wie z.B. bei platzenden Behältern, Stoßeinwirkungen durch Fahrzeuge, fliegende Fragmente und Kontaktexplosionen.

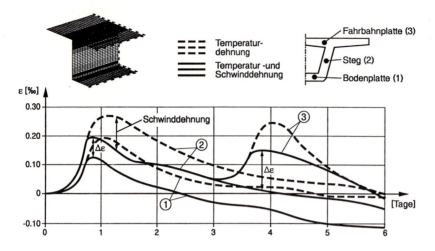

Bild 10 Zeitliche Entwicklung der Dehnung in jungem Beton bei abschnittsweise hergestellten Hohlkasten-Querschnitten

Bilder 11 und 12 zeigen erste Ergebnisse eigener Versuche zu diesem Problemkreis. Dargestellt sind die Zusammenhänge zwischen volumetrischem Druck und Volumenänderung für Schockwellenbeanspruchung, mit denen z.B. auch Kontaktexplosionen zutreffend nachgerechnet wurden (Bild 13).

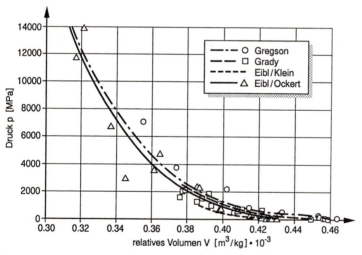

Bild 11 Hochbeanspruchter Beton, Versuchsergebnisse und Hugoniot-Kurven

Für Probleme mit anderen Werkstoffen, die den anwendenden Massivbauer ebenfalls beschäftigen, sei typisch das Verhalten von Lagern für die derzeit intensiv diskutierte seismische Isolierung von Bauwerken angeführt (Bild 14).

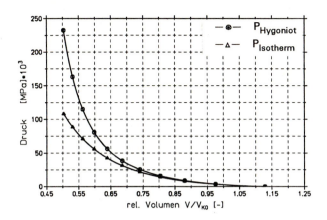

Bild 12 Hochbeanspruchter Beton, Hugoniot-Kurve und rückgerechnete Isotherme

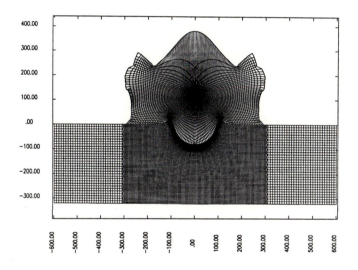

Bild 13 Rechnerisch simulierte Kontaktexplosion (t = 0,05 ms)

Solche Lager, angeordnet z.B. unter Flüssiggasbehältern, werden in Katastrophenfällen extrem bis zu etwa $\gamma = 3$ beansprucht. Es interessiert das Verhalten bis kurz vor dem im Versuch zu beobachtenden Systemversagen – Roll Out – bzw. bis zur Materialzerstörung (Bild 15). Dafür sind umfangreiche stoffgesetzliche Untersuchungen notwendig, um entsprechende Beziehungen in dynamische Rechencodes einbauen zu können. Die Praxis verlangt, u.a. wegen der beschränkten experimentellen Möglichkeit, solche Lager in Originalgröße zu testen, zutreffende rechnerische Simulationen. Die in einigen **Codes** eingebauten Beziehungen genügen entsprechenden Forderungen nicht.

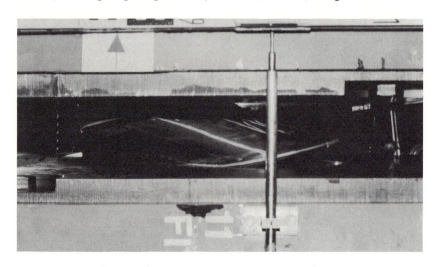

Bild 14 Lager zur seismischen Isolierung im Test

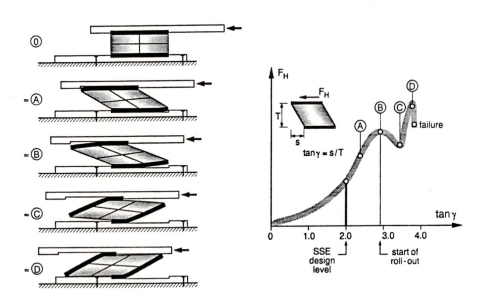

Bild 15 Lagerverhalten bei großer Verschiebung

Langfristige Aufgabe muß aus der Sicht des Massivbaus deshalb die Entwicklung und Implementierung realistischer Stoffgesetze im weitesten Sinne – es konnten hier nur einige wenige, typische Beispiel angesprochen werden – sein.

Einige Problemfälle bei FE-Berechnungen aus der Sicht eines Prüfingenieurs

Dr.-Ing. Klaus Tompert, Stuttgart
Prüfingenieur für Baustatik

1. Zusammenfassung

Mit den in der Praxis verwendeten FE-Rechenmodellen werden heute Wirkungen erfaßt, die das Tragverhalten so wesentlich beeinflussen, daß eine kritische Überprüfung der Annahmen und Ergebnisse unbedingt erforderlich ist.
Neben der notwendigen Eigenkontrolle ist die unabhängige Prüfung durch einen Prüfingenieur besonders geeignet, zufällige, systematische und durch falsche Interpretation entstandene Fehler zu beheben. Der Verfasser sieht die prüfende Tätigkeit fest verbunden mit der Arbeit als beratender Ingenieur; in diesem Sinn ist die Sicht des Prüfingenieurs auch gleichzeitig die des Planers; gründliche Kenntnisse und Erfahrung aus dem eigenen Umgang mit den neuen Methoden sind für eine sinnvolle Prüfung unverzichtbar.

2. Zur Interpretation von Ergebnissen

Die Berechnung von Platten und Scheiben wird heute überwiegend mit Hilfe der FE-Methode durchgeführt; die Anwendung der Methode auf räumliche Tragwerke nimmt ständig zu.
Trotz oder wegen der großen Verbreitung werden in der Praxis immer noch anhaltende Diskussionen geführt, wenn sich bei Vergleichsrechnungen mit unterschiedlichen Diskretisierungen Ergebnisse ergeben, die sich in ihren Einzelwerten beträchtlich unterscheiden. Insbesondere im Bereich von steilen Spannungsgradienten können solche Differenzen auftreten, ohne daß eine der beiden Berechnungen falsch sein muß. Das folgende Beispiel einer punktgestützten Platte (Innenfeld mit Symmetriebedingungen) zeigt die Ergebnisse für die Querverteilung der Biegemomente m_{xx} bei unterschiedlichen Elementteilungen (Bilder 1 und 2):

      – grobe Teilung $b = 0.90$ m
      – mittlere Teilung $b = 0.45$ m   (Klammerwerte)
      – feine Teilung $b = 0.225$ m

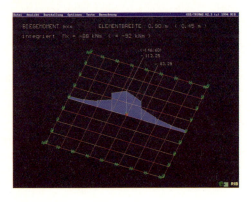 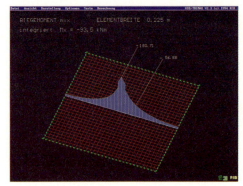

Bild 1 Momente m_{xx} (grobe Teilung)   *Bild 2* Momente m_{xx} (feine Teilung)

Dargestellt sind die Elementschnittkräfte mit Sprüngen, wie sie sich aus der Berechnung direkt ergeben. Obwohl der Spitzenwert bei feiner Teilung um mehr als 50% gegenüber dem bei grober Teilung angewachsen ist, kann das scheinbar völlig unbrauchbare Ergebnis gut verwertet werden, wenn die über die Breite von 0.90 m integrierten Biegemomente M_x betrachtet werden: sie unterscheiden sich nur um ca. 6%, der Unterschied zwischen der mittleren Teilung (b=0.45 m) und der feinen Teilung ist für praktische Belange unerheblich (M_x=92 kNm bzw. 93.5 kNm), obwohl sich auch dort noch beträchtliche Differenzen in den Einzelwerten ergeben.

Auf diese integrale und damit auch ingenieurmäßige Betrachtungsweise hat D. Scharpf schon 1985 auf einer Prüfingenieurtagung hingewiesen [1]. Sie setzt allerdings voraus, daß die verwendeten Elemente – unabhängig von der gewählten Elementteilung – auch tatsächlich invariante Größen in gleichen Integrationsbereichen liefern. Hierzu wird empfohlen, mit dem Anwendungsprogramm an einigen Referenzbeispielen mit unterschiedlichen Diskretisierungen zu überprüfen, ob der „Spannungsdurchfluß" in einem betrachteten Intervall konstant ist. Wenn dies empirisch nachgewiesen ist, kann die notwendige Konzentration der Bewehrung in solchen Bereichen – für praktische Belange ausreichend genau – auf gesicherter Grundlage durch Extrapolation abgeschätzt werden.

Für solche Überlegungen nicht geeignet sind bereits geglättete Darstellungen von Ergebnissen, weil übliche Mittelwertbildungen am Knoten die Ergebnisse zwar optisch gefälliger erscheinen lassen, diese aber – wie an der dargestellten Scheibe gezeigt – bereits einer einfachen Gleichgewichtskontrolle nicht mehr Stand halten *(Bilder 3 und 4)*. Innerhalb der mit Scheibenelementen abgebildeten Stütze müßte die integrierte Normalkraft N_x konstant sein, was sich aus den Original-Ergebnissen ohne weiteres ergibt, nicht aber aus der geglätteten Darstellung.

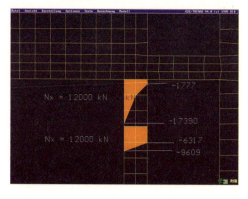 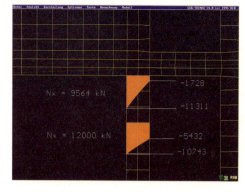

Bild 3 Scheibenkräfte n_{xx} (Original)   *Bild 4* Scheibenkräfte n_{xx} (geglättet)

Es ist deshalb zum Verständnis wichtig, sich mit den Sprüngen bei den Ergebnissen auseinanderzusetzen, wenn man auf sehr feine Diskretisierungen verzichten will. Bei der Ausgabe von Resultaten sollte deshalb der deutliche Hinweis vorhanden sein, ob es sich um Elementschnittgrößen oder geglättete Werte handelt, in jedem Fall sollte der Anwender auf die Originalwerte zurückgreifen können.

Die für die ingenieurmäßige Anschauung sehr geeignete Darstellung mit Isolinien bedarf einer vorherigen Glättung; deshalb sind die obigen Bemerkungen hier zu beachten, insbesondere sei darauf hingewiesen, daß planmäßige Sprünge – wie sie etwa bei Querkräften an Auflagern oder unter Linienlasten vorkommen – auf keinen Fall in den Glättungsprozeß mit einbezogen werden dürfen.

3. Elastische Unterstützungen

Die ersten Decken, die vor mehr als 15 Jahren auf PCs berechnet wurden, waren einfache orthogonale Systeme mit starren Unterstützungen, eine komfortable Ergänzung oder ein Ersatz für die bekannten Tafelwerke. Fast alle heute auf dem Markt befindlichen Platten- und Scheibenprogramme ermöglichen die Berechnung von geometrisch komplizierten Systemen in Verbindung mit Stäben, Federn und Bettungen etc. Die gebotenen Möglichkeiten werden auch intensiv genutzt, allerdings nicht immer konsequent und häufig auch fehlerhaft.

Das dargestellte Beispiel soll dies erläutern: Die Stützenlasten für die vier Flachdecken werden wie üblich am starr gestützten System ermittelt *(Bild 5)* und in der untersten Decke mit einem sehr steifen Unterzug abgefangen *(Bild 6)*.

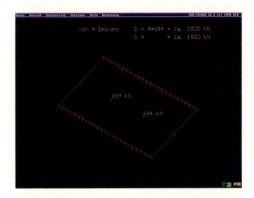
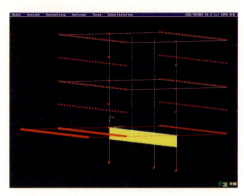

Bild 5 Stützenlasten der Flachdecken

Bild 6 System mit Abfangträger

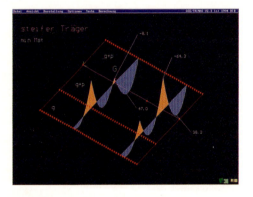
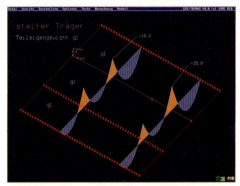

Bild 7 LF „min M_{st}"

Bild 8 LF Teileigengewicht Decke g_1

Diese Decke wird sehr häufig mit den aufsummierten Lasten – getrennt nach g und p – unter Einbeziehung des Balkens berechnet; die mitwirkende Plattenbreite zur Ermittlung der Biegesteifigkeit des Balkens ist hier nicht geschätzt, sondern sehr genau am gezeigten Faltwerksmodell bestimmt. Die Biegemomente für den Lastfall min M_{st} sind in zwei Schnitten dargestellt (Bild 7). Daß dabei das Stützenmoment im Bereich der Einzellast bereits erheblich kleiner ist als unter dem Teileigengewicht der Decke, kann der Darstellung sofort entnommen werden (Bild 8). Meist werden in solchen Berechnungen bei der Zusammenstellung der Lastfälle Bauzustände überhaupt nicht berücksichtigt; dies wäre hier sogar bei dem sehr steifen Träger notwendig gewesen, umso mehr bei weicheren Systemen.

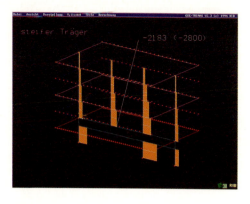 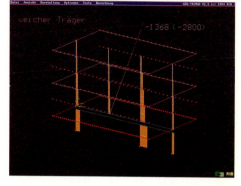

Bild 9 Stützenlasten „steifer Träger"   *Bild 10* Stützenlasten „weicher Träger"

Hinzu kommt, daß die Stützenlast erheblich geringer ist als angenommen, sie beträgt beim „steifen Träger" nur ca. 75% des Wertes bei starrer Stützung, beim „weichen Träger" sogar nur 50% dieses Wertes *(Bilder 9 und 10)*.

Dies bedeutet, daß man sehr behutsam mit der Biegesteifigkeit von Stabelementen, mit Bauzuständen und der Größe von abzufangenden Lasten umgehen muß; den zu hoch angesetzten Einzellasten aus starrer Lagerung der oberen Decken würden im gezeigten Beispiel viel zu kleine Werte an anderen Stellen gegenüberstehen. Die Verteilung der abzufangenden Lasten (G und P) beeinflußt nicht nur die Schnittkräfte in der Abfangdecke; auch bei den Stützen des Systems, der Fundation und den darüber liegenden Decken treten beträchtliche Lastumlagerungen auf, die häufig nicht in ausreichendem Maße berücksichtigt werden. Langzeitverformungen und Umlagerungen infolge Schwinden und Kriechen sind in diesem Zusammenhang besonders wichtig, ihre Berücksichtigung ist in der Regel nur qualitativ möglich.

Der Verfasser ist der Auffassung, daß bei Trägern, die aus Erfahrung als ausreichend steif angesehen werden können, diese eher mit deutlich überhöhter Steifigkeit (nahezu starr) in die Rechnung einzuführen sind, um einen definierten und damit überschaubaren Grenzzustand für die weiteren Betrachtungen verfügbar zu haben.

Ähnliches gilt für die Verwendung von Dehnfedern zur Simulation der elastischen Nachgiebigkeit von Mauerwerk und Beton: man kann m.E. sehr gut mit den Ergebnissen einer starren Stützung leben, wenn man diese Werte ingenieurmäßig umsetzt; häufig täuscht die Verwendung von Federn nur eine scheinbar größere Genauigkeit vor, insbesondere wenn man an deren Ermittlung denkt. Mit nicht nachvollziehbaren Werten wird häufig geradezu manipuliert und die sehr verschiedenen Wirkungen aus elastischer Nachgiebigkeit, lastabhängigen Steifigkeitsveränderungen im Zustand II, Gelenkrotationen und Langzeitverformungen gedanklich miteinander vermischt.

So ist es beispielsweise geradezu gefährlich, wenn zur elastischen Berechnung eines Systems Mauerwerk aus LHlz mit „weicheren" Federn und KSV-Mauerwerk mit „steiferen" Federn eingeführt wird, obwohl durch das Langzeitverhalten gerade der umgekehrte Effekt bewirkt wird, was bekanntlich zu zahlreichen Schäden führte.

4. Stäbe und Scheibenelemente

Auch die Verwendung von biegesteifen Stäben in Verbindung mit Scheiben- und Faltwerkselementen ist in der Praxis häufig zu finden. Die Leistungsfähigkeit von solchen Verknüpfungen ist jedoch ohne besondere Maßnahmen sehr begrenzt, das Rechenmodell muß an diesen Stellen sorgfältig betrachtet werden [2]. Der vorher gezeigte Unterzug sei mit Scheibenelementen modelliert und mit biegesteifen Stützen zu einem unverschieblichen Rahmen ergänzt (Bild 11). Die erwarteten Biegemomente M_y in der Randstütze verschwinden jedoch (Bild 12).

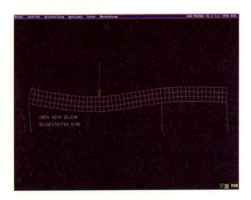

Bild 11   Stütze und Scheibe   Bild 12   Biegemomente M_y

Die Erklärung dafür, daß Biegemomente in der Stütze vom Rechenmodell gar nicht geliefert werden können, liegt in der kinematischen Unverträglichkeit: bei der Scheibe fehlt in der Regel der Drehfreiheitsgrad, sodaß keine Biegemomente von der Scheibe in den Stab übertragen werden können (Bild 13).

Eine biegesteife Verbindung entsteht erst dann, wenn der Stab beispielsweise an drei weiteren Knoten mit der Scheibe verbunden wird (Bild14).

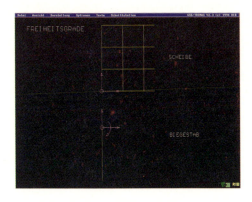

Bild 13 Freiheitsgrade Stab/Scheibe   *Bild 14* „Biegesteife Verbindung"

Daß in diesem Zusammenhang auch Standsicherheitsprobleme entstehen können, soll am folgenden Beispiel erläutert werden:

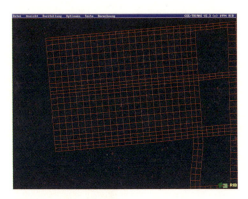 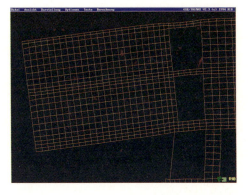

Bild 15 Stütze aus Scheibenelementen   *Bild 16* Stütze aus Stabelementen

Die Modellierung der 27 m weit auskragenden Scheibe samt Riegeln und Stütze mit Scheibenelementen zeigt, daß in der Stütze beträchtliche Biegemomente auftreten müssen *(Bild 15)*; wird die Stütze als Biegestab – ohne zusätzliche Maßnahmen an den Knoten – eingeführt, so zeigt schon die Verformungsfigur, daß hier ein nicht gewollter Pendelstab vorliegt *(Bild 16)*. Auch der Ergebnisausdruck liefert an allen Stellen des Stabes „planmäßig" den Wert $M_y = 0$ – wie oben bereits gezeigt. Mit diesem Ergebnis wäre immerhin deutlich darauf hingewiesen worden, daß sich die gewünschte biegesteife Verbindung nicht eingestellt hat.

In einem konkreten Fall war die Scheibe jedoch mit Faltwerkselementen beschrieben worden, was dazu führte, daß die ausgedruckten Biegemomente in der Stütze zwar sehr klein, aber immerhin deutlich größer als null waren. Der Verdacht eines systematischen Fehlers war deshalb nicht sofort aufgekommen.

In Wirklichkeit war nur deshalb ein Biegemoment entstanden, weil in Faltwerksprogrammen den Knoten üblicherweise eine kleine künstliche Drehsteifigkeit zugeordnet wird, damit das System nicht kinematisch wird. Der errechnete Wert war jedoch um drei Zehnerpotenzen zu klein (3 kNm statt 2700 kNm). Durch das Biegemoment M_y mußte die Bewehrung für die Normalkraft N=16000 kN um ca. 50% erhöht werden, die Stütze und das gesamte System war in dieser Form an die Grenze der Machbarkeit gerückt.

5. Interaktion Bauwerk – Baugrund bei räumlichen Systemen

Mit der Möglichkeit, Systeme in ihrer räumlichen Wirkung zu erfassen, ist auch eine wirklichkeitsnahe Einbeziehung des Baugrunds in das Rechenmodell erwünscht. Die dabei auftretenden Probleme werden an dem dargestellten „steifen Kasten" erläutert. Dieses Element, das häufig als konstruktives Mittel zum Ausgleich von Setzungsunterschieden empfohlen wird, war bisher nur qualitativ in seiner Wirkung bekannt, ohne daß die damit verbundenen Lastumlagerungen auch quantitativ belegt werden konnten. Der Kasten „lebt" von der Scheibenwirkung der Wände und Decken und muß geschlossen werden durch den ebenfalls als Scheibe wirkenden Fußboden.

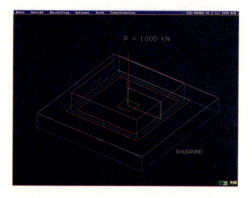
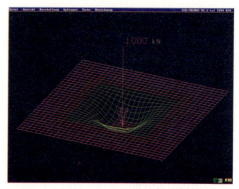

Bild 17   „Steifer Kasten", Baugrund als räumliches elastisches Modell

Bild 18   Setzungsmulde unter Einzelfundament

Um nur die wichtigsten Tragwirkungen zu berücksichtigen, wurde das System mit Scheibenelementen für Wände, Decke und Boden modelliert, nur die Fundamente selbst sind mit Faltwerkselementen abgebildet, um die Sohldruckspannungen über Biegung in das Bauwerk einzuleiten. Als Baugrund wurde ein „Polster" mit begrenzter Schichtdicke gewählt, das mit Scheibenelementen modelliert und sehr einfach am Verformungsverhalten des elastischen Halbraums justiert wurde. Die Betrachtung wird für eine zentrische Einzellast durchgeführt *(Bild 17)*.

Bei jeder üblichen Berechnung und Konstruktion würde die Einzellast direkt über das darunterliegende Einzelfundament in den Baugrund eingeleitet *(Bild 18)*. Die vorhandenen Wänden und Streifenfundamente können sich jedoch der dann entstehenden Setzungsmulde nicht zwangsfrei anpassen, weil die Verdrehung der Querwand durch Horizontalkräfte in Boden- und Deckenscheibe behindert wird.

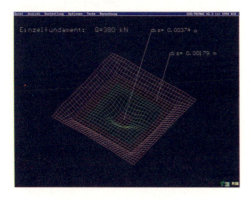

Bild 19 Setzungen des Kastens   *Bild 20* Schubkräfte in der Mittelwand

Die sich aus einer räumlichen Berechnung ergebenden Setzungen des Kastens führen zu einem Ausgleich zwischen innen und außen, die Belastung des Einzelfundaments beträgt nur noch ca. 38% der Gesamtlast *(Bild 19)*; der Rest wird über eine Lastumlagerung auf die Streifenfundamente übertragen.

Dabei entstehen u.a. hohe Beanspruchungen in den Lasteinleitungszonen der Querwand *(Bild 20)*, die den Ausgleich durch ihre zentrierende Wirkung herbeiführt. Deshalb muß bedacht werden, daß lastabhängige Steifigkeitsveränderungen in den Zonen hoher Beanspruchungen die Lastumlagerungen nur teilweise ermöglichen; zum Erkennen solcher Zonen sind Darstellungen wie oben unverzichtbar.

Da selbstverständlich auch eine Umlagerung der Streifenlasten von den Außenwänden zum Einzelfundament hin stattfindet, wird man sich damit abfinden müssen, daß auch in bereits gebauten und ähnlich konditionierten Bauwerken die Lasten sich ihren Weg in den Baugrund keineswegs immer nach der bisherigen „Vorschrift" suchen.

Darin liegt aber auch die Problematik der hier vorgestellten Berechnungsmethode: einfache(re) Kontrollberechnungen, welche die Verträglichkeitbedingungen zwischen Bauwerk und Baugrund nicht berücksichtigen können, liefern u.U. so weit abweichende Ergebnisse, daß daraus keine Aussage mehr über die Richtigkeit der „genauen" Berechnung gemacht werden kann. Wie das Beispiel zeigt, ist selbst eine Gleichgewichtskontrolle lokal nicht mehr möglich!

Da der Baugrund bei räumlichen Betrachtungen einen weitaus größeren Einfluß auf die Ergebnisse haben kann als bei bloßer Betrachtung einer Gründungsplatte, sind angesichts der Streubreite von bodenmechanischen Kennwerten Grenzwertbetrachtungen unerläßlich. Auch hier hält der Verfasser den Grenzzustand „starrer Baugrund" für sehr geeignet, um darauf bezogen den Grad der Umlagerungen kritisch zu betrachten.

6. Schlußbetrachtungen

Die obigen Darstellungen zeigen, daß ein großes Problem bei der Berechnung von komplizierten Systemen darin besteht, daß generelle Wirkungen im Gestrüpp der Einzelbetrachtungen nicht mehr ausreichend beachtet und erkannt werden. Die dargestellten Verformungsfiguren des kreiszylindrischen Silos *(Bilder 21 und 22)* können nur über eine analytische Betrachtung verstanden werden: ohne die Kenntnis von „dehnungslosen Verformungen" bleibt die Darstellung eine Einzelaussage, aus der keinerlei Schlüsse für die Konstruktion gezogen werden können.

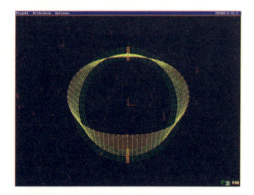 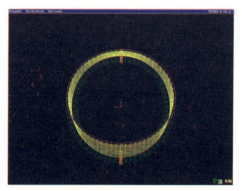

Bild 21 Schale ohne Randaussteifung
    maßgebend: Biegemomente

Bild 22 Schale mit Randaussteifung
    maßgebend: Normalkräfte

[1] **D. Scharpf:** Anwendungsorientierte Grundlagen der Methode finiter Elemente
 in: Tagungsbericht 10, Freudenstadt 1985 der Landesvereinigung der Prüfingenieure
 für Baustatik Baden-Württemberg e.V.
[2] **RIB Bausoftware:** Programmbeschreibung DISKUS, 1992

Methodik zur Unterstützung heterogener Teilprozesse in der Bauplanung

K. Beucke, B. Firmenich, S. Holzer,
HOCHTIEF, Frankfurt/M.

Zusammenfassung

Der Beitrag zeigt Wege zu einer verbesserten Integration des Bauplanungsprozesses in rechnerunterstützten Umgebungen auf. Im vorliegenden Beitrag wird in groben Umrissen ein Produktmodell für die Bauindustrie dargestellt und die Bedeutung der Geometrie für fast alle Teilproduktmodelle im Bauwesen herausgestellt. Beispielhaft wird erläutert, wie ein in einer zentralen Datenbank im Netzwerk gehaltenes, geometriezentriertes Modell verschiedenen Fachplanern als Integrationskeim dienen kann. An die Stelle einer "CAD-FEM-Integration" tritt eine gleichberechtigte Nutzung des zentralen Modells durch verschiedene Teilprozesse der Bauplanung. Neben der bisherigen Nutzung zur Zeichnungserstellung kommt dabei dem CAD die neue Rolle eines allgemeinen Werkzeugs zum Editieren und Visualisieren des Modells zu. In der FEM kann durch gleichzeitige verstärkte Automatisierung - ermöglicht durch umfassende topologische Modelle und numerische Methoden mit eingebauter Genauigkeitsüberwachung - die Aufmerksamkeit des Bearbeiters weg von der Diskretisierung und hin zur Definition des statischen Modells verlagert werden.

1. Problemstellung

Während die Rechnerunterstützung einzelner Fachdisziplinen (z.B. Statik, Zeichnungserstellung) in der Bauplanung heute schon sehr weit fortgeschritten ist, fehlen für eine adäquate Koordinierung der verschiedenen Prozesse der Bauwerksplanung und des Bauwerksunterhalts bis heute geeignete Konzepte. Das liegt vor allem daran, daß die rechnergestützte Koordinierung der Fachdisziplinen zum einen in keinem Fall die Modellbildung einzelner Disziplinen einschränken und zum anderen deren jeweilige Modelle nicht mit Informationen anderer Disziplinen überladen darf. Integrationskonzepte, die darauf abzielen, die Bauwerksmodelle der einzelnen, spezialisierten Fachbearbeiter (Fachplaner) um den Kontext anderer Spezialisten zu erweitern, haben deshalb wohl wenig Aussicht auf Erfolg. - Der einzige derzeit in der Praxis einigermaßen funktionierende Ansatz zur Integration zwischen verschiedenen Fachplanern besteht in einer Datenübergabe über einheitliche Datei-Schnittstellen. Eine solche Datenübergabe ermöglicht eine gewisse Integration, jedoch auf einem sehr niedrigen Niveau: Zum einen kann nur die Information übertragen werden, die dem kleinsten gemeinsamen Nenner beider beteiligten Systeme entspricht. Damit reduzieren sich die austauschbaren Informationen in der Regel auf Geometrie, Zeichnungsattribute und Layer- und Blockstrukturierung. Will man Daten aus einem CAD-System z.B. zum Ausgangspunkt einer statischen Berechnung machen, so können solchermaßen übergebene Daten bestenfalls als "Hintergrundfolie" die Konstruktion eines Finite-Elemente-Modells erleichtern. Die "Semantik" der Daten geht jedoch weitgehend verloren.

Zum anderen handelt man sich generell bei der Datenübergabe mittels Austauschdateien Nachteile ein, da eine Datenübertragung grundsätzlich eine Duplizierung von Daten bedeutet. Damit geht automatisch das Problem der Konsistenzsicherung der Daten einher: Es muß gewährleistet werden, daß alle nachträglich geänderten Daten erneut an alle in Frage kommenden Fachplaner übergeben werden, um eventuelle Auswirkungen auf die jeweiligen Gewerke zu erfassen. Die Sicherung der Aktualisierung und Konsistenz der Informationen stellt das größte Hindernis bei der Integration dar.

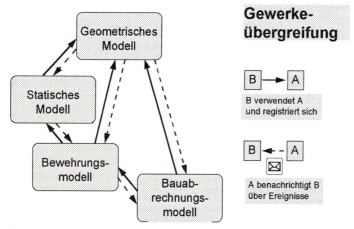

Bild 1: Gewerkeübergreifung

Zu diesen wesentlichen Nachteilen der Integration über Austauschdateien treten einige weitere, weniger gravierende: Nicht alle Fachplaner verwenden das gleiche CAD-System. Andere Fachplaner kommen vielleicht ganz ohne CAD aus. In einer heterogenen Software-Landschaft tut man gut daran, sich nicht vollständig abhängig zu machen vom Dateiformat eines bestimmten CAD-Herstellers.

Die Festlegung eines einheitlichen Modellierungskonzepts ist aufgrund der unterschiedlichen Interessen der am Bau beteiligten Fachplaner ein aufwendiges - vermutlich sogar unmögliches - Vorhaben. Dem einzelnen Fachplaner soll es daher ermöglicht werden, ein Datenmodell entsprechend seiner Sicht auf das Bauwerk zu verwenden (Bild 1). Weitergehende Integration ist nur zu erreichen, wenn die Datenübertragung zwischen jeweils zwei Fachplanern durch ein echtes Information-Sharing ersetzt wird.

2. Gemeinsame Datenbank für unterschiedliche Teilmodelle

Information-Sharing setzt voraus, daß die im Laufe der Planung enstehenden relevanten Informationen an zentraler Stelle für alle Beteiligten zugänglich gespeichert werden. Der Weg von der Datenübergabe zum Information-Sharing kann nur über ein Datenbanksystem in einer vernetzten Umgebung führen. Über die zentrale Datenbank kann sich ein Fachplaner mit aktueller Information über ein Bauwerk versorgen. Darüber hinaus kann durch die Datenbank sichergestellt werden, daß ein Fachplaner über alle für ihn relevanten Änderungen am Bauwerk informiert wird.

Moderne Datenbanksysteme basieren auf Client-Server-Architekturen, die auch bei parallelen Datenbank-Zugriffen die Konsistenz der Datenbank gewährleisten. Die Clients haben innerhalb sogenannter Transaktionen einen Zugriff auf die Datenbank. Das Ziel muß sein, die Daten direkt in der Datenbank zu manipulieren und die erforderlichen Transaktionen möglichst kurz zu gestalten. Die Betriebssicherheit der Applikationen ist sehr hoch, da eine Transaktion entweder vollständig funktioniert oder vollständig fehlschlägt; nach einer fehlgeschlagenen Transaktion befindet sich dabei die Datenbank noch im ursprünglichen konsistenten Zustand. Das bedeutet für die Applikationen, daß ein Programmabsturz nicht mehr mit einem Datenverlust verbunden ist.

Für eine Modellierung in Datenbanken sprechen noch weitere Überlegungen: Bauteile sind Bestandteil vieler Planungsdokumente - dieselbe Wand kann zum Beispiel in vielen Zeichnungen wie Draufsicht, Untersicht, Schnitt, Ansicht und Detailplänen dargestellt sein oder in einer statischen Berechnung mehrfach referenziert werden. Durch den eindeutigen Bezug auf die zentrale Datenbank ist es möglich, diese Modelle dennoch konsistent zu halten. Nicht zuletzt wird durch den Datenbank-Server einmal an zentraler Stelle ein Speichermedium bereitgestellt, das die gewaltige Informationsmenge des Bauwerksmodells aufnehmen kann.

Zur Vermeidung starrer Zwänge bei der Planung muß es im Ausnahmefall möglich sein, ein Teil-Modell vollständig unabhängig von bereits existierenden anderen Modell-Komponenten aufzubauen. Im Regelfall sind jedoch in der zentralen Datenbasis bereits wiederverwendbare Modell-Komponenten enthalten, die von den neu hinzukommenden Komponenten genutzt werden können. Die damit entstehende Abhängigkeit der Modellkomponenten voneinander wird im Datenbank-Konzept durch standardisierte Mechanismen zur Benachrichtigung über Ereignisse wie Modifizieren oder Löschen berücksichtigt.

Die Weiterverwendung bereits existierender Komponenten ist nur möglich, wenn der Fachplaner die Datenhoheit über diese Komponenten erhält. Zum Beispiel kann die statische Berechnung nur auf einem abgeschlossenen Revisionsstand der Struktur erfolgen. Einige objektorientierte Datenbanken bieten Unterstützung im Bereich der Versionsverwaltung. Ein abgeschlossener Revisionsstand eines Fachplaners wird als öffentliche Version den anderen Fachplanern zur Verfügung gestellt. Es wird garantiert, daß sich dieser Revisionsstand nicht mehr ändert - den anderen Fachplanern kann damit die erforderliche Datenhoheit erteilt werden. Bei der nächsten Revision der Planung wird eine neue private Version durch Kopie des letzten Revisionsstands in der Datenbank erzeugt (Check Out). Da andere Fachplaner keinen Zugriff auf die private Version haben, kann sie beliebig modifiziert werden. Nach Abschluß der Bearbeitung wird die private Version öffentlich gemacht (Check In). Alle als abhängig registrierten Fachplaner werden von der Existenz des neuen Revisionsstands informiert und entscheiden jetzt selbst, ob sie ihr Modell an den neuen Revisionsstand anpassen oder ob die Änderungen so geringfügig sind, daß sich dieser Aufwand nicht lohnt.

Integrierte Planung ist erst nach Einigung der Beteiligten auf eine gemeinsame Basis-Technologie möglich. Die Fachplaner müssen sich einigen, welche Daten den Grundbestand der gemeinsamen Datenbasis ausmachen sollen, und Verfahren festlegen, wie bereits existierende Modellkomponenten gefunden und deren Eigenschaften erfragt werden können sowie deren Funktionalität genutzt werden kann. Ein Beispiel hierfür ist Microsofts "Component Object Model" als Basis von OLE 2.0.

Im konstruktiven Ingenieurbau dient die geometrische Repräsentation eines Bauwerks fast allen Fachplanern als Grundlage. Konsistente Geometriemodelle können nur auf Basis dreidimensionaler Volumenmodelle aufgebaut werden. Erst volumenhafte Repräsentationen erlauben allen beteiligten Planern eine fachspezifische, uneingeschränkte Auswertung der Baustruktur. Die 3D-Formen selbst sind im Bauwesen in der Regel relativ einfach, aufwendige Freiformflächen sind selten gefordert. Allerdings besteht ein komplexes Bauwerk aus einer großen Fülle solcher einfachen Bauteile. Die monolithischen Strukturen realer Bauwerke werden in einfache Grundformen zerlegt. Ein Beispiel hierfür sind aneinanderhängende Wände, die im Modell durch Einzelwände repräsentiert werden. Die Beziehungen dieser Einzelwände zueinander werden durch topologische Zusatzinformationen zu den geometrischen Daten beschrieben. Wird ein einzelnes Bauteil modifiziert, dann müssen die Auswirkungen auf die benachbarten Bauteile vom System berücksichtigt werden. In diesem Kontext stellen die topologischen Daten vor allen Dingen eine praxisgerechte und konsistente Manipulation des Modells sicher.

Jedoch ignorieren Modelle, die ausschließlich volumenhafte Repräsentationen zur Verfügung stellen, die gängige Baupraxis und werden vom Anwender nicht akzeptiert. Die Benutzerschnittstelle muß dies berücksichtigen. Zum Beispiel müssen Wände, die eine konstante Dicke haben, das Attribut "Wanddicke" speichern und über dieses Attribut auf einfache Weise veränderbar sein. Trotz der einfachen Parametrisierung wird die beschriebene Wand in der Datenbasis durch eine volumenhafte Repräsentation beschrieben.

3. CAD der 2. Generation als technologische Basis

Bisher steht als Ziel des CAD-Einsatzes die Erstellung von Zeichnungen im Vordergrund. CAD-Systeme der ersten Generation sind im Rahmen ihrer technologischen Basis mittlerweile zu einem gewissen Abschluß gekommen. Eine Menge nützlicher Funktionalität für die Bearbeitung geometrisch orientierter Problemstellungen ist verfügbar. Die Herausforderung an die CAD-Hersteller kann in dieser Situation nur heißen, eine neue Generation von CAD-Software in Angriff zu nehmen, anstatt lediglich neue Features ohne Eingriff in die Grundstruktur der bestehenden Systeme zu entwickeln.

Völlig neu gestaltete CAD-Systeme der zweiten Generation können die Basis für vollständig integrierte Ingenieuranwendungen bieten, die die CAD-Funktionalität weit über den Zweck der Zeichnungserstellung hinaus nutzen.

Das größte Problem bestehender CAD-Systeme ist, daß keine eigenen Datentypen in ein bestehendes CAD-System integriert werden können (Bild 2). Einen Ausweg aus diesem Dilemma bieten objektorientierte Technologien, wie sie auch von uns eingesetzt werden. Im Gegensatz zu prozeduralen Programmiersprachen, bei denen Daten und Programmcode voneinander getrennt sind, werden bei objektorientierten Sprachen Daten und die darauf operierenden Funktionen zu Objekten zusammengefaßt (Bild 3). Durch die vollständige Kapselung der Daten kann eine Applikation die Konsistenz ihres Datenmodells sicherstellen. Es wird ein hoher Grad der Wiederverwendbarkeit erreicht, da bereits implementierte Operationen auch von anderen Applikationen verwendet werden können.

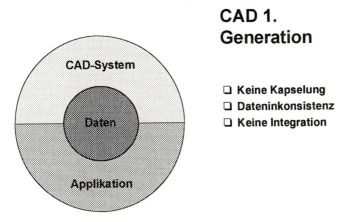

Bild 2: CAD der 1. Generation

Die Rolle des CAD kann neu definiert werden: Die CAD-Systeme der zweiten Generation bieten über die Zeichnungserstellung hinaus die Möglichkeit, als allgemeine Konstruktions- und Visualisierungswerkzeuge in einem *beliebigen* Kontext verwendet zu werden.

Auch das von uns verwendete objektorientierte CAD-System ist noch immer als Ein-Benutzer-System mit proprietärem Dateiformat implementiert. Als Integrationsgrundlage scheiden die CAD-Dateien daher aus. Eine Integration heterogener Anwendungen wird erzielt, indem die zugehörigen Datenmodelle vollständig *außerhalb* der CAD-Datenbasis in Datenbanken gehalten werden. Dank objektorientierter Technologie kann die Konsistenz dieses externen Datenmodells und vor allen Dingen auch ein konsistenter Abgleich mit den jetzt nur noch *temporären* CAD-Strukturen gewährleistet werden.

Oft bestehen falsche Vorstellungen über den Entwicklungsaufwand bei objektorientierten CAD-Systemen. Es ist nicht möglich, Applikationsobjekte gewissermaßen zum Nulltarif in ein bestehendes objektorientiertes CAD-System zu integrieren. Diese Integration funktioniert nur, wenn die Spielregeln des jeweiligen CAD-Systems eingehalten und vor allen Dingen auch verstanden werden. Leistungsfähige CAD-Systeme geben ein Protokoll vor, das hunderte von Funktionen umfassen kann. Bei System-Ereignissen wie Löschen oder Verschieben werden die entsprechenden, vom Applikationsprogrammierer zu implementierenden Funktionen der Applikationsobjekte vom CAD-System gerufen.

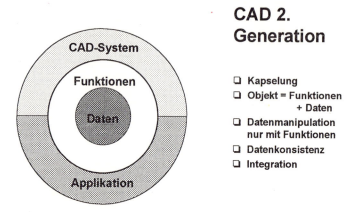

Bild 3: CAD der 2. Generation

Unsere Erfahrungen mit dem objektorientierten CAD-System sind sehr positiv ausgefallen. Ist das Protokoll erst implementiert, kann die gesamte Funktionalität des CAD-Systems auf die eigenen Objekte angewendet werden. Die Bandbreite reicht von der einfachen Benachrichtigung über Ereignisse wie Löschen, Verschieben, Selektieren bis hin zu aufwendigen Berechnungsverfahren. Ist erst einmal die Funktionalität zur Beschreibung der dreidimensionalen Kanten- und Flächeninformation der eigenen Objekte implementiert, nimmt man dann tatsächlich gewissermaßen "zum Nulltarif" an sämtlichen Visualisierungsverfahren des CAD-Systems teil.

Auch weiterhin sind CAD-Systeme das Werkzeug zur Zeichnungserstellung. Generell ist ein hoher Aufwand erforderlich, um im Bauwesen aus einem 3D-Modell normgerechte Planunterlagen (Zeichnungen) zu generieren, da im Bauwesen leider häufig die korrekte physikalische Darstellung der Bauwerksstruktur im Widerspruch zu der normierten symbolischen Darstellung steht. Eine vollautomatische Zeichnungsgenerierung mit dem Ziel, einen vollständigen Plan mit allen erforderlichen Annotationen wie Bemaßung und Betextung bereitzustellen, ist wegen der hohen Komplexität technischer Zeichnungen offenkundig nicht sinnvoll; immer wird ein gewisser manueller Eingriff notwendig bleiben. Allerdings müssen dennoch alle Zeichnungselemente mit den korrespondierenden Modell-Objekten verknüpft sein, damit nach einer Modelländerung nur die betroffenen Elemente des Plans aktualisiert werden müssen. Eine weitere Grundforderung ist, daß assoziative Bemaßung und Schraffuren auch nach einer Änderung erhalten bleiben. Der Prozeß der Zeichnungsgenerierung ist von entscheidender Bedeutung für die Akzeptanz des modell-orientierten Ansatzes durch die Nutzer.

4. Anschluß der statischen Analyse an das Bauwerksmodell

In einem objektorientierten, integrierten Konzept ist die statische Berechnung mit numerischen Verfahren ein ganz normaler Nutzer der zentralen Bauwerksdatenbasis, ganz ähnlich der Zeichnungserstellung. Auch die "FEM"-spezifischen Datenstrukturen sind nur temporär, wie die CAD-Modelle. Allein die gefilterten, relevanten Ergebnisdaten finden Eingang in die zentrale Datenbank.

Der erste Schritt vom Geometriemodell zur statischen Analyse besteht in der Erstellung eines statischen Systems. In groben Zügen kann dies in einem integrierten System wie folgt ablaufen:

Der Statiker lädt in einer graphisch-interaktiven Umgebung - z.B. einem CAD-System der zweiten Generation - die 3D-Geometrie des Bauwerkes und wählt diejenigen Komponenten aus, die berechnet werden sollen; er arbeitet dabei direkt mit "Tragwerksobjekten". Um das statische System oder Teilsysteme zu bilden, müssen diese Komponenten geometrisch idealisiert werden. Zum Beispiel können Deckenplatten oder Wände statisch mit linienförmigen Tragelementen (Balken), flächenförmigen (Platte, Scheibe) oder als 3D-Körper abgebildet werden. Wenn nur die Deckenplatte interessiert, könnte eine angeschlossene Wand aber auch beispielsweise als eine elastische Einspannung oder Bettung dargestellt werden. In verschiedenen Stadien der Bearbeitung könnte auch ein und dieselbe Wand verschieden idealisiert werden.

Je geringer der Abstraktionsgrad der statischen Idealisierung ist, desto leichter kann die Geometrie-Generierung für das statische System (essentiell eine Dimensionsreduktion mit nachfolgender Verschneidung der entstehenden eindimensionalen bis dreidimensionalen Körper) automatisiert werden. In der Praxis ist jedoch oft ein hoher Abstraktionsgrad notwendig, um den Zeit- und Speicheraufwand in Grenzen zu halten. In solchen Fällen sind relativ viele manuelle Eingriffe nötig, für die das CAD-Interface die notwendigen Werkzeuge anbietet.

Es sei nur am Rande vermerkt, daß keinerlei Zwang besteht, die Abstraktion im statischen System so weit zu treiben, wie dies bei herkömmlicher Berechnung mit klassischen Verfahren üblich war: Mit manchen weitgehend abstrahierten, klassischen Modellen, z.B. starr unterstützen Platten, handelt man sich mathematische Probleme ein (Singularitäten, Boundary-Layer-Effekte), die in der baupraktischen Realität keinerlei Bedeutung haben, und die mit geringfügig "realitätsnäher" abstrahierten Modellen (z.B. elastische Lagerung) vermieden werden könnten. Ähnlich verhält es sich mit dem Problem der kompatiblen Verbindung der Einzelelemente bei unterschiedlich starker Dimensionsreduktion benachbarter Einzelbauteilen (z.B. Anschluß Stütze-Platte). Viele derartige Probleme lassen sich durch "unkonventionelle" statische Systeme vermeiden, ohne daß der Ressourcenaufwand wesentlich steigt. Bislang blieben solche Möglichkeiten durch zu starkes Festhalten an den "klassischen" Modellen weitgehend ungenutzt. Verzichtet man auf unkonventionelle Modelle, behindert dies jedoch die Möglichkeiten der teilweisen Automatisierung erheblich, ohne daß an anderer Stelle Vorteile zu verbuchen wären.

Die Verantwortlichkeit des Statikers besteht darin, bei der Idealisierung des Tragwerkes die Elemente des entstehenden statischen Modells und die Verbindungen zu kontrollieren und sinnvoll genau dort zu vereinfachen, wo ohne relevanten Informationsverlust wesentliche Ressourceneinsparungen möglich sind. Ziel einer integrierten und teilautomatisierten statischen Berechnung ist es, die Richtigkeit und Verläßlichkeit der Berechnungsergebnisse zu garantieren, falls das vom Statiker zu verantwortende statische System korrekt gebildet worden ist. Die Aufmerksamkeit des Statikers soll ausschließlich auf das von wenigen generischen Designparametern kontrollierte statische System gelenkt werden.

Finite-Elemente-Modelle haben in diesem Stadium der statischen Analyse nichts zu suchen. Das bisherige Vorgehen, direkt die Finite-Elemente-Diskretisierung vom Statiker eingeben zu lassen, ist widersinnig, da die Datenmenge beim Übergang vom statischen System zum Finite-Elemente-Modell explodiert und vor allem das gewählte statische System - der Dreh- und Angelpunkt der statischen Analyse - völlig in den Hintergrund tritt. Der Unterschied zwischen statischem System und Diskretisierung wird völlig verunklärt. Bisher wird implizit bei der Eingabe des Finite-Elemente-Modells ein statisches System definiert, anstatt den logischen, umgekehrten Weg zu gehen.

Sobald das statische Modell gewählt ist, ist die Lösung des statischen Problems eine eindeutig bestimmte, rein mathematische Aufgabe, deren Lösung allein streng mathematischen Prinzipien unterliegt. Diese Prinzipien können ein für allemal fest kodiert werden und machen keinerlei Interaktion des Statikers notwendig. Das Finite-Elemente-System der Zukunft behandelt das eigentliche Finite-Elemente-Modell als internen, gekapselten Datenbestand, der dem Zugriff des Benutzers völlig entzogen ist. Aufgabe der Finite-Elemente-Untersuchung ist es, die exakt definierte Lösung des mathematischen Problems mit minimalem Einsatz von Ressourcen möglichst gut anzunähern. Das Programm kann vollkommen selbsttätig dafür sorgen, daß die exakte Lösung des statischen Problems mit definierter Genauigkeit durch die numerische Approximation wiedergegeben wird. Verfügt man über die Möglichkeit zur Substrukturierung, kann man auch die Interaktion verschiedener Tragwerksteile ("Lastabtrag") strikt mathematisch (und damit voll automatisierbar) beschreiben.

Im Platten-Berechnungsprogramm PLAFEM, das bei HOCHTIEF entwickelt wurde, ist ein Prototyp eines Finite-Elemente-Programmes implementiert, das den skizzierten Vorstellungen folgt: Die Benutzer-Programm-Interaktion beschränkt sich auf die Konstruktion und Kontrolle des statischen Systems und der Lastkonstellationen. Die Finite-Elemente-Diskretisierung erfolgt vollautomatisch. In 2D stehen hierfür zahlreiche leistungsfähige Algorithmen zur Verfügung, die auch auf die bautypischen "2½-D"-Geometrien übertragbar sind. Der Benutzer "sieht" das Finite-Elemente-Modell nie (oder nur zur Veranschaulichung des automatisierten Vorgehens). Bild 4 zeigt das Arbeiten mit einem Statik-System, das sich auf die Eingabe des statischen Systems konzentriert, am Beispiel von PLAFEM.

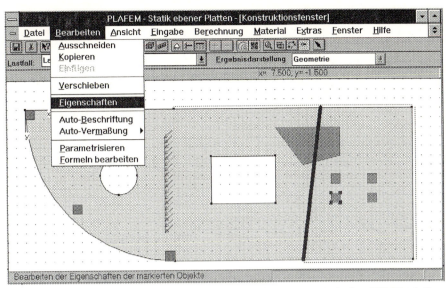

Bild 4: Interaktive Konstruktion des statischen Systems statt des FE-Modells

Ein integriertes Statik-Modul wie PLAFEM muß in der Lage sein, drei verschiedenartige Modelle des Bauwerks/Bauteils gleichzeitig zu verwalten: Zum einen muß es die Geometrie des statischen Systems (1. Modell) sowie deren Zusatzattribute und die Lastgeometrie verwalten können. Auch eine Verwaltung der Lastfälle, gegebenenfalls auch von Bauzuständen, ist erforderlich. Auf Basis dieser Informationen konstruiert das Programm selbständig, unterstützt von a-priori-Kriterien aus der Fehleranalysis der numerischen Methoden, die Netzgeometrie und diskretisiert entsprechend die Last- und Auflagerbedingungen (2. Modell). Lasten und Stützen können unabhängig vom Finite-Elemente-Netz angeordnet und dank leistungsfähiger Techniken dennoch genügend genau erfaßt werden. Sinnvollerweise kann die Finite-Elemente-Diskretisierung nur für jeden Lastfall/Bauzustand getrennt und unabhängig durchgeführt werden. Es ist zwar möglich, für eine ganze Folge von Lastfällen ein numerisches Modell zu konstruieren, das in allen Lastfällen ausreichende Genauigkeit garantiert. Für jeden einzelnen Lastfall der Folge wäre ein solches Modell dann aber unwirtschaftlich. Daher existiert eine Vielzahl von "2. Modellen". Allerdings ist somit noch ein 3. Modell erforderlich, das als Bezugsmodell zur geometrischen Zuordnung von Ergebnissen, z.B. zur Lastfallüberlagerung und Bemessung, dienen kann. Dieses Modell kann z.B. ein einfaches Raster von Ergebnispunkten sein. Für Zwecke der graphischen Präsentation und Auswertung ist jedoch eine topologische Zuordnung dieser Punkte, z.B. in einem Dreiecksnetz, empfehlenswert, das wiederum mit einem vollautomatischen Netzgenerator erzeugt werden kann.

Konventionelle FE-Programme verwalten nur ein einziges FE-Netz und können daher im vorgestellten Konzept sinnvollerweise die Rolle eines externen Werkzeugs zum eigentlichen "Number Crunching" für einen einzigen Lastfall übernehmen. Ein neu erstelltes Werkzeug zur Verwaltung der 3-Modelle-Struktur kann somit auch althergebrachte Berechnungsprogramme in ein integriertes

Konzept einbeziehen (allerdings mit wesentlichen Einschränkungen bezüglich garantierter Ergebnisgüte), so daß die bisher eingesetzte Software nicht gänzlich obsolet wird. Freilich kann ein solches System mit klassischen FE-Programmen nur über Austauschdateien kommunizieren, was die Qualität des Informationsaustausches beeinträchtigt.

PLAFEM erfüllt weitgehend die Forderungen an ein FEM-Statik-Paket der *neuen Art*. Es baut auf die p-Version (lokal verschiedene, höherwertige Ansatzgrade in jedem finiten Element) der FEM auf. Bei dieser Methode ist die optimale Gestalt der Finite-Elemente-Diskretisierung prinzipiell a priori bekannt. Das FE-Netz wird automatisch auf Basis der Geometrie des statischen Systems generiert. Optional wird die Ergebnisqualität durch eine Fehlerschätzung geprüft. Eine Modellverbesserung geschieht in erster Linie durch Erhöhung des Ansatzgrades. Das Netz wird stets möglichst grob generiert, da in Bereichen mit glatter Lösung eine Ansatzgraderhöhung die beste Genauigkeit liefert.

Die Ansprüche automatischer Netzgeneratoren an die Qualität der geometrischen Modellierung sind hoch. Auch die p-Version der FEM und die Fehlerschätzungsalgorithmen stellen hohe Ansprüche an die schnelle und leistungsfähige Beantwortung topologisch-geometrischer Anfragen (z.B. Adjazenzbeziehungen). Nach Ansicht der Verfasser kommt nur eine objektorientierte Programmierung solcher Methoden ernsthaft in Frage.

Oft werden automatisierte FE-Systeme als "Black Box"-Systeme mißverstanden, die "auf Knopfdruck die Statik machen", und es wird argumentiert, dann könne ja "jeder" die Statik erstellen. Hierbei wird übersehen, daß lediglich diejenigen Teile der statischen Analyse automatisiert werden, in denen ein manuelles Eingreifen des Benutzers allenfalls Schaden stiften kann, bestenfalls aber dieselbe Qualität erzielt, die auch automatisch gewonnen werden kann. Es ist nicht originäre Aufgabe des Statikers, mathematische Prinzipien und Resultate aus der Approximationstheorie in entsprechendes Netzdesign umzusetzen, sondern reale Strukturen zu statischen Systemen zu idealisieren. Die datenmäßige Umsetzung der geometrischen Dimensionsreduktion ist ebenfalls eine Aufgabe, die den Statiker nichts angeht und daher automatisiert werden sollte. In konventionellen FE-Systemen geht die meiste Zeit mit der Berechnung und Eingabe von Knotenkoordinaten verloren. Sinnvolle Automatisierung lenkt die Aufmerksamkeit des Benutzers zurück auf seine eigentliche Aufgabe.

Im Vordergrund steht bei aller Integration und Automatisierung die Reduktion und übersichtliche Organisation der Datenmenge, mit der sich der Benutzer direkt befassen muß. In der Regel beschreiben sehr wenige generische Parameter die Strukturen eines Bauwerks, und nur die computerorientierte Umsetzung und Modellierung des Bauwerkes läßt den internen Datenbestand explodieren. Die Benutzerschnittstelle muß so gestaltet sein, daß sie möglichst mit den generischen Parametern auskommt. Mit netzorientiertem FEM-Preprocessing ist dieses Ziel nicht erreichbar.

Einsatz der Methode der Finiten Elemente am Beispiel eines schiefwinkligen Rahmenbauwerkes

Prof. Dr.-Ing. A.Krebs ; Dipl.-Ing. A.Pellar ; Dipl.-Ing. Th.Runte
Krebs und Kiefer   Beratende Ingenieure für das Bauwesen GmbH, Karlsruhe

Zusammenfassung

Die Methode der Finiten Elemente hat in der letzten Zeit eine sehr weite Verbreitung erfahren. In diesem Beitrag wird die Anwendung dieses Verfahrens in der Ingenieurpraxis während der letzten Jahre kurz dargestellt. Es wird anhand eines ausgeführten Bauwerkes versucht, auf die möglichen Probleme bei der Anwendung dieses Verfahrens hinzuweisen. Für die Systemidealisierung werden Anregungen gegeben, um ein Tragwerk möglichst sinnvoll abzubilden. Die für den Einsatz dieses Verfahrens notwendigen Hintergründe werden aufgezeigt, um auch spezielle Probleme damit lösen zu können und mögliche Fehlerquellen bereits im Vorfeld zu vermeiden. Abschließend werden Hinweise gegeben, um die Ergebnisse kritisch und auf Ihre Plausibilität zu prüfen.

1. Allgemeines

Die Methode der Finiten Elemente ist in den letzten Jahren zum alltäglichen Werkzeug des Ingenieurs geworden.

Bedingt durch die sehr schnelle Entwicklung auf dem Hardwaremarkt können mit den heutigen Programmsystemen sehr komplexe Probleme auf einem PC gelöst werden, ohne mit übermäßig langen Rechenzeiten konfrontiert zu werden (Bild 1).

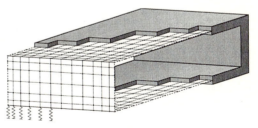

Bild 1 Bauwerk mit Idealisierung

Für die Datenaufbereitung stehen heute sehr komfortable Werkzeuge zur Verfügung. Trotz der Leichtigkeit bei der Eingabe auch recht komplizierter Systeme, darf dieses nicht darüber hinwegtäuschen, daß zunächst eine sinnvolle Idealisierung von ausschlaggebender Bedeutung ist. Die Grenzen der Anwendbarkeit der FE-Programme werden dem 'normalen' Anwender kaum noch bewußt, da in den Programmbeschreibungen i.d.R. nur auf die enorme Leistungsfähigkeit hingewiesen wird. Auf die Programmgrenzen hingegen, die eine sinnvolle Anwendung der Elemente gewährleisten sollen, wird selten eingegangen. Häufig werden nur Angaben über die maximale Anzahl der Freiheitsgrade und der Elemente gemacht. Dies sind jedoch keine eigentlichen Programmgrenzen, wo die implementierten Elemente nicht mehr sinnvoll eingesetzt werden können (z.B. bei großen Verformungen), sondern Hardwaregrenzen, die die Ergebnisse nicht beeinflussen.

Da es sich bei der Methode der Finiten Elemente nicht um eine analytische Lösung der baustatischen Probleme handelt, sondern um ein Näherungsverfahren, ist die zu erzielende Genauigkeit somit ganz wesentlich von den Startwerten abhängig, wie z.B. die Art der Diskretisierung des Systems mit den gewählten Elementen. So kann eine zu grobe Einteilung genauso zu ungenauen Ergebnissen führen wie eine zu feine Einteilung in Bereichen mit Singularitäten.

Dieses Verfahren täuscht wenig erfahrenen Anwendern häufig eine sehr hohe Genauigkeit vor, die einerseits nicht immer erforderlich ist, und andererseits nur selten bei einer Berechnung erreicht werden kann. Allein durch die Wahl einer komplizierten Systemidealisierung mit einer großen Anzahl von Unbekannten wird noch lange nichts über die Genauigkeit der ermittelten Ergebnisse ausgesagt. Eine besondere Problematik für den Anwender kommt hier aus der Nichtlinearität des Verbundwerkstoffes Stahlbeton hinzu.

2. Bauwerk

Das Bauwerk (Bild 2), an dem hier die Anwendung der Methode der Finiten Elemente und anderer Berechnungsverfahren betrachtet werden soll, ist ein schiefwinkliges, geschlossenes Rahmenbauwerk, wie es im Zuge der Ausbau- und Neubaustrecke der Deutschen Bahn AG häufiger vorkommt. Hier handelt es sich um die EÜ über die K 5311 bei Appenweier auf der Strecke Karlsruhe-Basel. Der Kreuzungswinkel zwischen den beiden Verkehrsträgern, Straße und Schiene, beträgt ca. 60°. Der hier betrachtete Rahmenblock liegt etwa in der Mitte eines ca. 270 m langen wasserdichten Trogbauwerkes und hat eine lichte Spannweite von 15,70 m und eine lichte Höhe von 4,70 m. Da das Bauwerk unter Eisenbahnbetrieb erstellt werden mußte, wurde das Rahmenbauwerk unter dem Gleiskörper ca. 25m hindurchgepreßt. Zu diesem Zweck wurde der Rahmen mit zwei Schneiden ausgestattet, die ein seitliches Nachbrechen des Erdreiches beim Verschub verhindern sollten und gleichzeitig als Auflagermöglichkeit für die Abfangträger der Hilfsbrücken dienten. Die Durchpressung erfolgte im Schutze einer Vereisung. Die Gleise waren im Bauzustand während der Durchpressung durch Hilfsbrücken gesichert.

Bild 2 Bauwerk im Bauzustand

3. Berechnung

Zur Berechnung eines solchen elastisch gebetteten Rahmenbauwerkes bieten sich zunächst, in Abhängigkeit von der gewünschten Genauigkeit und dem Ziel der Berechnung, wie Vorbemessung, Entwurf, Prüfung oder detaillierte Ausführungsplanung, verschiedene Verfahren an, die von ebenen Stabtragwerken bis hin zu räumlichen FE-Systemen reichen.

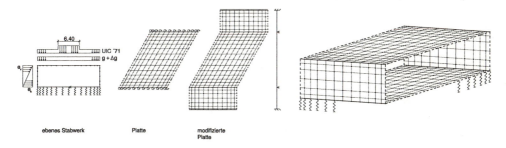

Bild 3a ebene Systeme   **Bild 3b** räumliches FE-System

Stabwerksberechnung

In einem ersten Schritt, im Zuge des Tragwerksvorentwurfes zur Abschätzung der Bauteilabmessungen oder zur vergleichsweisen Prüfung, kann ein solches Bauwerk als ebenes Stabwerksystem (Bild 3a) überschlägig berechnet werden. Hier ist die Frage nach der Spannweite, rechtwinklig zu den Wänden oder parallel zum freien Rand, für die Berechnung von Bedeutung. Hierfür ist ein Vektorplot der Hauptmomente aus einer Plattenberechnung hilfreich. Bei diesem Bauwerk wurde mit einem mittleren Wert für die effektive Spannweite von L=18 m gerechnet.

Diese Berechnung kann natürlich nur das Längstragverhalten des Bauwerkes erfassen. Die Quertragwirkung der Platte und folglich die Ermittlung der Querbewehrung kann ebenso nicht erfaßt werden, wie die Auswirkung der schiefen Ecke. Die mitwirkenden Breiten müssen bei den Belastungen beachtet werden.

Plattenberechnung

In einer etwas weitergehenden Untersuchung, z.B. zur schnellen Überprüfung einer räumlichen FE-Berechnung, kann die Rahmendecke als ebenes Plattensystem (Bild 3a) abgebildet werden. Die Platte ist seitlich elastisch in die Wände eingespannt. Der Grad der Einspannung in die Wände ist in erster Linie von der Geometrie abhängig und über die Wandbreite nicht konstant. Wirkt auf die Rahmenwand der Erdruhedruck und ein hoher Wasserdruck ein, zieht die Rahmenecke mehr Lasten an als bei aktivem Erddruck. Das Rahmenbauwerk ist mit einem Einspanngrad von 75% der Volleinspannung untersucht worden.

Der Einfluß der Schiefwinkligkeit und die Quertragwirkung der Platte infolge lokaler Lasten lassen sich hierbei gut erfassen. Mit einer solchen Plattenidealisierung wird der Einfluß der Normalkraft in der Decke nicht erfaßt. Außerdem ist das Einspannmoment in der stumpfen Ecke von dem gewählten Einspanngrad sehr stark abhängig.

Modifizierte Plattenberechnung

Darüber hinaus kann mit einer modifizierten Plattenberechnung die elastische Einspannung der Decke etwas genauer erfaßt werden, indem die seitlichen Wände in die Ebene der Deckenplatte hochgeklappt werden. Somit erhält man ein Plattensystem aus drei Platten (Bild 3a). Wenn die Erddrucklasten auf die, die Wände simulierenden Plattenbereiche angesetzt werden, kann so der Momentenverlauf in der Rahmendecke sehr gut erfaßt werden. Der Lastfall einseitiger Erddruck, der eine Schiefstellung des Rahmens hervorruft, kann über einen fiktiven Lastfall Stützensenkung abgebildet werden. Auch bei dieser Variante ist der Nachteil bei der Bemessung der Deckenplatte die Nichtberücksichtigung der Normalkräfte. Die vektorielle Darstellung der Hauptmomente dieser Plattenberechnung läßt die effektive Tragwirkung des Bauwerkes sehr gut erkennen (Bild 4). Im Hinblick auf den gegenüber der zuvor erläuterten Plattenberechnung erhöhten Aufwand ist diese Berechnung nicht sehr effektiv, da die Ergebnisse keinen wesentlich höheren Genauigkeitsgrad besitzen.

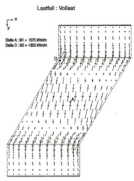

Bild 4 Hauptmomente

Räumliche FE-Berechnung

Zielführend und unter Beachtung wirtschaftlicher Aspekte ist für ein solches Bauwerk immer eine räumliche FE-Berechnung (Bild 3b). Bei dieser Art der Idealisierung gehen alle maßgebenden Einflußfaktoren, wie die Quertragwirkung der Platte, die Erddrucklasten auf die Wände und die Bettung der Bodenplatte wirklichkeitsrelevanter in die Berechnung ein. Auch der Einfluß der Normalkraft wird erfaßt.

4. FE-Berechnung

Bei der Systemeingabe dieser räumlichen Rahmenberechnung ist der vorhandenen Bauteilgeometrie und den Lasten besondere Aufmerksamkeit zu schenken. Die hierbei aufgetretenen Probleme und die möglichen Fehlerquellen werden nachfolgend erläutert.

Bei der Methode der Finiten Elemente wird allgemein nur mit in die Knotenpunkten umgerechneten diskreten Lasten gearbeitet. Entsprechend können durch Netzverfeinerung Flächenlasten wirklichkeitsnäher berücksichtigt werden (Bild 5).

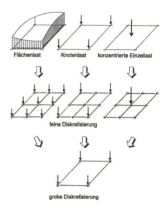

Bild 5 Idealisierung der Last

Bei einer grafischen Eingabe bieten viele Programme die Möglichkeit, die Lasten beliebig auf dem System zu positionieren. Da diese an beliebiger Stelle angesetzten Lasten in Knotenlasten umgerechnet werden, wird nur eine scheinbar höhere Genauigkeit vorgetäuscht.

Bei geometrisch vorgegebenen Lastspuren, wie z.B. der vorgegebenen Gleislage auf dem Rahmen, ist es sinnvoll, die Elementeinteilung an den Lastgrenzen, unter Berücksichtigung einer Lastausbreitung bis zur Schwerachse, zu orientieren.

Ein weiterer entscheidender Aspekt bei der Systemdiskretisierung ist die Wahl der Elemente. In den meisten kommerziellen Programmen werden Viereckselemente angeboten, sie haben sich gegenüber den Dreieckselementen durchgesetzt. Je nach dem eingesetzten Element sollte eine gewisse Verzerrung der Elementgeometrie nicht überschritten werden, da sonst mit unzuverlässigen Ergebnissen zu rechnen ist. Für diese Berechnung mußten Schalenelemente eingesetzt werden, um sowohl den Einfluß der Biegung als auch der Normalkraft in der Plattenebene berücksichtigen zu können.

Bei der Berücksichtigung einer elastischen Bettung ist die gewählte Elementeinteilung entscheidend für die Genauigkeit der Ergebnisse. Die Bettung wird häufig über Knotenfedern simuliert, ist also diskontinuierlich. Bei einer zu groben Elementeinteilung wird folglich die tatsächliche Bettungsspannung derart in das System eingeleitet (lokal als Knotenlast), daß die Momentenlinie und die Querkraftlinie in der Bodenplatte nicht mehr realistisch abgebildet werden.

Eine sinnvolle Elementeinteilung muß sich auch an der erforderlichen Genauigkeit der zu erwartenden Ergebnisse orientieren. D.h., in Bereichen mit gering veränderlichen Schnittgrößen können größere Elementabmessungen gewählt werden. Dagegen ist in Bereichen mit starken Schnittgrößengradienten eine Netzverdichtung angebracht.

An Stellen mit Singularitäten wird häufig versucht, durch eine extrem feine Unterteilung scheinbar 'exakte' Schnittgrößen zu ermitteln. Singularitäten treten unter anderem bei
- Punktlagerungen,
- einspringenden Ecken,
- im Inneren einer Platte endenden Stützungen und
- stumpfen Ecken von frei drehbar gelagerten Rändern auf.

Sobald die Elementlänge die Größenordnung der Elementdicke erreicht, gelten die bei vielen Elementen getroffenen Ansätze (wie die Bernoulli-Hypothese) nicht mehr. Die bei einer feinen Einteilung erhaltenen Werte sind jedoch für die Praxis genauso unbrauchbar wie die unendlichen Werte der analytischen Lösung nach Kirchhoff. Diese Verdichtung kann sogar zu numerischen Fehlern führen. Darauf wird bei der Ergebnisinterpretation im nachfolgenden Kapitel eingegangen.

Wichtig für die Wahl der Elementeinteilung sind auch Unstetigkeiten in der Bauteilgeometrie, wie z.B. vorhandene Vouten. Zu deren Abbildung ist eine Elementunterteilung notwendig. Eine Voute kann nicht alleine über die unterschiedliche Querschnittsdicke korrekt abgebildet werden. In einer Voute müßte die Schwerlinie abknicken. Dieser Effekt wurde bei der niedrigen Voute dieses Rahmenbauwerks nicht berücksichtigt. Bei sehr steilen Vouten muß zusätzlich zwischen dem Querschnitt für die Berechnung der Schnittgrößen und der Bemessung unterschieden werden. Die meisten Programme beinhalten solche Bemessungsregeln bisher noch nicht.

Von Interesse für die weitere Bearbeitung sind die Stellen, an welchen die Ergebnisausgabe (Knotenpunkte, Seitenmitten, Schwerpunkt oder Gauß'sche Integrationspunkte) erfolgt. Bei der Wahl der Elementeinteilung ist somit Rücksicht auf die Bemessungsstellen zu nehmen, an denen Nachweise erforderlich sind. Die Biegebemessung ist zumeist eine Bemessung im Anschnitt zweier Bauteile, wohingegen der maßgebende Werte für die Schubbemessung i.d.R. nicht an der gleichen Stelle liegt (sondern z.B. in einem Abstand von 0.5·h). Im Hinblick auf die Wirtschaftlichkeit ist es gerade bei 'dicken' Bauteilen vorteilhaft, an den Bemessungsstellen auch direkt die Ergebniswerte zu erhalten und nicht nur die Spitzenwerte, z.B. in den Systemachsen, für die Bemessung heranzuziehen.

Für das betrachtete Bauwerk wurden die Elemente sowohl zum freien Rand, als auch zur Einspannung hin 'leicht' verdichtet. Das gewählte Elementraster von 12 x 14 Elementen für die Decke wies Maschenweiten von 64 cm x 70 cm im Bereich der stumpfen Ecke und 140 cm x 160 cm im Feldbereich auf. Hiermit konnte der Einfluß des freien Randes, der Einspannung in die Wände und die Auswirkungen der stumpfen Ecke sehr gut erfaßt werden. Bei der vorgenommenen Verdichtung wurde darauf geachtet, daß die Seitenverhältnisse der Elemente die für das gewählte 4-Knoten Element gültigen Grenzen nicht überschreiten. Bei der Einteilung in Querrichtung wurde darauf geachtet, daß die Lastfläche der Verkehrslast (UIC'71), unter Berücksichtigung einer Lastausbreitung bis zur Schwerachse der Platte, mit einem Elementrand zusammenfällt. Die Elementeinteilung für die Decke und die Sohle war gleich. Hiermit konnte der Einfluß der erhöhten Sohlspannung unter den Wänden korrekt erfaßt werden.

5. Genauigkeit der Ergebnisse

Die Genauigkeit der Ergebnisse einer FE-Berechnung kann sehr unterschiedlich sein. Während die Verformungen und Momente fast immer sehr genau sind (eine vernünftige Elementeinteilung vorausgesetzt), muß dies z.B. für die Querkraft nicht immer zutreffen. Da die meisten Programme Elemente mit Verschiebungsansätzen verwenden, werden die Verschiebungen direkt als Knotenunbekannte berechnet und haben erwartungsgemäß die höchste Genauigkeit. Die Momente werden aus der zweiten Ableitung der Biegelinie bestimmt. Die Querkraft erhält man aus der Ableitung der Momentenlinie. Dieser Umstand erklärt, warum die Genauigkeit der Querkraft immer um eine Stufe niedriger sein muß, als die der Momente.

Je nach dem Ansatz für das verwendete Element können bei der Querkraft sehr große Unterschiede auftreten. Um die Querkraft zu überprüfen, kann zum einen die Gesamtquerkraft einmal über die Integration der Querkräfte längs der Auflagerlinien und zum anderen über die Summe aller Lasten ermittelt werden. Weitere Kontrollmöglichkeiten bestehen durch die Anwendung von vereinfachten statischen Systemen, wie einfachen Balkentragwerken, oder über eine Abschätzung der Einzugsbereiche der Lasten. Kontrollen dieser Art sollten immer durchgeführt werden. Die Auflagerkräfte haben bei Elementen mit Verschiebungsansätzen wieder die gleiche Genauigkeit wie die Verschiebungen, da sie direkt aus ihnen ermittelt werden.

Die Konsequenzen einer abschnittsweisen Herstellung des Bauwerkes sollte bei der Systemwahl berücksichtigt werden. Sehr häufig werden komplette Rahmenbauwerke einschließlich der Flügelwände in einem Berechnungslauf berechnet und bemessen. Die seitlichen Flügelwände werden zumeist herstellungsbedingt erst später betoniert, wenn das Bauwerk bereits ausgeschalt ist und somit sein Eigengewicht und evtl. die Ausbaulasten schon abtragen muß. Erst in dieser Phase wirken die Flügel statisch mit und können - bedingt durch ihre Steifigkeit - Lasten anziehen, jedoch nur diejenigen Lasten, die dann zusätzlich aufgebracht werden. Wenn versucht wird dieses mit einer FE-Berechnung zu erfassen, müssen für die einzelnen Lastfälle unterschiedliche statische Systeme angesetzt werden, wobei die Verformungen aus dem jeweils vorherigen Zustand berücksichtigt werden müssen. Andernfalls - wenn die Flügelwände in der Berechnung von Anfang an berücksichtigt werden - ziehen sie schon Lasten an, bevor sie überhaupt betoniert worden sind! Diese Lasten müssen gerade von der schon hoch beanspruchten stumpfen Ecke aufgenommen werden. In der Praxis stellt sich allerdings über Rißbildung und Betonkriechen eine Lastumlagerung ein. Diese nichtlinearen Effekte werden jedoch bei einer üblicherweise durchgeführten linear-elastischen Rechnung nicht erfaßt.

Diese dargestellte Problematik soll verdeutlichen, daß durch eine gesamtheitliche Betrachtung des Bauwerkes nicht unbedingt realitätsnähere Ergebnisse erwartet werden können, wenn bei der Systemwahl unter Berücksichtigung des Materialverhaltens die oben gemachten Überlegungen nicht stattfinden.

6. Ergebnisaufbereitung und -interpretation

Die Anwendung der Methode der Finiten Elemente produziert, vor allem bei räumlichen Berechnungen, eine 'Unmenge' von Ergebnissen. Es ist dabei wenig sinnvoll alle diese Ergebnisse als Zahlenwerte auszugeben. Man sollte sich folglich bei der Ausgabe der Zahlenwerte auf wenige, interessante Bereiche beschränken. Dieses setzt aber auch eine entsprechende Erfahrung und Kenntnis des Tragverhaltens voraus. Sinnvoll ist auf jeden Fall die Ergebnisse grafisch aufzubereiten und in ansprechender Form auszudrucken (Bild 6), um einen klaren Überblick zu erhalten. Als Stichworte seien die Darstellung der Schnittgrößen als Isolinienplot oder als Plot mit Werteangabe und die Ausgabe der Hauptmomente in Vektordarstellung zu nennen. Aus solchen Darstellungen erkennt man relativ leicht das Tragverhalten des Systems mit den Bereichen, die besondere Aufmerksamkeit erfordern.

Bild 6 Bewehrungsplot in der stumpfen Ecke

Bei der Darstellung von Bewehrungen kann zumeist auch zwischen den oben beschriebenen Darstellungen gewählt werden. Es ist in vielen Fällen sinnvoll die Darstellung auf solche Bereiche zu beschränken, in denen eine über der eingelegten Grundbewehrung liegende Bewehrung erforderlich ist. In einigen Systemen ist es möglich die Bemessungsergebnisse über eine gemeinsame Datenbasis in ein CAD-System einzulesen (Bild 7).

Die Bewehrungswerte werden auf einem bestimmten 'Layer' als Zahlenpaare dargestellt. Das CAD-Programm zeigt dem Konstrukteur dann nur noch die Bereiche mit den zugehörigen Wertangabe an, in denen die erforderliche Bewehrung noch nicht abgedeckt ist. Auf diese Weise kann sehr einfach die noch erforderliche Zusatzbewehrung eingelegt werden.

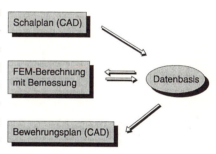

Bild 7 Schema einer integrierten Berechnung

Gerade bei den hier behandelten schiefwinkligen Platten bietet die Methode der Finiten Elemente die Möglichkeit, die Bemessung mit einem Nachlaufprogramm (Postprozessor) so durchzuführen, daß die Bewehrung auf der Baustelle auch vernünftig eingelegt werden kann. Bei einer schiefen Platte steht man immer vor der Frage, wie man die Bewehrung einlegen soll. Es bieten sich folgende Möglichkeiten:
- schiefwinklig, parallel zu den Rändern,
- rechtwinklig, Hauptbewehrung parallel zum freien Rand,
- rechtwinklig, Hauptbewehrung senkrecht zum gelagerten Rand,
- Dreibahnbewehrung   an.

Das Problem einer 'sinnvollen' Bewehrungsführung, in Abhängigkeit von der jeweiligen Bauwerksgeometrie, ist Thema vieler Untersuchungen (z.B. [3]). Durch Drehung der Bewehrungsrichtung gegenüber der Trajektorienrichtung der

Hauptmomente und bei nicht orthogonalen Bewehrungsnetzen erhöht sich die Bewehrungsmenge über die Transformationsgleichungen ([2], [4]) teilweise sogar drastisch (Bild 8). Da man nun dieses Instrument an der Hand hat, kann man durch direkten Vergleich der Bewehrungsnetze eine für die Ausführung günstige Bewehrungsführung ermitteln.

Bewehrungsmengen längs/quer [cm²/m]

Stat. System	Netz	Stelle A	Stelle B	Stelle C	Stelle D
Stabwerk		61			52
Platte	1	48 / 13	48 / 16	51 / 12	75 / 32
	2	51 / 27	46 / 10	51 / 12	80 / 34
	3	90 / 45	61 / 12	71 / 15	120 / 54
mod.Platte	1	48 / 12	47 / 15	51 / 13	71 / 37
	2	51 / 23	43 / 10	48 / 11	60 / 12
	3	87 / 40	60 / 12	70 / 15	81 / 27
räuml. FE-System	1	52 / 13	46 / 16	56 / 16	59 / 42
	2	56 / 30	45 / 8	55 / 12	55 / 22
	3	94 / 48	57 / 10	76 / 14	70 / 35

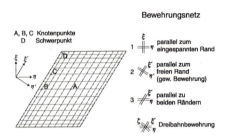

Bild 8 Bemessungsstellen und Vergleich der Bewehrungsmenge (ohne Rißbreitennachweis und Mindestbewehrung)

Bei der Bemessung von Singularitäten, hier speziell der stumpfen Ecke, stellt sich häufig die Frage, ob die örtlichen Momentenspitzen, durch die Bewehrung abzudecken sind. Es hat wenig Sinn durch eine extreme, lokale Netzverfeinerung diese Bereiche 'genau' abzubilden. Es ist sinnvoller und zielführend hier eine integrale Betrachtung vorzunehmen. Nachbarbereiche mit Abmessungen, die sich an der Plattendicke orientieren, sollten in diese Betrachtung miteinbezogen werden. In diesen hochbeanspruchten Bereichen wird sich der Beton infolge von Rißbildung und Kriechen den Lasten entziehen. Dieser Aspekt, der natürlich nicht überbewertet werden darf, ist bei weitergehenden Überlegungen zu berücksichtigen. Gerade im Bereich der stumpfen Ecken, wo sich die Bewehrungskonzentrationen ergeben, kann über eine geschickte Wahl der Bewehrungsrichtung - auf die eben beschriebene Art - eine vernünftige Konstruktion gewährleistet werden. So könnte in vielen Fällen die sehr starke Bewehrungskonzentration, die zu Problemen bei der Ausführung führen kann (Bild 9), auf das notwendige Maß reduziert werden.

Bild 9 Foto einer ungünstigen Bewehrungsführung

Aus den vorangegangenen Überlegungen und der durchgeführten Optimierung der Bewehrung wurde die im Bild 10 dargestellte Bewehrungsführung im Bereich der stumpfen Ecke an diesem Rahmenbauwerk gewählt und mit Erfolg auch eingebaut.

Im Hinblick auf die in Zukunft - im Rahmen der europäischen Regelwerke, wie EC 2 - auch für die Praxis zugelassenen nichtlinearen Berechnungen können die Materialeinflüsse genauer untersucht und durch die Bewehrungsführung konsequent berücksichtigt werden. Die eingelegte Bewehrung ließe sich im Bereich der stumpfen Ecke mit Hilfe einer nichtlinearen FE-Rechnung reduzieren. Es sei dazu allerdings bemerkt, daß zum Zeitpunkt der Ausführung solche nichtlineare Berechnungsverfahren von den Vorschriften nicht gedeckt wurden. Eine nichtlineare Rechnung wurde unter realistischer Berücksichtigung des Materialverhaltens des Betons, des Bewehrungsstahls und deren Interaktion, nämlich des Verbundverhaltens, durchgeführt. Für die FE-Diskretisierung wurde das gleiche FE-Netz, welches für die linearen Untersuchungen benutzt wurde, eingesetzt. Die Rechnung zeigt, daß durch eine Abminderung der maximalen Bewehrung der stumpfen Ecke um 25% eine Reduzierung der Traglast um nur 6% verbunden mit einer Vergrößerung der maximalen Verformung im Gebrauchszustand von 4% stattfindet. Eine solche Bewehrungsreduzierung der stumpfen Ecke kommt einem vollständigen Abbau der Bewehrungsspitze und somit einer gleichmäßigeren Bewehrung der Rahmenecke gleich. Mit solchen für die Praxis neuen Berechnungsverfahren läßt sich die Wahl der Bewehrungsführung in gewissen Grenzen frei gestalten und es können für die Ausführung günstigere Lösungen angestrebt werden [5].

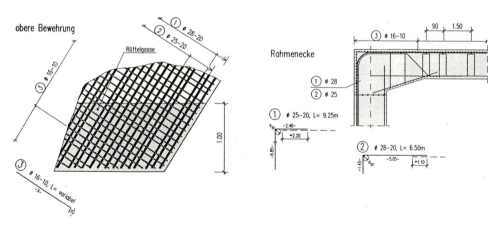

Bild 10 ausgeführte Bewehrung

7. Ausblick

Mit der Methode der Finiten Elemente ist es also möglich das Tragverhalten auch komplizierter statischer Systeme ausreichend genau für die Praxis zu erfassen. Dabei muß man stets die Anwendungsgrenzen neben den 'fast uneingeschränkten' Möglichkeiten berücksichtigen. Die Ergebnisse von solchen umfangreichen Berechnungen müssen immer kritisch betrachtet werden. Als Ziel sollte bei Stahlbetonbauteilen immer eine für die Praxis 'optimale' Bewehrungsführung, auch in Hinblick auf die Qualitätssicherung, stehen. Die in der nächsten Zeit kommenden nichtlinearen und plastischen Berechnungsverfahren werden neue Wege, aber auch Gefahren bereiten. Sie werden den in der Praxis stehenden Ingenieur mehr denn je vor neue Herausforderungen stellen.

8. Literatur

[1] Bathe K.-J.: Finite Elemente Methode. Springer Verlag 1986

[2] Baumann T.: Tragwirkung orthogonaler Bewehrungsnetze beliebiger Richtung in Flächentragwerken aus Stahlbeton. Heft 217, Deutscher Ausschuß für Stahlbeton, Berlin 1972

[3] Czerny F., Böck H., Mayer J.: Schiefwinklige Stahlbetonplattenbrücken. Empfehlungen zur Berechnung und Konstruktion. Heft 220, Straßenforschung, Bundesministerium für Bauten und Technik, Wien 1984

[4] Krebs, A.: Zur Berechnung zweibahniger schiefwinkliger Bewehrungsnetze, Beton und Stahlbetonbau 81 (1986), Heft 5, Seite 120-125

[5] Retzepis, I.: Schiefe Betonplatten im gerissenen Zustand. Dissertation, Institut für Massivbau und Baustofftechnologie, Universität Karlsruhe 1995

[6] Rothe D.: Anwendung von FE-Programmen und ihre Grenzen. Vortrag Fortbildungsseminar der Prüfingenieure in Darmstadt 1994

[7] Stempniewski L., Eibl J.: Finite Elemente im Stahlbeton, Beton-Kalender 1993

Kann die FE-Methode wirklich alles ?

Dr.-Ing. Casimir Katz
Ingenieurbüro Katz+Bellmann
SOFiSTiK GmbH, Oberschleißheim

1. Einführung

Eine provozierende Frage? Selbstverständlich könnte die Methode alles! Aber können es auch die Programme und können es die Benutzer?

Wenn man sich die Geschichte der Finiten Elemente betrachtet, so könnte man mehrere Zeitalter erkennen:

> Eine mittelalterliche Frühzeit, geprägt durch ein vorsichtiges Ertasten der neuen unbekannten Welten durch Praktiker, die viel mit Analogien gearbeitet haben. Sie wußten zwar nicht das "Warum", aber zumindest das "Was "

> Eine Barockzeit der ausufernden Schnörkel, in der immer exotischere Anwendungen auf empirischer Basis versucht wurden. Glaube statt Wissen?

> Eine Aufklärung, in der die mathematischen Grundlagen erforscht wurden und theoretische Hintergründe erkannt wurden.

Die Neuzeit ist dadurch gekennzeichnet, daß die Methode infolge stark fallender Preise für Hard- und Software in der Praxis auf breiter Basis Einzug gehalten hat. Die Grenzen der Anwendung sind heute durch die verfügbare Software gesetzt.

Nicht zuletzt auch durch die grafischen Oberflächen liegt die Versuchung nahe, Software zu verwenden, deren Grundlagen man nicht durchschaut, oder Dinge zu tun, die man nicht versteht. [1]

Das ist in vielen Bereichen des täglichen Lebens auch nicht anders. Und wir lachen über manche Fehlbedienungen wie den Pudel in der Mikrowelle. Es ist jedoch zu fragen, ob bei den Computern nicht eine gefährlichere Situation vorliegt, wenn diese sich anstellen, uns das Denken abzunehmen. Wenn wir uns nicht durch die Computer beherrschen lassen wollen, so müssen wir zumindest unseren kritischen Verstand gebrauchen und uns jederzeit Rechenschaft über die Voraussetzungen der angewandten Methoden geben. [2]

2. Ein paar Fälle aus der Raumfahrt

Es gibt bereits viele spektakuläre Fälle in der Luft- und Raumfahrt, bei denen Softwarefehler Schaden verursacht haben [3]. Ich möchte hier bewußt alle die Fälle weglassen, bei denen echte Software-Fehler vorlagen, sondern konzeptionelle Fehler ansprechen.

Beim Kuweit-Irak Krieg versagte eine Patriot-Rakete, weil die Entwurfsgrundlage "maximal 36 Stunden Dauerbetrieb" zur zeitlichen Synchronisation der Rechner dem Bedienungspersonal unbekannt war.

Bei der Landung der Gemini-Kapsel V nach dem ersten 14-tägigen Raumflug wasserte die Kapsel 160 km neben dem vorausberechneten Zielort. Man hatte vergessen, die Bewegung der Erde um die Sonne mit einzubeziehen.

Im Falkland-Krieg traf eine Exocet-Rakete den englischen Zerstörer Sheffield. Das elektronische Abwehrsystem hatte die Rakete als "befreundet" eingestuft.

Auch die beste Qualitätskontrolle der Programme kann keine Fehler entdecken, die in der Vorgabe der Programme gemacht werden.

Jeder mathematische Beweis hat Voraussetzungen. Im einfachsten Fall sind dies die Axiome, aber danach ist jede Voraussetzung Ergebnis früherer Beweise. Unsere ganze Mathematik baut auf diesem Schema auf. Die Ingenieure hingegen nehmen es damit normalerweise nicht so genau.

Nicht erst seit dem Fall mit dem Pentium-Prozessor sollte man sich vor Augen halten, daß eine der ganz grundlegenden Voraussetzungen der Mathematik, die Gruppeneigenschaften der Addition und Multiplikation (Das Ergebnis jeder Operation auf zwei Zahlen ist wieder eine Zahl) für das Rechnen mit Computern im allgemeinen nicht erfüllt ist. Wenn aber die Voraussetzungen nicht erfüllt sind, dann können die Ergebnisse nicht auf allzufesten Beinen stehen.[4]

3. Schubverformungen

Jedem Erst-Semester wird die Hypothese von Bernoulli vom Ebenbleiben der Querschnitte vorgestellt und jeder wird diese als Banalität oder Selbstverständlichkeit abhaken. Die darin versteckten Voraussetzungen erkennt man nicht und viele erkennen sie auch später nicht mehr. Irgendwann dann kommen die Schubverformungen durch die Hintertür wieder herein und sie geben Anlaß zu allerlei Verwirrungen:

- Positive Einspannmomente am Einfeldträger mit Kragarm:
  Bei kurzem Träger oder großer Schubverformbarkeit schlägt das Moment nicht mehr durch:

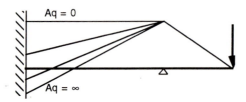

- Auflagerbedingungen bei Kirchhoff- und Mindlinplatte
  Bei der Kirchhoff-Platte werden Querkräfte und Drillmomente zu einer Ersatzquerkraft zusammengefaßt. Bei der Mindlinplatte gibt es hingegen separate Auflagerbedingungen und man unterscheidet zwischen harter und weicher Lagerung [5]
- Hauptachsen der Stabtragwerke
  Die klassische Balkentheorie wie auch fast alle mir bekannten Programme gehen davon aus, daß die Gleichungen sich entkoppeln, wenn man in die Hauptträgheitsachsen transformiert. Schon die Transformationsgleichungen der Schubverformungsflächen dürften in der Fachwelt unbekannt sein. Insbesondere aber die Tatsache, daß es auch eine Schubdeviationsfläche A-yz gibt und Hauptachsen der Schubverformung, die nicht mit den Hauptträgheitsachsen zusammen fallen.

4. Beispiel zu den Grenzen der Balkentheorie

Das folgende System trat bei einer Einflußlinienermittlung auf:

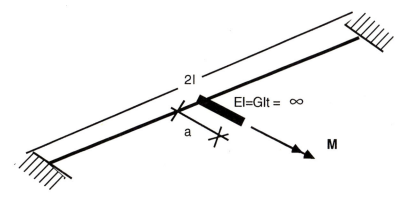

Nach der klassischen Balkentheorie (Technische Mechanik 1. Stunde) ist der Momentenvektor längs seiner Achse beliebig verschiebbar, der Längsträger erhält ausschließlich Biegemomente. Nun ergab sich aber die Vermutung, daß ein Torsionsmoment der Größe M*a/l im Längsträger auftreten müßte.

Grenzwertbetrachtungen verschiedenster Art ergaben ebenfalls diesen Wert. Und wenn man die Verformungsfigur eines realen FE-Systems ansieht, so ergeben sich ebenfalls deutliche Hinweise auf eine Torsionsbeanspruchung des Längsträgers. Die Einleitung des Torsionsmoments erzeugt eine Verbiegung der Fahrbahnplatte, die wiederum eine gegenseitige Verdrillung der Längsachse des Trägers zur Folge hat. Tatsächlich ergibt sich bei der Aufsummierung aller Schnittgrößenkomponenten der FE-Elemente ein resultierendes Torsionsmoment in der Längsrichtung.

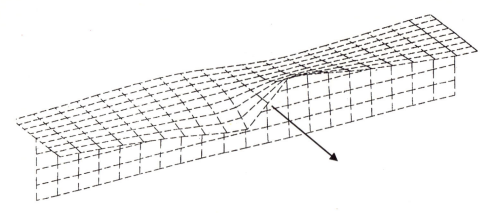

In diesem Falle haben wir bei dem Problem "Lasteinleitung" Voraussetzungen der Balkentheorie verlassen. Hier konnte uns die FE-Methode retten.

5. Grenzen der FE-Elemente

Aber auch die FE-Methode basiert auf Voraussetzungen, die eingehalten werden müssen, wenn wir nicht unliebsame Überraschungen erleben wollen.

Die Methode der finiten Elemente ist eigentlich ja nur eine mathematische Methode zur Beschreibung allgemeiner Differentialgleichungen. Sehr zum Ärger der Mathematiker erhält man jedoch vielfach auch dann brauchbare Ergebnisse, wenn man deren mathematischen Voraussetzungen ignoriert.

Die Aufgabe des Ingenieurs besteht nun darin, wesentliche von unwesentlichen Voraussetzungen zu trennen, vor allem auch dann, wenn keine mathematische Fehlerabschätzung vorliegt. Wenn wir in diesem Bereich versagen, werden wir folglich unserer ureigensten Verantwortung nicht gerecht.

5.1. Prinzipielle Voraussetzungen

Die FE-Methode basiert auf einem Näherungsverfahren, bei dem aus einem Lösungsraum möglicher Lösungsansätze die optimale im Sinne eines Minimalprinzips ermittelt wird. Daraus folgt bereits die erste Regel:

Wenn die Lösung durch den Lösungsraum (Ansatzfunktionen und Typ der Elemente) nicht beschreibbar ist, erhält man sie auch nicht.

Das gleiche gilt natürlich für die implementierten Algorithmen. Was nicht programmiert wurde oder in der programmierten Theorie nicht erfaßt wird, kann auch nicht berechnet werden. Effekte, die einer erwarteten Tendenz entsprechen, beweisen noch lange nicht, daß diese auch quantitativ richtig sind.

Bei jeder Software muß man deshalb davon ausgehen, daß fundamentale Voraussetzungen nicht erfüllt sind, sei es aus bewußter Vereinfachung, sei es aus Unkenntnis des physikalischen Sachverhalts. Kaum ein Programmanbieter macht Reklame damit, was er nicht programmiert hat. Also bleiben Sie als Anwender kritisch auch oder gerade wenn Sie glauben, alles zu kennen. Hüten Sie sich vor dem Schluß, daß Ihre Kenntnisse von alleine in die Software gelangt sein könnten.

Wohl wissend, daß die Dokumentation aller Voraussetzungen ein Wunschtraum bleiben muß, sollte man möglichst viel vom Hersteller zusammentragen. Es sollte jedoch auch jedem Anwender klar sein, daß er hier teilweise an die Betriebsgeheimnisse der Hersteller heran geht. Kein Lieferant wird, auch mit ISO 9000 nicht, seinen Abnehmern alle Geheimnisse verraten wollen. Unverzichtbar ist hier deshalb eine gute Hotline, die auch Verbindung zu den Programmautoren hat, Fortbildungsveranstaltungen des Software-Erstellers und ein gesundes Mißtrauen. Insider der EDV können sich durch die Fragestellung "Wie würde ich das programmieren" von manchem Holzweg abhalten. Für normale Benutzer stellt sich die Frage "Wie würde ich das von Hand machen". Wann immer der Computer einen Blick auf meine Zeichnung werfen müßte, ist die Wahrscheinlichkeit hoch, daß meine Voraussetzungen und die des Computerprogramms eklatant voneinander abweichen.

5.2. Unbekannte Voraussetzungen

Nicht weniger gefährlich sind Voraussetzungen, die gemacht wurden und dann vergessen wurden. Normen sind voll von solchen empirischen Regeln. Aber auch jeder Software-Ersteller muß immer wieder verallgemeinerte Annahmen machen, wenn er nicht die ultimative Weltformel programmieren will. Dabei interpretiert er die Fachliteratur auf seine Weise. Die muß nicht richtig sein!

Von besonderer Raffinesse sind Vorschriften wie "Zur Vereinfachung kann .... gesetzt werden". Der normale Ingenieur würde erwarten, daß bei genauer Rechnung eine wirtschaftlichere Konstruktion erreicht wird und der Passus lediglich die Handrechnung erleichtern soll. Wenn aber die Vereinfachung um einen Faktor 2.0 günstiger werden kann als die genaue Rechnung, liegt die Versuchung nahe, solche "Schweinereien" auch in das Programm einzubauen.

Aber auch im Rahmen der normalen Theorie trifft der Programmierer immer wieder auf Situationen, die nicht exakt lösbar sind. Beliebt sind dann Algorithmen, die für die von Hand überprüfbaren Fälle das richtige Ergebnis liefern und dazwischen irgendwas machen, z.B. interpolieren. Das ist durchaus ingenieurmäßiges Vorgehen, aber wenn es dem Benutzer verborgen bleibt, eine Quelle für unerwartete Ergebnisse. Wenn dan der Benutzer sich etwas ausdenkt, was der Programmierer gedacht haben könnte ... [6]

5.3. Robustheit

In einer Glosse stand der Begriff des "DAB", des "dümmsten anzunehmenden Benutzers". Das ist kein Hochmut der Programmautoren, sondern ein wesentliches Entwurfskriterium von Software. Was sind Fehleingaben? Und auf welche Weise reagiert das Programm darauf? Flexible Software muß auch einen "Mißbrauch" in Randbereichen tolerieren, sie sollte den Benutzer auf eventuelle

Fehleingaben hinweisen und diese Hinweise am besten nach einer ausführlichen Diskussion mittels eines Expertensystems aus der prüffähigen Statik wieder entfernen.

Das sogennannte "GIGO"-Prinzip (Garbage in - Garbage out) sollte heute eher ein "GIMO" (Garbage in - Message Out) sein, aber der Wunsch nach einer flexiblen Handhabung steht dem eher im Wege. Das Programm sollte sich prinzipiell auf eine krasse Fehlbedienung einstellen. Und der Benutzer sollte sich darauf einstellen, daß das Programm das nicht erkennt. Am gefährlichsten wird es, wenn Programme mit erkennbar falschen Zahlen weiterrechnen. Wenn im primitivsten Fall die Wurzel einer negativen Zahl anfällt, kann ich als Programmautor eben drei Dinge tun: 1. Eine sinnlose Fehlermeldung ausgeben, 2. Eine sinnvolle Fehlermeldung ausgeben, die den Benutzer auf die Ursache hinweist oder 3. einfach mit dem positiven Argument oder einer Null weiterrechnen.

An dieser Stelle muß auch danach gefragt werden, was Absolventen der Hochschulen heute zu diesem Thema lernen sollten. Da es unsinnig ist, allen die gesamte Theorie der FE zu lehren [2], sollte als Kontrolle die Grundlagen der Mechanik und ein gesundes Mißtrauen vermittelt werden.

6. Beispiele

In meiner täglichen Praxis haben sich Schwerpunkte herausgestellt, die besonders häufig Probleme machten:

6.1. Lasten und Auflager

- Prinzipielle Voraussetzungen
  Die Ansatzfunktionen beschreiben nicht nur die Interpolation der Verschiebungen oder Spannungen, sondern auch die der Belastungsfunktionale. Momentenbelastungen können nicht von allen Elementtypen aufgenommen werden!

- Unbekannte Voraussetzungen
  Ein Netz mit einer gegebenen Maschenweite hat eine bestimmte Auflösung bezüglich der Belastung. Kurze Streckenlasten oder Einzellasten werden dabei äquivalent als Knotenlasten abgebildet. Je nach Ansatzgrad kann ein Element Belastung zwischen den Knoten aufnehmen. Es ist Sache des Programmautors, wie er solche Lasten in Knotenlasten umrechnet. Eine Dokumentation hierzu ist selten vorhanden.

- Robustheit
  Eine Netzverfeinerung muß den realen Belastungen Rechnung tragen. Oder die Beschreibung der Belastung muß der Netzweite angepaßt sein. Bei Platten ist bei einer Elementgröße kleiner der Plattendicke eine Eingabe von Einzellasten oder Punktlagern nicht mehr sinnvoll. Eine adaptive Verfeinerung unter einer Einzellast, die in Wirklichkeit gar keine ist, ist hochgradiger Unfug. Die Mischung von starren und elastischen Auflagern ist ebenfalls ein beliebter Fehlerpunkt.

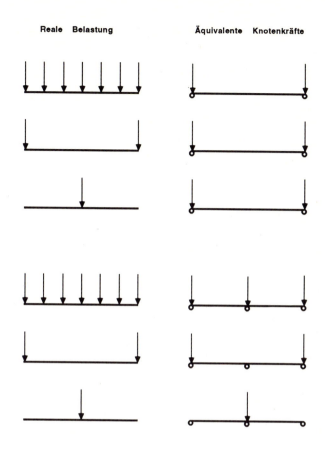

6.2. Kopplung von Balken und FE-Elementen

Ein Thema, trotz vieler Veröffentlichungen noch ohne Ende, ist das Problem der Kopplung von Stab- und Plattenelementen (Unterzug und Wände) [7],[8]

- Prinzipielle Voraussetzungen
  Da das reale System beliebig komplex ist, müssen für die Modellierung Vereinfachungen getroffen werden. Bei allgemeinen 3D-Programmen sind diese normalerweise weniger einschneidend und deshalb auch beschrieben. Der Benutzer definiert durch sein Rechenmodell auch die erwartete Tragwirkung des Gesamtsystems.

- Unbekannte Voraussetzungen
  Wenn ein Plattenprogramm keine Membranbeanspruchung erfassen kann, so muß es sich irgendwie behelfen. In dem "wie" steckt die ganze Problematik insbesondere bezüglich der Bemessung.

- Robustheit
  Es gibt eine Fülle von Fehlermöglichkeiten, die sehr schwer vom Programm abgefangen werden können. Das fängt bei Torsions und Schubsteifigkeit an und erreicht seinen Höhepunkt in der getrennten Bemessung von Platte und Unterzug. Die ermittelte Bewehrung kann dann völlig unsinnig sein.

6.3. Stahlbeton-Bemessung von FE-Elementen

Sofern nicht die Bemessung auf zulässige Spannungen ausreichend ist, sondern Traglasten oder Bruchlasten ermittelt werden, ergeben sich folgende Aspekte:

- Prinzipielle Voraussetzungen
  Das globale Gleichgewicht ist immer erfüllt. Inwieweit sich dieses auch in den Ergebnissen der Elemente niederschlägt, wird durch die Netzwahl, den Ansatzgrad der Elemente und der Verarbeitung der Ergebnisse in den Knoten festgelegt.

- Unbekannte Voraussetzungen
  Bemessungsalgorithmen gehen von einem lokalen Bruchzustand aus. Eine Verträglichkeit im Gesamtmodell kann nur mit einer Traglastanalyse erreicht werden. Die Ergebnisse können in beiden Richtungen falsch sein. Hier sind nicht nur Bemessungen von Querschnitten gegenüber FE-Systemen zu nennen, sondern auch und vor allem alle Ansätze der Schubbemessung bei kombinierter Beanspruchung.

  Die konstruktive Gestaltung ist in den Bemessungsalgorithmen generell nicht enthalten.

- Robustheit
  Die ermittelte Bewehrung kann unsinnig sein. Aber wie soll das Programm dieses entscheiden können. Wenn nicht alle Tragwerksglieder bemessen werden (z.B. Federelemente oder kinematische Constraints) ist das Modell ebenfalls unvollständig.

7. Sonstige Anforderungen an gute FE-Software

Es ist natürlich unmöglich, alle Möglichkeiten zu beschreiben, die eine FE-Analyse wertlos machen. Aber es ist doch möglich, ein paar Hinweise dafür zu geben, wie die Qualität der FE-Analysen gesteigert werden kann.

7.1. Redundanzfreiheit

Je mehr Möglichkeiten ein Programm hat, Dinge auf verschiedene Weise zu berechnen oder zu speichern, um so größer ist auch die Gefahr, daß Fehler auftauchen. Normen, die sich an einer ausschließlich rechteckigen Welt orientieren neigen dazu, Sonderfälle vorzusehen, die nicht verallgemeinert werden können. Wir haben immer wieder feststellen können, daß Algorithmen, die auf Physik und Mathematik beruhen, länger leben als jede noch so ausgefeilte Empirie. Eine zentrale Datenhaltung mit allen relevanten Daten, eine Verbindung zu einem CAD-System, objektorientierte Ansätze sind wichtige Hilfen im Kampf mit der Konsistenz der Daten. Die neuen OLE-Methoden von Windows sind ebenfalls ein ganz entscheidender Schritt auf dem Wege zu einer richtigen, d.h. konsistenten Statik.

7.2. Prüfbarkeit

Aus wenigen Informationen mit hoher Entropie (Nachrichteninhalt) gewinnt die Methode der finiten Elemente viele Informationen mit geringer Entropie. Dies ist zwar für Computer die bessere Lösung, nicht jedoch für uns Menschen. Für die Interpretation muß dieser Prozeß in Form von Grafiken noch einmal umgekehrt werden. Zur Prüfung werden neben den Zeichnungen noch ein Haufen von Papier als Anlage abgegeben. Wir sollten uns aber bemühen, statt des vielleicht sinnlosen Papiers eher das Gesamtsystem auf Datenträger anzustreben, bei dem man noch nachträglich Informationen auswerten kann. Wenn die Rechenergebnisse so gespeichert sind, daß man jederzeit einen zusätzlichen Schnitt durch das Tragwerk legen kann und dort die Summe der Kräfte und die erforderliche Bewehrung erhalten kann, so ist das für Umplanungen wie auch für die Prüfung wesentlich besser geeignet.

Auch tritt häufig der Fall auf, daß ein bestimmtes Teilergebnis nicht plausibel erscheint; dann wird man vom Programm nähere Erläuterungen hierzu verlangen. Der Weg zu einem KI-System ist hier vorgezeichnet aber nicht zwingend.

Wann wird die Baustelle anstelle von Plänen ein CAD-Modell des Bauwerks erhalten, in dem man alles nachschauen kann?

8. Schlußfolgerung

Bei Soft- und Hardware wird immer wieder der Vergleich mit dem Auto gezogen. Tatsächlich gibt es viele Gemeinsamkeiten, nicht nur beim Preis, sondern auch bei dem, was man als notwendig erachtet.

Früher machte man seinen Führerschein beim Automobilhersteller, heute befinden wir uns bei der Software noch in einer vergleichbaren Frühphase. Bis zum heutigen Zustand der Automobilnutzung liegt noch ein weiter Weg vor uns und es ist noch lange nicht geklärt, ob wir jemals den Zustand erreichen, daß wir Software wie ein Auto einfach nur benutzen können.

Bei den Betriebssystemen sind wir schon auf dem besten Wege dahin. War früher der Begriff des Personal-Computers nicht nur damit verbunden, seinen eigenen Rechner auf dem Schreibtisch zu haben, sondern auch noch damit, dessen Verhalten in allen Punkten bestimmen und kontrollieren zu können, so ist bei modernen Varianten von Unix und Windows der Benutzer nur noch in der Lage, das angebotene zu akzeptieren und nicht mehr nach dem Warum zu fragen.

Für statische Berechnungen sollte der Ingenieur jedoch seinem Berufsbild treu bleiben, sich selbst als Fachmann verstehen und seine Verantwortung nicht den Softwareherstellern oder Computern zuschieben.

9. Literatur

[1] Dudeck,H.,
Entwicklungstendenzen und Grenzen des FEM-Einsatzes beim unterirdischen Bauen.
Finite Elemente in der Baupraxis 1991, Karlsruhe, Verlag Ernst & Sohn

[2] Theodore Roszak
Der Verlust des Denkens, Droemer Knaur, 1986

[3] Lin, H.,
Software für Raketenabwehr im Weltraum
Spektrum der Wissenschaft, Heft 2, S. 30, 1986

[4] Walden,R., Reiter, M.
Fast getroffen ist auch daneben,
Auswirkungen von Rechen- und Rundungsfehlern.
c´t Heft 2, S. 166-170, 1995

[5] SOFiSTiK-Kundenbrief Nr. 11, Januar 1994,
SOFiSTiK GmbH Oberschleißheim

[6] Dietrich Dörner
Die Logik des Misslingens, Rowohlt 1989

[7] Katz,C.,Stieda,J.
Praktische FE-Berechnungen mit Plattenbalken
Bauinformatik 1 S. 3-7, 1992

[8] Wunderlich, W., Kiener,G., Ostermann, W.
Modellierung und Berechnung von Deckenplatten mit Unterzügen
Bauingenieur, Vol. 69 S. 381-390, 1994

Berechnungen von Stahlbetonscheiben- und -platten mit Finiten Elementen und der statische Grenzwertsatz des Traglastverfahrens

D. Schade, Ingenieurbüro Leonhardt, Andrä und Partner, Stuttgart

Zusammenfassung

Der Vergleich von Bewehrungen, die für identische Platten mit verschiedenen auf dem Markt angebotenen Programmen berechnet werden, zeigt merkliche Abweichungen, deren Ursachen dem Anwender unbekannt sind. Wird jedoch für Schnittkräfte im Gleichgewicht bemessen, ist die Traglast größer oder gleich der Last in der Berechnung. Die Schnittkräfte bei spannungshybriden Scheiben - und Plattenelementen erfüllen das Gleichgewicht summarisch mit großer Genauigkeit. Bei Elementen mit Verschiebungseinsätzen muß man nach geeigneten Bemessungspunkten suchen.

1 Gleichgewicht und Tragfähigkeit

Wird die Bewehrung von einfachen, gleichen Flachdecken mit auf dem Markt vertriebenen Programmen, die mit elastischen Finiten Elementen nach dem Weggrößenverfahren arbeiten , berechnet, so treten nicht zu vernachlässigende Unterschiede in der Ausgabe bei den Biegebewehrungen auf. Dem Anwender fällt es mit dem ihm vorliegenden Unterlagen schwer zu beurteilen, ob es sich wirklich um Unterschiede in der Bewehrungsmenge in einem Schnitt handelt und ob die Unterschiede die erforderliche Tragfähigkeit, die Gebrauchsfähigkeit oder nur die Wirtschaftlichkeit beeinflussen, denn er kennt Auswirkungen des Elementtyps, der Elementnetzteilung, der Auswahl der Bemessungspunkte im Element, des Bemessungsverfahrens auf die Tragfähigkeit nicht.

Bei den älteren Näherungsverfahren für Flachdecken [1, 2] läßt sich die Tragfähigkeit mit dem statischen Grenzwertsatz des Traglastverfahrens abschätzen. In beiden Richtungen werden in der Summe über Gurt- und Feldstreifen die Biegemomente des Durchlaufträgers, also als Summe über Stütz- und Feldmomente $ql^2/8$ abgetragen. Nach dem statischen Grenzwertsatz [3] ist jede Belastung, zu der sich ein stabiler, statisch zulässiger Spannungszustand (d.h. im Gleichgewicht) angeben läßt, kleiner als oder gleich der Traglast. Ähnliches gilt für Gleichgewichtssysteme aus deckengleichen Trägern. Auch mit der Bruchlinientheorie [4, 5] läßt sich ein Gleichgewichtssystem aus Lasten und Schnittkräften finden.

Fast alle Programme mit elastischen Scheiben- und Plattenelementen arbeiten mit dem Weggrößenverfahren, weil sich dabei das Elementnetz einfach beschreiben läßt [6, 7, 8]. Je nach Ansatz der Verrückungen im Element werden die Zusammenhangsbedingungen längs der Elementkanten erfüllt, nicht aber die Gleichgewichtsbedingungen. Im allgemeinen bilden die Bemessungsschnittkräfte kein Gleichgewichtssystem. Nur in den Knoten halten sich Knotenkräfte der Elemente und Knotenlasten das Gleichgewicht.

Wenn aber mit dem statischen Satz des Traglastverfahrens argumentiert werden soll, muß man ein vollständiges Gleichgewichtssystem nachweisen, kann aber auf die Verträglichkeit verzichten. Ist das Gleichgewicht der Schnittkräfte nachgewiesen, kann nach einem Verfahren bemessen werden, das Gleichgewicht von Bemessungsschnittkräften und aufnehmbaren Schnittkräften voraussetzt [9, 10, 11], die, um die Streuungen von Lasten und Materialkennwerten zu erfassen, noch mit Faktoren versehen werden

2 Spannungshybride Elemente

2.1 Deutung der Grundgleichungen

Die Herleitung der Steifigkeitsmatrizen für spannungshybride Elemente [12] erlaubt eine anschauliche Deutung [13, 14, 15].
Die Spannungen $s^t = [\sigma_x, \sigma_y, \sigma_{xy}]$ werden als Polynomen P mit dem Koeffizienten $ß$ und einer Partikularlösung $P_o ß_o$ für die Lasten im Gleichgewicht angesetzt. Sie ergeben auf den Rändern i Randwerte der Spannungen.

$$s = Pß + P_o ß_o \quad (1), \qquad s_{Ri} = P_{Ri} ß + P_{oRi} ß_0 \quad (2)$$

Die Kräfte an den Elementecken infolge vorgeschriebener Knotenverschiebungen $q_i = 1$ ergeben die Spalten der Steifigkeitsmatrix, wobei mit den Knotenverschiebungen auch die Verschiebungen längs der Elementränder durch geeignete Funktionen

$$u_{Ri} = Lq \quad (3)$$

näherungsweise vorgegeben werden (Bild 1).

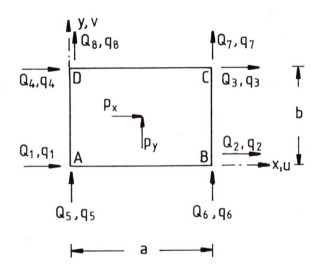

Bild 1: Spannungshybrides Scheibenelement, Freiheitsgrade, Knotenkräfte

Nach dem Prinzip der virtuellen Kräfte lautet die Arbeitsgleichung der virtuellen Spannungen im Innern und auf dem Rande

$$\int \delta \mathbf{s}^t \mathbf{E}^{-1} \mathbf{s} t dA = \int \delta \mathbf{s}_{Ri}^t \mathbf{u}_{Ri} t ds, \qquad \mathbf{E}^{-1} = \frac{1}{E}\begin{bmatrix} 1 & \nu & 0 \\ \nu & 1 & 0 \\ 0 & 0 & 2(1+\nu) \end{bmatrix} \qquad (4)$$

Die Spannungen längs der Elementränder werden mit dem Prinzip der virtuellen Verschiebungen durch die Eckkräfte ersetzt.

$$\int \mathbf{s}_{Ri}^t \mathbf{L}\delta \mathbf{q} t ds = (\mathbf{Q}+\mathbf{Q}_o)^t \delta \mathbf{q} \qquad (5)$$

Die Gleichungen (4) und (5) liefern mit (1), (2), (3),

$$\mathbf{D}\boldsymbol{\beta} + \mathbf{D}_o\boldsymbol{\beta}_o = \mathbf{C}\mathbf{q} \quad (4'), \qquad \mathbf{C}^t\boldsymbol{\beta} + \mathbf{C}_o^t\boldsymbol{\beta}_o = \mathbf{Q}+\mathbf{Q}_o \qquad (5')$$

die Steifigkeitsmatrix und Lastspalten eines Elements

$$\mathbf{Q} + \mathbf{Q}_o = \mathbf{C}^t \mathbf{D}^{-1}\mathbf{C}\mathbf{q} + (\mathbf{C}_o - \mathbf{C}^t\mathbf{D}^{-1}\mathbf{D}_o)\boldsymbol{\beta}_o \qquad (6)$$

mit den Abkürzungen

$$\mathbf{D} = \int \mathbf{P}^t \mathbf{E}^{-1} \mathbf{P} t dA, \qquad \mathbf{D}_o = \int \mathbf{P}^t \mathbf{E}^{-1} \mathbf{P}_o t dA, \qquad \mathbf{C} = \int \mathbf{P}_{Ri}^t \mathbf{L} t ds, \qquad \mathbf{C}_o = \int \mathbf{P}_{Rio}^t \mathbf{L} t ds$$

Glg (4') enthält eine statische unbestimmte Berechnung der statisch unbestimmten ß getrennt unter Lasten im Grundsystem ß$_o$ und unter gegebenen Randverschiebungen (3) [15, 16], um die Knotenkräfte des Elements unter vorgegebenen Knotenverschiebungen **q,** die Steifigkeitsmatrix, und im Starrzustand unter Lasten zu berechnen.

Die Elementsteifigkeiten und Lastspalten werden beim Zusammenbau überlagert und dabei das Gleichgewicht der Knoten und mit der wesentlichen Glg (5) das Gleichgewicht längs der Elementränder summarisch erfüllt. Sind die **q** aus dem Gleichungssystem bestimmt, lassen sich die Spannungen

$$\mathbf{s} = \mathbf{P}\,\mathbf{D}^{-1}\,\mathbf{C}\mathbf{q} - \mathbf{P}\,\mathbf{D}^{-1}\,\mathbf{D}_o\boldsymbol{\beta}_o + \mathbf{P}_o\boldsymbol{\beta}_o \qquad (7)$$

angeben.

2.2 Scheibenelement

Für ein mit konstanter Last p_x, p_y belastetes Scheibenelement wird im Gleichgewicht [13, 14] angesetzt

$$\sigma_x t = \beta_1 + \beta_2 \eta + \beta_6 \xi + \beta_8 \eta^2 + \beta_{10} \xi^2 + p_x(-\tfrac{1}{2}+\xi)$$
$$\sigma_y t = \beta_3 + \beta_4 \xi + \beta_7 \eta + \beta_9 \xi^2 + \beta_{10} \eta^2 + p_y(-\tfrac{1}{2}+\eta) \tag{8}$$
$$\sigma_{xy} t = \beta_5 - \beta_6 \eta - \beta_7 \xi - 2\beta_{10} \xi \eta, \quad \xi = \tfrac{x}{a}, \eta = \tfrac{y}{b}$$

Die Verschiebungen längs der Elementränder werden als lineare Funktionen angesetzt

$$\begin{aligned}
u_{AB}(x) &= (1-\xi)q_1 + \xi q_2, & v_{AB}(x) &= (1-\xi)q_5 + \xi q_6 \\
u_{BC}(y) &= (1-\eta)q_2 + \eta q_3, & v_{BC}(y) &= (1-\eta)q_6 + \eta q_7 \\
u_{DC}(x) &= \xi q_3 + (1-\xi)q_4, & v_{DC}(x) &= \xi q_7 + (1-\xi)q_8 \\
u_{AD}(y) &= (1-\eta)q_1 + \eta q_4, & v_{AD}(y) &= (1-\eta)q_5 + \eta q_8
\end{aligned} \tag{9}$$

Die β_i sind mit (7) schon aus dem Gleichgewichtssystem bestimmt. Es soll nun am Beispiel gezeigt werden, daß die Knotenkräfte den Spannungen längs der Elementkanten das Gleichgewicht halten. Es wird nur ein Rand betrachtet. Für den Elementrand $y = 0$ ergibt sich aus (7) (Bild 2)

$$\sigma_y t = \beta_3 - \beta_4 \xi + \beta_9 \xi^2 - p_y/2$$
$$\sigma_{xy} t = \beta_5 - \beta_7 \xi \tag{10}$$

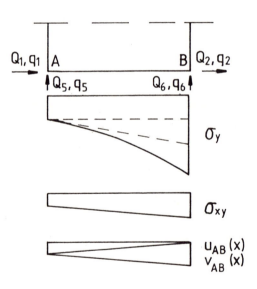

Bild 2: Verlauf von σ_y, σ_{xy}, u_{AB}, v_{AB} längs der Kante AB

Das Prinzip der virtuellen Verschiebungen (5) und die Gleichgewichtsbedingungen liefern die gleichen Werte

$$Q_1 = a(\beta_5/2 - \beta_7/6), \qquad Q_2 = a(\beta_5/2 - \beta_7/3) \qquad (11)$$
$$Q_5 = a(\beta_3/2 + \beta_4/6 + \beta_9/12 - p_y/2), \qquad Q_6 = a(\beta_3/2 + \beta_4/3 + \beta_9/4 - p_y/2)$$

Bemessungspunkte sind so zu wählen, daß die längs eines Elementrandes erforderliche Bewehrung eingelegt wird. Die Bemessungspunkte können auf die Elementränder gelegt werden. Nimmt man im Spannungsansatz (8) nur Glieder bis β_5 mit, kann man mit großer Näherung den Seitenmittelpunkt als Bemessungspunkt wählen, da die Spannungen linear längs der Elementkanten verteilt sind. Sicherer ist es jedoch, weil σ_x und σ_y nichtlinear in Bemessung eingehen, wenn man sich die Bewehrungen an den Endpunkten und im Mittelpunkt berechnet, die erforderliche Bewehrung über die Elementseite numerisch integriert und den Mittelwert ausgibt, so daß die erforderliche Bewehrung längs einer Elementkante mit numerischer Genauigkeit der Integration angegeben wird. Nur das Momentengleichgewicht um die Flächennormale ist nicht erfüllt, da die Verteilung der Bewehrung über die Elementseite nicht dem Gleichgewicht entspricht

2.3 Plattenelement

Beim schubstarren Plattenelement werden Biege- und Drillmomente unter konstanter Flächenlast im Gleichgewicht angesetzt [14] (Bild 3).

$$\begin{aligned}
m_x &= \beta_1 + \beta_4\eta + \beta_6\xi + \beta_{10}\eta^2 + \beta_{12}\xi^2 + \beta_{14}\eta\xi + \\
&\quad \beta_{16}\eta^3 + \beta_{18}\xi^3 + \beta_{20}\xi^2\eta + \beta_{22}\xi\eta^2 + p_x a^2(\xi/2 - \xi^2) \\
m_y &= \beta_2 + \beta_5\xi + \beta_7\eta + \beta_{11}\xi^2 + \beta_{13}\eta^2 + \beta_{15}\eta\xi + \\
&\quad \beta_{17}\xi^3 + \beta_{19}\eta^3 + \beta_{21}\xi^2\eta + \beta_{23}\xi\eta^2 + p_y b^2(\eta/2 - \eta^2) \\
m_{xy} &= \beta_3 + \beta_8\eta + \beta_9\xi + (\beta_{12} + \beta_{13})\xi\eta + (3\beta_{18} + \beta_{23})\xi^2\eta/2 + \\
&\quad (3\beta_{19} + \beta_{20})\xi\eta^2/2 \\
p &= p_x + p_y
\end{aligned} \qquad (12)$$

Längs der Elementkanten werden die Verschiebungen durch Hermitesche Polynome

$$w(s) = H_1(s)w_1 + H_2(s)w_2 + \overline{H}_1(s)w'_1 + \overline{H}_2(s)w'_2$$

$$s = \begin{cases} x \\ y \end{cases}, \quad \zeta = s/l, \quad l = \begin{cases} a \\ b \end{cases} \qquad (13)$$

$$H_1(s) = 1 - 3\zeta^2 + 2\zeta^3, \qquad H_2(s) = 3\zeta^2 - 2\zeta^3$$
$$\overline{H}_1(s) = l(\zeta - 2\zeta^2 + \zeta^3), \qquad \overline{H}_2(s) = -l(\zeta^2 - \zeta^3)$$

der Verlauf ihrer Normalableitung durch lineare Funktionen angenähert.

$$w^\bullet(s) = w^\bullet_1(1-\zeta) + w^\bullet_2\zeta, \quad (\,)^\bullet = d(\,)/dn \qquad (14)$$

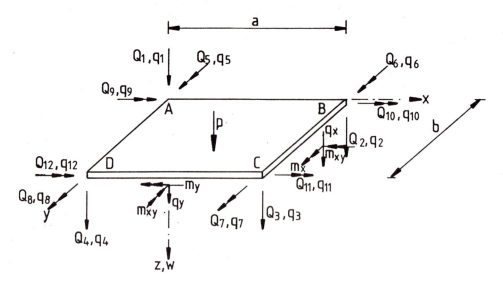

Bild 3: Spannungshybrides Plattenelement
Koordinaten, Freiheitsgrade, Knotenkräfte

Längs des weiter untersuchten Randes AB, y=0 wirken die Biegemomente und Ersatzquerkräfte aus Querkräften und Drillmomenten

$$m_y = ß_2 + ß_5 \, \xi + ß_{11} \, \xi^2 + ß_{17} \, \xi^3$$
$$q_y^* = ß_7 - 2ß_9 + ß_{15} \, \xi - ß_{21} \, \xi^2 + p_y \, b/2 \qquad (15)$$

und in den Endpunkten die Eckkräfte der Kirchhoffschen Plattentheorie. Glg (5) wird wiederum als Gleichgewichtsbedingungen gedeutet. Die Biegemomente m_y (15) werden mit (14) entsprechend der Schwerpunktlage der Flächen auf die Knotenkräfte wie bei einem belasteten, gelenkig gelagerten Balken verteilt

$$Q_9 = a \, (ß_2/2 + ß_5/6 + ß_{11}/12 + ß_{17}/20)$$
$$Q_{10} = a \, (ß_2/2 + ß_5/3 + ß_{11}/4 + ß_{17}/15) \qquad (16)$$

Wegen des Ansatzes (13) werden die Ersatzquerkräfte q_y^* (13) wie für einen beidseits eingespannten Träger auf die Knotenkräfte Q_1, Q_2, Q_5, Q_6 verteilt (Bild 4), so daß Gleichgewicht zwischen den Randkräften des Elements und den Knotenkräften herrscht

$$Q_1 = (ß_7 - 2ß_9)/2 + 3ß_{15}/20 - ß_{21}/15 + p_y ab/2$$
$$Q_2 = (ß_7 - 2ß_9)/2 + 7ß_{15}/20 - 4ß_{21}/15 + p_y ab/2$$
$$Q_5 = a[(ß_7 - 2ß_9)/12 + ß_{15}/30 - ß_{21}/60 + p_y ab/12]$$
$$Q_6 = a[(ß_7 - 2ß_9)/12 + ß_{15}/20 - ß_{21}/30 + p_y ab/12] \qquad (17)$$

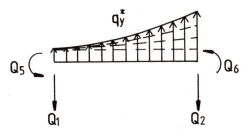

Bild 4: Übertragung der Ersatzquerkraft durch Knotenkräfte

Auch hier ist es sinnvoll, die Bewehrung in mehreren Punkten längs der Elementkanten zu bestimmen, zu integrieren und den Mittelwert auszugeben, so daß nur das Momentengleichgewicht um die z-Achse wegen der ungenauen Verteilung der Bewehrung nicht erfüllt wird.

3 Scheibenelement mit Verschiebungsansatz

Bei Elementen mit Verschiebungsansatz fehlt eine (5) entsprechende Gleichung. Als Beispiel dient das unbelastete Scheibenviereckelement mit linearem Verschiebungsansatz (Bild 5).

$$\begin{bmatrix} u(xy) \\ v(xy) \end{bmatrix} = \frac{1}{4} \mathbf{Pq} \quad (18)$$

mit

$$\mathbf{q}^t = [\, u_1, v_1, u_2, v_2, u_3, v_3, u_4, v_4 \,]$$

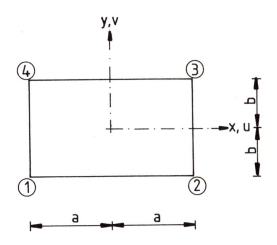

Bild 5: Scheibenelement mit Verschiebungsansatz, Koordinaten, Verschiebungen

$$\mathbf{P} = \frac{1}{4} \begin{bmatrix} (1-\xi)(1-\eta) & 0 & (1+\xi)(1-\eta) & 0 & (1+\xi)(1+\eta) & 0 & (1-\xi)(1+\eta) & 0 \\ 0 & (1-\xi)(1-\eta) & 0 & (1+\xi)(1-\eta) & 0 & (1+\xi)(1+\eta) & 0 & (1-\xi)(1+\eta) \end{bmatrix}$$

Daraus berechnen sich die Spannungen zu:

$$s = ENq, \quad E = \frac{E}{(1-v^2)} \begin{bmatrix} 1 & v & 0 \\ v & 1 & 0 \\ 0 & 0 & (1-v)/2 \end{bmatrix} \tag{19}$$

$$N = \frac{1}{4ab} \begin{bmatrix} -b(1-\eta) & 0 & b(1-\eta) & 0 & b(1+\eta) & 0 & -b(1+\eta) & 0 \\ 0 & -a(1-\xi) & 0 & -a(1+\xi) & 0 & a(1+\xi) & 0 & a(1-\xi) \\ -a(1-\xi) & -b(1-\eta) & -a(1+\xi) & b(1-\eta) & a(1+\xi) & b(1+\eta) & a(1-\xi) & -b(1+\eta) \end{bmatrix}$$

Die vom Element auf die Knoten übertragenen Kräfte können aus der Steifigkeitsmatrix abgelesen werden, z.B. die erste Spalte für u_1

$$k^t_{n1} = \frac{Et}{12(1-v^2)} \, [4b/a + 2(1-v)a/b,\ 3(1+v)/2,\ 4b/a + (1-v)a/b,\ 3(3v-1)/2, \tag{20}$$
$$-2b/a - (1-v)a/b,\ -3(1+v)/2,\ 2b/a - 2(1-v)/b,\ -3(3v-1)/2 \,]$$

Zunächst ergeben die Spannungen für x = -a, y = -b längs der Kanten aufsummiert zwar k_{11} aber nicht k_{21}. Schneidet man das Element für x = 0 und y = 0 jeweils in zwei Hälften, so ergibt sich Gleichgewicht zwischen den Spannungen in diesen Schnitten und den Knotenkräften (20), aber nicht mit den Spannungen an den Elementrändern (Bild 6, 7). Nur das Momentgleichgewicht in die z-Achse wird nicht erfüllt, was wie bei den spannungshybriden Elementen hingenommen werden kann. Auch hier sollte

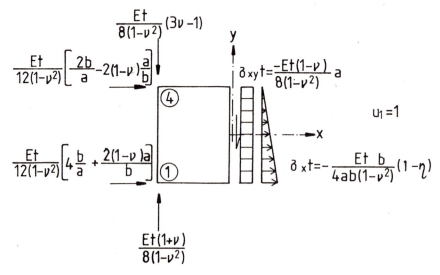

Bild 6: Knotenkräfte und Spannungen im Schnitt x=0 für u_1=1

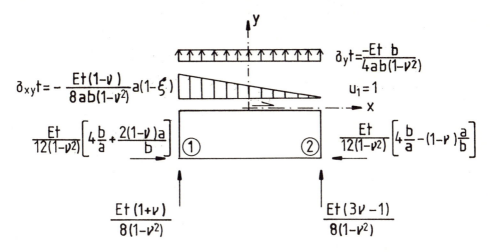

Bild 7: Knotenkräfte und Spannungen im Schnitt y=0 für $u_1=1$

man sich den Mittelwert der Bewehrungen in x- und y-Richtung in den Schnitten x=0, y=0 durch numerische Integration bestimmen. Flächenlasten werden beim Weggrößenverfahren mit dem Prinzip der virtuellen Verschiebungen und dem Verschiebungsansatz in Knotenlasten umgewandelt, so daß sie bei einem linearen Verschiebungsansatz im Gleichgewicht stehen. Der dabei auftretende, örtliche Fehler kann durch sinnvolle Netzteilung bei praktischen Aufgaben klein gehalten werden.

4 Zusammenfassung

An Beispielen wird gezeigt, daß die Tragfähigkeit von Stahlbetonscheiben und -platten mit dem statischen Grenzwertsatz des Traglastverfahrens für Bemessungsschnittkräfte in summarischen Gleichgewicht über die Elementabmessungen nachgewiesen werden kann. Die über die Elementabmessungen erforderliche Bewehrung kann berechnet, ihr Mittelwert ausgegeben werden. Programmbeschreibungen sollten für die im Programm verwendeten Elemente Nachweise enthalten, daß die Tragfähigkeit mit der vom Programm ausgegebenen Bewehrung gewährleistet ist.

Literatur

1. Hilfsmittel zur Berechnung der Schnittgrößen und Formänderungen von Stahlbetontragwerken, DAfStb, H. 240, 3. Aufl., Berlin, Köln 1991, Beuth Verlag
2. Glahn, H.; Trost, H: Zur Berechnung von Pilzdecken, Der Bauingenieur 49 (1974) 122-132
3. Walther, R.: Nachweis des Grenzzustandes der Tragfähigkeit mit dem Traglastverfahren, in F. Leonhardt, Vorlesungen über Massivbau, 5. Teil, Berlin, Heidelberg, New York 1980, Springer Verlag
4. Johansen, K.W.: Yield-line theory, London 1962, Cement and Concrete Association
5. CEB-Comité Européen du Beton: Annexes aux recommendations internationales pour le calcul et l'exécution des ouvrages de beton, Tome 3, Roma 1972, Associazione Italiana Tecnico-Economico del Cemento
6. Schade, D.: Topologische Matrizen in den Gleichungen ebener, dehnsteifer Schwinger, ZAMM 60 (1980) 393-408
7. Schade, D.: Topologische Matrizen in den Gleichungen ebener, biegesteifer Schwinger, Ing.-Arch. 58 (1988) 367 -379
8. Schade, D.: Topologische Matrizen in den Schwingungsgleichungen von Balkenelementen ZAMM 69 (1989) T 245 - T 247
9. Kuyt, B.: Zur Frage der Netzbewehrungen von Flächentragwerken, Beton- u. Stahlbetonbau 59 (1964) 158 - 163
10. Baumann, Th.: Zur Frage der Netzbewehrung von Flächentragwerken, Der Bauingenieur 47 (1972) 367 - 377
11. Krebs, A.: Zur Berechnung zweibahniger, schiefwinkliger Bewehrungsnetze, Beton- und Stahlbetonbau 81(1986) 120 - 125
12. Pian, Th. H. H.; Tong, P.: Basis of finite element methods for solid continua, Intern. J. Num. Meth. in Engineering 1 (1969) 3 - 28
13. Pian, Th. H. H.: Derivation of element stiffness matrices by assumed stress distributions, AIAA Journ. 2 (1964) 1333 - 1336
14. Pian, Th. H. H.: Element stiffness-matrices for boundary compatibility and for prescribed boundary stresses. Matrix meth. in struct. mech, Proc. of the conf. held at Wright-Patterson AFB, Ohio, 26 - 28 Oct. 1968, Nov. 1966
15. Schade, D.: Das Weggrößenverfahren für die Schubfeldtheorie, Z. Flugwiss. Weltraumforsch. 13 (1989) 152 - 158
16. Argyris, J.H.: Matrizentheorie der Statik, Ing.-Arch. 25 (1957) 174 - 192

Der Schadensfall Sleipner und die Folgerungen für den computerunterstützten Entwurf von Tragwerken aus Konstruktionsbeton

Karl–Heinz Reineck

Institut für Tragwerksentwurf und –konstruktion, Universität Stuttgart

Zusammenfassung

Der spektakuläre Schadensfall und Totalverlust der Beton-Offshore-Plattform Sleipner A wird kurz geschildert, und es werden die Ursachen hierfür angegeben. Dieser Schadensfall weist auf Probleme und Mängel grundsätzlicher Art in den Normen für Konstruktionsbeton sowie aber auch in der Praxis hin. Die Voraussetzung zur Lösung der aufgezeigten Probleme ist ein konsistentes Bemessungskonzept für Konstruktionsbeton, das auch die statischen und geometrischen Diskontinuitätsbereiche erfaßt. Hierfür steht das Konzept der Bemessung mit Stabwerkmodellen oder Spannungsfeldern zur Verfügung. Dieses Bemessungskonzepts läßt sich lückenlos in eine computerunterstützte Tragwerksplanung integrieren.

1 Der Schadensfall

Betonplattform Sleipner A wurde als Condeep-Plattform für eine Wassertiefe von 82 m entworfen und besteht aus 24 Zellen mit 4 Türmen mit einer Gesamthöhe von 110 m (Bild 1.1). Sie ist damit die kleinste der Condeep-Plattformen. Der Horizontalschnitt zeigt die Anordnung der Zellen mit je 24 m Durchmesser und die Zwickelzellen, die sog. "tricells" (Detail A). Diese tricells sind oben offen, und stehen unter dem vollen äußeren Wasserdruck, wie Bild 1.2 für die leicht veränderten tricells des Nachbaus Sleipner A2 zeigt. Die Zellen selbst sind nur teilweise mit Ballast und Wasser gefüllt, während der Bohrschaft D3 neben der tricell T23 leer ist, um den Auftrieb der Plattform beim Tiefen-absenken zur Montage des Decks sicherzustellen.

Wenige Tage bevor bei Stavanger das Deck der eingeschwommen und auf die Türme abgesetzt werden sollte, brach am 23. August 1991 eine Zellenwand der Zelle T23 bei einem Test zum Tiefen-absenken. Beim Bruch wirkte auf die Zellenwand ein Überdruck von ca. $p_i = 0,67$ MPa (entsprechend 67 m Wassersäule). Das Leck war so groß, daß die installierte Pumpenkapazität nicht ausreichte und die Beton-Plattform innerhalb von 18 Minuten sank. Glücklicherweise konnten alle 14 Personen von der Plattform evakuiert werden, und es entstand "nur" ein Sachschaden von ca. 250 Mio. $. Die Betonplattform implodierte wahrscheinlich noch während des Sinkens vollständig, und nach dem Aufprall auf dem Meeresboden blieb nur noch ein Trümmerhaufen übrig [Faröyick (1991)].

Die internen Untersuchungsausschüsse der Baufirma Norwegian Contractors (NC) sowie des Bauherrn STATOIL gaben folgende zwei Hauptursachen für das Versagen dieser "tricell" an:
    - Fehler in der Finite-Element-Analyse,
    - mangelhafte Bewehrungsführung im Knotenbereich der Zellwände.
Über die Schadensursachen berichteten weiterhin Jakobsen (1992), Wagner (1992) und Schlaich/ Reineck (1993).

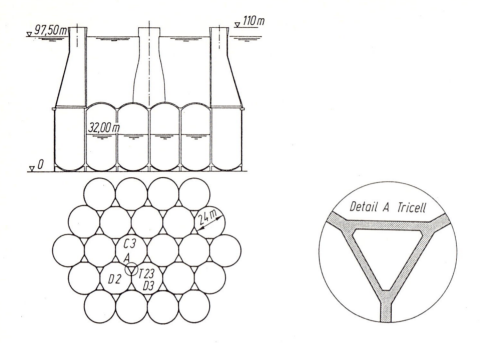

Bild 1.1: Hauptabmessungen der Betonplattform Sleipner A und Detail der "tricell"

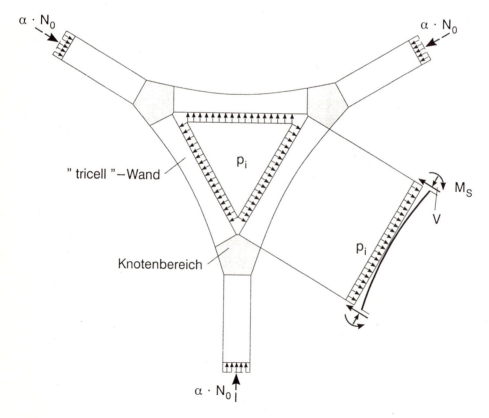

Bild 1.2: Belastungen und einfaches statisches System der tricell - Wände

Bei der Bewehrungsführung der sich unter Innendruck öffnenden "Rahmenecken" der tricell war insbesondere der Bewehrungsstab am Rande des Knotenbereichs, der sog. "T-headed bar", viel zu kurz (Bild 1.3). In [Faröyick (1991)] heißt es: "Ein erfahrener Konstrukteur würde, ohne viel nachzudenken, den Stab bis in die Druckzone auf beiden Seiten verlängern". Darüberhinaus fehlen im Versagensbereich Bügel in den Wänden, die in anderen Bereichen und bei anderen Plattformen immer eingebaut wurden. Folgender Ablauf des Versagens wurde für wahrscheinlich gehalten (Bild 1.4): hinter der Verankerung des "T-bars" bilden sich Risse und der Stab wird herausgezogen. Der Riß schreitet in den Knotenbereich fort, und schließlich bricht die Zellenwand.

Auf den ersten Blick handelt es sich um einen offenkundigen Fehler. Wenn dieser trotz jahrelanger Erfahrung und geballtem Know-How aller Beteiligten und trotz Berücksichtigung des neuesten Kenntnis- und Normenstandes auftritt und ein solch schwerer Schaden eintreten kann, dann weist dies auf Probleme und Mängel grundsätzlicher Art hin, die Tragwerksplanern und Normenmachern wahrlich Grund zum Nachdenken geben sollten. Auf dem IABSE Colloquium Structural Concrete im April 1991 in Stuttgart [IABSE (1991a)] wurden gerade solche grundsätzlichen Mängel diskutiert und in einem Schlußbericht zusammengefaßt [IABSE (1991b)]. Insbesondere treffen von den dort in 20 Punkten aufgestellten Schlußfolgerungen und Forderungen die Punkte 7 und 9 bis 12 auf die Ursachen für den Totalverlustes der Sleipner-Plattform zu [Schlaich/Reineck (1993)].

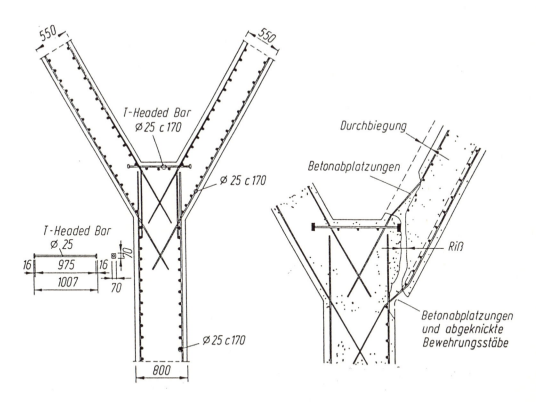

Bild 1.3: Bewehrungsführung Bild 1.4: Wahrscheinlicher Bruchvorgang nach Jakobsen (1992)

2 Zur Berechnung und Bemessung von Beton Offshore-Plattformen

Die Grundlagen zur Berechnung, Bemessung und konstruktiven Durchbildung von Offshore-Plattformen werden vom Bauherr festgelegt und in einer "Design Basis" zusammengestellt. Diese ist materialübergreifend und enthält Regelungen aus den verschiedensten bekannten Normen. Dieses Verfahren ist sicherlich prinzipiell fragwürdig, weil die Gefahr von Inkonsistenzien zwischen den Last-, Berechnungs- und Bemessungsnormen besteht. Andererseits ist es jedoch auch verständlich, weil nur so die Mängel einer Norm vermieden und die neuesten Erkenntnisse für diese außergewöhnlichen Bauwerke genutzt werden können.

Nachfolgend soll das Berechnungs- und Bemessungskonzepte unserer Normen am Beispiel des EC 2 T.1 kritisch betrachtet werden. Nun soll dieser hier nicht grundsätzlich an den Pranger gestellt werden, zumal der EC2 T.1 ja gerade für die Westdeutschen gegenüber den Normen DIN 1045 und den verschiedenen Teilen der DIN 4227 wesentliche Verbesserungen bringt.

Die Grundsätze und die Prinzipien des EC 2 T.1 für die Grenzzustände, Ein- und Auswirkungen sowie für die Anforderungen an die Tragwerksplanung sind eigentlich klar formuliert. Diese beziehen sich auf **Tragwerke** und somit wird das Augenmerk des Tragwerkplaners auf die Lastabtragung im gesamten Tragwerk gerichtet, wie in IABSE (1991 b) gefordert wurde. Es sind hingegen kritisch zu beurteilen die zur Erfüllung der allgemeinen Anforderungen und Prinzipien festgelegten Verfahren und Regelungen zur Durchführung der Bemessung für den Grenzzustand der Tragfähigkeit. Hier wird davon ausgegangen, daß zunächst eine Schnittgrößenermittlung erfolgt und dann **Bauteilquerschnitte** getrennt für die einzelnen Schnittgrößen bemessen werden. Im Anschluß daran soll dann die Regeln zur baulichen Durchbildung sicher stellen, daß alle Anforderungen der Bemessung erfüllt werden.
Dieses "additive" Vorgehen
        Schnittgrößenermittlung - Querschnittsbemessung - bauliche Durchbildung
hat zu einer starken Trennung der einzelnen Arbeitschritte geführt, die i.a. auch von verschiedenen Personen (Ingenieure, Konstrukteure) ausgeführt werden. Bei den komplexen Beton-Offshore-Plattformen werden zudem bei den Ingenieuren noch Gruppen von Spezialisten gebildet, wie insbesondere für die globale Berechnung der gesamten Plattform mit einem F-Programm. Dies ist verständlich, wenn man das globale FE-Modell im Bild 2.1 betrachtet und an die Vielzahl der zu berücksichtigenden Lastfälle denkt. Allerdings erschwert diese Arbeitsteilung generell das Verständnis des Tragverhaltens der gesamten Struktur, weil jeder der Beteiligten nur noch einen Teileinblick hat, und somit besteht eine größere Gefahr, daß Fehler gemacht werden.

Im Bild 2.2 ist das Detail des FE-Modells im Bereich der tricells dargestellt. Es wird sehr deutlich, daß die Größe und komplizierte Geometrie der Struktur zu Kompromissen hinsichtlich der Wahl und der Größe der Finiten Elemente zwingt. In diesem Fall war das FE-Modell für die Wände der tricell völlig unzureichend und lieferte viel zu niedrige Schnittgrößen am Anschnitt zum Knotenbereich der tricell-Wände: so betrug die Querkraft nur 46 % des Wertes, wie er sich für einen beidseitig eingespannten Balken ergibt, und damit war das Gleichgewicht nicht erfüllt.

Für die ermittelten Schnittgrößen erfolgt dann weitgehend automatisch die Bemessung in nachlaufenden Programmen, die auf bekannten Bemessungsverfahren beruhen, wie dem von Baumann (1972). Aus den errechneten Bewehrungsmengen werden dann die Stahllisten ermittelt. Die Folge der falsch ermittelten Schnittgrößen in dem späteren Versagensbereich war, daß bei der automatisch nachfolgenden Bemessung keine Bügel in die tricell-Wände ausgewiesen wurden. Darüberhinaus wurde dann offenkundig im Zuge dieses weitgehend automatisierten Ablaufes bei der großen Datenmenge das mangelnde Detail (Bild 1.3) nicht erfaßt und bei der Kontrolle einfach übersehen, und zwar unabhängig von den verschiedenen Beteiligten.

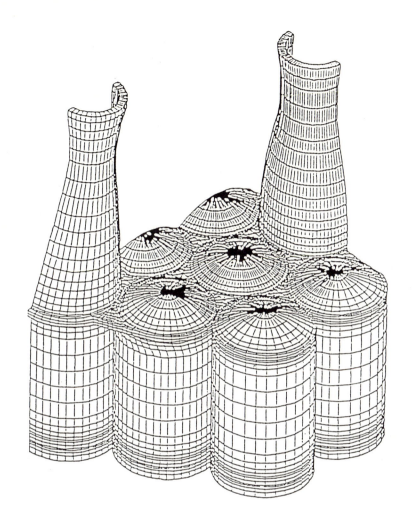

Bild 2.1: Globales FE-Modell für ein Viertel der Beton-Plattform

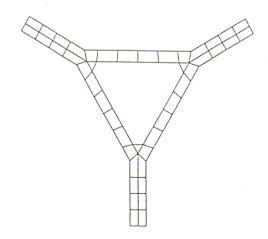

Bild 2.2: FE-Netz für die tricell

Man kann Beucke (1993) in seiner kritischen Beurteilung automatisierter Bewehrungszeichnungen als Ergebnisse elektronischer Programme nur zustimmen:

> "Tatsächlich ist die Gefahr nicht auszuschließen, daß trotz aller Informationsfülle und hoher Detaillierung wesentliche, grundsätzliche Belange ganz einfach fehlen oder falsch sind".

Ein grundsätzliche Mangel ist, daß die o.a. Bemessungsverfahren nur für B-Bereiche gültig sind, und die D-Bereiche damit nicht erfaßt werden. Somit erfolgte auch keine Bemessung des Knotenbereichs der tricell, sondern die Bewehrungen der anschließenden Wände wurden in diesem Bereich "verankert" bzw. hineingesteckt (Bild 1.3).

Ein wesentlicher Mangel ist natürlich auch, daß die Bemessung getrennt von der Bewehrungsführung und baulichen Durchbildung gesehen wird, obwohl beide eng miteinander verzahnt sind.

Schließlich ist es auch ein Nachteil, daß die Schnittgrößenermittlung bei Beton-Offshore-Plattformen - wie überwiegend üblich - auf Grundlage linear-elastischen Materialverhaltens erfolgt, das im Prinzip für den gerissenen Konstruktionsbeton nicht zutrifft. Dieses Vorgehen ist sicherlich praxisnah und wird auch noch für einige Zeit der Standard sein. Allerdings muß dann durch die Bemessung und konstruktive Durchbildung sicher gestellt sein, daß die durch die Rißbildung auftretenden Umlagerungen möglich sind, die erforderliche Duktilität gegeben ist, und die Dichtigkeit der Unterwasserbehälter bei verschiedenen kritischen Lastfällen gewährleistet ist. Die Regeln für die bauliche Durchbildung wurden jedoch für "übliche" Bauwerke des Hochbaus oder allenfalls des Brückenbaus entwickelt, nicht hingegen für hochbeanspruchte Sonderbauwerke wie Offshore-Plattformen, und somit weist die computerunterstützte Tragwerksplanung eine weitere Inkonsistenz zwischen der Bemessung und der baulichen Durchbildung auf.

Die "Design Basis" für Beton-Offshore-Plattformen enthält also insgesamt viele der Mängel im Bemessungskonzept für Konstruktionsbeton, wie sie auf dem IABSE Colloquium "Structural Concrete" in Stuttgart im April 1991 diskutiert und abschließend in den Schlußfolgerungen [IABSE (1991 b)] festgehalten wurden. Darin heißt es im Punkt 9:

> "Schäden an Bauwerken zeigen sehr nachdrücklich, daß die Standsicherheit und Tauglichkeit der Tragwerke insgesamt sehr stark von der sorgfältigen Bemessung und konstruktiven Durchbildung insbesondere der Bereiche mit geometrischen Diskontinuitäten (D-Bereiche) sowie der Knoten abhängt."

Damit ist klar angesprochen, daß es insbesondere die D-Bereiche sind, die in den Normen unzureichend behandelt werden. Dieser Sachverhalt ist schon lange bekannt und insbesondere Schlaich (1984) sowie Schlaich/Schäfer/Jennewein (1987) wiesen hierauf eindringlich hin. Weiterhin weist dies Schlußfolgerung 9 auch auf die Gefahr hin, daß bei einer querschnittsweisen Bemessung der gesamte Kraftfluß nicht betrachtet wird, und dies durch Regeln für die Bewehrungsführung in den anderen Abschnitten der Normen (wie beispielsweise im EC 2 T.1, 5.4 "Bauliche Durchbildung der Bauteile") nicht ausgeglichen wird. Der Schadensfall Sleipner geschah nur wenige Monate nach diesem Colloquium und beweist noch einmal nachdrücklich, wie schon viele andere Schadensfälle zuvor, die Gültigkeit dieser Feststellung. Diese grundsätzlichen Mängel machen die Integration der derzeitigen Bemessungskonzepte in eine computerunterstützte Tragwerksplanung fragwürdig.

3 Zur Integration der Bemessung von Konstruktionsbeton in eine computergestützte Tragwerksplanung am Beispiel der Bemessung der Zellwände der Sleipner

Die Voraussetzung zur Lösung der aufgezeigten Probleme ist ein Bemessungskonzept für Konstruktionsbeton, das auch die statischen und geometrischen Diskontinuitätsbereiche (D-Bereiche) erfaßt. Hierfür steht das Konzept der Bemessung mit Stabwerkmodellen bzw. mit Spannungsfeldern zur Verfügung, wie es im Punkt 12 der schon zitierten Schlußfolgerungen des IABSE Colloquium "Structural Concrete" dargelegt wurde.

Zur Untersuchung eines D-Bereiches muß dieser zunächst aus der Struktur herausgeschnitten werden, und es müssen alle Schnittgrößen an den Rändern im Gleichgewicht sein. Wie schon im Bild 1.2 dargestellt steht die gesamte tricell im Gleichgewicht. Der äußere Wasserdruck auf die gesamte Betonstruktur verursacht nur Längsdruckkräfte in den tricell-Wänden, während der innere Wasserdruck Biegung mit Längszug hervorruft. Wegen der Symmetrie von Belastung und System sind die Längskräfte in den Wänden bekannt und es muß nur das im Bild 3.1 dargestellte halbe System berechnet werden.

Für eine Berechnung der Momente am Anschnitt der tricell-Wände zum Knotenbereich sowie für die Beanspruchungen im Knotenbereich selbst muß eine sehr feine Einteilung der Finiten Elemente vorgenommen werden, und Bild 3.1 zeigt vier Alternativen der Netzeinteilungen. Im Bild 3.2 sind die wichtigsten Ergebnisse dieser verschiedenen Netzeinteilungen zusammengefaßt. Die Größe der Zugkraft und des Stützmomentes verändern sich sehr mit feinerer Elementeinteilung, und es verbleibt eine deutliche Unsicherheit in ihrer wirklichen Größe. Auf jeden Fall ist eine sehr feine Netzeinteilung erforderlich, wie sie in der Praxis wohl selten gewählt werden wird.

Für die Bemessung des Knotenbereichs stellt die Zugkraft T_l sicherlich eine wichtige Größe dar, und sie kann auch die Ausgangsgröße für ein Stabwerkmodell sein. Allerdings reicht diese Kenntnis für eine vollständige Erfassung des Kraftflusses nicht aus. Beispielsweise verbleibt eine Unsicherheit hinsichtlich der Länge einer hier einzulegenden Bewehrung: nach einer linear-elastischen Rechnung wird die Zugkraft vergleichsweise schnell über die Dicke der Wände abgebaut, so daß fast keine Bewehrung bis zum gegenüberliegenden Wandende geführt werden müßte. Weiterhin bleiben in dem Knotenbereich die Längen der einzuführenden Bewehrungen unklar, und die Druckbeanspruchungen dieser linear-elastischen Berechnungen sind unsicher.

Diese Unsicherheiten werden vermieden, wenn anstelle verfeinerten FE-Berechnungen der gesamte D-Bereich mit einem Stabwerkmodell bemessen wird. Um diesen D-Bereich herauszuschneiden wird hier für diesen symmetrischen Fall nur die Größe des Feldmoments benötigt. Dieses Feldmoment M_F ist verständlicherweise kaum von der Elementeinteilung abhängig, wie Bild 3.2 b zeigt. Es wäre sogar völlig ausreichend den Wert nach Balkenstatik zu verwenden, der 0,53 MNm/m bei Verwendung der Lichtweite l_n der Zellwand, bzw. 0,58 MNm/m bei einer Spannweite von $l = 1,05\, l_n$ beträgt.

Es sind damit die Schnittgrößen an den Rändern des aus der Gesamtstruktur herausgeschnittenen D-Bereichs, hier also die gesamte tricell, bekannt, und damit kann das im Bild 3.3 gezeigte Stabwerkmodell entwickelt werden. Zunächst zeigt natürlich das Modell sofort, daß die gesamte Last der tricell-Wand zum Knoten in der Druckzone getragen wird, und daß die Knoten gegenüberliegenden Wände miteinander verbunden werden müssen. Die konstruktive Ausbildung dieses Knotens, also die Verankerung der Bewehrung in der Druckzone, ist entscheidend für die Tragfähigkeit; ein T-headed bar stellt dabei nicht die optimale Lösung dar, weil er nicht bis an das Ende der Druckzonenhöhe geführt werden kann. Andererseits ist der Einbau konventioneller Bügel sehr schwierig. Dieses kaum lösbare Problem weist auf einen ungünstigen Entwurf hin.

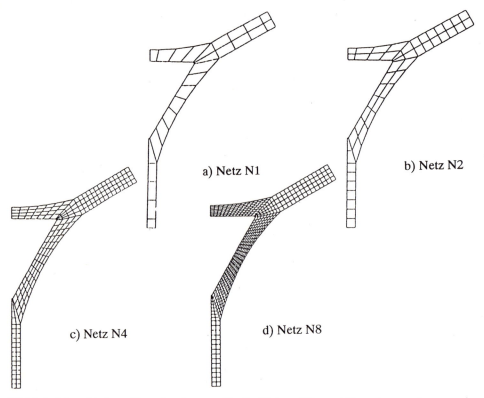

Bild 3.1: Verschiedene Netzeinteilungen für die Finite - Element Berechnung der modifizierten tricell der Sleipner A2

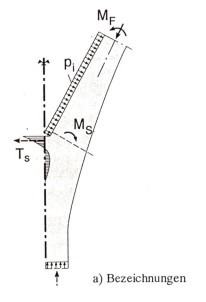

Netz	T_1	M_S	M_F
N1	1.93	−0.94	+0.57
N2	2.43	−1.06	+0.54
N4	2.26	−1.14	+0.56
N8		−1.17	+0.56
	MN/m	MNm/m	

a) Bezeichnungen   b) Ergebnisse für T_1 sowie M_S und M_F

Bild 3.2: Vergleich der Berechnungsergebnisse der FE - Netze des Bildes 3.1

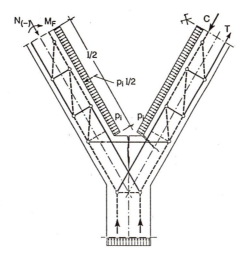

Bild 3.3: Stabwerkmodell für die tricell

Im Knotenbereich selbst müssen die innen liegenden Zuggurtstäbe der tricell-Wand durch den gesamten Knotenbereich geführt und im gegenüberliegenden Druckstab verankert werden. Je nach Wahl der Bewehrung verschiebt sich dieser Knoten, so daß der Druckstab im Knotenbereich nicht mehr parallel zum Rand liegt, was wiederum die Zugkraft T_1 vergrößern würde. Die Modellierung im Knotenbereich und damit die erforderliche Bewehrung werden also insgesamt maßgeblich von der Bewehrungsführung beeinflußt.

Die Modellierung mit Stabwerkmodellen kann zunächst von Hand erfolgen. Dabei kann man sich entweder an Modellen für ähnliche Probleme orientieren oder die Lastpfadmethode verwenden Schlaich/Schäfer/Jennewein (1987)]. Bei einer computerunterstützten Tragwerksplanung besteht jedoch auch die Möglichkeit, die herausgeschnittenen Bereiche mit feinerer FE-Einteilung zu berechnen. Man kann dann entweder in maßgebenden Schnitten die Spannungsverteilungen ermitteln, um daran das Stabwerkmodell zu orientieren, oder ein Modell auf Grundlage der Hauptspannungstrajektorien entwickeln. Die letztere Methode für die Modellierung wurde von Rückert (1992, 1994) entwickelt und in ein Programmsystem unter einer einheitlichen Benutzeroberfläche eingebaut.

4 Zusammenfassung

Die Schadensursache für den Verlust der Sleipner Beton-Offshore-Plattform zeigen, daß die Bemessungspraxis (auf jeden Fall bei Offshore-Plattformen) und auch die Normen durch eine Überbetonung der Berechnung gekennzeichnet sind. Beim Nachbau der Plattform Sleipner A2 mußte eine Handrechnung genügen, weil keine Zeit für die neue Globalberechnung der Plattform verblieb [Tedesko (1992)].

Am Beispiel der Bemessung der Zellwände der Sleipner wurde gezeigt, daß ein Stabwerkmodell ausreicht, um alle Probleme zu erkennen und die Bemessung und konstruktive Durchbildung bis in das Detail hinein durchzuführen. Das Modell hängt dabei von der Bewehrungswahl und -führung ab. Damit ist eine lückenlose Tragwerksplanung möglich, bei der die D-Bereiche so wie die B-Bereiche erfaßt werden.

In einem solchen Bemessungskonzept kommt der globalen Berechnung der Struktur eine andere Gewichtung zu als bisher, denn sie dient nur zur Bestimmung der Schnittgrößen an den Rändern der herausgeschnittenen Bereiche. Die Beanspruchungsspitzen und die geometrischen Diskontinuitäten werden durch das Bemessungsmodell erfaßt, die bei der FE-Modellierung Schwierigkeiten bereiten und bei großen Strukturen in einem globalen Modell nicht ausreichend genau berechnet werden können.

Schrifttum

Baumann, Th. (1972a): Tragwirkung orthogonaler Bewehrungsnetze beliebiger Richtung in Flächentragwerken aus Stahlbeton. DAfStb H.217, W. Ernst u. Sohn, Berlin, 1972

Baumann, Th. (1972b): Zur Frage der Netzbewehrung von Flächentragwerken. Bauingenieur 47 (1972) H. 10, 367-377

Beucke, K. (1993): Stand der Integration von Statik und Bemessung im Entwurfs- und Konstruktionsprozeß. In: Baustatik - Baupraxis 5, Tagungsheft BB5, 15.1 - 15.15. München, März 1993

EC 2 (1991/92):Planung und Bemessung von Stahlbeton- und Spannbetontragwerken, T.1: Grundlagen und Anwendungsregeln für den Hochbau. Deutsche Fassung ENV 1992-1-1: 1991, Juni 1992 (DIN V 18932).
In: Beton-Kalender 1992, Teil II B, 681-815

Faröyick, F. (1991): Von der Ingenieurkathedrale zum Betonschutt (in norwegisch; Übers. I. Hastö). Technisches Wochenblatt 138 Nr. 38, 24.10.91

IABSE (1991a):IABSE-Colloquium Stuttgart 1991: Structural Concrete. IABSE-Report V.62, 1-872, Zürich 1991

IABSE (1991b): IVBH-Kolloquium "Konstruktionsbeton" - Schlußbericht.
In   - BuStb 86 (1991), H.9, 228-230
      - Bautechnik 68 (1991), H.9, 318-320
      - Schweizer Ingenieur und Architekt Nr.36, 5. Sept. 1991
      - Zement und Beton 1991, H.4, 25-28

Jakobsen, B. (1992): The loss of the Sleipner A-Platform. Proc. of Second Int. Offshore and Polar Engineering Conference, San Francisco, USA, 14-19 June 1992, V.1, 1-8

Rückert, K. (1992): Entwicklung eines CAD-Programmsystems zur Bemessung von Stahlbeton tragwerken mit Stabwerkmodellen. Diss. Universität Stuttgart, 1992

Rückert, K. (1994): Computer-unterstütztes Bemessen mit Stabwerkmodellen. Beton- und Stahlbetonbau 89 (1994), H.12, 319 - 325

Schlaich, J. (1984): Zur einheitlichen Bemessung von Stahlbetontragwerken. Beton- und Stahlbetonbau 79 (1984), 89-96

Schlaich, J.; Schäfer, K; Jennewein, M. (1987): Toward a consistent design for structural concrete. PCI-Journal 32 (1987), No.3, 75-150

Schlaich, J.; Reineck, K.-H. (1993): Die Ursache für den Totalverlust der Betonplattform Sleipner A. Beton- und Stahlbetonbau 88 (1993), H.1, 1-4

Tedesko, A. (1993): Experience - an important component in creating structures. Ferguson Lecture, ACI Fall Convention San Juan, Puerto Rico, Oct. 1992.
Concrete International (15) 1993, No.2, February, 70-74

Wagner, P. (1992): Der Untergang der Plattform Sleipner A. Bautechnik 69 (1992), H.8, 449-450

Computerunterstützte Integrierte Tragwerksplanung

W. Haas, Haas + Partner Ingenieurgesellschaft mbH

1. Zusammenfassung

Die computerunterstützte integrierte Tragwerksplanung ist ein weites Feld, das man unter den verschiedensten Gesichtspunkten untersuchen kann. In dem vorliegenden Beitrag wird hauptsächlich das Zusammenspiel zwischen Objektplaner und Tragwerksplaner in den Leistungsphasen 3, 4 und 5 untersucht. Bild 1 gibt einen Überblick über die in diesen Leistungsphasen anfallenden Arbeiten.

Leistungsphase		Objektplaner	Tragwerksplaner
3	Entwurfsplanung	Erarbeiten der endgültigen Lösung der Planungsaufgabe	Erarbeiten der Tragwerkslösung mit überschlägiger statischer Berechnung
4	Genehmigungsplanung	Erarbeiten und Einreichen der Vorlagen für die erforderlichen Genehmigungen	Anfertigen der statischen Berechnung mit Positionsplänen für die Prüfung
5	Ausführungsplanung	Erarbeiten und Darstellen der ausführungsreifen Planungslösung	Anfertigen der Tragwerksausführungszeichnungen (Schal- u. Bewehrungspläne)

Bild 1: Grundleistungen für Objekt- und Tragwerksplaner in den Leistungsphasen 3-5 der HOAI

Eine der Grundvoraussetzungen für eine integrierte Planung in diesen Leistungsphasen ist ein funktionierender CAD-Datenaustausch. Eine weitere Voraussetzung ist eine zweckmäßige Layereinteilung. Nur dann kann beispielsweise der Tragwerksplaner die von ihm nicht benötigten Informationen aus den Plänen des Objektplaners ausblenden und so auf den verbleibenden Informationen aufbauen.

Der Markt für bauspezifische CAD-Systeme ist von einer großen Anzahl von Systemanbietern geprägt. Wenn man sich beim Datenaustausch nicht in die Abhängigkeit eines Systemanbieters begeben will, so sollte man Standardformate wie STEP [1] einsetzen. Die entsprechende ISO-Standardisierung wird dargestellt.

2. Erstellung statischer Positionspläne auf der Grundlage der Entwurfspläne des Objektplaners

Tragwerksplaner erstellen zunehmend statische Positionspläne auf der Grundlage der Entwurfspläne des Objektplaners. Dies geschieht in folgenden Schritten:

- Übernahme der Entwurfspläne des Architekten per CAD-Datenaustausch.

- Entfernen der für die statischen Positionspläne nicht benötigten Informationen. Hier taucht zum ersten Mal das Thema "Sinnvolle Layereinteilung" auf. Nur wenn die nicht benötigten Informationen auf separaten Layern angeordnet sind, können sie durch einfaches Ausblenden von Layern entfernt werden.

- Überarbeiten der Entwurfspläne unter statisch konstruktiven Gesichtspunkten.

- Abgleich mit den Entwurfsplänen des Objektplaners.

- Hinzufügen eines oder mehrerer Layer mit Positionsangaben für die statische Berechnung.

Aus dieser Aufzählung wird deutlich, daß die geschilderte Erstellung der statischen Positionspläne des Tragwerksplaners anhand der Entwurfspläne des Objektplaners nur dann rationell möglich, wenn bereits zu Projektbeginn eine fach- und leistungsphasenübergreifende Layerstruktur angelegt wurde.

3. Erstellung von Schal- und Bewehrungsplänen auf der Grundlage der Werkpläne des Objektplaners

In der Leistungsphase 5, Ausführungsplanung, wird der CAD-Datenaustausch besonders interessant. In dieser Leistungsphase erstellt der Objektplaner die Werkpläne, d. h. die zeichnerische Darstellung des Objekts mit allen für die Ausführung notwendigen Einzelangaben. Der Tragwerksplaner fertigt Schal- und Bewehrungspläne an. Wir wollen in den folgenden Abschnitten den Ablauf des Datenaustausches und die weitere Bearbeitung beleuchten. Daraus kann man Planungsgrundsätze für den Objektplaner ableiten, damit die Schal- und Positionspläne rationell auf der Grundlage der Werkpläne des Objektplaners erstellt werden können.

Folgende Arbeitsschritte können unterschieden werden:

- Übernahme der Werkpläne des Objektplaners per CAD-Datenaustausch.

- Entfernen der nicht benötigten Informationen. In der Regel kann beispielsweise Bemaßung und Beschriftung nicht übernommen werden. Die nicht tragenden Bauteile werden für Schal- und Bewehrungspläne nicht benötigt. Alle den Ausbau betreffenden Angaben sind ebenfalls überflüssig.

- Abgleich mit dem Objektplaner. Es können beispielsweise Aussparungen fehlen, Elemente können auf falschen Layern angeordnet werden etc. All dies muß bereinigt werden.

- Hinterlegen von Layern auf zwei Werkplänen des Objektplaners. Im Schalplan sind die tragenden Bauteile unterhalb der Decke und die Decke dargestellt, im Werkplan die Decke und die Bauteile oberhalb der Decke. Dieser Aspekt wird später noch ausführlicher diskutiert.

- Entwickeln und Hinzufügen von Layern für Einbauteile, Schnitte, Details, Bemaßung, Beschriftung etc.

Hier gilt in noch viel stärkerem Maße als für die Erstellung der Positionspläne, daß eine zweckmäßige Layereinteilung entscheidend für den Erfolg des CAD-Datenaustausches und für die Erstellung von Schal- und Bewehrungsplänen ist. Nur dann können die nicht benötigten Informationen problemlos ausgeblendet werden.

Es soll nun der bereits angesprochene Punkt erörtert werden, daß bei einer integrierten Planung die Schalpläne Elemente von zwei Werkplänen des Objektplaners enthalten. Es müssen also die Informationen von zwei Werkplänen zusammengespielt werden. Dies ist keineswegs selbstverständlich. Am Markt gibt es zwei verschiedene Systemtypen, die dies ermöglichen.

- Die Layer können planübergreifend frei kombiniert werden. Zu jedem Plan existiert also eine Montageanweisung, die angibt, welche Layer in welchem Maßstab verkleinert und wo innerhalb des Blattrandes anzuordnen sind.

- Layer werden planbezogen erstellt und verwaltet. Jeder Plan kann als sogenanntes Referenzfile verwendet werden. Es kann als solches Referenzfile für andere Pläne hinterlegt werden. Dabei können die Layer innerhalb eines Referenzfiles beliebig sichtbar oder unsichtbar geschaltet werden.

Nur wenn eine dieser Techniken verfügbar ist, können Schalpläne in dem geschilderten Verfahren erstellt werden.

Es soll an dieser Stelle betont werden, daß die geschilderte integrierte Planung einen hohen organisatorischen Aufwand und Abstimmungsbedarf voraussetzt. Dies bezieht sich in erster Linie auf die Layereinteilung. Deswegen soll sie in den folgenden Abschnitten etwas genauer geschildert werden.

4. Einige Überlegungen zur zweckmäßigen Layereinteilung

Im CAD-Datenaustausch-Knigge [2] wurde die sogenannte 5W-Struktur für eine Layereinteilung entwickelt. Diese 5W-Struktur ist in Bild 2 dargestellt.

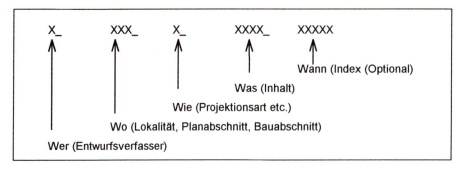

Bild 2:   5W-Layerstruktur

Das wichtigste Element der 5W-Struktur ist das "Was", also die thematische bzw. inhaltliche Aufsplittung der Zeichnungsinhalte. Dabei ist es zweckmäßig, zwischen sogenannten Modellelementen und graphischen Elementen zu unterscheiden. Modellelemente sind die Schnitt- und Konturlinien der Bauteile. Graphische Elemente sind Bemaßung, Beschriftung, Schaffur, Raster, Symbole etc.

Eine für die Modellelemente des Rohbaus zweckmäßige Layerstruktur ist ausschnittweise in Bild 3 dargestellt. Sie ist aus einer Erhebung von Layerstrukturen bei insgesamt acht Systemanbietern und -anwendern entstanden.

Bauteil	tragend	Mauerwerk	Ansicht
	nichttragend	Beton u. Stahlbeton	Schnitt
Aussparung			
Einbauteile			
Bewehrung			

Bild 3:   Layerstrukturen für Modellelemenete des Rohbaus (unvollständig)

Interessant ist, daß die Bauteile nicht weiter in Wände, Stützen und Träger unterschieden werden. Eine entsprechende Unterscheidung ist zur Sichtbarkeitssteuerung nicht erforderlich. Lediglich wenn man die Layertechnik für andere Zwecke, z. B. im Hinblick auf eine Kostenplanung, verwendet, ist eine feinere Einteilung erforderlich.

Eine Layerstruktur für graphische Elemente ist in Bild 4 dargestellt.

Bauteil, Aussparungen, u. Einbauteile	Text	
Bewehrung	Bemaßung	
	Schraffur	
Raster	Linien	
	Text	
	Bemaßung	
Plankopf, Planrand		

Bild 4:   Layerstrukturen für graphische Elemente

Wie erzeugt man mit dieser Layereinteilung Werkpläne sowie Schal- und Bewehrungspläne? Dies ist in den Bildern 5 und 6 dargestellt. Jeder Zeile in diesen Bildern entspricht ein Layer. Ein X in einer Spalte gibt an, ob dieser Layer für den betreffenden Plan eingeblendet wird.

						Werkplan 7. OG	Werkplan 8. OG	Schalplan Decke über 7. OG	Bewehrungsplan Decke über 7. OG
O	Bauteil	tragend	Beton u. Stahlbeton	Schnitt	7. OG	X		X	X
O	Bauteil	tragend	Beton u. Stahlbeton	Ansicht	7. OG	X			
O	Bauteil	nichttragend	Mauerwerk	Schnitt	7. OG	X			
O	Aussparungen			Ansicht	7. OG	X			
O	Bauteil	tragend	Beton u. Stahlbeton	Schnitt	8. OG		X		X
O	Bauteil	tragend	Beton u. Stahlbeton	Ansicht	8. OG		X	X	X
O	Bauteil	nichttragend	Mauerwerk	Schnitt	8. OG		X		
O	Aussparungen			Ansicht	8. OG		X	X	X
T	Bauteil			Ansicht	8. OG			X	X
T				Schnitt	8. OG			X	X
T	Bewehrung				8. OG				X
T	Einbauteile				8. OG			X	

O = Objekplaner, T = Tragwerksplaner

Bild 5:   Layer mit Modellelementen für Werkpläne des Objektplaners und
         Schal- und Bewehrungspläne des Tragwerksplaners (unvollständig)

Bild 5 gibt an, wer für welche Layer und für welches Geschoß zuständig ist, und wie sich Werk-, Schal- und Bewehrungspläne aus Layern, sowohl des Objektplaners wie des Tragwerksplaners, zusammensetzen. Bild 6 gibt die entsprechende Darstellung für graphische Elemente wieder.

				Werkplan 7. OG	Werkplan 8. OG	Schalplan Decke über 7. OG	Bewehrungsplan Decke über 7. OG
O	Raster	Linien		X	X	X	X
O	Raster	Text, Bemaßung		X	X	X	X
O	Plankopf			X	X		
O	Bemaßung		7. OG	X			
O	Text		7. OG	X			
O	Bemaßung		8. OG		X		
O	Text		8. OG		X		
T	Plankopf					X	X
T	Bemaßung, Schalplan		8. OG			X	
T	Text, Schalplan		8. OG			X	

O = Objektplaner, T = Tragwerksplaner

Bild 6: Layer für graphische Elemente für Werkpläne des Objektplaners und Schal- und Bewehrungspläne des Tragwerksplaners

Eine der Kernaufgaben der Planung der Planung im Hinblick auf die gemeinsame Verwendung von Layern ist es, derartige Matrixdarstellungen, welche Layer von wem zu erstellen sind, und in welchen Plänen sie verwendet werden, vor Planungsbeginn zu erstellen. Dies erfordert einen hohen organisatorischen Aufwand, erlaubt jedoch eine effiziente Planerstellung. Diese Matrixdarstellungen sollten sich nicht nur auf eine Leistungsphase beziehen, sondern leistungsphasenübergreifend erarbeitet werden.

5. Ungünstige Layereinteilungen

Bereits in Kapitel 4 wurde genannt, daß es auch Layereinteilungen gibt, die sich an anderen Gegebenheiten als der Sichtbarkeitssteuerung orientieren. Typische Anwendungen sind Layereinteilungen zum Zwecke der Kostenplanung. Alle zu einem Kostenelement gehörigen Bauteile werden dann auf einem Layer angeordnet. Dann werden beispielsweise für Innen- und Außenwände unterschiedliche Layer verwendet. Eine solche Layereinteilung ist für die Sichtbarkeitssteuerung unzweckmäßig.

Dies soll anhand von Bild 7 geschildert werden.

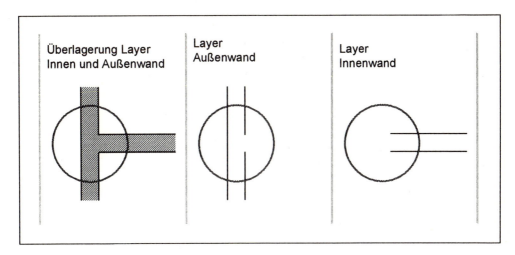

Bild 7:   Beispiel für ungünstige Layereinteilung

Es zeigt eine verschmolzene Innen- und Außenwand. Bauspezifische CAD-Systeme leisten dies. Nach einem CAD-Datenaustausch können sich unerwünschte Effekte einstellen. An der Verschmelzungsstelle werden sowohl Innen- wie Außenwand aufgetrennt. Schraffuralgorithmen funktionieren nicht mehr, auch eine Mengenermittlung ist in der Regel nicht mehr möglich. Man sollte also nicht den Layermechanismus für andere Zwecke als den der Sichtbarkeitssteuerung verwenden. Für die Kostenplanung ist ein Attributmechanismus zur Klassifizierung der Elemente und zur Zuordnung von Kostendaten bei weitem zweckmäßiger.

6. ISO 10303 (STEP) für den CAD-Datenaustausch und für die Gebäudemodellierung

Das Akronym STEP steht für Standard for the Exchange of Product Model Data. Es bezeichnet die ISO 10303. Eine erste Version dieses ISO-Standards wurde im Juli 1994 fertiggestellt. Gegenstand dieses Standards ist, wie es das Akronym STEP besagt, der Austausch produktdefinierender Daten. Er besteht aus vielen Einzelstandards für Produktgruppen wie Atomobile, Schiffe, Anlagen und Gebäuden. Da Produkte immer noch auch durch Zeichnungen beschrieben werden, enthält die ISO 10303 auch einen Teilstandard für den Austausch von 2D-CAD-Daten.

Einer der Grundgedanken von STEP ist es, daß nur das ausgetauscht werden kann, was in den Datenbeständen eines Systems vorhanden ist. Der Informationsgehalt ist derselbe. Die Datenmodelle von STEP werden deswegen implementierungsunabhängig im Standard festgelegt. Sie können sowohl als Austauschfile als auch in einer Datenbank, beispielsweise in einer objektorientierten

Datenbank, und in einer objektorienten Progammiersprache wie C++ implementiert werden.

6.1 2D-CAD-bezogene STEP-Entwicklungen

Bild 8 gibt einen Überblick über die 2D-CAD-bezogenen Entwicklungen bei STEP und im Umfeld.

Deutschland, DIN	International, ISO
1986 Gründung DIN-NAM 96.4.3-Bau Ziel Entwicklung bauspezifisches Format für 2D-CAD Datenaustausch 1987 Fertigstellung STEP-2DBS 1989 Etablierung als Verbandsempfehlung, Beginn Übersetzerentwicklung 1991 Übernahme durch ISYBAU 1992 Übernahme durch VDA 1993 Veröffentlichung CAD-Datenaustausch-Knigge 1994 VUBI Vergleich DXF mit STEP-2DBS 1995 Beginn Übergang auf echten ISO/STEP Standard (201/202)	1991 Beginn Entwicklung ISO 10303-201 "Explicit Draughting" Projektleitung von Anfang an in Deutschland, dadurch „2DBS-like" 1994 ISO 10303-201 verabschiedet

Bild 8: 2D-CAD-bezogene Entwicklungen bei STEP und im Umfeld

Sehr früh, im Jahr 1986, wurde von DIN ein Arbeitskreis gegründet, mit dem Ziel, ein bauspezifisches Format für den 2D-CAD-Datenaustausch zu entwickeln. Dieses Format, es hatte den Namen STEP-2DBS, wurde bereits 1987 fertiggestellt. Es übernahm von STEP das, was damals verfügbar war, im wesentlichen die 2D-Geometieelemente, das physikalische Fileformat und die generelle Architektur. Andere Elemente, wie Bemaßung, Beschriftung, Schraffur, wurden entsprechend der STEP-Methodik entwickelt. In den folgenden Jahren konnte es sich als Empfehlung der Spitzenverbände des Bauwesens, ISYBAU und VDA, etablieren. Es wurde praktisch im Vorgriff auf einen kommenden ISO-Standard etabliert.

Im Jahre 1991 begann bei der ISO eine entsprechende Entwicklung. Um einen Übergang von STEP-2DBS auf den echten ISO-Standard 10303-201 "Explicit Drafting" so leicht wie möglich zu gestalten, lag die Projektleitung von Anfang an in Deutschland. STEP-2DBS ist sehr gut auf die ISO 10303-201 abbildbar. 1995 ist der Übergang auf den echten ISO/STEP-Standard geplant.

6.2 ISO/STEP-Entwicklung für ein räumliches Gebäudemodell

Seit Oktober 1993 läuft die Entwicklung eines ISO/STEP-Standards für räumliche Gebäudemodelle. Die genaue Bezeichnung ist ISO 10303-225 "Building Elements Using Explicit Shape Representation". Wie es der Name besagt, umfaßt dieser Standard räumliche Gebäudemodelle als strukturierte Ansammlung von Bauteilen, wobei die explizite Darstellung der Geometrie einen Schwerpunkt darstellt.

Bild 9 gibt einen Überblick über die Anwendungsbereiche von ISO 10303-225.

- Rohbau (Wände, Stützen, Decken, Träger etc.)
- Räume
- Raumabschließende Elemente (Trennwände, Fassaden, Dächer, Verglasung, Türen etc.)
- Technische Gebäudeausrüstung
- Einfaches Digitales Geländemodell

Bild 9: Anwendungsbereich von ISO 10303-225

Hervorzuheben ist, daß lediglich beim Rohbau ein weitergehend vordefinierte Unterscheidung der Elemente in Wände, Stützen, Träger etc. Bestandteil des Standards ist. In anderen Anwendungsbereichen gibt es Mechanismen, um derartige Klassifizierungen durchzuführen.

Bild 10 gibt einen Überblick über allgemeine Mechanismen von AP 225.

- Geometrie und Topologie
- Strukturierung (Gebäudeteil, Geschoß, etc.)
- Klassifizierung der Elemente
- Eigenschaften (Materialeigenschaften, Leistungswerte)
- Administrative Daten
- Relationen

Bild 10: Allgemein anwendbare Mechanismen von ISO 10303-225

Zunächst einmal muß es natürlich möglich sein, die Geometrie und Topologie für alle Anwendungselemente explizit zu beschreiben. Daneben braucht man Strukturierungsmechanismen, um beispielsweise den Rohbau in Gebäudeteile und Geschosse untergliedern zu können, um bei der technischen Gebäudeausrüstung Leitungsstränge bilden zu können.

Die Klassifizierung von Elementen ist von Nation zu Nation unterschiedlich. Für die Kostenplanung ist beispielsweise in Deutschland die DIN 276 weit verbreitet, in Skandinavien dagegen die SfB-Codierung. Auch für Materialeigenschaften existieren von Land zu Land unterschiedliche Standards. So wurden für derartige

Informationen allgemeine Mechanismen geschaffen und keine vordefinierten festen Strukturen. Damit ist AP 225 länderübergreifend einsetzbar.

Eine erste vollständig ausformulierte Fassung dieses Standards ist in der Zwischenzeit verfügbar. Er hat auch bereits eine erste industrielle Begutachtung durchlaufen. Falls es keine größeren Einsprüche gibt, die erhebliche Umgestaltungen bewirken, ist ISO 10303-225 im Oktober 1996 als internationaler Standard verfügbar.

7. Literatur

[1] ISO 10303-1, Industrial Automation System – Product Data Representation and Exchange – Part 1: Overview and Fundamental Principles, ISO – International Organisation for Standardisation, Genf 1994.

[2] Haas, W.: CAD-Datenaustausch-Knigge – STEP 2DBS für Architekten und Bauingenieure, Springer Verlag Berlin, Heidelberg, 1993.

[3] STEP 2DBS (STEP-2B Bau – Subset): Eine Schnittstelle zum Austausch zeichnungsorientierter CAD-Daten im Bauwesen, Version 1.0, Mai 1989.

[4] ISO 10303-201: Industrial Automation Systems – Product Data Representation and Exchange – Part 201: Application Protocol: Explicit Drafting – International Organisation for Standardisation, Genf 1994.

[5] ISO TC184/SC4/WG/AP 225: Title: Building Elements Using Explicit Shape Representation, März 1995.

Intelligente Lastgeneratoren für Eurocode

T. Bachmaier, Nemetschek Programmsystem GmbH

1. Zusammenfassung

Die Harmonisierungsbestrebungen im Bereich der technischen Normen haben in der Europäischen Gemeinschaft in der jüngsten Vergangenheit weitere Fortschritte gemacht. So ist in Deutschland im Bereich des Bauwesens Eurocode 2, Planung von Stahlbeton- und Spannbetontragwerken, seit 1992 als Vornorm verfügbar und darf alternativ zu DIN 1045 und DIN 4227 verwendet werden. Der Termin der endgültigen Einführung von EC2 wird augenblicklich in Europa intensiv diskutiert. Die Tatsache, daß DIN 1045 auf einem überholten technischen Wissensstand beruht, kann unter Umständen dazu führen, daß EC2 vielleicht schon 1996 als deutsche Norm im Alleingang eingeführt und dann DIN 1045 und DIN 4227 ersetzen wird.

Die Planungspraxis wird in den nächsten Jahren mit einem erheblichen Umstellungsaufwand konfrontiert werden. Gefragt sind Hilfsmittel, die die neuen Regeln und Verfahren umfassend bearbeiten und beim Umstieg auf die neue Technologie aktiv unterstützen.

Der folgende Beitrag stellt am Beispiel des Sicherheitskonzeptes die spezifischen Anforderungen und Problemstellungen des EC2 dar, erläutert die sich daraus ergebenden Leistungskriterien für Softwaremethoden und Softwarewerkzeuge und stellt eine für die Praxis verfügbare Lösung vor.

2. Das Sicherheitskonzept - Inhalte, Anforderungen

Den Eurocodes liegt ein Teilsicherheitskonzept zugrunde. Im Gegensatz zur DIN, wo ja bekanntlich globale Faktoren das Sicherheitsrisiko berücksichtigen, unterscheiden sich in Eurocode charakteristische Werte und Bemessungswerte auf Einwirkungs- und auf Widerstandsseite jeweils um die sogenannten Teilsicherheiten. Hierbei versteht man unter einem charakteristischen Wert den primären Kennwert eines Materials oder den primären Lastwert. Dabei sind Bemessungswerte mit Teilsicherheiten beaufschlagte charakteristische Werte. Zusätzlich kennt EC2 die Kombinationswerte, welche mit Kombinationsbeiwerten behaftete charakteristische Werte sind und bei der Kombination von veränderlichen Einwirkungen verwendet werden.

Grundgedanke des Teilsicherheitskonzeptes ist eine realitätsnahe, zuverlässige Erfassung des Risikos mit dem Ziel, wirtschaftliche Konstruktionen zu ermöglichen. Da das Gesamtrisiko für ein Versagen im Grenzzustand der Tragfähigkeit bzw. Grenzzustand der Gebrauchstauglichkeit eines Bauwerks sich aus einer Vielzahl von Teilrisiken zusammensetzt und die einzelnen Risikofaktoren nicht mit gleicher Wahrscheinlichkeit auftreten, befindet sich eine differenzierte Einstufung der Risiken näher an der Realität.

So wird das Risiko von qualitätsbedingten Schwankungen der Materialeigenschaften für den industriell gefertigten Stahl mit $\gamma_S=1{,}15$ und für den überwiegend auf der Baustelle hergestellten Beton mit $\gamma_C=1{,}5$ unterschiedlich stark beurteilt.

Ständige Einwirkungen werden in ihrer Wirkung in günstig und ungünstig unterschieden und entsprechend mit Faktoren versehen. Veränderliche Einwirkungen werden wesentlich deutlicher als in der DIN klassifiziert und die Wahrscheinlichkeit ihres gleichzeitigen Auftretens durch Einteilung in Leiteinwirkung und weitere Einwirkungen und in der Folge durch Einsetzen entsprechender Faktoren und Kombinationsbeiwerte erfaßt. Die Folge ist, daß für eine Einwirkung an verschiedenen Stellen des Tragwerkes unterschiedliche Faktoren zur Ermittlung des Bemessungswertes maßgebend sein können.

EC2 unterscheidet eine ganze Reihe von verschiedenen Kombinationsregeln. So sind für den Grenzzustand der Tragfähigkeit die Grundkombination und die außergewöhnliche Kombination möglich. Für den Grenzzustand der Gebrauchstauglichkeit sind die seltene , die häufige und die quasi-ständige Kombination definiert.

Die Folgen aus diesen Kriterien sind sehr differenzierte Kombinationsregeln, eine komplexe Kombinationslogik, eine Vielzahl von zu untersuchenden Kombinationsfällen und ein für den Tragwerksplaner schwer durchschaubarer und meist nur mit größerem Aufwand beherrschbarer Prozeß. Aus dieser Situation ergeben sich besondere Anforderungen für die Softwarewerkzeuge.

3. Anforderungen an die Sofwarewerkzeuge

Die unterschiedlichen Kombinationsregeln müssen in Form einer Wissensbasis zur Verfügung gestellt, für den Anwender aufbereitet und dem Prozeß übergeben werden. Teilsicherheitsbeiwerte und Kombinationsbeiwerte sollten in einer Datenbank abgerufen und landesspezifisch unterschieden werden können. Eine der wichtigsten Aufgaben ist die vollständige Analyse der Kombinatonssituation. Hierbei ist im Vorgehen zwischen linearer und nichtlinearer Berechnung zu unterscheiden.

Ein einfaches Beispiel eines Einfeldträgers zeigt stellvertretend für die Grundkombination nach EC2 die besonderen Anforderungen. Die Grundkombination zeigt die folgende Formel. Abweichend zu EC2, Abschnitt 2.3.2.2, Gleichung 2.7 (a) wurde hier zusätzlich die Übertragungseinwirkung U, die im folgenden noch näher behandelt wird, ergänzt.

$$\sum \gamma_{G,j} \, G_{k,j} + \gamma_{Q,1} \, Q_{k,1} + \sum_{i>1} \gamma_{Q,i} \, Q \, \psi_{0,i} \, Q_{k,i} + U$$

Betrachtet wird die folgende Beanspruchssituation bestehend aus den ständigen Einwirkungen $G_{k,1}$ und $G_{k,2}$, sowie den veränderlichen Einwirkungen $Q_{k,1}$ und $Q_{k,2}$:

Ständige Einwirkungen:

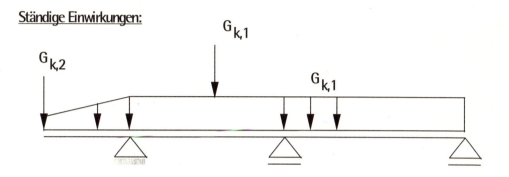

Veränderliche Einwirkungen:

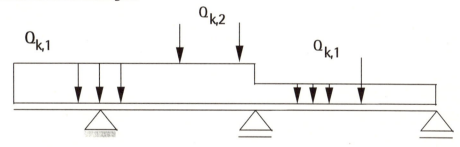

Für die ständigen Einwirkungen $G_{k,1}$ und $G_{k,2}$ sind die Belastungsgrößen einmal für günstige, einmal für ungünstige Wirkung zu untersuchen. Dabei wird die Beanspruchung der Einwirkung $G_{k,2}$ durch mehrere einzelne bauteilspezifische Lasten zusammengesetzt. Aus den veränderlichen Einwirkungen $Q_{k,1}$ und $Q_{k,2}$ gilt es die Leiteinwirkung zu ermitteln. Hierbei setzt sich $Q_{k,1}$ aus den unterschiedlichen Laststellungen in den einzelnen Feldern zusammen, in Feld 2 wird die Beanspruchung zusätzlich aus einer Gleichlast und einer Einzellast gebildet. $Q_{k,2}$ besteht aus zwei Einzellasten, die gemeinsam in einem Feld angreifen. Wie alleine aus diesem doch sehr einfachen Beispiel zu ersehen ist, muß es möglich sein die Beanspruchungssituation sehr flexibel formulieren zu können. Wie bereits erwähnt ist es notwendig das Vorgehen im Falle einer linearen Berechnung, bei der die Resultatwerte superponierbar sind und im Fall einer nichtlinearen Berechnung, bei der die

Resultatwerte nicht superponierbar sind, zu unterscheiden. So kann im linearen Fall die Kombination effizienter und automatischer für den Anwender abgewickelt werden. Es ist jedoch notwendig, daß zur Entscheidungsfindung günstig/ungünstig bzw. Leiteinwirkung/weiter Einwirkung eine auf charakteristischem Niveau geführte Analyse angewendet wird, auf deren Grundlage dann die Faktoren zur Zusammensetzung des endgültigen Kombinationsfalls bestimmt werden. Im nichtlinearen Fall sind alle möglichen Kombinationsfälle vor der Berechnung aufzustellen und dem Benutzer zur Einsicht und Auswahl anzubieten. Hierbei sind Laststellungen, Alternativen usw. miteinzubeziehen.

Die Aufgabe des Anwenders kann sich auf das Klassifizieren der Einwirkungen nach Typ, Art und Zusammensetzung beschränken. Aufgabe der Software ist es die komplexen Zusammenhänge für den Anwender in überschaubare Einheiten zu gliedern und ihn zu der technisch richtigen und optimalen Lösung zu führen. Das Resultat ist ein automatisch ablaufender Kombinationsprozeß der anschließend für den Anwender transparent gemacht werden muß. Gerade die Transparenz ist im Zeitalter immer komplexer werdender Software eine sehr wichtige Eigenschaft.

Hierzu ist es notwendig die Abläufe während der Kombination zu protokollieren und auf Wunsch zur Verfügung zu stellen. Ergebnisse müssen den ihnen zugrunde liegenden Kombinationsfall und dessen Zusammensetzung kennen.

4. Hierarchische Belastungsstruktur

Um den oben dargestellten Anforderungen zu genügen wird die Gesamtbeanspruchung strukturell gegliedert in Einwirkung, Belastung und Lasten.

Die Einwirkungsebene ist hierbei die Ebene der Kombination, das heißt auf dieser Ebene werden die charakteristischen Werte zu Bemessungswerte verarbeitet. Eine Einwirkung setzt sich aus einer oder mehreren Belastungen zusammen.

Die Belastungsebene ist die Ebene auf der alternative Beanspruchungen bzw. verschiedene Laststellungen auf charakteristischem Niveau untersucht werden, um die Entscheidung für die einzusetzenden Teilsicherheiten zu treffen. Eine Belastung setzt sich aus einer oder mehreren bauteilspezifischen Lasten zusammen.

Die Ebene der Lasten ist die unmittelbare bauteilspezifische Banspruchungsebene.

4. Übertragungseinwirkung

Die Übertragungseinwirkung wird zusätzlich zu den Einwirkungsarten ständig, veränderlich und außergewöhnlich, die standardmäßig in EC2 festgelegt sind, eingeführt. Sie erlaubt Belastungen, die als Weiterleitungsbeanspruchung in Form von Auflagerreaktionen aus darüberliegenden Positionen resultieren in die Kombination korrekt einzubeziehen.

Auflagerreaktionen sind in der Regel Bemessungswerte, d.h. sie sind bereits mit Teilsicherheiten behaftet. Werden sie nun in den darunter liegenden Bauteilen als Belastung aufgebracht, so dürfen sie nicht ein weiteres Mal mit Faktoren beaufschlagt werden. Deshalb werden Übertragungseinwirkungen stets mit dem Faktor 1,0 in der Kombination berücksichtigt.

Übertragungseinwirkungen können wie alle anderen Einwirkungen alternative Belastungen beinhalten (z.B. für maximale / minimale Auflagerreaktionen) und die Belastungen können natürlich aus mehreren Lasten (z.B. vertikale Auflagerkraft plus Einspannmoment) zusammengesetzt sein.

Hierdurch wird der Berechnungspraxis, neben der Möglichkeit Auflagerreaktionen in ihre Anteile zu zerlegen und auf die darunterliegende Position in Form von charakteristischen Werten aufzubringen, eine praktikable und einfache Möglichkeit zur Lastübertragung zur Verfügung gestellt. Wohl wissend, daß es sich hierbei um ein nicht ganz exaktes Vorgehen handelt, da eine Auflagerkraft in der Regel Anteile verschiedener Einwirkungen beinhaltet und damit die Entscheidungen günstig/ungünstig und Leiteinwirkung/weitere Einwirkung verschmiert werden können. Aber dem Autor scheint es legitim für dieses von den Normengremien noch ungeklärte Problem, diese pragmatische Lösung anzubieten.

5. Benutzerführung

Die Aufgabe des Tragwerksplaners beschränkt sich im wesentlichen auf die Lastzusammenstellung. Er muß hierzu die Beanspruchung des Bauteils in ständige, veränderliche, außergewöhnliche und Übertragungseinwirkungen klassifizieren, Für die veränderlichen Einwirkungen zusätzlich die Art (Deckenlast, Wind, Schnee, etc.) definieren, die Banspruchungsstruktur festlegen und die spezifischen Lastwerte, wie Lage, Ordinaten etc. eingeben.

Der Aufbau der Beanspruchungsstruktur steht im Zentrum der Lasteingabe. Die Struktur wird übersichtlich in Form einer Baumstruktur dargestellt.

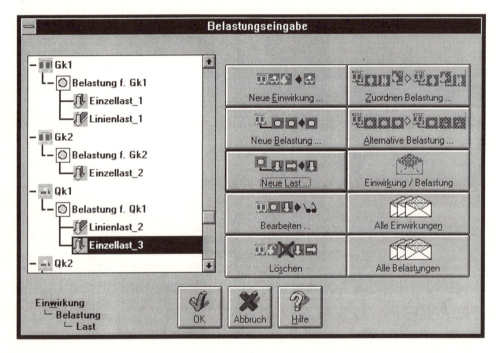

Der folgende Dialog zeigt die Klassifizierung der Einwirkungen. Faktoren werden automatisch hinterlegt.

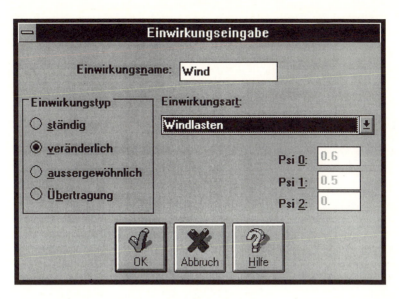

Nachdem diese Eingaben vom Anwender erstellt wurden, werden im Fall der linearen Berechnung die Kombintionsregeln automatisch gebildet und der Kombinationsprozess durchgeführt. Im Falle der nichtlinearen Berechnung werden alle theoretisch in Frage kommenden Kombinationsfälle für den Anwender aufbereitet. Standarmäßig werden diese zur Berechnung weitergeleitet. Es besteht jedoch die Möglichkeit die Kombinationsfälle einzusehen und die Fälle mit Relevanz für die Berechnung auszuwählen. Der folgende Dialog zeigt diese Fähigkeit:

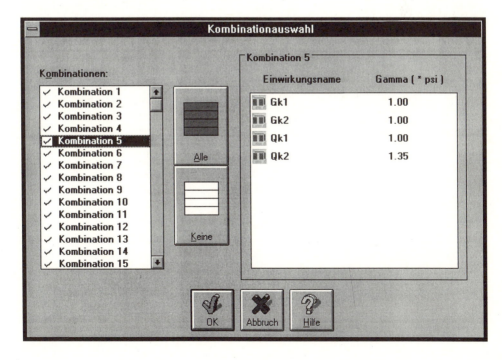

6. Transparenz der Automatismen

Die Kombination stellt in beiden Fällen einen Automatismus dar, der für den Anwender manuell nur mit immensem Aufwand kontrollierbar und schwer durchschaubar ist. Aus diesem Grund werden alle Schritte des Prozesses protokolliert und diese Aufzeichnungen verwendet, um im Anschluß an die Berechnung alle maßgeblichen Kombinationsfälle in ihrer Zusammensetzung zu kennen. Die folgende Tabelle zeigt exemplarisch eine derartige Aufstellung:

KF	Einwirkung	Faktor	Belastung	Last
1	Gk,1	1.35	Belastung1	Linienlast
	Gk2	1.00	Belastung2	Einzellast
	Qk,1	1.05	Belastung3	Gleichlast
	Qk,1	1.05	Belastung3	Gleichlast
	Qk,2	1.50	Belastung4	Versammlung
2	Gk,1	1.00	Belastung1	Linienlast
	Gk2	1.35	Belastung2	Einzellast
	Qk,1	1.50	Belastung3	Gleichlast
3	Gk,1	1.35	Belastung1	Linienlast
	Gk2	1.35	Belastung2	Einzellast
	Qk,1	1.50	Belastung3	Gleichlast
	Qk,1	1.50	Belastung3	Gleichlast
	Qk,1	1.50	Belastung3	Gleichlast
	Qk,2	1.20	Belastung4	Versammlung
4	Gk,1	1.00	Belastung1	Linienlast
	Gk2	1.00	Belastung2	Einzellast

Alle Ergebnisse tragen einen Verweis auf den ihnen zugrunde liegenden Kombinationsfall und können so problemlos zu Kontollzwecken analysiert werden.

7. Schlußfolgerung

Eurocode 2 stellt im Bezug auf das Sicherheitskonzept umfassend neue, komplexe Anforderungen an den Tragwerksplaner und seine Hilfsmittel. Ein Hilfsmittel, dessen Bedeutung für die tägliche Arbeit zunehmen wird, ist zweifelsohne das Berechnungsprogramm. Nur leistungsfähige und speziell für EC-Aufgaben entwickelte Programme werden dieser Aufgabe gerecht werden. Im Fall des Sicherheitskonzeptes zeigt sich, daß das Lastfallkonzept der DIN nicht einfach um Faktoren erweitert werden kann, und unterstützt damit diese These.

Objektorientierte Formulierung eines integrierten Nachweis- und Konstruktionssystems für den allgemeinen Stahlhochbau

Dipl.-Ing. U. Pfingst, INIT GmbH, Bochum
Dipl.-Ing. W. Michalowsky, INIT GmbH, Bochum
Priv. Doz. Dr.-Ing. B. Weber, INIT GmbH, Bochum

Zusammenfassung

Integrierte Informationsverarbeitung im Stahlbau setzt die Implementation und Nutzung globaler Produktmodelle voraus. Deren objektorientierte Formulierung wird am Beispiel des integrierten Nachweis- und Konstruktionssystems SSt-acad aufgezeigt. SSt-acad ist eine vollständige Neuentwicklung auf der Basis objektorientierter Datenbank- und CAD-Technologie.

1   Einleitung

Ebenso wie in anderen Bereichen der Bautechnik ist der EDV-Einsatz im Stahlbau geprägt von dem Bestreben nach Integrationsfähigkeit. Planung, Projektierung und Fertigung folgen wirtschaftlichem Kostendenken. Der verläßliche Bezug aller in diesem Sinne erforderlichen Informationen verlangt die Konzipierung integrierter Informationssysteme, alle Bereiche von der Planung bis zur Fertigung oder gar Instandhaltung übergreifend.

Hierzu bedarf es entsprechend geeigneter Datenmodellierung. Die bisher übliche Handhabung von Schnittstellen und CAD-Austauschformaten wird sich zukünftiger Produktmodellierung unterordnen. In den Vordergrund rückt die konsequente 3D-Betrachtung der Bauwirklichkeit, abgeleitet zum adäquaten Detaillierungsgrad des jeweiligen Teilprozesses.

Bestimmend wird die Art und Mächtigkeit der Datenbanktechnologie, sie prägt auch die Form und die Ziele zukünftiger CAD-Einsätze. Die Berücksichtigung objektorientierter Technologien in der CAD- und Datenbankanwendung wird den bisherigen EDV-Einsatz nachhaltig verändern. CAD-Systeme ordnen sich dem Informationsbestand globaler, verteilter Datenbanken unter; sie sind nicht nur Konstruktionsinstrument, sondern vor allem Visualisierungsinstrument technischer Planungsbestände. Die diesbezüglich notwendige Informationsmodellierung erfolgt mit Hilfe objektorientierter Datenbanken.
Der vorliegende Beitrag schildert die Perspektiven zukünftiger Automatisierung im Stahlbau am Beispiel des objektorientierten Planungs- und

Konstruktionssystems SSt-acad, einer in diesem Sinne vollständigen Neuentwicklung auf Basis objektorientierter Datenbank- und CAD-Technologie.

2 Automatisierung im Stahlbau - Stand der Technik und Perspektiven

Planungsstrategien und Produktionsprogramm der Stahlbauunternehmen haben sich seit Beginn der 70er Jahre wesentlich verändert. Zusammenfassend sind folgende Trends festzustellen:

- Verkürzung der Planungszeiten
- Personalabbau in den technischen Büros
- Einkauf technischer Dienstleistungen für Statik und Konstruktion
- Rationalisierung der Fertigungsmethoden durch NC-gesteuerte Fertigungsstraßen
- EDV-Einsatz in Konstruktion und Fertigung, Projektmanagement, PPS und AVA
- Fortführung des ausschließlichen Stahlbaus zum schlüsselfertigen Komplettbau

Hiermit verbinden sich neue Schwerpunkte der Informationsverarbeitung im Stahlbau [2]. Angestrebt wird ein integriertes Informationswesen mit der Dokumentation der Planungsabläufe und Planungsänderungen. Die Qualitätssicherung in Materialwirtschaft und Fertigung gewinnt an Bedeutung [3].

Die Wege zur Erlangung integrierter Informationsfähigkeit können wie folgt klassifiziert werden:

- Schnittstellen gemäß DSTV-Empfehlungen in den Bereichen Statik/Konstruktion, Stücklisten und NC
- CAD-Austauschformate wie IGES, DXF oder STEP2DBS
- Produktmodellierung zur Erfassung der 3D-Bauwirklichkeit und zur Abbildung der Planungs- und Fertigungsabläufe. Träger der Produktmodellierung sind Datenbanken mit relationaler und zunehmend objektorientierter Struktur.

Die Erlangung integrierter Informationsverarbeitung in allen Planungsbereichen von Statik und Konstruktion durch konsequent objektorientierte Formulierung wird im folgenden aufgezeigt. Am Beispiel des vollständig neu und objektorientiert formulierten Planungs- und Konstruktionssystems SSt-acad [4] wird die objektorientierte Abbildung der Produktmodellierung aufgezeigt. Die Besonderheit der Aufgabenstellung liegt dabei in der Beherrschung des Abklärungs-, Genehmigungs- und Änderungsprozesses, in der Dokumentation der Planungschronologie und in der versionierten Erfassung der entstehenden technischen Dokumente zur Statik und Konstruktion.

3 Objektorientierte Formulierungen im Bauwesen
3.1 Grundzüge objektorientierter Formulierungen

Die Techniken objektorientierter Programmierung unterscheiden sich grundlegend von denen bisher eingesetzter prozeduraler Programmierung auf Basis FORTRAN oder C. Die Softwarestruktur ist nicht geprägt von prozeduralen Gliederungen (Funktionen, Subroutinen) mit übergeordneter Datenversorgung, die Andersartigkeit zeigt sich in Form von Klassenstrukturen zur Bildung von Objekten. *Klassen* sind die Zusammenfassung von *Daten* und *Methoden* zu programmtechnischen Einheiten.

Klassen dienen der Beschreibung, der Instanziierung von Objekten. Objekte wiederum sind Elemente der jeweiligen Beschreibungsebene. Ihre Daten (Attribute) und Methoden sind eingebunden in die Objektbildung. Objekte treten miteinander in Beziehung. Ähnlichkeiten und Beziehungen werden durch Klassenstrukturierung und Vererbung abgebildet. Abgeleitete Klassen übernehmen Daten und Methoden ihrer Basisklassen, sie fügen ihrerseits neue Daten und Methoden hinzu. In diesem Sinne sind die aus ihnen abgeleiteten Objekte Detaillierungen der Objekte übergeordneter Basisklassen. Objektorientierte Programmierung impliziert Polymorphismus, d.h. Funktionen werden in abgeleiteten Klassen redefiniert. Sie werden über einen einheitlichen Aufruf benutzt. Der jeweilige Objektbezug wird automatisch festgestellt.

Hinsichtlich einer genaueren und umfassenden Beschreibung objektorientierter Programmierung wird auf die inzwischen zahlreiche Literatur verwiesen. Die derzeit meist eingesetzte, objektorientierte Programmiersprache ist C^{++}.

3.2 Anwendungen objektorientierter Formulierungen

Klassenmodellierungen für die Bereiche Statik und Konstruktion unterscheiden etwa nach den Basisklassen *Statisches Modell*, *Belastungsmodell* oder *Bauteilmodell* (Bild 1). Daraus abgeleitete Klassen im Fall der Klasse *Bauteil* sind die Klassen *Wand*, *Decke*, *Träger* oder *Blech*. Die Strukturierung der Klasse *Blech* unterscheidet nach den Klassen *Rechteckblech*, *Polygonalblech* und *Rundblech* (Bild 2).

Vererbung und Polymorphismus zeigen sich dabei wie folgt:

Die Basisklasse *Blech* enthält die statischen Methoden *Materialzuweisung* und *NC-Steuerungsdatei*. Beide Methoden haben gleiche Funktionalität für alle abgeleiteten Klassen. Die übrigen Methoden sind virtuelle Methoden, sie werden in der Basisklasse deklariert, aber erst in der jeweils zutreffenden Klassenebene spezifiziert. *Grundabmaßeingabe*, *Konturberechnung* oder *Flächenberechnung* sind abhängig von der Blechform (Rechteck- Polygonal- oder Rundform) spezifiziert. In der untersten Hierarchiestufe sind von der Blechart (Kopfplatte,

Stegblech, Gurtblech, Bindeblech, usw.) abhängige Methoden spezifiziert. Hierzu gehören das *Einsetzen im Raum*, das *Erzeugen aus vorhandener Geometrie*, die *Anordnung* oder *mögliche Manipulationen*.

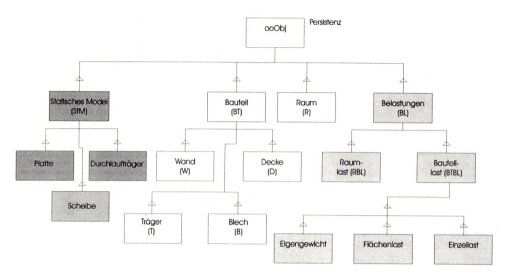

Bild 1: Klassenhierarchie Statik/Konstruktion

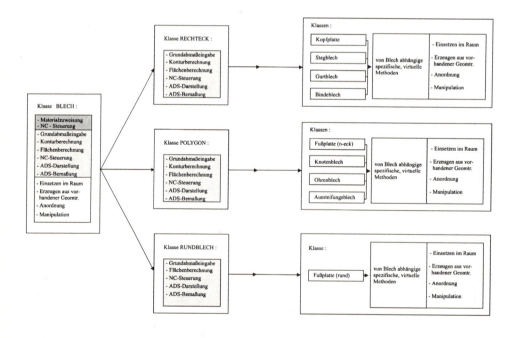

Bild 2: Klassenstruktur „Blech"

Diese innerhalb der Datenbank gespeicherten objektorientierten Methoden stehen in interaktiver Wechselbeziehung mit den Aktionen der CAD-Bearbeitung. Dort sind wiederum objektorientierte Formulierungen zur adäquaten Oberflächenabbildung hinterlegt (Bild 3), auf die hier nicht näher eingegangen wird.

Bild 3: Oberflächenstruktur „Blech"

Die am Beispiel der Blechbearbeitung aufgezeigte objektorientierte Formulierung überträgt sich sinngemäß und analog auf alle Bereiche der statischen Modellbildung, der Belastungsmodellierung und der Konstruktionsabbildung. Sie erfolgte konsequent bei der Neuentwicklung von SSt-acad, sowohl auf Seiten der CAD- als auch Datenbank-Implementierung.

4 Objektorientiertes Planungs- und Konstruktionssystem SSt-acad
4.1 Struktur und Leistungsüberblick

SSt-acad wurde entwickelt auf der Basis des CAD-Systems AutoCAD, Release 13 [5] und des Datenbanksystems Objectivity [6]. Objektorientierte Formulierungen auf Seiten AutoCAD orientieren sich an den Möglichkeiten der neuen RX-Schnittstelle zu AutoCAD 13. Umfangreiche Klassen-Modellierungen innerhalb des CAD und der Datenbankhinterlegung ermöglichen ein objektorientiertes Arbeiten mit sämtlichen in der Planung und Konstruktion erforderlichen Objekt-Assoziationen. SSt-acad ist lauffähig unter Windows und Windows NT.

Die Produktmodellierung zur Statik und Konstruktion ist objektorientiert auf der Basis von Objectivity implementiert (Bild 4).

Auftrags- und Projektverwaltung
Objektorientierte Produktmodellierung

Vorkonstruktion
Profile, Blechkonstruktionen, Bleche, beliebige Anordnung, einfache Endbearbeitung
3D-Modell, Übersichten, Materialauszug

Modellbildung
Konstruktion ↔ Statik

Detailkonstruktion
Beliebige Endbearbeitung, Ausklinkungen, Durchbrüche, beliebige Blechelemente u. Kleinteile, Regelanschlüsse u. Varianten, beliebige Anschlüsse u. Details, Normteile u. Zukaufteile, Verbindungsmittel, Gleichteilerkennung, Positionierung u. Markierung, Übersichts- u. Zusammenbauzeichnung, beliebige Zeichnungen und Darstellungen

Tragwerksberechnung
3D-Stabwerke

Tragwerksbemessung
DIN 18800, '81 und '90

Anschlußbemessung Detailbemessung

Anschlußbemessung Detailbemessung

Text- und Grafikausgabe

Werkstattzeichnungen
autom. Vermaßung und Beschriftung

Stücklisten
TB-Stückliste und Materialsortenliste

NC-Datei
je Position

○ Objectivity
◐ SSt-micro
● SSt-acad/ AutoCAD

Bild 4: SSt-acad - Übersicht

Sie verteilt sich auf dezentrale Datenbanken zu den Bereichen Vorkonstruktion, statische Modellbildung, Tragwerksberechnung und -bemessung, Anschlußbemessung, Detailkonstruktion, Werkstattzeichnungen, Stücklisten und NC-Daten. Global koordiniert werden die verteilten Datenbanken von der Auftrags-, Modell- und Zeichnungsverwaltung. Über sie erfolgt eine adäquate Gliederung in Baugruppen, Bauteilgruppen und schließlich Bauteile.

Das zentrale 3D-Geometriemodell wird abgeleitet zur Zeichnungsdarstellung einzelner Bauteilgruppen unter Erfassung zugehöriger Zeichnungsversionierung, also der Verfolgung der Planungschronologie. Daraus folgende Koordinierung des Änderungsdienstes wird im Sinne der Qualitätssicherung softwareseitig unterstützt. Derartige Leistungsmerkmale lassen sich bei Nutzung relationaler Datenbanktechnik nur schwer oder gar nicht erzielen.

4.2 Anwendungsbeispiel zur Überleitung des Konstruktionsmodells in das Statikmodell

Im Rahmen des Moduls *Vorkonstruktion* werden Profile beliebiger Art, in beliebiger Anordnung und mit einfacher Endbearbeitung zu einem 3D-Modell der Konstruktion zusammengefaßt (Bild 5).

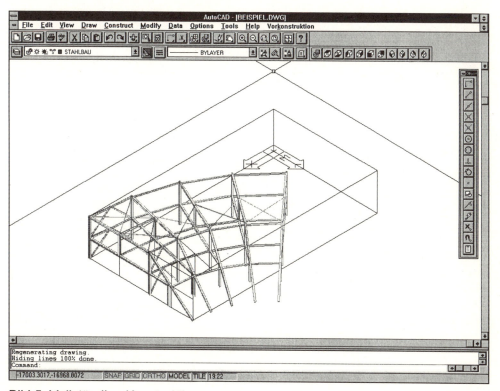

Bild 5: Vollständige Konstruktion

Beliebige Zeichnungsableitungen einzelner Bauteilgruppen unter Wahl beliebiger Ansichten sind dabei ebenso möglich wie ein zugehöriger Materialauszug (Bild 6).

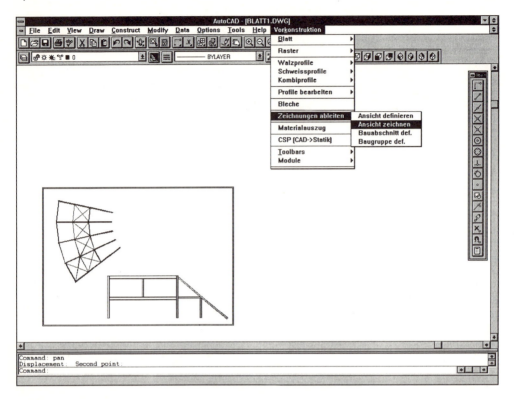

Bild 6: Zeichnungsableitungen nach Ansichten und Baugruppen

Die Überleitung zum statischen Modell erfolgt grafisch interaktiv durch den Anwender. Festgelegt wird dabei die statische Relevanz oder Nichtrelevanz einzelner Bauteile. Ebenso erfolgt der grafisch interaktive Ausgleich des Schwerelinienversatzes im Sinne statischer Systemlinien, gegebenenfalls unter Einführung von Koppelstäben zur Berücksichtigung maßgebender Exzentrizitäten (Bild 7). Leitknoten sind zu definieren, sie bestimmen die Rangfolge von Knotenverschmelzungen. Je nach Idealisierungswunsch können somit einem Konstruktionsmodell unterschiedliche statische Modelle zugewiesen werden. Der jeweilige Zusammenhang wird wiederum durch die objektorientierte Datenbank erfaßt.

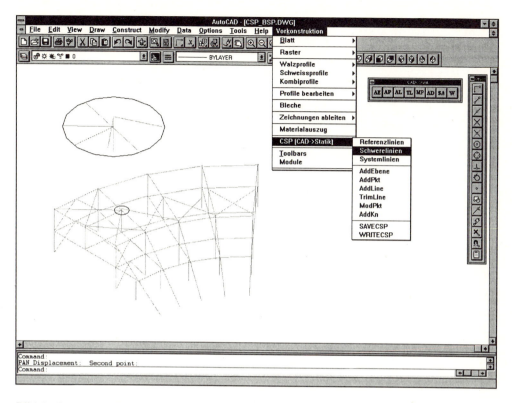

Bild 7: Schwerelinien als Grundlage zur Ableitung des statischen Modells

Die jeweils abgeleiteten statischen Modelle werden berechnet und bemessen. Die dazu verwendeten objektorientierten Ansätze zur DIN 18800 sind in [7] beschrieben.

Ebenfalls objektorientiert formuliert ist die Implementation der Anschlußnachweise nach DIN 18800, Ausgabe '90. Verschiedene Stahlbauregelanschlüsse wie Doppelwinkel, gelenkige oder biegesteife Kopfplatte, gevoutete Rahmenecken übernehmen ihre Belastung automatisch aus den Kombinationen der Einwirkungen (Bild 8). Ebenso automatisch werden Geometrieverhältnisse der anzuschließenden Bauteile übernommen. Interaktiv bestimmt wird eine Ausbildung des Anschlusses.

Nach erfolgter Nachweisführung werden alle geometrischen Informationen zur Ausbildung des Anschlusses an das 3D-Konstruktionsmodell weitergeleitet. Sie können bei der weiteren Konstruktionsdetaillierung berücksichtigt werden.

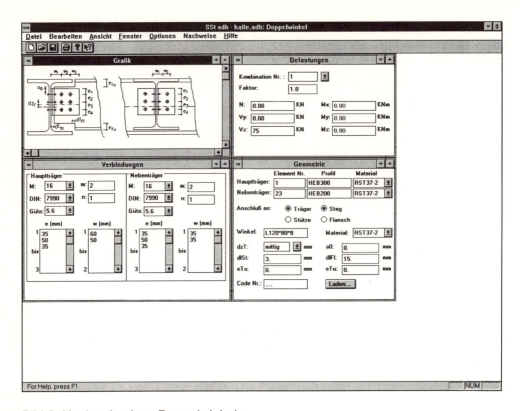

Bild 8: Nachweis eines Doppelwinkels

Literatur

[1] Peil, U.: Integrierte Tragwerksplanung und -fertigung im Stahlbau. E. Ramm, E. Stein, W. Wunderlich: Finite Elemente in der Baupraxis, Tagungsband. Verlag Ernst & Sohn, 1995.

[2] Weber B.: Automatischer Datenaustausch zwischen statischer Berechnung, Bemessung und Konstruktion im Stahlbau. Bautechnik, 1993, H. 2, S. 78 - 85.

[3] N.N.: Qualitätsmanagement-Handbuch der Arbeitsgemeinschaft für die Entwicklung von Qualitätssystemen e.V., Pforzheim.

[4] N.N.: SSt-acad, Integriertes Planungs- und Konstruktionssystem für den allgemeinen Stahlhochbau. Benutzerhandbuch, INIT GmbH, 44799 Bochum.

[5] N.N.: AutoCAD, Release 13. Benutzerhandbuch, Autodesk, München.

[6] N.N.: Objectivity/DB. Benutzerhandbuch, Objectivity Inc., Mountain View, CA 94041.

[7] Weber B., Drozella H.: Objektorientierung bei der automatischen Nachweisführung nach DIN 18800 (11.90). Bauingenieur 68, 1993, S. 411 - 417.

Integrierte Gesamtplanung am Beispiel der Goethe Galerie, Jena

Dr. Reinhold Braschel, IFB Dr. Braschel GmbH

1. Einführung

Zunehmend gehen Bauherrn und Planer dazu über, Planung und Ausführung an einen Gesamtplaner und einen Generalunternehmer zu übertragen. Die Entwicklung ganzheitlicher Lösungen ist deutlich erkennbar und wird sich verstärkt durchsetzen. Die Planer müssen sich diesen Gegebenheiten stellen - das Konzept einer integrierten Gesamtplanung bietet eine mögliche Antwort. Am Beispiel eines konkreten Projekts - der Goethe Galerie in Jena - wird dieses Konzept eingehender dargestellt. Zudem veranschaulicht das ausgewählte Projekt die Möglichkeiten einer Finite-Elemente-Berechnung in der Baupraxis.

2. Wirtschaftliche Rahmenbedingungen und Konsequenzen für die Planer

In den letzten Jahren wurden die am Bauprozess Beteiligten durch verschieden veränderte Rahmenbedingungen gezwungen, zunehmend komplexere Vorhaben in kürzerer Zeit und mit geringeren Kosten in Planung und Ausführung zu realisieren.

Mehrere Faktoren verursachen und beschleunigen diesen Prozeß: Neben der verstärkten Konkurrenz aus der Europäischen Union und den osteuropäischen Ländern entstand ein Zwang zum Sparen für die öffentliche Hand und die Industrie und damit ein Kostendruck auf die Bauwirtschaft. Der Abbau von Kapazitäten, die Bauherrnfunktionen wahrgenommen haben, und die zunehmende Komplexität und der Umfang der Baumaßnahmen machen es immer schwieriger, Planung und Ausführung zu koordinieren und frühzeitige Termin- und Kostensicherheit zu erlangen. Die höheren und veränderten Anforderungen an kurze Innovationszyklen von Produkten erfordern auch kurze Investitionsvorläufe und Bauzeiten.

Dieser Konzentrationsprozeß ist in der Bauwirtschaft noch nicht abgeschlossen; neuerdings gehen Bauherrn dazu über, auch die Finanzierung in das Aufgabengebiet des Anbieters zu integrieren. Die Entwicklung ganzheitlicher Lösungen ist jedenfalls deutlich erkennbar und wird mittelfristig nicht aufzuhalten sein.

Für die Planer und die mittelständischen Unternehmen stellt diese Tendenz eine existentielle Herausforderung dar. War es der Planer gewohnt, bei Einzelvergaben sein klassisches Leistungsbild anzubieten, sind nun neue Ansätze gefragt, um dem Wunsch nach integrierten Lösungen gerecht werden zu können. Dieser Wandel birgt jedoch nicht nur Risiken, sondern auch Chancen. Die Planer müssen versuchen ein Gesamtplanungspaket zu offerieren. Indem sich einzelne Büros für bestimmte Projekt zu Gemeinschaften oder größeren Einheiten zusammenschließen, gelangen sie in die Lage, das gewünschte Spektrum abzudecken und den Anforderungen der Bauherrn zu genügen. Durch Bildung strategischer Allianzen können umfassende Leistungsbilder angeboten werden und auch komplexe Großbauten bearbeitet werden.

Darüber hinaus bietet vor allem die Einführung des Qualitätsmanagements die Chance, Qualität zu sichern, Arbeitsprozesse zu optimieren und Effizienz zu steigern. Die einzelnen Arbeitsgänge, Aufgabenverteilungen werden detailliert festgelegt, dokumentiert, geprüft und aktualisiert. Durch diese rationalisierenden und den Informationsfluß regelnden Maßnahmen lassen sich Fehler minimieren und somit Zeit und Geld sparen. Um den Ablauf zu optimieren, sind der intensive Einsatz moderner Kommunikationstechnik und EDV unverzichtbar, denn mit ihrer Hilfe lassen sich Schnittstellenpropreme verringern.

3. Das Projekt Goethe-Galerie: Ein neues Zentrum durch Revitalisierung

Das Carl-Zeiss-Hauptwerk - ein ehemaliger Produktionsstandort in der Stadtmitte Jenas - wird zur Zeit in ein modernes Dienstleistungszentrum mit Einkaufsgalerie und Hotel, mit Universität und Bürogebäuden umgewandelt. Auf einem Gebiet von der Hälfte der Ausmaße des Potsdamer Platzes wird mit einem Finanzvolumen von knapp 1 Milliarde Mark das wohl größte Umnutzungsprojekt seiner Art in Deutschland verwirklicht. Aus einem ehemaligen Produktionsstandort entsteht ein multifunktionaler Komplex, der in Angemessenheit zu seiner topographischen Lage in der Stadtmitte zu einem attraktivem Zentrum avancieren soll (Abb. 1. u. 2). Die Goethe Galerie - sogenannt nach der vormals hier verlaufenden Goethestraße - bildet einen zentralen Teil des zukünftigen revitalisierten Hauptwerkes (Abb. 3 u. 4). Aufgrund ihrer zentralen Lage, ihrer hervorragenden verkehrstechnischen Anbindung und ihrer multifunktionalen Ausrichtung leistet das Projekt eine Integration komplexer innerstädtischer Erschließungsmaßnahmen.

Dieses Projekt liefert zugleich ein Modell für den Umgang mit den zahlreichen Industriebrachen in den neuen Bundesländern. 65% der alten, denkmalgeschützten Bausubstanz - bestehend aus historisch herausragenden Werken der Industriearchitektur - konnten erhalten werden. Das hier von IFB bereits neugestaltete "Gebäude 59" (das "City Center") wurde mit einer Anerkennung im Rahmen des Thüringischen Architekturpreises 1993 ausgezeichnet (Abb. 5). Im Herbst 1995 wird die Einkaufspassage der Goethe Galerie eröffnet.

Das Projekt "Goethe Galerie" wird von einem interdisziplinären Planungsteam im Hause IFB bearbeitet. Nur die lokale Konzentration des Teams und die durchgängige Nutzung der EDV auf einer gemeinsamen Datenbasis ermöglichen die sehr kurzen Realisierungstermine bei gleichzeitiger Kosten- und Qualitätssicherheit.

Nach der Fertigstellung vereint die Goethe Galerie auf ca. 78000 qm Bruttogeschoßfläche ca. 17000 qm Einzelverkaufsfläche und ca. 15000 qm Bürofläche sowie eine Tiefgarage mit etwa 800 Einstellplätzen. Hinzu kommt ein Hotel, dessen Ausstattung derjenigen der 4-Sterne-Kategorie entspricht. Als Business-Hotel konzipiert, weist es Seminar-, Tagungs- und Banketträume sowie ein Restaurant auf. Es wird über 220 Betten verfügen.

Um das aufwendige Bauvorhaben den beteiligten Bauherren und Behörden realistisch vorab zu visualisieren, wurde von IFB in Zusammenarbeit mit der Universität Stuttgart ein Computeranimation aller Baumaßnahmen erstellt. Die Bauherrn spazierten somit quasi bereits im Planungsstadium durch die fertiggestellten Bauwerke. Konstruktive Details des Galeriedaches konnten vorgestellt und schnell genehmigt werden. Bis heute sind fast ein Drittel der Gesamtmaßnahmen realisiert und weitere 60% bereits im Bau. Die Fertigstellung des gesamten Projekts in Jena ist für das Jahr 1996 terminiert.

4. Ausgangssituation und Zielvorstellung

Jena, inmitten von Thüringen, wurde durch den Mechaniker Carl Zeiss, den Wissenschaftler Ernst Abbé und den Glaschemiker Ernst Schott weltbekannt. Dank dieser drei Männer entwickelte sich Jena schon im ausgehenden 19. Jahrhundert zum Zentrum der feinmechanischen und optischen Industrie in Deutschland. Nach dem zweiten Weltkrieg war das Unternehmen in Zeiss West und Zeiss Ost geteilt. Das VEB Carl Zeiss Jena Kombinat wurde zum Vorzeigeobjekt der sozialistischen DDR-Planwirtschaft. Nach der Öffnung des Ostens und der Wiedervereinigung Deutschlands war das Unternehmen, laut Analyse der Treuhand, bankrott. Tausende Menschen verloren ihren Arbeitsplatz. Das VEB Carl Zeiss Kombinat wurde in zwei Unternehmen gespalten: in die Jenoptik GmbH und in die Carl Zeiss Jena GmbH.

Vor der Umstrukturierung präsentierte sich das Hauptwerk als Labyrinth aus Büro- und Produktionsflächen. Die technische Gebäudeausrüstung war vollkommen veraltet. Die Medienversorgung war umfangreich vernetzt und in die Versorgung der umliegenden Stadtteile eingebunden. Die einzelnen Gebäude des Hauptwerkes waren nicht autark erschlossen und nicht einzeln zugänglich. Das Hauptwerk war in sich abgeschlossen und für Fremde unzugänglich. Die Parkplatzsituation war für die Größe der vorhandenen Flächen mangelhaft.

Das im Laufe der Jahre im Hauptwerk gewachsene engmaschige und labyrinthische Ver- und Entsorgungsnetz wurde, was sehr kompliziert und aufwendig war, durch eine gebäudeweise äußere Neuerschließung ersetzt. Die Verkehrsanbindung wird zur Zeit ebenfalls verbessert: Zahlreiche Verkehrsknotenpunkte werden in der Innenstadt gemeinsam von der Stadt und Investoren umgestaltet.

Im Gegensatz zu vielen anderen Städten der ehemaligen DDR wurden in Jena kaum Gewerbegebiete auf der "grünen Wiese" ausgewiesen. Diese vernünftige Politik der Stadt leistet einen wichtigen Beitrag zum wirtschaftlichen Erfolg und zur Akzeptanz einer Einkaufsgalerie im Zentrum Jenas. Zur bürgernahen Gestaltung gehört darüber hinaus die Einbindung kultureller Aktivitäten: In der Goethe Galerie werden Konzerte, Ausstellungen, Modenschauen und ähnliches geboten werden. Zudem wird die innenarchitektonische Konzeption - mit ausgeklügelter Lichttechnik, Bepflanzungen, Wasserspielen und Ruhezonen - ein angenehmes Ambiente schaffen, wird zum Flanieren und Verweilen einladen.

5. Alte und neue Architektur

Unter architekturhistorischen Gesichtspunkten entstanden auf dem Areal des ehemaligen Zeiss-Hauptwerkes einige Bauten von hohem Rang. Die 1846 gegründeten Carl Zeiss-Werke erstellten gegen Ende des 19. Jahrhunderts die ersten Gebäude am damaligen Stadtrand von Jena. In der nun 100-jährigen Entwicklung entstand dann der heutige innerstädtische Gesamtkomplex (Abb. 6). Bis 1906 handelte es sich dabei um konventionelle Mauerwerksbauten, die sich im wesentlichen nördlich der Goethestraße befanden. Nach der Jahrhundertwende setzte bis zum 1. Weltkrieg eine umfangreiche Bautätigkeit ein. All die zu dieser Zeit entstandenen Stahlbeton-Skelettbauten waren damals hochmoderne Bauten, die nun unter Denkmalschutz stehen. Sie wurden errichtet von der Firma Dyckerhoff & Widmann, die, zusammen mit dem Bauherrn, an diesem Standort Baugeschichte geschrieben haben. Nach Abschluß dieser Bauphase stellte sich die Kontur des Hauptwerkes bereits in den heute bekannten Umrissen dar.

Von architekturgeschichtlicher Bedeutung ist auch das 1929 von Emil Fahrenkamp geplante Bürogebäude. Dieser Bau - wie ebenfalls das "Alte Hochhaus" - wurde zwischen den beiden Weltkriegen erbaut; beide Gebäude ersetzten bereits vorhandene Altsubstanz durch hochwertige, moderne Neubauten und führten zu einer weiteren Flächenverdichtung. Nach dem 2. Weltkrieg entstand außer kleineren Ergänzungsbauten und Aufstockungen nur das Forschungshochhaus (B59) als markanter Neubau. Auch dieses Bauwerk ersetzte vorhandene Altsubstanz und befriedigte den stetig wachsenden Flächenbedarf der Zeiss-Werke.

Einheitlich, über all die Jahre einer recht ungeplanten, sich am jeweiligen Bedarf orientierenden Bebauung, waren die Gebäudebezeichnungen, die sich schlicht am Jahr der Fertigstellung orientierten und es damit erlauben, den Lageplan des Areals als einen baugeschichtlichen Befund zu lesen.

Die Neubebauung integriert die damaligen Entwurfsideen unter Berücksichtigung eines eigens erstellten Denkmalgutachtens. Vorhandene, denkmalgeschützte Architektur und neue Bauten mußten sorgfältig aufeinander abgestimmt werden. Das gilt auch, ja ganz besonders für die Goethe Galerie. Eine filigrane Konstruktion aus Stahl und Glas lagert als nahezu 200 m langes Gewölbe einschließlich einer Kuppel mit 55 m Durchmesser zwischen den Fassaden der sie flankierenden Baukörper. Der Bau 29 von Emil Fahrenkamp wird als Kopfbau der Goethe Galerie zum Bestandteil des neuen Kaufhauses. Die Berücksichtigung dieses Vorgängerbaus gab bei der Neugestaltung die Anzahl der Geschosse, die Geschoßhöhen, die Grundrisse und die kompakte Konstruktion vor. Von den Gebäuden 10 und 13 (beides Stahlbeton-Skelettbauten von 1910 bzw. 1913), die die Einkaufsgalerie flankieren, waren ihre Erdgeschosse und 1. Obergeschosse, die als Ladenfläche dienen, in die Planung miteinzubeziehen. In das Hotel der Goethe Galerie muß darüber hinaus der achteckige, turmartige Gebäudeteil des Bau 12 integriert werden.

6. Integrierte Planung

Die Planung der Goethe Galerie (anfangs mit mit Ausnahme des Hotels) wird in *einem* Haus durchgeführt. Ein Team aus Architekten, Bauingenieuren und Planern der technischen Gebäudeausrüstung ist zur Umsetzung eines Konzeptes der integrierten Gesamtplanung Vorraussetzung. Dieses Konzept ist in Deutschland recht ungewöhnlich. Es zielt darauf, dem Bauherrn vom Anfang bis hin zur Schlußübergabe *einen* verantwortlichen Planer zur Seite zu stellen.

Dies ist nur wirtschaftlich durchführbar, wenn auch die EDV-Hilfsmittel durchgängig eingesetzt werden können. Klare Strukturen der Projektabwicklung, wie sie in unserem Hause zur Zeit für die Zertifizierung eines Qualitätssicherungssystem nach DIN ISO 9001 verwandt wurden, sind dabei eine wichtige Basis für die Definition von Umfang und Zeitpunkt eines Datenaustausches.

Architekt, Tragwerksplaner und Planer der technischen Gebäudeausrüstung arbeiten mit *einem* System (SIGRAPH). Die Planung erfolgt integriert in einem Netzwerk mit gemeinsamer Datenbasis. Die ausführenden Firmen nehmen nur im Bereich der Haustechnik am Datenaustausch teil. Die Werkplanung der Firmen erfolgt direkt in vom Architekten auf der Basis von DXF übergebenen Plänen. Vor der Bearbeitung wurden Namenskonventionen, Projektabschnitte und Ebenenbelegungen vollständig vorgegeben. Die Daten werden selektiv in beiden Richtungen ausgetauscht und können direkt unter Erhalt der internen Logik integriert werden. Auch hier zeigt sich, daß nur genau definierte Planungsstände übergeben werden sollten. Varianten bzw. vom Bauherren nicht freigegebene Planungsstände dürfen vom Architekten nicht weitergegeben werden, der Zugriff muß also für die anderen Planer gesperrt sein.

7. Finite-Elemente-Berechnung und Windkanalmessungen

Im Zuge der Vordimensionierung der Stahl-Glas-Konstruktion des Goethe Galerie wurden umfangreiche Literaturauswertungen und Untersuchungen für die Festlegung der Windlastansätze durchgeführt. Unter anderem wurde mit Hilfe eines ebenen Finite-Elemente-Modells die Schwingungsanfälligkeit der Konstruktion analysiert (Abb. 7). Aufbauend auf diesen Ergebnissen konnten - unter Berücksichtigung weiterer Einflußfaktoren (z.B. Böfaktoren) - Windlastansätze für die Vordimensionierung festgelegt werden.

Bei der Bearbeitung der Dachkonstruktion zeigte sich, daß mit den angesetzten Windlasten die verschiedenen Lastkombinationen nicht vollständig und zufriedenstellend berücksichtigt werden konnten beziehungsweise mit erhöhten Ansatzwerten gerechnet werden mußte. Daher entschloß sich IFB, am Institut für Aerodynamik und Gasdynamik der Universität Stuttgart einen Windkanalversuch durchühren zu lassen.

Die Versuchsdurchführung ermöglichte es, die eingebettete Lage zwischen den angrenzenden Gebäuden, die exponierte Lage der Vordächer und die unterschiedlichen Öffnungsmöglichkeiten der Fassade an den Eingängen sowie im gesamten Dachbereich auszuwerten. Die Ergebnisse führten zu Druck- und Sogbeiwerten, die es erlaubten, die Konstruktion filigran und wirtschaftlich auszuführen und die kritischen Dachbereiche mit gesicherten Werten zu dimensionieren (Abb. 8). Die gesamte Dachstruktur wurde im Tonnendachbereich in ein ebenes Finite-Elemente-Modell und im Kuppeldachbereich in ein räumliches Finite-Elemente-Modell generiert und mit den entsprechenden Lastansätzen berechnet. Unter Berücksichtigung der gestalterischen Ansprüche konnte die Dachstruktur dimensioniert und konstruiert werden.

7. Perspektiven

Die Verbesserung der Qualität muß Antrieb und Ziel der Tätigkeit des Planers sein; das beinhaltet aber nicht nur, daß "gut" geplant und gebaut wird, es bedeutet auch, daß verstärkt kosten- und terminbewußt gearbeitet werden muß. Das Konzept der integrierten Gesamtplanung vesucht all diese Tugenden zu vereinen: architektonische und ingenieurtechnische Qualität, Funktionalität und Kosten- sowie Termintreue. Zudem führten die Entscheidung und der finanzielle Aufwand, die Dachkonstruktion mit Hilfe eines Windkanalversuches zu dimensionieren, zu wesentlich verbesserten ästhetischen und wirtschaftlichen Lösungen.

Bauen als "ganzheitliche Disziplin" wird noch darüber hinausgehen. Neben der Planung sind die Finanzierung und die Gebäudeverwaltung von entscheidender Bedeutung. Um eine optimale Nutzung einer Immobilie zu gewährleisten, ist eine Zusammenfassung all dieser Leistungen erforderlich. Die Planer müssen strategische Allianzen eingehen, die das Angebot eines solchen umfassenden Spektrums ermöglicht.

In den letzten Jahren sind die Dienstleistungen an die erste Stelle gesamtwirtschaftlicher Produktion gerückt. Innerhalb dieses Sektors gilt es künftig, Perspektiven und Strategien zu entwickeln, sich den Herausforderungen des Marktes zu stellen und diesen aktiv mitzugestalten.

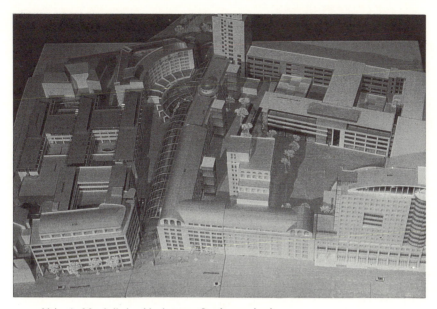

Abb. 1: Modell der Umbaumaßnahmen in Jena

Abb. 2: Carl–Zeiss–Hauptwerk, Jena 1989 – vor der Revitalisierung

Abb. 3: CAD—Aufnahme, Projekt Goethe Galerie, Jena

Abb. 4: CAD—Aufnahme, Projekt Goethe Galerie, Jena

Abb. 5: City Center, Jena 1994

Abb. 6: Carl−Zeiss−Werk, Jena 1911

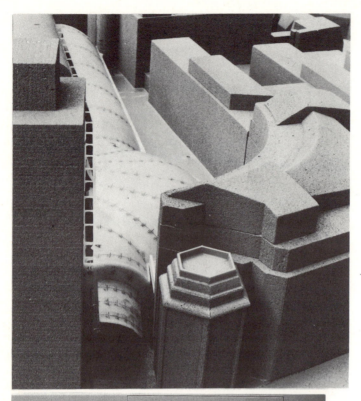

Abb. 7:
Modell Windkanalversuch

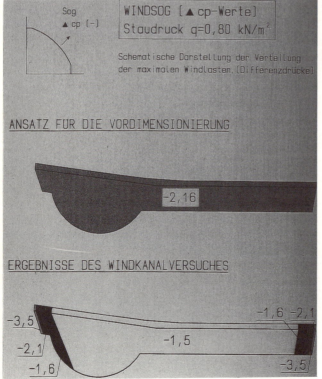

Abb. 8:
Vordimensionierung und Ergebnisse des Windkanalversuches

Scheibengleitungseffekte hybrider Faltwerkelemente - linear und nichtlinear

H. Müller, A. Hoffmann, J. Kluger   Technische Universität Dresden

Zusammenfassung: Bei drei Rotationsfreiheitsgraden am Knoten hybrider Faltwerkelemente ist die Scheibengleitung im Knotenbereich verhindert. Das führt zu Konvergenzschwierigkeiten bei vorwiegenden Scheibenschubeinwirkungen. Durch Zufügen von Scheiben-Knotengleitungs-Freiheitsgraden werden diese Defekte behoben. An einfachen Scheiben- und Faltwerksystemen im linearen und physikalisch nichtlinearen Bereich (Stahlbeton unter Schubbeanspruchung, Schwind- und Kriecheinwirkung) sowie bei linearisierter Gleichgewichtsverzweigung werden die Scheibengleitungseffekte demonstriert.

1.   Generelles zu hybriden Schnittkraftelementen

Hybride Schnittkraftelemente arbeiten mit Schnittkraftansätzen im Elementinnern und Verschiebungsansätzen auf den Elementrändern. Im zugehörigen hybriden Energiefunktional Π_h sind die statischen Bedingungen im Elementinneren streng zu erfüllen; die statischen Bedingungen an den Elementrändern werden nur noch im integralen Mittel befriedigt. Mit den Schnittkraftansätzen für die Scheibenschnittkräfte **n** und die Plattenschnittkräfte **m** des ebenen Faltwerkelementes

$$\sigma = \begin{bmatrix} \mathbf{n} \\ \mathbf{m} \end{bmatrix} = \begin{bmatrix} \mathbf{P}_S(x,y) & \\ & \mathbf{P}_P(x,y) \end{bmatrix} \begin{bmatrix} \beta_S \\ \beta_P \end{bmatrix} + \begin{bmatrix} \bar{\mathbf{P}}_S(x,y) & \\ & \bar{\mathbf{P}}_P(x,y) \end{bmatrix} \begin{bmatrix} \bar{\beta}_S \\ \bar{\beta}_P \end{bmatrix} \quad (1)$$

und den Elementrandverschiebungsansätzen

$$\mathbf{v}^r = \begin{bmatrix} \mathbf{v}^r_S \\ \mathbf{v}^r_P \end{bmatrix} = \begin{bmatrix} \mathbf{L}_S & \\ & \mathbf{L}_P \end{bmatrix} \begin{bmatrix} \mathbf{v}^e_S \\ \mathbf{v}^e_P \end{bmatrix} = \mathbf{L}\,\mathbf{v}^e \quad (2)$$

lautet die diskretisierte Form von Π_h /1/

$$\Pi_h = \sum_{e=1}^{n} [\, \tfrac{1}{2}\,\beta^T\,\mathbf{H}\,\beta + \beta^T\,\bar{\mathbf{H}}\,\bar{\beta} + \beta^T\,\mathbf{h}\,(\varphi_0 - \varphi_K) - \beta^T\,\mathbf{T}\,\mathbf{v}^e + \mathbf{Q}_0^T\,\mathbf{v}^e \,] \quad (3)$$

Belastungen gehen ein in $\mathbf{Q}_0$, Temperaturverzerrungen sowie die gleichartig verarbeiteten Schwind-, Kriech- und ggfs. plastischen Verzerrungen in φ_0, Korrekturspannungen bei der Erfassung physikalischer Nichtlinearitäten in φ_K. Die Elementrand-Verschiebungsansatzfunktionen **L** gehen ein in **T**. Mittels der Stationaritätsbedingung für (3) können zuerst die Schnittkraftansatzfreiwerte β elementweise eliminiert werden und schließlich ein - zur Lösung über Verschiebungselemente formal ähnliches - Gleichungssystem für die Knotenverschiebungsfreiwerte **v** erhalten werden.

$$R - Kv = 0 \tag{4}$$

K hybride materielle Gesamtsteifigkeitsmatrix ; **R** (hybrider) Knotenlastvektor

Da die Schnittkräfte hier unmittelbar aus den Schnittkraftansätzen folgen - und nicht wie bei den Verschiebungselementen aus fehlerverstärkenden Ableitungen der Verschiebungsansätze -, sind diese bei gleicher Anzahl von Knotenverschiebungsfreiheitsgraden i.d.R. genauer als bei Verwendung von Verschiebungselementen. Das kann vorteilhaft sein bei der Erfüllungsprüfung schnittkraftbasierter Verhaltenskriterien wie z.B. Schnittkraft- bzw. Spannungsnachweisen, Plastizierungsprüfung, Rißeintritts- bzw. Bruchprüfung, Gleichgewichtsverzweigung.

2. Probleme zu unterschiedlichen Scheiben-Randverschiebungsansätzen L_s

Von Interesse sind hier die Scheibenverschiebungsansätze *senkrecht* zu einem geraden Rand zwischen zwei Knoten. In Randrichtung sind in allen Vorgehensweisen 1-3 die Verschiebungen linear angesetzt.

Vorgehen 1: Lineare Ansätze verhindern die Scheibengleitung in den Elementecken nicht, sind jedoch an den Kanten der Faltwerke nicht kompatibel zu den Platten-Verschiebungen der Elemente aus anderen Faltwerkebenen. Wegen der nur zwei (Translations-)Scheibenfreiheitsgrade am Knoten ergeben sich Transformationsprobleme bei den Drehgrößen. Vorgehen 1 wird im weiteren nicht mehr einbezogen.

Vorgehen 2: HERMITE-Polynome 4.Ordnung *sowohl* für die Plattenverschiebungen *als auch* für die Scheibenverschiebungen erfüllen sowohl die Kompatibilität längs der Faltwerkkanten als auch die problemfreie Transformation von Drehgrößen am Knoten /2,3/. Nachteil: Mit *einem* Scheibenrotationsfreiheitsgrad am Knoten sind die Randverdrehungen aller Ränder der Scheibenelemente am Knoten gleich, d.h. Scheibengleitungen in den Elementecken sind verhindert!

Vorgehen 3: Verbessert Vorgehen 2 durch Zufügen zusätzlicher Scheiben-Knotengleitungsfreiheitsgrade γ. Kompatibilität und problemlose Transformierbarkeit bleiben erhalten. In der Scheibenebene mit den zueinander orthogonalen Achsen 1 und 2 des lokalen Elementkoordinatensystems werden statt des bisherigen einen Scheiben-Rotationsfreiheitsgrades φ_3 (Vorgehen 2) nun zwei eingeführt: φ_{31} und φ_{32} (Bild 1a). Man erhält die mittlere Knotenrotation φ_3 und die Knotengleitung γ_3.

$$\begin{array}{ll} \varphi_3 = \tfrac{1}{2} (\varphi_{31} + \varphi_{32}) & \varphi_{31} = \varphi_3 + \tfrac{1}{2}\gamma_3 \\ \qquad\qquad \text{bzw.} & \\ \gamma_3 = \varphi_{31} - \varphi_{32} & \varphi_{32} = \varphi_3 - \tfrac{1}{2}\gamma_3 \end{array} \tag{5}$$

Bei einer beliebigen Lage des Elementrandes bezüglich des Elementkoordinatensystems wird linear interpoliert (Bild 1b)

$$\varphi_{3R} = (1 - \alpha_R (2/\pi)) \varphi_{31} + \alpha_R (2/\pi) \varphi_{32} \tag{6}$$

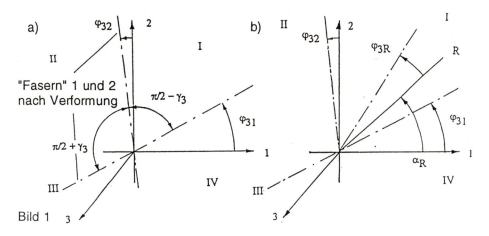

Bild 1

Zur Scheibenwirkung des Faltwerkelementes gehören damit - unter Berücksichtigung der Scheibengleitung - zwei Rotationen und zwei Translationen je Knoten. Im allgemeinen räumlichen Fall treffen Faltwerkebenen in Ecken und Kanten nichtorthogonal aufeinander. Als Freiheitsgrade werden dann je zwei fiktive Rotationen in den drei orthogonalen Ebenen $\widetilde{12}, \widetilde{13}, \widetilde{23}$ des globalen Koordinatensystems gewählt (Bild 2).

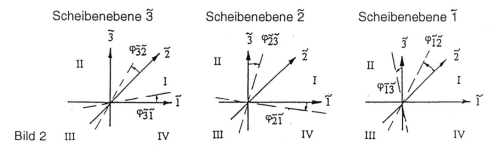

Bild 2

Die sechs globalen Rotationsfreiheitsgrade des Faltwerkknotens sind über Transformation und Interpolation mit den vier lokalen Rotationsfreiheitsgraden - zwei Scheiben- und zwei Plattenrotationen - der jeweiligen Elementebene gekoppelt.

$$\begin{bmatrix} \varphi_{12} = \varphi_1 \\ \varphi_{21} = \varphi_2 \\ \varphi_{31} \\ \varphi_{32} \end{bmatrix} = \begin{bmatrix} (1-\alpha_{11})t_{11} & (1-\alpha_{12})t_{12} & (1-\alpha_{13})t_{13} & \alpha_{11}t_{11} & \alpha_{12}t_{12} & \alpha_{13}t_{13} \\ (1-\alpha_{21})t_{21} & (1-\alpha_{22})t_{22} & (1-\alpha_{23})t_{23} & \alpha_{21}t_{21} & \alpha_{22}t_{22} & \alpha_{23}t_{23} \\ (1-\alpha_{21})t_{31} & (1-\alpha_{22})t_{32} & (1-\alpha_{23})t_{33} & \alpha_{21}t_{31} & \alpha_{22}t_{32} & \alpha_{23}t_{33} \\ (1-\alpha_{11})t_{31} & (1-\alpha_{12})t_{32} & (1-\alpha_{13})t_{33} & \alpha_{11}t_{31} & \alpha_{12}t_{32} & \alpha_{13}t_{33} \end{bmatrix} \begin{bmatrix} \varphi_{\widetilde{12}} \\ \varphi_{\widetilde{23}} \\ \varphi_{\widetilde{31}} \\ \varphi_{\widetilde{13}} \\ \varphi_{\widetilde{21}} \\ \varphi_{\widetilde{32}} \end{bmatrix} \quad (7)$$

z.B. $\alpha_{11} = (2/\pi) \arccos (t_{22} / \sqrt{t_{22}^2 + t_{23}^2})$

t_{ik} Komponente der sonst üblichen 3x3 Transformationsmatrix lokal-global

Die Transformation der drei Translationen bleibt davon unbeeinflußt. Zur vergrößerten Zahl der Scheibenverschiebungsfreiheitsgrade am Knoten gehört eine vergrößerte Matrix L_s der Scheiben-Randverschiebungsansatzfunktionen, beim Rechteck- und Viereckelement von 8x12 auf 8x16 bzw. von 6x9 auf 6x12 Komponenten beim Dreieckelement. In Abhängigkeit davon vergrößern sich sowohl der Scheibenanteil der hybriden Elementsteifigkeitsmatrix k_s^e.

$$k^e = \begin{bmatrix} T^T_S H^{-1}_S T_S & \\ & T^T_P H^{-1}_P T_P \end{bmatrix} = \begin{bmatrix} k^e_S \\ k^e_P \end{bmatrix} \quad ; \quad T_S = \int_{O_p^{r,e}} R^T_S L_S \, dO \qquad (8)$$

als auch die Scheibenanteile in den Knotenlastvektoren.

$$R^e_S = T^T_S H^{-1}_S \bar{H}_S \bar{\beta}_S - \bar{T}^T_S \bar{\beta}_S \quad ; \quad \bar{T}_S = \int_{O_p^{r,e}} \bar{R}^T_S L_S \, dO \qquad \text{(Flächenlast)}$$

$$R^e_S = \int_{O_p^{r,e}} L^T_S S_{0S} \, dO \qquad \text{(Randlast S)} \qquad (9)$$

$$R^e_S = T^T_S H^{-1}_S h_S \varphi_{0S} \qquad \text{(Temperatur-,Schwind-,Kriech-,plastische Verzerrungen)}$$

Nach Ermittlung der Knotenverschiebungen gehen die zusätzlichen Scheibenverschiebungsfreiheitsgrade über

$$\beta = \ldots + H^{-1} T v^e \qquad (10)$$

in die Ermittlung der Schnittkraftfreiwerte β und damit in die Ermittlung der Elementschnittkräfte ein.

3. Zur Erfassung von Beton-Schwind- und Kriechverzerrungen

Gemäß dem Vorschlag von /4/ für den einaxialen Fall und von /5/ für den mehraxialen Fall werden die Kriechverzerrungen linear proportional zum linear elastischen Anteilen der Langzeitspannungen angesetzt:

$$d\varepsilon_K(t,\tau) = \varphi(t,\tau) \, D^{-1} \, d\sigma(\tau) = \varphi(t,\tau) \, d\varepsilon_{el}(\tau) \qquad (11)$$

D^{-1} linearelastische Materialnachgiebigkeit ; $\varphi(t,\tau)$ einaxiale Kriechfunktion

Für die einaxiale Kriechfunktion $\varphi(t,\tau)$ und die Schwindverzerrungen $\varepsilon_S(t)$ wurden die Angaben von CEB verwendet. Aus der Integralform des Stoffgesetzes folgt der Gesamtverzerrungszuwachs im n-ten Kriechintervall

$$\Delta\varepsilon_n = \Delta\varepsilon_{el,n} + \Delta\varepsilon_{p,n} + \Delta\varepsilon_{K+S,n} \qquad (12)$$

$$\Delta\varepsilon_{el,n} = \Delta\varepsilon_{el}(t_n) - \Delta\varepsilon_{el}(t_{n-1}) \qquad \Delta\varepsilon_{p,n} = \Delta\varepsilon_p(t_n) - \Delta\varepsilon_p(t_{n-1})$$
$$\Delta\varepsilon_{K+S,n} = \varepsilon_{el}(t_{n-1}) \, \varphi(t_n,\tau_{n-1}) + \Delta\varepsilon_S(t_n) - \Delta\varepsilon_S(t_{n-1}) +$$
$$\sum_{i=1}^{n} \varepsilon_{el}(t_{i-1}) \, [\, (\, -\varphi(t_n,\tau_i) + \varphi(t_n,\tau_{i-1}) \,) - (\, -\varphi(t_{n-1},\tau_i) + \varphi(t_{n-1},\tau_{i-1}) \,) \,]$$

Im Gesamtalgorithmus können die $\Delta\varepsilon_{K+S}$ analog Anfangsverzerrungen $\Delta\varepsilon_0$ (Temperaturdehnungen) verarbeitet werden. Über das Schichtenmodell zur physikalisch nichtlinearen Analyse von Stahlbeton /6/ kann auch im Sonderfall der Verwendung linearer Stoffgesetze für Beton und Stahl eine Umlagerung der Spannungen der kriechenden (Beton-)Schichten auf die nichtkriechenden (Stahl-)Schichten erfolgen. Aus einer definierten "Kriechdehnebene" über die Schichten des Elementes folgen für die nichtkriechenden Schichten Korrekturspannungen.

4. Beispiele zu Scheiben-Knotengleitungseffekten in der linearen Statik

4.1. Äußere Lasteinwirkungen

In /7/ wurden dazu bereits einige Beispiele vorgestellt. Als Ergänzung seien hier für ein Kastenfaltwerk unter Torsionsschubspannungen (Bild 3a) für die Wandmitte die unterschiedlichen Ergebnisse aus Vorgehen 2 und 3 für die Schubspannungen gegenübergestellt. Zunächst für das 5x5 Wandnetz die Schubspannungen im Element 13, ermittelt aus dem Spannungsansatz: Bild 3b aus Vorgehen 2 (ohne Knotengleitung), Bild 3c aus Vorgehen 3 (mit Knotengleitung) - links die Schubspannungsniveaulinien, rechts die Schubspannungen als Fläche über den Elementkoordinaten. Man erkennt die starken Störungen bei verhinderter Knotengleitung gegenüber dem gleichmäßigen Verlauf mit Knotengleitung.

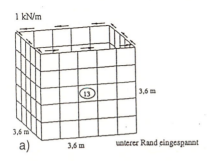

Vergleichsschubspannung (Bredt)

$$\tau = \frac{M_t}{2 A_m \cdot 0.1} = 10 \text{ kN/m}^2$$

Elementdicke: 0.1 m
Beton: $E_b = 3.0 \cdot 10^4$ MN/m²
$\nu = 0.15$

a)

Schubspannung $\tau(x,y)$ [kN/m²]

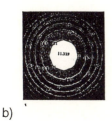   

b)   c)

Bild 3

Dazu noch die Ergebnisse bei Netzverfeinerung (Bild 4). Der untere Tabellenteil gibt die aus den Elementschwerpunkten bestimmten Schubspannungen in Wandmitte wieder: die Größenunterschiede beider Vorgehensweisen sind zwar nicht dramatisch, aber "ohne Knotengleitung" erkennt man langsame Divergenz bei Netzverfeinerung, hingegen "mit Knotengleitung" gleichmäßige Konvergenz. Der obere Tabellenteil gibt die aus den Knoten (Elementecken) bestimmten Schubspannungen in Wandmitte wieder: die Störungen infolge der verhinderten Knotengleitungen bei Vorgehen 2 führen zu starken Abweichungen, außerdem driftet die Lösung bei Netzverfeinerung ab. Bei Vorgehen 3, mit Scheiben-Knotengleitung, erkennt man die Konvergenz auch bei Ermittlung über die Kinematik der Randverschiebungen und das Stoffgesetz.

Schubspannungen τ [kN/m²] am Knoten

Elementunterteilung		2x2	4x4	5x5	8x8	16x16
ohne Knoten-gleitung	Spannungsansatz	6.777	6.373	6.335	6.265	6.260
	Kinematik/Stoffgesetz	0.0	0.0	0.0	0.0	0.0
mit Knoten-gleitung	Spannungsansatz	8.988	9.617	9.712	9.836	9.975
	Kinematik/Stoffgesetz	4.922	6.639	6.884	7.493	7.646

Schubspannungen τ [kN/m²] im Schwerpunkt

Elementunterteilung	2x2	4x4	5x5	8x8	16x16
ohne Knotengleitung	11.21	11.30	11.33	11.35	11.36
mit Knotengleitung	10.48	10.21	10.05	10.00	9.98

Bild 4

4.2. Kragscheibe unter "reiner" Schwindeinwirkung (Bild 5)

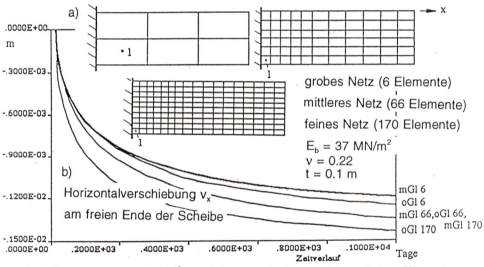

c) Schubspannung τ [kN/m²] im Schwerpunkt Element 1 nach 100 Tagen

Netz	grob	mittel	fein
ohne Knotengleitung	711	2572	3326
mit Knotengleitung	116	1828	2214

Bild 5

Da das Querschwinden im Einspannbereich stark behindert wird, sind starke Schubbeanspruchungen im Einspannbereich und damit beträchtliche Scheibengleitungseffekte zu erwarten. Zunächst wird das Ergebnis für lineare Kurzzeit-Stoffgesetze angegeben. Wegen des tatsächlichen Betonreißens sind diese fiktiv und dienen nur dem Vergleich der Vorgehensweisen 2 und 3. Der Vergleich wird anhand dreier unterschiedlich feiner Netze geführt.

- Horizontalverschiebungen v_x der rechten oberen Scheibenecke: Vom groben Netz beginnend sind zunächst für beide Vorgehensweisen 2 und 3 die Verschiebungs-Zeit-Funktionen (Bild 5b) netzabhängig. Aber bei Vorgehen 3 - mit Knotengleitung- gibt es ab dem mittleren Netz keine Änderungen mehr. Bei Vorgehen 2 bleibt auch bei weiterer Netzverfeinerung der Verschiebungs-Zeit-Verlauf netzabhängig.

- Schubspannungen im Schwerpunkt des Elementes 1 des jeweiligen Netzes (Bild 5c). Je näher der Elementschwerpunkt an die Einspannung rückt, um so größer werden in beiden Vorgehensweisen die Schubspannungen. Die Fehler aus verhinderter Knotengleitung wachsen mit Netzverfeinerung absolut an.

5. Zur Erfassung physikalischer Nichtlinearitäten (Stahlbeton)

Die Erfassung erfordert folgende drei Maßnahmen:

a) Schichtung über die Elementdicke so, daß in den Betonschichten jeweils mit zweiaxialem Spannungszustand gearbeitet werden kann. Bewehrungsschichten haben einaxialen Spannungszustand.

b) Für die Kurzzeitstoffgesetze wurde für den Ergebnisvergleich von Vorgehen 2 und 3 in der Version 1 zunächst noch auf ältere, einfachere Stoffgesetze zurückgegriffen. Für Beton auf ein nur für Belastung geeignetes nichtlinear elastisch - sprödes (unter Berücksichtigung spannungsabhängiger Anisotropie) mit einer Bruchgrenzkurve nach KUPFER. Im Element können bis zu zwei nichtorthogonale verschmierte Risse mit entsprechenden Spannungsrestriktionen berücksichtigt werden. Für Betonstahl wird eine linearelastisch - idealplastische Abhängigkeit verwendet. Tension-Stiffening wird über einen fiktiven, prozeßabhängigen Vergrößerungsfaktor für die Bewehrungsfläche nach /8/ erfaßt.

$$f_{\hat{i}} = 1 + \frac{|\tau_{Bi}^{(a)}| \begin{Bmatrix} b_1 \\ l_i \end{Bmatrix}}{\sigma_{si}^{(a)} \phi_{\hat{i}}} \sum_{l=1}^{n} g^{(l)} \left(1 + \frac{12 v_{si}}{h^2} v_C^{(l)}\right) \frac{\begin{Bmatrix} b_1 \\ l_i \end{Bmatrix}}{l_i^{(l)}} \quad (13)$$

Zur Erfassung von Entlastungen, zyklischen Belastungen und der Schädigungsakkumulation generell wird in der Version 2 mit endochronen Stoffmodellen nach /9/ gearbeitet.

c) Auch im Kurzzeitbereich muß nun inkrementell vorgegangen werden mit Iteration für die Inkremente $\Delta\beta$ der Spannungsansatzfreiwerte und der Inkremente Δv^e der Knotenverschiebungen. Das diskretisierte hybride Energiefunktional der differential benachbarten Lage ergibt sich analog (3) /6/ zu

$$\Pi_{h,N} = \sum_{e=1}^{n} [½ d\beta^T H d\beta + d\beta^T \overline{H} d\overline{\beta} + d\beta^T h (d\varphi_0 - d\varphi_K) - d\beta^T T dv^e + dQ_0^T dv^e] \quad (14)$$

T und dQ_0 sind wiederum vom Scheiben-Elementrandverschiebungsansatz L_s abhängig. Beim Übergang zu inkrementalen Laststufen, $d\beta \rightarrow \Delta\beta$, $dv \rightarrow \Delta v$, ... wird zur

Lösung der Systemgleichungen analog (4)

$$dR_K + dR - K\, dv = 0 \tag{15}$$

dR_K Korrekturkraft aus Stoffgesetz und Rißverhalten

eine modifizierte NEWTON-RAPHSON-Iteration eingeschaltet.

6. Beispiele zur physikalisch nichtlinearen Statik

6.1. Kastenfaltwerk unter "reiner" Schwindeinwirkung (Bild 6)

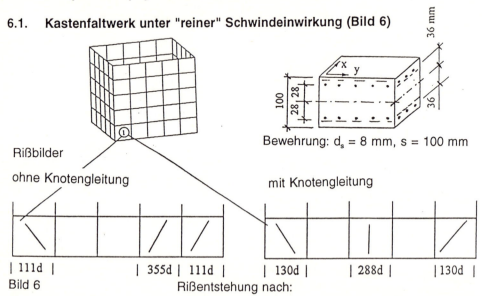

Bewehrung: $d_s = 8$ mm, $s = 100$ mm

Bild 6   Rißentstehung nach:

Betrachten wir Rißentstehen und Rißbilder bei den beiden Vorgehensweisen 2 und 3. Bei dem verwendeten Wandnetz entstehen Risse nur in der unteren Elementreihe, die ersten Risse in den Elementecken wurden aber bei Vorgehen 2 früher vorausgesagt als bei Vorgehen 3 - 111 Tage bzw. 130 Tage. Bei Vorgehen 3 kommt dann nach längerer Zeit noch ein Riß in der Wandmitte hinzu: das Rißbild ist dann abgeschlossen und - wie zu erwarten - symmetrisch. Hingegen entsteht beim Vorgehen 2 der zusätzliche Riß unsymmetrisch, anscheinend infolge numerischer Störungen bei diesem Vorgehen ohne Knotengleitung. Die Systemsymmetrie war bei der Modellierung *nicht* ausgenutzt worden.

6.2. Kastenfaltwerk wie 6.1. aber zusätzlich Langzeit-Torsionslast (Bild 7a)

Die Torsionsschubdauerlast p=30 kN/m wurde nach 14 Tagen aufgebracht. Unter Beachtung von Kriechen und Schwinden ist für Element 1 der Schubspannungs-Zeitverlauf für die beiden Vorgehensweisen 2 und 3 aufgetragen (Bild 7b). Vorgehen 2 mit der verhinderten Knotengleitung täuscht zu steifes Systemverhalten vor. Risse entstehen wiederum in der unteren Elementreihe in der Reihenfolge von links nach rechts. Nach ca. einem Jahr ist das Rißbild abgeschlossen.

Wie hoch ist nun die kurzzeitig aufbringbare Torsions-Traglast zu unterschiedlichen Zeitpunkten des Hochfahrens, d.h. bei unterschiedlichen Voreinflüssen infolge Dauerlast, Kriechen, Schwinden, Reißen? Ohne Vorschädigung liegen die Vorgehensweisen 2 und 3 nahe beieinander, bei ca. 230 kN/m (Bild 7c). Bei diesem Torsionslastfall hat die genannte Vorschädigung einen großen Einfluß. Bei Vorgehen 3, d.h. mit Knotengleitung, wird nach einem Jahr ein Abfall der noch aufnehmbaren Torsions-Kurzzeitlast auf 90 kN/m ausgewiesen, nach zwei Jahren auf 45 kN/m. Bei Vorgehen 2 hingegen, d.h. ohne Knotengleitung, wird nach einem Jahr bereits ein Abfall auf 55 kN/m vorgetäuscht.

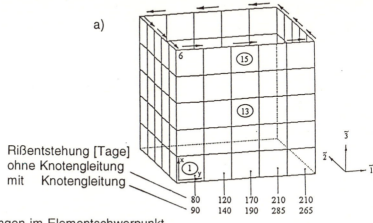

b) Spannungen im Elementschwerpunkt

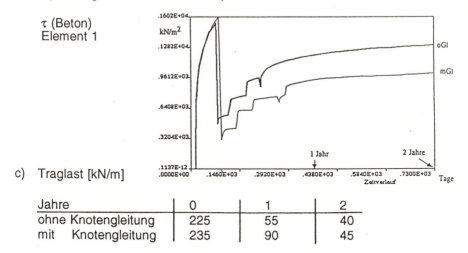

c) Traglast [kN/m]

Jahre	0	1	2
ohne Knotengleitung	225	55	40
mit Knotengleitung	235	90	45

Bild 7

7. Effekte bei linearisierten Gleichgewichtsverzweigungsaufgaben

7.1. Bemerkungen zum Lösungsalgorithmus

Analog zur Lösung mittels Verschiebungselementen bekommt man auch beim hybriden Vorgehen eine tangentiale Elementsteifigkeitsmatrix k^e_t und eine tangentiale

Systemsteifigkeitsmatrix K_t. Diese setzen sich aus einem materiellen Anteil K_m und einem geometrischen Anteil K_σ zusammen /10/. Der geometrische Anteil hängt von den Scheibenschnittkräften **n** und den nun auch erforderlichen Elementinnenverschiebungen ab, die aus den Elementrandverschiebungen mittels Interpolation aufgebaut werden /1/. D.h. die Lösungen unterscheiden sich wieder bei den Vorgehensweisen 2 und 3 ohne bzw. mit Scheiben-Knotengleitung über die Ansatzfunktionen L_s. Es ist das linearisierte Eigenwertproblem

$$(K_m + \lambda K_\sigma^*) v = 0 \qquad (16)$$

zu lösen. K_σ^* ist gebildet mit den Scheibenschnittkräften des zu prüfenden Belastungszustandes.

7.2. Beispiele zur linearisierten Gleichgewichtsverzweigung

- Quadratplatte unter einaxialem Druck (Bild 8). In Abhängigkeit von der Netzteilung ist der zugehörige Beulwert k aufgetragen. Vorgehensweise 3, d.h. mit Scheiben-Knotengleitung, konvergiert mit Netzverfeinerung problemlos gegen den richtigen Beulwert k=4.0. Die verhinderte Scheiben-Knotengleitung bei Vorgehen 2 führt zu nichtmonotonem Verhalten bei Netzverfeinerung, wobei jedoch die absoluten Abweichungen sehr klein bleiben.

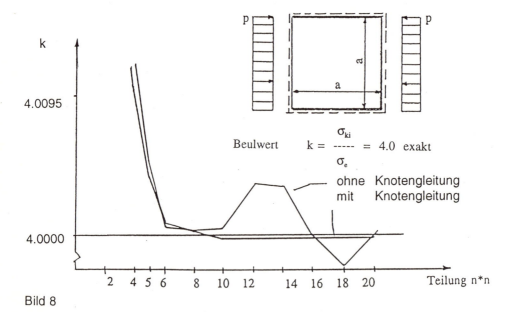

Bild 8

- Quadratplatte unter reinem Schub (Bild 9). Auch hier konvergiert Vorgehen 3 bei Netzverfeinerung problemlos gegen den richtigen Wert. Vorgehen 2 führt wiederum zu nichtmonotonem Verhalten bei Netzverfeinerung - und wie beim Schublastfall zu erwarten - nun zu stärkeren Abweichungen im Beulwert k: 9.75 (Vorgehen 2) gegenüber 9.34 (exakt).

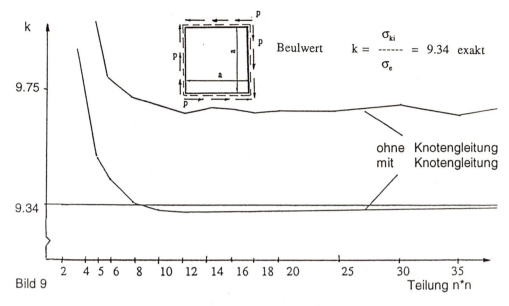
Bild 9

- Beiderseits eingespannter Einfeldträger mit breitem Obergurt und Belastung p in der Symmetrieebene (Bild 10). Gesamtstabilitätsuntersuchung: Erfassung von sowohl Beul- als auch Kipp- bzw. Biegedrillknickerscheinungen. Das Ergebnis ist wiederum: Vorgehen 3 konvergiert monoton mit Netzverfeinerung. Die verhinderte Scheiben-Knotengleitung der Vorgehensweise 2 führt zu nichtmonotonem Verhalten bei der Netzverfeinerung: die Lösung kommt bei Netzverfeinerung von unten, schießt über das Ziel hinaus, nähert sich dann von oben dem Ziel, hat bei einer Netzteilung in 272 Elemente ihren besten Wert und entfernt sich dann bei weiterer Netzverfeinerung vom Ziel.
Trotz der aufgezeigten Differenzen in den idealkritischen Belastungen nach Vorgehensweise 2 und 3 unterscheiden sich die zugeordneten Eigenformen qualitativ nicht.

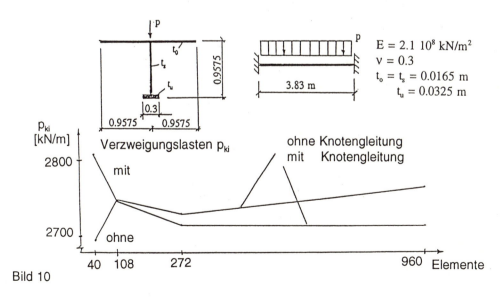
Bild 10

8. Schlußbemerkungen

Fast alle gezeigten Beispiele waren solche mit starker Scheiben-Schubwirkung. Ist diese nicht gravierend, werden i.d.R. auch mit dem "alten" Vorgehen 2 verwendbare Ergebnisse erhalten, insbesondere bei geeigneter Netzteilung - nicht zu grob und nicht zu fein.

Literatur

/1/ Müller, H.; Hoffmann, A.: Zur mechanischen Analyse von Faltwerken mit FALT-FEM. Techn. Mechanik 11(1990)4, S.60-76

/2/ Walder, U.: Beitrag zur Berechnung von Flächentragwerken nach der Methode der Finiten Elemente. Diss., ETH Zürich, 1977

/3/ Müller, H.; Möller, B.: Ein finites hybrides mehrschichtiges Faltwerkelement. Wiss. Z. Techn. Univers. Dresden 28(1979)5, S. 1241-1248

/4/ Warner, R.: Tragfähigkeit und Sicherheit von Stahlbetonstützen unter ein- und zweiachsig exzentrischer Kurzzeit- und Dauerbelastung. Dt. Ausschuß f. Stahlbeton Berlin, München, Düsseldorf: Ernst & Sohn 1974, Heft 256

/5/ Schaper, G.: Berechnung des zeitabhängigen Verhaltens von Stahlbetonplatten unter Last- und Zwangsbeanspruchung im ungerissenen und gerissenen Zustand. Dt. Ausschuß f. Stahlbeton Berlin, München, Düsseldorf: Ernst & Sohn 1982, Heft 338

/6/ Müller, H.; Möller, B.: Lineare und physikalisch nichtlineare Statik von Faltwerken - Bausteine 1 und 2 des Programmsystems FALT-FEM - Grundlagen und Beispiele. Heft 155, Bauforschung-Baupraxis, Berlin, 1985

/7/ Müller, H.; Baumgärtel, W.; Hoffmann, A.: Hybride Faltwerkelemente mit verbesserter Scheibengleitung. in: Festschrift U.Vogel, Karlsruhe, 1993, S.489-500

/8/ Floegl, H.: Traglastermittlung dünner Stahlbetonschalen mittels der Methode der finiten Elemente unter Berücksichtigung wirklichkeitsnahen Werkstoffverhaltens sowie geometrischer Nichtlinearität. Diss., TU Wien, 1981

/9/ Steberl, R.: Berechnung stoßartig beanspruchter Stahlbetonbauteile mit endochronen Werkstoffgesetzen. Diss., TU Berlin, 1986

/10/ Boland, P.L.; Pian, T.H.: Large deflection analysis of thin elastic structures by the assumed stress hybrid finite element method. Computers & Structures 7(1977)1, S. 1-12

/11/ Perry, P.; Bar-Yoseph, P.; Rosenhouse, G.: Rectangular hybrid shell element for analysing folded plate structures. Computers & Structures 44(1992)1/2, S. 177-185

Modelle zur Berechnung von Faserverbundstrukturen

Dr.-Ing. N. Gebbeken, Dipl.-Ing. J. Jagusch, Dipl.-Ing. M. Kaliske,
Univ.-Prof. Dr.-Ing. Dr.-Ing.E.h. H. Rothert
Institut für Statik, Universität Hannover

1. Zusammenfassung

In diesem Artikel sollen zur Kategorie der Faserverbundstrukturen auch solche Konstruktionen zählen, die durch isotrope Schichten verstärkt sind. Im Hinblick auf eine möglichst genaue Berechnung räumlicher Beanspruchungszustände werden dreidimensionale Finite-Element-Modelle betrachtet. Die Modellbildung konzentriert sich hier auf den wichtigen Teilbereich der numerischen Erfassung der Schichtungen von Mehrschicht-Verbunden. Das Homogenisieren der Materialeigenschaften von Fasern und Matrix mit Hilfe von Mischungsregeln führt zu einem Informationsverlust über die wirkliche Beanspruchung der Einzelkomponenten. Weiterhin können sich dadurch "künstliche" Steifigkeiten ergeben, die das Berechnungsergebnis verfälschen. Diese Unzulänglichkeiten lassen sich mit Finite-Element-Modellen vermeiden, die Fasern und Matrix diskret erfassen. Anhand eines Beispiels werden die Ergebnisse nach verschiedenen Berechnungsvarianten gegenübergestellt.

2. Vorbemerkungen

Faserverstärkte Composite können nach [4] in "weiche Composite" und "harte Composite" unterschieden werden. Wird mit $e = E_f/E_m$ die Verhältniszahl aus dem Elastizitätsmodul der Faser in Faserrichtung zum Elastizitätsmodul der Matrix definiert, so gilt: $1 \leq e \leq 400 \rightarrow$ "harte Composite", $1000 \leq e \leq 25000 \rightarrow$ "weiche Composite". Kohlefaserverstärkte Kunststoffe sind typische Vertreter der Familie der "harten Composite", ebenso Stahlbeton- und Spannbetonkonstruktionen. Faserverstärkte Gummiwerkstoffe und Sandwichkonstruktionen sind typische Vertreter der Familie der "weichen Composite".

In [5] wird anschaulich dargestellt, wie sich bei unidirektional verstärkten Strukturen allein durch die verschiedenen Faserrichtungen dreidimensionale Spannungszustände ergeben. Sie existieren weiterhin in den Bereichen von Lagern, Lastangriffen, Rändern, Öffnungen und Steifigkeitssprüngen. Deshalb stehen im Mittelpunkt der Betrachtungen Finite-Element-Modelle, die die Berücksichtigung dreidimensionaler Spannungszustände erlauben.

Im Stahlbeton- und Spannbetonbau sind die Stahleinlagen nicht immer oberflächenparallel, sondern auch räumlich verteilt. Hieraus ergibt sich die Notwendigkeit der numerischen Berücksichtigung auch nicht oberflächenparalleler Faserverstärkungen.

Führt das Homogenisieren des Faserverbundmaterials zu einer unzureichenden Simulation des tatsächlichen Tragverhaltens, so ist es erforderlich, die Fasern durch biegeweiche Struktur-Elemente (Seile oder orthotrope Membranschichten) zu berücksichtigen. Grundsätzlich sind drei Vorgehensweisen denkbar:
1. Verwendung von Schichtelementen, wobei jede Faserschicht lediglich durch eine Mittelpunktsintegration in Dickenrichtung erfaßt wird,
2. Kopplung von biegesteifen mit biegeweichen finiten Elementen und
3. Verwendung von Rebar-Elementen.

Im folgenden werden verschiedene Stufen und Möglichkeiten der Modellierung vorgestellt.

3. Von konstruktiven Schichten zu numerischen Schichten

Zunächst stellt sich die Frage, wie ein gegebenes Laminat mit konstruktiven Schichten (Bild 1a) durch numerische Schichten modelliert werden soll. Wegen der stark voneinander abweichenden Volumenanteile der Fasern und ihrer unterschiedlichen Anordnung gibt es zwei Modellierungsstrategien, die in den Bildern 1b und 1c dargestellt sind.

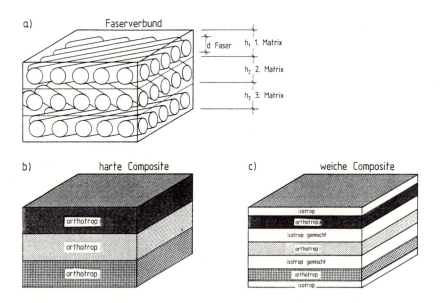

Bild 1: Schichtenverbund, Modellierungsstrategien, a) tatsächlicher Faserverbund, b) harte Composite, c) weiche Composite

Bei harten Compositen liegt ein relativ hoher Faservolumenanteil vor, und die verschiedenen Schichten unterscheiden sich lediglich durch die variierenden Faserorientierungen. Bei diesen Faserverbunden können Fasern und Matrix schichtweise zu einem orthotropen Kontinuum homogenisiert werden. Die Anzahl der numerischen Schichten entspricht dabei mindestens der Anzahl der konstruktiven Schichten (Bild 1b).

Die feinere Modellierung in Bild 1c bei weichen Compositen trägt der starken Deformierbarkeit der Matrix Rechnung. Die numerische Erfassung der großen Schubdeformationen ist hierbei von ganz entscheidender Bedeutung für die richtige Berechnung des Tragverhaltens und der Beanspruchung einer Struktur. Die in Bild 1c dargestellte Modellierung hat noch den Nachteil, daß die Werkstoffeigenschaften zweier benachbarter Matrixmaterialien in den isotropen Schichten "gemischt" werden. In der Praxis unterscheiden sich jedoch die mechanischen Eigenschaften benachbarter Matrixmaterialien nur gering. Die Zulässigkeit der auch hier vorgenommenen Homogenisierung in den orthotropen Schichten muß, wie beim Beispiel gezeigt werden wird, im Einzelfall überprüft werden.

4. Finite-Element-Modelle

Im nächsten Schritt erfolgt die Finite-Element-Modellierung. Auf die verschiedenen Elementformulierungen wird hier nicht eingegangen. Sie können in den Standardbüchern über finite Elemente nachgelesen werden.

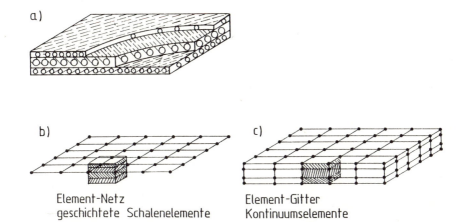

Bild 2: Klassische FE-Modelle, a) Composite Struktur, b) Schalenelemente, c) Kontinuumselemente

Ist der Spannungszustand zweidimensional, so kann die in Bild 2a gegebene Composite-Struktur mit Hilfe von Schalenelementen für geschichtete Composite durch ein Element-Netz, das die Referenzfläche der Struktur repräsentiert, abgebildet werden (Bild 2b). Sind dreidimensionale Spannungszustände zu betrachten, so kann die Composite-Struktur mit Hilfe von dreidimensionalen Schalenelementen oder mit Kontinuumselementen elementiert werden. Im letzteren Fall ergibt sich ein Element-Gitter (Bild 2c). Hierbei wurde die Modellierungsstrategie gemäß Bild 1b zugrunde gelegt. Führt die Homogenisierung in Dickenrichtung zu Fehlaussagen, so müssen zu den bisher diskutierten FE-Modellen weitere hinzukommen. Diese werden in Bild 3 vorgestellt.

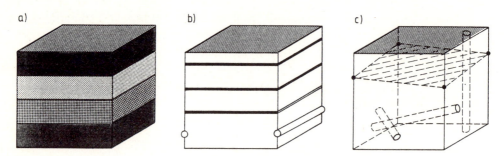

Bild 3: Gegenüberstellung der Grundkonzepte, a) vollständige Homogenisierung, b) Kopplungen mit Membranen, Seilen, c) Rebar-Konzepte

Bild 3a erläutert noch einmal das klassische Vorgehen mit zweidimensionalen und dreidimensionalen Elementen. Aufgrund der Tatsache, daß die Eigenbiegesteifigkeit der Fasern in den überwiegenden Fällen vernachlässigt werden kann, wird bei den Modellen nach Bild 3b,c das Ziel verfolgt, die sich aus der Homogenisierung und der Integration in Dickenrichtung bei dem Modell nach Bild 3a ergebende, "künstliche" Eigenbiegesteifigkeit der Fasern ([4]) zu vermeiden. Diese Eigenbiegesteifigkeit ist modellimmanent und in Wirklichkeit nicht vorhanden. Insbesondere bei weichen Compositen kann das Berechnungsergebnis verfälscht werden. Für die Kopplung mit Schalen- oder Kontinuumselementen bieten sich Membran- und Seilelemente an (Bild 3b). Derartige Vorschläge reichen bis in die 70er Jahre zurück. Im Zuge des Baus von Reaktor-Druckbehältern aus Stahl- und Spannbeton wurde in den siebziger Jahren z.B. die Kopplung verschiedener finiter Elemente vorgenommen ([1]). Membran- und Seilelemente können jedoch nur an den Stellen gekoppelt werden, an denen Knotenpunkte des Finite-Element-Modells vorhanden sind. Damit ist die Diskretisierung noch stärker als bei den biegesteifen orthotropen Elementen an die Lage der Fasern gebunden. Jede Änderung der Lage der Fasern, hat eine Neuelementierung zur Folge. Obwohl es heute leistungsfähige Generierungsprogramme gibt, nimmt das Erstellen des Finite-Element-Modells häufig erheblich mehr Zeit in Anspruch als die eigentliche Berechnung und die Auswertung der Ergebnisse. Bei Schichtelementen (Bild 3a) kann eine Membranwirkung z.B. durch eine Mittelpunktsintegration in Dickenrichtung einer Schicht berücksichtigt werden.

Rebar-Elemente (Bild 3c) bieten die Möglichkeit, Einzelfasern und Faserschichten beliebig innerhalb eines Elements zu orientieren (z.B. [4]). Damit ist die Elementierung unabhängig von der Lage der Fasern. Bild 3c stellt eine mögliche Berücksichtigung von

Rebar-Fasern und Rebar-Schichten vor. Hierbei können letztere orthotrop oder, wie für Sandwichkonstruktionen auch erforderlich, isotrop sein. Zur optimalen Elementierung mit Rebar-Elementen gehört Erfahrung, denn der Anwender ist geneigt, insbesondere in Dickenrichtung sehr grob zu elementieren, weil die Anzahl der numerischen Schichten geringer sein kann als die Anzahl der tatsächlich vorhandenen Schichten. Konvergenzstudien und Fehlerabschätzungen sind also unerläßlich. Für eine zuverlässige Modellbildung mit finiten Elementen ist es erforderlich, die in der Wirklichkeit vorhandenen Tragverhaltensphänomene zu erkennen und zu verstehen. Darüberhinaus sollten vor der endgültigen Elementierung im Rahmen gründlicher Vorstudien, gegebenfalls mit verschiedenen FE-Modellen, die Tragverhaltensphänomene analysiert und bewertet werden. Liegen keine analytischen oder numerischen Vergleichslösungen vor, so sind in Einzelfällen Versuche durchzuführen.

5. Berechnungsaufwand bei verschiedenen Finite-Element-Modellen

Um die Effektivität der verschiedenen Finite-Element-Modelle in bezug auf die Rechenzeit grob abschätzen zu können, werden in Bild 4 die Anzahl der Freiheitsgrade verschiedener Diskretisierungsmodelle für eine Composite-Struktur gegenübergestellt.

Der Vergleich von Freiheitsgraden ist zwar ein mögliches, nicht aber das alleinige Maß für den Berechnungsaufwand. Zum einen müssen die Modelle so erstellt sein, daß die Ergebnisse gleich gut sind, zum anderen darf nicht vergessen werden, daß bei den verschiedenen FE-Modellen der Aufwand für die numerischen Integrationen unterschiedlich ist. Bei großen Systemen wird aber das Lösen des Gleichungssystems im allgemeinen die meiste Zeit beanspruchen.

In Bild 4a ist eine Composite-Struktur mit $m = 4$ unidirektionalen Faserschichten dargestellt, deren Abbildung durch verschiedene FE-Modelle erfolgt. Es wird angenommen, daß sämtliche Elemente biquadratische bzw. triquadratische Ansätze für die Verschiebungen haben. Das Schalenmodell in Bild 4b weist somit 8 Knoten in der Referenzfläche auf. Das einfachste Schalenelement hat 5 Freiheitsgrade pro Knoten. Damit ergeben sich hier 40 Freiheitsgrade pro Element. Unter Zugrundelegung einer "layerwise theory" und der Multidirektorformulierung (z.B.: [2]) ergeben sich 168 Freiheitsgrade. Diesem Modell entspricht die Generierung mit Kontinuumselementen (Bild 4c), wobei die Schichten gemäß Bild 1b homogenisiert werden. Die Freiheitsgrade summieren sich in diesem Fall ebenso zu 168. Daraus ergibt sich, daß Schalenelemente, die einen dreidimensionalen Spannungszustand beschreiben können, die gleiche Anzahl an Freiheitsgraden haben wie Kontinuumselemente. Die Rebar-Modelle nach Bild 4d haben im gröbsten Fall unabhängig von der Anzahl der Fasern oder Faserschichten, 60 Freiheitsgrade. Werden Kontinuumselemente und Membranelemente gekoppelt, so ergeben sich durch die Membranelemente keine zusätzlichen Freiheitsgrade. Somit liefert dieses FE-Modell 204 Freiheitsgrade (Bild 4e). Bei dem feinen FE-Modell nach Bild 4f, das z.B. in der Reifenmechanik üblich ist, sind 348 Freiheitsgrade in Kauf zu nehmen. Zwangsläufig

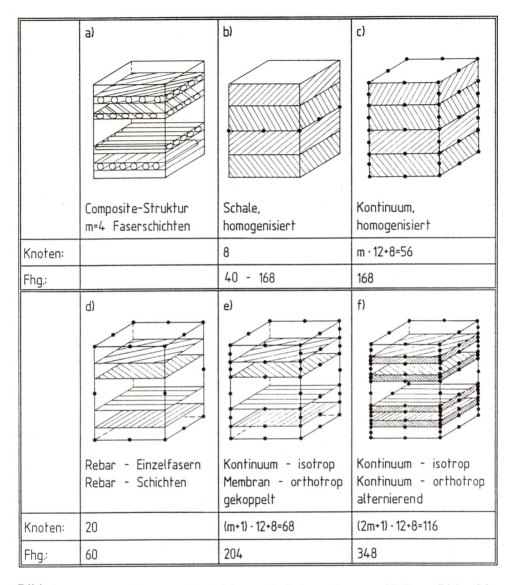

Bild 4: Composite-Struktur, Vergleich von Freiheitsgraden verschiedener Diskretisierungsmodelle

werden hierbei die Elemente sehr dünn. Das kann kleinere Elementabmessungen (und damit mehr Elemente) in der dazu senkrechten Ebene zur Folge haben.

Die Modelle der Bilder 4d-f entsprechen der Modellierungsstrategie gemäß der Darstellung in Bild 1c. Es wird deutlich, daß gegenüber dem herkömmlichen Vorgehen, der Modellierung mit reinen Kontinuumselementen (Bild 4f), die Freiheitsgrade erheblich, im Grenzfall bis auf 60 (bei 20-Knoten Elementen), reduziert werden können. Für Vorstudien oder bei globalen Antworten kann ein einziges Element über die Höhe ausreichend sein. Werden lokale Beanspruchungen von Bedeutung oder sind große Schubdeformationen zu erwarten, so sind mehrere Elemente in Dickenrichtung erforderlich.

Die Rebar-Elemente sind im Vergleich mit den anderen Formulierungen allgemeiner einsetzbar. Doch es wird deutlich, daß allgemein verbindliche Empfehlungen für bestimmte Diskretisierungsmodelle nicht gegeben werden können. Die zu lösende Ingenieuraufgabe bestimmt die Erfordernisse der Diskretisierung.

6. Beispiel

Anhand eines Beispiels, mit dessen Hilfe die verschiedenen Tragverhaltensphänomene besonders gut verdeutlicht werden können, soll die Anwendung verschiedener FE-Modelle demonstriert werden. Die hier untersuchte Konstruktion wurde sowohl numerisch als auch experimentell analysiert. Der Versuchsaufbau und die Gesamtabmessungen der "Biegeprobe" sind in Bild 5 dargestellt. Die Untersuchung dient der Beantwortung folgender Fragen im Rahmen der Reifenmechanik:
  1. Tatsächliche Biegesteifigkeit der Probe?
  2. Druckmodul der Faser?
  3. Verzerrungsverteilung in Dickenrichtung?
  4. Spannungsverteilung in Dickenrichtung?
  5. Cordkräfte?
  6. Geeignetes Berechnungsmodell?

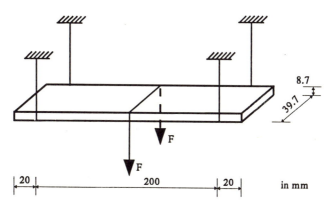

Bild 5: Biegeprobe, Versuchsaufbau.

Die Probe besteht aus einer Gummiplatte, die mit zwei über die Höhe symmetrisch angeordneten unidirektionalen Faserschichten verstärkt ist. Die Stahlcorde verlaufen parallel zu den Längskanten. Die Corde bestehen aus neun Einzel-Stahlfasern ($3*0.2+6*0.35 = 0.6714\,mm^2$), die zusammengelegt und gedreht sind. Ihre Eigenbiegesteifigkeit ist vernachlässigbar. Lediglich der Zugmodul ist experimentell bestimmbar. Die Materialdaten der Einzelmaterialien sind: $E_m = 4.650\,N/mm^2$, $E_f^z = 186000\,N/mm^2$, $\nu_m = 0.465$, $\nu_f = 0.300$.

Der zu Anfang eingeführte Parameter e hat hier einen Wert von 40 000 (Der Wert liegt außerhalb des Definitionsbereichs. Die Materialpaarung wurde zwar im Versuch so gewählt, kommt in der Konstruktionspraxis aber nicht vor.). Die Gummiplatte gehört zur Klasse der weichen Composite. Deshalb ist Vorsicht bei der Anwendung der Materialhomogenisierung geboten. Im Versuch wurde die Platte gemäß Bild 5 in Seilschlaufen gelegt. Die Lastaufbringung erfolgte ebenso mit Hilfe einer Seilschlaufe. Die Versuchsdurchführung ergab, daß sich die Platte in Querrichtung praktisch nicht verkrümmte. Aufgrund dieser Beobachtung konnten die FE-Modelle sowie die Lagerbedingungen und die Lasteinleitungen generiert werden.

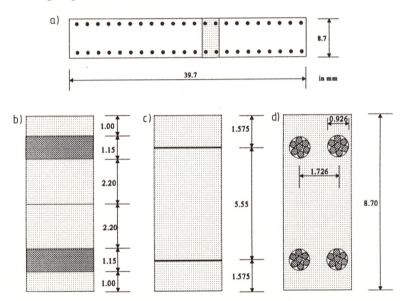

Bild 6: Biegeprobe, Querschnitte, a) Probe, b) Modell für 3d-Homogenisierung, c) Modell für 3d-2d Kopplung (Kontinuum-Membran), d) Modell für Rebar-Elemente.

In Bild 6a ist der gesamte Querschnitt der Probe wiedergegeben. Für die FE-Berechnung ausschließlich mit Kontinuumselementen wurden die numerischen Schichten gemäß Bild 6b festgelegt. Im Bild 6c ist die mindestens erforderliche Unterteilung für das FE-Modell angegeben, das eine Kopplung von Kontinuumselementen mit Membranelementen vorsieht. Bei der Verwendung von Rebar-Elementen kann unter Umständen eine einzige numerische Schicht ausreichen (Bild 6d). In Längsrichtung wurden 10 Elemente angeordnet. Die Zuglast wird hier zu $F = 10\,kN$ angenommen.

Da der Faserwinkel $0°$ beträgt, unterscheiden sich die homogenisierten Materialdaten nach verschiedenen Mischungsregeln nicht sehr. Hier werden die Mischungsregeln nach

Akasaka (in [4]) zugrunde gelegt. Es ergeben sich (zugehörige Schichtdicke $h_h = 1.15\,mm$, $v_f = 0.338$): $E_1 = E_f v_f = 62868\ N/mm^2$, $E_2 \approx \frac{4E_m}{3(1-v_f)} = E_3 = 9.36\ N/mm^2$, $\nu_{12} = \nu_{13} = \nu_{23} = 0.465$, $G_{12} \approx \frac{E_2}{4} = G_{13} = G_{23} = 2.34\ N/mm^2$. Die Abmessungen und die Elementierung sind Bild 6 zu entnehmen. Die Biegeprobe ist vollständig elementiert worden (keine Ausnutzung von Symmetriebedingungen). Zur Anwendung kamen 20-Knoten-Hexaederelemente (HQ2).

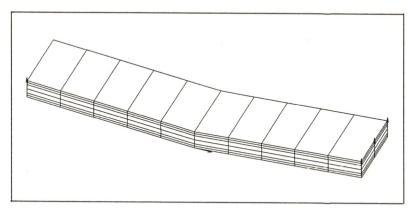

Bild 7: Verformungen der Biegeprobe

	Versuch	3d-homog.	3d-Membran	Rebar 1El	Rebar 3El	Rebar 6El
w in mm	6.200	5.346	6.434	4.457	6.433	6.294
Abw. in %	(0.00)	(13.8)	(3.77)	(28.1)	(3.76)	(1.52)

Tabelle 1: Biegeprobe, Rechteckplatte, $E_d = 0.1 E_z$ Vertikalverschiebungen des unteren Plattenmittelpunktes in mm

Das Verformungsbild zeigt das typische Verhalten schubweicher Konstruktionen. Unter der Last bildet sich quasi ein Knick aus, während die übrigen Bereiche krümmungsfrei zu sein scheinen (wie im Versuch). Die berechneten Verschiebungen mit den diskreten Modellen stimmen mit den Versuchsergebnissen sehr gut überein. Das Modell nach Bild 6b und das Rebar-Modell mit nur einer numerischen Schicht sind unzulänglich.

Der Verlauf der Normalverzerrungen in Bild 8a verdeutlicht das stark nichtlineare Verhalten. Analytische Vergleichsberechnungen unter Annahme des Ebenbleibens der Querschnitte werden bereits bei dieser vergleichsweise einfachen Konstruktion sinnlos. Der hier dargestellte Verzerrungsverlauf kann mit einer einzigen numerischen Schicht natürlich nicht wiedergegeben werden. Die Normalspannungsverläufe in Bild 8b verdeutlichen die Modellunterschiede. Das Modell mit homogenisierten Schichten führt zu einer Biegedominanz der orthotropen Schichten. Die Spannungen wechseln innerhalb einer Schicht das Vorzeichen. Ein solcher Spannungszustand kann von quasi biegeschlaffen Corden nicht aufgenommen werden. Die diskreten FE-Modelle liefern die erwarteten Membrankräfte in den Corden. Sie unterscheiden sich in ihren Beträgen praktisch nicht, wenn die Anzahl der numerischen Schichten von eins bis sechs variiert wird.

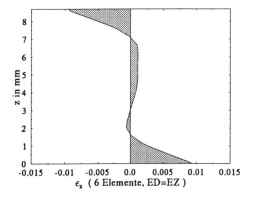
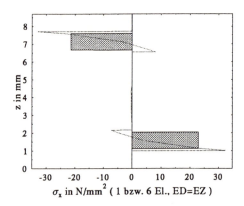

Bild 8: Biegeprobe, a) Normalverzerrungen, b) Normalspannungen, homog. Modell, Rebar-Modell

Während beim Homogenisierungsmodell 6 Schichten zu generieren waren, konnten die richtigen Spannungen bei Verwendung von Rebar-Elementen bereits mit einer numerischen Schicht erzielt werden. Es zeigt sich, daß mit den diskreten Modellen das Tragverhalten sehr gut beschrieben wird. Ein vergleichsweise unsicherer Parameter ist der Druckmodul der Corde. Ein grober Modellierungshinweis kann wie folgt gegeben werden. Bei "harten Compositen" (außer Stahlbeton) kann das Faserverbundmaterial homogenisiert und eine Integration in Dickenrichtung vorgenommen werden. Bei "weichen Compositen" und Stahlbeton (wegen des geringen Faservolumenanteils) ist eine diskrete Modellierung von Fasern und Matrix zu empfehlen. Diese Strategie wurde bei den verwendeten Finite-Element-Modellen deutlich.

[1] **Argyris, J.H. et al.:** Finite Elemente zur Berechnung Spannbeton-Reaktordruckbehältern. Deutscher Ausschuß für Stahlbeton, Heft 234, W. Ernst & Sohn 1973.

[2] **Büchter, N.; Ramm, E.:** 3D-Extension of Nonlinear Shell Equations Based on the Enhanced Assumed Strain Concept. In ComputationalMethods in Applied Sciences. Ed.: Ch. Hirsch, Elsevier (1992) 55-62.

[3] **Jagusch, J.; Gebbeken, N.; Kaliske, M.; Rothert, H.:** Finite Element Model for Structures with Thin Fibre-Reinforced Layers. Advances in Non-Linear Finite Element Methods, 2 (1995) 229-236.

[4] **Gebbeken, N.:** Zur numerischen Behandlung des linearen Tragverhaltens von Faserverbundkonstruktionen, Mitt. Institut für Statik, Hannover, 1995.

[5] **Rohwer, K.:** Einsatz von finiten Elementen zur Berechnung von Faserverbundstrukturen. In: Leichtbau mit kohlenstoffaserverstärkten Kunststoffen, Expert Verlag, 1985.

Kopplung FE-Modellierung und neuronale Netze zur Quantifizierung von Erfahrungswerten

U. Janz, Atlas Datensysteme, Essen
W. Schweiger, PSP Ingenieur-Planung, Puchheim

Zusammenfassung

Neuronale Netze stellen unter anderen eine Möglichkeit dar, analytisch nicht quantifizierbare Erfahrung mit Finite- Elemente- Modellen zu koppeln. Die Erfahrung, z.B. in Form von Versuchsreihen, wird diesen Netzen durch entsprechende Lernstrategien antrainiert. Eine praktisch interessante Anwendung sind sogenannte inverse Probleme, d.h. die Bestimmung von Strukturparametern aus Versuchswerten. Auch wenn neuronale Netze keine Einsicht in die reale Struktur ermöglichen, so sind sie ein gutes Hilfsmittel, um in einem Finite-Elemente-Modell unscharfe (fuzzy) Modellierungs-bereiche in die Simulation einzubeziehen.

1. Motivation

Numerische Berechnungs- und Simulationsverfahren, allen voran die im weiteren im Mittelpunkt stehende Methode der Finiten Elemente, sind heute etablierte Auslegungs- und Nachweiswerkzeuge, sowohl für einzelne Komponenten als auch für komplette Anlagen. Die Bandbreite der Einsatzmöglichkeiten der Methode der Finiten Elemente ist dank ihres universellen Charakters - nämlich ein Approximationsverfahren zur numerischen Lösung beliebiger Feldprobleme zu sein - sehr umfangreich geworden.

Man wäre fast geneigt zu sagen, daß kaum Wünsche offen geblieben sein können. Und doch, die Praxis wartet meist mit "nicht gutmütigen" Problemen auf, irgend ein Teil einer Struktur verhindert eine Erfassung durch ein einfaches *und* ökonomisches Finite Elemente Modell. Angesprochen sind dabei ohnehin nur essentielle Effekte und nicht etwa kosmetische Details. Man glaubt Herrn Salviati am ersten Tag der Discorsi [1] zu hören: "Indess hoffe ich in diesem Falle, ohne arrogant zu erscheinen, versichern zu dürfen, daß die Unvollkommenheit der Materie, die ja allerdings die schärfsten mathematischen Beweise zu Schanden machen kann, nicht genüge, den Ungehorsam der wirklichen Maschinen gegen ideale zu erklären."

Da ein größerer Modellierungsaufwand oft nicht zum gewünschten Ziel führt, und darüber hinaus in die Phase der Auslegung auch gar nicht erstrebenswert ist, bleibt nur der alternative Weg der gezielten Vereinfachung. Ohne zunächst auf Einzelheiten über die Art solcher *Störbereiche* einzugehen - sofern sich diese überhaupt als solche isolieren lassen - reichen die Vorgehensweisen der Praxis von der Anwendung einer parameteridentifizierten Hilfsstruktur bis zur reinen Empirie (das innovationsfeindliche-destruktive "Das haben wir schon immer so gemacht!" gewinnt in diesem Kontext eine katalytisch-konstruktive Komponente).

Eine Zwischenstufe könnte die Verwendung eines neuronalen Netzes bilden, zu dessen Erstellung weitgehende Unabhängigkeit von den einzelnen, meist sehr zahlreichen Strukturparametern vorhanden ist, dessen notwendige Adaption aber geradezu der vorhandenen Erfahrung bedarf. Die Vorteile des Einsatzes eines neuronalen Netzes sind: eine gegenüber einer klassischen Parameteridentifikation wesentlich einfachere Realisierung, ein mit der Erfahrung synchron wachsendes Strukturmodell (hochtrainieren!) und die Erfaßbarkeit nicht analytischer, unscharfer (fuzzy) Relationen innerhalb der Teilstruktur.

Bei der im folgenden skizzierten Anwendung bestand der Störbereich in den allfälligen Herstellungstoleranzen von Lagerungen. Zur Bewältigung wurde die Aufgabe als sogenanntes inverses Problem aufgefaßt, welches nicht über eine Parameteridentifikation (z.B. [2]), sondern mit Hilfe eines neuronalen Netzes gelöst werden konnte. Erforderlich dazu war selbstverständlich die Vorlage eines ausreichenden Erfahrungs- und Versuchswissens.

2. Neuronale Netze - Grundlagen

Für die praktische Anwendung ist es wichtig, die Unterschiede zwischen einem neuronalen Netz und der klassischen v.-Neumann-Konzeption zu kennen, nicht zuletzt um keine falsche Erwartungshaltung über die Leistungsfähigkeit solcher Netze aufkommen zu lassen. Wodurch unterscheiden sich nun beide aus systemtheoretischer Sicht? - Der entscheidende Unterschied besteht darin, daß v.-Neumann Systemen ein Algorithmus zugrunde liegen muß, während einem neuronalen Netz eine beliebige logische Funktionalität mit Hilfe von Beispielen antrainiert wird. Einer Adaption des Netzes, erreichbar ohne feste Logik, steht eine Veränderbarkeit des streng logischen v.-Neumann System alleinig durch reine Parametrisierung gegenüber. Damit ist *Fehlertoleranz* eine der wesentlichen Eigenschaften neuronaler Netzwerke. Nachteilig ist, daß die fehlende algorithmische Struktur eines Netzes keine innere Einsicht in den darzustellenden logischen Zusammenhang zuläßt und daß es im allgemeinen keine eindeutige Vorschrift zum Aufbau einer neuronalen Netzwerkstruktur gibt (Ausnahme siehe Abs. 2.2).

2.1 Erinnerung an die grundlegenden Definitionen

In Anlehnung an neurophysiologische Vorstellungen kann man eine Neuronenfunktion vereinfachend wie folgt auffassen ([3]):
Die n binären *dendrischen* Eingangswerte $a_i \in [0,1]$, $i=1(1)n$ werden, durch *synaptische* Wichtungen $w_i \in \Re$ verstärkt (excitatorisch modifiziert) oder gehemmt (inhibitorisch modifiziert), im Neuron entsprechend seiner Netz- oder Propagierungsfunktion net=$\Sigma w_i a_i$ akkumuliert und mittels der Transfer- oder Aktivierungsfunktion A(net,ex)=out als Ausgabe des Neurons verstanden (exakte Erläu-terung s.u.). Falls diese Funktion einen bestimmten Schwellenwert erreicht (steuerbar durch die Form der Funktion und durch die Schwellenwertfunktion ex) feuert das Neuron, d.h. es sendet über sein *Axon* eine binäre Aktivierungsinformation an andere Neuronen des Netzes.

Eine formal strenge Definition eines neuronalen Netzes ist durch die folgende Definition (das weitere nach [4]) gegeben:
Ein neuronales Netz ist ein Tupel N=(U,W,A,O,net,ex), wobei gilt
- U ist eine endliche Menge von Verarbeitungseinheiten (Neuronen)
- W beschreibt die Netzwerkstruktur und ist eine Abbildung vom kartesischen Produkt U⊗U in $\Re$,
- A ist eine Abbildung, die jedem $u \in U$ eine Aktivierungsfunktion $A_u : \Re^3 \to \Re$ zuordnet
- O ist eine Abbildung, die jedem $u \in U$ eine Ausgabefunktion $O_u : \Re \to \Re$ zuordnet,
- net ist eine Abbildung, die jedem $u \in U$ eine Netzeingabefunktion $net_u : (\Re \otimes \Re)^U \to \Re$ zuordnet, und
- ex ist eine externe Eingabefunktion ex:$U \to \Re$, die jedem $u \in U$ eine externe Eingabe in Form einer reellen Zahl $ex_u = ex(u) \in \Re$ zuordnet.

Die Netzwerkstruktur W, auch als Konnektionsmatrix oder synaptische Wichtung bezeichnet, wird im weiteren die zentrale Rolle spielen, da sie den physikalisch zu realisierenden Sachverhalt widerspiegeln muß. Die übrigen Funktionen werden zwar zur allgemeinen Definition für ein generisches Modell eines neuronalen Netzes benötigt, sind für die folgende Anwendung von untergeordneter Bedeutung.

2.2 Neuronale Netze vom Hopfield-Typ

In der skizzierten Anwendung wird ein neuronales Netz vom Hopfield-Typ verwendet ([3,4]). Zunächst ist bei diesem Netztyp eine eindeutige Form für die Konnektionsmatrix definiert, es gilt nämlich als Definition für ein Hopfield-Netz, daß die Netzwerkstruktur $W:U\otimes U\to\Re$ symmetrisch ist und daß sie keine Einheit mit sich selbst verbindet, d.h. $\forall u_i, u_j \in U$ gilt $W(u_j,u_i) = W(u_i,u_j)$ und $W(u_j,u_j) = 0$. Als Ausgabefunktion wird die identische Abbildung $o_u(a_u) = o_u$ verwendet.

Die für das folgende entscheidende Eigenschaft von Hopfield-Netzen besteht in der Existenz einer charakteristischen Funktion (in einfacher Matrixnotation, [3])

$$L = -1/2\, a^T W a + \Theta_u^T a$$

(Θ_u Vektor der Schwellenwerte). Diese Funktion, auch Ljapunov-Funktion des Netzes genannt, hat die bemerkenswerte Eigenschaft, daß mit einer Aktivierungsänderung stets eine Verringerung von L auftritt, so daß das Hopfield-Netz nach einer endlichen Anzahl von Schritten ein (möglicherweise nur lokales) Minimum der Ljapunov-Funktion erreicht (Beweis bei [3,4]). Die Zustände $L \to L_{min}$ heißen *Attraktoren*. In der Theorie dynamischer Systeme werden Ljapunov-Funktionen zur Untersuchung der *Stabilität* verwendet (z.B. [5]), dabei sind die Bedingungen $L > 0$ und $dL/dt < 0$ hinreichend für die Stabilität des Systems.

2.3 Kontinuierliche Hopfield-Netze

Die Minimaleigenschaft der quadratischen Ljapunov-Funktion und die Symmetrie der Konnektionsmatrix W deuten auf eine Verwandtschaft mit der linearen Strukturmechanik hin. Dort ist es das Gesamtpotential, welches für Gleichgewichtszustände (Attraktoren) ein Minimum annimmt, und dort wird die

Struktur durch die symmetrische, allerdings diagonal-dominante Steifigkeitsmatrix beschrieben.

Die Relation zwischen Hopfield-Netz und einem Finite-Elemente-Modell wird hergestellt (Abs. 2.4), wenn man sogenannte kontinuierliche Hopfield-Netze zuläßt (ihre Realisierung gelingt z.B. durch eine elektrische Schaltung, [4]). Die Ljapunov-Funktion eines kontinuier-lichen Hopfield-Netzes lautet:

$$L = -1/2\, a^T W a + [\int O_u(x)^{-1} dx]/R_u + \Theta_u^T a$$

Die Ausgabefunktion ist hier eine differenzierbare, streng monoton wachsende Funktion $O_u(a_u) = o_u$. Diese Ljapunov-Funktion geht in jene des diskreten Hopfield-Netzes über, wenn die externe Eingabe ex_u konstant als $-\Theta_u$ gewählt wird und die Widerstände R_u unendlich groß werden. Diese Definitionen reichen aus, um den Übergang zur Strukturmechanik zu vollziehen.

3. Strukturmechanik und Hopfield-Netze

3.1 Der Übergang zur Strukturmechanik

Zunächst wählt man in der Ljapunov-Funktion des kontinuierlichen Hopfield-Netzes als Ausgabefunktion die identische Abbildung $O_u(a_u) = o_u$ und erhält für ein Hopfield-Netz mit n Neuronen (und einer entsprechenden Umbenennung) für die Ljapunov-Funktion

$$L = -1/2\, a^T W a + a^T a / 2R + \Theta^T a$$

Wenn man nun folgende Identifikationen vornimmt [(6)]:

$$W_{ij} \Rightarrow -K_{ij} + \delta_{ij}/K_{[ii]}$$

(δ Kronecker-Symbol, [ii] nicht summieren!)

$$1/R_i \Rightarrow 1/K_{[ii]},\ \Theta \Rightarrow -F_i\ \text{und}\ a \Rightarrow d_i$$

so erhält man nach Einsetzen in die Ljapunov-Funktion des Hopfield-Netzes

$$L = 1/2\ K_{ij}\ d_i\ d_j - F_i\ d_i$$

das Gesamtpotential (⇒ Lagrange-Funktion) eines diskreten linear-elastischen Systems mit der Gesamtsteifigkeitsmatrix K_{ij}, den Knotenverschiebungen d_i und den äußeren Knotenlasten F_i.

Die Forderung nach einer minimalen Lagrange-Funktion für das Gleichgewicht des diskreten Systems ist somit gleichbedeutend mit der Minimalforderung an die Ljapunov-Funktion des assoziierten Hopfield-Netzes.

Die Minimierung der Lagrange-Funktion führt auf die bekannte Finite-Elemente-Hauptgleichung

$$K_{ij}\ d_j = F_i$$

welche auch als asymptotische Lösung der Differentialgleichung des Hopfield-Netzes (nach entsprechender Identifikation)

$$da_i/dt = W_{ij}\ a_j - a_j/R_i - F_i$$

für $da_i/dt = 0$ erhalten wird ([6]).

Für die allgemeine Lösung eines strukturmechanischen Problems mit Hilfe der Finite-Elemente-Hauptgleichung ist der oben beschriebene Weg nicht attraktiv. Hier ist allemal die Methode der direkten Gleichungslösung vorzuziehen. In einem anderen Licht stellt sich der Sachverhalt allerdings bei der Lösung des inversen Problems dar.

3.2 Lösung des inversen Problems mit Hilfe eines Hopfield-Netzes

Die allgemeine Lösung des inversen Problems ist schwierig und aufwendig. Meistens liegen zu wenige (Versuchs-)Ergebnisse vor, um eine hinreichend gute Auflösung zu erhalten. Üblicherweise sind dann stark unterbestimmte Gleichungssysteme mit starkem Rangabfall nach der Methode der kleinsten Fehlerquadrate mit Hilfe der Singulärwert-Zerlegung zu lösen.

Bei Zugrundelegung eines Hopfield-Netzes läuft die Lösung des inversen Problems auf eine gesteuerte (trainierte) Adaption der Konnektionsmatrix W_{ij} hinaus. Natürlich ist ein Versuch, aus diesen Werten auf reale Strukturparameter zu schließen sinnlos. Lediglich die gesamte Antwort des Netzes entspricht dem antrainierten Verhalten. Insofern ist die in Abschnitt 3.1 dargestellte Analogie nicht umkehrbar.

Zum Training des Netzes wird eine, zur sogenannten Widrow-Hoff-Regel analoge Lernregel verwendet ([6]). Hierzu setzt man:

$$W_{ij}^{(k+1)} = W_{ij}^{(k)} + c\, r_{ij}^{(k)}$$

Durch diese Rekursion wird über die Lösung der oben angegebenen Netzdifferentialgleichung jeweils eine neue Konnektionsmatrix berechnet, wobei die Lösung des k-ten Schrittes die Anfangsbedingungen für die Integration des k+1-ten Schrittes darstellt. Mit der Lernrate $0 \leq c \leq 1$ und der Adaptionsfunktion (*virtuelle Wechselwirkungsarbeit*)

$$r_{ij}^{(k)} = 1/2\, \{[d_j^* - d_j^{(k)}]\, F_i^{(k)} + [d_i^* - d_i^{(k)}]\, F_j^{(k)}\}\, (1-\delta_{ij})$$

(dieser Ansatz berücksichtigt bereits die allgemeine Form der Netzwerkfunktion eines Hopfield-Netzes, s. Abs. 2.2) wird die Netzwerkstruktur jeweils solange verändert (trainiert), bis die Antwort d_j des j-ten Neurons auf eine Eingabe F_i gleich der erwünschten, z.B. durch *Messung* oder *Erfahrung* bekannten Antwort d_j^* ist, bis also die virtuelle Wechselwirkungsarbeit abgeklungen ist.

4. Praktische Anwendung

Bei einem bestimmten Maschinentyp unterschieden sich die einzelnen Spezies nur in geringen Maße hinsichtlich ihrer geometrischen Abmessungen, jedoch nicht hinsichtlich ihrer Funktionalität. Als Erfahrungswerte lagen für diese Individuen globale Verschiebungen d_i der gesamten Maschine bei Einwirkung äußerer (Test-)Belastungen F_i vor. Diese Erfahrungswerte können in einem Diagramm als Punktwolke dargestellt werden, z.B. in der Form $d_i = Fkt(F_i^{ext})$. Aufgrund von Herstellungstoleranzen in den Lagerstellen mit einer unbekannten statistischen Verteilung konnte kein analytischer Ausdruck für diese Funktion angegeben werden.

Es wurde daher versucht, die *sicheren* Bereiche der Maschine durch ein Finite-Elemente-Modell darzustellen, die fraglichen, unscharfen Lagerungsbereiche dagegen durch ein neuronales Netz. D.h. obige Funktion wurde aufgespalten in

FE-Modell: $F_i^{int} = FE(F_i^{ext})$ ⇔ Hopfield-Netz: $d_i = fuzzy(F_i^{int})$

(hierbei soll *FE()* den funktionalen Zusammenhang durch das FE-Modell und *fuzzy()* denjenigen des Hopfield-Netzes kennzeichnen), wobei die internen Schnittkräfte F_i^{int} beide Darstellungsarten koppeln.

Für die Erstellung des Finite-Elemente-Modells wurde das FE-System ANTRAS von Atlas Datensysteme verwendet. Für die spezielle Anwendung konnte auf eine teilweise offene Version zurückgegriffen werden. Die Durchführung der erforderlichen Programmierarbeiten für das Hopfield-Netz übernahm in dankenswerter Weise Herr cand.ing Olaf Köhler.

Diese spezielle Anwendung zeigt die prinzipielle Brauchbarkeit der Einbindung neuronaler Netze zur Quantifizierung von Erfahrungswerten.

[1]   Galilei   Galileo
      Unterredungen und mathematische Demonstrationen über
      zwei neue Wissenszweige, die Mechanik und die Fallgesetze
      betreffend, 1. bis 6. Tag, Arcetri 6. März 1638,
      ed. A. v. Oettingen, Wiss. Buch. Ges., Darmstadt, 1985.

[2]   W. Schweiger, A. Vollan
      Bestimmung von Massen- und Steifigkeitsmatrizen einer Finite-Elemente-Teilstruktur aufgrund von Versuchsergebnissen
      Konf. d. Finite Elementberechnungen im Automobilbau,
      Tagungsbericht Bd. 1, Frankfurt 1983.

[3]   W. Kinnebrock
      Neuronale Netze
      Oldenbourg, 1994.

[4] D. Nauck, F. Klawonn, R. Kruse
Neuronale Netze und Fuzzy-Systeme
Vieweg, 1994.

[5] W. Flügge (Ed.)
Handbook of Engineering Mechanics
McGraw Hill, 1962.

[6] S. Kortesis, P.D. Panagiotopoulos
Neural Networks for Computing in Structural Analysis: Methods and Prospects of Applications
Int'l.J.Num.Meth.Eng., Vol.36, 2305-2318, 1993.

Die Methoden der Spline-Funktionen und ihre Anwendung auf den Stahlbau

Manfred Fischer, Jianzhong Zhu
Lehrstuhl für Stahlbau, Universität Dortmund

Zusammenfassung

In diesem Beitrag werden die Methoden der Spline-Funktionen im Vergleich mit den FE-Methoden vorgestellt und zur geometrisch und physikalisch nichtlinearen Berechnung von beulgefährdeten faltwerkartigen Stahlblechkonstruktionen angewendet. Die Spline-Funktionen zeichnen sich dadurch aus, daß sie lokal sehr einfach und dennoch global sehr flexibel sind. Die Methoden der Spline-Funktionen vereinen in sich die Vorteile des RITZschen Verfahrens mit analytischen Ansätzen über das gesamte Gebiet und jenen der FE-Methoden. Die Spannungen sind kontinuierlich und werden mit großer Genauigkeit ermittelt, weil sich die Konvergenz der Spline-Funktionen noch auf die Ableitungen überträgt. Die Steifigkeitsmatrix ist dünn besiedelt und hat eine Bandstruktur. An einem Beispiel werden die Leistungsfähigkeit und die Effektivität dieser neuen Berechnungsmethoden demonstriert.

1 Einleitung

Bei den geometrisch und physikalisch nichtlinearen Berechnungen von beulgefährdeten Stahlblechkonstruktionen haben sich die FE-Methoden in den letzten Jahren durchgesetzt. Obwohl die bestehenden Programme brauchbare Ergebnisse liefern können, müssen diese häufig mit sehr hohem Rechenaufwand erkauft werden. Außerdem haben die FE-Methoden noch spezielle Probleme.
Wir haben deshalb ein eigenes Rechenprogramm entwickelt, mit dem Ziel, ein aus dünnwandigen ausgesteiften Stahlblechen zusammengesetztes Bauteil, das lokal und global versagen kann, wirklichkeitsnah und mit relativ geringerem Aufwand zu berechnen. Dabei kommen die (polynomialen) Spline-Funktionen als Ansatz für die Verschiebungen zur Anwendung.
Die Spline-Funktionen werden bereits sehr erfolgreich als Ansatz in den linearen Berechnungen von ein- und zweidimensionalen Problemen [2] angewendet. Auch als Ersatz für trigonometrische Funktionen in den Finite-Streifen-Methoden werden sie mit Erfolg für lineare und nichtlineare Berechnungen [3] eingesetzt.
Unsere Aufmerksamkeit konzentrierte sich zuerst auf faltwerkartige Stahlblechkonstruktionen. Im Gegensatz zum üblichen Faltwerk, dessen Mittelfläche ein Prisma ist, kann das hier behandelte Faltwerk (Abb.1) über mehrere Felder durchlaufen und muß in Längsrichtung auch nicht denselben Aufbau besitzen. Weiter kann es durch Längs- oder Quersteifen versteift sein. Als ein derartiges Faltwerk können viele Stahlkonstruktionen idealisiert werden. Fast alle in den neuen Stabilitätsvorschriften DIN

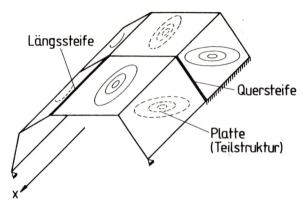

Abbildung 1: Faltwerk mit Längs- und Quersteifen

Durchbiegungen eines Durchlaufträgers	Spline-Funktionen 3. Ordnung	Spline-Funktionen K. Ordnung
Polynome 3.Ordnung in jedem Feld	bereichsweise Polynome 3.Ordnung	bereichsweise Polynome K.Ordnung
Durchbiegung kontinuierlich	0. Ableitung kontinuierlich	0. Ableitung kontinuierlich
Verdrehung kontinuierlich	1. Ableitung kontinuierlich	1. Ableitung kontinuierlich
Biegemoment kontinuierlich	2. Ableitung kontinuierlich	bis (K-1). Ableitungen kontinuierlich
Querkraft nicht kontinuierlich	*3. Ableitung nicht kontinuierlich*	*K. Ableitung nicht kontinuierlich*

Tabelle 1: Definition der (polynomialen) Spline-Funktionen

18800, Teil 2 und 3 und Eurocode 3 behandelten Stahlkonstruktionselemente lassen sich so modellieren und geometrisch und physikalisch nichtlinear untersuchen.
Die Definition für die (polynomialen) Spline-Funktionen 3. Ordnung lautet: sie sind bereichsweise definierte Polynome 3. Ordnung, für die gilt, daß sie zumindestens bis zur 2. Ableitung kontinuierlich sind. In der Tabelle 1 werden die Spline-Funktionen mit den Durchbiegungsfunktion eines Durchlaufträgers verglichen. Außer Spline-Funktionen 3. Ordnung werden auch Spline-Funktionen von höherer, ungerader Ordnung verwendet.

2 Anwendung auf eindimensionale Probleme

Die Spline-Funktionen können natürlich als Ansatz für Verschiebungsgrößen dienen. Zur einführenden Erläuterung werden sie zuerst auf eindimensionale Probleme angewendet. Man betrachtet einen elastisch gebetteten, unter einer Streckenlast belasten Balken der Länge a mit der Biegesteifigkeit EI und der Bettungsziffer C (Abb.2). Da die Schnittgrößen über den gesamten Balken kontinuierlich sind, wird nur ein ein-

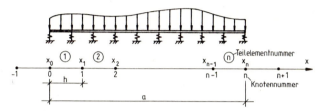

Abbildung 2: Elastisch gebetteter Balken (Biegesteifigkeit EI, Bettungsziffer C)

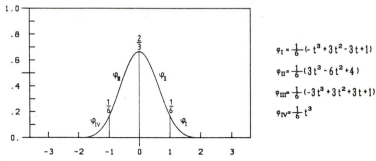

Abbildung 3: B-Spline-Funktionen 3. Ordnung (Die Koordinate t wird ab dem Anfang des jeweiligen Feldes berechnet)

ziges Spline-Element gewählt, das dann weiter in n Teilelemente (Bemerkung: ein Teilelement ist vergleichbar mit einem finiten Element) äquidistant aufgeteilt wird.

$$0 = x_0 < x_1 < x_2 < \ldots < x_n = a \qquad (1)$$

$$mit \qquad x_i = x_0 + ih, \qquad h = a/n$$

Am Anfang scheint es selbstverständlich zu sein, die Durchbiegungsfunktionen eines Durchlaufträgers mit n Feldern direkt als Ansatz zu verwenden. Diese Vorgehensweise hat jedoch den entscheidenden Nachteil, daß die Steifigkeitsmatrix voll besetzt ist, weil sich die Durchbiegungsfunktionen über die Länge des gesamten Durchlaufträgers erstrecken.

Damit die Steifigkeitsmatrix eine Bandstruktur aufweist, müssen bei der Wahl der Ansatzfunktionen folgende zwei Prinzipien eingehalten werden:
    1. Möglichst viele Ansatzfunktionen sind orthogonal.
    2. Der Einflußbereich jeder Ansatzfunktion soll möglichst klein sein.

Das erste Prinzip kann man i. d. R., insbesondere bei den nichtlinearen Problemen, schwer einhalten. Die Umsetzung des zweiten Prinzips führt zu einer sehr leistungsfähigen Form der Spline-Funktionen, nämlich zu den B-Spline-Funktionen. Eine sehr wichtige Eigenschaft der B-Spline-Funktion ist, daß sie nur auf einem sehr kleinen Bereich definiert ist. In allen anderen Bereich ist sie immer gleich Null (Abb.3)

Auf jedem Knoten $i = -1, 0, 1, \ldots, n-1, n, n+1$ (Abb.4) kann man eine solche B-Spline-Funktion definieren. Sie wird mit ϕ_i bezeichnet. Offensichtlich sind die (n+3) B-Spline-Funktionen $\phi_{-1}, \phi_0, \phi_1, \ldots, \phi_n$ und ϕ_{n+1} linear voneinander unabhängig und bilden eine Basis für alle Spline-Funktionen 3. Ordnung auf dieser Einteilung.

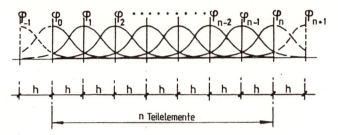

Abbildung 4: B-Spline-Funktionen 3. Ordnung bilden eine Basis

Natürlich kann man diese B-Spline-Funktionen noch nicht direkt anwenden. Man muß sie noch modifizieren, damit die Rand- und Übergangsbedingungen wie bei den FE-Methoden einfach einzuführen sind. Diese modifizierten Ansatzfunktionen werden dann mit $g_{-1}, g_0, g_1, \ldots, g_n$ und g_{n+1} bezeichnet. Zwischen ihnen und den B-Spline-Funktionen besteht die Beziehung:

$$\begin{vmatrix} g_{-1} \\ g_0 \\ g_1 \\ g_2 \\ \cdot \\ \cdot \\ \cdot \\ g_{n-2} \\ g_{n-1} \\ g_n \\ g_{n+1} \end{vmatrix} = \begin{vmatrix} -2h & 0{,}5h & 0 & & & & & & & & \\ 0 & 1{,}5 & 0 & & & & & & & & \\ 1 & -0{,}5 & 1 & & & & & & & & \\ & & & 1 & & & & & & & \\ & & & & 1 & & & & & & \\ & & & & & 1 & & & & & \\ & & & & & & 1 & & & & \\ & & & & & & & 1 & & & \\ & & & & & & & 1 & -0{,}5 & 1 & \\ & & & & & & & 0 & -0{,}5h & 2h & \\ & & & & & & & 0 & 1{,}5 & 0 & \end{vmatrix} \begin{vmatrix} \varphi_{-1} \\ \varphi_0 \\ \varphi_1 \\ \varphi_2 \\ \cdot \\ \cdot \\ \cdot \\ \varphi_{n-2} \\ \varphi_{n-1} \\ \varphi_n \\ \varphi_{n+1} \end{vmatrix} \quad (2)$$

Diese Modifikationsmatrix (2) unterschiedet sich von der Einheitsmatrix lediglich dadurch, daß die obere und die untere 3x2 Untermatrix anders ist. Man kann daher die Modifikationsmatrix in einer sehr kompakten Form speichern.

Es ist leicht zu überprüfen, daß

am Knoten 0 (am linken Ende)

$$\left. \begin{array}{lll} g'_i(x) = 0 & \text{bis auf} & g'_{-1}(x) = 1 \\ g_i(x) = 0 & \text{bis auf} & g_0(x) = 1 \end{array} \right\} \quad (3)$$

und am Knoten n (am rechten Ende)

$$\left. \begin{array}{lll} g'_i(x) = 0 & \text{bis auf} & g'_n(x) = 1 \\ g_i(x) = 0 & \text{bis auf} & g_{n+1}(x) = 1 \end{array} \right\} \quad (4)$$

gilt, das heißt, die Verdrehung (die 1. Ableitung) am linken bzw. am rechten Ende wird jeweils allein durch die Ansatzfunktion $g_{-1}(x)$ oder $g_n(x)$, und die Durchbiegung (der Funktionswert) jeweils allein durch $g_0(x)$ oder $g_{n+1}(x)$ repräsentiert. Man kann deshalb den Ansatz für die Durchbiegung wie folgt schreiben:

$$w = w'_0 g_{-1}(x) + w_0 g_0(x) + \sum_{i=1}^{n-1} c_i g_i(x) + w'_n g_n(x) + w_n g_{n+1}(x) \quad (5)$$

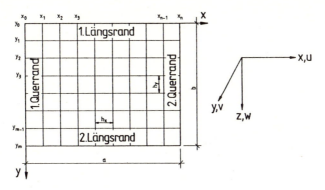

Abbildung 5: Rechteckige Platte und ihr (lokales) Koordinatensystem

Weiter stellt man fest, daß in Gleichung (5) die Freiheitsgrade auf den inneren Knoten keine physikalische Bedeutung haben. Sie sind weder Verschiebungen noch Verdrehungen an den Knoten. Das ist aber nicht von Bedeutung, weil die inneren Knoten keine anderen Elemente verbinden. Man kann das ganze als ein Superelement betrachten, das viele Zwischenknoten besitzt.

3 Anwendung auf zweidimensionale Probleme

Die Anwendung erfolgt zuerst auf eine rechteckige Platte mit der Abmessung $a \times b$. Das (lokale) Koordinatensystem (Abb.5) wird so gelegt, daß die ganze Platte im ersten Quadranten der x-y-Ebene liegt. Die Platte wird in der x- und y-Richtung jeweils in n bzw. m Teilelementen äquidistant eingeteilt.
Die Ansatzfunktionen für die Verschiebungen u, v, w lauteten:

$$\left. \begin{array}{l} u = \sum c_{ij}^u g_{ij}(x,y) \\ v = \sum c_{ij}^v g_{ij}(x,y) \\ w = \sum c_{ij}^w g_{ij}(x,y) \end{array} \right\} \quad (6)$$

$$i = -1, 0, 1, \ldots\ldots, n, n+1, \qquad j = -1, 0, 1, \ldots\ldots, m, m+1$$

$$mit \qquad g_{ij}(x,y) = g_i(x) g_j(y) \qquad (7)$$

Die Ansatzfunktionen (7) für die zweidimensionalen Probleme sind nichts anderes als das tensorielle Produkt der eindimensionalen Ansatzfunktionen in der x- und y-Richtung. Auf entsprechende Weise erhält man auch die Ansatzfunktionen für dreidimensionale Probleme. An dieser Stelle wird ein Vergleich mit den FE-Methoden gezogen. In der Abb.6 werden 2-dimensionale finite Elemente der Lagrangeschen und der Serendipity-Klasse dargestellt. Jedes neue Element einer Klasse ist durch eine progressiv erhöhte Knotenzahl und damit durch eine verbesserte Genauigkeit charakterisiert. Nach Bathe [5] haben alle effektiven 2-dimensionalen Elemente höhere Ordnung. In [6] zeigt Zienkiewicz anhand eines Beispiels eindrucksvoll, daß sich bei einer konstanten Anzahl von Freiheitsgraden die Genauigkeit dann erheblich verbessert, wenn komplexe Elemente angewendet werden.

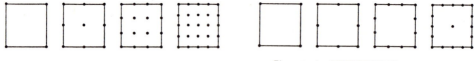

Elemente der LAGRANGEschen Klasse   Elemente der SERENDIPITY-Klasse

Abbildung 6: Finite Elemente

Es sieht so aus, als ob man auf diese Weise Elemente beliebig hoher Ordnung entwickeln und einsetzen könnte. Tatsächlich sind die so entwickelten Elemente von höherer als 3. Ordnung nicht zu empfehlen, weil das Verhältnis von Kosten (Aufwand) und Nutzen nicht mehr stimmt.
Bei den Methoden der Spline-Funktionen kann ein Spline-Element beliebig viele Teilelemente haben. Jedes Teilelement ist vergleichbar mit einem finiten Element. Man kann aber auch alle diese Teilelemente zusammen als ein einziges Element betrachten, weil die Spannungen in diesen Teilelementen kontinuierlich sind.
Das bedeutet, daß man bei den Methoden der Spline-Funktionen eine Systematik gefunden hat, Elemente mit beliebig vielen Freiheitsgraden zu entwickeln, ohne Polynome höherer Ordnung benutzen zu müssen, und ohne die damit verbundenen Nachteile wie die größere Bandbreite und den sehr hohen Rechenaufwand.

4 Anwendung auf Faltwerke

Zuerst werden zwei Begriffe eingeführt, nämlich die lastbedingten und die strukturell bedingten Diskontinuitäten (Abb.7). Unter lastbedingten Diskontinuitäten verstehen wir, daß der kontinuierliche Verlauf der Verschiebungen bzw. ihrer höheren Ableitungen (Schnittgrößen) durch Lasten gestört wird, während bei den strukturell bedingten Diskontinuitäten die strukturellen Gegenbenheiten, wie z.B. Auflager, Steifen, Verzweigungen, die Ursachen dieser Störungen sind.
Bei den FE-Methoden wird die gesamte Struktur zuerst in eine endliche Anzahl von Elementen diskretisiert (Abb.8a). Sowohl die strukturell als auch die lastbedingten Diskontinuitäten können problemlos berücksichtigt werden. Die Ansatzfunktionen sind stückweise stetig. Von ihnen wird nur gefordert, daß die Verschiebungen und die Verdrehungen kontinuierlich sind. Die Schnittgroßen ändern sich i.d.R. von Element zu Element sprunghaft.
Bei den Methoden der Spline-Funktionen wird der Grundgedanke der FE-Methoden übernommen. Die gesamte Struktur wird zuerst in Spline-Elemente diskretisiert (Abb. 8b). Die Spline-Elemente sollen unter Beachtung der strukturell, und evtl. auch der lastbedingten Diskontinuitäten so groß wie nur möglich gewählt werden. Sie sind vergleichbar mit den Teilstrukturen in den FE-Methoden. Die Spline-Elemente werden dann weiter in beliebig viele Teilemente diskretisiert, wobei dieser zweite Diskretisierungsprozeß weitgehend automatisch, natürlich mit manuellen Änderungsmöglichkeiten durchgeführt wird.
Beim Analysieren der einzelnen Spline-Elemente werden die komplizierten Spline-Funktionen als Ansatz für die Verschiebungen verwendet. Die Spline-Funktionen sind

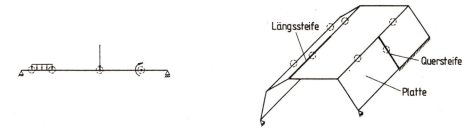

Abbildung 7: Lastbedingte und strukturell bedingte Diskontinuitäten

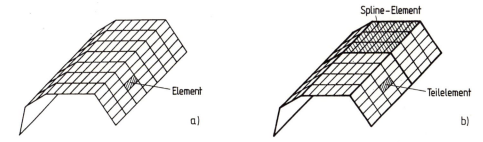

Abbildung 8: a). Diskretisierung bei den FE-Methoden b). Diskretisierung bei den Methoden der Spline-Funktionen

deshalb komplizierter als die in den FE-Methoden üblicherweise als Ansatz dienenden Polynome, weil sie über beliebig viele Teilelemente definiert werden und damit beliebig viele freie Parameter haben können.
Bei den FE-Methoden erfolgt der Zusammenbau des Gesamtsystems über die Knoten. Die Knotenverschiebungen bestimmen die Randverschiebungen. Es gibt jedoch Probleme bei dieser Vorgehensweise. Man kann den Verdrehungsfreiheitsgrad um die z-Achse nicht, oder nicht eindeutig definieren. Wie das Bild 9 zeigt, gibt es an einem Knoten für jedes Element eigentlich zwei Verdrehungsfreiheitsgrade um die z-Achse, und zwar zu jedem Rand einen. Bei den Methoden der Spline-Funktionen erfolgt der Zusammenbau des Gesamtsystems über die Ränder, dies ist zwar viel schwieriger, jedoch viel genauer. Der Verdrehungsfreiheitsgrad um die z-Achse ist dann eindeutig definiert. Weil für alle Verschiebungsgrößen dieselben Ansatzfunktionen verwendet werden, gibt es beim Übergang von einem Spline-Element zum anderen keine Kompatibilitätsprobleme.
Bei der Berechnung von faltwerkartigen Konstruktionen mit der schubstarren Theorie, d.h. wenn die Verdrehungen bei der numerischen Berechnung nicht als unabhängige Größen eingeführt werden, reduziert sich die Anzahl der Unbekannten erheblich. Sie beträgt auf den inneren Knoten nur 3. Bei den FE-Methoden sind es mindestens 5, in der Regel sogar 6. Dies bedeutet, daß man ein viel kleineres Gleichungssystem zu lösen hat.

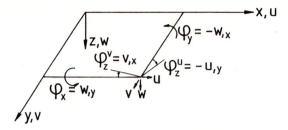

Abbildung 9: Knotenfreiheitsgrade

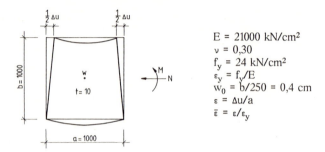

Abbildung 10: Quadratische Stahlplatte mit einer Randstauchung als Belastung

5 Beispiel

Das Beispiel wurde von unserem ehemaligen Mitarbeiter Priebe berechnet und zur Verfügung gestellt. Es handelt sich um das Beulproblem einer quadratischen Stahlplatte (Abb.10). Der Einfachheit halber wurde eine doppelte sinusförmige Vorverformung mit der Amplitude $b/250 = 0,4 cm$ gewählt.

Es kommen dabei drei verschiedene Programme zum Einsatz, nämlich das auf der gemischten Formulierung basierende FE-Programm NOLI von Kröplin [7], das im Rahmen dieser Arbeit entwickelte Programm NIPL, und das kommerzielle FE-Programm ANSYS 5.0. Bei allen Berechnungen wird das modifizierte Newton-Raphson-Verfahren verwendet. Der Laststeigerungsfaktor wird sehr klein gewählt und beträgt lediglich $\Delta\bar{\epsilon} = 0,05$.

Alle Ergebnisse werden in Tabelle 2 dargestelllt. Zu vergleichen sind einerseits die CPU-Zeiten für 25 Laststufen, die von einer HP-APOLLO-Workstation, Modell 425e (MC 68040 CPU mit 25 MHz) benötigt werden, andererseits die Genauigkeiten der resultierenden Normalkräfte, Biegemomente und der Durchbiegungen in der Plattenmitte nach der 20. Laststufe bei $\bar{\epsilon} = 1,00$.

Bei der Berechnung mit dem Programm NIPL werden in der Ebene 3x3 oder 5x5 Integrationspunkte gewählt und die entsprechenden Ergebnisse mit NIPL(3) bzw. NIPL(5) bezeichnet. Die Genauigkeit und der Rechenaufwand dieser 3x3 oder 5x5 Radauschen (Gauß-Lobatto) Quadratur entsprechen der 2x2 und 4x4 Gauß-Quadratur, jedoch mit dem Vorteil, daß die Randpunkte immer als Integrationspunkte gewählt werden. Wegen dieses Vorteils werden die numerischen Integrationen in der Dicken-

Netz pro Halbplatte		4×2	6×3	8×4	16×8	32×16
NOLI	N/N_{el}	0,3202 (1,0111)	0,3207 (1,0126)	0,3190 (1,0073)	0,3175 (1,0025)	0,3172 (1,0016)
	M/M_{el}	0,4442 (0,9788)	0,4561 (1,0051)	0,4551 (1,0029)	0,4549 (1,0024)	0,4552 (1,0031)
	w (cm)	1,3861 (1,0613)	1,3369 (1,0236)	1,3235 (1,0133)	1,3099 (1,0029)	1,3065 (1,0003)
	CPU (Sek.)	7,0	18,7	37,9	280,8	2763,2
NIPL(3) mit 3×3 Integration	N/N_{el}	0,3197 (1,0095)	0,3169 (1,0006)	0,3171 (1,0013)	0,3167 (1,0000)	0,3167 (1,0000)
	M/M_{el}	0,4544 (1,0013)	0,4534 (0,9991)	0,4543 (1,0011)	0,4538 (1,0000)	0,4538 (1,0000)
	w (cm)	1,3042 (0,9985)	1,3055 (0,9995)	1,3054 (0,9995)	1,3061 (1,0000)	1,3061 (1,0000)
	CPU (Sek.)	16,9 (2,41)	34,5 (1,84)	59,6 (1,57)	301,5 (1,07)	1669,6 (0,60)
NIPL(5) mit 5×5 Integration	N/N_{el}	0,3220 (1,0167)	0,3170 (1,0009)	0,3168 (1,0003)	0,3167 (1,0000)	0,3167 (1,0000)
	M/M_{el}	0,4571 (1,0073)	0,4534 (0,9991)	0,4539 (1,0002)	0,4538 (1,0000)	0,4538 (1,0000)
	w (cm)	1,3060 (0,9999)	1,3061 (1,0000)	1,3060 (0,9999)	1,3061 (1,0000)	1,3061 (1,0000)
	CPU (Sek.)	42,1 (6,01)	87,8 (4,70)	153,7 (4,06)	732,5 (2,61)	3337,7 (1,21)
ANSYS mit Shell43	N/N_{el}	0,3313 (1,0461)	0,3219 (1,0164)	0,3197 (1,0095)	0,3174 (1,0022)	0,3165 (0,9993)
	M/M_{el}	0,4643 (1,0231)	0,4562 (1,0053)	0,4555 (1,0037)	0,4547 (1,0020)	0,4540 (1,0004)
	w (cm)	1,3691 (1,0482)	1,3346 (1,0218)	1,3223 (1,0124)	1,3106 (1,0034)	1,3083 (1,0017)
	CPU (Sek.)	539,5 (77,07)	1202,0 (62,28)	2136,0 (56,35)	8764,3 (31,21)	40195,4 (14,55)

Tabelle 2: Vergleich zwischen den Programmen NOLI, NIPL und ANSYS 5.0. (In Klammern wird für die Schnittgrößen und die Durchbiegung das Verhältnis zum entsprechenden Wert von NIPL beim Netz 32x16 angegeben, und für die Rechenzeit das Verhältnis zur entsprechenden Zeit von NOLI.)

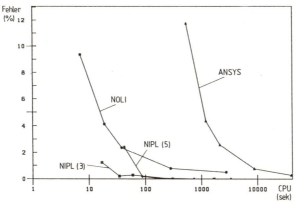

Abbildung 11: Darstellung der Genauigkeit in Abhängigkeit von der Rechenzeit für die Programme NOLI, NIPL und ANSYS 5.0

richtung auch mit der Radauschen Quadratur durchgeführt, und zwar mit 7 Integrationspunkten.

Zuerst werden die Rechengeschwindigkeiten verglichen. Es fällt auf, daß NOLI bei grober Diskretisierung die geringsten Rechnenzeiten benötigt. Dies liegt auch daran, daß im Programm NOLI die Plastizität in genäherter Form mit dem integrierten Modell berücksichtigt wird, während das aufwendige Schichtenmodell bei NIPL und ANSYS zur Anwendung kommt. Auf der anderen Seite jedoch muß dieses gemischte FE-Programm ein größeres Gleichungssystem lösen.

Interessant ist auch die Tatsache, daß NIPL bei 5x5 Integrationspunkten in der Ebene, d.h. bei 4-facher Gesamtanzahl der Integrationspunkte gegenüber ANSYS über 10-mal, und bei 3x3 Integrationspunkten, d.h. bei geringfügig mehr Integrationspunkten als bei ANSYS sogar über 20-mal schneller rechnet. Der Geschwindigkeitsvorteil ist größer als erwartet.

Das hier entwickelte Programm NIPL hat die größte Genauigkeit. Bereits mit einem sehr groben Netz wird fast die exakte Durchbiegung ermittelt. Auch die Schnittgrößen werden mit dem Programm NIPL bei derselben Diskretisierung wesentlich genauer ermittelt. Die Ergebnisse mit dem Netz 32x16 und dem Netz 16x8 sind identisch. Deshalb werden die Ergebnisse von NIPL beim Netz 32x16 als exakt betrachtet.

In der Abb.11 werden die Summen der Abweichungen von N, M und w zu den "exakten" Lösungen in Abhängigkeit von der Rechenzeit eingetragen. Eindeutig ist festzustellen, daß das auf den Methoden der Spline-Funktionen basierende Programm NIPL die geringste Rechenzeit benötigt, um eine vorgegebene Genauigkeit zu erreichen.

Literatur

[1] Zhu, J.: Geometrisch und physikalisch nichtlineare Berechnung beulgefährdeter ausgesteifter Stahlblechkonstruktionen. Universität Dortmund, 1993 (noch nicht veröffentlicht)

[2] Qin, Rong: Fundamentals and applications of spline finite-point method. In: He, Guangqian and Cheung, Y. K.(ed.): Proceedings of the international conference on finite element methods. Science Press, Beijing, 1982

[3] Kwon, Y. B. and Hancock, G. J.: A nonlinear elastic spline finite strip analysis for thin-walled sections. Thin-Walled Structures 12(1991), S. 295-319

[4] Böhmer, K.: Spline-Funktionen. Verlag B. G. Teubner, Stuttgart, 1974

[5] Bathe, K. J.: Finite-Elemente-Methoden. Springer-Verlag, Berlin/Heidelberg/New York/Tokyo, 1986

[6] Zienkiewicz, O. C.: Methode der finiten-Elemente, 2. Auflage Carl Hanser Verlag München/Wien, 1984

[7] Kröplin, B. H.: Beulen ausgesteifter Blechfelder mit geometrischer und stofflicher Nichtlinearität. Bericht 77-22, Dissertation, Institut für Statik, Braunschweig, 1977

Integrierte Tragwerksplanung und -fertigung im Stahlbau

Univ.Prof. Dr.-Ing. U. Peil, Institut für Stahlbau der TU Braunschweig

1 Zusammenfassung

Probleme der integrierten Tragwerksplanung und -fertigung im Stahlbau erfordern eine Kopplung unterschiedlichster Anwenderprogramme. Es werden die neueren Entwicklungen auf diesem Gebiet dargestellt, hierbei wird u.a. auf Fragen der Schnittstellenkopplung eingegangen und es werden Produktmodelle vorgestellt. Anschließend werden die durch 3D-Konstruktion möglich gewordenen Neuerungen beim Entwurf vorgestellt und Möglichkeiten angesprochen, die sich in der Fertigung durch integrierten CAD/CAM-Einsatz ergeben.

2 Einleitung

In den vergangenen Jahren sorgte die Mechanisierung und Automatisierung der Fertigung im Stahlbau dafür, daß sich die Produktivität ständig verbessert hat. Heute steht das Zusammenspiel der verschiedenen Unternehmensbereiche im Mittelpunkt des Interesses. Die Grundlage hierfür bilden rechnergestützte Informationssysteme. Die Information ist hierbei zu einem Produktionsfaktor geworden, und die Art und Weise, wie man damit umgeht, wird mit über den Unternehmenserfolg entscheiden.

Hinzu kommt ein weiterer Aspekt: Alle Zeichen deuten auf eine nachhaltige Strukturveränderung des Bauwesens hin: Die Bauerneuerung wird sich mit überdurchschnittlichen jährlichen Zuwachsraten zum Motor der Bauwirtschaft entwickeln. Bei einem Gesamtwert der bestehenden Bausubstanz von ca. 10 Billionen DM ergeben sich bei angenommenen Lebensdauern zwischen 50 bis 100 Jahren riesige Summen für die Erneuerung, Unterhaltung und Sanierung.

Bei Erneuerungs- und Modernisierungsmaßnahmen sind die zur Verfügung stehenden Bauzeiten, wegen der vorübergehenden Einschränkung der Nutzung, in der Regel extrem kurz. Von den Bauunternehmungen wird hierbei höchste Flexibilität und Anpassung an immer wieder neue Situationen gefordert. Durch den gezielten Einsatz von Computer-Aided-Design (CAD, d.h. Computereinsatz während der gesamten Entwurfsphase) und einem hieran anknüpfenden Computer-Aided-Manufacturing (CAM, d.h. Computereinsatz während der Fertigung) lassen sich die anstehenden Aufgaben flexibel lösen. Es ist zu erwarten, daß durch die Flexibilitätsvorteile auch eine Umkehrung der zur Zeit zu beobachtenden Bewegung stattfindet, die Fertigung immer stärker ins Ausland zu verlagern.

3 Aspekte des integrierten Tragwerksentwurfs
3.1 Allgemeines

Der Tragwerksentwurf und die darauf basierende Fertigung wird in einer Reihe aufeinanderaufbauender Einzelschritte durchgeführt (Bild 1).

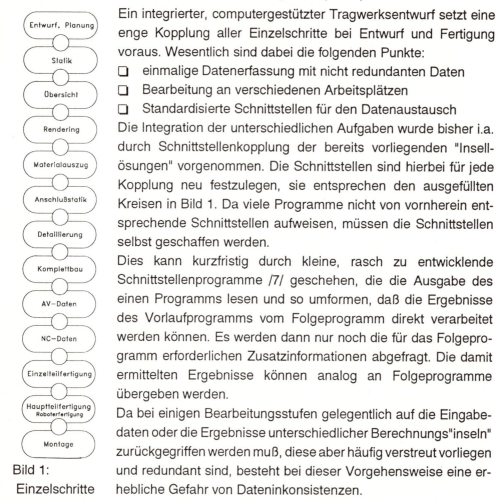

Bild 1: Einzelschritte

Ein integrierter, computergestützter Tragwerksentwurf setzt eine enge Kopplung aller Einzelschritte bei Entwurf und Fertigung voraus. Wesentlich sind dabei die folgenden Punkte:
- einmalige Datenerfassung mit nicht redundanten Daten
- Bearbeitung an verschiedenen Arbeitsplätzen
- Standardisierte Schnittstellen für den Datenaustausch

Die Integration der unterschiedlichen Aufgaben wurde bisher i.a. durch Schnittstellenkopplung der bereits vorliegenden "Insellösungen" vorgenommen. Die Schnittstellen sind hierbei für jede Kopplung neu festzulegen, sie entsprechen den ausgefüllten Kreisen in Bild 1. Da viele Programme nicht von vornherein entsprechende Schnittstellen aufweisen, müssen die Schnittstellen selbst geschaffen werden.

Dies kann kurzfristig durch kleine, rasch zu entwickelnde Schnittstellenprogramme /7/ geschehen, die die Ausgabe des einen Programms lesen und so umformen, daß die Ergebnisse des Vorlaufprogramms vom Folgeprogramm direkt verarbeitet werden können. Es werden dann nur noch die für das Folgeprogramm erforderlichen Zusatzinformationen abgefragt. Die damit ermittelten Ergebnisse können analog an Folgeprogramme übergeben werden.

Da bei einigen Bearbeitungsstufen gelegentlich auf die Eingabedaten oder die Ergebnisse unterschiedlicher Berechnungs"inseln" zurückgegriffen werden muß, diese aber häufig verstreut vorliegen und redundant sind, besteht bei dieser Vorgehensweise eine erhebliche Gefahr von Dateninkonsistenzen.

Eine derartige Lösung wird jedoch nur kurzfristig Erleichterung verschaffen, größere Projekte sind hiermit kaum noch zu bewältigen. Im Sinne einer mittel- und langfristigen Strategie empfiehlt es sich deshalb, bereits bei der Kopplung der ersten Programme mit der Definition einer gemeinsamen, zentralen Datenbasis zu beginnen, in die die jeweiligen Projektinformationen systematisch abgelegt werden (Bild 2). Die oben angesprochene Kopplung einzelner Berechnungsinseln entspricht der Kopplung über die Peripherie (gestrichelt).

Dieser Schritt bietet ein enormes Rationalisierungspotential. Der Vorteil liegt darin, daß vorhandene Programme weiter genutzt werden können und daß schrittweise, ganz nach Bedarf vorgegangen werden kann, wodurch die Kosten niedrig bleiben. Ein Nachteil für die Zukunft liegt darin, daß der Datenaustausch mit anderen, z.B. neueren Programmen, schwierig bleiben wird, es sind stets neue Schnittstellenanpassungen erforderlich.

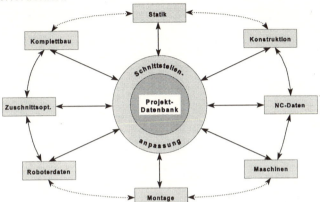

Bild 2: Projektdatenbank

3.2 Stahlbaurelevante Schnittstellendefinitionen

a) Geometrie

Die bisher üblichen Datenschnittstellen im CAD-Bereich sind vorwiegend für die Übertragung der Geometrieelemente einer Zeichnung entwickelt worden. Bekannte Datenaustauschformate sind z.B. das IGES-Format (Initial Graphics Exchange Standardisation) oder das DXF-Format (Data Exchange Format). Beide Formate unterstützen die Übertragung der reinen Geometriedaten.

Probleme entstehen häufig dadurch, daß das ausgebende und das lesende Programm eine geringfügig andere Definition der Schnittstelle aufweist. Hier kommt es dann zu Informationsverlusten. Ein einfacher Test der Qualität der jeweiligen Schnittstelle eines Programms besteht darin, eine Zeichnung A z.B. im IGES-Format ausgeben zu lassen und diese anschließend als Zeichnung B wieder im IGES-Format einzulesen. Ein Vergleich zwischen der Ausgangszeichnung A und der konvertierten Zeichnung B deckt Schnittstellenmängel auf.

b) Statik ↔ CAD

Die Übergabe der der Systemwerte und der für die Konstruktion wesentlichen Ergebnisse muß durch eine Schnittstelle Statische Berechnung → Konstruktion sichergestellt werden. Die Definition einer solchen Schnittstelle ist relativ einfach, da alle für die Konstruktion benötigten Daten nach der Berechnung explizit vorliegen und nur noch das Übergabeformat geregelt werden muß.

Erheblich komplizierter ist der Informationspfad in umgekehrter Richtung, d.h. Konstruktionsdaten → Berechnungsprogramm. Aus der Konstruktion muß hierbei zunächst durch ein Konstruktionsanalyseprogramm z.B. das statische System ermittelt werden, in Anbetracht der großen Zahl vorhandener Einzelteile (Kopfplatten, Laschen, Knotenbleche, Schrauben etc.), ist dies eine höchst schwierige Aufgabe. Dazu kommt die Erkennung der jeweiligen Rand- und Übergangsbedingungen. Bei einer Rahmenecke muß z.B. entschieden werden, ob es sich um eine starre Verbindung oder um eine semi-rigid Verbindung handelt. Unabhängig hiervon ist auch nicht sinnvoll, den wichtigen Prozeß der Systembildung einem Programm zu überlassen, da hierbei wesentliche Intentionen des Entwurfes festgelegt werden.

Um auf diesem Wege voranzukommen, hat der Arbeitsausschuß EDV des Deutschen Stahlbauverbandes (DStV) einen ersten Schritt gemacht und eine Schnittstellenkonvention entworfen, mit der Geometrie, Topologie, Profile, Pofillage und Schnittgrößen beliebiger stabförmiger Konstruktionsformen übergeben werden können /12/. Auf die Erfassung weiterer Datenbereiche (z.B. Anschlußgeometrie und Bemessung) wurde zunächst verzichtet, da allgemein verwendbare Beschreibungsmodelle noch nicht definiert werden konnten. Es ist vorgesehen, die Schnittstelle nach Vorliegen weiterer Erfahrungen zu erweitern. Die Schnittstelle ist von den marktüblichen CAD-Programmen bereits implementiert.

b) Fertigungsschnittstellen

Ebenfalls durch die Aktivität des Arbeitsausschusses EDV des DStV sind zwei weitere Schnittstellen definiert worden, die dem Informationsaustausch mit Fertigungssystemen dienen:
- CAD → NC-System /13/.
- Stückliste → PPS-Systeme /14/.

Die meisten marktüblichen CAD-Systeme haben diese Schnittstellen implementiert.

c) Produktmodelle

Die vorab genannten Schnittstellen koppeln lediglich die jeweiligen "Inseln": Berechnung, CAD, Stückliste, NC-Maschine, d.h. es handelt sich um eine Kopplung über die Peripherie (Bild 2). Wie bereits dargestellt, kann es sich hierbei nur um eine Zwischenstufe der Entwicklung handeln, da die hierbei auftretenden Probleme nicht beseitigt sind. In den letzten Jahren sind an unterschiedlichen Orten Entwicklungen von Produktmodellen vorgenommen worden. Mit Hilfe eines Produktmodells und der darauf aufsetzenden Schnittstellendefinitionen können die Daten z.B. aus dem Bereich des Stahlbaus durch unterschiedlichste Software-Applikationen ausgetauscht werden. Damit ist es möglich, Software unterschiedlichster Hersteller problemlos gemischt zu verwenden.

Ein Produktmodell enthält die Daten, die zur eindeutigen Beschreibung des Produkts "Bauwerk" erforderlich sind. So werden z.B. nicht alle geometrischen Daten explizit gespeichert - dies würde einen riesigen Datenbestand ergeben - sondern die Produktdaten, aus denen sich das komplette Bauwerk - für unterschiedlichste Anwendungen - wieder rekonstruieren läßt /4/.

Das Produktmodell enthält also nur Daten von "allgemeinem Interesse", die das Entwurfsergebnis darstellen. So werden z.B. Profilgrößen, -längen und die Art der Verbindung gespeichert, nicht aber die die Geometrie z.B. der Begrenzungskanten. Hieraus kann dann jedes CAD-System sein zugehöriges Ingenieurmodell rekonstruieren (Bild 3).

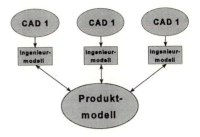

Bild 3: Produktmodell /3/

☐ **Step**

Step (Standard for the Exchange of Product Model Data) ist eine im Rahmen der ISO-Normung entstandene Schnittstelle zu Austausch von Produktmodelldaten. STEP soll einen weiten Bereich (Architektur, Bauwesen, Schiffbau, Maschinenbau, Elektrotechnik) abdecken. Wegen des breiten Anwendungsfeldes und der sich daraus ergebenden Probleme wurde auf eine möglichst allgemeine Definition Wert gelegt. So wurde z.B. eine eigene objektorientierte Sprache "EXPRESS" zur Definition von Produktmodellen entwickelt.

Im Bereich des Bauwesens wurde auf dieser Basis bereits relativ frühzeitig ein Subset mit dem Namen STEP-2DBS entwickelt (STEP 2dimensionales Bau-Subset)/1/. Die Akzeptanz der Schnittstelle ist relativ groß. Zur Zeit ist die Entwicklung eines 3D-Application Protocols in Arbeit.

☐ **Projektschnittstelle Stahlbau**

Die derzeitigen Möglichkeiten von Step bieten noch keine Möglichkeiten, Bauteile in parametrisierter Form zu beschreiben, wie es im Stahlbau, mit der großen Zahl von standardisierten Profilen und Anschlußkonstruktionen sinnvoll wäre. Es wird also nicht z.B. der Typ Profilträger HEB mit Angabe der Größe definiert, sondern explizit die vollständige Geometrie eines jeden Trägers. Haller /2/ entwickelte ein derartiges, von STEP ausgehendes erweitertes Produktmodell mit Schnittstellen für den Stahlbau.

☐ **CIMsteel**

In Deutschland leider wenig beachtet, hat das seit einigen Jahren laufende Eureka-Projektes "CIMsteel" mittlerweile beachtliche Qualitäten entwickelt und wird sich vermutlich in den nächsten Jahren zur übergreifenden europäischen Lösung im Bereich der Stahlbau Produktmodelle entwickeln /4/. In den Berechnungsmodellen sind die Eurocodes EC3 und EC4 enthalten. Ein europaweit akzeptiertes Produktmodell wird zunehmend wichtiger, wenn man an die bereits heute stattfindende europaweite Zusammenarbeit denkt. Es ist zu vermuten, daß die mittlerweile parallel in Deutschland entwickelten Sonderlösungen und Schnittstellen demnächst untergehen werden. Ein Beschäftigung mit dem CIMsteel-Produktmodell (das auf STEP basiert) ist deshalb den deutschen Software-Häusern dringend anzuraten.

3.3 Parallele Projektbearbeitung

Große Objekte werden stets von mehreren Mitarbeitern bearbeitet. Wenn die parallele Arbeit auch in der Konstruktion des Bauwerkes durchgehalten wird - im Zeitalter des Komplettbaus eine absolute Notwendigkeit - sind stets mehrere Konstrukteure am selben 3D-Modell tätig (Concurrent Engineering). Es leuchtet ein, daß ein solches Arbeiten hohe Anforderungen an das CAD-System stellt. Das System muß sicherstellen, daß

- an einem Teil des Projektes immer nur ein Mitarbeiter tätig ist. Es könnte sonst zu widersprüchlichen oder undefinierten Zuständen des CAD-Programms kommen (Dead Lock), die zu Systemabstürzen führen können.

- Jeder Mitarbeiter kann sich (ohne Änderungsmöglichkeit) in die Umgebung seiner Kollegen einblenden, die dort vorhandenen Elemente kopieren, diese aber am Originalort nicht ändern

Daneben ist auch die rechtzeitige Übermittlung wichtiger Informationen an die anderen am Projekt beteiligten Mitarbeiter wichtig /4/. Dazu ohne Anspruch auf Vollständigkeit einige Stichworte:

- Allgemeine Hinweise, Ideen etc.
- Baurechtliche Regelungen
- Anfragedaten, für Anfragestatistik
- Versandlisten
- Nachkalkulationsdaten für Statistik
- Verwaltung des Montagegerätebuchs (wo, wie lange sind welche Geräte)
- Bauherrenwünsche
- Normen, Richtlinien, Patente etc.
- Lagerbestandsverwaltung
- Auftragsverfolgung (Stundeneinsatz, Kosten, Betriebsmitteleinsatz Soll-Ist)
- Nachtragsverfolgung (Stunden, Kosten, Anlaß etc. belegbar)/9/

In der Praxis gibt es hierbei eine erhebliche Zahl von Informationslücken. Es ist zu erwarten, daß moderne Informationssysteme (sog. Groupware, z.B. Lotus Notes) helfen können, der Informationsflut Herr zu werden. Bei den genannten Systemen werden effiziente Datenbankfunktionen (für nichtstrukturierte Daten) mit Mail-Funktionen verknüpft. Typische Anwendungen sind Übermittlung aktueller Nachrichten an alle oder ausgewählte Benutzer, Referenzen auf Datenbestände, ständige Datenaktualisierung. Allen Anwendungen ist eins gemeinsam: die zu verwaltenden Daten sind schlecht oder gar nicht strukturiert. Umfang und Art der Dokumente müssen also nicht von vornherein bekannt sein.

4 Konstruieren
4.1 2D- oder 3D-Modellierung

Wesentlich für die weiteren Betrachtungen ist die Frage, ob das Tragwerk zwei- oder dreidimensional (2D oder 3D) modelliert wird. Mit 2D-Systemen wird ähnlich wie am Zeichenbrett gearbeitet, d.h. der Entwerfende beschreibt das Bauwerk oder das Bauteil durch entsprechende Ansichten und Schnitte /10/.

Bei einer 3D-Modellierung wird dagegen im Rechner ein vollständiges dreidimensionales Modell der Struktur angelegt und bis ins Detail bearbeitet (Bild 4) /6/.

Die 3D-Modellierung hat viele Vorteile /7,12/:
- Konstruieren ist ohnehin Denken im Dreidimensionalen (vgl. Bild 3)
- Entfallen der Schnittstellen innerhalb der Zeichnung und zwischen den Zeichnungen
- Die Konstruktion ist eindeutig beschrieben
- Fertigungssteuerung geht von gleichen Daten aus, Stücklisten, CNC-Daten etc. werden direkt aus der 3D-Zeichnung abgeleitet.

Ein 3D-CAD-System ist darüberhinaus in der Lage, völlig neue Hilfsmittel zur Verfügung zu stellen:

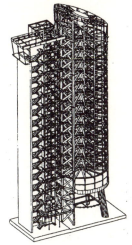

Bild 4: 3D-Modell Espacité

- **Generierung** komplizierter, räumlicher Geometrien
- **Gleichteileerkennung** über das gesamte Bauwerk. Oder auch Erkennung von Bauteilen, die man besser gleich identisch gemacht hätte.
- **Kollisionsprüfung** bei räumlich komplizierten Konstruktionen, bei denen früher oft Modelle gebaut wurden.
- **Rendering** der Konstruktion

Die **Generierung** komplizierter, räumlicher Konstruktionen, die heute immer häufiger von Architekten verwendet werden, ist mit sinnvollem Aufwand nur mit Hilfe von CAD möglich. Das folgende Beispiel (Bild 5) macht dies deutlich. Zwei Hotelblöcke werden durch eine 100m lange Halle mit einer Spannweite von 40m verbunden. Die Träger verlaufen diagonal und kreuzen sich, wie in einem Kreuzganggewölbe /7/. Die Schnittlinien der Konstruktionsteile sind Kegelschnitte. Um die Obergurte plan mit den Dachelementen abschließen zu lassen, sind die gekrümmten Träger in sich verdreht.

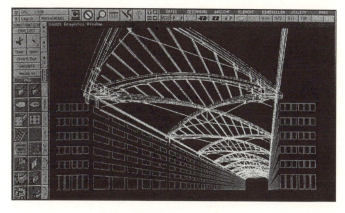

Bild 5: Räumliches Dach

Eine derartige Konstruktion zweidimensional auf dem Zeichenbrett aufzureißen, ist unmöglich, es gibt keine unverzerrte Projektionsebene mehr. Besonders kompliziert sind die Kreuzungspunkte der Träger. Mit Hilfe eines CAD-Systems war die Konstruktion sicher beherrschbar, es gab keinerlei Probleme bei der Montage.

Die Erkennung von **Gleichteilen** ist wesentliche Voraussetzung für die Erstellung fehlerfreier Stücklisten. Hierbei werden in einer abgestuften Strategie (z.B.: Zunächst vergleichen der Einzelteilgewichte, falls diese gleich sind: Umrißprüfung, falls diese gleich sind: Prüfung der Löcher und Bohrungen. Falls auch diese übereinstimmen, handelt es sich um Gleichteile.

Ein wichtiger Punkt für eine effiziente Fertigung und Lagerverwaltung kann ebenfalls mit Hilfe der Gleichteilerkennung gelöst werden: In den Stücklisten werden stets nur identische Teile zu einer Position zusammengefaßt, obwohl bei der Fertigung gelegentlich eine andere Sortierung von Interesse ist: Träger mit gleichen Gehrungsschnitten, aber ungleichen Bohrungen, erhalten zwar unterschiedliche Positionsnummern, können aber bis zum Setzen der abschließenden Bohrungen gleich behandelt, so z.B. in einem Durchgang, ohne Maschinenumstellung gesägt werden.

Die **Kollisionsprüfung** öffnet völlig neue Wege bei der Konstruktion komplexerer Konstruktionen. Wurden früher gelegentlich Modelle gebaut, um komplexe Konstruktionen zu prüfen, können Entwurfsinkompatibilitäten heute mit einer integrierten Kollisionsprüfung entdeckt werden. Auch hierbei wird aus Gründen der zeitlichen Effizienz schrittweise vorgegangen: Zunächst wird z.B. jedem Träger ein Zylinder umschrieben. Wenn der Abstand der Zylinderachsen im Raum an keiner Stelle kleiner ist als die Summe der beiden gedachten Radien, liegt keine Kollision vor. Falls die Bedingung nicht eingehalten ist, wird genauer geprüft. Dies kann z.B. durch Anwendung von Betrachtung von Raumkuben geschehen, bei denen geprüft wird, ob sie von mehr als einem Einzelteil durchdrungen werden.

Beim sog. **Rendering** von Konstruktionen werden nicht nur die verdeckten Linien ausgeblendet, so daß ein dreidimensionaler Eindruck entsteht, sondern es werden zusätzlich die Oberflächen mit einer Textur belegt, die der geplanten möglichst nahe kommt. Hierdurch hat der Bauherr Gelegenheit, die architektonische Wirkung seines geplanten Bauwerkes unmittelbar zu erleben.

4.2 Interaktive und automatische Detailkonstruktion

Ein Hauptkostenfaktor bei Entwurf und Fertigung einer Stahlkonstruktion stellen die Anschlüsse dar. Hier besteht deshalb seit langem der Wunsch zu effizienten Lösungen zu kommen. Seit vielen Jahren ist deshalb das Ringbuch "Typisierte Verbindungen" /11/ Standard in allen Konstruktionsbüros und auch von allen bekannten CAD-Systemen implementiert, die im Bereich des Stahlbaus arbeiten. Hiermit lassen sich auch komplexe Verbindungen rasch konstruieren (Bild 6). Durch einmalige Konstruktion und anschließendes Kopieren des Knotens ist der gesamte Anschluß innerhalb von Minuten durchkonstruiert. Ohne CAD-System wäre die Konstruktion und Fertigung in der gegebenen Zeit nicht durchführbar gewesen.

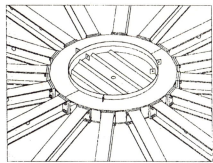

Bild 6: Etagenknoten-Mittelring

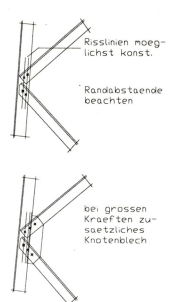

Bild 7: Eckstielanschluß

Die Detaillierung der einzelnen Knotenpunkte mit Hilfe von standardisierten Verbindungstypen läßt sich in relativ kurzer Zeit bewerkstelligen. Bei Bauwerken mit einer großen Anzahl von Knotenpunkten, wie z.B. Gittermasten, ist jedoch auch dieser Aufwand noch beträchtlich.

Es liegt auf der Hand, daß in solchen Fällen versucht wird, die Knotenpunkte automatisch zu konstruieren. Hierfür muß eine klar definierte Bemessungsstrategie - gestützt durch eine Wissensbasis - entwickelt werden. Die Konstruktionsstrategie für die Diagonalanschlüsse (Bild 7) lautet:

- ❏ Anschluß möglichst ohne Knotenblech direkt am Eckstiel anschließen
- ❏ dabei Einhaltung aller notwendigen Randabstände
- ❏ falls dies nicht möglich ist, Anordnen eines Knotenbleches mit minimaler Größe.

Trotz der zunächst einfachen Strategie ergeben sich bei der automatischen Konstruktion eine ganze Anzahl von Problemen, die im wesentlichen durch den reinen Knotenpunktsbezug gegeben sind. Globale Einflüsse sind nur mit erheblichem Aufwand einbeziehbar, so hat z.B. das Verschwenken des Knotenpunktes eines Hilfsstabes stets Rückwirkung auf den anderen Knoten und damit auf die Gesamtkonstruktion.

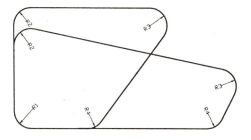

Bild 8: Erhaltung des Design Intend

Die Entwicklung bei der Detaillierung wird heute auf parallelen Wegen vorangetrieben. Die sog. Variantenkonstruktionen, bei denen eine Konstruktion von den Konstruktionsinzidenzen her festgelegt ist und nur die aktuellen Zahlenwerte der Geometrieparameter eingegeben werden müssen, erhalten zunehmend Konkurrenz durch parametrische Modelle, bei denen bei Änderung der lokalen Konstruktion die Entwurfsintentionen (design intend) assoziativ angepaßt werden. Bild 8 zeigt beispielhaft, wie die Ausrundungsradien des modifizierten Bleches automatisch beibehalten werden.

5 Fertigung
5.1 Zuschnittsoptimierung

Für jedes Stahlbauunternehmen (aber auch bei der Textil- oder Glasindustrie) ist die Minimierung des Verschnittes, der z.B. beim Brennen von Einzelteilen aus großen Blechen entsteht, eine wesentliche wirtschaftliche Voraussetzung.

Durch geeignete Optimierungsprogramme läßt sich bei Vorgabe der Geometrie der einzelnen Teile der Verschnitt von Werkstoffen auf minimale Beträge reduzieren. Ohne manuelle Eingriffe werden Blechteile mit beliebig gestalteten Konturen unter Berücksichtigung von technologischen Bedingungen, wie z.B. Walzrichtung auf vorgegebenen Tafeln geschachtelt (Bild 9). Für rechteckige Teile kann auch eine Optimierung der Schnittpläne nicht nur im Hinblick auf eine Minimierung der Materialkosten, sondern auch im Hinblick auf ein Minimieren der Gesamtkosten der Blechtafelaufteilung vorgenommen werden. Hierbei werden zusätzlich die Schnittkosten mit in die Betrachtung eingezogen. Wenige kurze Schnitte sind naturgemäß billiger als viele lange Schnitte. Die Aufgabe wird noch dadurch erschwert, daß gelegentlich unter Berücksichtigung der Lage der Einzelteile zur Walzrichtung optimiert werden muß.

Bild 9: Verschnittoptimierung bei einer Blechtafel

5.2 NC-Programmierung

Die Einzelteilherstellung von flächenhaften (Bleche) oder auch linearen Bauelementen (Profile) erfolgt heute in den meisten Stahlbauunternehmen mit Hilfe von NC-Maschinen (Numeric controlled). Die Steuerung einer NC-Maschine ist frei programmierbar. Die Steuerungsanweisungen enthalten in wesentlichen:

- Geometrische Informationen über den zu durchlaufenden Weg, die aus der Rohteil- und Fertigteilgeometrie abgeleitet werden,
- fertigungstechnologische Informationen wie Vorschubgeschwindigkeit beim Brennen, Bohren, Drehzahlen usw.,
- Maschinenhilfsfunktionen wie Spannen, Bohrerwechsel, Kühlmittelzufuhr usw..

Die NC-Programmiersprachen werden von den Maschinenherstellern für ihre spezielle Maschine entwickelt, d.h. die NC-Programmierung muß maschinenabhängig erfolgen. Dies ist - insbesondere bei vorhandenen Maschinen unterschiedlicher Hersteller und bei Maschinenwechsel - unangenehm. Zur Behebung dieses Problems hat der Ausschuß EDV des Deutschen Stahlbau-Verbandes (DStV) eine Schnittstelle definiert /15/, die maschinenunabhängig die NC-Fertigungsgänge

Sägen - Bohren - Brennen - Stanzen - Signieren

vollständig beschreibt und diese Information in einem ASCII-Metafile ablegt. Auf dieses Metafile greifen anschließend Treiberprogramme zu, die für die jeweilige NC-Maschine geschrieben wurden. Die Art der Bauteilbeschreibung ist in der "Standardbeschreibung von Stahlbauteilen für die NC-Steuerung" /50/ festgelegt. Die Beschreibung erfolgt bei Blechen durch die Angabe des umschreibenden Linienzuges. Standardprofile werden durch Angabe der Profilbezeichnung, der Länge und der Gehrungswinkel an beiden Ende beschrieben. Ausgeklinkte Träger, die sich wegen der komplizierteren Geometrie so nicht beschreiben lassen, werden gedanklich in einzelne Bleche zerlegt und durch den o.a. Linienzug beschrieben. Löcher, Signierungen, Innenausschnitte und Anfasungen werden im Anschluß hieran durch Listen beschrieben.

Fast alle Werkzeugmaschinenhersteller haben mittlerweile diese Schnittstelle akzeptiert und entsprechende Treiberprogramme für ihre Maschinen entwickelt. Eine Erweiterung mit dem Schwerpunkt "Abkantung von Blechen" ist derzeit in Arbeit.

5.3 Schweißroboter

Das Schutzgasschweißen mit Schweißroboter hat sich in den vergangenen Jahren als leistungsfähige und wirtschaftliche Fertigungstechnologie bewährt. Insbesondere bei der Fertigung von Serienprodukten (Automobilbau) sind sie heute fast zum Standard geworden. Die Wirtschaftlichkeit hängt in starkem Maße von der Einsatzverfügbarkeit der Roboter ab. Stillstandszeiten, die bei der Programmierung zwangsläufig anfallen, vermindern die Wirtschaftlichkeit. Industrieschweißroboter werden fast immer nach der sog. Teach-In-Methode programmiert. Der Bediener programmiert mit einem Handprogrammiergerät online alle Bewegungen des Roboters und die jeweiligen Schweißparameter. Die Programmier- und Testphase ist hierbei sehr lang und vermindert deshalb die Produktivität des Roboters stark, insbesondere wenn die zu schweißenden Bauteile häufiger wechseln, was im Stahlbau der Regelfall ist.

Eine Vorgehensweise, die die Nachteile der Online-Programmierung umgeht, ist die sog. Offline-Programmierung (Bild 10). Das Schweißroboterprogramm wird hierbei vollständig auf einem unabhängigen Rechner erzeugt. Benötigt wird hierzu ein räumliches Modell der Schweißroboteranlage und des jeweiligen Bauteils. Das räumliche Modell des Schweißroboters liegt fest, das räumliche Modell des jeweiligen Werkstücks kann unmittelbar dem 3D-Modell des Bauwerkes entnommen werden. Da auch die Schweißnahtdicken und -ausführungen in der CAD-Zeichnung festgelegt sind, liegen alle Informationen für die Offline-Programmierung vor. Die Ermittlung der schweißtechnischen Daten kann hierbei mit Hilfe eines Expertensystems vorgenommen werden. Nach einem Test des automatisch generierten Schweißroboterprogramms in einem Simulationslauf am Rechner kann das Schweißprogramm an den Roboter übergeben werden. Wesentliche Voraussetzung für das Schweißrobo- terprogramm ist die Sicherstellung der Kollisionsfreiheit zwischen Bauteilbewegungen und Roboterbewegungen. Eine Pilotanwendung hat sehr erfolgversprechende Ergebnisse geliefert /8/.

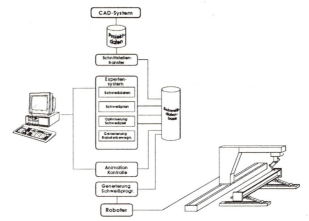

Bild 10: Kopplung CAD-System mit Schweißroboter

6 Literatur

1   Haas,W.: STEP.2DBS: Ein neutrales CAD-Format für den Datenaustausch am Bau. Beratende Ingenieure 3 (1993). 22-37.

2   Haller,H.W.: Ein Produktmodell für den Stahlbau. Dissertation Uni. Stuttgart, 1994.

3   Huhn,M.: Product modelling in Steel Construction.

4   CIMsteel 1993: The logical Product Model. Version 3.3, University of Leeds.

5   Peil,U.: Datenbanken, ein nützliches Werkzeug. Nachdruck eines Vortrages auf dem 5. EDV-Seminar, 11.,12.10.92 in Rothenburg.

6   Helzle,W.: Espacité: Beispielhafter EDV-Einsatz im Stahlbau. Industriebau 6 (1994), 394-397.

7   Hahn,D., T.Siefer, J.Köppl: Konstruktion und Fertigung mit Hilfe eines räumlich isometrischen Modells. Stahlbau 63 (1994) 90-91.

8   Schraft,R.D., C.Hartfuß: Knowledge based Programming of Industrial Robots for Arc-Welding of Small Lot Sizes. Proc. Robotic '94 - Flexible Production - Flexible Automation. 427-434.

9   Diederichs,C.J., M.Drittler: Zukunftswerkzeuge: Ein Expertensystem für Nachtragsforderungen. Nachdruck eines Vortrages auf dem 5. EDV-Seminar, 11.,12.10.92 in Rothenburg.

10   Watson,A.S., C.J.Anumba: The Need for an Integrated 2D/3D CAD-System in Structural Engineering. Computers & Structures, Vol. 41 No.8, 1991, 1175-1182.

11   Typisierte Verbindungen im Stahlhochbau, 2.Auflage. Hrsg.: Deutscher Stahlbau Verband DSTV, Stahlbau-Verlags GmbH, Köln 1978.

12   Schnittstellenkonvention Statik / CAD. Deutscher Stahlbauverband (DSTV), Köln, Ebertplatz 5, 1992.

13   Standardbeschreibungen von Stahlbauteilen für die NC-Steuerung. Deutscher Stahlbauverband (DSTV), Köln, Ebertplatz 5, 1991.

14   Blockdarstellung "Stücklisten/NC-Daten" des Deutschen Stahlbauverbandes (DSTV), Köln, Ebertplatz 5, 1991.

Zur Modellierung von Stahlbrücken in der Baupraxis

Dr.-Ing. Wolfram Schleicher
Krebs und Kiefer, Beratende Ingenieure für das Bauwesen GmbH, Berlin

Die computergestützte Bearbeitung von Projekten ist aus dem Alltag eines Bauingenieurs nicht mehr wegzudenken. Ungeachtet der fortschreitenden Entwicklung der Rechner bezüglich Leistung und Komfort wie auch der verwendeten Software sind die Wahl des Rechners oder der verwendeten CAD- und Berechnungsprogramme von untergeordneter Bedeutung. Der Leitsatz „Das Ergebnis ist nur so gut wie das Berechnungsmodell" hat jedoch an Aktualität nichts verloren.

An Hand von Beispielen aus dem Stahlbrückenbau werden verschiedene Aspekte bei der Bearbeitung von Bauvorhaben in der Entwurfs- und Ausführungsphase diskutiert.

Allgemeines

Unter dem Gesichtspunkt, daß heutige Vorschriften inzwischen die Verwendung finiter Elemente als Berechnungsmodelle ausdrücklich zulassen (z.B. DIN 18800/04 oder DS 805), ist die Wahl des Berechnungsmodells von besonderem Interesse. Zum Einen ist eine Entscheidung über das zu verwendende statische Ersatzmodell, angefangen beim Einfeldträger bis hin zum räumlichen Finite-Elemente-Netz, zu treffen. Zum Anderen ist in Abhängigkeit des Systems die Vernetzung mit 1-, 2- und/oder 3-dimensionalen Elementen festzulegen. Unabhängig von der geometrischen Modellierung ist ggf. zusätzlich unter verschiedenen Berechnungsarten (lineare oder nichtlineare statische bzw. dynamische Berechnung) auszuwählen. Die Auswirkungen aus Bau- und Montagereihenfolgen bzw. die Entstehungsgeschichte der Konstruktion bei bestehenden Bauwerken mit ihrem Einfluß auf den gegenwärtigen Schnittkraftzustand müssen u.U. durch das Berechnungsmodell erfaßt werden.

Nicht zuletzt erfolgt die Modellbildung aus der Kenntnis heraus, daß die Genauigkeit einer Berechnung mit Hilfe der FEM durch das Berechnungsmodell bestimmt wird, wie auch aus der Notwendigkeit, die Ergebnisse der elektronischen Berechnungen ausreichend, d.h. durchgängig nachvollziehbar, zu dokumentieren.

Unabhängig davon, ob eine bestehende Konstruktion nachzurechnen oder ein Bauwerk neu zu berechnen ist, sind zur wirklichkeitsnahen Abbildung des Tragwerks im Rechenmodell bestimmte Arbeitsschritte beim Aufstellen des Modells abzuarbeiten. Einige wesentliche Punkte sind im folgenden Schema enthalten.

Nachrechnung einer bestehenden Konstruktion	Neubau eines Tragwerkes
⇓	⇓

Ziel: Nachweis der Tragfähigkeit Lasteinstufung Verstärkung der Konstruktion	Ziel: Dimensionierung Nachweisführung
⇓	⇓

Aufgabenstellung: Nachweis der Tragfähigkeit/Nutzungsfähigkeit
- Statische Berechnung
- Stabilitätsuntersuchungen
- Dynamische Untersuchungen

⇓

Berechnungsverfahren:
  Handrechnung - Tabellenwerte - Berechnungsprogramme

⇓

Ersatzmodell für das Berechnungsprogramm:
- 1-, 2- und/oder 3-dimensionale Elemente mit den zugehörigen Freiheitsgraden
- Festlegung der Eigenschaften dieser Elemente
- Eingabe der Geometrie
- Berücksichtigung von Imperfektionen
- Modellierung von Anschlüssen
- Vereinbarung spezieller Bauteile (Seile, Kontaktstellen usw.)
- Lagerungsbedingungen
- Materialeigenschaften
- Idealisierung der Lasten
- Berücksichtigung der Montagereihenfolge bzw. „Lastgeschichte"

⇓

Berechnungsmethode:
  Lineare oder nichtlineare statische bzw. dynamische Analyse

⇓

Ergebnisauswertung:
- Überlagerung unterschiedlicher Modelle
- Auswertung von Lastfällen und Berechnungsmethoden
- Wahl der Form der Ergebnisdarstellung
- Genauigkeitseinschätzung
- Vergleich mit überschläglichen Berechnungen

⇓

- Tragfähigkeit (nicht) gegeben - Festlegung der Belastbarkeit - Verstärkung der Konstruktion	- Nachweisführung - Änderung von Abmessungen bzw. Materialeigenschaften
⇓	⇓

Bei Bedarf erneuter Berechnungslauf

Schema 1: Grundsätze bei der Modellbildung

Fachwerkbrücke der Linie 2 der Berliner U-Bahn über den ehemaligen Potsdamer Güterbahnhof

Im Zuge der Wiederinbetriebnahme der U-Bahnlinie 2 des Berliner U-Bahnnetzes wurde eine stählerne Fachwerkbrückenkonstruktion mit einer Gesamtlänge von 227 m durch einen Neubau ersetzt [1]. Zwei neue Stahlfachwerkbrücken sowie eine Trogbrücke bilden den Überbau der zweigleisigen Konstruktion. Als Stützweiten ergeben sich 9,35 - 75,0 - 61,0 und 81,3 m, s. Abb. 1.

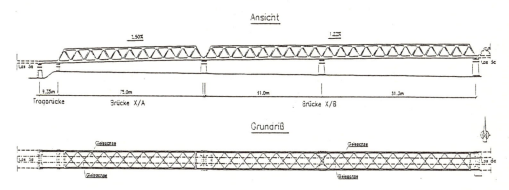

Abb. 1: Übersicht über die Fachwerkbrücken

Die Fachwerkbrücken wurden als räumliche Stabwerke mit dem allgemeinen Finite-Elemente-Programm COSMOS/M [2] unter Annahme eines linear-elastischen Spannungs-Dehnungsverhaltens berechnet. Das Haupttragwerk (Fachwerk) wurde mit biegesteifen Anschlüssen modelliert. Dadurch wurden die im Betriebsfestigkeitsnachweis nach DS 804 [3] zu berücksichtigenden Nebenspannungen der Fachwerkstäbe mit erfaßt. Die durch Schraubverbindungen angeschlossenen Windverbandsdiagonalen wurden als Zug-Druck-Stäbe vereinbart. Die in Höhe des Fachwerkuntergurtes liegende geschlossene Fahrbahn (Abb. 2 und 3) wurde als Trägerrost aus Längs- und Querträgern modelliert.

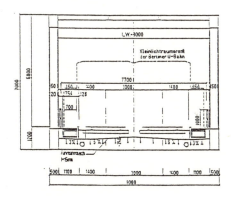

Abb. 2: Regelquerschnitt

Abb. 3: Innenansicht des Überbaus

Der Eintrag der Belastung aus Fahrbahnoberbau und Verkehr erfolgte über Knotenkräfte auf die Kreuzungspunkte zwischen Längsrippen und Querträger. Dadurch waren die Beanspruchung der Längsrippen sowie des Fahrbahnbleches aus direkter Lasteintragung nachträglich zu berücksichtigen. Den Schnittkräften des räumlichen Modells (Abb. 4) wurden die des Durchlaufträgers der Längsrippen und die eines allseitig eingespannten Fahrbahnbleches überlagert.

Mit den so ermittelten Stabschnittkräften wurden für alle maßgebenden Querschnitte die Nachweise für die Lastfallkombinationen H und HZ sowie für die Dauer- und Betriebsfestigkeit erbracht.

Die Untersuchung des Einflusses der Verformungen nach Theorie II. Ordnung auf die Schnittkräfte erfolgte durch die Bestimmung der Verzweigungslast unter γ-facher Gebrauchslast. Für den Fachwerkeinfeldträger beträgt der niedrigste Eigenwert 13,6 (Abb. 5). Die Berechnungen wurden nach Theorie I. Ordnung durchgeführt, da nach DIN 18800/01 [4] der Einfluß der sich nach Theorie II. Ordnung ergebenden Verformungen vernachlässigt werden kann, wenn die Normalkräfte unter Gebrauchslast kleiner als 10 % der Normalkräfte sind, die sich unter idealer Verzweigungslast ergeben.

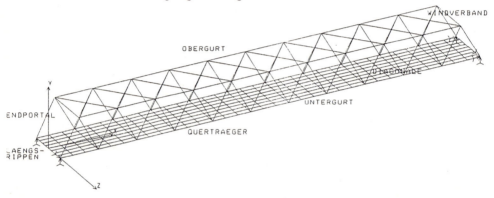

Abb. 4: Berechnungsmodell der Einfeldträger-Fachwerkbrücke mit Bezeichnung der Haupttragglieder

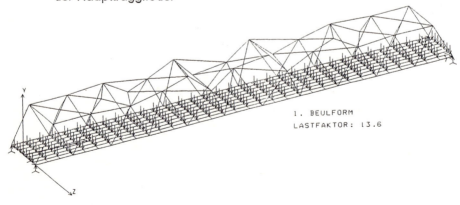

Abb. 5: 1. Beuleigenform

Eisenbahnbrücke über die Holzmarktstraße in Berlin

Der Ausbau der Inter-City-Express-Strecke zwischen Hannover und Berlin erfordert im Berliner Stadtgebiet den Neubau einiger Eisenbahnbrücken.

Die Eisenbahnbrücke über die Holzmarktstraße besteht gegenwärtig aus einer genieteten Stahlkonstruktion aus dem Jahre 1928 mit durchgehendem Schotterbett. Unter jedem der vier parallel liegenden Gleise sind zwei Hauptträger über 5 Felder angeordnet. Diese Brücke wird durch einen neuen zweifeldrigen Stahlüberbau aus St 37 ersetzt, der sich auf 4 neu zu errichtenden Mittelpfeilern abstützt. Der im Grundriß schiefe Überbau besitzt Stützweiten von etwa 2 x 27,5 m. In statischer Hinsicht ist die Konstruktion ein Trägerrost mit orthotroper Fahrbahnplatte.

Das Bauwerk wird unter Aufrechterhaltung des S-Bahnverkehrs auf zwei Gleisen in 2 Bauabschnitten gefertigt. Auf Grund der Bauabschnittsgeometrie ergibt sich eine ungleichförmige, nichtparallele Anordnung der 16 Hauptträger. In den Auflagerachsen sind End- bzw. Mittelquerträger angeordnet. Die dazwischenliegenden Querträger liegen annähernd parallel zu den Auflagerlinien. Der Entwurf der Ansicht von Süden ist in Abb. 6 dargestellt. Einen Querschnitt zeigt Abb. 7. Die Grundrißgeometrie ist Abb. 8 zu entnehmen.

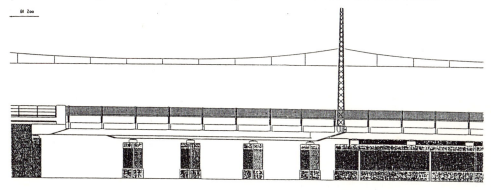

Abb. 6: Ansicht der Brücke über die Holzmarktstraße von Süden

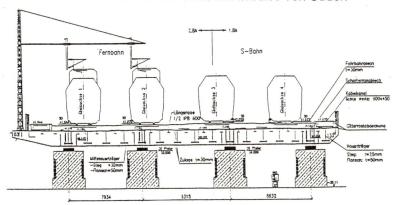

Abb. 7: Querschnitt der Brücke über die Holzmarktstraße

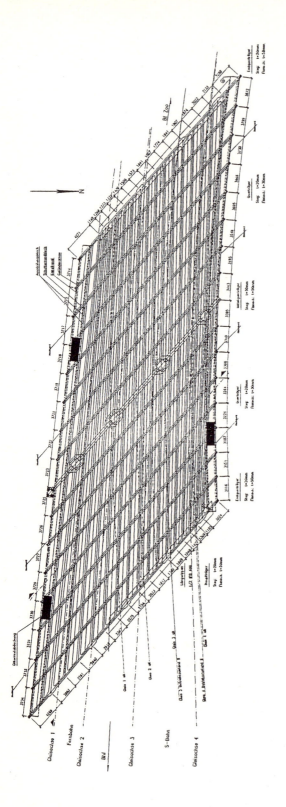

Abb. 8: Hauptabmessungen des Überbaus

Zur Schnittkraftermittlung werden zwei Berechnungsmodelle verwendet. Das erste Modell, ein ebener Trägerrost, wird aus den Haupt- und Querträgern, den Längsrippen und den Randträgern gebildet (Abb. 9). Alle Querschnitte sind unterschiedlich exzentrisch zu einer Bezugsebene angeordnet. Durch die nicht parallele Anordnung der Hauptträger weisen diese auch nicht konstante mittragende Breiten an zugehörigem Fahrbahnblech auf. Im Berechnungsmodell wurden die Hauptträgerquerschnitte zwischen zwei Querträgern abschnittsweise als konstant angenommen. Aus der Trägerrostberechnung ergeben sich die maßgebenden Schnittkräfte für die verschiedenen Querschnitte zum Nachweis in den Lastkombinationen H und HZ sowie für den Nachweis der Betriebsfestigkeit. Im Bereich der Fahrbahn sind diesen noch die Beanspruchungen aus der direkten Lasteintragung auf das Fahrbahnblech zu superponieren. Dazu wurde für den jeweils maßgebenden Fahrbahnblechbereich zwischen 2 Haupt- und 2 Querträgern ein räumliches Modell mit ebenen finiten Schalenelementen aufgestellt (Abb. 10).

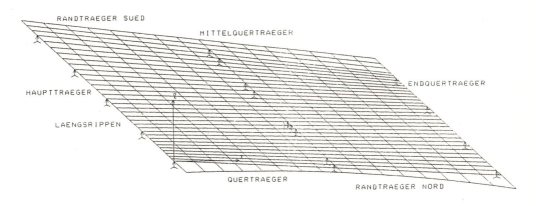

Abb. 9: Trägerrostmodell der Brücke über die Holzmarktstraße

Abb. 10: FE-Modell eines Fahrbahnblechbereiches

Portal der U-Bahn am Bahnhof Gleisdreieck in Berlin-Kreuzberg

Zur Sicherung von Hochbahnanlagen, deren Pfeiler und Gründungen im Bereich von Straßen liegen, sind besondere Maßnahmen gegen Fahrzeuganprall erforderlich. Diese Anlagen können durch die Anordnung von Anprallschutzkonstruktionen gesichert werden. Wenn aus örtlichen Gegebenheiten oder aus gestalterischen Gründen dieses nicht möglich ist, ist eine Bemessung der Konstruktion für einen direkten Fahrzeuganprall erforderlich.

Im Bereich der o.g. U-Bahnlinie befindet sich am U-Bahnhof Gleisdreieck ein Portalrahmen, bei dem auf Grund der räumlichen Gegebenheiten kein Anprallschutz angeordnet werden sollte. Für dieses Portal wurde unter Ansatz der statischen Ersatzlast für direkten Fahrzeuganprall nach DIN 1072 [6] der Standsicherheitsnachweis erbracht. Zum Vergleich wurden neben der statischen linearen Berechnung eine geometrisch nichtlineare Berechnung und eine modale Zeitanalyse durchgeführt.

Im räumlichen Stabmodell (Abb. 11) wurden die aussteifenden Diagonalen als Zug-Druck-Stäbe vereinbart. Alle anderen Stabanschlüsse sind biegesteif. Die Belastung infolge Fahrzeuganprall wurde als Knotenlast 1,2 m über Fahrbahnoberkante aus unterschiedlichen Richtungen angesetzt.

Die maßgebenden Spannungen und Schnittkräfte der 3 Berechnungsarten für den Stützenquerschnitt sind in Tabelle 1 angegeben.

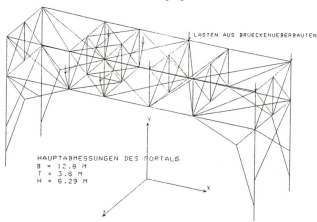

Abb. 11: Räumliches Stabmodell des Portals

LF 112: Statische Berechnung
LF 212: Nichtlineare Berechnung
LF 134: Dynamische Berechnung

Querschn.	LF	Fx [kN]	Fy [kN]	Fz [kN]	Mx [kNm]	My [kNm]	Mz [kNm]	Min.σ [N/mm²]	Max.σ [N/mm²]
V_LAGER	112	-2272.8	481.7	-829.3	3.02E-16	580.6	337.2	-217.9	159.9
V_LAGER	212	-2269.6	486.9	-828.9	-6.95E-9	580.3	340.8	-218.6	160.6
V_LAGER	134	-2436.4	481.4	-1056.9	2.11E-16	739.9	336.9	-252.2	189.9

Tab. 1: Maßgebende Schnittkräfte der linearen und der geometrisch nichtlinearen Berechnung sowie der dynamischen Analyse für den Stützenquerschnitt

Stabilitätsuntersuchung eines Kragarmes

Die Beurteilung des Stabilitätsverhaltens von wandartigen Stahlbauteilen wird durch den Einsatz finiter Elemente wesentlich erleichtert. Bei der Sanierung der Karl-Lange-Brücke der Berliner S-Bahn S 25 über den Teltowkanal wurde der Kragarm eines angrenzenden genieteten Vollwandträgers (Abb. 12) im Bauzustand örtlich durch die Pratzenkraft eines Autokranes belastet. Der Nachweis der Stabilität wurde durch die Analyse eines räumlichen FE-Modells des maßgebenden Trägerbereiches erbracht. Entsprechend DIN 18800/04 wurde die ideale Beulspannung für den niedrigsten Eigenwert (Abb. 13) bestimmt.

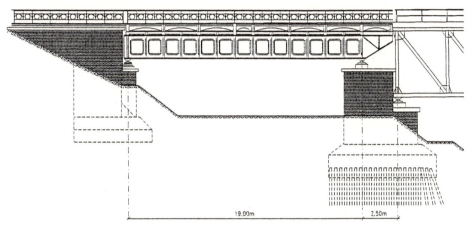

Abb. 12: Hauptabmessungen der Vorlandbrücke zur Karl-Lange-Brücke

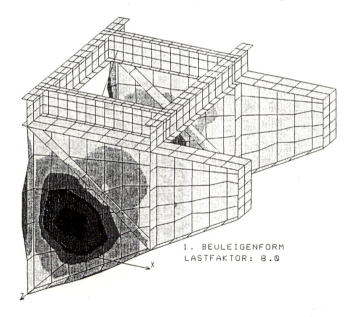

Abb. 13: Niedrigste Beuleigenform des Kragarmes unter Pratzenbelastung

Zusammenfassung

Der Einsatz von Finite-Elemente-Programmen in der Tragwerksplanung konstruktiver Ingenieurbauwerke gehört heute zum Standardwerkzeug eines Bauingenieurs, welches in zunehmendem Maße in den Vorschriften Berücksichtigung findet.
Die Anwendung der Finite-Elemente-Methode ermöglicht es, komplexe Strukturen mit definierter Genauigkeit zu berechnen. Voraussetzung ist die Einhaltung wesentlicher Grundregeln. Bei der Idealisierung vom Bauwerk zum Berechnungsmodell sind neben der Wahl der statischen Ersatzsysteme und der Festlegung der Belastung sowie deren Diskretisierung die allgemeinen Modellierungsvorschriften für die Verwendung finiter Elemente zu beachten. Dazu zählen u.a. die zu verwendenden Elementgrößen und Vernetzungsdichten, Material- und Elementeigenschaften, spezielle Rand- und Übergangsbedingungen sowie singuläre Punkte. Für die Ergebnisinterpretation ist zu berücksichtigen, daß die Definition einer „sicheren Seite" im Modell nicht immer möglich ist. Die Genauigkeit der Ergebnisse wird durch die Modellbildung bestimmt. Unabhängige Berechnungskontrollen dienen dem Ausschluß von Fehlern bei der Modellbildung, in den Programmen oder der Hardware.

Literatur:

[1] *Schleicher, W.; Henning, Ch.:* Neue U-Bahnbrücke in Berlin über den ehemaligen Potsdamer Güterbahnhof, Stahlbau 62(1993), H. 10, S. 285-290
[2] COSMOS/M User Guide, Structural Research and Analysis Corporation, Santa Monica, California, April 1992
[3] Deutsche Bundesbahn, Vorschrift für Eisenbahnbrücken und sonstige Ingenieurbauwerke, DS 804, Januar 1983
[4] DIN 18800 Teil 1, Stahlbauten, Bemessung und Konstruktion, Deutsches Institut für Normung e.V., November 1990
[5] DIN 18800 Teil 4, Stahlbauten, Stabilitätsfälle, Schalenbeulen, Deutsches Institut für Normung e.V., November 1990
[6] DIN 1072, Lastannahmen für Straßen- und Wegbrücken, Deutsches Institut für Normung e.V., Dezember 1985

Zuverlässigkeit und Effizienz von Finite–Element Berechnungen durch adaptive Methoden

E. Stein und S. Ohnimus
Institut für Baumechanik und Numerische Mechanik
Universität Hannover

1 Zusammenfassung

Finite–Element–Methoden mit adaptiven Netzverfeinerungen sind erforderlich, um asymptotische Konvergenz für gut gestellte Probleme – und damit Zuverlässigkeit – sowie eine ausreichende Effizienz der Methode zu erzielen. Insbesondere spielen a-posteriori Fehlerestimatoren für die Verschiebungsmethode, die den Diskretisierungs–, Dimensions– und Modellfehler berücksichtigen, eine wichtige Rolle. Um eine effektive Adaptions–Methode zu erzielen, ist zwischen der h-(Netzverfeinerung) und p-(Polynomgrad Erhöhung) Adaption zu unterscheiden. Hierfür werden hierarchische Testräume vorgeschlagen, mit denen der Fehler lokal in der Energienorm abgeschätzt und die hp – und d–(Dimensions) Adaptivität automatisch durchgeführt werden kann.

2 Heutige Aspekte der numerischen Mechanik

Numerische Methoden in der Mechanik sind in ihrer Entwicklung seit 30 Jahren computerorientiert und erfassen mit wachsender Rechnerleistung immer komplexere und größere Probleme. Im konstruktiven Ingenieurbau sind die informations- und kommunikationstechnische Behandlung von Entwurf, Berechnung, Konstruktion und Optimierung unter dem Begriff CAE zusammengefaßt. Im weiteren Sinne gehören hierzu auch produktionstechnische und betriebswirtschafliche Abläufe.
Die Finite-Element-Methode (FEM) ist ein universelles Näherungsverfahren für die Lösung mathematischer Probleme (z.B. Verschiebungen $\boldsymbol{u}(\boldsymbol{x}) \in \Omega$) in Form von Randwertaufgaben oder Anfangs-Randwertproblemen partieller Differentialgleichungen. Sie basiert auf der Galerkin-Orthogonalität der Residuen der starken Form des Gleichgewichts mit den Testfunktionen $\boldsymbol{v}_h$ (virtuellen Verrückungen) oder ggf. auf einer direkten Minimalaussage (verallgemeinertes Ritz–Verfahren).
Benötigt werden zulässige, relativ vollständige Parameteransätze $\boldsymbol{u}_h(\boldsymbol{x}) = \boldsymbol{N}(\boldsymbol{x})\hat{\boldsymbol{u}} \in \Omega_e; \Omega = \sum_{e=1}^{n_e} \Omega_e$ ($\boldsymbol{N}$ i.d.R. Polynome) gemäß Variationsaussage für Verschiebungen

u_h und ggf. zusätzlich für Spannungen σ_h sowie physikalische Verzerrungen $\varepsilon_h^{(p)}$ im Parameterraum eines finiten Elementes (z.B. für zweidimensionale Vierknotenelemente über dem Einheitsquadrat).

Als nächstes muß ein Startnetz gewählt werden, das ggf. in der Nähe von Spannungskonzentrationen bereits nach der Anschauung verdichtet wird. Sodann müssen mit den erforderlichen Kontinuitätsbedingungen des Variationsprinzips die Systemmatrix und der Lastvektor erstellt und unter Ausnutzung der Symmetrie abgespeichert werden. Das für lineare Probleme auch lineare globale Gleichungssystem ist die diskrete Form der variationellen Aussage und enthält als Unbekanntenvektor die Knotenverschiebungsgrößen. Durch Rückrechnung über die Verzerrungen (Differentiation, d.h. Aufrauhen!) erhält man mit dem Materialgesetz die Spannungen und Schnittgrößen, und zwar mit optimaler Genauigkeit in den Gaußschen Integrationspunkten der Gauß–Legendre Polynome.

Die Leistungsfähigkeit einer FE–Methode hängt damit insgesamt ab von konsistenten, konformen und robusten Ansätzen, weiterhin effizienten, leicht berechenbaren und zuverlässigen a–posteriori Fehlerschätzern, möglichst mit Schrankeneigenschaften nach oben und unten, der Erstellung "optimaler" Netze nach a–priori– und a–posteriori–Bedingungen für die Elementgeometrie mit Anpassung an die Systemgeometrie mittels eines flexiblen Netzgenerators sowie schnellen und robusten Lösern für unstrukturierte Netze.

3 Das Genauigkeitsproblem

Bisher sind im Konstruktiven Ingenierbau (KIB) Fehler– und Genauigkeitsbetrachtungen bei Verwendung der FEM und weitere Überlegungen der oben dargelegten Art eher die Ausnahme gewesen, allenfalls beschränkt auf Berechnungen mit mehreren, zumindest nach der statischen Anschauung verdichteten Netzen. Andererseits müssen bei statischen Berechnungen bekanntlich vereinbarte Fehlerschranken eingehalten werden, z.B. 3(5)%. Oft wird im übrigen in den Sicherheitsbetrachtungen der Modellierungsfehler trotz entsprechender Angaben, z.B. in [15], [16], nicht beachtet. Über die Ansätze sowie die Konsistenz und Stabilität der verwendeten Elemente wissen die Anwender meist wenig oder nichts. So führt die Verwendung von bilinearen Verschiebungsansätzen für Scheibenprobleme (Q1–Ansätze) bei biegedominaten Beanspruchungen zum Versteifen (Locking). Auch bei großer Elementdichte sind die Ergebnisse schlecht. Die Stützmomente von Platten werden in der Regel zu klein. Hinweise in den Programmbeschreibungen, die Elementbreite im Stützbereich gleich der Plattendicke zu wählen, sind in der Tendenz richtig, als quantitative Aussage aber bei weitem nicht ausreichend, weil die Ausbildung der Lagerung auf Wänden oder Stützen wesentlich für die tatsächlichen Stützmomente sind.

Bisher ist beim praktischen Einsatz der FEM im KIB eine zweistufige Arbeitsweise üblich, nämlich zunächst schwierige Feldprobleme, z.B. von Platten, mit der FEM zu behandeln, jedoch anschließend die Randquerkräfte, also die Lagerreaktionen, durch unabhängige Gleichgewichtsbedingungen mit den wirkenden Lasten ins Gleichgewicht zu setzen. Wenn man bedenkt, daß bei einer erreichten Genauigkeit von 1% für die Maximalverschiebung die maximale Querkraft noch etwa 30% zu klein sein kann, sofern man keine geeignete Nachlaufrechnung durchgeführt wird, z.B. nach Stein, Ahmad [9], dann sind die gefährlichen Folgen für ein vielgeschossiges Gebäude offensichtlich.

Es bedarf geeigneter Elemente (mindestens Q2, d.h. biquadratisch oder höher, möglichst als hierarchische Ansätze) und eines selbstadaptiven Prozesses, um bis in die Nähe der Werte von Spannungsspitzen zu kommen. Entscheidend für die Bemessung, etwa eines Stahlbetonbalkens, sind integrierte Spannungen, also die Biegezug- und die Biegedruckkraft, der innere Hebelarm sowie die Querkraft.

Will man nur einstufig rechnen, muß der Adaptionsprozeß bis zu einer ausreichenden Genauigkeit von approximierter Lösung und Modell, etwa in einem Einspannquerschnitt, getrieben werden, um die Berechnung der Beanspruchungen und damit die Bemessung realistisch und wirtschaftlich zu ermöglichen. Bei einem zweistufigen Vorgehen müßte man das wirkliche Einspannmoment und die räumliche Beanspruchung getrennt berechnen oder bei komplizierteren Systemen anderweitig abschätzen.

Damit sind bei einer einstufigen, ganzheitlichen statischen Berechnung mit der FEM hohe Ansprüche an den gesamten selbstadaptiven Rechenprozeß zu stellen. Abbruchkriterien hierfür erfordern mehr als Schranken des Fehlers in der Energienorm, da lokale Effekte, z.B. an einspringenden Ecken, sich energetisch nur schwach auswirken. Es besteht damit die Gefahr, daß die globalen Gleichgewichtsbedingungen nicht hinreichend genau erfüllt werden. Folglich müssen drei Fehlertypen geprüft werden. Das sind zunächst der aus der Fehleranalysis resultierende relative Fehler in der Energienorm

$$\eta_{E_r} = \frac{\|e\|_E}{\|u\|_E} = \sqrt{\frac{a(e,e)}{a(u,u)}} \leq \eta_{E_{tol}}, \qquad (1)$$

mit der Bilinearform $a(u,u) = \int_\Omega \varepsilon^T(u) C \varepsilon(u) dx$ und den Diskretisierungsfehler $e(u) = u - u_h$, weiterhin der realtive Fehler bezüglich des Gleichgewichtes der Kräfte in

Teilsystemen und im Gesamtsystem, hier beschränkt auf Randlasten

$$\eta_F = \frac{|\int_{\partial\Omega} \boldsymbol{\sigma}_h(\boldsymbol{u}_h) \cdot \boldsymbol{n} dO|}{\int_{\partial\Omega} |\boldsymbol{\sigma}_h(\boldsymbol{u}_h) \cdot \boldsymbol{n}| dO} \leq \eta_{F_{tol}} \text{ mit } \partial\Omega = \Gamma_u \cup \Gamma_t \ ; \ \Gamma_u \cap \Gamma_t = 0 \quad (2)$$

und der realtive Fehler bezüglich des Gleichgewichtes der Momente in Teilsystemen und im Gesamtsystem, ebenfalls beschränkt auf Randlasten

$$\eta_M = \frac{|\int_{\partial\Omega} (\boldsymbol{\sigma}_h(\boldsymbol{u}_h) \cdot \boldsymbol{n}) \times (\boldsymbol{r} - \boldsymbol{r}_{GS}) dO|}{\int_{\partial\Omega} |(\boldsymbol{\sigma}_h(\boldsymbol{u}_h) \cdot \boldsymbol{n}) \times (\boldsymbol{r} - \boldsymbol{r}_{GS})| dO} \leq \eta_{M_{tol}} \ ; \ \boldsymbol{r}_{GS} = \frac{\int_{\partial\Omega} \boldsymbol{r} dO}{\int_{\partial\Omega} dO}. \quad (3)$$

$\boldsymbol{r}_{GS}$ ist der geometrische Schwerpunkt der Oberflächen des betrachteten Gebietes. Aus η_{E_r} und zusätzlich aus η_F und η_M lassen sich Toleranzen und damit Abbruchkriterien für den Adaptionsprozeß angeben. η_F und η_M sind für die unmittelbare Kontrolle des Gleichgewichts von praktischer Bedeutung.

4 Adaptive Finite-Element-Methoden

Fehlerindikatoren sollten nicht heuristisch gewählt sondern aus asymptotischen Fehlerschätzern abgeleitet werden. Offensichtlich ist bei gegebener variationeller Formulierung die globale und lokale Genauigkeit von einer charakteristischen Elementabmessung h (Netzweite h) und vom Polynomgrad p des FE-Ansatzes abhängig. Bei adaptiver Netzverdichtung liegt die h-Methode vor, verbunden mit den Namen Babuška [3], Johnson [5], Zienkiewicz [14] (heuristischer Schätzer) u.v.a., bei adaptiver Erhöhung des Polynomgrades die p-Methode nach Babuška, Szabo [13], Rank [7] u.a.. Zur Erzielung optimaler - d.h. exponentieller Konvergenzraten - muß man die hp-Methode heranziehen. Auch hierarchische $p - h$-gestaffelte Methoden befinden sich in der Forschung, insbesondere von Rank [8], Szabo [12] und Stein und Ohnimus [10, 11]. Die adaptive p–Methode ohne h–Verfeinerung ist meist nicht sinnvoll, da die Lösung in Bereichen von Singularitäten, z.B. der Form $\frac{1}{r}$, auch durch Polynome höherer Ordnung nicht effektiv approximierbar sind.

5 Der residuale Babuška-Miller-Fehlerschätzer (1981)

In [1] wird gezeigt, daß man im Falle positiv definiter Elastizitätsmatrix und konvervativer Lasten den Fehler $\|e\|^2_{E(\Omega)}$ in der Energienorm lokal durch Projektion des Gesamtfehlers auf einen Elementpatch bezüglich eines zentralen Knotens nach oben und unten abschätzen kann. Die Projektion Π_j

$$\mathbf{e}_u \to \Pi_j \mathbf{e}_u \tag{4}$$

genügt auf einem Elementpatch $\mathcal{P}_j$ um den Knoten P_j mit $\mathcal{P}_j = \{\bigcup \Omega_i \mid \Omega_i$ enthält den Knoten $P_j\}$, der beidseitigen Abschätzung

$$c_1 \sum_{j=1}^{l} \|\Pi_j \mathbf{e}_u\|_{E(\Omega)}^2 \leq \|\mathbf{e}_u\|_{E(\Omega)}^2 \leq c_2 \sum_{j=1}^{l} \|\Pi_j \mathbf{e}_u\|_{E(\Omega)}^2 \tag{5}$$

mit den reellwertigen Konstanten c_1, c_2. In [2] wird dann für die lineare Elastostatik folgende Darstellung der Projektion des Fehlers auf den Patch $\mathcal{P}_j$ gegeben

$$\boxed{\|\Pi_j \mathbf{e}_u\|_{E(\Omega_j)}^2 \approx h_j^2 \int_{\mathcal{P}_j} \mathbf{R}_h^T \mathbf{R}_h \, d\mathbf{x} + h_j \int_{\partial \mathcal{P}_j} \mathbf{J}_h^T(\mathbf{t}_h) \mathbf{J}_h(\mathbf{t}_h) \, ds} \quad , \tag{6}$$

mit dem Residuum der Navier-Laméschen DGLn

$$\mathbf{R}_h = \mathbf{L}\mathbf{u}_h - \rho \mathbf{b} \quad ; \quad \mathbf{L} = \mathbf{D}^T \mathbf{C} \mathbf{D} = \mathbf{L}^T \tag{7}$$

sowie den Sprüngen $\mathbf{J}_h$ der auf den inneren Patchrand projizierten Spannungen

$$\mathbf{t}_h = \mathcal{N} \boldsymbol{\sigma}_h(\mathbf{u}_h) \quad ; \quad \mathbf{J}_h = \mathbf{t}_h^+ - \mathbf{t}_h^- \quad \text{auf} \quad \partial \mathcal{P}_j \tag{8}$$

und $\mathbf{J}_h = \mathbf{t}_h^+ - \bar{\mathbf{t}}$ für den äußeren Patchrand, $\mathcal{N}$ ist die Matrix der Richtungskosinus des Normaleneinheitsvektors am Rand.

An dieser Stelle ergibt sich eine anschauliche mechanische Deutung des lokalen Fehlers, und zwar aus den mit dem direkten Variationprinzip – dem Prinzip der virtuellen Arbeit – näherungsweise zu erfüllenden statischen Feldgleichungen, den statischen Übergangsbedingungen und den statischen Randbedingungen. Genau diese Fehler im Gleichgewicht werden durch den lokalen Fehlerschätzer in der Energienorm kontrolliert. Für $Q1$-Ansätze entfällt das Residuum im Gebiet näherungsweise, d.h. es verbleibt genähert nur das Integral über die Sprünge der Randspannungen an den Elementrändern. Als lokaler Fehlerindikator η_j nach Babuška–Miller für die Netzverdichtung ergibt sich somit

$$\eta_{j_{BM}}^2 := \|\Pi_j \mathbf{e}_u\|_{E(\Omega)}. \tag{9}$$

Mit Beschränkung auf die Sprunggrößen an den Elementrändern ergibt sich der dem lokalen Babuška-Miller-Fehlerindikator entsprechende Indikator für ein Element j von Faltwerken und Schalen zu

$$\eta_{j_{BM}}^2 = \eta_{j_{BMMEM}}^2 + \eta_{j_{BMBIEG}}^2 + \eta_{j_{BMQUER}}^2 ,$$

$$\eta_{jBM}^2 = \frac{t_j}{K_{jMEM}^2} \int_{\partial \mathcal{P}_j} \mathbf{J}^2(\mathcal{N}\mathbf{n})\, ds + \frac{t_j^3}{K_{jBIEG}^2} \int_{\partial \mathcal{P}_j} \mathbf{J}^2(\mathcal{N}\mathbf{m})\, ds + \frac{t_j}{K_{jQUER}^2} \int_{\partial \mathcal{P}_j} \mathbf{J}^2(\mathcal{N}\mathbf{q})\, ds \tag{10}$$

$$\text{mit } K_{jMEM} = \frac{E\, t_j}{1-\nu^2} \;;\; K_{jBIEG} = \frac{E\, t_j^3}{12(1-\nu^2)} \;;\; K_{jQUER} = \mathcal{K} G\, t_j$$

Hieraus läßt sich eine Dichtefunktion $\eta^2(\mathbf{x})$ berechnen und z.B. als eingefärbter Höhenlinienplan über dem System darstellen.

6 Lokale Fehlerschätzer

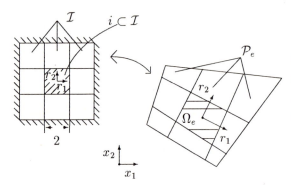

Bild 1: Isoparametrische Transformation des Patches $\mathcal{P}_e$ (Ω_e) auf den Einheitspatch $\mathcal{I}$ mit Dirichlet Randbedingungen

Diese verwenden lokale Teilgebiete mit Einbettung des jeweils betrachteten Elementes, siehe Bild 1. Aus der Galerkin-Orthogonalität der erweiterten Testfunktionen $\boldsymbol{v}_+$ mit den Residuen $\boldsymbol{R}_h$ und $\boldsymbol{J}_h$ der vorherigen Lösung erhält man schärfere, richtungsabhängige Fehlerschätzer [4, 6]. Die erforderlichen Randbedingungen können bei elliptischen Problemen als Dirichlet'sche (Verschiebungen gleich Null) Randbedingungen gewählt werden und bei nicht– elliptischen Operator (kein Abklingverhalten) aus den Randdaten der vorherigen Lösung formuliert werden.

Ausgehend von der variationellen Form des Gleichgewichts erhält man aus der Fehleranalysis die Bilinearform und die Linearform für den Fehler $\boldsymbol{e}$ und die Testfunktion $\boldsymbol{v}$ aus dem Testraum $\boldsymbol{V}$ im Gesamtgebiet zu

$$a(\boldsymbol{e},\boldsymbol{v}) = a(\boldsymbol{e},\boldsymbol{v}_+) = L(\boldsymbol{v}_+) - a(\boldsymbol{u}_h,\boldsymbol{v}_+) \quad \forall \boldsymbol{v} \in \boldsymbol{V}; \boldsymbol{u},\boldsymbol{e} \in \boldsymbol{V}, \tag{11}$$

mit $\boldsymbol{e} = \boldsymbol{u} - \boldsymbol{u}_h$; $a(\boldsymbol{e},\boldsymbol{v}_+) = \int_\Omega \boldsymbol{\sigma}(\boldsymbol{e}) \cdot \boldsymbol{\varepsilon}(\boldsymbol{v}_+)\, dV$ und $L(\boldsymbol{v}) = \int_{\Gamma_t} \bar{\boldsymbol{t}}\, \boldsymbol{v}_+\, dO + \int_\Omega \boldsymbol{f}\, \boldsymbol{v}_+\, dV$. $\boldsymbol{\pi}_h$ und $\boldsymbol{\pi}_+$ sind Projektionsoperatoren mit $\boldsymbol{v}_h = \boldsymbol{\pi}_h \boldsymbol{v}$; $\boldsymbol{\pi}_+ \boldsymbol{\pi}_h \boldsymbol{v} = \boldsymbol{0}$ und $\boldsymbol{\pi}_+ \boldsymbol{v} + \boldsymbol{\pi}_h \boldsymbol{v} = \boldsymbol{v}$, aber $\boldsymbol{u} = \boldsymbol{e} + \boldsymbol{u}_h = \boldsymbol{\pi}_h \boldsymbol{e} + \boldsymbol{\pi}_+ \boldsymbol{e} + \boldsymbol{u}_h = \boldsymbol{e}_h + \boldsymbol{e}_+ + \boldsymbol{u}_h$. Das Gesamtgebiet Ω wird in lokale FE–Teilgebiete Ω_e ; $\bigcup_{e=1}^{n_e} \Omega_e = \Omega$ unterteilt, und man erhält nach partieller Integration

$$a(\boldsymbol{e},\boldsymbol{v}_+) = \bigcup_{e=1}^{n_e} \left\{ \int_{\Omega_e} \boldsymbol{R} \cdot \boldsymbol{v}_+ \, dV + \int_{\Gamma_{te}} \boldsymbol{J}_b \cdot \boldsymbol{v}_+ \, dO + \frac{1}{2} \int_{\Gamma_{ie}} \boldsymbol{J} \cdot \boldsymbol{v}_+ \, dO \right\}, \quad (12)$$

$$\forall \boldsymbol{v} \in \boldsymbol{V}; \boldsymbol{e} \in \boldsymbol{V}.$$

mit

$$\boldsymbol{R} := \boldsymbol{f} + \mathrm{div}\boldsymbol{\sigma}(\boldsymbol{u}_h) \quad \text{in } \Omega_e, \qquad \boldsymbol{J} := \bar{\boldsymbol{t}} - \boldsymbol{\sigma}(\boldsymbol{u}_h) \cdot \boldsymbol{n} \quad \text{auf } \Gamma_{te} \quad (13)$$

und den Sprüngen der projizierten Spannungen an den Rändern benachbarter FE–Teilgebeite

$$\boldsymbol{J} := \underbrace{\boldsymbol{\sigma}(\boldsymbol{u}_h) \cdot \boldsymbol{n}^+|_{\Gamma_e^+}}_{\boldsymbol{t}^+} + \underbrace{\boldsymbol{\sigma}(\boldsymbol{u}_h) \cdot \boldsymbol{n}^-|_{\Gamma_e^-}}_{\boldsymbol{t}^-} \quad \text{auf } \Gamma_e. \quad (14)$$

Unter der näherungsweisen Voraussetzung, daß die Jakobimatrix $\boldsymbol{\mathcal{J}} := [\mathcal{J}_{ij}] = \left[\frac{\partial x_i}{\partial r_j}\right] = \boldsymbol{\nabla}_r \boldsymbol{x}$, definiert im FE–Teilgebiet Ω_e (eingebettet im Patch $\mathcal{P}_e$), stückweise konstant ist, läßt sich Gl. 12 auf einen Referenzpatch $\mathcal{I}$ ebenfalls mit Dirichlet–Randbedingungen Energie–invariant projizieren mit dem Ergebnis

$$a(\boldsymbol{e},\boldsymbol{v})_{\mathcal{P}_e} = a(\boldsymbol{e},\boldsymbol{v}_+)_{\mathcal{P}_e} \leq Max(\det \boldsymbol{\mathcal{J}}_{\Omega_e}) \cdot a(\tilde{\boldsymbol{e}}, \tilde{\boldsymbol{v}}_+)_{\mathcal{I}} \leq \int_{\mathcal{I}} \tilde{\boldsymbol{R}} \cdot \tilde{\boldsymbol{v}}_+ dV + \int_{\partial \mathcal{I}} \tilde{\boldsymbol{J}} \cdot \tilde{\boldsymbol{v}}_+ dO, \quad (15)$$

wobei $\tilde{\boldsymbol{R}} = \boldsymbol{R} \cdot \boldsymbol{\mathcal{J}} \cdot \det(\boldsymbol{\mathcal{J}})_{\Omega_e}$, $\tilde{\boldsymbol{J}} = \boldsymbol{J} \cdot \boldsymbol{\mathcal{J}} \cdot \det(\boldsymbol{\mathcal{J}})_{\partial \Omega_e}$ die Abbildungen der bijektiven Jakobi–Transformation $\boldsymbol{\mathcal{J}}$ ergeben.

Die Matrizenschreibweise von Gl. 15, und zwar für die bilineare Form des Fehlers und der Testfunktion $a(\tilde{\boldsymbol{e}}, \tilde{\boldsymbol{v}}_+)_{\mathcal{I}} = a(\tilde{\boldsymbol{e}}, \tilde{\boldsymbol{v}})_{\mathcal{I}} = \hat{\tilde{\boldsymbol{e}}}^T \tilde{\boldsymbol{K}} \hat{\tilde{\boldsymbol{v}}}$ mit den Interpolationsmatrizen $\boldsymbol{N}$, $\tilde{\boldsymbol{e}} = \boldsymbol{N}\hat{\tilde{\boldsymbol{e}}}$, $\tilde{\boldsymbol{v}} = \boldsymbol{N}\hat{\tilde{\boldsymbol{v}}}$ und der Steifigkeitsmatrix $\tilde{\boldsymbol{K}} = \int_{\mathcal{I}} \tilde{\boldsymbol{B}}^T \boldsymbol{C} \tilde{\boldsymbol{B}} \, dV$ sowie für die lineare Form der rechten Seite $\int_{\mathcal{I}} \tilde{\boldsymbol{R}} \cdot \tilde{\boldsymbol{v}}_+ d\tilde{V} = \hat{\tilde{\boldsymbol{R}}} \tilde{\boldsymbol{L}}_R \hat{\tilde{\boldsymbol{v}}}$ mit $\tilde{\boldsymbol{R}} = \boldsymbol{N}\hat{\tilde{\boldsymbol{R}}}$ und $\tilde{\boldsymbol{L}}_R = \int_{\mathcal{I}} \boldsymbol{N} \boldsymbol{N}_+ d\tilde{V}$ (wobei $\boldsymbol{N}_+$ die Matrix des hierarchisch erweiterten Ansatzfunktionen ist) und $\int_{\partial \mathcal{I}} \tilde{\boldsymbol{J}} \cdot \tilde{\boldsymbol{v}}_+ d\tilde{O} = \hat{\tilde{\boldsymbol{J}}}^T \tilde{\boldsymbol{L}}_J \hat{\tilde{\boldsymbol{v}}}$ mit $\tilde{\boldsymbol{J}} = \boldsymbol{N}\hat{\tilde{\boldsymbol{J}}}$; $\tilde{\boldsymbol{L}}_J = \int_{\partial \mathcal{I}} \tilde{\boldsymbol{N}} \boldsymbol{N}_+ d\tilde{O}$ ergibt nach Einsetzen

$$Max(\det \boldsymbol{\mathcal{J}}_{\Omega_e}) \cdot \hat{\tilde{\boldsymbol{e}}}^T \tilde{\boldsymbol{K}} \hat{\tilde{\boldsymbol{v}}} = \hat{\tilde{\boldsymbol{R}}}^T \tilde{\boldsymbol{L}}_R \hat{\tilde{\boldsymbol{v}}} + \hat{\tilde{\boldsymbol{J}}}^T \tilde{\boldsymbol{L}}_J \hat{\tilde{\boldsymbol{v}}} \; ; \; \tilde{\boldsymbol{K}} \text{ sym., pos. def..} \quad (16)$$

Zwei Lösungsmethoden für Gl. 16, die ausschließlich auf dem Einheitspatch definiert ist und folglich nur einmal gelöst werden muß, werden erörtert, nämlich erstens durch Lösung eines allgemeinen Eigenwertproblems und zweitens durch Inversion der Steifigkeitsmatrix des Einheitspatches.

Für die 1. Methode werden zwei Basisvektor-Systeme $\hat{\tilde{\boldsymbol{g}}}_{Ri}$ und $\hat{\tilde{\boldsymbol{g}}}_{Jj}$ definiert mit den Orthogonalitätsbedingungen bezüglich der Energienorm mit $\hat{\tilde{\boldsymbol{g}}}_{Ri}^T \tilde{\boldsymbol{K}} \hat{\tilde{\boldsymbol{g}}}_{Rj} = \delta_{ij}$,

$\hat{\tilde{g}}_{Ji}^T \tilde{K} \hat{\tilde{g}}_{Jj} = \delta_{ij}$ und dem allgemeinen Eigenwertproblem $\hat{\tilde{g}}_{Ri}^T \tilde{L}_R \hat{\tilde{g}}_{Ri} - c_{Ri}^2 \hat{\tilde{g}}_{Ri}^T \tilde{K} \hat{\tilde{g}}_{Ri} = 0$, $\hat{\tilde{g}}_{Ji}^T \tilde{L}_J \hat{\tilde{g}}_{Ji} - c_{Ri}^2 \hat{\tilde{g}}_{Ji}^T \tilde{K} \hat{\tilde{g}}_{Ji} = 0$. Mit diesen Definitionen sind die beiden Basis–Vektor–Systeme eindeutig bestimmbar. Setzt man dies in Gl. 16 ein, so erhält man nach einiger Rechnung den lokalen Fehlerschätzer bezüglich der Energienorm

(17)
$$\eta_e^2 = a(e,e)_{\mathcal{P}_e} \leq Max(\det \mathcal{J}_{\Omega_e}) \cdot a(\tilde{e}, \tilde{e})_{\mathcal{I}} \leq$$
$$\left\{ \sum_i [\hat{\tilde{R}}^T \tilde{L}_R \hat{\tilde{g}}_{Ri}]^2 + \sum_i [\hat{\tilde{J}}^T \tilde{L}_J \hat{\tilde{g}}_{Ji}]^2 \right\} \cdot Min(\det \mathcal{J}_{\Omega_e})^{-1}.$$

In ähnlicher Weise ergibt sich der lokale Fehlerschätzer nach der 2. Methode durch Inversion zu

(18)
$$\eta_e^2 = a(e,e)_{\mathcal{P}_e} \leq Max(\det \mathcal{J}_{\Omega_e}) \cdot a(\tilde{e}, \tilde{e})_{\mathcal{I}} \leq$$
$$\left\{ \hat{\tilde{R}}^T \tilde{L}_R + \hat{\tilde{J}}^T \tilde{L}_J \right\} \cdot \tilde{K}^{-1} \cdot \left\{ \tilde{L}_R^T \hat{\tilde{R}} + \tilde{L}_J^T \hat{\tilde{J}} \right\} \cdot Min(\det \mathcal{J}_{\Omega_e})^{-1}$$

Diese Fehlerschätzer nach Gl. 17 und 18 sehen ähnlich aus, und der Berechnungsaufwand ist annähernd gleich. Jedoch hat die scheinbar aufwendigere Eigenwertmethode den Vorteile, daß ggf. Eigenvektoren mit sehr kleinen Eigenwerten vernachlässigt oder in Gruppen zusammengefaßt werden können. Damit kann diese Methode letztlich erheblich effektiver sein als die Inversionsmethode.

7 Integrierter m–d–p–h–adaptiver Prozess als Defektkorrekturmethode

Die Adaptivität ist in drei Stufen organisiert (siehe Bild 2), beginnend mit einem 3D–Master–Modell, z.B. für 3D lineare Elastizität oder mit elasto–plastisches Material mit Verfestigung. Ausgehend von diesem Master–Modell werden hierarchisch reduzierte (vereinfachte) Submodelle definiert. Diese Reduktion wird als Modellreduktion bezeichnet und die in Kap. 6 skizzierte Fehleranalysis wird auf diese Modelladaptivität (m–Adaptivität) erweitert.

Als nächster Schritt wird der Lösungsraum des Mastermodells auf einen reduzierten Raum (z.B. Mindlin Hypothese) projiziert. Die Fehleranalysis für diese Dimensions–Reduktion führt zur Dimensions–Adaptivität (d–Adaptivität), wobei Varianten in der Art der Expansion durch Verwendung höherer Polynom–Ansätze (d_p–Adaptivität) oder durch Netzverfeinerung (d_h–Adaptivität) in Dickenrichtung bestehen.

Die Überprüfung der Diskretisierungsfehler des aktuellen Approximationsraumes wird mit der bekannten h– oder p– Adaptivität vollzogen.

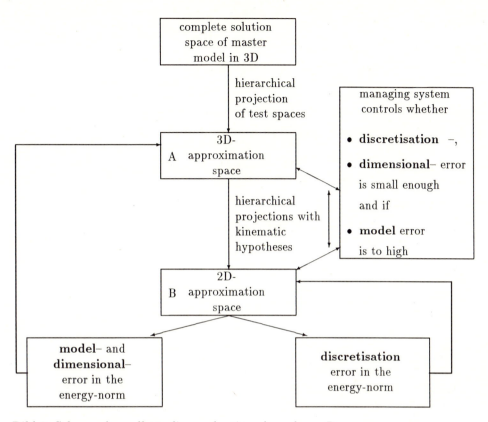

Bild 2: Schema des vollständigen adaptiven h–p–d–m– Prozesses;
Starten mit A: Reduktions Methode; Starten mit B: Expansions Methode

Folglich gibt es drei Fehler–Klassen, den Diskretisierungs–, den Dimensions– und den Modell–Fehler. Für die Prüfung des Modellfehler ist es nicht sinnvoll, diesen ohne den Dimensionsfehler zu berücksichtigen, da es zu Locking-Effekten bei Berechnung des Fehlers kommen kann. Foglich muß der Modell–Fehler mit dem testweise erweiterten Approximationsraumes geprüft werden.

Bei Anwendung der Finiten–Elemente-Methode bezüglich des reduzierten Master-Modells ergibt sich das globale Gleichungssystem

$$\boldsymbol{K}_h \cdot \boldsymbol{u}_h = \boldsymbol{p}_h \quad , \quad \boldsymbol{u}_h \in \boldsymbol{V}_h. \tag{19}$$

Für die Fehlerschätzung (hpd–Adaptivität) wird der aktuelle Approximationsraum erweitert, und der Verschiebungsfehler wird definiert als

$$\boldsymbol{e} = \boldsymbol{e}_h + \boldsymbol{e}_+ \quad , \quad \boldsymbol{e} \in \boldsymbol{V} \quad , \quad \boldsymbol{e}_+ \in \boldsymbol{V} \ominus \boldsymbol{V}_h \quad , \quad \boldsymbol{e}_h \in \boldsymbol{V}_h, \tag{20}$$

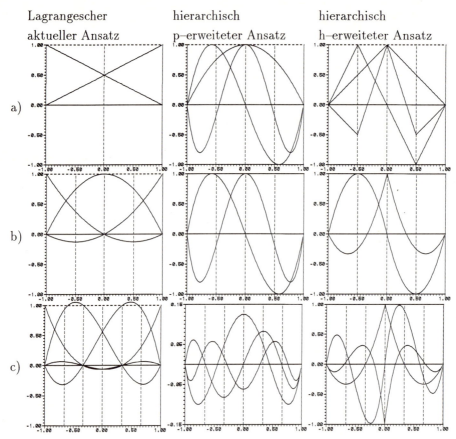

Bild 3: Aktuelle Ansatzfunktionen und hierarchisch erweiterte Test–
Funktionen für p– und h–adaptive Prozesse; a) lineare Ansätze, b)
quadratische Ansätze, c) kubische Ansätze

mit e_h als der Projektion von e auf den aktuellen h–Approximationsraum, und e_+ als der Projektion von e auf den erweiterten Anteil des Approximationsraumes. Die Modell–Adaptivität ergibt sich dann durch eine zusätzliche, d.h. additive Steifigkeitsmatrix ΔK_h, also insgesamt

$$\tilde{K}_h = K_h + \Delta K_h \,, \tag{21}$$

wobei $\tilde{K}_h$ die Steifigkeitsmatrix des nächst höheren Modells im aktuellen Approximationsraum V_h ist. Mit dieser Definition erhält man für einen testweise erweiterten Approximationsraum für die FE–Gleichungen

$$\begin{pmatrix} K_h + \Delta K_h & L_+ \\ L_+^T & H_+ \end{pmatrix} \cdot \begin{pmatrix} u_h + e_h \\ e_+ \end{pmatrix} = \begin{pmatrix} p_h \\ p_+ \end{pmatrix}. \tag{22}$$

Nach Umformung und Berücksichtigung von Gl. 19 erhält man das Gleichungssystem für den Fehler in den Verschiebungen

$$\begin{pmatrix} K_h + \Delta K_h & L_+ \\ L_+^T & H_+ \end{pmatrix} \cdot \begin{pmatrix} e_h \\ e_+ \end{pmatrix} = \begin{pmatrix} -\Delta K_h \cdot u_h \\ p_+ - L_+^T \cdot u_h \end{pmatrix}. \tag{23}$$

Der Modell–Fehler ist durch den Term $-\Delta K_h \cdot u_h$ und der Dimensions- und Diskretisierungsfehler ist durch $p_+ - L_+^T \cdot u_h$ repräsentiert.

8 Test–Räume für Fehlerschätzung mit Unterscheidung zwischen h– und p–Adaptivität

Der optimale adaptive Prozeß ergibt sich, wenn h–Verfeinerung (Netzverdichtung) und p–Erhöhung (Polynomgrad–Erhöhung) optimal gewählt werden, was durch die lokalen Fehlerschätzer automatisch erfolgt. Zur Schätzung der Fehler, basierend auf der residualen Formulierung (siehe [11] und Kap. 6) werden hierarchisch erweiterte h– und p– Testräume benötigt. Die beiden ersten erweiterten Ansatzfunktionen für diese Räume sind in Bild 3 dargestellt. Es kann gezeigt werden [11], daß tatsächlich nur zwei höhere Ansätze notwendig sind.

9 Beispiel einer Hypar–Schale

Ein Viertel eines fortlaufenden Systems von Hypar–Schalen mit gevouteten Auflagern und den Systemdaten, L=10m, t=20cm, l=30cm E=20 000MPa, f=1 KN/m², ν=0.2 wurde mit der h-d-Adaptivität berechnet. Das System sowie Fehler und das Konvergenzverhalten verschiedener adaptiver Methoden sind in Bild 4 dargestellt. Interessant ist der Effektivitätsindex, Bild 4c, der sehr gute Ergebnisse für den Diskretisierungsfehler des 3D–Modells liefert, hingegen das 2D–Modell stark überschätzt. Dieses ist auf die Nichtberücksichtigung des Modellfehlers im 2D–Modell zurückzuführen. Man erkennt deutlich die Effizienz der Expansionsmethode gegenüber der a-priori 3D–Diskretisierung sowie den selbstadaptiven Übergang vom 2D– zum 3D– Modell. Man erkennt weiterhin die mechanisch falschen Querschubspannungen τ_{xz} für das 2D–Modell, Bild 5c, sowie die automatische 2D → 3D Netzanpassung und plausible τ_{xz}– Verläufe in Bild 5d.

Literatur

[1] Babuška, I.; Rheinboldt, W. C.: Error estimates for adaptive finite element computations. SIAM J. of Num. Anal. 15 (1978) 736-754

[2] Babuška, I.; Miller, A.: A feedback finite element method with a posteriori error estimates: Part I. The finite element mothod and some properties of the a posteriori estimator. Comp. Meth. Appl. Mech. Engng. Vol 61 (1987)

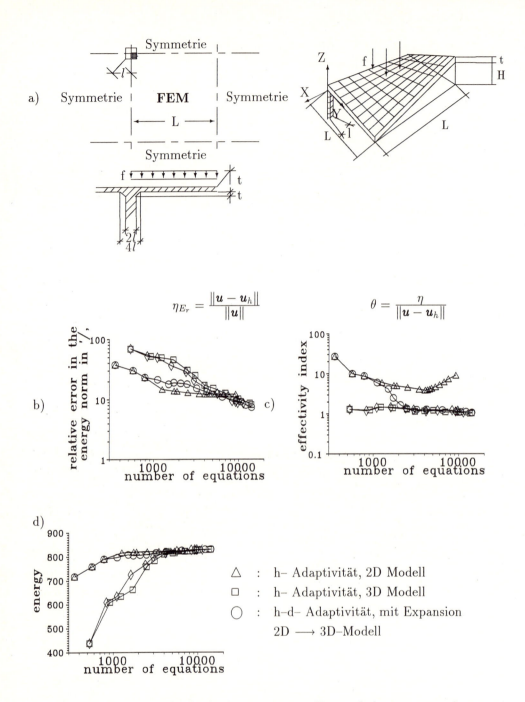

Bild 4: Beispiel eines fortlaufenden gevouteten Hyparschalensystems auf Einzelstützen; a) System; b) relativer Fehler in der Energienorm in %; c) Effektivitätsindex des geschätzen Fehlers zum exakten Fehler in der Energienorm; d) Konvergenzverhalten

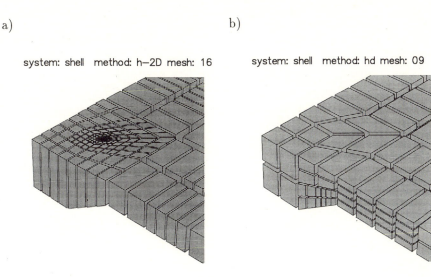
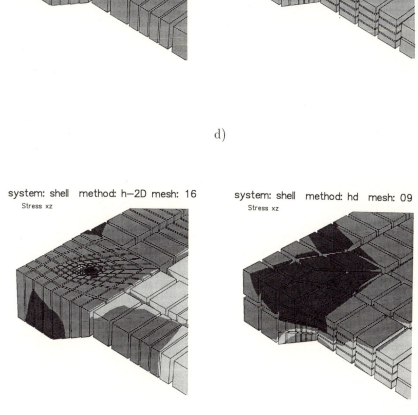

Bild 5: Ausschnitt von Bild 4a im Stützenbereich, a) Netz nach h–Adaptivität für das 2D–Modell; b) Netz nach hd–Adaptivität mit Expansion 2D → 3D–Modell; c) Spannungen τ_{xz} nach h–Adaptivität für das 2D– Modell; d) Spannungen τ_{xz} nach hd–Adaptivität mit Expansion 2D → 3D– Modell;

[3] Babuška, I.: The p and h-p Versions of the Finite Element Method: The State of the Art. in: Dwoyer, D.L., Hussaini, M.Y., Voigt, R.G. (eds.) Finite Elements - Theory and Application, Proceedings of the ICASE Finite Element Theory and Application Workshop, Berlin: Springer 1988

[4] Babuška, I.; Schwab, C.: A–posteriori error estimation for hierarchic models of elliptic boundary value problems on thin domains, Technical report, Technical Note BN 1148, May 1993, Institute for Physical Science and Technology, University of Maryland College Park, MD20740, USA, 1993.

[5] Johnson, C.: Numerical solution of partial differential equations by the finite element method. Cambridge: Cambridge University Press 1992

[6] Johnson, C.; Hansbo, P.: Adaptive finite element methods in computational mechanics, Computer Methods in Applied Mechanics and Engineering, 101:143–181, 1992.

[7] Rank, E.; Babuška, I.: An expert system for the optimal mesh design in the hp-version of the finite element method. Int. J. Num. Meth. Eng. Vol. 24 (1987) 2087-2106

[8] Rank, E.: Adaptive remeshing in the h-p domain decomposition, Erschienen in: Proceedings of the Second Workshop on Reliability in Computational Mechanics. Comp. Meth. Appl. Mech. Engng. 101 (1992) 299-313

[9] Stein, E.; Ahmad, R.: An equilibrium method for stress calculation using finite element displacements models. Comp. Meth. Appl. Mech. Engng. 10 (1977) 175-198

[10] Stein, E.; Ohnimus, S.: Dimensional Adaptivity of Arbitrary Elastic Thin–Walled Structures in Disturbed Subdomains. In publishing process, Conference NAFEMS 5th international Conference, Amsterdam, 1995, 1995.

[11] Stein, E.; Ohnimus, S.: Dimensional Adaptivity in Linear Elasticity with Hierarchical Test–Spaces for h– and p– Refinement Processes. Engineering with Computers, an International Journal of Computer–aided Engineering for Mechanical and Structural Systems. In publishing process, 1995.

[12] Szabo, B. A.: Hieracic Plate and Shell Modells Based on p-Extension. Erschienen in: Analytical and Computational Models for Shells, Herausgeber: A. K. Noor, T. Belytschko und J.C. Simo, The American Society of Mechanical Engineers 317-331

[13] Szabo, B. A.; Babuška, I.: Finite Element Analysis. New York: John Wiley & Sons, Inc. 1991

[14] Zienkiewicz O.C.; Taylor R.L.: The Finite Element Method. 4. Auflage, Band 1, London: McGraw Hill 1988

[15] DIN: Grundlagen zur Festlegung von Sicherheitsanforderungen für bauliche Anlagen. Berlin: Beuth 1981

[16] DIN 18 800 Teil 1 "Stahlbauten. Bemessung und Konstruktion" (11.90)

Zur Modellbildung im Verbundbrückenbau

Dr.-Ing. U. Kuhlmann, Stahlbauwerk Johannes Dörnen, Dortmund

1. Zusammenfassung:

An konkreten Beispielen werden heute übliche Verfahren zur Ermittlung von Schnittgrößen und Spannungen für Verbundbrücken erläutert. Insbesondere wird auf die Idealisierung der Brückentragwerke als Linientragwerk und als Trägerrost eingegangen. Dabei werden besondere Anforderungen an Programmsysteme für die Berechnung von Verbundbrücken herausgestellt. Schließlich wird gezeigt, wie zur Lösung von Detailproblemen der Verbundbrückenquerschnitt als Faltwerksstruktur aufgelöst werden kann.

2. Wahl des statischen Modells

Im folgenden wird erläutert, wie die Verbundbrücke als reales Ingenieurbauwerk in ein berechenbares statisches Modell umgesetzt werden kann. Ziel einer solchen Modellbildung ist es, das Bauwerk so weit wie möglich zu abstrahieren, dabei aber seine spezifischen Eigenschaften noch genau genug zu erfassen.

Das einfachste statische Modell ist die Idealisierung einer solchen Verbundbrücke als Linientragwerk. Die Abbildung als Linientragwerk ist immer dann möglich, wenn
- die Aufteilung der Lasten in Brückenquerrichtung eindeutig ist,
- wenn die Brücke im Grundriß gerade ist,
- und wenn sie rechtwinklige Endabschlüsse hat, d.h. die Lager senkrecht zur Bauwerksachse angeordnet sind.

In diesen einfachen Fällen sollte man sich auch in der heutigen Zeit nicht scheuen, das Linientragwerk als einfachste Lösung zu wählen.

Bild 1 zeigt als Beispiel die Verbundbrücke Arminiusstraße in Dortmund.

Die Brücke hat einen typischen Verbundbrückenquerschnitt: Einen offenen zweistegigen Plattenbalken mit einer quervorgespannten Fahrbahnplatte. Die Lasten werden von den beiden Hauptträger entsprechend dem einfachen Hebelgesetz aufgenommen. Die Lastaufteilung im Querschnitt ist also eindeutig.

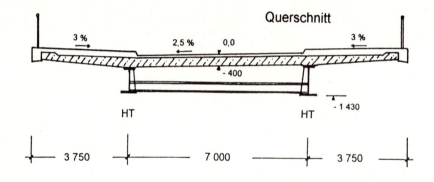

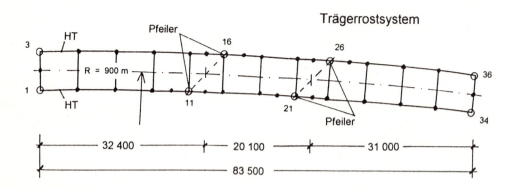

Bild 1: Querschnitt und Trägerrostsystem der Brücke Arminiusstraße

Im Grundriß ist die Brücke mit einem Radius von 900 m gekrümmt. Die Stellung der Pfeiler unter den Hauptträgern ist der Führung der darunterliegenden Straße angepaßt. Dadurch sind die beiden Hauptträger Dreifeldträger mit unterschiedlichen Stützweiten.
Über den Lagern sind keine schrägen Pfeilerquerträger vorhanden, sondern die Lagerquerrahmen sind wie die übrigen Querrahmen senkrecht zu den Hauptträgern angeordnet.
Wegen dieser Grundrißlage hat man hier eine Idealisierung als Trägerrost vorgenommen.

Bei dem folgenden Beispiel handelt es sich um den Entwurf einer Verbundbrücke als Überführung der Landstraße L663n über eine stark befahrenen Eisenbahnstrecke in Dortmund. Bei der Vorbemessung war die Wahl einer optimalen Betonierfolge das entscheidende Bemessungskriterium.
Hierzu wurden die beiden Verbundhauptträger des zweistegigen Plattenbalkens als Linientragwerke idealisiert, vgl. Bild 2. Nach Durchrechnung verschie-

dener Varianten wurde der folgende Bauablauf der Vorbemessung zugrunde gelegt:
- Montage der Stahlkonstruktion mit einer Hilfsunterstützung im mittleren Feld. Die Stöße über den Pfeilern werden noch nicht geschlossen.
- Betonieren der Feldbereiche in der Reihenfolge westliches Außenfeld, Mittelfeld und östliches Außenfeld (Betonierabschnitte 1 bis 3)
- Ablassen der Hilfsstütze.
- Betonieren der Fahrbahnplatte über den Pfeilern (4. Betonierabschnitt) und Herstellen der Stützenstöße, so daß am Ende das durchlaufende Verbundsystem entsteht.

Durch diesen Bauvorgang werden die Stützmomente und damit die Zugbeanspruchung der längs schlaff bewehrten Fahrbahnplatte reduziert. Durch den Einsatz der Hilfsstütze wird ein beträchtlicher Teil des Betongewichts auf den stärkeren Verbundquerschnitt umgelagert.

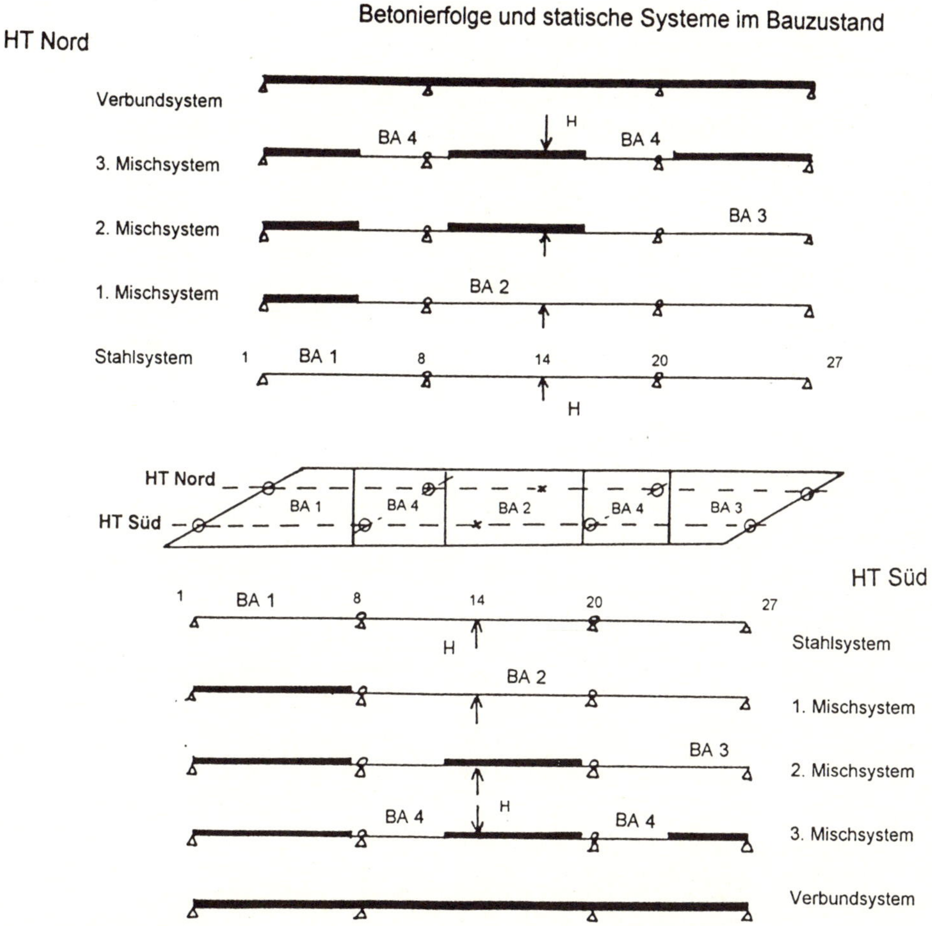

Bild 2: Verbundbrückenentwurf für Brücke i.Z. der L663n in Dortmund

Gerade bei solch einem Bauablauf mit verschiedenen Mischsystemen mit schon betonierten Bereichen und Bereichen mit reinem Stahlquerschnitt ist die Übersichtlichkeit eines linienförmigen Hauptsystems von großem Vorteil für die praktische Bemessung. So ist es im Rahmen dieser Vorbemessung möglich gewesen, verschiedene Varianten in kürzester Zeit durchzurechnen. Im Ausführungsfall hätte man allerdings wegen des schrägen Endabschlußes auch für dieses Brückensystem einen Trägerrost gewählt.

3. Berechnungsverfahren

Als Berechnungsverfahren kam in den beiden betrachteten Fällen nicht das Verfahren der Teilschnittgrößen nach Sattler [1] sondern das Gesamtquerschnittsverfahren nach Fritz / Wippel [2], [3] zur Anwendung. Die Übersichtlichkeit und Handlichkeit dieses Berechnungsverfahrens für Verbundquerschnitte hat dazu geführt, daß das Verfahren der Teilschnittgrößen nach Sattler in der Praxis völlig in den Hintergrund getreten ist.
Bei dem Gesamtquerschnittsverfahren wird die Betonfläche mit Reduktionszahlen - den sogenannten n - Werten - in eine gleichwertige Stahlfläche umgerechnet, so daß anstelle des Verbundquerschnitts ein fiktiver Gesamtstahlquerschnitt entsteht. Haensel [4] hat die Gleichwertigkeit der beiden Verfahren nachgewiesen und das Gesamtquerschnittsverfahren auch unter Berücksichtigung neuer Erkenntnisse über das Betonzeitverhalten für die praktische Bemessung aufbereitet.

Die Reduktionszahlen n können in Abhängigkeit des Verhältnisses der Einzelquerschnitte Beton und Stahl zueinander und des untersuchten Zeitpunkts aus der Literatur [5], [6] ermittelt werden. Für die Vorbemessung lassen sich die wichtigsten Werte für den Zeitpunkt $t = \infty$, d.h. nach Abschluß von Kriechen und Schwinden, auch abschätzen:

$n_0 = E_{Stahl} / E_{Beton}$ ⇒ Elastische Verbundquerschnittswerte für kurzzeitige Beanspruchungen wie Verkehr und Temperatur

$n_{F,B} = 18....23$ ⇒ Verbundquerschnittswerte für zeitlich konstante Beanspruchungen wie Eigengewicht

$n_{F,S} = 12....16$ ⇒ Verbundquerschnittswerte für Betonschwinden und für zeitlich veränderliche Beanspruchungen wie Zwängungsschnittgrößen in statisch unbestimmten Systemen

$n_{F,A} = 22....26$ ⇒ Verbundquerschnittswerte für Beanspruchungen aus eingeprägten Verformungen wie Absenkmaßnahmen

Neben dieser einfachen Möglichkeit der Abschätzung im Rahmen einer Vorbemessung bietet das Gesamtquerschnittsverfahren den entscheidenden Vorteil, daß es quasi die Ermittlung der globalen Schnittgrößenverteilung im

System von der Ermittlung der Schnittgrößen- und Spannungsverteilung im Querschnitt entkoppelt. Mit den fiktiven Gesamtstahlquerschnitten kann zur Ermittlung von Schnittgrößen und Verformungen im System jedes gängige Stabwerksprogramm benutzt werden.

Wenn bei Standardträgerrostprogrammen keine besonderen Verbundlastfalleingaben vorhanden sind, können z.B. die Beanspruchungen im Verbundträgerrost infolge Schwinden und Kriechen durch Ersatztemperaturlastfälle simuliert werden. Je Stab wird dabei der Ersatztemperaturgradient ΔT berechnet, der die gleiche Krümmung im Stab wie das Schwinden bzw. das Kriechen bewirkt.

Schwinden

$$\Delta T = \frac{H \, M_S}{E \, I_{i,S} \, \alpha_T}$$

Kriechen

$$\Delta T = \frac{H \, M_g}{E \, \alpha_T} \left(\frac{1}{I_{i,B}} - \frac{1}{I_{i,0}} \right)$$

mit
- α_T = $1{,}2 \cdot 10^{-5}$ K^{-1} Temperaturdehnzahl Stahl
- H — Trägerhöhe
- M_S — Schwindmoment
- M_g — Eigengewichtsmoment des Verbundquerschnitts
- E — Elastizitätsmodul Stahl
- $I_{i,S}$ — Trägheitsmoment des Verbundquerschnitts für Schwinden und zeitlich veränderliche Beanspruchungen
- $I_{i,B}$ — Trägheitsmoment des Verbundquerschnitts für zeitlich konstante Beanspruchungen
- $I_{i,0}$ — Elastisches Verbundträgheitsmoment

Hierbei ist das Schwindmoment M_S das Moment, das die Schwindnormalkraft als Druckkraft in der Betongurtachse auf den Verbundquerschnitt ausübt. Der Kriechersatztemperaturgradient wird aus dem Moment M_g der Verbundeigengewichtslastfälle bestimmt. Hierbei gehen je Stab die Veränderung der Verbundsteifigkeit vom Ausgangszustand mit den n_0 - Werten zum Endzustand mit den $n_{F,B}$ - Reduktionszahlen ein.

Diese beiden Ersatztemperaturlastfälle werden am Verbundsystem für veränderliche Beanspruchung mit den $n_{F,S}$ - Verbundquerschnittswerten berechnet.

4. Anforderungen an Programmsysteme

Man sieht, daß man schon bei einem vergleichsweise einfachen Verbundsystem nicht umhin kommt, mehrere Rechenläufe mit verschiedenen Querschnittswerten zu machen. Umso wichtiger ist in der Praxis die Auswahl eines geeigneten Programmsystems. Hierbei sind folgende Anforderungen zu beachten:

Wegen des häufig stark veränderlichen Querschnittsverlaufs in Brückenlängsrichtung, sei es durch Querschnittsanvoutung oder durch starke Abstufung von Gurt- und Stegblechen, kommt der **automatisierten Querschnittswerteermittlung** eine besondere Bedeutung zu. Sie muß für jede untersuchte Stelle die Querschnittswerte für den reinen Stahlquerschnitt und die verschiedenen Verbundquerschnittstypen berechnen.

Für typische Verbundlastfälle wie Schwinden und Kriechen, Vorspannung der Betonplatte durch Spannstahl oder Vorspannen durch Absenken sind **besondere Eingaberoutinen** nützlich, die z.B. die Ersatztemperaturgradienten berechnen.

Bei der Berechnung von Verbundbrücken sind grundsätzlich immer mehrere Systeme zu untersuchen: das reinen Stahlsystem, verschiedene Verbundsysteme für kurzzeitige Beanspruchungen und für Kriechen und Schwinden. Durch Betonieren in mehreren Betonierabschnitten entstehen zusätzlich noch Mischsysteme mit schon betonierten Bereichen und Bereichen mit reinem Stahlquerschnitt. Häufig kommen durch den Einsatz von Hilfsstützen oder das nachträgliche Schließen von Gelenken noch weitere Systemwechsel hinzu.

Für all diese verschiedenen Systeme müssen die **Ergebnisse** wie Verformungen, Lagerkräfte und Schnittgrößen gemeinsam **über die Systemgrenzen hinweg überlagert** werden können. Optimal ist dabei die Möglichkeit, nicht nur Schnittgrößen sondern auch **Spannungen über die Systemgrenzen hinweg überlagern** zu können.

Das Verfahren der Gesamtquerschnittswerte mit den Reduktionszahlen n bietet für die Berechnung von Verbundbrücken sowohl die Möglichkeit, ein stark automatisiertes Rechensystem aufzubereiten als auch mit Hilfe von Standardstabwerksprogrammen eine weitgehende Handrechnung durchzuführen.

Für übliche Deckbrücken wie die Brücke Arminiusstraße reichen dazu ebene Trägerrostprogramme. Für kompliziertere Systeme wie z.B. eine Bogenbrücke mit Verbundfahrbahn und geneigten Bogenebenen lassen sich mit den gleichen Ansätzen auch räumliche Stabwerksprogramme benutzen.

Grundsätzlich sollte man in Hinblick auf Übersichtlichkeit und Handhabbarkeit immer die kleinstmögliche Lösung anstreben.

5. Der Verbundquerschnitt als Faltwerksstruktur

Für besondere Betrachtungen kann man den Verbundbrückenquerschnitt auch in eine Faltwerksstruktur auflösen.

Im Rahmen eines Forschungsvorhabens der Studiengesellschaft für Stahlanwendung in Düsseldorf wurden im Büro Dr. Weyer in Dortmund für durchlaufende schlaff bewehrte Verbundbrücken die Auswirkungen der Rißbildung im Beton untersucht, [7]. Hierzu wurde auf der Basis des Programmsystems SAP IV-B [8] ein FEM - Berechnungsmodell für Verbundbrücken entwickelt.

Der Verbundbrückenquerschnitt wird dabei in die verschiedenen Einzelbauteile Betonfahrbahnplatte, Stahlobergurt, Stahlsteg und Stahluntergurt aufgelöst. Die geeignete Abbildung mit Hilfe der verschiedenen Elementtypen der SAP IV-B Programmbibliothek wird dazu an einfachen Systemen untersucht.

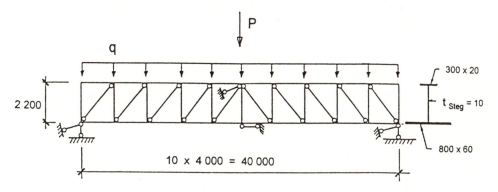

Stegmodell	Durchbiegung in Feldmitte	
	q = 10 kN / m	P = 100 kN
Fachwerkelement Typ 1	51,4 mm	19,6 mm
Scheibe Typ 10	28,1 mm	11,3 mm
Scheibe Typ 3	35,2 mm	14,2 mm
Elastizitätstheorie	34,4 mm	13,8 mm

Bild 3: Abbildung des Stahlträgers und Durchbiegungsvergleich

Im Bild 3 wird die Abbildung des reinen Stahlträgers ohne Betonfahrbahnplatte unter einer Streckenlast q von 10 kN / m und einer Einzellast P von 100 kN am Einfeldträger untersucht. In dem System werden die Stahlgurte durch räumliche Balkenelemente erfaßt. Für die Stahlstege werden in einer sehr groben Elementteilung einmal die Abbildung als Fachwerkelemente und zum anderen die Abbildung als Scheibenelemente untersucht.

Der Vergleich der Durchbiegungen in Feldmitte zeigt für das Scheibenelement Typ 3 der SAP IV-B Bibliothek eine besonders gute Übereinstimmung mit den Ergebnissen der Elastizitätstheorie.

Diagonalfachwerk

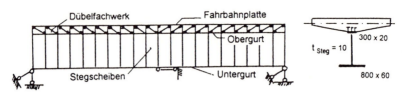

Rahmenstäbe

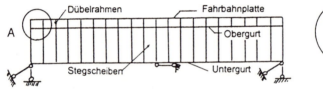

Detail A

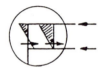

Scheibenelemente

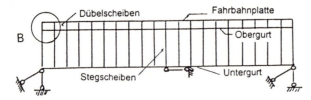

Detail B

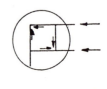

Bild 4: Abbildung der Dübelfuge

Für die Ausbildung der Dübelfuge werden folgende Lösungen betrachtet:
- Abbildung durch ein Diagonalfachwerk
- Abbildung durch kurze Rahmenstäbe
- Abbildung durch Scheibenelemente mit reiner Schubsteifigkeit.

Die Abbildung durch das Diagonalfachwerk hat den Nachteil, daß ein Teil der Normalkraft der Fahrbahnplatte als Diagonalkraft im Dübelfachwerk entsteht. Dieser Anteil hat einen zu geringen statischen Hebelarm und muß als Abminderung der Normalsteifigkeit der Platte berücksichtigt werden.
Bei der Abbildung durch kurze Rahmenstäbe ist die Normalkraftbilanz im Verbundträger in Ordnung. Allerdings entstehen kleine störende Zwischenbiegemomente in der Platte. Sie müssen bei der Bewertung der Rechenergebnisse ausgeblendet werden.
Die eindeutigste Abbildung erfolgt durch die Dübelscheiben. Diesen Scheibenelementen wird nur eine Schubsteifigkeit und eine vertikale Normalsteifigkeit aber keine horizontale Normalsteifigkeit zugewiesen.

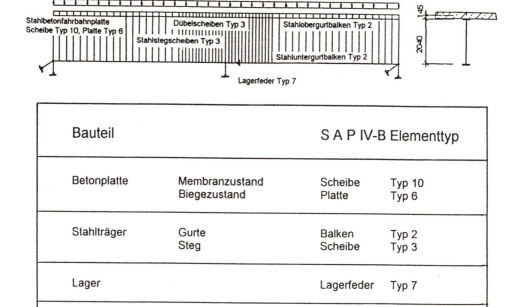

Bild 5: FEM - Berechnungsmodell

Nach diesen und anderen Voruntersuchungen wird die in Bild 5 gezeigte Abbildung des Verbundquerschnitts in ein FEM - Berechnungsmodell gewählt.

Wichtig für die Auswahl der Scheibenelemente der Fahrbahnplatte ist die Möglichkeit, orthotrope Materialgesetze berücksichtigen zu können. Infolge der Rißbildung entstehen im einzelnen Fahrbahnelement in Rißrichtung und senkrecht dazu unterschiedliche Normalsteifigkeiten, die vom Materialgesetz des Scheibenelements wiedergegeben werden müssen.
Diese Lösung ist für die Zielrichtung entwickelt worden, den Einfluß der Rißbildung bei schlaff bewehrten durchlaufenden Verbundbrücken zu untersuchen.

Eine ähnliche Auflösung des Verbundquerschnitts in eine Faltwerksstruktur ist z.B. für Untersuchungen zur mittragenden Breite und Betrachtungen von besonderen Lasteinleitungsproblemen sinnvoll. Für gewöhnliche Verbundbrückenberechnungen der Praxis eignen sich die eingangs vorgestellten Verfahren und Modelle besser.

In der praktischen Bemessung des Verbundbrückenbaus spielen nach wie vor die Ermittlung des elastischen Schnittgrößen- und Spannungszustands und die genaue Verfolgung der Lastgeschichte die entscheidende Rolle. Hierzu sollen die gezeigten Beispiele und Modelle Anregungen und Hilfestellung geben.

6. Literatur

[1] K. Sattler: Theorie der Verbundkonstruktionen, Band 1: Theorie, Band 2: Zahlenbeispiele, Verlag von Wilhelm Ernst & Sohn, Berlin 1959.

[2] B. Fritz: Verbundträger, Berechnungsverfahren für die Brückenbaupraxis, Springer-Verlag, Berlin/Göttingen/Heidelberg, 1961.

[3] H. Wippel: Berechnung von Verbundkonstruktionen aus Stahl und Beton. Springer-Verlag, Berlin/Göttingen/Heidelberg, 1963.

[4] J. Haensel: Praktische Berechnungsverfahren für Stahlträgerverbundkonstruktionen unter Berücksichtigung neuerer Erkenntnisse zum Betonzeitverhalten. Technisch-wissenschaftliche Mitteilungen, Ruhr-Universität Bochum, Institut für Konstruktiven Ingenieurbau, Mitteilung Nr. 75-2, 1975.

[5] K. Roik, R. Bergmann, J. Haensel, G. Hanswille: Verbundkonstruktionen, Bemessung auf der Grundlage des Eurocode 4 Teil 1. Betonkalender 1993, Seite 551 - 680.

[6] K. Roik, H. Bode, J. Haensel: Erläuterungen zu den "Richtlinien für die Bemessung und Ausführung von Stahlverbundträgern"; Anwendungsbeispiele. Technisch-wissenschaftliche Mitteilungen, Ruhr-Universität Bochum, Institut für Konstruktiven Ingenieurbau, Mitteilung Nr. 75-11, 1975.

[7] U. Weyer, J. Uhlendahl: Verbundträger im Brückenbau, Rissesicherung schlaff bewehrter durchlaufender Verbundbrücken. Forschungsvorhaben P 196 der Studiengesellschaft Stahlanwendung e.V., Düsseldorf.

[8] W. Wunderlich, K.-J. Bathe, E.L. Wilson, F.E. Peterson: S A P IV-B - Beschreibung und Benutzerhandbuch. Technisch-wissenschaftliche Mitteilungen, Ruhr-Universität Bochum, Institut für Konstruktiven Ingenieurbau, Mitteilung Nr. 79-3, 1979.

Untersuchungen zum Tragverhalten von Netzkuppeln

Th. Bulenda, J. Knippers, S. Sailer
Schlaich Bergermann und Partner, Stuttgart

Zusammenfassung

Bei der statischen Berechnung von Gitterschalen spielen die Nachweise gegen Stabilitätsversagen eine wichtige Rolle. Dabei sind sowohl die Form als auch die Größe der anzusetzenden geometrischen Ersatzimperfektionen entscheidende Eingangsgrößen der Rechnung. In diesem Beitrag wird der Einfluß beider Größen auf die rechnerische Tragfähigkeit von Netzkuppeln unterschiedlichen Stich-zu-Spannweiten-Verhältnisses und unterschiedlicher Randlagerung untersucht. Ferner werden Aussagen zur Ausnutzung der Tragfähigkeit gemäß DIN 18800 in Abhängigkeit des Kuppelstiches und der Randlagerung gemacht.

1. Das Netzkuppelsystem nach J. Schlaich und H. Schober

Unter den verschiedenen Bauweisen für Gitterschalen (z.B. [11], [12], [18]) zeichnet sich das von J. Schlaich und H. Schober entwickelte System zum Bau von gläsernen Netzkuppeln neben seiner transparenten Leichtigkeit vor allem durch die Möglichkeit aus, beliebig geformte Gitterschalen zu bauen [1], [2]. Der grundlegende Aufbau des Systems wird aus Bild 1 deutlich. Flachstähle (60x40mm) werden über Laschenstöße in drehbaren Netzknoten zu einem Rautennetz verbunden, das mit durchlaufenden vorgespannten Diagonalseilen (z.B. 2x6 mm) ausgesteift wird. Das Glas wird in statischer Hinsicht nur als Auflast betrachtet. Einen besonderer Vorteil entsteht, wenn die Gitterschale als Transversalfläche gewählt wird. In diesem Fall läßt sich das gesamte Bauwerk mit ebenen Glasscheiben errichten („Schober-Trick") [2]. Bild 2 zeigt beispielhaft die sich in der Planung befindliche Überdachung der Sporthalle Halstenbek.

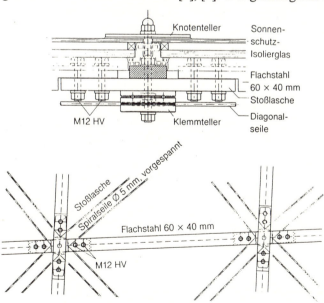

Bild 1: Das Netzkuppelsystem nach J. Schlaich und H. Schober

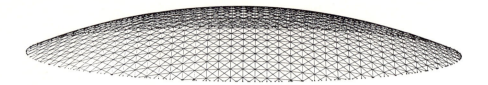

Bild 2: Sporthalle Halstenbek

2. Stabilitätsnachweise

In der Literatur über Gitterkuppeln [z.B. 13] findet man verschiedene Formen des Stabilitätsversagens, die jedoch im wesentlichen auf drei Arten und deren Kombinationen untereinander zurückgeführt werden können.

2.1 Einzelstabstabilität

Die Sicherheit gegen ein Ausknicken des Einzelstabes läßt sich auf zwei Arten untersuchen:

Zum einen mit dem Ersatzstabverfahren. Diese Methode liegt auch der Interaktionsformel nach Element 321 der DIN 18800 T2 [4] zugrunde. Als Vorteile sind anzuführen: 1. Die Interaktionsformel läßt sich relativ einfach programmieren, so daß auch eine sehr große Anzahl an Schnittkraftkombinationen effizient untersucht werden kann. 2. In die Interaktionsformel gehen die Schnittgrößen ohne Imperfektionen ein. Es entfällt die Schwierigkeit, geeignete Imperfektionen so anzunehmen, daß diese für jeden Stab und jeden Lastfall ungünstigst wirken. Dem steht der Nachteil gegenüber, daß die Lagerung des Stabes, d.h. der Einfluß des Gesamtsystems auf den Einzelstab, abgeschätzt werden muß.

Der alternative Weg, die Sicherheit gegen Einzelstabversagen nachzuweisen, ist der Festigkeitsnachweis am imperfekten System. Von Vorteil ist, daß der Einfluß der Gesamtstruktur auf die einzelnen Stäbe besser erfaßt wird. Es gibt jedoch zwei Nachteile. Zum einen ist die Wahl der richtigen Imperfektion problematisch und zum anderen muß bei der Modellierung des Systems im Computer jeder Stab mindestens einmal unterteilt werden, um ein Knickversagen der Struktur auch rechnerisch zu ermöglichen (vgl. hierzu [10]). Damit steigt aber der Rechenaufwand in großem Maße an.

In dieser Arbeit wird der erste Weg gewählt, d.h. die errechneten Schnittgrößenkombinationen werden mit einem Computerprogramm in Hinblick auf die Biegeknick-Interaktion nach Element 321 der DIN 18800 T2 ausgewertet.

2.2. Lokale Stabilität

Hierunter versteht man das Durchschlagen einzelner Knoten aus der Tragwerkshaut.

In einzelnen Veröffentlichungen z.B. [6],[7],[14],[15] werden Ersatzmodelle zum Nachweis der lokalen Stabilität angegeben. Dabei werden mehr oder weniger große Teilbereiche aus der Struktur herausgeschnitten und gesondert untersucht. Der kritische Punkt hierbei ist die Festlegung der Randbedingungen. Es zeigt sich, daß die mit überschaubarem Aufwand zu berechnenden Ersatzmodelle keine zuverlässigen Ergebnisse liefern, z.B. [14]. Soll daher die Federwirkung der Reststruktur ausreichend berücksichtigt werden, wird das Ersatzmodell relativ aufwendig und verliert seinen Vorteil gegenüber der Rechnung am Gesamtsystem, z.B. [15].

Einfache Ersatzmodelle lassen sich jedoch zur schnellen Bestimmung von oberen und unteren Schranken der Traglast verwenden, indem der Einfluß der Reststruktur auf das Modell mit sehr weichen oder sehr steifen Federn simuliert wird [6].

Für den genaueren Nachweis bietet es sich an, die mit Imperfektionen versehene Struktur als Festigkeitsproblem geometrisch nichtlinear zu berechnen. Zum einen entfällt damit das Problem, die Randbedingungen ausreichend genau in den Griff zu bekommen, zum anderen erfaßt man damit auch Formen des Stabilitätsversagens, die als Mischung des lokalen und globalen (siehe nächster Abschnitt) Versagens zu betrachten sind.

2.3 Globale Stabilität

Hierunter versteht man das Beulen oder Durchschlagen der Struktur in ihrer Gesamtheit, d.h. die Tragwerkshaut wird nicht verletzt.

In der Literatur findet man verschiedene Ansätze, dieses Problem auf das Stabilitätsverhalten einer Kontinuumsschale zurückzuführen z.B. [6],[9],[10]. Dies hat den Vorteil, daß man dann auf die große Fülle an Literatur zur Schalenstabilität zurückgreifen kann. Hierfür werden von Autor zu Autor stark variierende Hilfsparameter eingeführt, die einer einheitlichen Lösung des Problems entgegenstehen. Ferner weisen die Ergebnisse in der Literatur starke Streuungen auf [6],[13], so daß die Zuverlässigkeit dieses Vorgehens fragwürdig erscheint.

Uns erscheint daher die Behandlung der Struktur als Stabwerk am sinnvollsten. Der Nachweis gegen das globale Stabilitätsversagen wird somit wie der Nachweis gegen das lokale Versagen als Festigkeitsproblem der imperfekten Struktur geführt.

Entsprechend dem Vorgehen elastisch-plastisch der DIN 18800 werden die Schnittgrößen mit einem elastischen Materialgesetz ermittelt und anschließend in einem Nachlaufprogramm auf die Einhaltung der Biege-Interaktion geprüft:

$$\frac{M_y}{M_{y,pl}} + \frac{M_z}{M_{z,pl}} + \left(\frac{N}{N_{pl}}\right)^2 \leq 1 \tag{1}$$

Die Interaktionsformel gibt gemäß der Dunkerley'schen Formel [19] die auf der sicheren Seite liegende Überlagerung der Teilprobleme „einachsige Biegung um die y-Achse", „einachsige Biegung um die z-Achse" und „Normalkraftbeanspruchung" wieder.

3. Imperfektionen

Bei den im vorigen Abschnitt beschriebenen statischen Nachweisen sind gemäß DIN 18800 geometrische und strukturelle Imperfektionen in Form von geometrischen Ersatzimperfektionen zu berücksichtigen. Damit stellt sich die Frage nach Form und Größe dieser Imperfektionen. Die Norm bietet in Teil 2 Hilfen für Einzelstäbe, Fachwerke, Rahmen und Bogenträger. Der Teil 4 der Norm, der sich mit der Berechnung von Schalentragwerken befaßt, kann - wie unter Punkt 2.3 bereits angedeutet - nur in sehr eingeschränktem Maß auf die Gitterschalen übertragen werden, insbesondere sieht das Nachweiskonzept der Norm für Schalen keinen Ansatz von Imperfektionen vor, sondern arbeitet stattdessen mit reduzierten Beulspannungen. Die Gitterschalen als Zwitterstruktur aus Schale und Stabwerk lassen sich also nicht in die Standardkategorien der DIN 18800 einordnen. Man steht vor dem Problem, auf anderem Weg eine geeignete Ersatzimperfektion zu finden.

3.1 Form der Imperfektion

Die zur niedrigsten Traglast der Struktur führende Imperfektion ist die zum niedrigsten Eigenwert gehörende Eigenform der Struktur. Die Ersatzimperfektion sollte daher die zum niedrigsten Knickeigenwert gehörende Verformungsfigur möglichst gut annähern. Ausdrücklich wird im Kommentar zur DIN 18800 [3, S.146] darauf hingewiesen, daß die Ersatzimperfektion nicht affin zur Knickbiegelinie sein muß, jedoch eine ausreichend große Komponente des ersten Eigenwertes in der Imperfektionsform enthalten sein muß. Für kompliziertere räumliche Strukturen läßt sich eine ausreichend genaue Näherung der Beulform nicht mehr ohne weiteres abschätzen. Man benötigt ein klar definiertes Vorgehen zur Ermittlung der maßgebenden Imperfektion. Daher werden in dieser Arbeit drei ingenieurmäßige Ansätze zur Ermittlung der Imperfektionsform miteinander verglichen. Die Anwendung der Ansätze auf Netzkuppeln unterschiedlicher Lagerungsarten und Stich-zu-Spannweiten-Verhältnisse soll Aufschluß darüber geben, wie groß der Einfluß der Imperfektionsform auf die Tragsicherheit der Strukturen ist und bei welchen Kuppeln welcher Aufwand bei der Ermittlung der Imperfektion erforderlich ist. Wichtige Bedingung bei der Wahl der Imperfektionen ist deren Reproduzierbarkeit. Dies bedeutet, die Wahl der ungünstigsten Imperfektion soll nicht vom Zufall oder einer bereits vorhandenen großen Erfahrung des Ingenieurs mit derartigen Strukturen abhängen. Damit scheiden die Methoden mit stochastisch verteilten geometrischen Imperfektionen oder Störlasten z.B. [16], [17] von vorneherein in dieser Betrachtung aus. Es werden die folgenden Imperfektionsformen miteinander verglichen:

- Die Eigenform der Struktur wird als Referenzimperfektion verwendet. Sie liefert die niedrigste Traglast. Da das verwendete Programm ASE [20] keine instabilen Gleichgewichtszustände berechnen kann, wird die Beulform näherungsweise bestimmt. Hierzu wird in einem ersten Schritt mittels Laststeuerung und Bisektionsverfahren die Traglast der Struktur ermittelt. Im folgenden Schritt wird für ein konstantes Lastniveau oberhalb der Traglast eine Gleichgewichtsiteration (Modifizierte Newton-Raphson-Iteration oder Quasi-Newton-Verfahren nach Crisfield) gestartet, die naturgemäß divergiert. Die sich aus dem letzten Iterationsschritt ergebende Verschiebungsfigur vor dem Abbruch der Iteration durch das Programm wird als Beulform verwendet. Vergleichsrechnungen mit den beiden Iterationsmethoden liefern qualitativ das gleiche Ergebnis. Dies und die

Tatsache, daß sich mit der auf diese Weise ermittelten Imperfektion in allen Vergleichsrechnungen die niedrigste Traglast ergab, rechtfertigen dieses pragmatische Vorgehen.
– Die Verschiebungsfigur der Struktur unter den symmetrischen Lasten „Eigengewicht" und „Schnee voll" aus einer linearen Rechnung.
– Die Verschiebungsfigur der Struktur unter den unsymmetrischen Lasten „Eigengewicht" und „Schnee auf der halben Struktur" aus einer linearen Rechnung.
– Als Referenzmaß auf der unsicheren Seite wird die perfekte Struktur ohne jede Imperfektion verwendet.

3.2 Größe der Imperfektion

Ebenso wichtig wie die Form der Imperfektion ist ihre Skalierung. So ist es denkbar, die Größe der Imperfektion an der Spannweite der Struktur oder der maximalen Stablänge oder der Differenz in den z-Koordinaten benachbarter Knotenpunkte [8] zu orientieren. Liegt ein globales Stabilitätsversagen vor, d.h. bilden sich langwellige Verformungsmuster über die gesamte Struktur aus, so ist es sinnvoll, den Maximalwert der Imperfektion als Bruchteil der Spannweite d (z.B. d/500) vorzugeben. Bei einem lokalem Stabilitätsversagen treten dagegen sehr große Verschiebungsdifferenzen an benachbarten Knoten auf. Eine Skalierung der Imperfektionsfigur mit der Spannweite als Bezugsgröße lieferte hier unrealistisch große Lageabweichungen für einzelne Stäbe, es sei denn man verwendet unüblich kleine Bruchteile der Bezugsgröße (z.B. d/5000). Hier bietet es sich eher an, die Stablänge oder die Differenz der z-Koordinaten benachbarter Knoten als Referenzgröße der Skalierung zu verwenden.

Die richtige Wahl der Imperfektionsgröße wird also maßgeblich von der Versagensform der Struktur beeinflußt. Diese liegt dem Ingenieur aber wenn überhaupt, dann erst am Ende der Rechnung vor. Bis daher genaue Kriterien vorliegen, die dem Tragwerksplaner ermöglichen, die Versagensart der Struktur bereits ohne Rechnung qualitativ vorherzusagen, empfiehlt sich folgender Weg: Zuerst wird auf der sicheren Seite liegend immer von globalem Stabilitätsversagen ausgegangen. Zeichnet sich ein lokales Versagen ab und ist der Nachweis der Tragsicherheit mit der angenommenen, für diese Versagensart unrealistisch großen Imperfektion nicht führbar, muß in einem zweiten Rechengang mit einer kleineren Imperfektion der Nachweis wiederholt werden.

4. Vergleichsrechnungen

In Vergleichsrechnungen an sechs Gitterschalen werden die oben aufgeführten Einflüsse auf die Traglast der Struktur untersucht. Alle Gitterschalen sind Paraboloide über kreisförmigen Grundriß (d = 25 m). Die Stäbe bestehen aus Flachstahl 60x40 mm, St-52-3 und haben eine Länge von l = 1.20 m. Es werden Doppelseile mit d = 6 mm verwendet. Die Stäbe werden in den Knoten als biegesteif verbunden betrachtet. Die Last wird in den Knotenpunkten aufgebracht. An den Rändern werden alternativ eine gelenkige Lagerung und eine feste Einspannung angenommen. Für beide Randlagerungen werden je drei verschiedene Stichhöhen betrachtet: f = 2.5 m, f = 5.0 m, f = 7.5 m. Damit ergeben sich Stich-zu-Spannweiten-Verhältnisse von f/d = 0.1, 0.2 und 0.3.

Mit geometrisch nichtlinearer Rechnung wird eine lastgesteuerte Traglastermittlung durchgeführt, wobei die γ-fachen Lasten der DIN 18800 (γ = 1.35 für Eigengewicht, γ = 1.50 für Schnee) als Referenzlastniveau den Lastfaktor 1.0 erhalten. In den Gleichgewichtsiterationen kommen das Modifizierte Newton-Raphson-Verfahren und das Quasi-Newton-Verfahren von Crisfield zum Einsatz.

Im folgenden wird die Kuppel mit Randeinspannung und dem Verhältnis f/d = 0.1 als Kuppel K1 bezeichnet, die beiden anderen Kuppeln dementsprechend K2 und K3. Liegt eine gelenkige Randlagerung vor, so lauten die Bezeichnungen K1-g, K2-g bzw. K3-g.

Beulformen

Die Bilder 3 bis 5 zeigen die Beulformen der drei Kuppeln mit Randeinspannung. Die flache Kuppel K1 (f/d = 0.1) zeigt eine Versagensfigur ähnlich einer beulenden Schale, es liegt ein globales Stabilitätsversagen vor. Bei den beiden steileren Kuppeln dagegen schlagen Knoten entlang ausgeprägter Linien durch. Hier handelt es sich um ein lokales Stabilitätsversagen.

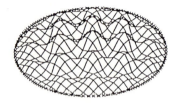

Bild 3: Versagensform der Kuppel K1 (f/d = 0.1)

Bild 4: Versagensform der Kuppel K2 (f/d = 0.2)

Bild 5: Versagensform der Kuppel K3 (f/d = 0.3)

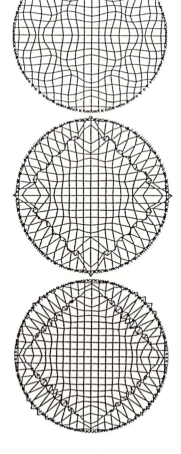

Imperfektionen für die Kuppel K1

Die Bilder 6 und 7 zeigen die Verformungsfiguren der Kuppel K1 unter den Lastfällen G+SV bzw. G+SH. Die Verformungen werden auf eine Maximalverschiebung von d/500 = 5 cm skaliert und auf die perfekte Geometrie als Ersatzimperfektion aufaddiert. Das gleiche geschieht mit der Beulform der Kuppel (Bild 3). Für die so vorverformte Kuppel K1 werden für den Lastfall G+SV die in Bild 8 abgebildeten Traglastkurven ermittelt, wobei als Referenzpunkt ein Knoten im Bereich der größten Verschiebungen gewählt wurde. Die Bezeichnungen IP, IB, ISV und ISH stehen für die Rechnung mit der perfekten Struktur bzw. die Verwendung der Beulform, der Verformungsfigur aus G+SV und der Verformungsfigur aus G+SH als Ersatzimperfektion. Für die perfekte Struktur ergibt sich eine Traglast, die etwa dem doppelten Niveau der Bemessungslast entspricht. Die beiden Imperfektionen aus G+SV und G+SH unterscheiden sich in ihrer Auswirkung auf die Traglast kaum voneinander. Beide reduzieren die Traglast deutlich, die Traglast liegt aber immer noch über den Bemessungslasten. Verwendet man die Beulform als Ersatzimperfektion, so zeigt sich eine deutliche Zunahme der Referenzverschiebung und eine nochmalige drastische Reduzierung der Traglast auf das nurmehr ca. 0.9-fache der Bemessungslasten - der Tragsicherheitsnachweis kann nicht mehr erbracht werden.

In Bild 9 sind die zu den Traglastkurven gehörigen Biege-Interaktionen nach Formel (1) dargestellt. Man erkennt eine deutliche Zunahme der Querschnittsbeanspruchung durch die Einführung von Ersatzimperfektionen. Bei keiner der Kurven wird der Querschnitt überbeansprucht - für diese Struktur wird also das globale Stabilitätsversagen nach Bild 8 maßgebend.

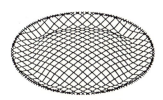 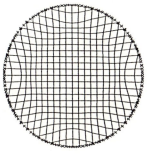

Bild 6: Kuppel K1: Verformungsfigur aus Lastfall G+SV

 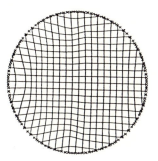

Bild 7: Kuppel K1: Verformungsfigur aus Lastfall G+SH

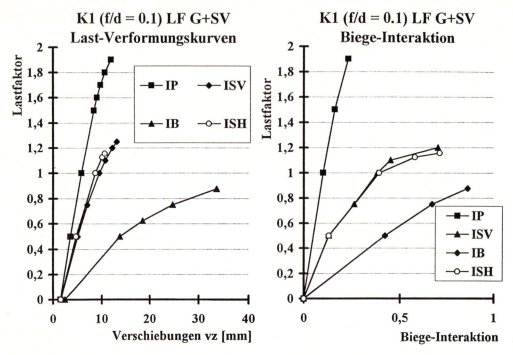

Bild 8: Lv-Kurve Kuppel K1   Bild 9: Biege-Interaktion Kuppel K1

<u>Vergleich aller Kuppeln</u>

Führt man für die Kuppeln K2 und K3 und für die drei gelenkig gelagerten Kuppeln K1-g, K2-g und K3-g die gleichen Berechnungen durch, so liefert die Auswertung für das Traglastniveau Bild 10 und für Bemessungslastniveau Bild 11. Wie zu erwarten war, steigen die Traglasten mit zunehmendem f/d-Verhältnis an. Der Einfluß der Beulform als Ersatzimperfektion macht sich bei der steilsten Kuppel K3 am stärksten bemerkbar. Hier sinkt die Traglast auf etwa ¼ des Wertes für die perfekte Struktur. Bei der flachen Kuppel K1 hingegen wird durch die Imperfektion IB die Traglast nur halbiert. Allerdings läßt sich die Tragsicherheit für die steilen Kuppeln bei allen Imperfektionsformen nachweisen, während der Nachweis für die flache Kuppel bei Verwendung der Beulform als Ersatzimperfektion nicht mehr gelingt. Diese Kuppel befindet sich in ihrem Grenztragbereich, die richtige Einschätzung ihrer Tragfähigkeit hängt von der richtigen Wahl der Imperfektionsform ab. Der Vergleich der gelenkig gelagerten Kuppeln (gestrichelte Linien) mit den fest eingespannten (durchgezogene Linien) zeigt die etwas höhere Traglast der eingespannten Kuppeln (Ausnahme: IB für f/d = 0.3).

Ein ähnliche Bild bietet die Querschnittsausnutzung auf Bemessungsniveau nach Gleichung (1), die in Bild 11 aufgetragen ist. Hier zeigt sich der Sprung in der Beanspruchung beim Übergang von f/d = 0.2 auf f/d = 0.1 noch stärker als bei den Traglasten. Für die gelenkig gelagerte Struktur mit der Beulform als Ersatzimperfektion kann der Querschnitt bereits nicht mehr nachgewiesen werden.

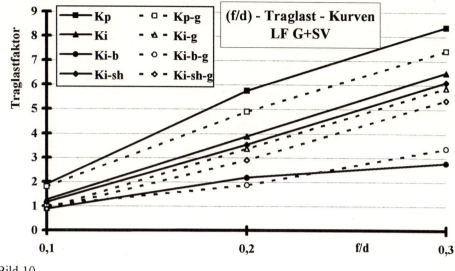

Bild 10

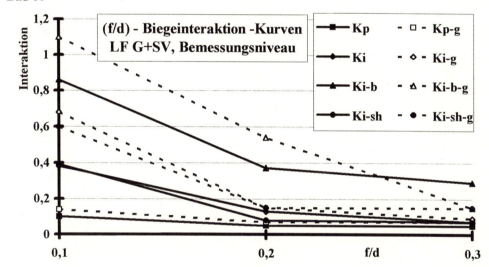

Bild 11

Die qualitativ gleichen Bilder ergeben sich für den Lastfall G+SH (Bilder 12 und 13). Der Vergleich von Bild 10 und Bild 12 ergibt eine etwas höhere Traglast für den unsymmetrischen Lastfall G+SH gegenüber dem symmetrischen Lastfall G+SV.

Die Vergleichsrechnungen zeigen, welch starken Einfluß auf die Traglast die Form der Ersatzimperfektion hat. Die beiden einfach zu ermittelnden und daher in der Ingenieur-Praxis oft verwendeten Ersatzimperfektionen ISV und ISH wirken zwar traglastreduzierend, liegen aber gegenüber der Imperfektion IB auf der unsicheren Seite. Es bleibt daher die Frage nach einer einfach zu ermittelnden Ersatzimperfektion, die die Beulform der Struktur besser approximiert und ähnlich traglastmindernd wirkt wie diese.

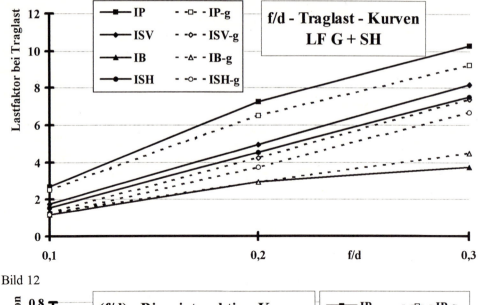

Bild 12

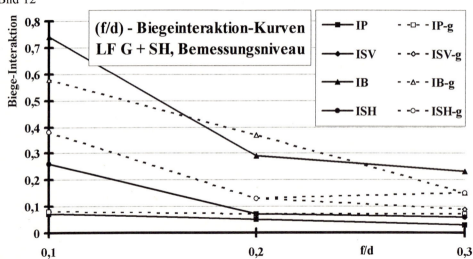

Bild 13

Einzelstabversagen

Bild 14 zeigt für die Kuppel K2 mit eingespannten Rändern unter Lastfall G+ SV die Gegenüberstellung der Biegeknick-Interaktion nach DIN 18800, T2, EL 321 (weiße Symbole) und der Biege-Interaktion nach Formel (1) (schwarze Symbole). Man erkennt deutlich, daß für die imperfekten Strukturen (nicht jedoch für die perfekte) die Querschnittsbeanspruchung nach (1), nicht aber das Einzelstabversagen nach DIN 18800, Element 321 maßgebend wird. Dieser Sachverhalt trifft auch für alle anderen gerechneten Beispiele zu, so daß auf das Einzelstabversagen in dieser Arbeit nicht weiter eingegangen wurde.

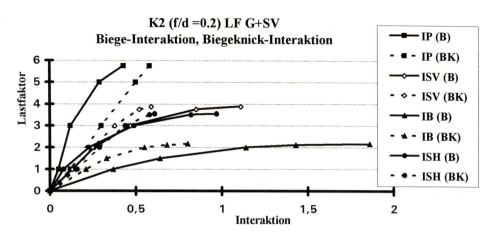

Bild 14: Einzelstabversagen

5. Literatur

[1] H. Schober: Die Masche mit der Glas-Kuppel. db 128 (1994) 152-163

[2] J. Schlaich, H. Schober: Verglaste Netzkuppeln. Bautechnik 69 (1992) 3-10

[3] J. Lindner, J. Scheer, H. Schmidt (Hrsg.): Stahlbauten - Erläuterungen zu DIN 18800 Teil 1 bis Teil 4. Beuth Verlag Berlin, Köln und Ernst & Sohn Berlin, 1. Aufl. 1993

[4] DIN 18800: Stahlbauten: Bemessung und Konstruktion , November 1990

[5] S. Sailer: Untersuchungen zum Tragverhalten von Netzkuppeln. Diplomarbeit am Institut für Tragwerksentwurf und -konstruktion, Universität Stuttgart, 1995

[6] J. Sumec: Some stability aspects of reticulated shells. In [12], 339-348

[7] A. Eriksson, C. Pacoste: On parameter investigations of instabilities in reticulated space frames. In [12], 195-204

[8] V. Gioncu: Propagation of local buckling in reticulated shells. In [12], 147-155

[9] I. Mutoh, S. Kato: Comparison of buckling loads between single-layer lattice domes and spherical shells. In [12], 176-185

[10] H.-M. Jung, Y.-H. Kwon, Y.-S. Choi: Buckling characteristicsof single-layer latticed domes. in Valliappan, Pulmano, Tin-Loi (Hrsg.): Computational Mechanics. Balkema, Rotterdam 1993, 137-143

[11] H. Klimke: Zum Stand der Entwicklung der Stabwerkskuppeln. Der Stahlbau, 52 (1983) 257-262

[12] G.A.R. Parke, C.M. Howard (Hrsg.) Space Structures, Thomas Telford , London 1993

[13] V. Gioncu, N. Balut: Instability behaviour of single layer reticulated shells. International Journal of Space Structures, Vol. 7, No.4, 1992, 243-252

[14] K. Klöppel , E. Roos: Beitrag zum Durchschlagproblem dünnwandiger versteifter und unversteifter Kugelschalen für Voll- und halbseitige Belastung. Der Stahlbau, 25 (1956) 49-60

[15] N.C. Lind: Local instability analysis of triangulated dome frameworks. The Structural Engineer, 47 (1969) 317-324

[16] O.M. Sadiq, A.O. Abatan: Stability analysis of space truss systems under random element imperfections. In [12], 108-115
[17] O. Bacco, C. Borri: Post-buckling behaviour of perfect and randomly imperfect grid shell structures. In [12], 9-15
[18] Institut für leichte Flächentragwerke: Gitterschalen. Stuttgart 1974
[19] A. Pflüger: Stabilitätsprobleme der Elastostatik. Springer-Verlag, Berlin, Heidelberg, New York, 3. Aufl. 1975
[20] SOFiSTiK GmbH, Oberschleißheim: Handbuch zu ASE - Allgemeine Statik Finiter Element Strukturen. Version 193, 1993

Baupraktische Tragwerksplanung mit computerorientierten Rechenbausteinen am Beispiel vorgespannter Verbundbrücken

K. Peters, Büro Dr. Schippke und Partner, Hannover

Zusammenfassung

Vom Entwurf über die Finite-Elemente-Berechnung und Programmodule als Formstatiken bis zum Übergang zum Computer Aided Design stellen computerorientierte Rechenbausteine ein wirtschaftliches Hilfsmittel zur Unterstützung der Arbeit in der Tragwerksplanung dar. Sie werden am Beispiel der Überbauten vorgespannter Stahlbetonverbundbrücken vorgestellt.

1. Einleitung

Tragwerksplanung im konstruktiven Ingenieurbau wird zum großen Teil von mittelgroßen und kleineren Büroeinheiten ausgeführt. Es müssen, um Flexibilität und Konkurrenzfähigkeit zu erhalten, sehr unterschiedliche Projekte bearbeitet werden, bei denen im voraus nicht abzuschätzen ist, mit welcher Wahrscheinlichkeit sie sich in ähnlicher Aufgabenstellung oder in differenzierter Weise wiederholen werden.

Eine kostengünstige und schnelle Problemlösung mit zusätzlichem Blick auf langfristige Wirtschaftlichkeit macht Verfahren nötig, mit denen Standardlösungen und besondere Programm-Teilbearbeitungen so gekoppelt werden, daß sie eine erhebliche Arbeitserleichterung gegenüber der Erstbearbeitung bringen, wenn sie sich in ähnlicher Aufgabenstellung wiederholen. Auch bei Nichtwiederholung müssen erhebliche zusätzliche Kosten vermieden werden.

Dabei sind in den eigenen Entwicklungen nicht nur die Anforderung auf rechnerischem oder bemessungstechnischem Gebiet, wie z. B. Netzgenerierung, robuste Elemente, Fehlerkriterien und Pre- sowie Postprozessing in der FEM von Wichtigkeit, sondern auch das Umfangsvoluen, mögliche unterstützende Teillösungen und der Wiederholungsfaktor der gesamten Planungsaufgabe. Oft stellt sich heraus, daß triviale Dinge wie Systemeingabe oder Lastfallüberlagerungen mit Einwirkungs- und Widerstandsseite erheblichen Aufwand bei der Bearbeitung bedeuten, während der Leistungsumfang der mathematischen Theorie zur Modellbildung keine Probleme aufwirft.

Vorspannung und Bauablauf

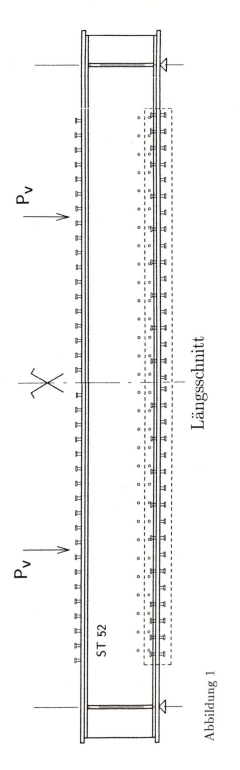

Abbildung 1 Längsschnitt

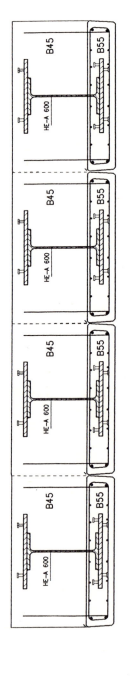

Abbildung 2 Querschnitt

Die Lösung muß zwischen der Handstatik und dem Einsatz kommerzieller und umfassender Programmpakete liegen. Die Handstatik, aufgestelllt mit Bleistift, Taschenrechner und zusätzlichen PC-Programmen bietet die höchste Flexibilitätsstufe, ist aber wegen der hohen Personalintensität nur in Spezialfällen wirtschaftlich. Kommerziell erstellte Programmpakete oder eigene Programmerstellunng macht hohe Anschaffungsaufwendungen erforderlich, ist speziell auf ausgewählte Problemstellungen ausgerichtet, schnell vom Stand der Technik überholt und wartungsbedürftig, so daß der Einsatz nur bei sehr häufig wiederkehrender Aufgabenstellung wirtschaftlich ist.

Die Objektgruppe vorgespannter Verbundbrücken muß dazwischen eingeordnet werden: Es ist kein Standardmodul zur Lösung vorhanden (besondere Zulassung nach [2]), es ist ein mittlerer bis hoher Grad an Flexibilität für modifizierte Typen gefordert und der Auftrag zur Planung einer solchen Brücke erfolgt mit mittlerer Häufigkeit.

Die computerorientierten Rechenbausteine der Zwischenlösung stellen eine Kopplung der Bearbeitungspunkte

$$\boxed{\text{Entwurf – FEM – Programmodule – CAD}}$$

dar. Dabei wird der Schwerpunkt auf die FEM mit den anschließenden Programmodulen zur Erfüllung der zahlreichen statischen Berechnungen und Nachweise gelegt.

2. Vorgespannte Verbundbrücken

Abbildung 1 zeigt ein auf zwei Stützen gelagertes I–Profil, das den Stahlkern der späteren Längsträger der vorgespannten Verbundbrückenüberbauten bildet. Die Stützweite liegt zwischen 20 und 40 Metern.

Nach Vorspannung des durch Bombieren vorgeformten I–Profiles durch die Kräfte P_v in den Viertelpunkten wird der Untergurt in Beton, Festigkeitsklasse B55, eingelassen. Der Beton geht nach Erhärtung über die an dem Stahlflansch angeschweißten Kopfbolzendübel einen Verbund mit dem Flansch ein. Die anschließende Befreiung des Trägers aus der Vorspannvorrichtung bewirkt eine Umlagerung der Kräfte vom Stahlträger in den Betongurt, der auf diese Weise einem Druckspannungszustand ausgesetzt wird.

Nach dem Transport auf die Baustelle liegen mehrere dieser Träger nebeneinander. Der Restquerschnitt wird, wie in Abbildung 2 gezeigt, mit Ortbeton aufgefüllt. Im Endzustand bildet der Ortbeton die Druckzone, der Untergurt die vorgedrückte Zugzone des vorgespannten Bauteiles.

Vorteile des Verfahrens sind eine geringe Bauhöhe, ein schneller Baufortschritt, da auf das Einschalen verzichtet werden kann, ein vollständiger Korrosionsschutz aller Stahlteile durch den Beton, ein geringer Schallabstrahlungsgrad und ein Kostenvorteil.

3. Planungsablauf

Die Genehmigungs- und Ausführungsplanung steht vom Entwurf bis zur Baustelle in einem Spannungsbogen, der auf der einen Seite die Abfolge des Rechenganges vom Überbau über die Lager bis in die Unterkonstruktion erforderlich macht, auf der anderen Seite genaue Angaben zu Stahlprofilen und Lagern in umgekehrter Reihenfolge verlangt. Abbildung 3 zeigt den Planungsablauf: Entwurf – FEM – Programmodule – CAD. Nach dem Entwurf wird die Brückengeometrie und die Belastungsermittlung festgelegt. Daran schließt sich die Finite-Elemente-Berechnung an. Im allgemei-

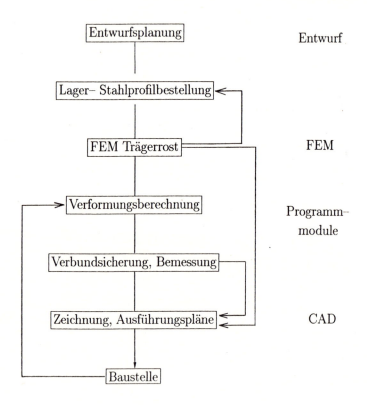

Abbildung 3: Planungsablauf

nen ist eine linear-elastische Trägerrostberechnung mit Stabelementen zur Ermittlung des Gesamttragverhaltens der vollständigen Brückenkonstruktion ausreichend. Der Lastabtrag in Querrichtung kann durch fiktive Querträger unter Ansatz von Ersatzsteifigkeiten simuliert werden. Von der Berechnung werden die Auflagerkräfte zur Bestellung der Lager und die maximalen Schnittgrößen für die nachfolgenden Bearbeitungsschritte geliefert.

Es folgt der Einsatz von Programmodulen, die sich in ein zulassungsspezifisches Programm für die vorgespannten Längsträger und daran anschließend in eine Reihe von Mathematik-Formstatiken unterteilen lassen.

Das zulassungsspezifische Programm berechnet den Spannungszustand in den Längsträgern während des Vorspannungsvorganges bis zur Endbelastung unter Verkehr mit Berücksichtigung des zeitabhängigen Verhaltens aus Schwinden und Kriechen der Betone. Als statisches Ersatzsystem wird ein Balken auf zwei Stützen gewählt, die Schnittgrößen der Trägerrostberechnung werden übernommen. Es ergeben sich die Trägerverformungen und die Nachweise für den Gebrauchs- und Grenzzustand werden gebracht.

Die Mathematik-Formstatiken übernehmen die Daten aus der Trägerrost- und Verformungsberechnung. Sie liefern die Nachweise nach der Verbundrichtlinie und den Massiv- und Spannbetonvorschriften, wie z. B. die Sicherung des Verbundes zwischen Stahl und Beton durch Kopfbolzendübel oder die Bemessung der erforderlichen schlaffen Bewehrung mit Rissebeschränkungen, Hauptzugspannungen, Schubdeckung, Schwingbreiten usw. . Die Bearbeitung erfolgt für Längs- und Querträger. Der besonders stark beanspruchte Endquerträger in der Auflagerachse wird über ein Zug-Druckstrebenmodell behandelt.

Die Übergabe an ein CAD-Programm zur Anfertigung der Ausführungszeichnungen schließt sich an.

4. Programmodule: Mathematik-Formstatiken

Inhalt der Programmodule sind die statischen Nachweise und die Bemessung. Sie schlagen in der Tragwerksplanung die Brücke zwischen FEM und CAD.

Zur Anwendung kommen Mathematik-Rechenprogramme, die, wie im einfachsten Beispiel in Abbildung 4 gezeigt, das Rechnen mit Variablen ermöglichen. Eine Mathematik-Formstatik ergibt sich, indem man den gesamten Rechenablauf zur Aufstellung der statischen Nachweise wie bei einer Handrechnung, zweckmäßigerweise zusätzlich mit erläuternden Bildern und Kommentaren, in das Dokument schreibt. Bei erneuter Anwendung für ein anderes Projekt müssen die Eingangsdaten aus Geometrie, Spannungs- oder Verformungszuständen über die Variablen aktualisiert werden. Die formelmäßige Auswertung erfolgt automatisch, am Ende der Nachweise ist jeweils nur die Erfüllung derselben zu überprüfen, gegebenenfalls kann durch Ändern der geometrischen oder statischen Eingangsdaten die Auswirkung auf den gesamten Rechenlauf verfolgt werden. Ein Beispiel findet sich in Abschnitt 6.

Die Erstellung der Formstatiken ist ohne Programmierkenntnisse möglich. Der Ersteller ist der bearbeitende Ingenieur selbst. Korrekturen und Änderungen oder Umbau-

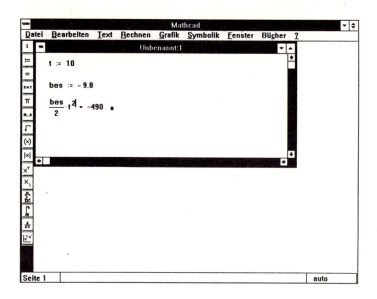

Abbildung 4: Mathematik–Rechenprogramme, Rechnen mit Variablen

ten vorhandener Bausteine sind schnell realisiert. Die Verwendung bisher entworfener Formstatiken zur Neuzusammenstellung oder alternativen Kombination für andere Projekte oder Erweiterungen ist mit geringem Aufwand möglich.

Die Erstellung der Rechenbausteine erfordert etwa die doppelte Zeit gegenüber einer gewöhnlichen Handrechnung. Bei Nutzung der Pakete ergibt sich dagegen eine Zeitersparnis, die erheblich gegenüber der Handrechnung ist und etwa mit dem Faktor 1/10 abgeschätzt werden kann. Als erforderliche Hardware für Mathematik–Rechenprogramme ist ein handelsüblicher PC ausreichend.

5. Schnittstellen

Die Übergabe der Daten zwischen den einzelnen Rechenbausteinen wird je nach erforderlicher Benutzerfreundlichkeit und zulässigem Erstellungsaufwand vorgenommen. Das Spektrum reicht vom Editieren per Hand über Arbeitshilfen wie Formblätter bis zum Einbau der Module in Expertensysteme. Die Schnittstelle sollte trotz eventuell etwas größerem Übertragungsaufwand möglichst einfach gestaltet werden, um eine große Flexibilität des gesamten Paketes bei späteren Eingriffen und Änderungen zu erhalten.

Im vorliegenden Beispiel werden die von der Trägerrostberechnung und dem Verbundträgerprogramm gewonnenen Daten entweder direkt ausgewertet oder über eine Abfrage per Hand in die Formstatiken übertragen. Diese verknüpfen als einheitliches Paket die Daten ohne weitere äußere Schnittstelle. Eine Übergabe an ein CAD–Programm ist bisher erst teilweise realisiert.

In der weiteren Entwicklung zur Kopplung von CAD-, FEM- und Programmodulen wird der DXF-Spezifikation als Industriestandard Vorrang gegeben. Eine Alternative bildet die herstellerunabhängige Step 2D BS-Schnittstelle aus der Bauwelt. Werden Module über Windows gestartet, wie es zum Beispiel bei den Mathematik–Programmen der Fall sein kann, so ist eine Übertragung mit DDE (Dynamic Data Exchange) möglich.

6. Berechnungsbeispiel

Es werden Ausschnitte zur EÜ Nuthebrücke in Potsdam [1] gezeigt. Das gesamte Bauvorhaben besteht aus 6 Überbauten. Im Anschluß an den Entwurf ist in Abbildung 5 der Trägerrost des Brückenüberbaus Nr. 4 dargestellt.

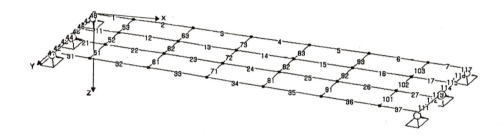

Abbildung 5: FEM–Trägerrost

Nach dem sich anschließenden Verbundprogramm zeigt Abbildung 6 Ausschnitte der Mathematik–Formstatiken. Hier sind exemplarisch Berechnungen zur Verbundsicherung durch Kopfbolzendübel herausgegriffen.

Den Schluß der Arbeit stellen die Ausführungszeichnungen für jedes Verbundträger–Fertigteil und der Schal- und Bewehrungsplan des gesamten Überbaus dar.

Die physikalische Glaubwürdigkeit der Berechnung wird stets durch Systemverfeinerung bzw. letztendlich durch das zur Planungsleistung gehörende Meßprogramm überprüft.

Folgeseiten: Abbildung 6: Mathematik–Fromstatiken / Auszug

Nachweis der Verbundmittel im Bruchzustand
Verbundmittel im Untergurt

Maßgebender Lastfall: Entriegeln (PE). Alle nachfolgenden Belastungen wirken den Rückstellkräften aus Vorspannung entgegen.

Schnitt mit Variablenbezeichnungen:

Abmessungen:

bu := 140
bo := 144
di := 13
do := 2.5
da := 5
blu := 9.5
blo := 78
hpl := 65
asi := 67
asa := 10
       10

Schlaffstahlfläche:

Spannungen aus PREFLEX-Berechnung:

Beton   sbao := -0.55
        sbau := -2.61
Stahl   ssao := -5.3
        ssau := -15.1

zul. Dübelbelastung Bruchzustand:
        dbru = 95

Betonflächen:

a1 := bo·di − asi   a1 = 1862
a2 := (bo − blo)·do   a2 = 197.5
a3 := (bu − blu)·du   a3 = 310
a4 := bu·da − asa   a4 = 1320

Betonspannungen:

$$stg := \frac{sbau - sbao}{di + do + du + da} \qquad stg = -0.069$$

$$sba1 := sbao + stg \cdot \frac{di}{2} \qquad sba1 = -0.996$$

$$sba2 := sbao + stg \cdot \left[di + \frac{do}{2}\right] \qquad sba2 = -1.529$$

$$sba3 := sbao + stg \cdot \left[di + do + \frac{du}{2}\right] \qquad sba3 = -1.786$$

$$sba4 := sbao + stg \cdot \left[di + do + du + \frac{da}{2}\right] \qquad sba4 = -2.286$$

Bruchzustand Untergurt
Bereich 1, außen

$t1 := a4 \cdot |sba4| + a3 \cdot |sba3| + asa \cdot |ssau|$ $t1 = 3719.32$

$tiny := 1.3 \cdot t1$ $tiny = 4835.116$

Erforderliche Dübelzahl

$ndua := \dfrac{tiny}{dbru}$ im äußeren Viertel $ndua = 50.896$

Bereich 2, innen

$t2 := a1 \cdot |sba1| + a2 \cdot |sba2| + asi \cdot |ssao|$ $t2 = 2210.051$

$t2ny := 1.3 \cdot t2$ $t2ny = 2873.067$

Erforderliche Dübelzahl

$ndui := \dfrac{t2ny}{dbru}$ im äußeren Viertel $ndui = 30.243$

Verbundmittel im Obergurt

Betondruckkraft   db := 5908.4   db = 5908.4

Ausnutzung M/M_pl   alpha := 0.87

zul. Dübelkraft Bruchzustand   dbro = 32.8

$d := alpha \cdot db$ d = 5140.308

Erforderliche Dübelzahl

$nduo := \dfrac{d}{dbro}$ nduo = 156.717

Verteilung entsprechend der Querkraft:

Äußeres Viertel: $dbe := \dfrac{3}{4} \cdot nduo$ dbe = 117.538
(Endviertel)

Inneres Viertel: $dbv := \dfrac{1}{4} \cdot nduo$ dbv = 39.179
(Viertel)

= = = = = =

Nachweis der Verbundmittel im Gebrauchszustand

Untergurtbeton

   Zeitpunkt PE wie Bruchzustand

   zul. Dübelkraft Gebrauchszustand   ddug = 63.42

Bereich 1, außen

erforderliche Dübelzahl im Endviertel:

$nduag := \dfrac{t1}{ddug}$ nduag = 58.646

= = = = = =

Obergurtbreite Beton   bok := 144
Plattendicke   hpl = 67
Betondicke   dub := 9.5

Schlaffstahlfläche   asog := 14

Stahlspannungen aus PREFLEX-Berechnung

Stahlspannung   ssno := -8.2
Betonsp. oben   sbno := 1.32
Betonsp. unten   sbnu := 0.47

Betonfläche:
asdu := dub·bok - asog   asdu = 1354
mittlere Betonspannung:

$sbnm := sbno + \dfrac{sbnu - sbno}{hpl} \cdot \dfrac{dub}{2}$ sbnm = -1.193

Kraft:
tbo := |sbnm|·asdu + |ssno|·asog   tbo = 1730.253

Erforderliche Dübelzahl

$dbog := \dfrac{tbo}{dgbo}$ dbog = 71.498

Verteilung entsprechend der Querkraft:

Äußeres Viertel: $dboe := \dfrac{3}{4} \cdot dbog$ dboe = 53.624

Inneres Viertel: $dbov := \dfrac{1}{4} \cdot dbog$ dbov = 17.875

= = = = = =

Zusammenstellung der erforderlichen Dübelzahlen

   Untergurt außen

   Nach dem PREFLEX-Programm.................   nuntenv = 43.25
   Im Bruchzustand...........................   ndua = 50.896
   Im Gebrauchszustand.......................   nduag = 58.646

   Untergurt innen

   Nach dem PREFLEX-Programm.................   nuntenv = 43.25
   Im Bruchzustand...........................   ndui = 30.243
   Im Gebrauchszustand.......................   nduig = 34.848

   Obergurt außen

   Nach dem PREFLEX-Programm.................   nobenv = 40
   Im Bruchzustand....................Endviertel dbe = 117.538
                                      .Viertel   dbv = 39.179
   Im Gebrauchszustand................Endviertel dboe = 53.624
                                      .Viertel   dbov = 17.875

   Verteilung der Verbundmittel
      entsprechend den Übersichtsbildern

7. Schlußbetrachtung

Die Zuverlässigkeit und Beurteilung der Modellbildung wird am ausgeführten Brückenbauwerk für die einzelnen Bauphasen und den Endzustand durch die begleitenden Messungen stets kontrolliert. Die Praxis zeigt, daß die Modellbildung den realen Verhältnissen gerecht wird. Die Abweichungen zwischen Berechnung und Messung bewegen sich in dem durch die Zulassung abgesteckten Bereich. Material- und Herstellungsfehler werden damit in Schranken gehalten.

Computerorientierte Rechenbausteine eignen sich zum Einsatz für viele Projekte im Hoch- und Tiefbau. Die Aufgabe des gezeigten Vorgehens besteht in der Verarbeitung großer Datenmengen bei einer Vielzahl zu führender Nachweise. Das Ziel ist es, eine wirtschaftliche Methode anzubieten, mit der der bearbeitende Ingenieur ohne Anschaffung teurer Programmsysteme zu schnell aufgestellten Lösungen kommt.

Literatur:

[1] EÜ Nuthe, Potsdam, Ausführugsstatiken Büro Dr. Schippke und Partner, Hannover, 1994

[2] Zulassungsbescheid PREFLEX–Träger Nr. Z–26.1–14 vom 1. Juni 1987, Institut für Bautechnik Berlin

[3] Mathcad, Rechnen mit Variablen, Benutzerhandbuch, Cambridge Massachusetts 1994

Nichtlineare FE-Modellierung von Stahlverbundtragwerken

Dipl.-Ing. I. Lukas , Prof.Dr.-Ing. U. Wittek
Lehrstuhl für Baustatik, Universität Kaiserslautern

1. Zusammenfassung

Das Tragverhalten von Tragwerken in Stahlverbundbauweise ist geprägt von einer Fülle nichtlinearer Effekte.
All diese Effekte sind bei einer nichtlinearen Berechnung mit Hilfe geeigneter finiter Elemente und FE-Modellierungen möglichst wirklichkeitsnah abzubilden.
Im vorliegenden Beitrag werden finite Elemente und FE-Modelle vorgestellt, die eine Berücksichtigung des nichtlinearen Werkstoffverhaltens, des geometrisch nichtlinearen Verhaltens der Gesamtstuktur, sowie der Verbundbereichs- und Anschlußnichtlinearitäten komplexer Stahlverbundstrukturen ermöglichen.

2. Einleitung

Wir sprechen von Verbundbau, wenn biegesteife Stahlprofile und Stahlbetonteile schubfest miteinander verbunden werden. Derartig ausgebildete Querschnitte setzen Stahl und Beton weitgehend beanspruchungs- und werkstoffgerecht ein, wodurch bei relativ geringen Querschnittshöhen und unter hoher Belastung große Spannweiten möglich werden. Im Zuge der Einführung der europäischen Normung besteht die Möglichkeit nichtlineare Berechnungsmethoden zur Dimensionierung von Stahlverbundtragwerken einzusetzen.

Die bereits bei der linearen Berechnung baupraktischer Problemstellungen anerkannte Methode der finiten Elemente ist bei Bereitstellung geeigneter finiter Elemente hervorragend zur Lösung nichtlinearer Problemstellungen geeignet und stellt die Möglichkeit bereit, Verbundtragwerke wirklichkeitsnah zu erfassen. Ziel ist hierbei nicht, wie bisher üblich Einzelbauteile, sondern komplexe Gesamttragwerke, wie z.B. Verbundrahmensysteme oder Plattensysteme in Verbindung mit Verbundträgern und Stützen zu berechnen.

3. Nichtlineares Tragverhalten von Verbundkonstruktionen

Eine wirklichkeitsnahe Betrachtung von Verbundkonstruktionen setzt die Beachtung der vorhandenen nichtlinearer Effekte voraus.

Hierbei handelt es sich zum einen um Materialnichtlinearitäten, die sich im bekannten nichtlinearen Verhalten des Betons im Zug- und Druckbereich wie auch im Fließen der Bewehrung und des Baustahls äußern.
Speziell im Verbundbau ist ein weiterer wichtiger Aspekt des nichtlinearen Tragverhaltens zu beachten: die Relativverschiebung zwischen Stahlbeton- und Stahlgurt.

In der Regel wird der Berechnung von Verbundträgern starrer Verbund ohne Relativverschiebung in der Verbundfuge zugrunde gelegt. Es kann aber erforderlich sein, weniger Dübel anzuordnen als zur Herstellung einer vollen Verbundwirkung notwendig wären (Teilverbund), was bei entsprechenden Verdübelungsgraden zu erheblichen Relativverschiebungen in der Verbundfuge führt. Der Grund für dieses Vorgehen ist meist konstruktiv bedingt. So läßt beispielsweise der Einsatz profilierter Bleche nur eine begrenzte Anzahl von Dübeln zu und macht deren Anordnung in äquidistanten Abständen erforderlich.
Der infolge unvollständiger Verdübelung und der den Verbundmitteln eigenen Verformbarkeit hervorgerufene Schlupf zwischen Stahlbetongurt und Stahlträger hat ein nur noch unvollständiges Zusammenwirken der Teilquerschnitte zur Folge. Die Bernoullische Hypothese besitzt dann nur noch Gültigkeit für die vorhandenen Teilquerschnitte. Bei entsprechend hohem Schlupf kommt es zur Ausbildung einer zweiten Nullinie im Querschnitt, der dadurch nur noch einen Teil seiner Biegetragfähigkeit besitzt.

Komplexe Gesamtstrukturen in Stahlverbundbauweise sind beeinflußt von einem weiteren wichtigen nichtlinearen Strukturverhalten, dem nichtlinearen Verhalten im Anschlußbereich ihrer Einzelbauteile. Hier können infolge der Einleitung von Kräften und der Nachgiebigkeit der Anschlußeinzelteile Relativverschiebungen und -verdrehungen zwischen den durch den Anschluß verbundenen Bauteilen entstehen. Die diesem Verhalten zugrunde liegende Charakteristik verhält sich in der Regel nichtlinear und ist von zu berücksichtigender Bedeutung für das Verhalten des Gesamtbauwerks.

4. Finite-Elemente und FE-Modelle zur nichtlinearen Berechnung von Verbundtragwerken

Zur Diskretisierung von Verbundtragwerken mit den erwähnten nichtlinearen Effekten und deren wechselseitiger Interaktion wird das Strukturprogramm FEMAS-VERBUND [1] verwendet. Dieses Programm stellt dem Anwender beliebig in der Ebene orientierbare nichtlineare 2-D-Balkenelemente sowie nichtlineare Dreh- und Wegfederelemente zur Verfügung.

Der FE-Modellierung liegt hierbei ein Weggrößenmodell zugrunde, das an die folgenden Voraussetzungen gebunden ist:

- Es gilt die Bernoulli-Hypothese. Zumindest die Teilquerschnitte bleiben eben.
- Die Balkenquerschnitte sind einfach symmetrisch, ansonsten beliebig geformt.
- Die Belastung erzeugt einen eindimensionalen Spannungszustand.
- Es erfolgt keine Berücksichtigung von Schubverzerrungen.
- Das Beulen einzelner Querschnittsteile sowie ein mögliches Biegedrillknicken sind ausgeschlossen.
- Die Belastung ist vorwiegend ruhend; Dauerfestigkeitsprobleme spielen keine Rolle.

Zur Berücksichtigung des nichtlinearen Werkstoffverhaltens wird bei den Balkenelementen aus Beton bzw. Stahl ein Schichtenmodell verwendet. Der gesamte Verbundquerschnitt wird hierzu in mehrere Teilquerschnitte und diese wiederum in einzelne Fasern zerlegt.

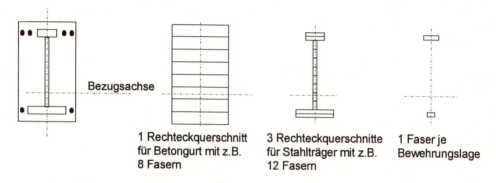

Bild 1 : Querschnittsdiskretisierung für Verbundquerschnitte

Mit der gewählten Querschnittsdiskretisierung und bei Annahme eines über die Einzelfaser konstant bleibenden E-Moduls beschränkt sich die Ermittlung der von der Belastung abhängigen Steifigkeit des Gesamtquerschnittes auf die folgenden Schritte:

1. Ermittlung des E-Moduls in Fasermitte mit Hilfe der vorhandenen Dehnung und des für die Faser gültigen Werkstoffgesetzes.

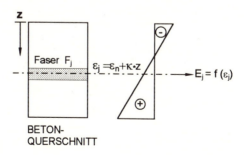

Bild 2 : Fasermodell

2. Berechnung der Flächenintegrale der Einzelfaser mittels direkter Integration.

3. Summation des Produktes der Flächenintegrale und der E-Module aller Querschnittsfasern.

Für die Erfassung der Nachgiebigkeiten in der Verbundfuge wurden zwei unterschiedliche FE-Modelle entwickelt.

a) Diskretes Verbundmodell
Eine naheliegende Möglichkeit, Relativverschiebungen zwischen Teilquerschnitten abzubilden, liegt in der diskreten Abbildung jedes einzelnen Dübels.

Hierzu müssen Stahlträger und Betongurt jeweils durch ein nichtlineares Balkenelement, das mit Hilfe des beschriebenen Fasermodells die nichtlinearen Werkstoffeigenschaften erfaßt, diskretisiert werden. An jedem Dübel sind auf einer frei wählbaren Bezugsachse für Stahlträger **und** Betongurt ein Elementknoten festzulegen. Durchbiegung und Verdrehung der koordinatengleichen Elementknoten beider Elemente sind gekoppelt, d.h. gleichgesetzt. Die Verbindung in Stablängsrichtung wird durch eine nichtlineare 2-Knoten-Wegfeder hergestellt, die damit diskret jeden Dübel abbildet. Bild 3 erläutert das beschriebene FE-Modell.

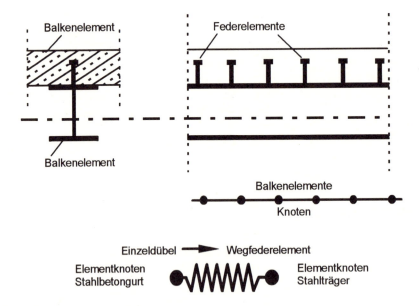

Bild 3 : Diskretes Verbundmodell

Der Schlupf in der Verbundfuge errechnet sich damit bei diesem Modell aus der Differenz der Verschiebungen in den beiden Knotenpunkten des Wegfederelementes. Mit Hilfe eines z.B. entsprechend Bild 4 definierten Verbundgesetzes und des vorhandenen Schlupfes ist anschließend die Dübelsteifigkeit bestimmbar.

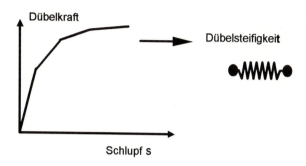

Bild 4 : Dübelkraft - Schlupfgesetz

Mit einer diskreten Abbildung der Dübel im Bereich ihrer Maximalbeanspruchung und innerhalb des Bereiches konzentrierter Lasteinleitungen lassen sich Aussagen zum Tragverhalten einer gesamten Struktur infolge des Verhaltens eines einzelnen Dübels treffen.

Die Nachteile dieses Modells liegen in seinem hohen Diskretisierungsaufwand. Komplexe Strukturen in Verbundbauweise mit geringen Dübelabständen erfordern eine nicht mehr vertretbare Knotendichte und Elementzahl.

b) Verschmiertes Verbundmodell
Entwickelt wurde ein spezielles Balkenelement, das die Möglichkeit bietet, mit **einem** Element die nichtlinearen Eigenschaften des Stahlbetongurts, des Stahlträgers und aller innerhalb der Elementlänge befindlichen Verbundmittel abzubilden. Das folgende Bild stellt die gewählte Vorgehensweise dar:

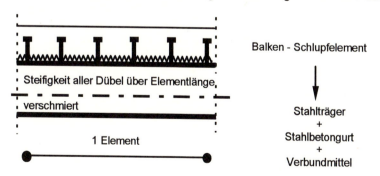

Bild 5 : Verschmiertes Verbundmodell

Das nichtlineare Werkstoffverhalten des Betons, des Bau- und des Betonstahls wird durch das bereits beschriebene Fasermodell erfaßt. Das nichtlineare Verhalten der Verbundmittel, deren Steifigkeit über die Elementlänge kontinuierlich verteilt wird, kann durch geeignete Verbundgesetze beschrieben und entsprechend Bild 4 festgelegt werden.

Als Knotenweggrößen des Balkenelements werden die Gesamtverschiebung u in Stablängsrichtung, die Durchbiegung w senkrecht zur Stabachse, die Verdrehung ϕ und zusätzlich die zwischen Stahl- und Betongurt vorhandene Relativverschiebung s (Schlupf) gewählt.
Die Einführung des Schlupfes s als unabhängige Variable erweist sich hierbei aus mehrerlei Gründen als vorteilhaft:

1. Der auftretende Schlupf geht ohne Umrechnung direkt aus der FE-Analyse hervor.
2. Um Vergleichsberechnungen mit starrem Verbund durchzuführen, genügt eine einfache Kondensation der Steifigkeitsmatrix, um den nun überflüssigen Schlupf zu vermeiden.
3. Die Steifigkeit der Verbundmittel kann mit Hilfe der berechneten Relativverschiebung und eines geeigneten Verbundgesetzes direkt berechnet werden.

Anschaulich läßt sich das soeben beschriebene Balken-Schlupfelement als Summe zweier in der Verbundfuge kontinuierlich verknüpfter Stabelemente deuten. Dabei ist zu berücksichtigen, daß die Freiheitsgrade u, w und ϕ auf den gesamten Querschnitt einwirken, während die Verformung s nur auf den Stahlträger wirkt. In der Elementsteifigkeitsmatrix treten daher in den zum Schlupf zugehörigen Zeilen und Spalten lediglich die Steifigkeiten des Stahlträgers auf. In allen verbleibenden Zeilen und Spalten ist die Steifigkeit des Gesamtquerschnitts anzusetzen. Die Berücksichtigung der Verbundsteifigkeit wird durch deren Addition auf die zum Freiheitsgrad s zugehörigen Hauptdiagonalenglieder gewährleistet.

Aufgrund der Nachgiebigkeit in der Verbundfuge gilt die Bernoullische Hypothese nur noch für die Teilquerschnitte. Innerhalb der Verbundfuge tritt damit ein Dehnungssprung auf, der durch die Elementkinematik wiedergegeben werden muß. Bild 6 stellt diesen Zusammenhang dar.

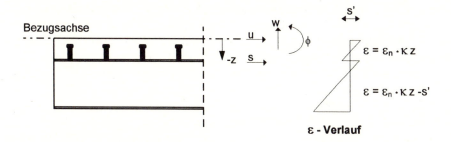

Bild 6 : Balken-Schlupfelement

Zusamenfassend läßt sich festhalten:
Die Verwendung des Balkenschlupfelementes reduziert den Diskretisierungsaufwand, die Rechenzeiten sowie die zu überprüfende Datenmenge. Eine Berechnung komplexer Strukturen in Verbundbauweise wird damit mit einem vertretbaren Aufwand möglich.

Zur Modellierung des nichtlinearen Verhaltens in den Anschlußbereichen von Verbundtragwerken wird folgendes FE - Modell verwendet.
FEMAS - VERBUND stellt die Möglichkeit zur Verfügung globale Freiheitsgrade von Elementknoten zu koppeln (gleichsetzen der Knotenverformungen). Die Koordinaten der gekoppelten Knoten können hierbei identisch oder auch verschieden voneinander sein.
Je nach Kopplungsgrad werden damit starre bzw. gelenkige Knotenanschlüsse modellierbar. Statt oder in Verbindung mit einer Kopplung können hierbei auch 2-Knoten-Federelemente eingesetzt werden, um elastisch - plastische Anschlüsse zu simulieren. Weggröße der Feder ist die Relativverformung der durch die Feder verbundenen Elementknoten. Bild 7 veranschaulicht am Beispiel eines Stützen-Riegelanschlusses die gewählte Vorgehensweise.

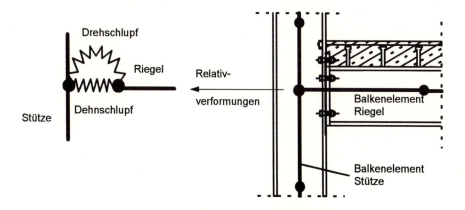

Bild 7 : FE- Modellierung für Riegel-Stützenanschlüsse

5. Praktische Anwendung des nichtlinearen FE-Verbund Konzepts

Anhand eines einfachen Beispiels mit der exemplarischen Darstellung zweier Teilergebnisse der nichtlinearen Strukturanalyse wird die Anwendungsmöglichkeit der vorgestellten finiten Elemente bei der Strukturanalyse von Verbundtragwerken dargestellt. Berechnet wird ein zweischiffiger, eingeschossiger Rahmen. Die Riegel-Stützenanschlüsse werden teiltragfähig und verformbar ausgebildet, d.h. sie erreichen nur einen Teil der Tragfähigkeit der angeschlossenen Riegel und weisen gegenüber den Stützen eine Relativverdrehung auf. Die Dübel innerhalb des Riegels werden in äquidistanten Abständen angeordnet. Der Verdübelungsgrad des Riegels beträgt $\eta = 50\%$. In Bild 8 werden System, Belastung und die gewählten Querschnitte dargestellt.

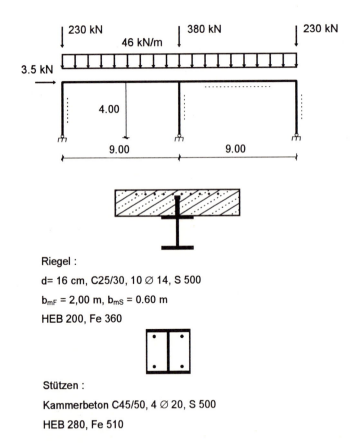

Riegel :

d= 16 cm, C25/30, 10 $\varnothing$ 14, S 500

b_{mF} = 2,00 m, b_{mS} = 0.60 m

HEB 200, Fe 360

Stützen :

Kammerbeton C45/50, 4 $\varnothing$ 20, S 500

HEB 280, Fe 510

Bild 8 : System, Belastung und verwendete Querschnitte

Das Bild 9 veranschaulicht exemplarisch die sich unter der dargestellten Last einstellenden und für den Grenzzustand der Tragfähigkeit berechneten Biegemomentenverlauf. Vergleichend werden hierbei die Ergebnisse aus einer linearen sowie einer mit Hilfe der vorgestellten Elemente nichtlinear durchgeführten Tragwerksanalye gegenübergestellt.

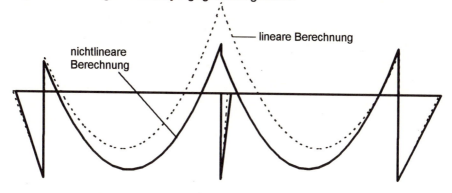

Bild 9 : Biegemomentenverläufe im Grenzzustand der Tragfähigkeit

Das nichtlinear ermittelte Rechenergebnis weist dabei erheblich höhere Beanspruchungen im Feldbereich der Riegel und deutlich geringere Biegemomente im Bereich der Mittelstütze auf.

Diese Tatsache läßt sich mit der durch die bei einer nichtlinearen Berechnung erheblich wirklichkeitsnäheren Wiedergabe der Steifigkeitsverhältnisse zwischen Feld- und Stützbereich und dem nachgiebigen Verhalten der Riegel-Stützenverbindungen erklären. Somit kann eine höhere Ausnutzung der hohen Feldtragfähigkeit des Verbundriegels durch nichtlineare Berechnungen nachgewiesen werden.

Ebenfalls für den Grenzzustand der Tragfähigkeit wird der Verlauf der Dübelkräfte im Riegel des Verbundrahmens exemplarisch nichtlinear berechnet und in Bild 10 dargestellt.

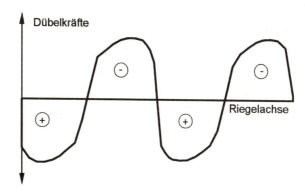

Bild 10 : Dübelkraftverlauf im Riegel im Grenzzustand der Tragfähigkeit

Die nahezu gleichmäßige Beanspruchung der äquidistant im Riegel angeordneten Dübel ist auf die Berücksichtigung ihrer vorhandenen Duktilität zurückzuführen. Diese wurde im nichtlinearen FE- Modell durch ein nichtlineares Dübelkraft-Schlupfgesetz entsprechend Bild 4 und unter Verwendung des Balken-Schlupfelementes nach Bild 5 berücksichtigt. Die zulässigen Dübelkräfte und -verformungen werden an keiner Stelle überschritten.

8. Fazit:

Das Strukturverhalten von Verbundtragwerken ist einer Reihe von nichtlinearen Einflüssen unterworfen. Mit Hilfe der vorgestellten finiten Elemente können die nichtlinearen Eigenschaften des Stahlbetons und des Stahls, der Schlupf in der Verdübelungsfuge im sogenannten Teilverbund und nichtlineare Relativverformungen im Anschluß zwischen Riegel und Stütze berücksichtigt werden.

Damit kann eine derartige nichtlineare FEM-Analyse zur Klärung des wirklichkeitsnahen Tragverhaltens beitragen und gegebenenfalls als bemessungstechnisches Nachweisverfahren dienen, um wirtschaftliche Verbundtragwerke mit ausreichender Standsicherheit und Gebrauchstauglichkeit zu entwerfen. Dies führt zu einer wirtschaftlichen Bemessung von Verbundtragwerken.

7. Literatur

[1]   Lukas, I. / Wittek, U.: Handbuch zu FEMAS-VERBUND, Interner Arbeitsbericht des Lehrstuhls für Baustatik, Universität Kaiserslautern (1993)

[2]   Hufendiek, H.-W.:   Ein einheitlicher Algorithmus zur Berechnung geometrisch und physikalisch nichtlinearer ebener Stabtragwerke aus Stahl, Stahlbeton und Verbundwerkstoffen, Technisch wissenschaftliche Mitteilung des Inst. KIB, NR. 84 - 6 ,Ruhr - Universität Bochum (1984)

[3]   Grote, K.: Theorie und Anwendung geometrisch und physikalisch nichtlinearer Algorithmen auf Flächentragwerke aus Stahlbeton, Dissertation, Bericht Nr.1 des Lehrstuhls für Baustatik, Universität Kaiserslautern (1992)

[4]   Schanzenbach, J.: Zum Einfluß von Dübelnachgiebigkeit und Unterverdübelung auf das Tragverhalten von Verbunddurchlaufträgern im Hoch- und Industriebau, Dissertation, Lehrstuhl für Stahlbau, Universität Kaiserslautern (1988)

[3]   Bode, H.: Verbundbau, Werner - Verlag, Düsseldorf (1987)

Beitrag zur nichtlinearen FE-Analyse der Tragreserven von nach DIN 4133 bemessenen stählernen Kaminen

W. Schneider, R. Thiele, Universität Leipzig

Zusammenfassung

Es werden geometrisch und physikalisch nichtlineare Tragfähigkeitsanalysen quasistatisch windbeanspruchter stählerner Kamine in Abhängigkeit von den Geometrieverhältnissen und Aussteifungsverhältnissen vorgestellt. Die Dehnungen erreichen im gesamten untersuchten Geometriebereich an keiner Stelle die Bruchdehnung. Die Versagenslasten werden den nach DIN 4133 zu ermittelnden Grenzlasten gegenübergestellt. Dabei zeigt sich, daß dort die Tragfähigkeit ausgesteifter Kamine mit dem Tragsicherheitsnachweis überschätzt wird. Um Kamine mit einem durchgängig gleichmäßigen Sicherheitsniveau bemessen zu können, wird empfohlen, entweder eine aufwendige sowohl geometrisch als auch physikalisch nichtlineare FE-Analyse des konkreten Schornsteins durchzuführen oder eine Modifizierung der in DIN 4133 angegebenen Grenzlasten vorzunehmen.

1. Einleitung

Als sehr schlanke Tragstrukturen werden Kamine i. allg. nach der Stabtheorie bemessen. Erfolgt die Untersuchung stählerner Kamine unter einer experimentell ermittelten quasistatischen Windumfangsdruckverteilung als dünnwandige schlanke Kreiszylinderschale, ergeben sich je nach Schornsteingeometrie z.T. beträchtliche Abweichungen der Meridiankräfte gegenüber denen nach der Stabtheorie bei gleicher resultierender Windlast. Insbesondere zeigen sich am Anströmmeridian wesentlich höhere Zugspannungen [1]. Bemißt man den Kamin nach der Stabtheorie und sichert gegen das Erreichen der Fließspannung ab, kommt es in Wirklichkeit unter dieser Bemessungslast zur Ausbildung plastischer Zonen. Diese Problematik wurde bisher mit physikalisch nichtlinearen, aber geometrisch linearen FE-Analysen untersucht, wobei der Einfluß der Randstörmomente dabei nicht detailliert berücksichtigt werden konnte [2]. Die Ergebnisse dieser Berechnungen haben Eingang in [3] zur Bemessung stählerner Kamine gefunden.

Da die Verformungen bei Zulassung von Materialplastizierung nicht mehr vernachlässigbar klein sind, machen sich zur wirklichkeitsnahen Erfassung insbesondere des Versagensmechanismus Untersuchungen erforderlich, die neben den physikalischen auch geometrische Nichtlinearitäten berücksichtigen. In Abhängigkeit von Schornsteingeometrie und Aussteifungsverhältnissen wird durch nichtlineare FE-Analysen diejenige Last ermittelt, bei der ein Instabilitätspunkt erreicht wird oder der Querschnitt durchplastiziert. Diese Grenzlasten werden den entsprechenden Größen nach [3] gegenübergestellt, um etwaige Tragsicherheitsreserven oder -defizite angeben zu können. Die Berechnung der maximalen plastischen Dehnungen zeigt, daß diese bis zum Erreichen der Versagenslast

überall unter der Bruchdehnung liegen.
Die Untersuchung der durch geringe Erregerkräfte in Resonanz verursachten wirbelinduzierten Querschwingungen ist nicht Gegenstand dieser Arbeit. Gleichwohl stellen die aus quasistatischen Be- und Entlastungsvorgängen ermittelten plastischen Dehnungen eine Ausgangsbasis für die Klärung der Frage dar, inwieweit solcherart vorgeschädigte Bereiche bei einer späteren Beanspruchung im elastischen Bereich durch wirbelinduzierte Querschwingungen mit hoher Lastspielzahl einem erhöhtem Ermüdungsrisiko unterliegen.

2. Mechanisches Modell und Lösungsverfahren

Es wird eine am Fuß eingespannte dünnwandige Kreiszylinderschale unter Windbelastung untersucht. Als Grenzfall ist zunächst die unausgesteifte Schale analysiert. Für die nichtlinearen Untersuchungen wird sie an der Mündung ausgesteift, um Beulen des oberen Randes zu verhindern. Eine Kopfringsteife ist bei Kaminen schon allein aus Transportgründen regelmäßig vorhanden, wird aber auch gewählt, um Ovalling auszuschließen. Später wird die Struktur durch weitere Ringsteifen ergänzt.

Die Windlast ist quasistatisch angenommen und folgt in ihrer Verteilung den in [4] niedergelegten experimentellen Ergebnissen mit Druck am Anströmmeridian und Sog an den Flanken. Der Winddruck ist über die Kaminhöhe als konstant angenommen. Dann ergeben sich für Kamine mit gleicher Schlankheit (Höhe zu Radius h/r) und gleicher Dünnwandigkeit (Radius zu Wandstärke r/t) bei gleichen Windlasten gleiche Meridianmembranspannungen. Deshalb ist es ausreichend, Kamine einer Höhe aber unterschiedlicher Schlankheit und Dünnwandigkeit zu untersuchen. Als Kaminhöhe ist hier h=50m gewählt.

Die genaue Erfassung der geometrischen Nichtlinearitäten bei Annäherung an die Versagenslast erfolgt mittels einer Schalentheorie finiter Rotationen [5], die keine Einschränkungen bezüglich der Größenordnung der Verformungen macht. Zur Berücksichtigung werkstofflicher Nichtlinearitäten des vorausgesetzten Werkstoffs St 37 wird ein elastisch-plastisches Materialgesetz mit von Mises-Fließbedingung und assoziierter Fließregel mit geringer linearer kinematischer Verfestigung (E_t=0,001E) zugrunde gelegt.

Die strukturmechanische Analyse erfolgt mittels des Programmsystems FEMAS, das am Institut für Statik und Dynamik der Ruhr-Universität Bochum entwickelt wurde [6]. Basis ist das Viereck-Schalenelement NACS48 [7] in der Erweiterung auf ein Mehrschichtenelement zur Modellierung nichtlinearen Materialverhaltens [8]. Es handelt sich dabei um ein doppelt gekrümmtes 4-Knoten-Schalenelement mit 48 Freiheitsgraden vom Kirchhoff-Love-Typ in Weggrößenformulierung mit bikubischen Ansatzfunktionen für die drei Verschiebungskomponenten. Wegen der hohen Ansatzordnung ist es unempfindlich gegen von eins abweichende Seitenverhältnisse und ermöglicht ohne Genauigkeitsverlust und ohne erhebliche Zunahme der Zahl der Systemfreiheitsgrade eine ungleichmäßige Diskretisierung der Struktur. Dadurch können die kurzwelligen Krümmungsänderungen im Fußbereich infolge der schnell abklingenden Randstörmomente wirklichkeitsnah erfaßt werden. Die für die genaue Lösung erforderliche Diskretisierung der Struktur in Ring- und Meridianrichtung, die hier verwendete Anzahl von 10 Schichten sowie die zulässige Lastinkrementierung sind durch Vergleichsrechnungen ermittelt.

3. Grenzlasten nach DIN 4133

Über die im Rahmen der Neufassung von [3] erstellte Untersuchung [2] bezieht sich [3] zur Charakterisierung der Schornsteingeometrien auf die Meridiankraftverteilung nach einer linearen Schalenbiegetheorie, wonach sich charakteristische Abweichungen der Meridiankräfte von der Lösung nach der Stabtheorie ergeben. Bild 1 zeigt den Verlauf der Meridiankräfte im Einspannquerschnitt im Vergleich zu jenem nach der Stabtheorie für das Basisbeispiel einer unausgesteiften Kreiszylinderschale mit h=50m, r=1,67m und t=13,6mm (h/r=30; r/t=122,6) für den Lastfaktor 1,0. Als Referenzlast für den Lastfaktor gilt hier wie auch im folgenden diejenige Last, bei der nach der Stabtheorie im Einspannquerschnitt an Zug- und Druckrand des Kreisringquerschnitts die Streckgrenze erreicht wird. Das absolute Lastniveau für denselben normierten Lastfaktor ist deshalb bei unterschiedlichen Geometrien verschieden. Der Überhöhungsfaktor der Meridiankraft im Einspannquerschnitt am Anströmmeridian gegenüber derjenigen nach der Stabtheorie wird nach [2] als α_z be-

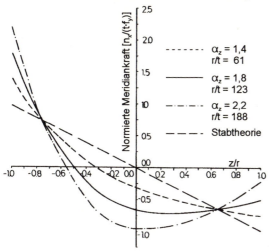

Bild 1 Meridiankraftverteilung nach lin. Schalenbiegeth. im Einspannquerschnitt beim normierten Lastfaktor 1,0; h/r=30

zeichnet und beträgt hier 1,8. Der Quotient aus den maximalen Druckmeridiankräften nach linearer Schalenbiegetheorie und Stabtheorie wird nach [2] als α_d bezeichnet und beträgt hier 0,68. Bemerkenswerterweise haben unterschiedliche Strukturen mit gleichem Überhöhungsfaktor α_z bei Berechnung nach der linearen Schalenbiegetheorie auch einen gleichen Verlauf der Meridiankräfte über den Querschnitt. Deshalb eignet sich diese Vergleichsgröße gut zur Charakterisierung des mechanischen Verhaltens unterschiedlicher geometrischer Strukturen. Aus diesem Grund werden im weiteren die Kamine auch bei nichtlinearen Untersuchungen durch die Schlankheit h/r und den Überhöhungsfaktor α_z der unausgesteiften Schale charakterisiert, der die Abweichung von den Voraussetzungen der Stabtheorie bei Berechnung nach der linearen Schalenbiegetheorie ausdrückt. Die entsprechenden Vergleichsgrößen für ausgesteifte Kamine werden mit α_{zst} und α_{dst} bezeichnet.

Gleichfalls zeigt Bild 1 zwei weitere Beispiele eines Kamins mit der Schlankheit h/r=30 und unterschiedlicher Dünnwandigkeit r/t=60,6 bzw. 188,5 wofür sich Überhöhungsfaktoren α_z von 1,4 bzw. 2,2 ergeben. Zum besseren Vergleich ist in Bild 1 die Meridiankraft nach Stabtheorie jeweils auf "1" normiert. Für $\alpha_z \geq 1,6$ rückt das Druckmaximum vom Heckmeridian zu den Flanken. Trägt man die Werte α_z in Abhängigkeit von der Schlankheit h/r und Dünnwandigkeit r/t auf, ergeben sich charakteristische Kurven (Bild 2). Diese werden für den untersuchten Bereich

$20 \leq h/r \leq 50$ und $1{,}4 \leq \alpha_z \leq 2{,}4$ gut durch die empirische Formel

$$\frac{r}{t} = 0{,}17(\alpha_z - 1)\left(\frac{h}{r}\right)^2 \quad (1)$$

angenähert. Je gedrungener und dünnwandiger die Strukturen sind, umso mehr weichen sie von den Verhältnissen der Stabtheorie ab.

Bild 2 zeigt außerdem die Grenzkurve, oberhalb derer Strukturen aus St 37 bereits bei der Windlast der niedrigsten Windzone gem. [3] und Bemessung nach der Stabtheorie nicht mehr dem Tragsicherheitsnachweis gem. [3] genügen. Die hier vorgelegten Analyseergebnisse beschränken sich auf den Bereich unterhalb der Grenzkurve. Für Kamine mit $\alpha_z \leq 2{,}0$ wird nach [2] empfohlen, alternativ zu der Berechnung der Schnittkräfte nach der linearen Schalenbiegetheorie deren Ermittlung nach der Stabtheorie zuzulassen. [3] gibt dafür eine Abgrenzungsgerade in Abhängigkeit von h/r und r/t an, welche die Kurve für $\alpha_z = 2{,}0$ gem. Gl. (1) bei h/r~20 und r/t~70 tangiert und für h/r=30 einem Wert $\alpha_z = 1{,}93$ gem. Gl. (1) entspricht. Der Tragsicherheitsnachweis erfolgt in beiden Fällen nach dem Verfahren Elastisch-Elastisch. Auf der Grundlage physikalisch nichtlinearer Untersuchungen in [2] werden zur Ermittlung der Grenzschnittgrößen Vergrößerungsfaktoren angegeben, die mögliche plastische Umlagerungen bei der Lastabtragung berücksichtigen. Die nach der linearen Schalenbiegetheorie berechneten elastischen Grenzschnittgrößen, die gegenüber jenen nach der Stabtheorie ermittelten um den Faktor $1/\alpha_z$ kleiner sind, dürfen zunächst um den Faktor α_z/α_d, jedoch höchstens um den Faktor 2 vergrößert werden ([3], Abschn. 6.1). Bezogen auf die elastische Grenzlast der Stabtheorie, die im vorliegenden Text durch den Lastfaktor 1,0 charakterisiert ist, ergeben sich damit Lastfaktoren von $1/\alpha_d$, maximal aber $2/\alpha_z$, die im Be-

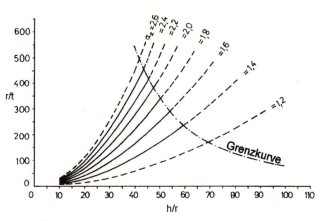

Bild 2 Überhöhungsfaktor α_z des unausgesteiften Kamins in Abhängigkeit von h/r und r/t

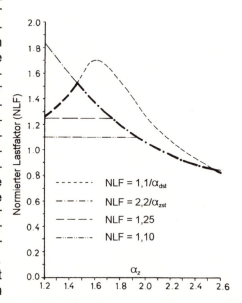

Bild 3 Grenzlasten gem. Tragsicherheitsnachweis nach [3] für den nur am Kopf ausgesteiften Kamin in Abhängigkeit von α_z

reich $\alpha_z \leq 2{,}0$ größer als 1,0 sind. Für ausgesteifte Kamine werden keine einschränkenden Annahmen getroffen, da der unausgesteifte Kreiszylinder als ungünstigster Grenzfall angesehen wird. Die nach [3], Abschn. 6.1 ermittelten Grenzschnittgrößen dürfen nach [3], Abschn. 7.1.1 nochmals um 10% erhöht werden. Trägt man die Kurven $1{,}1/\alpha_{dst}$ und $2{,}2/\alpha_{zst}$ im betrachteten Geometriebereich in Abhängigkeit von α_z auf, erhält man in Bild 3 am Beispiel des lediglich am Kopf ausgesteiften Kamins als untere Grenze der beiden Kurven die Grenzlasten gem. Tragsicherheitsnachweis nach [3]. Diese Kurve zeigt bei $\alpha_z=1{,}46$ ein Maximum von 1,52. Dieser Wert liegt sowohl über 1,25 als auch über dem plastischen Formbeiwert des dünnwandigen Kreisringquerschnittes von 1,27, so daß sich sowohl ein Widerspruch zur Forderung aus [9] Element 755 ergibt als auch die Gleichgewichtsbedingungen verletzt würden. Unabhängig vom Ergebnis der im folgenden vorgestellten nichtlinearen Analysen muß man im Bereich $1{,}2 \leq \alpha_z \leq 1{,}7$ eine Überschätzung der Tragfähigkeit gem. Tragsicherheitsnachweis nach [3] vermuten.

4. Geometrisch und physikalisch nichtlineare Tragfähigkeitsanalysen

4.1 Grundzüge des Lösungsverlaufes

Wird der Kamin nach der Stabtheorie bemessen und gegen Fließen abgesichert, können die sich nach der linearen Schalenbiegetheorie ergebenden Spannungsüberhöhungen am Anströmmeridian nicht aufgenommen werden, und es kommt im Fußbereich zu Materialplastizierungen verbunden mit großen Verformungen. Bild 4 zeigt für die Lastfaktoren 0,50, 0,75 und 1,00 die plastizierten Zonen über die Wanddicke und den Zylinderumfang.

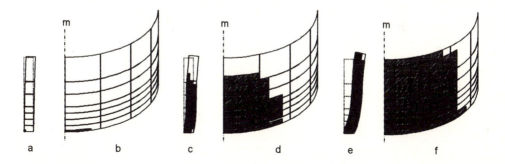

Bild 4 Einflußzonen der Plastizierung im 1,5m hohen Fußbereich für die normierten Lastfaktoren 0,5 (a,b), 0,75 (c,d) und 1,0 (e,f); Schnitt am Anströmmeridian m (a,c,e) (Wanddicke und Verformungen 15-fach); Schalenaußenseite (b,d,f); h/r=30, r/t=123, $\alpha_z=1{,}80$

Bild 5 gibt für den Lastfaktor 1,0 den Verlauf der Meridiandehnung in Wandungsmitte am Anströmmeridian über die Höhe des Fußbereiches an. Obwohl die größten Meridiankräfte direkt im Einspannquerschnitt auftreten, ergeben sich wegen der gleichzeitigen starken Ringzugspannungen die größten Dehnungen nicht dort, sondern oberhalb im Schnitt II gem. Bild 6. Bild 6 zeigt die Verläufe der Spannungs-Dehnungs-Pfade für einen quasistatischen Be- und Entlastungsvorgang an den Punkten 1 und 2. Die Werte des Punktes 1 setzen dabei eine starre Anschlußkonstruktion voraus, fallen also in Wirklichkeit geringer aus, während sich die

Werte im Punkt 2 aus demselben Grund um maximal 5% erhöhen können.

Die Lastumlagerung am Beispiel der Meridiankraft im Einspannquerschnitt für die Lösungen nach der Stabtheorie, der linearen Schalenbiegetheorie sowie der vollständig nichtlinearen Schalentheorie für die gleiche Windlast zeigt Bild 7. Bild 8 verdeutlicht das unterschiedliche globale Verhalten in Abhängigkeit vom gewählten Berechnungsmodell am Beispiel der Auslenkung der ausgesteiften Kaminmündung. Der lediglich geometrisch nichtlinear berechnete Last-Verformungs-Pfad unterscheidet sich nur wenig von der Lösung der linearen Schalenbiegetheorie, die für die Kopfauslenkung mit derjenigen der Stabtheorie zusammen-

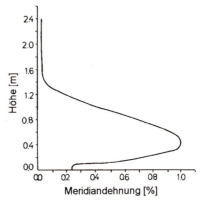

Bild 5 Meridiandehnung in Wandungsmitte am Anströmmeridian beim normierten Lastfaktor 1,0; h/r=30, r/t=123, α_z=1,80

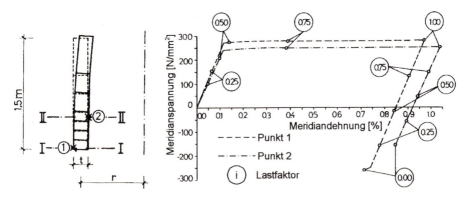

Bild 6 Spannungs-Dehnungs-Pfade für Punkt 1 und Punkt 2; h/r=30, r/t=123, α_z=1,80

fällt. Die mit der Ovalisierung des Querschnitts verbundene Steifigkeitsabnahme führt zu einer geringen Aufweichung der Struktur. Der Last-Verformungs-Pfad der lediglich physikalisch nichtlinearen Analyse bringt die mit der Materialplastizierung verbundene Aufweichung der Struktur als Spannungsproblem zum Ausdruck und konvergiert gegen den Lastfaktor 1,32. Dieser Wert ist

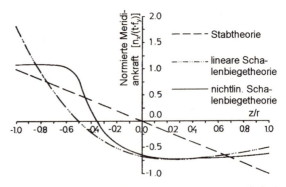

Bild 7 Meridiankraftverteilung im Einspannquerschnitt beim normierten Lastfaktor 1,0; h/r=30, r/t=123, α_z=1,80

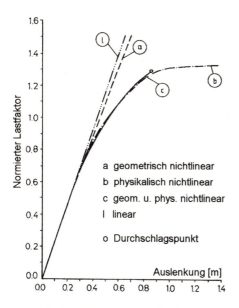

Bild 8 Last-Verformungs-Pfade der Kaminmündung für unterschiedliche Berechnungsverfahren; h/r=30, r/t=123, α_z=1,80

im Vergleich zum plastischen Formbeiwert der Stabtheorie von 1,28 für den gewählten Basiskamin wegen des zweiachsigen Spannungszustandes mit gleichsinnigen Meridian- und Ringspannungen im Einspannbereich leicht vergrößert. Der Last-Verformungs-Pfad der vollständig nichtlinearen Lösung verläuft zunächst etwas flacher als jeder der anderen Pfade, da hier die Steifigkeitsverminderungen sowohl infolge Materialfließens als auch infolge Querschnittsovalisierung berücksichtigt werden. Bei weiterer Lasterhöhung wird er infolge gegensinniger Versatzmomente steiler als derjenige der nur physikalisch nichtlinearen Lösung. Beim Lastfaktor 1,26 erreicht er einen Durchschlagspunkt, der das Systemversagen markiert. Um den Verlauf des Systemkollapses wirklichkeitsnah - d.h. kraftgesteuert - zu erfassen, erfolgt in einem zweiten Rechengang die Lastinkrementierung ab dem Lastfaktor 1,20 dynamisch mit dem sehr kleinen Lastgradienten von $1/(100T_1)$, wobei T_1 die erste Eigenschwingzeit des Kamins ist. Da sich große Fußbereiche bei diesem Lastniveau bereits im plastischen Zustand befinden, werden die mit dem dynamischen Belastungsbeginn verbundenen geringen Schwingungen um die statische Ruhelage sofort herausgedämpft, so daß die weitere Belastung "quasistatisch" erfolgt. Nach Erreichen des Instabilitätspunktes setzt kinetisches Durchschlagen ein. Die Versagensform ist durch Ausbildung von zunächst einer Wulst oberhalb des Einspannquerschnittes am Heckmeridian gekennzeichnet, so daß sich quasi ein Fußgelenk ausbildet, um das der gesamte Kamin kippt. Bild 9 zeigt zwei Stadien des Systemkollapses im Abstand von 0,4s, die zu Auslenkungen der Kaminmündung von 1,9m und 4,5m gehören, am Beispiel der Verformungen des 1,5m-hohen Fußbereiches. Die Möglichkeit dieser Versagensform im plastischen Bereich wird durch die klassischen

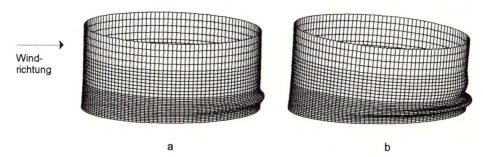

Bild 9 Verformungen (nicht überhöht) des 1,5m-hohen Fußbereiches beim Systemkollaps 1,35s (a) und 1,75s (b) nach Erreichen der Durchschlagslast; h/r=30, r/t=123, α_z=1,80

Beulnachweise nicht erfaßt und ist auch in [3] nicht berücksichtigt, da zu ihrer Ermittlung sowohl geometrisch als auch physikalisch nichtlineare Strukturanalysen erforderlich sind.

4.2 Tragfähigkeit in Abhängigkeit von der Zylindergeometrie

Variiert man zunächst bei gleicher Schlankheit durch Veränderung der Wanddicke den Überhöhungsfaktor α_z, so setzt mit steigendem α_z die Materialplastizierung eher ein und erhöht damit die Nichtlinearität des Problems.

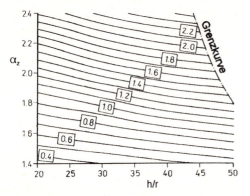

Bild 10 Maximale Meridiandehnung in Pkt. 2 gem. Bild 6 in [%] für den nur am Kopf ausgesteiften Kamin beim normierten Lastfaktor 1,0

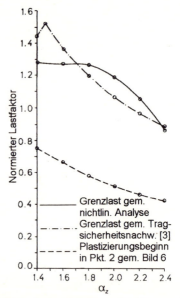

Bei gleichem α_z sind gedrungenere Kamine gleichzeitig dickwandiger. Wegen der damit verbundenen und im Vergleich zur Dehnsteifigkeit schneller wachsenden Biegesteifigkeit der Wandung steigt die Abklinglänge der Randstörung und wird die Belastung auf breitere Bereiche abgetragen, so daß mit Ausnahme des direkten

Bild 11 Grenzlasten und Plastizierungsbeginn für den nur am Kopf ausgesteiften Kamin mit h/r=30

Einspannquerschnitts die örtlichen Dehnungsspitzen geringer ausfallen.
Bild 10 zeigt die Dehnung im Punkt 2 gem. Bild 6, aufgetragen über der Schlankheit h/r und dem Überhöhungsfaktor α_z. Sie liegt im gesamten betrachteten Geometriebereich deutlich unter der Bruchdehnung.
Ermittelt man die Instabilitätslasten für verschiedene Geometrien, so fallen diese mit steigendem α_z ab. Das liegt darin begründet, daß für $\alpha_z>1,6$ das Druckmaximum mit steigendem α_z anwächst und für $\alpha_z=2,3$ wieder den Wert der Stabtheorie erreicht. Bild 11 zeigt für h/r=30 die Abhängigkeit der Grenzlasten von α_z im Vergleich zu den bereits in Bild 3 angegebenen zulässigen Lasten gem. [3]. Die Grenzlasten für $\alpha_z \leq 1,8$ entsprechen plastischen Durchschlagsvorgängen, diejenigen für $\alpha_z>1,8$ Beulvorgängen, wie sie durch die klassischen Beulnachweise erfaßt werden. Wie bereits vermutet, bestätigt sich, daß die Tragfähigkeit der nur am Kopf ausgesteiften Kreiszylinderschale unter Winddruck für $1,2 \leq \alpha_z \leq 1,7$ beim Tragsicherheitsnachweis gem. [3] überschätzt wird.

4.3 Tragfähigkeit in Abhängigkeit von den Aussteifungsverhältnissen

In der Regel sind Kamine mit zusätzlichen Ringsteifen versehen. Durch die damit erzwungene Querschnittstreue nähern sich die Spannungsverhältnisse im Zylinder jenen der Stabtheorie an, und es vermindert sich das Beulrisiko im klassischen Sinne, so daß erwartet werden kann, daß sich die Versagenslast der plastischen Grenzlast nach der Stabtheorie besser annähert.

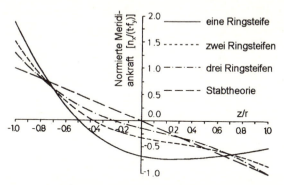

Bild 12 Meridiankraftverteilung nach der lin. Schalenbiegeth. im Einspannquerschnitt bei unterschiedlicher Ringsteifenzahl beim normierten Lastfaktor 1,0; h/r=30, r/t=123, α_z=1,80

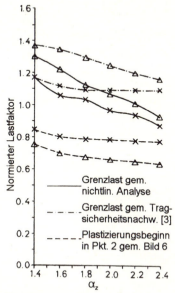

Bild 13 Grenzlasten und Plastizierungsbeginn; h/r=30, 2 Ringsteifen (△), 3 Ringsteifen (x)

Überprüfungen (zweite Steife bei 25m; 2. und 3. Steife bei 15m und 30m) nach der linearen Schalenbiegetheorie zeigen eine deutliche Annäherung des Meridiankraftverlaufes im Einspannquerschnitt an die Verhältnisse der Stabtheorie (Bild 12). Der Überhöhungsfaktor α_{zst} der Meridiankräfte am Anströmmeridian gegenüber der Lösung der Stabtheorie beträgt für den Kamin mit zwei Steifen (einschließlich Kopfsteife) nur noch 1,5 statt 1,8, für denjenigen mit drei Steifen 1,3. Bemerkenswert ist, daß das Druckmaximum wieder zum Heckmeridian wechselt. Die Dehnungen fallen verglichen mit jenen der nur am Kopf ausgesteiften Zylinderschale deutlich geringer aus.

Bild 13 zeigt die Kurven der Grenzlasten nach [3] und der durch nichtlineare FE-Analysen ermittelten Versagenslasten für die Kamine mit h/r=30 und 2 bzw. 3 Ringsteifen. Alle Kamine versagen weit vor dem Erreichen der plastischen Grenzlast der Stabtheorie und meist auch deutlich vor dem Erreichen der Grenzlast gem. Tragsicherheitsnachweis nach [3]. Es handelt sich in allen Fällen um plastisches Durchschlagen durch Ausbildung mindestens einer Wulst am Heckmeridian oberhalb des Einspannquerschnitts. Ursache ist das rasche Durchplastizieren eines Querschnitts am Heckmeridian nach Erreichen der Fließmeridiankraft. Die dünne Schalenwandung verformt sich dann stark unter den mit den Druckmeridiankräften verbundenen Versatzmomenten. Eine ausreichende Lastumlagerung auf Bereiche an den Flanken ist wegen der dortigen geringeren inneren Hebelarme nicht möglich, so daß das System kollabiert. Obwohl durch die Wirkung der Steifen Spannungsspitzen abgebaut werden und sich die Spannungsverteilung derjenigen des

Stabes annähert, erhöht sich die Tragfähigkeit der ausgesteiften Kamine nur für sehr dünnwandige Zylinderschalen, deren Versagen durch die klassische Beulproblematik bestimmt wird, während sie für die Mehrzahl der Fälle sinkt. Im Gegensatz zum Stab verfügt die ausgesteifte Schale beim Erreichen der Fließspannung am Heckmeridian über keine plastischen Reserven, sondern zeigt ein ausgeprägtes Instabilitätsversagen durch örtliches plastisches Durchschlagen. Einen Abfall der Versagenslast bei zusätzlichen Ringsteifen spiegelt der geforderte Beulsicherheitsnachweis gem. [10] nicht wider. Wegen nicht vergleichbarer Einwirkungen führt er zu jeweils kleineren Versagenslasten, womit ein unterschiedliches Sicherheitsniveau in Kauf genommen wird.

5. Schlußfolgerungen

Die vorgestellten Analysen zeigen, daß mit dem Tragsicherheitsnachweis gemäß [3] für nur am Kopf ausgesteifte Zylinderschalen im Bereich $1{,}2 \leq \alpha_z < 1{,}7$ und für mit weiteren Ringsteifen versehene Zylinderschalen im gesamten untersuchten Bereich $1{,}4 \leq \alpha_z < 2{,}4$ eine zu günstige Beurteilung erfolgt. Die Zulassung höherer ertragbaren Lasten als die elastische Grenzlast der Stabtheorie ist deshalb zu überdenken. Es wird empfohlen, in [3] Abschn. 7.1.1 den 2. Absatz, der eine generelle plastische Reserve von 10% zugrunde legt, zu streichen. In Abschn. 6.1 sollten die Anpassungsfaktoren bei Schnittgrößenermittlung nach einer linearen Schalenbiegetheorie gegenüber den Größen gem. Stabtheorie in Abhängigkeit vom Aussteifungsgrad modifiziert werden. Zu deren Ermittlung unter Gewährleistung eines gleichmäßigen Sicherheitsniveaus sind weitere Untersuchungen bei unterschiedlichen Aussteifungsgraden, Schlankheiten, Dünnwandigkeiten und Imperfektionen erforderlich.

Danksagung

Die Verfasser danken Herrn o. Prof. Dr.-Ing. Dr-Ing. e.h. W.B. Krätzig, Direktor des Instituts für Statik und Dynamik der Ruhr-Universität Bochum, sowie seinen Mitarbeitern Dr.-Ing. W. Zahlten und W. Schepers für die Unterstützung bei der Implementierung und Nutzung des an seinem Institut entwickelten Programmsystems FEMAS.

Literatur

[1] Eibl, J.; Curbach, M.: Randschnittkräfte auskragender zylindrischer Bauwerke unter Windlast, Bautechnik 61 (1984) S. 275-279
[2] Peil, U.; Nölle, H.: Zur Frage der Schalenwirkung bei dünnwandigen, zylindrischen Stahlschornsteinen, Bauingenieur 63 (1988) S. 51-56
[3] DIN 4133 Schornsteine aus Stahl, Nov. 1991
[4] DIN 1055 Teil 4 Lastannahmen für Bauten, Verkehrslasten, Windlasten bei nicht schwingungsanfälligen Bauwerken, Aug. 1986
[5] Basar, Y.; Krätzig, W.B. (1989): A Consistent Shell Theory For Finite Deformations. Acta Mechanica 76 (1989), 73-87
[6] Beem, H.; Hoffmeister, P. (1992): Das Konzept der FE-Software FEMAS als Integrationsstrategie für Forschungsarbeiten und baupraktische Anwendungen, SFB 151-Berichte Nr. 23, Festschrift W.B. Krätzig, D19-D26
[7] Harte, R.; Eckstein, U. (1986): Derivation of geometrically nonlinear finite shell elements via tensor notation. Int. J. Num. Meth. Eng. 23, 367-384
[8] Zahlten, W. (1990): Ein Beitrag zur physikalisch und geometrisch nichtlinearen Computeranalyse allgemeiner Stahlbetonschalen, Ruhr-Universität Bochum, TWM Nr.90-2, Inst. KIB
[9] DIN 18800 Teil 1 Stahlbauten Bemessung und Konstruktion, Nov. 1990
[10] DIN 18800 Teil 4 Stahlbauten Stabilitätsfälle, Schalenbeulen, Nov. 1990

Entwurf und Beurteilung dünner Stahlbetonschalen mittels nichtlinearer FE-Modelle

W. Zahlten, Universität Rostock

U. Eckstein, Ingenieurgesellschaft Krätzig & Partner, Bochum

W.B. Krätzig, Ruhr-Universität Bochum

K. Meskouris, Universität Rostock

Zusammenfassung

Die gängige Bemessungspraxis für Schalen sieht den lokalen Nachweis kritischer Querschnitte für linear ermittelte Schnittgrößen vor. Diese Vorgehensweise erlaubt keine Aussagen hinsichtlich der realen Tragfähigkeit der Gesamtstruktur sowie der Dauerhaftigkeit. Grundsätzlich können diese Schwächen durch FE-Simulationsmodelle mit nichtlinearen Stoffgesetzen aufgehoben werden. Der vorliegende Beitrag stellt ein Berechnungsmodell für dünne Stahlbetonschalen vor und diskutiert Anwendbarkeit und Probleme anhand des Entwurfs der Schale eines Naturzugkühlturms. Zum einen wird mittels einer Kollapsanalyse das Tragvermögen der Schale unter Berücksichtigung möglicher Schnittgrößenumlagerungen quantifiziert; zum anderen werden Möglichkeiten einer Bemessung unter Zugrundelegung nichtlinearer Schnittgrößen untersucht.

1 Einleitung

Heutige Bemessungsverfahren basieren grundsätzlich darauf, lokale Stellen dadurch nachzuweisen, daß ein das Tragwerk charakterisierender Wert kleiner als ein entsprechender zulässiger Wert ist. Erfüllen alle Stellen des Tragwerks diese Forderung, gilt das Tragwerk als Gesamtes nachgewiesen. Hierbei wird stets ein vereinfachtes Modell des realen Tragwerkes betrachtet. Eine der wesentlichen Vereinfachungen besteht in der Annahme linear-elastischen Verhaltens, welches den Vorteil hat, daß infolge der Gültigkeit des Superpositionsprinzips maßgebende Lastfallkombinationen automatisch gefunden werden können und deshalb der Aufwand relativ gering bleibt. Allerdings sind hierbei weder Aussagen bzgl. der Tragfähigkeit der Gesamtstruktur noch der Dauerhaftigkeit möglich.

Eine Alternative böten nichtlineare Entwurfskonzepte. Hierbei würde das Gesamttragwerk mittels finiter Elemente unter realistischer Modellierung geometrischer und physikalischer Nichtlinearitäten im Rechner simuliert [Krät92, Grot92]. Prinzipiell werden dann Schädigungen und Umlagerungseffekte erfaßbar. Auf der anderen Seite steigt jedoch der Aufwand beträchtlich; das Superpositionsgesetz verliert seine Gültigkeit und die Rechenmodelle selbst werden wesentlich komplexer und damit schwieriger zu handhaben.

Der voliegende Beitrag demonstriert am Beispiel einer Kühlturmschale, daß der heutige Entwicklungsstand diskreter Rechenmodelle nichtlineare Tragwerkssimulationen im Prinzip gestattet. Hierbei liegt der Schwerpunkt auf den numerischen Ergebnissen und ihrer Bedeutung für den Entwurf; die theoretische Basis des FE-Modells ist von untergeordneter Bedeutung und wird nur stichpunktartig gestreift.

2 Nichtlineares FE-Modell für Stahlbetonschalen

Wie in Bild 1 dargestellt, wird der Schalenraum zur Erfassung der Rissentwicklung über den Querschnitt in eine beliebige Anzahl von Schichten eingeteilt, die entweder Beton- oder Stahleigenschaften besitzen können. Die einzelnen Bewehrungsstäbe werden hierbei zu einer äquivalenten Stahlschicht verschmiert.

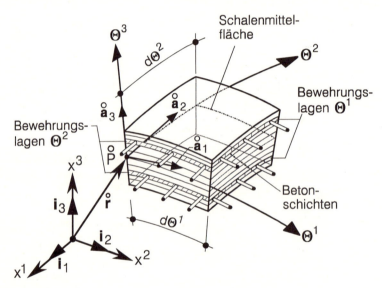

Bild 1: Schichtenelement

Eine detaillierte Beschreibung des finiten Elementes findet sich in [Hart86, Zahl90, Grub94]. Hier seien nur die wichtigsten Eigenschaften kurz aufgezählt:
- Es wird eine Schalentheorie des Typs Kirchhoff/Love mit finiten Rotationen verwendet;
- Das Element verwendet bikubische Ansatzfunktionen für die drei Verschiebungskomponenenten;
- Makroskopisch ungerissener Beton wird durch die plastische Bruchtheorie von Bazant/Kim beschrieben;
- Ein Hauptspannungs-Rißkriterium regelt die Zugrißbildung;

- Der Bewehrungsstahl gehorcht einem einaxialen elasto-plastischen Gesetz mit kinematischer Verfestigung;
- Der Tension-Stiffening-Effekt infolge Verbundwirkung wird dem Bewehrungsstahl zugeschlagen.

Der Ablauf einer nichtlinearen Analyse ist schematisch in Bild 2 wiedergegeben. Ausgehend von einem Verschiebungsinkrement auf Strukturebene werden auf Elementebene die Inkremente der Verzerrungstensoren der Schalenmittelfläche bestimmt. Diese führen bei Beachtung der Hypothese des Ebenbleibens der Querschnitte auf die Verzerrungsinkremente der Materialpunkte der einzelnen Schichten. Auswertung des nichtlinearen Stoffgesetzes liefert die korrespondierenden Spannungsinkremente, mit denen dann der Spannungszustand aktualisiert werden kann. Eine Integration über die Schalendicke reduziert den Spannungsverlauf längs der Dicke auf Spannungsresultierende. Auf Elementebene wird anschließend das Prinzip der virtuellen Verrückungen ausgewertet, welches auf energetisch äquivalente Knotenkraftgrößen und die tangentiale Elementsteifigkeitsmatrix führt. Nach Aggregation der Elementmatrizen zu Systemmatrizen wird Knotengleichgewicht auf Strukturebene gebildet und, sofern Ungleichgewichtskräfte entstehen, obiger Prozeß so lange wiederholt, bis Gleichgewicht herrscht. Dann wird in einem weiteren Last- oder Zeitschritt die Last erhöht und der Pfad weiterverfolgt.

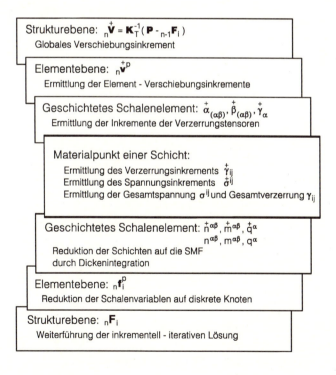

Bild 2: Ablauf einer nichtlinearen Analyse

3 Studie eines Naturzugkühlturmes

Das oben vorgestellte FE-Modell wurde auf die Analyse eines großen Naturzugkühlturms angewendet. Bild 3 zeigt die Geometrie des Tragwerks. Bei einer Gesamthöhe von 165 m besitzt die Schale eine mittlere Wanddicke von 20 cm bis 24 cm. In der Berechnung wurde die Elastizität des Stützenfachwerks vernachlässigt und durch eine starre Membranlagerung ersetzt. Das trogförmige Randglied, welches zur Versteifung des oberen Randes angeordnet ist, wurde realitätsnah durch Schalenelemente abgebildet.

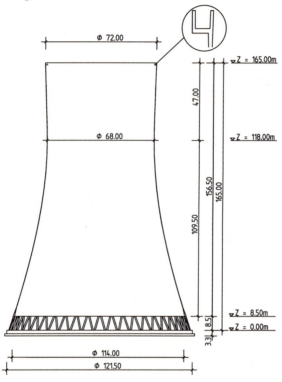

Bild 3: Kühlturmgeometrie

Gemäß der für Kühltürme gültigen Bautechnischen Richtlinie BTR [VGB90] erfolgte zunächst eine klassische lineare Bemessung. Hierbei ergibt sich die Bewehrung aus drei Forderungen:
- Mindestbewehrung;
- Nachweis gegenüber zulässigen Spannungen des Gebrauchszustandes, definiert durch die Lastfallkombination $p = g + t + w$;
- Nachweis des Traglastgrenzzustandes, definiert durch $p = g + 1.75w$, gegenüber der Streckgrenze.

Um die Traglast der Gesamtschale zu bestimmen, wurde eine Kollapsanalyse dergestalt durchgeführt, daß unter Zugrundelegung eines konstanten Lastanteiles die quasi-statische Windlast bis zum numerischen Versagen über den Lastfaktor λ inkrementell gesteigert wurde. Das Last-Verformungsdiagramm der Durchbiegung im Anströmmeridian in Taillenhöhe ist in Bild 4 dargestellt. Als erstes Ergebnis der Berechnung ergibt sich der Taglastfaktor λ_{max} als integrale, für das Gesamttragwerk gültige Größe. Man kann beträchtliche Traglastreserven - $\lambda_{max} = 2.25$ - gegenüber dem rechnerischen Bruchzustand von $\lambda_{BTR} = 1.75$ konstatieren. Der Traglastfaktor wird dann relevant, wenn das Tragvermögen bestehender Bausubstanz neu beurteilt werden muß. Erhöhen sich beispielsweise infolge klimatischer Veränderungen die anzusetzenden Windlasten, können über die reine Querschnittsbemessung hinausgehend die der Struktur innewohnenden Reserven für den Nachweis zahlenmäßig berücksichtigt werden.

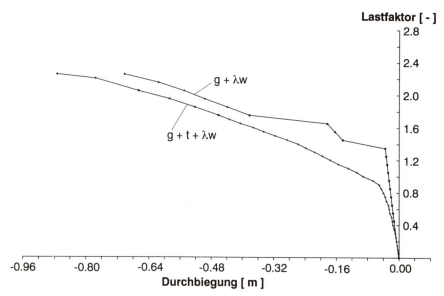

Bild 4: Last-Verformungsdiagramm

Neben der reinen Traglastzahl kann auch der Versagenmechanismus erkannt werden. In den Bildern 5 und 6 ist die Rißentwicklung für verschiedene Laststufen dokumentiert. Bereits bei einem Lastfaktor von 0.5 zeigen sich erste Risse im Randglied infolge Ringbiegung. Diese beginnen bei $\lambda = 1.25$ in die eigendliche Schale hineinzuwandern. Bei $\lambda = 1.45$ haben sich bereits deutliche Rißstrukturen entwickelt; neben Biegerissen infolge Ringbiegung treten Meridianrisse aufgrund Meridianzug im Anströmmeridian auf. Das Versagen tritt dann durch Fließen der Ringbewehrung in der Nähe des oberen Schalenrandes ein. Die Verformungsfiguren für $\lambda = 1.75$ und $\lambda = 2.25$ sind bei gleichem Überhöhungsfaktor in Bild 7 dargestellt. Man erkennt deutlich die Biegeeffekte im oberen Schalenbereich, die letztendlich zum Versagen der Struktur führen.

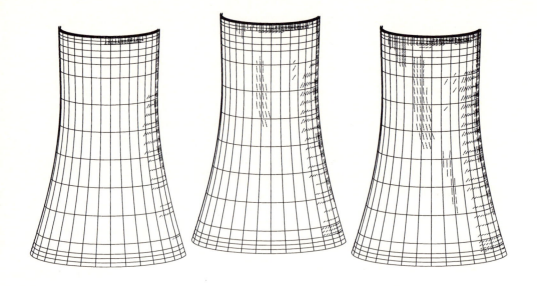

Bild 5: Rissbilder innen für λ = 1.25, λ = 1.45 und λ = 2.25

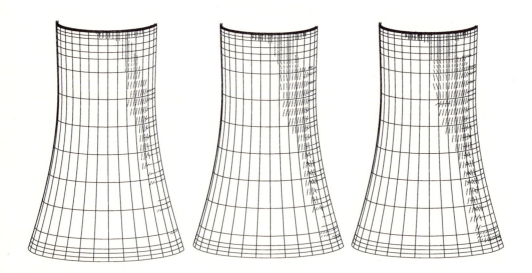

Bild 6: Rissbilder außen für λ = 1.25, λ = 1.45 und λ = 2.25

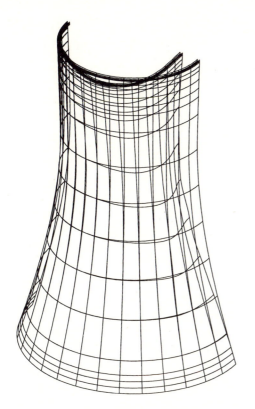 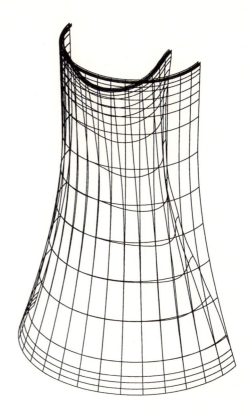

Bild 7: Deformation für λ = 1.75 und λ = 2.25

Das bisher Gesagte bezog sich auf die Analyse bestehender Bauwerke. Für den Neuentwurf können nichtlineare Berechnungen für zwei Problemkreise eingesetzt werden: nichtlineare Bemessung und Nachweis besonderer Gebrauchsfähigkeitszustände.

Infolge der Zugrißbildung im Beton ändert sich der Kräftefluß innerhalb der Schale beträchtlich gegenüber der linearen Schnittkraftverteilung. Eine Bemessung auf nichtlineare Schnittgrößen hat das Ziel, die Bewehrungsverteilung besser dem wirklichen Schnittgrößenzustand anzupassen. Hierbei würde das Tragwerk zunächst linear bemessen und dann in einer nichtlinearen Analyse der zu dieser Bewehrungsverteilung korrespondierende Schnittgrößenzustand bestimmt. Für diesen geänderten Zustand erfolgt dann eine erneute Querschnittsbemessung. Da die nichtlineare Spannungsverteilung von der vorhandenen Bewehrung abhängt, muß der Vorgang iterativ so lange wiederholt werden, bis Schnittgrößen und bewehrung konsistent sind und keine weitere Änderung mehr eintritt. Ein Vergleich der linearen und nichtlinearen Bewehrungsverteilungen [Witt92] zeigt z.T spürbare Unterschiede. Die Querschnittsbemessung selbst wird nach Standard-Bemessungsverfahren durchgeführt. Dieses normennahe Vorgehen läßt sich formalisieren und somit automatisieren. Der Aufwand hängt neben der Strukturdiskretisierung wesentlich von der Anzahl der zu untersuchenden Lastfallkombinationen ab. Da infolge der Nicht-Gültigkeit des Superpositionsprinzipes nicht mehr a priori mittels Einflußlinien oder -flächen festgestellt werden kann, welche Kombinationen maßgebend sind, explodiert die Rechenzeit mit steigender Zahl von Grundlastfällen. Nichtlineare Bemessungen erscheinen z.Z. deshalb nur dann sinnvoll, wenn die Anzahl der Lastfälle überschaubar bleibt. Rotationsschalen wie der hier untersuchte Kühlturm eigenen sich aufgrund ihrer Rotationssymmetrie hierfür besonders.

Das Hauptaugenmerk einer nichtlinearen Bemessung liegt auf der Standsicherheit des Bauwerks. Zunehmend rücken jedoch Fragen der Gebrauchstauglichkeit und Dauerhaftigkeit in den Vordergrund. Für Bauwerke unter besonderen Einwirkungen - Erdbeben, Explosionslasten, Temperaturschocks etc., - werden akzeptable Schädigungszustände definiert. Diese Stufen der Gebrauchstauglichkeit sind stark problemabhängig und äußern sich beispielsweise in der Begrenzung der Deformation oder der Festlegung maximal zulässiger Rißtiefen oder -weiten [Krät95]. Diese Zustände liegen naturgemäß im nichtlinearen inelastischen Bereich und sind somit innerhalb einer linearen Analyse grundsätzlich nicht erfaßbar. Innerhalb einer nichtlinearen Simulation kann jedoch die Evolution inelastischer Effekte beobachtet werden und - falls die Anforderungen nicht erfüllt sind - geeignete Maßnahmen ergriffen werden. Die Maßnahmen selbst sind jedoch im Gegensatz zur nichtlinearen Bemessung nicht formalisierbar sondern erwachsen aus dem Erfahrungsschatz und dem Verständnis des Ingenieurs. Erst durch eine erneute Berechnung des modifizierten Tragwerks kann die Wirksamkeit der Änderungen überprüft werden.

4 Schlußbemerkungen

Nichtlineare FE-Modelle können vorteilhaft eingesetzt werden bei
- der Beurteilung des Tragvermögens vorhandener Bausubstanz;
- einer Bemessung auf nichtlineare Schnittgrößen;
- dem Nachweis besonderer Gebrauchstauglichkeitszustände im inelastischen Bereich.

Die Basis des Analysemodells bilden nichtlineare Stoffgesetze, die infolge des pfadabhängigen Lösungsverhaltens hohe Rechenzeiten und einen hohen Speicherplatzbedarf nach sich ziehen. Infolge der Komplexität derartiger Rechenmodelle werden besondere Anforderungen an den Ingenieur gestellt: er muß gleichermaßen auf den Gebieten der Schalentheorie, der nichtlinearen Werkstoffmodellierung und der Anwendung nichtlinearer Algorithmen vertieftes Wissen besitzen.

Literatur

[Grot92] **Grote, K.**: *Theorie und Anwendung geometrisch und physikalisch nichtlinearer Algorithmen auf Flächentragwerke aus Stahlbeton*, Dissertation, Universität Kaiserslautern, 1992.

[Grub94] **Gruber, K.**: *Nichtlineare Computersimulationen als Bestandteil eines Entwurfskonzeptes zur Steigerung der Sicherheit und Dauerhaftigkeit von Naturzugkühltürmen*, Techn.-Wiss. Mit. 94-7 Ruhr-Universität Bochum, 1994.

[Hart86] **Harte, R., Eckstein, U.**: *Derivation of Geometrically Nonlinear Finite Shell Elements via Tensor Notation*, Int. J. Num. Meth. Eng., Vol. 23 (1986), 367-384.

[Krät92] **Krätzig, W.B., Gruber, K., Zahlten, W.**: *Numerische Kollapsanalysen zur Überprüfung der Sicherheit und Zuverlässigkeit großer Naturzugkühltürme*, Techn.-Wiss. Mit. 92-3 Ruhr-Universität Bochum, 1992.

[Krät95] **Krätzig, W.B., Meskouris, K., Harte, R., Zahlten, W., Schnütgen, B.**: *Nichtlineare Analysen von Stahlbeton-Flächentragwerken gemäß Eurocode 2*, Der Bauingenieur (1994), in Druck.

[VGB90] *BTR - Bautechnik bei Kühltürmen, VGB-Richtlinie für den bautechnischen Entwurf, die Berechnung, die Konstruktion und die Ausführung von Kühltürmen*, VBG Technische vereinigung der Großkraftwerksbetreiber e.V., Essen, 1990.

[Witt92] **Wittek, U.**: *Ein nichtlineares Entwurfskonzept für Naturzug-Kühltürme aus Stahlbeton*, Statik und Dynamik im Konstruktiven Ingenieurbau, SFB-Bericht 23, Ruhr-Universität Bochum, 1992.

[Zahl90] **Zahlten, W.**: *Ein Beitrag zur physikalisch und geometrisch nichtlinearen Computeranalyse allgemeiner Stahlbetonschalen*, Techn.-Wiss. Mit. 90-2, Ruhr-Universität Bochum, 1990.

FE-Anwendungen zu Untersuchungen des Tragverhaltens von wendelbewehrten Stahlbetonsäulen unter mittiger und ausmittiger Druckbelastung

Andreas Triwiyono und Gerhard Mehlhorn
Universität Gesamthochschule Kassel

1. Zusammenfassung

Es wird das Trag- und Verformungsverhalten wendelbewehrter Stahlbetonsäulen unter mittiger und ausmittiger Belastung mit Hilfe der nichtlinearen FE-Methode untersucht. Der Einfluß dreiaxialer Beanspruchungen auf die Materialgleichungen wird berücksichtigt. Für die Wendel- und Längsbewehrung wird eine elastisch-plastische Materialformulierung verwendet. Rechenergebnisse werden mit experimentellen Ergebnissen verglichen, und eine Parameterstudie über verschiedene Einflüsse wird vorgenommen.

2. Einleitung

Stahlbetonsäulen mit Wendelbewehrung besitzen gegenüber Stahlbetonsäulen ohne Wendelbewehrung ein deutlich anderes Tragverhalten. Sowohl die erreichbare Betondruckfestigkeit als auch die Duktilität der Säule steigen bei entsprechend angeordneter Wendelbewehrung. Die Kenntnisse über das Tragverhalten und die Tragfähigkeit von wendelbewehrten Säulen basieren bisher zum größten Teil auf experimentellen Untersuchungen. Je nach dem Schwerpunkt der Untersuchungen können diese in drei Hauptgruppen unterteilt werden. Die erste Gruppe umfaßt wendelbewehrte Stahlbetonsäulen mit kleiner, die zweite mit großer Schlankheit, und die dritte Gruppe wird durch exzentrische Belastungen beansprucht. Es gelang bisher nicht, die tatsächliche Spannungsverteilung des Betons im Betonkern zu ermitteln. Es ist auch noch nicht in allen Einzelheiten geklärt, welche Einflüsse auf das Tragverhalten der wendelbewehrten Säulen die einzelnen Parameter, wie ihre Abmessungen, die Wendeln und vorhandene Exzentrizitäten, bei der aufgebrachten Belastung haben.

Als Folge der Druckbelastung in Längsrichtung dehnt sich der Betonkern in Querrichtung aus. Die Querdehnung wird durch die Wendel behindert. Im Beton stellt sich, je nach Verteilung und Steifigkeit der Wendel, ein dreiachsiger Druckspannungszustand ein. Bei dreiachsiger Druckbeanspruchung liegt die Druckfestigkeit des Betons oberhalb der einachsigen Druckfestigkeit. Bild 1 zeigt die Beanspruchung der Umschnürung und die von ihr erzeugte Querdruckspannung des Betons bei zentrischer Belastung. Bei exzentrischer Belastung wird die Umschnürung in der Biegedruckzone gedehnt und ist damit für die Druckzone durchaus umschnürend wirksam.

Über numerische Untersuchungen zum Tragverhalten wendelbewehrter Säulen liegen hauptsächlich Veröffenlichungen über mittig beanspruchte Säulen vor, z.B. [I1] [M5] [A3] [M1]. Dabei wurde die Festigkeitssteigerung aus der mehraxialen Druckbeanspruchung des Betons im Vergleich zur einaxialen Festigkeit berücksichtigt. Zu Untersuchungen zum Tragverhalten exzentrisch belasteter, wendelbewehrter Stahlbetonsäulen gibt es nur wenige Veröffentlichungen. In den numerischen Untersuchungen wird das Spannungs-Verzerrungs-Verhalten des Betons durch die für einaxiale Beanspruchung gültige Materialgleichung beschrieben.

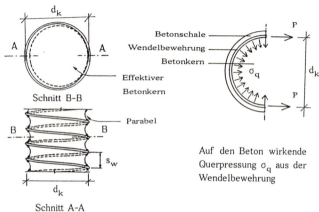

Bild 1: Durch eine Wendelbewehrung umschnürter Beton

Ukhagbe [U1] hat den Einfluß des Wendeldurchmessers d_w auf die Tragfähigkeit eines Betonkörpers mit Hilfe der FE-Methode ermittelt. Der Betonkörper ohne Querdehnungsbehinderung an der Lasteintragungsfläche hat den Durchmesser d=40 cm, die Höhe h=40 cm und die Wendelganghöhe s_w=4,0 cm. Die Wendel wurde in ein den Betonkörper ummantelndes fiktives Rundrohr umgerechnet. Die Berechnungsergebnisse zeigen, daß sich bis zu d_w= 16 mm noch wesentliche Traglaststeigerungen ergaben. Danach gab es keine wesentliche Traglaststeigerung.

Weiterhin hat Abuassab [A1] mechanische Umschnürungsgrade für die Versuche von Wurm und Daschner [W1] nach den von Iyengar [I1] angegebenen Beziehungen nachgerechnet. Er hat die Zusammenhänge zwischen dem Verhältnis f_1/f_c der Betondruckfestigkeit des wendelbewehrten Betons f_1 und der einaxialen Betondruckfestigkeit f_c in Abhängigkeit von den Umschnürungsgraden für verschiedene Verhältnisse der Lasteintragungsflächen (b_{ef}/a = 1, 2 und 3) angegeben.

Im folgenden werden das Trag- und Verformungsverhalten der wendelbewehrten Stahlbetonsäulen unter zentrischer und exzentrischer Belastung mit Hilfe der nichtlinearen FE-Methode untersucht. Das Materialverhalten von Beton wird durch das ADINA-Betonmodell [A2] idealisiert. Der Einfluß der dreiaxialen Beanspruchung auf die Materialgleichungen des Betons wird berücksichtigt. Für die Wendel und Längsbewehrung wird eine elastisch-plastische Materialformulierung verwendet. Zunächst werden experimentell untersuchte wendelbewehrte Stahlbetonsäulen nachgerechnet. Die ermittelten Rechenergebnisse werden mit den experimentell erhaltenen Ergebnissen verglichen. Anschließend wird über Ergebnisse von Parameterstudien, z.B. Einflüsse der Wendeldurchmesser d_w und -ganghöhen s_w, des Wendelgehalts μ_w, des Verhältnisses d_k/d des Durchmessers des Kerns d_k zu dem der Säule d und der Lastexentrizitäten der Säulen e, berichtet.

3. Tragverhalten und Tragfähigkeit wendelbewehrter Stahlbetonsäulen unter mittiger Druckbelastung ohne Knickgefahr

3.1. FE-Modellierung, Wahl der Elemente und Art der Diskretisierung

Im Bild 2 sind die wendelbewehrte Stahlbetonsäule und die verwendete Elementdiskretisierung des Säulenmodells dargestellt. Weil unter zentrischer Belastung ein axialsymmetrisches Verformungsverhalten ensteht, wurde die Säule im Rechenmodell durch einen rotationssymmetrischen Körper ersetzt. Die Wendel wird ringförmig im Abstand der Ganghöhe angenommen.

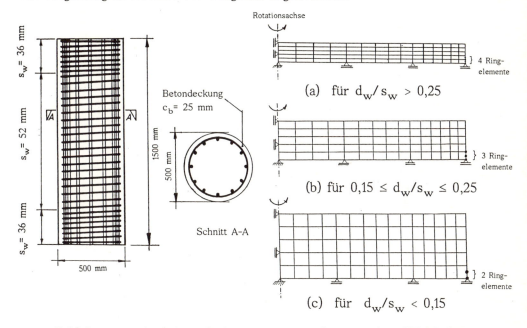

Bild 2: Wendelbewehrte Stahlbetonsäule und verwendete FE-Modelle

Bei der entsprechenden Wahl der Randbedingungen ist es ausreichend, einen Zylinderabschnitt mit dem Durchmesser des Kernquerschnitts d_k mit der Höhe der Hälfte der Wendelganghöhe $\frac{1}{2}s_w$ zu betrachten. Die Belastung erfolgt durch sukzessives, gleichmäßiges Anwachsen vertikaler Zwangsverschiebungen. Mit dieser Vorgehensweise kann der erforderliche Rechenaufwand minimiert werden. Weil die Be- tondeckung ab $\varepsilon_1 \approx 2‰$ abplatzen wird, wird der Kerndurchmesser d_k als Durchmesser des tragenden Querschnitts zugrunde gelegt. Der Beton außerhalb der Mittellinie der Wendel wurde in der Berechnung nicht berücksichtigt. Für die Idealisierung des Betons wurden axialsymmetrische isoparametrische Scheibenelemente mit 8 Knoten pro Element verwendet. Die Wendel wird mit zwei-, drei- oder vierknotigen Ringelementen idealisiert. Die Anzahl der Ringelemente ist von dem Verhältnis d_w/s_w der verwendeten

Wendel abhängig.

3.2. Zuverlässigkeit der verwendeten FE-Modelle

Um die Eignung der FE-Modelle bezüglich Genauigkeit und Zuverlässigkeit der Berechnungen zu überprüfen, wurde zunächst eine Anzahl von Versuchen nach Iyengar [I1], Ahmad und Shah [A3], Mander et.al. [M1] und Sheikh und Toklucu [S1] nachgerechnet. In den Versuchen wurden wendelbewehrte Säulen mit und ohne Längsbewehrungen geprüft. Die Längsbewehrung wurde in der Berechnung nicht berücksichtigt. Nach Mau und El-Mabsaut [M4] kann der Traganteil der Längsbewehrung für $s_w/d_L \leq 6,5$ separat berechnet werden. Die Materialparameter des Betons, die in den experimentellen Untersuchungen nicht dokumentiert sind, wurden aus dem Eurocode 2 in Abhängigkeit von der Betonfestigkeitsklasse entnommen. Die Versuchergebnisse, die mit den berechneten Werten verglichen werden, sind die maximalen Spannungen (die Tragfähigkeit) und die mittleren Spannungs-Längsstauchungs-Diagramme.

In der Tabelle 1 sind die Abmessungen und die Ergebnisse der nachgerechneten Versuchskörper zusammengestellt. In den Bildern 3 a) - d) sind die von den verschiedenen Autoren experimentell ermittelten mittleren Spannungs-Längsstauchungs-Verläufe der Versuchskörper den rechnerisch ermittelten gegenübergestellt. Die errechneten maximalen Traglasten stimmen mit den in Versuch ermittelten Werten gut überein. Bei fehlender Wendel ist aus den rechnerisch ermittelten Ergebnissen deutlich erkennbar, daß das Maximum der Absolutwerte der Längsdruckspannungen bei ca. 2 ‰ Betonstauchung auftritt. Sind Wendeln vorhanden, ist dies nicht mehr der Fall. Aufgrund der Nachrechnung der Versuche und des Vergleichs, der eine gute Übereinstimmung zwischen Rechnung und Experiment ergibt, kann festgestellt werden, daß die im Bild 2 angegebenen Säulenmodelle für die gestellten Aufgaben hinreichend gute Ergebnisse liefern.

Tabelle 1: Zusammenstellung der nachgerechneten Versuchskörper

Serie	Betonsäulen				Wendelbewehrung				$f_{1,exp}$ N/mm²	$f_{1,rechn}$ N/mm²	$\dfrac{f_{1,exp}}{f_c}$ -	$\dfrac{f_{1,rechn}}{f_{1,exp}}$ -
	f_c N/mm²	d mm	d_k mm	h mm	f_s N/mm²	d_w mm	s_w mm	μ_w %				
A-II-2	26,2	75,0	75,0	150,0	413,0	3,07	25,4	0,24	31,58	31,27	1,205	0,99
A-II-3	26,2	75,0	75,0	150,0	413,0	3,07	12,7	0,48	38,98	40,04	1,487	1,027
I-1-1	33,8	150,0	150,0	300,0	318,6	6,5	45,0	1,97	47,4	46,74	1,411	0,986
I-1-2	33,8	150,0	150,0	300,0	318,6	6,5	60,0	1,48	39,07	41,28	1,162	1,056
I-1-3	33,8	150,0	150,0	300,0	318,6	6,5	90,0	0,98	35,34	36,55	1,052	1,034
M-2-7	32,0	500,0	438,0	1500,0	300,0	12,0	52,0	1,99	52,0	48,84	1,625	0,94
S-1	35,9	355,6	301,0	711,2	300,0	11,3	56,0	2,30	51,9	53,158	1,446	1,024
S-5	35,9	355,6	304,0	711,2	550,0	8,0	56,0	1,15	44,6	43,183	1,242	0,968

Notation: Serie A : aus Ahmad und Shah [A3]   Serie M : aus Mander et.al [M2]
          Serie I : aus Iyengar et.al. [I1]   Serie S : aus Sheikh und Toglucu [S1]

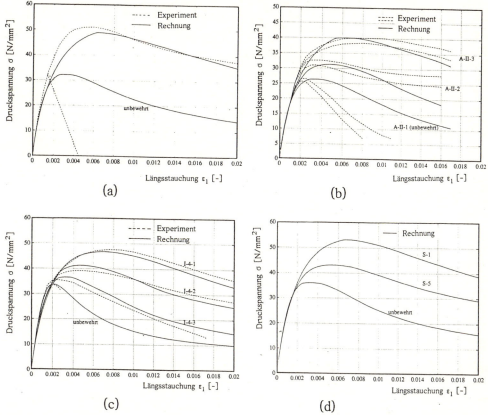

Bild 3: Rechnerisch und experimentell ermittelte Spannungs-Stauchungs-Verfäufen
    a) Versuchserie 2, Säulen 7 von Mander [M1]
    b) Versuchserie II, Säulen 1,2,3 von Ahmad und Shah [A2]
    c) Versuchserie 4, Säulen 1,2,3 von Iyengar et. al. [I1]
    d) Versuchserie I, Säulen 1,5 von Sheikh und Toklucu [S1]

3.3. Parameteruntersuchungen

Nachdem die Eignung des Rechenmodells überprüft und nachgewiesen wurde, wurden numerische Untersuchungen über Einflüsse der folgenden Parameter vorgenommen: Wendelganghöhe s_w, Wendeldurchmesser d_w, Wendelgehalt μ_w und bezogene Durchmesser d_k/d auf die Tragfähigkeit und das Verformungsverhalten. In den Parameteruntersuchungen wurden die Säulenabmessungen, Wendeldurchmesser, Wendelganghöhe und andere Parameter so gewählt, wie sie in der Praxis üblich sind. Alle Säulen weisen gleiche Betonfestigkeiten und gleiche Stahlgüten auf. Die wesentlichen Materialkennwerte für den Beton und den Stahl sind in der Tabelle 2 zusammengestellt (siehe auch Bild 4).

In der Tabelle 3 sind die Abmessungen der Säulen und der Wendeln zusammengestellt. Für jeden untersuchten Parameter wird eine spezielle Serie Ti berechnet. Innerhalb jeder Serie kommen eine Anzahl von Säulen mit verschiedenen Wendeldurchmessern, Wendelganghöhen bzw. bezogenen Durchmessern d_k/d vor.

Tabelle 2: Wesentliche Materialkennwerte

Beton	Stahl
f_c = 35 MN/m²	f_y = 420 MN/m²
E_c = 32700 MN/m²	E_s = 205000 MN/m²
ν_c = 0,21	ν_s = 0,30
ε_{c1} = 0,0022	
σ_{cu} = 12,0 MN/m²	
ε_{cu} = 0,02	
f_{sp} = 4,0 MN/m² (Spaltzugfestigkeit)	

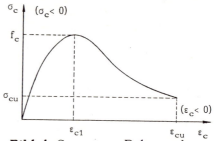

Bild 4: Spannungs-Dehnungsbeziehung für den Beton

Tabelle 3: Abmessungen und Ergebnisse der berechneten Säulen

Parameter-untersuchung	Serie-Nr	Betonsäulen		Wendelbewehrung			s_w/d_k	d_k/d	f_1	f_1/f_c
		d mm	d_k mm	d_w mm	s_w mm	μ_w %				
Wendeldurchmesser & Wendelgehalt μ_w	T1-1	400,0	400,0	8,0	40,0	1,256	0,10	1,0	45,152	1,293
	T1-2	400,0	400,0	10,0	40,0	1,964	0,10	1,0	52,067	1,487
	T1-3	400,0	400,0	12,0	40,0	2,828	0,10	1,0	56,672	1,619
	T1-4	400,0	400,0	14,0	40,0	3,848	0,10	1,0	60,621	1,732
	T1-5	400,0	400,0	16,0	40,0	5,028	0,10	1,0	65,739	1,878
	T1-6	400,0	400,0	20,0	40,0	7,854	0,10	1,0	79,691	2,176
Wendeldurchmesser d_w	T2-1	400,0	400,0	8,0	80,0	0,628	0,20	1,0	38,775	1,108
	T2-2	400,0	400,0	10,0	80,0	0,98	0,20	1,0	40,764	1,165
	T2-3	400,0	400,0	12,0	80,0	1,412	0,20	1,0	44,426	1,267
	T2-4	400,0	400,0	14,0	80,0	1,924	0,20	1,0	47,984	1,371
	T2-5	400,0	400,0	16,0	80,0	2,512	0,20	1,0	51,965	1,485
	T2-6	400,0	400,0	20,0	80,0	3,928	0,20	1,0	57,202	1,634
Wendelganghöhe s_w	T3-1	400,0	400,0	6,0	18,85	1,50	0,047	1,0	49,809	1,423
	T3-2	400,0	400,0	8,0	33,51	1,50	0,084	1,0	47,999	1,371
	T3-3	400,0	400,0	10,0	52,36	1,50	0,131	1,0	47,007	1,343
	T3-4	400,0	400,0	12,0	75,34	1,50	0,189	1,0	45,513	1,300
	T3-5	400,0	400,0	14,0	102,63	1,50	0,257	1,0	43,829	1,252
	T3-6	400,0	400,0	16,0	134,04	1,50	0,335	1,0	41,626	1,218
	T3-7	400,0	400,0	20,0	209,44	1,50	0,524	1,0	40,732	1,164
Durchmesserverhältnis d_k/d	T4-1	200,0	134,0	3,586	20,10	1,50	0,15	0,67	46,481	1,328
	T4-2	200,0	156,0	4,175	23,40	1,50	0,15	0,78	46,481	1,328
	T4-3	200,0	178,0	4,764	26,70	1,50	0,15	0,89	46,481	1,328
	T4-4	400,0	320,0	8,564	48,00	1,50	0,15	0,80	46,481	1,328
	T4-5	400,0	350,0	9,367	52,50	1,50	0,15	0,875	46,481	1,328
	T4-6	400,0	380,0	10,17	57,00	1,50	0,15	0,95	46,481	1,328
	T4-7	1000,0	910,0	24,353	136,50	1,50	0,15	0,91	46,481	1,328
	T4-8	1000,0	945,0	25,29	141,75	1,50	0,15	0,945	46,481	1,328
	T4-9	1000,0	980,0	26,227	147,00	1,50	0,15	0,98	46,481	1,328

3.3.1. Einfluß des Wendeldurchmessers d_w auf die Tragfähigkeit

Zum Studium des Einflusses des Wendeldurchmessers auf die Tragfähigkeit wurden die Serien T1 und T2 mit je 6 Säulen untersucht. Die Abmessungen aller Säulen sind gleich, während die Wendeln bei unveränderter Wendelganghöhe von 40 mm (s_w/d_k=0,1) oder 80 mm (s_w/d_k=0,2) verschiedene Durchmesser aufweisen. Dies bedeutet, daß die bezogene Wendelganghöhe s_w/d_k jeder Serie konstant bleibt, hingegen variiert der Wendelbewehrungsgehalt μ_w.

In den Bildern 5 und 6 sind die rechnerisch ermittelten Spannungs-Längsstauchungs-Verläufe der Säule dargestellt. Sie zeigen, daß bei konstanter Wendelganghöhe die Spannungen unter gleicher Längsdehnung mit größerem Wendeldurchmesser zunehmen. Bei anwachsendem Wendeldurchmesser nehmen die rechnerisch ermittelten Höchstlasten ebenfalls deutlich zu. Bei zunehmendem Wendeldurchmesser treten die maximalen Spannungen bei höheren Längsstauchungen auf. Höhere Wendeldurchmesser bewirken also auch eine größere Duktilität in der Längsrichtung der Säule.

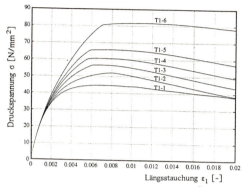

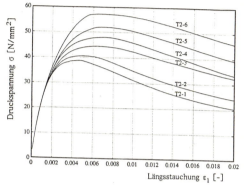

Bild 5: Spannungs-Längsstauchungs-Verläufe der Säulen der Serie T1

Bild 6: Spannungs-Längsstauchungs-Verläufe der Säulen der Serie T2

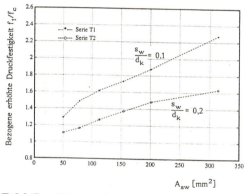

Bild 7: Abhängigkeit f_1/f_c vo der Querschnittfläche der Wendel A_{sw}

Um die Ergebnisse der verschiedenen Versuchsmodelle miteinander vergleichen zu können, wird der Zusammenhang zwischen der auf die einaxiale Festigkeit f_c (Zylinderdruckfestigkeit des Betons) bezogenen erhöhten Betondruckfestigkeit f_1 f_1/f_c und der Querschnittsfläche der Wendel A_{sw} ermittelt. In Bild 7 ist die bezogene Druckfestigkeit f_1/f_c in Abhängigkeit von A_{sw}, für $s_w/d_k = 0{,}1$ und $0{,}2$ angegeben.

Triwiyono [T1] zeigt, daß der Einfluß des Wendeldurchmessers sich auch in den Querverformungen der Säule widerspiegelt. Bei gleicher Längsstauchung nimmt die Wendeldehnung mit zunehmendem Wendeldurchmesser ab. Die Spannungen in den Wendeln verringern sich also bei größerem Wendeldurchmesser erwartungsgemäß. Die Zugkraft in der Wendel steigt aber wegen der größeren Querschnittsfläche der Wendelbewehrung. Die Querpressung nimmt deshalb ebenfalls zu, was durch den dreiachsigen Spannungszustand im Betonkern zu einer höheren Druckfestigkeit in der Längsrichtung führt.

Im folgenden wird der Zusammenhang zwischen dem bezogenen erhöhten Wert der Betondruckfestigkeit f_1/f_c und dem Wendelbewehrungsgehalt μ_w

angegeben. In Bild 8 sind die Versuchsergebnisse aus den Literaturstellen zusammengestellt. Wie in diesem Bild ersichtlich, nimmt das Verhältnis der bezogenen Druckfestigkeit f_1/f_c mit steigendem Wendelbewehrungsgehalt zu. Bild 9 zeigt das Verhältnis f_1/f_c der Serien T1 und T2 in Abhängigkeit von μ_w aus den Berechnungsergebnissen.

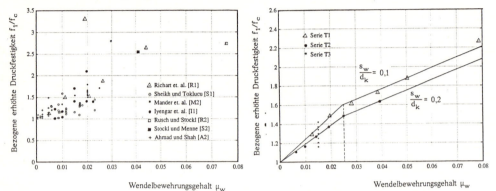

Bild 8: Abhängigkeit f_1/f_c von μ_w aus den exp. Untersuchungen

Bild 9: Abhängigkeit f_1/f_c von μ_w aus den rechn. Untersuchungen

3.3.2. Einfluß der Wendelganghöhe s_w auf die Tragfähigkeit

Um den Einfluß der Wendelganghöhe auf die Tragfähigkeit zu untersuchen, wurden in der Serie T3 7 Säulen rechnerisch untersucht. Die Wendeln weisen bei konstantem Volumen pro Längeneinheit der Säule (μ_w= 1,50%) verschiedene Durchmesser und Wendelganghöhen auf. Der Wendeldurchmesser variiert zwischen $6 \leq d_w \leq 20$ mm und die bezogene Wendelganghöhe zwischen $0,047 \leq s_w/d_k \leq 0,524$.

In Bild 10 sind die Spannungs-Stauchungs-Verläufe der Säulen dargestellt. Bei konstantem Wendelgehalt (μ_w= 1,5%) steigt die Höchstspannung und die zugehörige Stauchung mit abnehmender Wendelganghöhe deutlich an. Nach Erreichen der Höchstlast ist der Verlauf der Spannungs-Stauchungs-Beziehung von der Wendelganghöhe abhängig. Bei kleinerer Wendelganghöhe fällt die Traglast infolge besserer Umschnürungswirkung weniger ab. Bild 11 zeigt das Verhältnis f_1/f_c in Abhängigkeit von der bezogenen Wendelganghöhe s_w/d_k. Der Wert f_1/f_c für $s_w/d_k = 0$ ist ein theoretischer Grenzwert, der sich zu 1,47 ergibt.

Je größer der Abstand zwischen der Wendel s_w ist, desto kleiner ist die Umschnürungswirkung. Zur Abschätzung des Einflusses der Wendelganghöhe auf die Umschnürungswirkung haben Iyengar et.al. [I1] Menne [M5], Ahmad und Shah[A3], Park [P1], Martinez et.al. [M3], Mander et.al. [M1] und Kanellopoulus [K1] Näherungsformeln herangezogen. Der Einfluß der Ganghöhe auf die Umschnürungswirkung ist durch einen Abminderungsfaktor k_e zu berücksichtigen. Der Umschnürungstraganteil $P_w(s_w)$ ist mit einem Abminderungsfaktor k_e (Umschnürungstraganteil $P_w(s_w= 0)$) zu multiplizieren:

$$P_w(s_w) = k_e \, P_w(s_w= 0) \quad \text{oder} \quad k_e = \frac{P_w(s_w)}{P_w(s_w = 0)} \qquad (1)$$

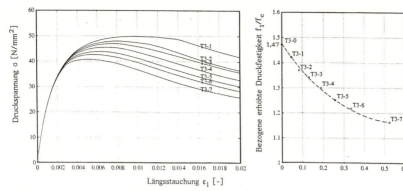

Bild 10: Mittlere Spannungs-Stauchungs-Verläufe der Säulen der Serie T3

Bild 11: Abhängigkeit f_1/f_c von der bezogenen Wendelganghöhe s_w/d_k

Bild 12 enthält eine Zusammenstellung von Berechnungsergebnissen einiger veröffentlichter Arbeiten über den Einfluß der bezogenen Wendelganghöhe s_w/d_k auf den Abminderungsfaktor k_e.

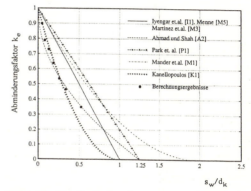

Bild 12: Einfluß der bezogenen Ganghöhe s_w/d_k auf den Abminderungsfaktor k_e

Im Bild 12 ist zu erkennen, daß die Traglasterhöhung bei gleichem Wendelgehalt μ_w wegen der Ungleichmäßigkeit der Querpressung im Betonkern sehr stark von der bezogenen Wendelganghöhe abhängig ist. Ukhagbe [U1] hat bei seinen rechnerischen Untersuchungen die Wendel durch ein verschmiertes, fiktives Rohr ersetzt, weshalb er den Einfluß der Wendelganghöhe nicht erfassen konnte.

3.3.3. Einfluß des Durchmesserverhältnisses d_k/d auf die Traglasterhöhung

Eine Möglichkeit, die Korrosion des Stahls bzw. der Wendel zu vermeiden und den Brandwiderstand zu erhöhen besteht darin, die Betondeckung zu vergrößern. Die Traglasterhöhung einer umschnürten Stahlbetonsäule, verglichen mit einer nicht umschnürten Säule, hängt natürlich auch vom Verhältnis des Durchmessers d_k des Kernquerschnitts zum äußeren Durchmesser d der umschnürten Säule ab. Infolge des Abplatzens der äußeren Betonschale bei Erreichen der Längsstauchung von ca. 2‰ verringert sich der gesamte Betonquerschnitt A_c der Säule auf den Kernquerschnitt A_k.

Die Traglasterhöhung (ΔP_U) infolge einer Umschnürung für eine Stahlbetonsäule ohne Knickgefahr gegenüber der Traglast $P_{bü}$ einer bügelbewehrten Stahlbetonsäule wird wie folgt berechnet:

$$\Delta P_U = A_k(f_1 - f_c) - (A_c - A_k) f_c \quad \text{oder} \quad \Delta P_U = A_k f_1 - A_c f_c \quad (2)$$

wobei $A_c = \dfrac{\pi d^2}{4}$ und $A_k = \dfrac{\pi d_k^2}{4}$ sind. Aus der Gleichung (2) erkennt man, daß die Traglasterhöhung umso kleiner ist, je kleiner das Verhältnis d_k/d wird. Um die Traglast einer umschnürten Säule zu erhöhen, soll $\Delta P_U \geq 0$ sein.

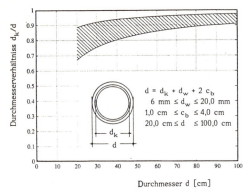

Bild 13 zeigt den Variationsbereich des Durchmesserverhältnisses d_k/d ausgehend von Minimal- bzw. Maximalwerten für den Durchmesser $d = 200 \ldots 1000$ mm und den Wendeldurchmessern $d_w = 6 \ldots 20$ mm unter Berücksichtigung verschiedener Betondeckungen c_b.

Bild 13: Variationsbereich für das Durchmesserverhältnis d_k/d

Bei der Festlegung der zu variierenden Parameter wird in wesentlichen von den in der DIN 1045 enthaltenen Angaben bzw. von in der praktischen Ausführung möglichen Anwendungsbereichen umschnürter Stahlbetonsäulen ausgegangen.

Zum Studium des Einflusses des Durchmesserverhältnisses d_k/d werden die Traglasterhöhungen der Säulen der Serie T4 verglichen. Für $d_k = 200$ mm betragen die Durchmesserverhältnisse $d_k/d = 0{,}67;\ 0{,}78;\ 0{,}89$, für $d_k = 400$ mm: $d_k/d = 0{,}80;\ 0{,}875;\ 0{,}89$ und für $d_k = 1000$ mm: $d_k/d = 0{,}91;\ 0{,}945;\ 0{,}98$. Hier werden der Wendelbewehrungsprozentsatz von $\mu_w = 1{,}5$ % und die bezogene Wendelganghöhe von $s_w/d_k = 0{,}15$ angenommen. Bei der Berechnung beträgt deshalb die durch die Umschnürung sich ergebende erhöhte Betondruckfestigkeit bei allen Säulen: $f_1 = 46{,}5$ MN/m².

In Bild 14 ist die bezogene Traglasterhöhung $\Delta P_u/P_{bü}$ von verschiedenen Säulen mit gleichem $\mu_w = 1{,}5$ % und gleichem $s_w/d_k = 0{,}15$ in Abhängigkeit vom Durchmesserverhältnis d_k/d dargestellt. Bei kleinerem bezogenen Durchmesser d_k/d, d.h. bei größerem Wert von $(d-d_k)/d$, ist die Traglasterhöhung ΔP_U auch kleiner. Für den bezogenen Durchmesser $d_k/d \approx 0{,}87/1{,}0$ fällt die Traglast der umschnürten Säule auf die Traglast einer nur bügelbewehrten (nicht wendelbewehrten) Säule ab. Teilweise liegen die Traglasten umschnürter Säulen sogar unterhalb der Traglast der verbügelten Säule ($\Delta P_U < 0$), wenn d_k/d noch kleiner als $0{,}87/1{,}0$ ist, z.B. die Traglasterhöhung der Serie T4-1, T4-2 und T4-4.

Im Bild 15 sind die auf die bügelbewehrten Säulen bezogenen Traglasterhöhungen $\Delta P_u/P_{bü}$ umschnürter Stahlbetonsäulen mit verschiedenen Betondruckfestigkeiten f_1/f_c in Abhängigkeit vom Durchmesserverhältnis d_k/d dargestellt.

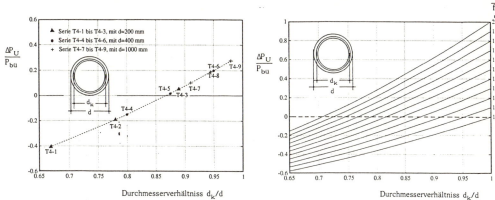

Bild 14: Traglasterhöhung ΔP_U von Serie T4 in Abhängigkeit von d_k/d

Bild 15: Traglasterhöhung ΔP_U in Abhängigkeit von f_1/f_c und d_k/d

4. Tragverhalten und Tragfähigkeit wendelbewehrter Stahlbetonsäulen unter ausmittiger Druckbelastung

Das Trag- und Verformungsverhalten wendelbewehrter Stahlbetonsäulen unter ausmittiger Belastung wird von einer Vielzahl von Parametern, z.B.: Wendelgehalt, Säulenschlankheit, und von der Größe der Lastexzentrizität beeinflußt. Im folgenden werden Ergebnisse einer nicht komplett vorgenommenen rechnerischen Untersuchung der Einflüsse aller Einflußgrößen vorgestellt. Es wurden Untersuchungen durchgeführt, um einen Überblick zu gewinnen, inwieweit sich eine Veränderung von Lastexzentrizitäten auf die Traglast wendelbewehrter Stahlbetonsäulen auswirkt. Weitere Ergebnisse werden in der Dissertation von Triwiyono [T1] mitgeteilt und diskutiert.

4.1. FE-Modellierung, Wahl der Elemente und Art der Diskretisierung

Für die Modellbildung werden wendelbewehrte Stahlbetonsäulen, wie sie in den Versuchen von Stöckl und Menne [S2] experimentell geprüft wurden, herangezogen. In Bild 16 sind die untersuchten Säulen und das zugehörige statische System wiedergegeben. Die Säulen mit gelenkiger Lagerung haben an den Enden Lasteintragungsvorrichtungen aus massiven Stahlplatten. Unter Ausnutzung der Symmetrieebene und bei Festlegung der geeigneten Randbedingungen wird das Rechenmodell nur für ein Viertel der gesamten Säule entwickelt, wie dies im Bild 17 dargestellt ist. Dadurch kann der Rechenaufwand reduziert werden. Bild 17 a) zeigt die Frontansicht und 17 b) die Rückansicht des Rechenmodells.

Für den Beton und die Stahlplatten werden dreidimensionale Elemente mit 8 Knoten pro Element und für die Wendel- sowie die Längsbewehrung Stabelemente mit 2 Knoten pro Element gewählt. Zwischen dem Beton und der Längs- und Wendelbewehrung wurde starrer Verbund angenommen. Wie im Experiment, wird die Größe der Exzentrizität e vorgegeben. Die Eintragung der exzentrischen Last erfolgt durch das Aufbringen einer gleichmäßigen Belastung auf bestimmte

Stahlplattenelemente. Die Belastung wird in Belastungsschritten solange gesteigert, bis die Höchstlast erreicht ist.

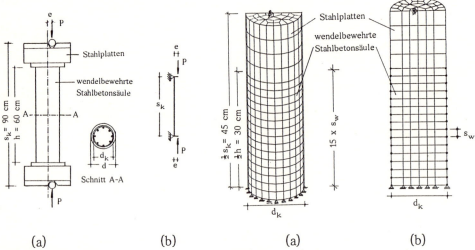

(a) (b) (a) (b)
Bild 16: Wendelbewehrte Stahlbetonsäule aus [S2]   **Bild 17:** FE-Diskretisierung des verwendeten Rechenmodells

4.2. Nachrechnungen

Im folgenden werden die Ergebnisse der Nachrechnungen der Versuche von Stöckl und Menne vorgestellt. Das Ziel war es, die Eignung des im Bild 17 angegebenen Rechenmodells für die wendelbewehrte Säulen zu testen, um dieses zur Untersuchung des Einflusses der Lastexzentrizität auf das Tragverhalten weiter zu verwenden. In dem Versuch wurden in jeder der Laststufen die Längsstauchungen am weniger gedrückten Rand ε_a und am meisten gedrückten Rand ε_i sowie die zugehörige Säulenausbiegung gemessen. Die Berechnungsergebnisse werden mit den Versuchergebnissen verglichen. In der Tabelle 4 sind die Daten der Versuchkörper sowie die in den experimentellen und rechnerischen Untersuchungen ermittelten Höchstlasten zusammengestellt.

Tabelle 4: Zusammenstellung der Ergebnisse nachgerechneter Versuchkörper [S2]

Serie	Nr.	Längs- und Wendelbew.	Exzentrizität e [cm]	m=e/k -	$P_{exp.}$ [kN]	$P_{rech.}$ [kN]	$\dfrac{P_{rech.}}{P_{exp.}}$ -
WS2a	8	Längsbew. 8 Ø 12 mm	0,0	0,0	1228,3	1145,052	0,9322
	9		0,4	0,242	1059,8	1015,737	0,9584
WS2b	10	Wendelbew. Ø 8 mm s_w = 20 mm	0,8	0,482	889,18	874,640	0,9836
	11		1,6	0,970	763,80	731,801	0,9581
	12		3,2	1,970	537,87	552,367	1,027

Es gilt: Kernweite k = d_k/8

In den Bildern 18 a) und b) sind die sich experimentell und rechnerisch ergebenden Zusammenhänge zwischen der Last und den Längsstauchungen ε_a und ε_i der verglichenen Säulen gegenübergestellt.

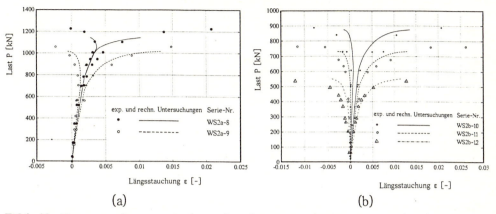

Bild 18: Zusammenhang zwischen den Längsstauchungen ε_a und ε_i und der Last P: (a) Versuchsserie WS2a und (b) Versuchsserie WS2b (nach [S2])

Die Säulen mit bezogenen Exzentrizitäten m < 1 (Säulen 8, 9, 10) verhalten sich im Experiment sowie in der Berechnung sehr ähnlich. Am weniger gedrückten Rand zeigen sich mit zunehmender Belastung zunächst wachsende Stauchungen, die bei höheren Laststufen rückläufig sind. Bei m > 1 (Säulen 11 und 12) stimmen die experimentell und rechnerich ermittelten Ergebnisse gut überein. Es kommt hier bei steigender Belastung in keinem Fall zu Entlastungserscheinungen einzelner Querschnittsteile. Im Bild 19 sind die Ausbiegungen in der Mitte der Säulenhöhe in Abhängigkeit von der Last aufgetragen.

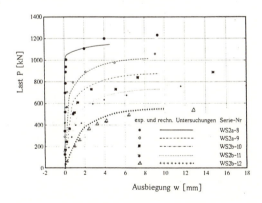

Bild 19: Zusammenhang zwischen Last P und Ausbiegung in der Mitte der Säule (Stelle $x=s_k/2$) der Serien WS2a und WS2b (aus [S2])

Aus den Ergebnissen ist zu erkennen, daß die sich ergebende größere Höchstlast für abnehmende Exzentrizität der Lasteintragung rechnerisch erfaßt werden kann. Die Eignung des verwendeten Rechenmodells für die Säule (Bild 17) ist für die weiteren Untersuchungen zur Bestimmung der Höchstlast der Säule unter exzentrischer Belastung bestätigt worden.

4.3 Einfluß der Lastexzentrizität e

Um den Einfluß der Exzentrizität der eingetragenen Belastung auf die Tragfähigkeit der wendelbewehrten Säule rechnerisch zu untersuchen, wird die bezogene Exzentrizität m = 0,0; 0,25; 0,5; 1,0; 2,0; und 3,0 variiert, während die anderen Parameter festgehalten werden. Das Rechenmodell sowie die Verteilung der Längs- und Wendelbewehrung wurden wie im Bild 17 dargestellt zugrunde gelegt. Der Durchmesser aller Säulen beträgt d_k= 133 mm und d = 150 mm mit der Wendelganghöhe von s_w= 20 mm (s_w/d_k= 0,15) und dem Längsbewehrungsprozentsatz von μ_l= 4,5%. Der Wendelgehalt wird mit μ_w = 2,0; 4,0; 6,0 und 8,0 variiert. Für den Beton wird eine Betondruckfestigkeit von f_c= 35 N/mm² und für die Wendel- und Längsbewehrung eine Stahlfließspannung von f_y = 420 N/mm² verwendet. Das Bild 20 zeigt die errechneten Höchstlasten der untersuchten Säulen. Wie in diesem Bild gezeigt wird, führen zunehmende Lastexzentritäten erwartungsgemäß zu großen Traglastabfällen der Säulen.

Die Traglastabfälle sind im Bereich kleiner Exzentrizität am stärksten. Mit wachsender Exzentrizität wird der Verlauf des Abfalls flacher. Im Vergleich zu den zentrisch belasteten Säulen fallen die Höchstlasten für die Exzentrizität e = 3,0 k auf ca. 36 % ab.

Neben dem Abfall der Gesamttraglast der Säulen sind auch die Umschnürungstraganteile allein zu untersuchen. Zusätzlich wurden Höchstlasten $P_{u,bü}$ von vergleichbaren bügelbewehrten Säulen (μ_w= 0) berechnet, was im Bild 20 dargestellt ist. Die Traglaststeigerung der Säule mit μ_w= 8% und m = 0 beträgt ca. 60%, bezogen auf die Traglast der bügelbewehrten Säule. Die bezogene Traglasterhöhung sinkt für größere Exzentrizitäten ab. Für m = 3,0 beträgt die entspechende Traglaststeigerung nur rund 20%.

Der Einfluß der Exzentrizität auf die Umschnürungswirkung kann durch einen Abminderungsfaktor k_{ex} berücksichtigt werden:

$$k_{ex} = \frac{P_w(m)}{P_w(m=0)} \qquad (3)$$

$P_w(m)$ ist der Umschnürungstraganteil bei exzentrischer Belastung und $P_w(m=0)$ ist der Umschnürungstraganteil bei zentrischer Belastung. Im Bild 21 sind die Werte für den Abminderungsfaktor k_{ex} angegeben. Der Abminderungsfaktor kann durch die auf der sicheren Seite liegenden Gleichung:

$$k_{ex} = 1 - \sqrt{\frac{m}{4}} = 1 - \sqrt{\frac{e}{4k}} \qquad (4)$$

angenähert werden. Im Bild 21 sind auch die von Müller [M6] und Menne [M5] vorgeschlagenen Verläufe der Abminderungsfaktoren mit dargestellt.

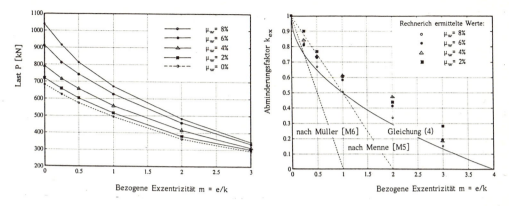

Bild 20: Höchstlasten der Säulen mit verschiedenen Exzentrizitäten

Bild 21: Abhängigkeit des Abminderungsfaktor k_{ex} von m = e/k

5. Schlußfolgerungen

Mit der FE-Modellierung unter Berücksichtigung des physikalisch nichtlinearen Verhaltens der Werkstoffe Beton und Stahl kann das Trag- und Verformungsverhalten von wendelbewehrten Stahlbetonsäulen unter zentrischer und exzentrischer Belastung rechnerich zutreffend bestimmt werden. Aus den durchgeführten Parameteruntersuchungen lassen sich zusammenfassend folgende Schlußfolgerungen ziehen:

- Mit Erhöhung des Wendelbewehrungsgehalts bei gleicher Wendelganghöhe nimmt die Wendeldehnung und damit die Wendelspannung ab. Die Zugkraft in der Wendel und die im Betonkern erzeugten Querpressungen nehmen aber als Folge des größeren Querschnitts der Wendel zu, was zu höheren Traglasten und größerer Duktilität der Säule führt.

- Bei gleichbleibendem Wendelgehalt führt eine dünnere Wendel zu einer kleineren Wendelganghöhe, was zu einer gleichmäßigeren Querpressung im Betonkern führt und deshalb eine bessere Umschnürungswirkung ergibt, woraus eine etwas höhere Traglast folgt.

- Bei gleichem Wendelgehalt und gleicher bezogener Wendelganghöhe bewirkt das größere Durchmesserverhältnis d_k/d eine Traglasterhöhung. Die Traglasterhöhungen der Säule mit beliebigem d_k/d und f_1/f_c sind im Bild 15 ersichtlich.

- Eine Lastexzentrizität führt zu einem Traglastabfall von wendelbewehrten Stahlbetonsäulen. Die Traglastabfälle sind bei kleiner Exzentrizität stärker, und mit wachsender Exzentrizität verläuft der Traglastabfall flacher. Der Einfluß der Exzentrizität auf den Abminderungsfaktor des Umschnürungstraganteils kann aus der angegebenen Gleichung (4) ausreichend genau, auf der sicheren Seite liegend bestimmt werden.

Literatur:

[A1] Abuassab, W.H.: Anwendung der nichtlinearen Finite Elemente Methode zur Traglastberechnung im Stahlbetonbau und die Entwicklung von Fachwerkmodellen für den Entwurfsprozeß, Universität Gesamthochschule Kassel, Dissertation 1993.

[A2] ADINA: A Finite Element Program for Automatic Dynamic Incremental Nonlinear Analysis. Rep. MIT Cambidge, Mass. 1984.

[A3] Ahmad, S.H., und Shah, S.P.: Stress-Strain Curves of Concrete Confined by Spiral Reinforcement, ACI-Proceeding, Vol. 79, No.6, Nov.-Dec. 1982.

[I1] Iyengar S.R.K.T., Desayi P. und N. Reddy K.: Stress-strain Characteristic of Concrete Confined in Steel Binders, Magazine of Concrete Research, Vol. 22, No. 72, Sept. 1970.

[K1] Kanellopoulos, A.: Zum unelastischen Verhalten und Bruch von Stahlbeton, Bericht 153, Institut für Baustatik und Konstruktion ETH Zürich, 1986.

[M1] Mander, J.B., Priestley, M.J.N. und Park, R.F.: Theoretical Stress-Strain Model for Confined Concrete, Journal of Structural Engineering, ASCE, Vol.114, No. 8, 1988, p. 1804-1826.

[M2] Mander, J.B., Priestley, M.J.N. und Park, R.F.: Observed Stress-Strain Behavior of Confined Concrete, Journal of Structural Engineering, ASCE, Vol.114, No. 8, 1988, p. 1827-1849.

[M3] Martinez, S., Nilson, A.H and Slate, F.O.: Spirally-Reinforced High-Strength Concrete Columns. Report No. 82-10, Dept. of Structural Engineering, Cornell University, Ithaca, New York, 1982.

[M4] Mau, S.T. und El-Mabsout, M.: Inelastic Buckling of Reinforcing Bars. Journal of Engineering Mechanics, ASCE Vol. 115, No.1, 1989, pp. 1-17.

[M5] Menne, B.: Zur Traglast der ausmittig gedrückten Stahlbetonstützen mit Umschnürungsbewehrung, Heft 285 des Deutschen Ausschusses für Stahlbeton, Wilhelm Ernst & Sohn, Berlin, 1977.

[M6] Müller, K.F.: Beitrag zur Berechnung der Tragfähigkeit wendelbewehrter Stahlbetonsäulen. Dissertation, Technische Universität München, 1975.

[P1] Park, R., Priestley M.J.N. and Gill. W.D.: Ductility of Square-Confined Concrete Columns, Proceedings, American Society of Civil Engineers, V.108, ST4, Apr. 1982, pp. 929-950.

[R1] Richart, F.E., Brandtzaeg, A., und Brown, R.L.: The Failure of Plain and Spirally Reinforced Concrete in Compression, University of Illinois Urbana, Engineering Experiment Station, Bulletin Series No. 190, 1929.

[R2] Rüsch H. und Stöckl S.: Versuche an wendelbewehrten Stahlbetonsäulen unter kurz- und langzeitig wirkenden zentrischen Lasten, Heft 205 des Deutschen Ausschusses für Stahlbeton, Wilhelm Ernts & Sohn, Berlin, 1969.

[S1] Sheikh, S.A. und Toklucu, M.T.: Reinforced Concrete Columns Confined by Circular Spirals and Hoops. American Concrete Institute, Structural Journal, V. 90, No. 5, September-October, 1993, pp. 542-553.

[S2] Stöckl, S. und Menne, B.: Versuche an wendelbewehrten Stahlbetonsäulen unter exzentrischer Belastung, Heft. 251 des Deutschen Ausschusses für Stahlbeton, Wilhelm Ernst & Sohn, Berlin, 1975.

[T1] Triwiyono, A.: Das Tragverhalten von wendelbewehrten Stahlbetonsäulen unter mittiger und ausmittiger Druckbelastung, Universität Gesamthochschule Kassel, Dissertation 1995 (in Vorbereitung).

[U1] Ukhagbe, J.: Ausgewählte Probleme zur Vorspannkrafteintragung im Spannbeton, Universität Gesamthochschule Kassel, Dissertation 1990.

[W1] Wurm, P. und Daschner, F.: Versuche über Teilflächenbelastung von Normalbeton, Heft. 286 des Deutschen Ausschusses für Stahlbeton, Wilhelm Ernst & Sohn, Berlin, 1977.

Nichtlineare FE-Berechnung von ebenen Stahlbetontragwerken

V.Cervenka, CERVENKA CONSULTING, Prag

1. Zusammenfassung

Die nichtlinearen FE-Berechnungsmethoden bieten neue Möglichkeiten auf dem Gebiet von Stahlbetonkonstruktionen an. Die neue Materialmodelle, die mit den neuesten Kenntnissen der Materialforschung entwickelt wurden, haben die Fähigkeit die charakteristische Versagensarten des Betons und Stahlbetons zu simulieren. Einige Beispiele solcher Computersimulation, die mit dem Programm SBETA erreicht wurden, illustrieren ihre praktische Einsatzfähigkeit. Die Beispiele schließen spröde und duktile Versagensarten ein. Die Ergebnise der Berechnungen können zum Nachweis der Sicherheit von Stahlbetontragwerken im Gebrauchszustand sowohl als auch im Bruchzustand benutzt werden.

2. Programm SBETA

SBETA [1] ist ein kommerzielles Finite-Element-Programm für die nichtlineare Berechnung von Stahlbetonkonstruktionen im ebenen Spannungszustand. Das Programm kann das Verhalten von komplizierten Betonbauwerken, mit oder ohne Bewehrung, unter statischer Belastung analysieren. Die nichtlineare Einflüsse des Materials und großer Verformungen sind berücksichtigt. Die nichtlineare Analyse ist durch eine Schrittbelastung und eine Gleichgewichtsiteration innerhalb eines Lastschrittes durchgeführt. Die Newton-Raphson-Methode und die Arc-Length-Methode sind die wählbaren Iterationsmethoden für die Lösungsstrategien.

Das Stoffgesetz des Betons in SBETA basiert auf den Konzepten der verschmierten Risse, der Schadensmechanik und der Bruchmechanik. Die wichtigste Funktionen des SBETA-Materialmodells sind in Bilder 1,2 und 3 gezeigt. Die Spannungs-Dehnungs-Linie, Bild 1, erfasst alle Materialzustände des Betons: Druck- und Zugbelastung vor und nach dem Versagen. Sie dient zur Bestimmung der Spannungen und Materialsteifigkeiten. Die Gipfelwerte der Spannungen, die die Festigkeiten im Zug und Druck bestimmen, werden aus der zweiaxialen Bruchbedingung, Bild 2, abgeleitet und entsprechend dem zweiaxialen Spannungszustand modifiziert.

Die Rissentwicklung wird durch die Bruchenergie G_f gesteuert. Ein Gesetz der Rissöffnung eines diskreten Risses nach Hordijk [2], Bild 3, ist übernommen. Dieses Gesetz wurde für die Zwecke des verschmierten Rissmodells in SBETA erweitert. Dafür wurde eine Rissbandbreite L_b als eine Projektion der Elementsgrösse in Rissrichtung definiert. Mit Hilfe dieses Rissbandes wurde ein Spannungs-Dehnungs-Gesetz, Bild 3(b), für verschmierte Risse formuliert, wobei eine Voraussetzung der gleiche Bruchenergie in beiden Modellen gilt.

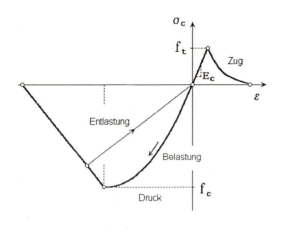

Bild 1. Spannungs-Dehnungs-Kurve für Beton.

Bild 2. Zweiaxiale Bruchbedingung für Beton.

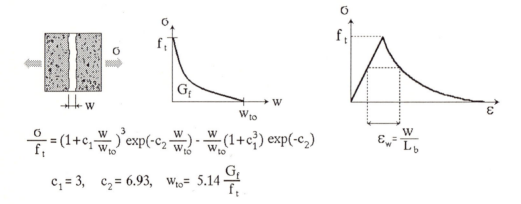

$$\frac{\sigma}{f_t} = (1+c_1\frac{w}{w_{to}})^3 \exp(-c_2\frac{w}{w_{to}}) - \frac{w}{w_{to}}(1+c_1^3)\exp(-c_2)$$

$$c_1 = 3, \quad c_2 = 6.93, \quad w_{to} = 5.14\frac{G_f}{f_t}$$

(a) Diskretes Rissmodell (b) Verschmiertes Rissmodell

Bild 3. Rissöffnungsgesetz. (w - diskrete Rissöffnung, ε_w - verschmierte Rissöffnung).

Für die Bewehrung ist ein bilineares Stoffgesetz mit einem elastischen Verhalten vor der Fließgrenze und einem liearen Verfestigungsbereich nach dem Fließen benutzt. Das perfekte Verbund zwischen Beton und Bewehrung ist angenommen. Das Programm kann auch noch weitere Einflüsse, wie Vorspannung, Temperatur und Schwinden behandeln. Für die grafische Bearbeitung der Ergebnisse stehen mehrere Postprozessoren zur Verfügung.

3. Beispiele der Anwendung

Durch den Einsatz von nichtlinearen Berechnungen mit SBETA in der Ingenieurpraxis und der Forschung wurden zahlreiche Erfahrungen gewonnen. Aus dieser Tätigkeit sind folgende drei Beispiele gewählt: Schubversagen eines Hochbalkens, Größeneinfluß bei Schubversagen, Rissbreitenberechnung.

3.1 Durchlaufender Scheibenträger

Asin und Walraven [3] haben an der Technischen Hochschule Delft eine Serie von Scheiben untersucht. Die experimentelle Untersuchungen wurden durch die Berechnungen mit SBETA unterstützt. Bild 4 zeigt eine Scheibe aus dieser Serie. Die Scheibe hat eine starke Längsbewehrung und nur schwache vertikale Schubbewehrung. Eine symmetrische Hälfte der Scheibe wurde berechnet. Einige Ergebnise der FE-Berechnung sind in Bilder 5,6 und 7 dargestellt.

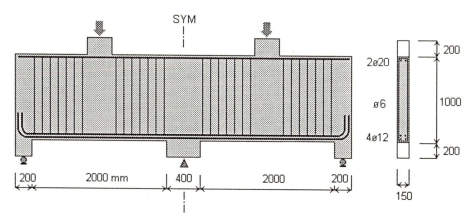

Bild 4. Scheibenträger aus [3]

Der Risszustand in Bild 5 zeigt das Rissbild des Balkens bei 82% der Höchstlast für zwei verschiedene FE-Netze. In oberen Bilder sind die Rissbilder und verformte Netze und unten sind die Höhenlinien der Dehnungen gezeigt. Die beide Darstellungen zeigen die Bildung eines schrägen Risses, der im verschmierten FE-Model durch eine Lokalizierung von Dehnungen modeliert ist. Diese Lokalisierung wird etwas von Elementgröße beeinflußt. Während die Rissbilder für feines und grobes Netz sehr ähnlich sind, die Breite des schrägen Risses im feinen Netzmodell etwas kleiner ist. Bild 6 zeigt der Bruchzustand des feinen Netzmodells. Das Versagen der Scheibe folgt nach dem Druckbruch des gerissenen Betons in dem schrägen Riss. Es ist ein Schubversagen des

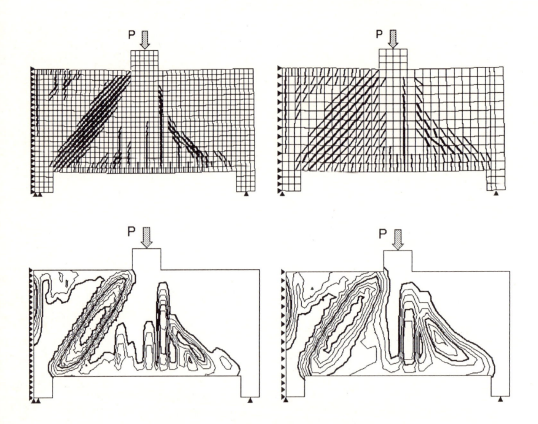

Bild 5. Darstellungen des Risszustandes bei 82% der Höchstlast. (Oben - Rissbild, unten - Höhenlinien von Dehnungen, links - feines Netz, rechts - grobes Netz.)

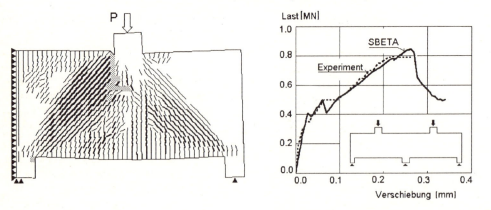

Bild 6. Bruchzustand

Bild 7. Last-Verschiebungs-Diagramm

das unter der kombinierten Zug- und Druckbeanspruchung auftritt. Die Elemente mit dem Betondruckbruch sind in Bild 6 grau bezeichnet. Das Druckversagen verursacht die Bildung eines breiten Bandes von Schrägrisse. Das Last-Verschiebungs-Diagramm in Bild 7 zeigt eine gute Übereinstimmung der FE-Berechnung mit dem Experiment. Das rechnerische Verhalten der Scheibe während der Belastung (Rissbildung, Versagensart) stimmt mit den experimentellen Ergebnissen aus der Literatur [3] gut überein.

3.2 Größeneinfluß beim Schubversagen

Zuerst wird eine Berechnung des Schubversagens einer Scheibe, Bild 8, gezeigt. Die Scheibe ist nur mir einer Längsbewehrung ausgestattet. Die Dimensionen sind d=0.6m, b=0.15m, Bewehrungsgrad $p=A_s/bd$=0.018. Die Beziehung a/d=0.5 bedeutet eine große Schubbeanspruchung. Die Computersimulation des Schubversagens dieser Scheibe ist in Bild 9 gezeigt. Der Verlauf des Bruchrisses durch das Netz ist aus der Abbildung des verformten Netzes sehr gut zu identifizieren. In diesem Fall ist die Lokalisierung der Dehnungen noch besser als im vorigen Fall, Bild 5, weil das Versagen ausschließlich durch die Rissöffnung verursacht ist (sogenannte Mode-I-Bruch).

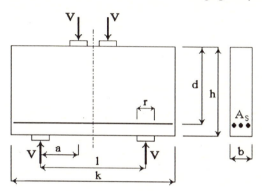

Bild 8. Scheibe mit Längsbewehrung.

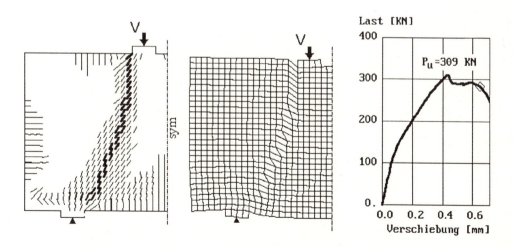

Bild 9. Schubversagen der Stahlbetonscheibe.

Aus den experimentellen Erfahrungen ist bekannt, daß bei den spröden Versagensarten die Bruchlast auch von Größe der Konstruktion abhängig ist. Dieser sogenannte "Größeneinfluß" war das Thema der "Round Robin Analysis" in Japan [4]. In diesem Zusammenhang hat Author Berechnungen der Scheiben mit verschiedenen Größen d=0.3, 0.6 ,0.9m durchgeführt. Die geometrische Form der Scheiben ist gleich und alle Dimensionen sind durch einen gleichen Faktor skaliert. Die Materialparameter sind für alle Fälle identisch. Die Schubspan- nungen beim Versagen, Bild 10, zeigen einen bedeutsamen Einfluß der Größe, wobei die kleine Scheibe hat vergleichbar größere Trag- fähigkeit als die große. Die Fähigkeit des Programs den Größeneinfluß zu simulieren liegt in der Anwendung des Bruchenergieverfahrens.

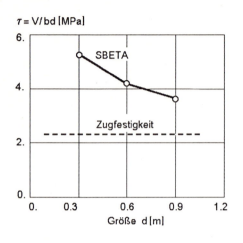

Bild 10. Größeneinfluß beim Schubversagen.

3.3 Rissbreiten im Stahbeton

Dieses Beispiel zeigt eine Anwendung der nichtlinearen FE-Berechnung für die Rissbreitenbestimmung in einem Stahlbetonbalken. Dafür sind die Ergebnisse einer experimentellen Untersuchung von Braam [5] übernommen. Er hat

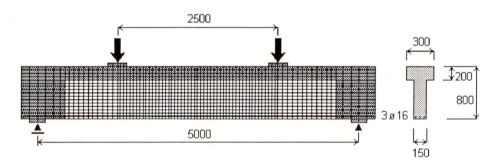

Bild 11. Balken Nr.7 von Braam [5]. FE-Modell.

verschiedene Einflüsse der Bewehrungsdetailierung auf die Rissbreite untersucht. Diese Arbeit bietet sehr umfangreiche Informationen über Rissbreiten in den Stahlbetonbalken. Die experimentelle Daten wurden für eine Studie der Computersimulation von Rissbildung benutzt. Diese Studie diente zur Bestätigung der Möglichkeiten des verschmierten Rissmodells für die Rissbreitenberechnung, die zur Nachweis der zulässigen Rissbreiten im Gebrauchszustand benutzt werden kann. Aus dieser Studie ist hier nur ein Teil presentiert.

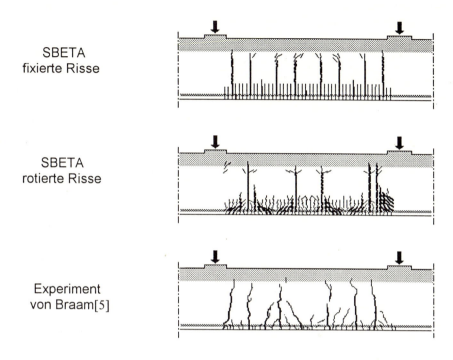

Bild 12. Rissbilder nach FE-Berechnung und Experiment.

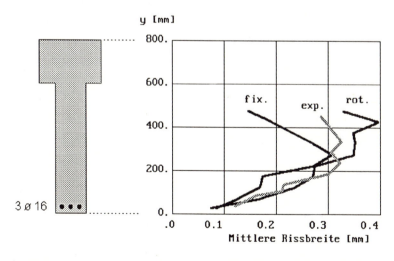

Bild 13. Rissbreite. Vergleich der SBETA-Berechnung mit Experiment[5].

Der Balken Nr. 7 aus der Literatur [5] ist in Bild 11 dargestellt. Der Querschnitt in der Mitte hat eine T-Form und ist nur mit der Längsbewehrung ausgestattet. Wegen der Belastung durch zwei symmetrisch wirkende Kräfte ist das mittlere Teil des Balkens auf einen konstanten Moment beansprucht. Das Beton hat eine Würfeldruckfestigkeit von 57 MPa, die Bewehrung ø16 hat eine Fliessgrenze von 460 MPa. Die Rissbilder und die Rissbreiten nach der geschlossenen Fortpflanzung bei P=146kN sind in Bilder 12 und 13 dargestellt. Die FE-Berechnungen sind mit zwei Rissmodellen durchgeführt worden, und zwar mit fixierten und rotierten Rissrichtungen. An dem Diagramm, Bild 13, ist der Durchschnittswert der Rissbreite innerhalb der Konstant-Moment-Bereich gezeichnet.

Die Berechnungen zeigen eine gute Übereinstimmung mit den Experimenten. Die Werte der wirklichen Rissbreiten sind von den beiden Rissmodellen begrenzt. Bei meisten Fällen bringt das rotierte Rissmodell grössere Rissbreiten als fixierte Rissmodell aus.

4. Schlußbemerkung

Die nichtlinerare Finite-Element-Methode mit speziellen Materialmodellen für Stahlbeton kann zu den Lösungen von Aufgaben der Praxis angesetzt worden. Deren Anwendung ist besonders gut geeignet für die Konstruktionen, wo die lineare Analyse und die einfache Berechnungsmodelle das Konstruktionsverhalten nicht vollständig beschreiben können. Als Beispiele sind einige Berechnungen mit dem Programm SBETA presentiert, die die Traglastbestimmung bei dem Schubversagen der Scheiben und die Rissbreitenberechnung zeigen. Bei spröden Versgensarten, die durch Rissfortpflanzung beeinflußt sind, soll ein bruchenergiebasiertes Materialmodell benutzt werden. Für eine wirklichkeitsnähe Simulation, nämlich für die Beurteilung der Grenzlast und der Gebrauchsfähigkeit in solchen Fällen ist das Programm SBETA anwendbar.

Literatur

[1] CERVENKA, V., PUKL, R. - Computer Models Of Concerete Structures. Structural Engineering International, Vol.2, No.2, May 1992, IABSE Zürich, Switzerland, ISSN 1016-8664, pp. 103-107.
[2] HORDIJK, D.A. - Local Approach to Fatigue of Concrete, Doctor Dissertation, Delft University of Technology, The Netherlands, 1991, ISBN 90-9004519-8
[3] ASIN, M., WALRAVEN, J.C. - BETONMECHANICA(I) - Statisch onbepaalde Wandliggers: Experiment en Simulatie, Cement 1994/12.
[4] CERVENKA, V. - SBETA Analysis of Size Effect in Concrete Structures, Proceedings from JCI International Workshop on Size Effect in Concrete Structures, Oct.31-Nov.2, 1993, Sendai, Japan, pp.271-281.
[5] BRAAM, C.R. - Control of Crack Width in Deep Reinforced Concrete Beams. Heron, Vol. 35, 1990, No.4, Delft, The Netherland, ISSN 0046-7316

Baupraktische Anwendung nichtlinearer Traglastermittlung - Bemessung im Stahlbetonbau

W. von Grabe und H. Tworuschka,
Bergische Universität GH Wuppertal

1. Zusammenfassung

Der vorliegende Beitrag zeigt die Anwendung eines dreidimensionalen Finite Elemente Modells für die Beurteilung des Tragverhaltens von Stahlbetonbauteilen mit praxisnahen Abmessungen unter Einbeziehung der nichtlinearen Werkstoffeigenschaften der Komponenten Beton und Stahl.
Für die Beschreibung des Riß- und Verbundverhaltens werden geeignete Ansätze implementiert.
Die Anforderungen des Eurocode 2, insbesondere das zugrundeliegende Sicherheitskonzept, werden berücksichtigt.
Die Auswirkungen einer steifigkeitsbedingten Verteilung der inneren Kräfte auf die Tragsicherheit der Gesamtstruktur wird aufgezeigt.

2. Einleitung

Mit Einführung des Eurocode 2 - Planung von Stahlbeton- und Spannbetontragwerken- [3] können für die Schnittkraftermittlung folgende Idealisierungen für das Tragverhalten zugrunde gelegt werden:

- elastisches Verhalten
- elastisches Verhalten mit begrenzter Umlagerung
- plastisches Verhalten
- nichtlineares Verhalten

Aufgrund ihrer Wirklichkeitsnähe gewinnen vor allem die nichtlinearen Verfahren zunehmend an Bedeutung. Nachfolgend wird die Anwendung dieser Verfahren auf Grundlage der Methode der Finiten Elemente an einem praxisnahen System gezeigt.

3. Modellbildung

Mit dem vorgestelllten FE-Modell sollen die wesentlichen Forderungen an die Beschreibung des Trag- und Verformungsverhaltens von Stahlbetontragwerken erfaßt werden. Hierzu gehören neben der Erfassung der nichtlinearen Werkstoffeigenschaften der Komponenten Beton und Stahl, die Berücksichtigung des mehraxialen Tragverhaltens des Betons. Weiterhin werden für die Beschreibung der Rißbildung und des Verbundverhaltens geeignete Ansätze eingearbeitet sowie das, dem Normenwerk zugrundeliegende, Sicherheitskonzept basierend auf Teilsicherheitsbeiwerten sowohl auf Last- wie auf Werkstoffseite berücksichtigt. Für den praxisnahen Einsatz wird weiterhin die Möglichkeit eröffnet, die Bewehrung unter Einbeziehung der Forderungen der Zugkraftdeckung und der konstruktiven Belange zu beschreiben.
Mit dem Modell werden weiterhin die Auswirkungen einer steifigkeitsabhängigen Verteilung der inneren Kräfte auf die Traglast untersucht, wobei eine hohe Duktilität des Stahls gem. [2] vorauszusetzen ist.

Für die Diskretisierung des Querschnitts werden dreidimensionale Volumenelemente angesetzt, wobei sich bei Biegeproblemen der Ansatz von Elementen mit 27 Knoten als zweckmäßig erwiesen hat. Hiermit ist es zum einen möglich das mehraxiale Tragverhalten der Betonkomponente zu erfassen und zum anderen die Querschnittsgeometrie realitätsnah abzubilden. Die Bewehrung wird mit eindimensionalen Stabelementen mit jeweils drei Knoten beschrieben. Bild 1 zeigt die Diskretisierung, wobei die Bewehrung aufgrund des räumlichen Modells praxisnah eingebunden werden kann. Aufgrund der feinen Diskretisierung über die Querschnittshöhe wird die bekannte, nichtlineare Dehnungsverteilung über den Querschnitt in Auflagerbereichen, aufgrund des hier herrschenden Querkrafteinflusses, erfaßt.

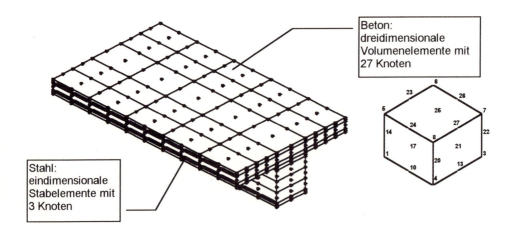

Bild 1: Diskretisierung der Querschnittsgeometrie

Für die Berücksichtigung des Riß- und Verbundverhaltens stehen die in Bild 2 dargestellen Verfahren zur Verfügung. Für das vorliegende FE-Modell, müssen die Ansätze unter Beachtung der sehr feinen Diskretisierung und des damit verbundenen numerischen Aufwandes ausgewählt werden, so daß der Ansatz der verschmierten Rißbildung zur Anwendung kommt und das Verbundverhalten indirekt Berücksichtigung findet.

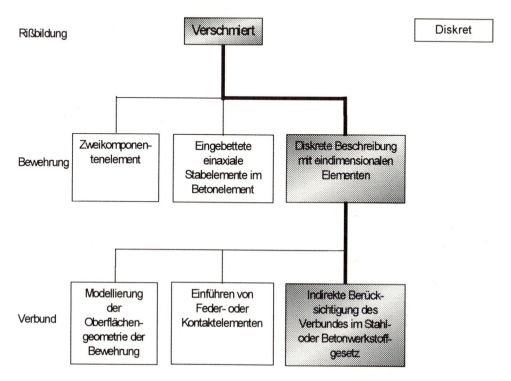

Bild 2: Ansätze zur Berücksichtigung des Riß- und Verbundverhaltens in FE-Modellen

Da zwischen den Rissen über den Verbund Zugspannungen in den Beton eingeleitet werden, beteiligt sich dieser lokal an der Lastabtragung. Diese Mitwirkung des Betons führt zu einer Minderung der Dehnung und damit zu einer Zugversteifung des Querschnitts (Tension-Stiffening). Da mit dem vorgestellten Modell die nichtlineare Dehnungsverteilung im Stützbereich erfaßt wird, wirkt sich der Ansatz der Zugversteifung günstig auf die aufnehmbaren inneren Kräfte aus.

Die indirekte Berücksichtigung des Verbundes und die Mitwirkung des Betons auf Zug zwischen den Rissen ist entweder durch den Ansatz einer wirksamen mittleren Spannungsdehnungslinie für den Betonstahl oder die Modifikation des Zugbereiches des Betonwerkstoffgesetzes möglich, wobei in dem vorgestellten Modell die letztere Möglichkeit implementiert wird, um eine weitgehend netz- und beanspruchungsunabhängige Formulierung zu erhalten. Durch Einführung der Bruchenergie ist es möglich, den Verlauf des abfallenden Astes numerisch zu beschreiben, wobei die im Model Code 1990 [1] enthaltenen Werte für die Bruchenergie in Abhängigkeit von der Betonfestigkeitsklasse und vom verwendeten Größtkorndurchmesser angesetzt werden. Hierdurch wird der dem Modell zugrunde liegende Ansatz der verschmierten Rißbildung indirekt berücksichtigt, da die Rißprozeßzone, die jeweils größer ist als die Elementabmessungen über die Einflußlängen der Integrationspunkte l' im Betonelement einbezogen werden. In Bild 3 sind die genannten Ansätze dargestellt, wobei für die Herleitung des Ansatzes für die Länge des abfallenden Astes im Betonwerkstoffgesetz auf [7] verwiesen wird.

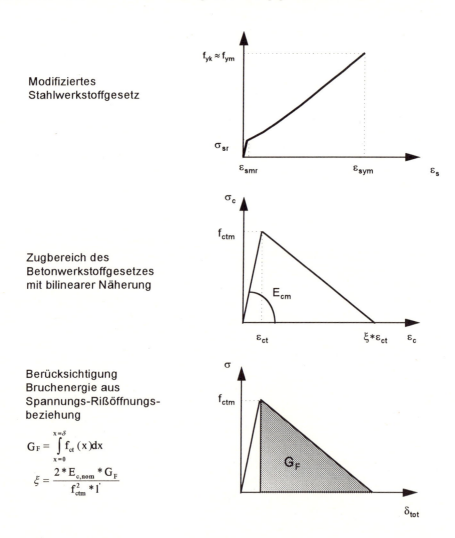

Bild 3 Indirekte Berücksichtigung des Verbundes und der Zugversteifung in einem FE-Modell

Das Trag- und Verformungsverhalten des Betons unter Druckbeanspruchung wird durch die in Bild 4 dargestellte integrale Spannungsdehnungslinie gemäß Eurocode 2 beschrieben, wobei das mehraxiale Verhalten über die jeweiligen Hauptspannungsverhältnisse aus [4,5] übernommen werden. Für den Bewehrungsstahl wird das, in Bild 5 dargestellte, bekannte bilineare Werkstoffgesetz gemäß [3] angesetzt, wobei die Bruchdehnung [1] zu entnehmen ist. Der infolge Rißbildung angeminderte Schubmodul wird durch einen vom Bewehrungsgrad abhängigen Abminderungsfaktor gemäß [6] im Werkstoffgesetz berücksichtigt. Gleichfalls wird die Querdehnzahl steifigkeitsabhängig formuliert.

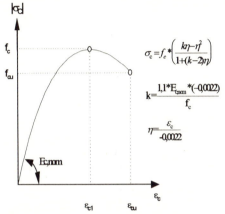

Bild 4: Werkstoffgesetz für Beton   **Bild 5:** Werkstoffgesetz für Stahl

4. Baupraktische Anwendung

Anhand des in Bild 6 dargestellten, in der Praxis weitverbreiteten Systems Platte mit Unterzug, soll die Anwendung des entwickelten Modells auf den Unterzug in Achse 2 gezeigt werden.

Aufgrund der vorliegenden Symmetrie wird das sechsfeldrige System nur zur Hälfte diskretisiert. In Bild 7 ist das FE-Modell in der Ansicht dargestellt, wobei eine Verdichtung der Elemente an den Orten der maximalen Beanspruchungen, sowie im Anschnittsbereich Platte-Steg vorgenommen wird. Um ein rechnerisches nicht realistisches Versagen aufgrund konzentrierter Lasteinleitung zu vermeiden, werden die Auflagerbereiche nicht als Schneidenlager, sondern mittels elastischer Stabelemente modelliert. Eine Erfassung der Bemessungschnittgrößen ist damit a priori gegeben.

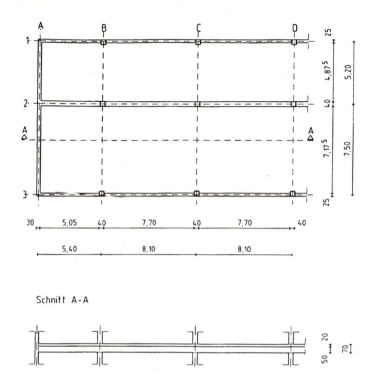

Bild 6: Grundriß und Schnitt einer Hochbaudecke

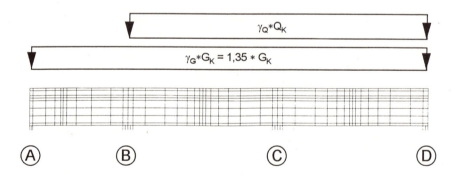

Bild 7: FE-Modell eines Unterzuges mit möglicher Belastungsanordnung

Für die Lösung des nichtlinearen Gleichungssystems wird das zur Klasse der Sekantenverfahren gehörende BFGS-Verfahren verwendet, da hierbei die Steifigkeitsmatrix nur einmal je Iteration faktorisiert werden muß, was bei dem vorliegenden System mit einer hohen Anzahl an Freiheitsgraden zu deutlichen Rechenzeiteinsparungen führt. Bei der notwendigen inkrementellen

Formulierung der Beanspruchungen werden unterschiedliche Ansätze für die ständigen und veränderlichen Einwirkungen angesetzt, um die dem Sicherheitskonzept des EC 2 zugrundeliegenden unterschiedlichen Teilsicherheitsbeiwerte auf der Lastseite zu erfassen. Durch diesen Ansatz ist es zudem möglich, eine Aussage über die rechnerisch erzielbare Tragsicherheit zu treffen, da diese dann explizit auf einen Lastanteil beziehbar ist.

Die Traglast des Systems wird nicht zuletzt durch das plastische Verformungsvermögen des Bewehrungsstahls beeinflußt. Um eine Aussage hierüber unter Berücksichtigung des Tragverhaltens der Gesamtstruktur treffen zu können, werden im Rahmen einer Vorbemessung die Bewehrungsverteilungen für unterschiedliche rechnerische Stützmomente, unter Beachtung des Gleichgewichtsszustandes der Gesamtstruktur, ermittelt. In Bild 8 sind die zugehörigen Momenten-Krümmungsbeziehungen für einen Stützenquerschnitt dargestellt, wobei als Maßstab ein Umlagerungsfaktor δ eingeführt wird, der das Verhältnis der jeweiligen Bemessungsmomente zum elastischen Moment beschreibt. Für den elastischen Zustand wird der Querschnitt so dimensioniert, daß gerade auf eine Druckbewehrung verzichtet werden kann, was sich in der Darstellung durch das Fehlen eines plastischen Bereiches bestätigt.

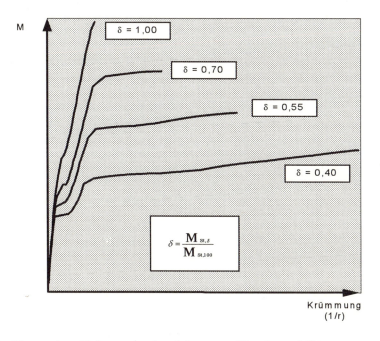

Bild 8: Momenten-Krümmungsbeziehungen für einen Stützenquerschnitt

Nach [3] ist für die Ermittlung der Formänderungen und für die steifigkeitsabhängige Verteilung der inneren Kräfte der Ansatz der mittleren Werkstoffkennwerte zugelassen. Für den Nachweis des Grenzzustandes der

Tragfähigkeit in kritischen Bereichen ist jedoch zusätzlich der Ansatz der 1/γ-fachen Bemessungswerte erforderlich.

In Bild 9 sind die rechnerisch aufnehmbaren γ^*_Q-fachen veränderlichen Einwirkungen in Abhängigkeit von den, der Bemessung zugrundegelegten, steifigkeitsbedingten Stützmomenten für die Bemessungswerte der Werkstoffkennwerte dargestellt.

Mit abnehmendem Bewehrungsgehalt im Stützenquerschnitt, aufgrund des zugrundegelegten kleineren Bemessungsmomentes, ist eine Abnahme der rechnerischen Traglast festzustellen, da mit zunehmender Plastifizierung die Betondruckzone deutlich eingeschnürt wird, was zu einem vorzeitigen Versagen der Gesamtstruktur infolge eines Betondruckbruchs führt. Die Berücksichtigung des Entfestigungsbereiches des Betonwerkstoffgesetzes wirkt sich dabei günstig auf die Tragfähigkeit der Gesamtstruktur aus, so daß eine verformungsabhängige Formulierung bei der Lösung des nichtlinearen Problems zugrunde gelegt werden sollte.

Weiterhin ist der Einfluß der Größe der Bruchenergie, die indirekt die Zugversteifung berücksichtigt, dargestellt. Der resultierende Anstieg der bezogenen Tragsicherheit des Systems ist unter anderem auch auf die Erfassung der nichtlinearen Dehnungsverteilung und dem daraus resultierenden zusätzlichen aufnehmbaren inneren Schnittkraftanteil zurückzuführen.

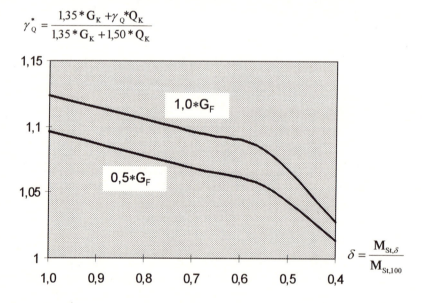

Bild 9 Bezogene Teilsicherheitsbeiwerte für einen Stützenquerschnitt mit Variation der Bruchenergie

5. Fazit

Mit dem vorgestellten FE-Modell zur nichtlinearen, mehraxialen Berechnung von Stahlbetonbauteilen ist eine realitätsnahe Ermittlung der Grenzzustände der Tragfähigkeit und der Grenzzustände der Gebrauchstauglichkeit einschließlich einer näherungsweisen Abschätzung der Rißbildung in einer Berechnung möglich.

In Folge der sehr feinen räumlichen Diskretisierung werden die steifigkeitsabhängigen Verteilungen der inneren Kräfte unter Berücksichtigung der teilweise nichtlinearen Dehnungsverteilungen erfasst. Da die Bewehrsanordnung praxisnah abgebildet werden kann, werden die Querschnittssteifigkeiten realitätsnah ermittelt und somit die Tragfähigkeit des Systems wirklichkeitsnah beschrieben. Eine Anwendung auf beliebige Stahlbetonbauteile ist aufgrund der Diskretisierung möglich.

Das vorgestellte Modell wird zunehmend Eingang in die Praxis finden, da zum einen die zukünftige Entwicklung der Hardware deutliche Rechenzeiteinsparungen liefern wird und zum anderen Lösungsalgorithmen zur Anwendung kommen, die eine aufwendige Beschreibung der Lastinkrementierung entbehrlich machen. Solche Strategien, vor allem basierend auf dem Bogenlängenverfahren, berücksichtigen zudem die nichtlinearen Werkstoffeigenschaften auch im Entfestigungsbereich, was eine weitere Tragfähigkeitsteigerung infolge der damit zu erzielenden günstigen steifigkeitsbedingten Verteilung der inneren Kräfte bedeutet.

Der Einsatz leistungsfähiger grafikorientierter Post- und Preprozessoren wird die Handhabung komplexer mehraxialer FE-Modelle weiter erleichtern.

Aufgrund der nichtlinearen Formulierung verliert das Superpositionsgesetz seine Gültigkeit, was sicherlich einen Nachteil gegenüber den Verfahren auf Grundlage der Elastizitätstheorie bedeutet. Jedoch werden bei konsequenter Anwendung des Eurocode 2 Verfahren auf Grundlage der Elastizitätstheorie mit Berücksichtigung der steifigkeitsbedingten Verteilung der inneren Kräfte zunehmend Eingang in die Praxis finden. Die dann erforderlichen nichtlinearen Nachweise, wie der Nachweis einer ausreichenden Rotationsfähigkeit, erfordern ebenfalls eine lastfallweise Betrachtung.

Besonders gegenüber dem letztgenannten Nachweisverfahren bieten nichtlineare FE-Modelle deutliche Vorteile, da diesen Nachweisen zum Teil idealisierte Annahmen zugrunde liegen.

Letztendlich bietet das vorgestellte Verfahren vor allem bei der Beurteilung der Tragfähigkeit der Gesamtstruktur deutliche Vorteile, da alle wesentlichen Eigenschaften des Verbundwerkstoffes Stahlbeton erfaßt werden.

6. Literatur

[1] **CEB-FIP Model Code 1990**
CEB Bulletin d'Information No. 203-205, 1991

[2] **Deutscher Ausschuß für Stahlbeton**
Richtlinie zur Anwendung von Eurocode 2 Teil 1, Ausgabe April 1993

[3] **DIN V ENV 1992 Teil 1-1**
Eurocode 2: Planung von Stahlbeton- und Spannbetontragwerken
Teil 1: Grundlagen und Anwendungsregeln für den Hochbau
Ausgabe Juni 1992

[4] **Eibl J.**
Concrete under multiaxial States of Stress - Constitutive Equations for Practical Design
CEB Bulletin d'Information No. 156, 1983

[5] **Kupfer H.**
Das Verhalten des Betons unter mehrachsiger Kurzzeitbelastung unter besonderer Berücksichtigung der zweiachsigen Beanspruchung
Deutscher Ausschuß für Stahlbeton, Heft 229
Beuth Verlag, Berlin 1973

[6] **Mehlhorn G., Kollegger J.**
Materialformulierungen für die Anwendung der Finiten Elemente Methode im Stahlbetonbau
in: Finite Elemente - Anwendungen in der Baupraxis 1991
Wilhelm Ernst & Sohn, Berlin 1992

[7] **Stempniewski L., Eibl J.**
Finite Elemente im Stahlbeton
in: Betonkalender 1993, Wilhelm Ernst & Sohn, Berlin

Punktgestützte Stahlbetondecke mit Gewölbewirkung

Dr.-Ing. J. Kollegger, VSL Vorspanntechnik (Deutschland) GmbH, Elstal
Dipl.-Ing. J.-U. Schulz, Dipl.-Ing. L. Rothmann, Technische Universität Berlin

1. Zusammenfassung

Im Aufsatz wird eine Faltwerkdecke vorgestellt bei der durch planmäßige Ausnutzung der Gewölbewirkung ein ähnliches Tragverhalten wie bei der Flachdecke und einer gleichseitigen Reduktion des Betonvolumens um ca. 25 % erreicht wird. Die Faltwerkdecke benötigt weniger Bewehrungsstahl als eine vergleichbare Flachdecke und ermöglicht einen effektiveren Einsatz der Vorspannung. Die bei der Flachdecke vorhandene ebene Deckenuntersicht ist bei der Faltwerkdecke nicht vorhanden, dafür ist die Raumhöhe im mittleren Bereich größer. Im Beitrag wird als Beispiel ein Innenfeld einer Faltwerkdecke untersucht. Mit einer geeigneten Spanngliedführung kann die Faltwerkdecke auch für Rand- und Eckfelder eingesetzt werden.

2. Einleitung

Punktförmig gestützte Stahlbetondecken werden oft als Flachdecken ausgeführt, weil die Schalung für diese Decken einfach und kostengünstig aufzustellen ist. Die Dicke von Flachdecken ist abhängig von den aufnehmbaren Biegebeanspruchungen und Durchstanzkräften im unmittelbar neben den Stützen angeordneten Deckenbereich. In den übrigen Plattenbereichen sind Flachdecken in statischer Hinsicht nicht ausgenutzt. Bei größeren Deckenspannweiten werden Flachdecken deswegen unwirtschaftlich, weil der Materialverbrauch zu hoch ist. Eine gleichmäßigere Beanspruchung wird in Pilzdecken und in Decken mit verstärkten Stützstreifen erreicht. Gegenüber den Flachdecken entsteht bei Pilzdecken und bei Decken mit verstärkten Stützstreifen aber ein wesentlich höherer Aufwand für die Schalung. Lasten werden bei Flachdecken, Pilzdecken und bei Decken mit verstärkten Stützstreifen in der Berechnung über Biegung abgetragen. Die Gewölbewirkung in den Innenfeldern durchlaufender Stahlbetonplatten (Bild 2) wird dabei üblicherweise vernachlässigt.

Bild 1: Punktgestütze Stahlbetondecken.
Flachdecke, Pilzdecke und Decke mit verstärkten Stützstreifen

Bild 2: Entstehung der Gewölbewirkung (aus [1], S. 251)

3. Faltwerkdecke

Wird eine punktförmig gestützte Stahlbetondecke mit, wie im Bild 3 dargestellt, veränderlicher Dicke hergestellt, so entsteht eine planmäßige Gewölbewirkung.

Lasten werden von der Faltwerkdecke [2] über Biegemomente und Normalkräfte abgetragen. Betonvolumen wird im Feldbereich der Platte eingespart, wo Flachdecken statisch nicht ausgenützt sind.

Die Herstellung einer Flachwerkdecke kann unter Verwendung von trapezförmigen Halbfertigplatten hergestellt werden. Im Bild 4 ist ein Bauzustand dargestellt, bei dem zwei von vier Halbfertigplatten verlegt sind. Eine Deckenschalung ist für die Stützstreifen und für den mittleren Bereich der Platte erforderlich. Spannglieder können in den Stützstreifen verlegt werden. Die Decke wird durch das Aufbringen einer Ortbetonschicht fertiggestellt.

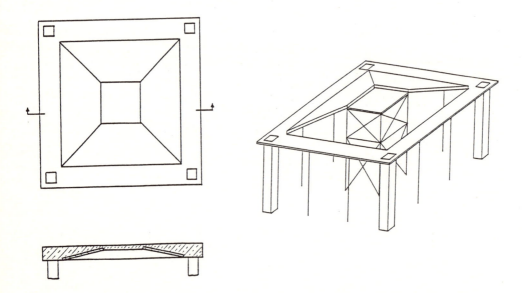

Bild 3: Untersicht und Schnitt durch eine Faltwerkdecke (DPA)

Bild 4: Herstellung einer Faltwerkdecke

4. Untersuchtes Beispiel

Das Tragverhalten der Faltwerkdecke wurde an einem Innenfeld einer unendlich ausgedehnten, punktförmig gestützten Platte untersucht. Die Stützweite der quadratischen Platte betrug 8,4 m. Die Platte wies eine Dicke von 25 cm in den Stützstreifen und von 8 cm in Feldmitte auf.

Die Faltwerkdecke wurde mit den Programmen ADINA [3] und InfoSTATIK [4] berechnet. Die ADINA-Berechnungen wurden mit 16-knotigen Schalenelementen und 20-knotigen Volumenelementen durchgeführt. In den Berechnungen mit dem Programmsystem InfoSTATIK wurden Platten-Scheiben-Elemente mit konstanter Dicke verwendet (Bild 5). In den Stützstreifen der Faltwerkdecke wurden jeweils drei Spannglieder VSL6-4 [5] angeordnet (Bild 6). Die zulässige Vorspannkraft für ein Spannglied VSL6-4 beträgt 545 kN.

Die Faltwerkdecke wurde mit ihrem Eigengewicht (g = 25 kN/m³), einer Ausbaulast von 2,0 kN/m² und einer Verkehrslast von 5,0 kN/m² belastet.

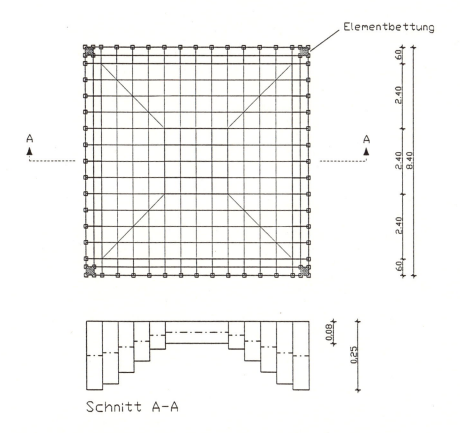

Bild 5: Grundriß und Schnitt durch das FE-Modell einer Faltwerkdecke (Programmsystem InfoSTATIK)

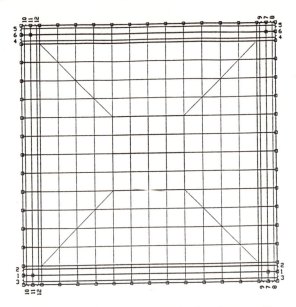

Bild 6: Anordnung der Spannglieder in den Stützstreifen der Faltwerkdecke (Programmsystem InfoSTATIK)

5. Tragverhalten von Faltwerkdecke und Flachdecke im Vergleich

Um das Tragverhalten von Faltwerkdecke und Flachdecke miteinander vergleichen zu können, wurde zusätzlich zu der im Abschnitt 3 beschriebenen Faltwerkdecke auch eine Flachdecke mit einer Dicke von 25 cm und ansonsten gleichen Abmessungen und Belastungen untersucht. Ein Viertel der untersuchten Deckenfelder ist im Bild 7 dargestellt.

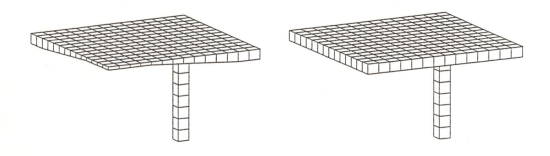

Bild 7: Isometrische Darstellung eines Deckenviertels der Faltwerkdecke und Flachdecke (Programmsystem ADINA)

Die Durchsenkungen der Mittellinien bei Belastung werden im Bild 8 für die Faltwerkdecke und die Flachdecke miteinander verglichen. Die Mittendurchsenkung infolge Eigengewicht ist bei der Faltwerkdecke mit 3,8 mm etwas geringer als bei der Flachdecke mit 4,0 mm. Dies ist auf das um ca. 25 % geringere Eigengewicht der Faltwerkdecke zurückzuführen. Infolge Ausbaulast und Verkehrslast ist die Durchsenkung der Faltwerkdecke mit 7,0 mm um ca. 50 % größer als die der Flachdecke. Die Durchsenkungsunterschiede in der Mitte des Stützstreifens sind für die beiden Deckensysteme viel geringer (4,1 mm gegenüber 3,4 mm). Infolge Vorspannung verschiebt sich die Faltwerkdecke in der Mitte des Stützstreifens um 5,0 mm nach oben und die Flachdecke um 3,8 mm. Die Verschiebungen infolge Vorspannung sind bei der Faltwerkdecke größer als bei der Flachdecke, weil die für beide Deckensysteme gleich groß gewählte Vorspannkraft bei der Faltwerkdecke wegen des geringeren Betonvolumens effektiver eingesetzt wird. Der Normalkraftanteil der Vorspannung führt wegen der Gewölbewirkung der Faltwerkdecke zu einer viel größeren Verschiebung des Mittelpunktes (8,5 mm). Eine Addition der Verschiebungsanteile infolge g, Δg, p und v ergibt etwas geringere Durchsenkungen für die Faltwerkdecke.

Die Biegemomente Mx werden für die Faltwerkdecke und die Flachdecke im Bild 9 miteinander verglichen. Die Unterschiede der Biegemomente im Stützstreifen sind gering. Entlang der Mittellinie treten bei der Faltwerkdecke im Feldbereich kaum Biegemomente auf, weil dort die Lasten vorwiegend über die Gewölbewirkung abgetragen werden. Die Normalkräfte sind im rechten Teil von Bild 9 für die Faltwerkdecke dargestellt. Infolge g + Δg + p entstehen im Mittelpunkt der Platte Druckspannungen von ca. 2,0 N/mm².

Die erforderlichen Bewehrungsmengen in cm²/m werden im Bild 10 miteinander verglichen. Entlang des Stützstreifens ist die erforderliche Bewehrung bei der Faltwerkdecke etwas geringer als bei der Flachdecke. Im mittleren Bereich der Faltwerkdecke ist rechnerisch keine Bewehrung erforderlich.

6. Nichtlineares Tragverhalten von Faltwerkdecke und Flachdecke im Vergleich

Das nichtlineare Tragverhalten der Dicken wurde an Finite Elemente Modellen mit geschichteten Schalenelementen untersucht. Für ein Plattenviertel wurden 196 Schalenelemente mit jeweils 16 Knoten verwendet. In Dickenrichtung wurde jedes Schalenelement in fünf Schichten unterteilt. Für den Beton und den Stahl wurden nichtlineare Werkstoffmodelle verwendet.

Die Belastung wurde schrittweise aufgebracht. In den ersten acht Lastschritten wurden Vorspannung und Eigengewicht wirksam. Anschließend wurde eine gleichmäßig über die Grundrißfläche verteilte Last in Stufen von 1,0 kN/mm² erhöht.

Die Berechnungen wurden bis zu einer Nutzlast (Δg + p) von 19 kN/m² durchgeführt. Für diese Laststufe sind die Normalen zu den Rissen für die Schalenoberseite und Schalenunterseite in den Bildern 11 (Faltwerkdecke) und 12 (Flachdecke) dargestellt.

Die Durchsenkung des Mittelpunktes ist für die Faltwerkdecke und die Flachdecke im Bild 13 als Funktion der aufgebrachten Nutzlast (Δg + p) aufgetragen.

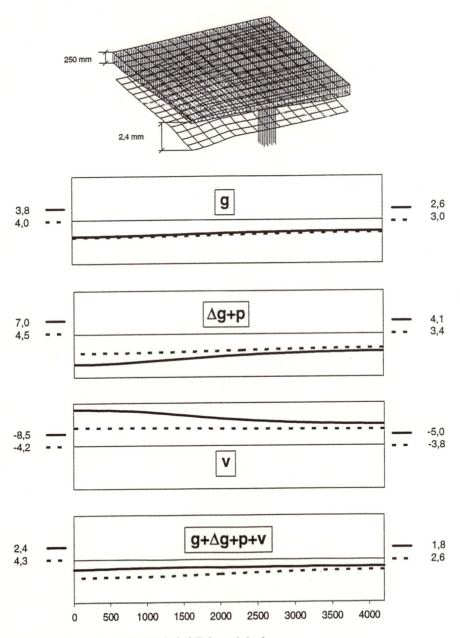

Bild 8: Durchsenkung der Mittellinie bei Faltwerkdecke und Flachdecke (Programmsystem ADINA)

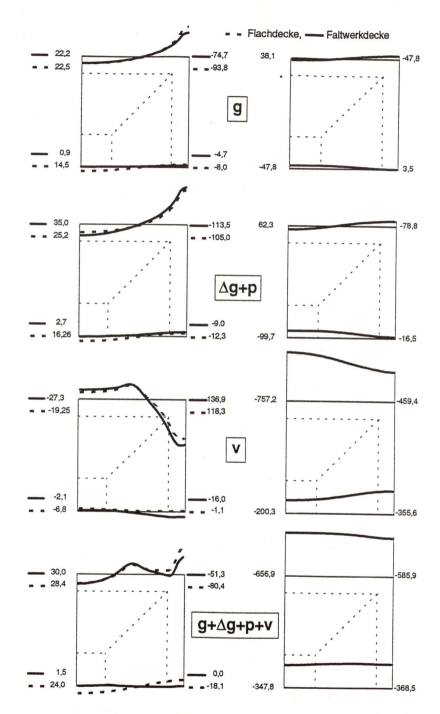

Bild 9: Momente Mx [kNm/m] und Normalkräfte Nx [kN/m] bei Faltwerkdecke und Flachdecke (Programmsystem ADINA)

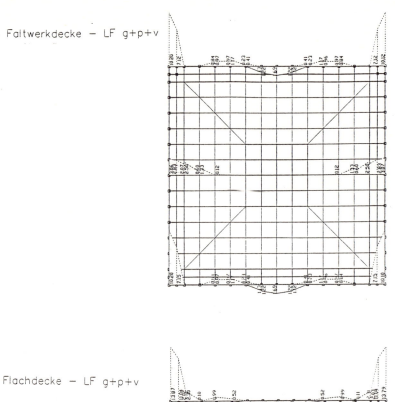

Bild 10: Erforderliche Bewehrungsmengen [cm²/m] in x-Richtung bei Faltwerkdecke und Flachdecke (Programmsystem InfoSTATIK)

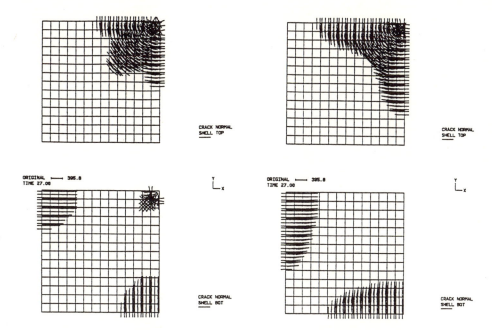

Bild 11: Normalen zur Rißrichtung bei Faltwerkdecke

Bild 12: Normalen zur Rißrichtung bei Flachdecke

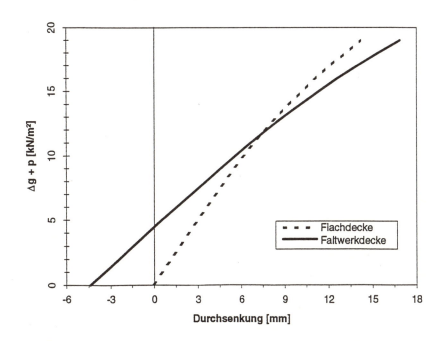

Bild 13: Durchsenkung des Mittelpunktes als Funktion der aufgebrachten Ausbau- und Verkehrslast

Die Durchsenkung des Mittelpunktes infolge Eigengewicht und Vorspannung ist gleich
- 4,5 mm für die Faltwerkdecke und ungefähr gleich Null für die Flachdecke (vgl.
Bild 8). Infolge Verkehrslast zeigt die Faltwerkdecke ein etwas weicheres Verhalten. Bei
einer Belastung von $\Delta g = 2$ kN/m² und $p = 10$ kN/m² sind die berechneten
Durchsenkungen für die beiden Decken mit 7 mm etwa gleich groß.

Mit beiden Decken wird die normgemäße Tragsicherheit für eine Verkehrslast von
5,0 kN/m² übertroffen.

Danksagung

Die Verfasser danken Herrn Dr. Kaufels von der Firma Infograph GmbH, Aachen für die
Beratung und Berechnung einer Faltwerkdecke.

Literatur

[1] **Schlaich, J.:** Gewölbewirkung in durchlaufenden Stahlbetonplatten,
Beton- und Stahlbetonbau, 1964, S. 250 - 256 u. 280 - 285

[2] **Kollegger, J.:** Punktgestützte Stahlbetondecke aus Fertigplatten mit statisch
mitwirkender Ortbetonschicht und Verfahren zur Errichtung derselben,
Patentanmeldung, 1994

[3] **ADINA**, Users Manuel, ADINA Engineering Inc., 1984

[4] **InfoSTATIK**, Benutzeranleitung, InfoGraph, Aachen, 1995

[5] **VSL-Litzenspannverfahren 0,6"**, Zulassungsbescheid Nr. Z-13.1-22,
DIBt, 1993

Aktuelle Finite Elemente für lineare Plattenberechnungen mit Interpolationsfunktionen niederer Ansatzordnung

R. Hauptmann, K. Schweizerhof
Institut für Mechanik, Universität Karlsruhe

1 Zusammenfassung

Im Zusammenhang mit adaptiver Vernetzung, d.h. sehr feinen Netzen und wegen ihrer Robustheit auch für sehr unregelmäßige Elementformen sind Plattenelemente mit Interpolationsfunktionen niederer Ansatzordnung von hohem Interesse. Sie erlauben die Berechnung auch sehr komplexer Plattengeometrien mit relativ geringen Speicherplatzanforderungen. Im aktuellen Schrifttum liegen zahlreiche Neuentwicklungen für Finite Elemente basierend sowohl auf der Kirchhoff als auch der Reissner–Mindlin Theorie vor. In der Studie sollen die wesentlichen Unterschiede in den grundlegenden Annahmen erläutert sowie die Auswirkungen für praktische Anwendungen an einfachen Beispielen aufgezeigt werden.

2 Einleitung — Ziel der Studie

Im Schrifttum der letzten Jahre werden regelmäßig Neuentwicklungen von Finiten Elementen für Plattenberechnungen vorgestellt und an einigen Beispielen ausgetestet. Vielfach bleibt auch mit der Materie besser Vertrauten auf den ersten Blick verschlossen, in welcher Hinsicht Unterschiede zu bereits bekannten Elementen bestehen. Daher ist es das Ziel der vorliegenden Studie, die wesentlichen Entwicklungen einfacher Plattenelemente darzustellen und zu vergleichen. Ein Vergleich der mit den neuen Elementen erzielten Ergebnisse an ausgewählten Beispielen soll die Auswirkungen auf Resultate zeigen.

Wesentlich ist hierbei die Qualität der Elemente, d.h. diese sollten in keiner Konfiguration Kinematiken aufweisen, zu keiner Schubversteifung führen und den Patch Test bestehen; d.h. konstante Dehnungs- und Spannungszustände in einem beliebigen Elementnetz für dünne und dicke Platten darstellen können. Für Plattenelemente sind dies der konstante Krümmungstest und im Fall der Reissner–Mindlin Theorie auch der konstante Schub–Test. Ein weiteres Qualitätsmerkmal ist die Robustheit von Elementen, die gute Ergebnisse bei beliebiger (sinnvoller) Elementform und bei groben Netzen liefern sollten.

In der Diskussion wird auch auf die Effizienz, d.h. Rechenzeiten und die Handhabbarkeit der Elemente eingegangen. Zur Effizienz gehören gute Konvergenzeigenschaften, d.h. schnelle Verbesserung der Ergebnisse bei Netzverfeinerung, sowie eine Reduktion der Rechenschritte auf möglichst wenige Operationen. Dies führt für den Fall beliebiger Plattengeometrien auf Ansätze niederer Ordnung. Unter guter Handhabbarkeit ist zu verstehen, daß Randbedingungen nur über Verschiebungen und Verdrehungen sowie Kräfte und Momente definiert werden. Außerdem sollte die Definition der Randbedingungen für alle Knoten gleich erfolgen. Elemente mit niederer Ansatzordnung erlauben auch eine einfache Handhabung im Postprozessing, so führt z.B. die Mittelung in Knoten zu sinnvollen Werten.

Die Studie ist beschränkt auf Elemente, die im wesentlichen nur Freiheitsgrade an den Eckknoten besitzen; zur Gegenüberstellung werden auch Elemente mit einzelnen Freiheitgraden in den Seitenmitten untersucht. Im Blickpunkt steht auch die Nutzung für einen möglichst breiten Bereich baupraktischer Probleme, d.h. für dünne und dicke Platten.

3 Grundlagen der verwendeten Plattentheorien — Finite Elemente

Während bei analytischen Lösungen meist die Kirchhoff Theorie mit der Annahme verschwindender Querschubspannungen anzutreffen ist, haben sich bei numerischen Lösungen vorwiegend Elemente, die auf der sogenannten Reissner–Mindlin Theorie aufbauen, durchgesetzt. Im letzteren Fall werden Querschubverzerrungen sowie Deformationen infolge von Querschubverzerrungen berücksichtigt. Der Unterschied in den kinematischen Annahmen besteht darin, daß sich die Querschnittsverdrehung aus der Neigung der Plattenmittelfläche und der Querschubverzerrung zusammensetzt, Bild 1. Da der Querschnitt eben bleibt, wird der Verlauf der Schubspannungen über

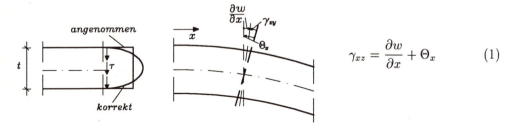

$$\gamma_{xz} = \frac{\partial w}{\partial x} + \Theta_x \qquad (1)$$

Bild 1: Kinematische Annahme nach Reissner–Mindlin. Spannungsverteilung über den Querschnitt

den Querschnitt konstant angenommen. Die Abweichungen vom realen parabolischen Verlauf werden mit Hilfe eines Schubkorrekturfaktors k, der für Rechteckquerschnitte $k = \frac{5}{6}$ beträgt, bei der Spannungs- bzw. Schnittkraftberechnung berücksichtigt. Mit der in Bild 2 angegebenen Vorzeichenkonvention gilt damit folgende Grundbeziehung für die:

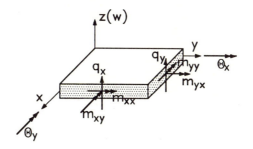

Bild 2: Vorzeichenkonvention für Plattenanalysen

KIRCHHOFF THEORIE:

Verschiebungsfeld:
$$\boldsymbol{u} = [w, \Theta_x, \Theta_y]^T \tag{2}$$

Krümmungsfeld:
$$\boldsymbol{\kappa} = [\kappa_x, \kappa_y, 2\kappa_{xy}]^T = \left[\frac{\partial \Theta_x}{\partial x}, \frac{\partial \Theta_y}{\partial y}, \left(\frac{\partial \Theta_x}{\partial y} + \frac{\partial \Theta_y}{\partial x}\right)\right]^T \tag{3}$$

Momente:
$$\boldsymbol{m} = \begin{bmatrix} m_{xx} \\ m_{yy} \\ m_{xy} \end{bmatrix} = \underbrace{\frac{Et^3}{12(1-\nu^2)} \begin{bmatrix} 1 & \nu & 0 \\ \nu & 1 & 0 \\ 0 & 0 & \frac{1-\nu}{2} \end{bmatrix}}_{\boldsymbol{D}_b} \boldsymbol{\kappa} \qquad t \ldots \text{Plattendicke} \tag{4}$$

REISSNER–MINDLIN THEORIE <u>zusätzlich</u>:

Schubverzerrungsfeld: \qquad\qquad Querkräfte:

$$\boldsymbol{\gamma} = [\gamma_x, \gamma_y]^T = \left[\frac{\partial w}{\partial x} + \Theta_x, \frac{\partial w}{\partial y} + \Theta_y\right]^T \qquad \boldsymbol{s} = \begin{bmatrix} q_x \\ q_y \end{bmatrix} = \underbrace{kGt \begin{bmatrix} 1 & 0 \\ 0 & 1 \end{bmatrix}}_{\boldsymbol{D}_s} \boldsymbol{\gamma} \tag{5}$$

Das PRINZIP DER VIRTUELLEN ARBEIT lautet:

$$\iint_A \left[\delta\boldsymbol{\kappa}^T \boldsymbol{m} + \delta\boldsymbol{\gamma}^T \boldsymbol{s}\right] dA = \iint_A \delta w\, q\, dA \tag{6}$$

Hierbei ist zu bemerken, daß der zweite Term — der Schubterm — nur bei der Reissner–Mindlin Theorie anfällt.

Die üblichen Elementwicklungen auch vieler Kirchhoff Elemente basieren auf unterschiedlichen Ansätzen für die Verschiebungen w, für die Querschnittsverdrehungen $\boldsymbol{\Theta}$ und für die Schubverzerrungen $\bar{\boldsymbol{\gamma}}$.

$$w = \sum_i N_{wi} w_i \, ; \qquad \boldsymbol{\Theta} = \sum_j N_{\Theta j} \boldsymbol{\Theta}_j \, ; \qquad \bar{\boldsymbol{\gamma}} = \sum_k N_{\gamma k} \bar{\boldsymbol{\gamma}}_k \tag{7}$$

Diese werden in die obigen Gleichungen eingebracht. Üblicherweise werden die Schubverzerrungen mit Schubspannungen aus den Rotationen und den Verschiebungen bestimmt und gehen dann in das Prinzip der virtuellen Arbeit (Gl. (6)) ein. Werden Ansätze für Schubverzerrungen oder sonstige Sonderüberlegungen verwendet, so muß das Prinzip der virtuellen Arbeit zu einem gemischten Funktional erweitert werden.

4 Finite Elemente für Plattenberechnungen
4.1 Stand der Entwicklung

Im Buch von Zienkiewicz/Taylor [29] wird ein guter Überblick über vorhandene Elemente bis zum Jahr 1991 gegeben. In der vorliegenden Studie wird auf einige wesentliche Elemente eingegangen, die auch zum Teil die Grundlage der neueren Entwicklungen bilden. Dies sind für die KIRCHHOFF THEORIE, d.h. nur für dünne Platten,

a) die Hybriden Trefftz Elemente nach Jirousek [11] bzw. Jirousek/Lan Guex [12]

b) die Diskreten Kirchhoff Elemente, deren Entwicklung wesentlich von Batoz und Koautoren [3] vorangetrieben wurde, die aber im Prinzip bereits von Stricklin [24] und Dhatt [7] vorgeschlagen wurden.

Bei den *Hybriden Trefftz* Elementen werden die Differentialgleichungen im Gebiet exakt erfüllt, während für die Randbedingungen ein integraler Fehlerabgleich durchgeführt wird. Die Verschiebungsansätze, die die Plattendifferentialgleichung exakt erfüllen, werden von Jirousek unter Ansatz einer unabhängigen Zwischenelementverschiebung mit den Rändern gekoppelt. Dies erfolgt über ein erweitertes Energiefunktional und führt zu hoch genauen Elementen, die unempfindlich gegenüber stark von der Rechteckform bzw. optimalen Dreieckform abweichenden Elementgeometrien sind. Die Elemente — Dreiecke und Vierecke — konvergieren sehr gut; eine Verbesserung von Ergebnissen kann sowohl durch Netzverfeinerung als auch durch Erhöhung der Ansatzordnung erreicht werden. Im ersten Fall werden sinnvollerweise nur Eckknotenvariable verwendet, während im letzteren Fall zusätzlich Zwischenknoten erforderlich sind. Als Nachteile sind zu nennen, daß die Rechenzeiten auf Elementebene höher sind, eventuell größere Bandbreiten der Steifigkeitsmatrizen vorliegen und nichtlineare Formulierungen nur sehr eingeschränkt möglich sind.

Die *Diskreten Kirchhoff* Elemente werden aus einer Reissner–Mindlin Formulierung entwickelt; die folgende Darstellung folgt [18] bzw. [21]. Bei der Entwicklung werden für das Dreieck (DKT Element) ein lineares Verschiebungsfeld $w = \sum_{i=1}^{3} L_i w_i$ sowie ein unvollständiges quadratisches Feld für die Rotationen der Form

$$\boldsymbol{\Theta} = \sum_{i=1}^{3} L_i \boldsymbol{\Theta}_i + 4L_1 L_2 \boldsymbol{e}_{12} \Delta \Theta_{s4} + 4L_2 L_3 \boldsymbol{e}_{23} \Delta \Theta_{s5} + 4L_1 L_3 \boldsymbol{e}_{13} \Delta \Theta_{s6} \qquad (8)$$

angenommen, Bild **3**. Im Schrifttum wird hierfür die Bezeichnung QLLL Element (**Q**uadrilateral, **L**inear w, **L**inear Θ, **L**inear γ) verwendet.

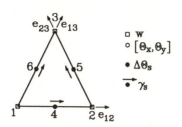

Bild 3: Freiheitsgrade des Ausgangselements

L_i sind die üblichen linearen Ansatzfunktionen für Dreiecke. $\Delta\Theta_{sk}$ sind die hierarchischen Rotationsfreiheitsgrade um die Kantennormale. Mit der Bedingung, daß die Schubverzerrungen γ_{sk} entlang der Elementknoten an den Seitenmitten verschwinden, werden die Seitenfreiheitsgrade $\Delta\Theta_{sk}$ eliminiert.

$$\gamma_{sk} = 0 \quad \leadsto \quad \Delta\Theta_{sk} = \frac{3}{2l_{ij}}(w_j - w_i) - \frac{3}{4}\mathbf{e}_{ij}^T(\mathbf{\Theta}_i + \mathbf{\Theta}_j) \qquad k=4,5,6 \qquad (9)$$

Damit gehen in die Funktion für die Rotationen nach Gleichung (8) auch die Knotenverschiebungen ein. Da dabei auch vor den Verschiebungstermen quadratische Funktionen stehen und die Rotationen wiederum im Rahmen der Kirchhoff Theorie den Verschiebungsableitungen entsprechen, kann die DKT Formulierung als Resultat kubischer Verschiebungsansätze gedeutet werden, obgleich ein kubischer Ansatz nicht explizit vorliegt. Nach Einsetzen der neuen Funktionen für die Rotationen in Gleichung (3) und Gleichung (6) kann die zugehörige Steifigkeitsmatrix und der Lastvektor entwickelt werden. Das entsprechende Viereckelement (DKQ) beruht auf völlig analogen Überlegungen.

Beide Elemente haben sich in der Anwendungspraxis bewährt, sind sehr unempfindlich gegenüber Abweichungen von regelmäßigen Formen und lassen sich sehr effizient programmieren. Erweiterungen für materiell nichtlineare Probleme sind einfach möglich.

Für die REISSNER–MINDLIN THEORIE, d.h. für mässig dicke und dünne Platten, ist die Entwicklung wesentlich durch die Einführung von Ansätzen für die Schubverzerrung geprägt. Die rein auf Verschiebungsansätzen basierenden Serendipity [1] und Heterosis *Viereckelemente* [10] sind zum einen wegen der hohen Variablenzahl (Seitenmittenknoten) relativ ineffizient und neigen außerdem zur Schubversteifung (Serendipity Element) bei dünnen Platten bzw. sind teilweise kinematisch (Heterosis Element). Das Viereckelement von Bathe/Dvorkin [8] mit ausschließlich Eckknotenvariablen beruht auf einem bilinearen Ansatz für die Verschiebungen und Rotationen sowie einem linearen Ansatz für die Schubverzerrungen in den lokalen Koordinaten (siehe Bild 4). Der Zusammenhang zwischen den Schubverzerrungen in tangentialer Richtung und den Knotenvariablen wird auf Elementebene in gewichteter Form eingebracht:

$$\int_l W\left(\bar{\gamma}_{sz} - \frac{\partial w}{\partial s} - \Theta_s\right) ds = 0 \qquad l\ldots\text{Seitenlänge} \qquad (11)$$

Für W wird punktweise Kollokation angenommen, d.h. in den Seitenmitten A, B, C, D wird der angenommene Schubspannungsverlauf dem aus den Verschiebungsansätzen

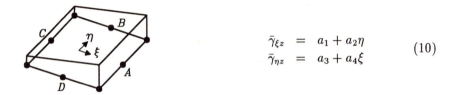

Bild 4: Lineares Schubverzerrungsfeld und Ansatz

resultierenden Verlauf gleichgesetzt. Damit sind die Freiwerte a_1 bis a_4 bestimmt, die angenommenen Schubverzerrungen werden in das Prinzip der virtuellen Arbeit (Gl.(6)) eingesetzt und damit die Steifigkeitsmatrix und der Lastvektor ermittelt.

Dieses Element ist robust, für beliebige Elementformen und Plattendicken einsetzbar und sehr effizient. Bei dünnen Platten und unregelmäßigen, groben Netzen ist das Konvergenzverhalten etwas schwächer.

Das entsprechende Element mit quadratischen Ansätzen für Verschiebungen, Rotationen und Schubverzerrungen von Huang/Hinton [9] benötigt 18 Kollokationspunkte und zeigt ein ausgezeichnetes Verhalten. Es ist sehr robust allerdings infolge der erforderlichen numerischen Operationen im Element sowie der deutlich höheren Bandbreite nicht sehr effizient.

Von den bis 1989 vorliegenden *Dreieckelementen* sind drei Elemente hervorzuheben:

Das sehr robuste Element von Xu [27] besitzt nur Eckknotenvariable und beruht auf einem gemischten Ansatz für Verschiebungen, Rotationen und Schubverzerrungen, letzteres infolge reduzierter Integration des Schubterms. Dieses Element wurde bei einigen Neuentwicklungen 1993 erneut aufgegriffen und wird in Abschnitt 4.3 genauer erläutert.

Das Element von Arnold/Falk [2] beruht ebenfalls auf einem gemischten Ansatz, linear in w, quadratisch in Θ und konstant in γ. Es ist sehr robust aber ineffizient und schlecht handhabbar, da als Knotenvariable an den Eckknoten nur Rotationen bzw. an den Seitenmittenknoten Rotationen und die Verschiebung vorliegen.

Das gemischte Element von Zienkiewicz/Lefebvre [31] weist den letzteren Mangel nicht auf. Dies wird durch eine Erhöhung der Ansatzordnung für Verschiebungen, Rotationen und Schubverzerrungen erreicht. Das Element ist zwar robust, aber infolge der hohen Variablenzahl sehr ineffizient.

Von den sonstigen Dreieckelementen ist noch das nicht sehr robuste Element von Tessler/Hughes [26] zu erwähnen, mit dem nur durch eine Modifikation des Schubkorrekturfaktors zufriedenstellende Ergebnisse erzielt werden können.

Aus den obenstehenden Erläuterungen wird deutlich, daß für dünne Platten mit den Diskreten Kirchhoff Elementen für die Praxis gut brauchbare und effiziente Elemente vorlagen, daß aber für dicke Platten in dieser Hinsicht noch Bedarf bestand. Das Ziel der Forschung war daher die Entwicklung von robusten und effizienten Dreieck-

und Viereckelementen, die sowohl im Bereich der dünnen als auch der dicken Platten einsetzbar sind und damit auch gleichzeitig Informationen über Querkräfte liefern können.

4.2 Neuere Elemente — Reissner–Mindlin Theorie

Die neuentwickelten Dreieck- und Viereckelemente basieren alle auf vier Bausteinen:
1. Linearer Verschiebungsansatz: $w = \sum_{i=1}^{3} L_i w_i$ bzw. $w = \sum_{i=1}^{4} N_i w_i$.
2. Unvollständiger quadratischer Ansatz für die Rotationen Θ.
3. Schubverzerrungsansatz $\bar{\gamma}$ für Querschubverzerrungen, linear oder konstant.
4. Kopplung der Schubverzerrungen aus Ansatz $\bar{\gamma}$ mit den Schubverzerrungen γ, ermittelt aus Verschiebungen und Verdrehungen.

Der unvollständige quadratische Ansatz für die Rotationen wird hierarchisch formuliert, Bild 5, und lautet für Vierecke:

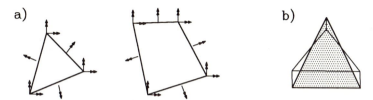

Bild 5: a) Interpolationsvariable für Rotationen bei Drei- und Vierecken
b) lineare Interpolation der Schubverzerrungen für Dreiecke

$$\Theta = \sum_{i=1}^{4} N_i \Theta_i + \frac{1}{2}(1-\xi^2)(1-\eta)e_{12}\Delta\Theta_{s5} + \frac{1}{2}(1-\eta^2)(1+\xi)e_{23}\Delta\Theta_{s6}$$
$$+ \frac{1}{2}(1-\xi^2)(1+\eta)e_{43}\Delta\Theta_{s7} + \frac{1}{2}(1-\eta^2)(1-\xi)e_{14}\Delta\Theta_{s8}. \tag{12}$$

Die Schubverzerrungen werden bei linearem Ansatz jeweils entlang einer Seite konstant gehalten; für Vierecke ist dies in Bild 4 dargestellt.

Die Unterschiede der einzelnen Neuentwicklungen liegen im wesentlichen in der unterschiedlichen Vorgehensweise bei Punkt 3 und 4. OÑATE/ZIENKIEWICZ [30] verwenden für ihr **D**iskretes **R**eissner–**M**indlin Element (DRM), im englischen Schrifttum auch unter der Bezeichnung TLQL Element (**T**riangle, **L**inear w, **Q**uadratic Θ, **L**inear γ) bekannt, eine lineare Schubinterpolation (Gl.(13)).

$$\begin{bmatrix} \bar{\gamma}_{\xi z} \\ \bar{\gamma}_{\eta z} \end{bmatrix} = \begin{bmatrix} 1-\eta & -\eta\sqrt{2} & \eta \\ \xi & \xi\sqrt{2} & 1-\xi \end{bmatrix} \begin{bmatrix} \bar{\gamma}_{sz}^4 \\ \bar{\gamma}_{sz}^5 \\ \bar{\gamma}_{sz}^6 \end{bmatrix} \tag{13}$$

mit $\bar{\gamma}_{sz}^k$ als den tangentialen Schubverzerrungen entlang der Seite ij an den Seitenmittenknoten k. Die Kopplung nach Punkt 4 erfolgt über das Integral $\int_0^{l_{ij}} (\bar{\gamma}_{sz} - \gamma_{sz}) ds = 0$ entlang der Seite ij mit dem Ergebnis

$$\bar{\gamma}_{sz}^k = \frac{w_i - w_j}{l_{ij}} + \frac{1}{2}(\Theta_{si} + \Theta_{sj}) + \frac{2}{3}\Delta\Theta_{sk}. \tag{14}$$

Das Element besitzt demnach 12 Freiheitsgrade, d.h. neben den jeweils drei Freiheitsgraden an den Eckknoten auch jeweils einen Rotationsfreiheitsgrad an den Seitenmitten. Die Effizienz und Handhabbarkeit sind dadurch stark beeinträchtigt; das Element ist ansonsten robust und konvergiert gut.

Wird $\bar{\gamma}_{sz}^k = 0$ gesetzt, so ergibt sich direkt das Diskrete Kirchhoff Dreieck (DKT) Element; dies bedeutet auch, daß das TLQL Element für dünne Platten zu identischen Ergebnissen wie das DKT Element führt.

KATILI [13] eliminiert die Rotationsfreiheitsgrade $\Delta\Theta_{sk}$ über Querkräfte an den Seitenmitten, die er in der üblichen Form aus den Querkraft-Momentenbeziehungen und den Momenten-Krümmungsbeziehungen ermittelt. Es ergibt sich

$$\bar{\gamma}_{sz}^k = \frac{q_s}{kGt} = -\frac{4}{3k(1-\nu)}\left(\frac{t^2}{l_{ij}^2}\right)\Delta\Theta_{sk}. \tag{15}$$

Damit lassen sich die Krümmungen sowie die Schubverzerrungen $\bar{\gamma}$ ausschließlich als Funktion der Knotenvariablen darstellen. Das neue DKMT (**D**iscrete **K**irchhoff **M**indlin **T**riangle) Element ist sehr robust und für dünne Platten identisch mit dem DKT Element.

BATOZ/LARDEUR [5] gehen einen etwas komplexeren Weg über die Annahme eines kubischen Verlaufs der Verschiebungen entlang der Seiten — analog zur ursprünglichen Entwicklung des DKT Elements — und benötigen zur Elimination der weiteren sechs Freiheitsgrade zusätzlich sechs Beziehungen zwischen den Schubverzerrungen und Querkräften in x und y Richtung analog zu Gleichung (15). Dieses DST-BL (**D**iscrete **S**hear **T**riangle) Element ist für dünne Platten identisch mit dem DKT-Element. Bei dicken Platten ist es aber nicht ganz konsistent, da hierfür der Patch-Test für konstante Krümmungen nicht erfüllt wird. Um dieses Manko zu umgehen, erweitern BATOZ/KATILI [4] den quadratischen Ansatz für die Rotationen um lineare und konstante Anteile. Die konstanten Terme werden hierzu an einigen numerischen Beispielen justiert. Das resultierende DST-BK Element besteht nun auch den Patch-Test für konstante Krümmungen bei dicken Platten.

Eine Verbesserung des TLQL Elements mit den gleichen Knotenfreiheitsgraden wird von PAPADOPOULOS/TAYLOR [21] dadurch erzielt, daß die Verschiebungen unvollständig kubisch interpoliert werden. Die dadurch zusätzlich eingeführten Variablen werden im Zuge der Kopplung nach Punkt 4, die hier durch Punktkollokation an den Seitenmittenknoten und den Eckknoten erfolgt, eliminiert. Das entwickelte DRM3 (3 $\hat{=}$ kubisch) Element besitzt eine zum TLQL Element identische Steifigkeitsmatrix aber einen anderen Lastvektor, in dem sich der kubische Ansatz bemerkbar macht, der bei groben Netzen zu leicht verbesserten Ergebnissen führt.

Analog zu den TLQL und den DKMT Dreieckelementen lassen sich viereckige Elemente, das QLQL Element von OÑATE u. a. [30] sowie das DKMQ Element von KATILI [14], entwickeln, die auch bezüglich ihrer Eigenschaften — Robustheit, Konvergenz und Effizienz — gleich wie die entsprechenden Dreieckelemente zu beurteilen sind.

Eine weitere Variante der Entwicklung wird von Zienkiewicz/Xu und Mitautoren [31] mit dem Q4BL Viereckelement sowie von Taylor/Auricchio [25] mit dem T3BL Dreieckelement vorgestellt. L (Linking) steht dafür, daß im Verschiebungsansatz

$$w = \boldsymbol{N}_w \cdot \bar{\boldsymbol{w}} + \boldsymbol{N}_{w\Theta} \cdot \bar{\boldsymbol{\Theta}} \qquad \bar{\boldsymbol{w}}, \bar{\boldsymbol{\Theta}} \ldots \text{ Eckknotenwerte} \tag{16}$$

neben den linearen Ansätzen $\boldsymbol{N}_w$ auch unvollständige quadratische Ansätze $\boldsymbol{N}_{w\Theta}$ enthalten sind, die die Variablen $\bar{\boldsymbol{w}}$ und $\bar{\boldsymbol{\Theta}}$ verbinden. $\bar{\boldsymbol{\Theta}}$ wird (siehe Bild 6) jeweils entlang

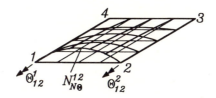

Bild 6: Unvollständiger quadratischer Ansatz für den Verbindungsanteil $\bar{\Theta}$

der Seiten quadratisch und in der anderen Richtung linear interpoliert. Dies wird erreicht, indem die Rotationen linear mit einer zusätzlichen zum Elementmittelpunkt gehörigen quadratischen Funktion approximiert werden. Der Querschub $\bar{\gamma}$ wird im Element konstant angenommen. Die Funktionen $\bar{\Theta}$ werden so angepaßt, daß entlang jedes Randes die Bedingung $\gamma_{sz} = \frac{\partial w}{\partial s} + \Theta_s = $ konstant gesichert ist. Während das Q4BL Element geringfügig kinematisch ist, ist das T3BL Element robust. Wird das T3BL Element reduziert integriert, so ist es identisch mit dem Element von XU [27] und für dicke und dünne Platten gut geeignet.

Eine Verbesserung des Schubverhaltens des QLLL Elements von BATHE/DVORKIN durch Modifikation des Schubkorrekturfaktors k^* nach Gleichung (17) wird von Lyly/Stenberg [16] vorgeschlagen.

$$k^* = \frac{1}{1 + \alpha \frac{l_{char}^2}{t^2}} \qquad \begin{array}{l} l_{char} \ldots \text{ charakteristische Länge im Element} \\ t \ldots \text{ Plattendicke} \end{array} \tag{17}$$

α ist ein frei wählbarer Faktor. Damit wird erreicht, daß der Schubanteil an der Energie für dünne Platten weiter reduziert und das Element bei dünnen Platten flexibler wird. Der Faktor α wird an wesentlichen Beispielen numerisch justiert. Mit $\alpha \approx 0.1$

lassen sich üblicherweise gute Resultate für dünne Platten erzielen. Für dicke Platten ergeben sich dann nur unwesentliche Abweichungen von der korrekten Lösung, die mit zunehmender Netzverfeinerung verschwinden.

Eine Verbesserung des Biegeverhaltens des QLLL Elements wird durch Einführung eines zusätzlichen bilinearen Ansatzes für die Biegespannungen erreicht [23]. BAUMANN/SCHWEIZERHOF [6] erweitern den Spannungsansatz auch für den Schubanteil und erhalten ein gemischt hybrides Element (MXD), das nur die Verschiebungen und Rotationen der Eckknoten als Freiheitsgrade enthält. Infolge der Spannungsansätze ist das Verhalten bei unregelmäßigen Elementformen besser als das des QLLL Elements.

Das sogenannte Allmann Viereckelement entwickelt von RUST/STEIN [22] ist ein reines Verschiebungselement basierend auf einem linearen Ansatz für die Verdrehungen und einem unvollständigen hierarchischen quadratischen Ansatz für die Verschiebungen, Bild 7. Die Seitenmittenverschiebungen der Ränder lassen sich durch die

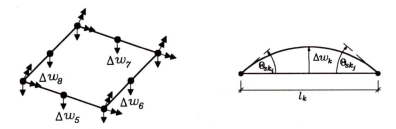

Bild 7: Unvollständiger quadratischer Verschiebungsansatz und Elimination der Seitenmittenfreiheitsgrade

Verdrehungen an den Eckknoten ausdrücken:

$$\Delta w_k = \frac{l_k}{8} \left(\Theta_{skj} - \Theta_{ski} \right) \tag{18}$$

Da das Element bei nicht regelmässigen Formen zur Schubversteifung neigt, ist hierfür die Verwendung eines modifizierten Schubkorrekturfaktors wie oben eingeführt (Gl. (17)) unumgänglich. Dieses Element ist besonders für das Multigridverfahren geeignet, da sich hierfür die Transferoperatoren gut entwickeln lassen.

4.3 Neuere Elemente — Kirchhoff Theorie

Mit Hilfe der Erfüllung der Kirchhoffbedingung $\gamma_{sz} = 0$ an diskreten Punkten entwickeln KRÄTZIG/ZHANG [15] auf der Basis unvollständiger quadratischer Ansätze für die Verschiebungen und Verdrehungen das DKQ4 Element. Hierbei werden nur für die Seitenmittenknoten quadratische Ansätze berücksichtigt. Zum Übergang auf die $4 * 3 = 12$ Eckknotenfreiheitsgrade werden folgende Bedingungen eingebracht:

a) Die tangentiellen Schubspannungen γ_{sz} entlang jeder Seite werden an den zwei Gaußpunkten zu Null gesetzt.

b) Es wird ein linearer Verlauf der Verdrehung Θ_n entlang jeder Seite angenommen, d.h. die quadratischen Anteile in Seitenmitte verschwinden mit der Bedingung $\boldsymbol{\Theta} \cdot \boldsymbol{n} = 0$.

Die resultierende Steifigkeitsmatrix ist identisch mit der des DKQ Elements, der Lastvektor ist wegen des quadratischen Verschiebungsansatzes aber anders aufgebaut. Das letztere wirkt sich nur bei stark unregelmäßigen Elementformen merklich aus.

Ein vom Ansatz her sehr einfaches Dreieckelement, das das Differenzenverfahren mit einbezieht, wird von OÑATE/CERVERA [19] vorgeschlagen. Hierbei werden die Verschiebungen nur mit Eckknotenwerten interpoliert und die Krümmungen $\bar{\boldsymbol{\kappa}}$ konstant im Element angenommen. Als zentraler Punkt der Entwicklung ist die Einbringung der Krümmungs–Verschiebungsbeziehung in gewichteter Form zu betrachten.

$$\int\int_A (\bar{\boldsymbol{\kappa}} - \boldsymbol{L}w)\, dA = 0 \tag{19}$$

Wird der zweite Term auf ein Umfangsintegral transformiert, so gilt

$$\int\int_A \bar{\boldsymbol{\kappa}}\, dA = \int_U \boldsymbol{T} \nabla w\, dU \qquad \text{mit der Transformationsmatrix } \boldsymbol{T} \tag{20}$$

und den Verschiebungsableitungen ∇w am Rand. Diese werden nun aus der Verschiebungsableitung des Elements sowie des an die betrachtete Seite angrenzenden Elements gemittelt, Bild 8. Für die weitere Entwicklung wird auf [19] verwiesen. Die

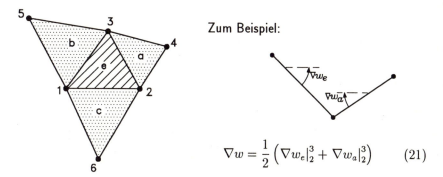

$$\nabla w = \frac{1}{2}\left(\nabla w_e|_2^3 + \nabla w_a|_2^3\right) \tag{21}$$

Bild 8: Mittelung von ∇w am Rand für das Umfangsintegral

Steifigkeitsmatrix des so entwickelten BPT Elements besitzt zwar nur sechs Freiheitsgrade, ist aber nicht nur von den Freiheitsgraden des Elements sondern auch von den Freiheitsgraden der Nachbarelemente abhängig. Das ansonsten einfache Prinzip ist im Rahmen eines Finite Elemente Programms nur umständlich zu verwirklichen und führt auch beim Einbau von Randbedingungen zu Schwierigkeiten. Außerdem erfüllt das Element den Patch Test für beliebige Elementformen nicht; die Konvergenz ist damit für beliebige Elementformen nicht gesichert.

5 Numerischer Vergleich

Der numerische Vergleich der Elemente erfolgt an zwei einfachen Beispielen. Hierbei stellt der Fall der rundum eingespannten Quadratplatte unter gleichförmiger Belastung einen kritischen Fall für Reissner–Mindlin Elemente dar, die bei diesem Beispiel infolge der Einschränkung der Verformungsmöglichkeiten die Neigung zur Schubversteifung haben. Der zweite Fall der rhombusförmigen Platte besitzt eine Singularität in der stumpfen Ecke, außerdem weisen die Viereckelemente eine speziell verzerrte Gestalt auf. Wesentlich ist hierbei, monotone Konvergenz zu erzielen.

\multicolumn{2}{c}{Vierecke}	\multicolumn{2}{c}{Dreiecke}
Typ	Autor	Typ	Autor
DKQ	Batoz [3]	DKT	Batoz [3]
DKQ4	Krätzig/Zhang [15]	BPT	Oñate/Cervera [19]
DKMQ	Katili [13]	DKMT	Katili [13]
ALL	Rust/Stein [22]	DST-BL	Batoz/Lardeur [5]
MXD	Baumann/Schweizerhof [6]	DST-BK	Batoz/Katili [4]
QLLL	Bathe/Dvorkin [8]	SRI-X	Xu [27]
QLQL	Oñate/Zienkiewicz [30]	TLQL	Oñate/Zienkiewicz [30]
		DRM3	Papadopoulos/Taylor [21]

Tabelle 1: Verwendete Elemente

5.1 Eingespannte Quadratplatte unter gleichförmiger Last

In der FE-Berechnung wird aus Symmetriegründen nur ein Viertel der Platte diskretisiert, d.h. für zwei Ränder werden Symmetriebedingungen angesetzt. Die grundsätz-

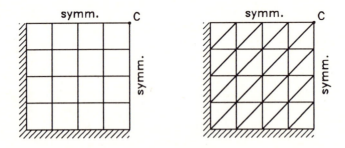

Bild 9: Regelmäßige FE-Netze für die Quadratplatte, hier N=8

liche Form der Netze für Viereck- bzw. Dreieckelemente ist in Bild 9 gegeben. Bei den

Konvergenzuntersuchungen wird jeweils die Zahl der Elementen durch Halbierung der Seiten erhöht, wobei bei den Dreiecknetzen dann jeweils zwei Dreieckelemente einem Viereckelement entsprechen. Sofern nur Eckknotenfreiheitsgrade vorhanden sind, ist die Größe der Gleichungssysteme für beide Netze identisch.

Dünne Platte

Verglichen wird zuerst die Konvergenz der Verschiebung des Mittelpunktes einer dünnen Platte mit $l/t = 100$ für alle vorgestellten Elemente bei den dargestellten regelmässigen Netzen (Bild **10** a-d). Die Mittendurchbiegung wird bezüglich der analytischen Lösung normiert.

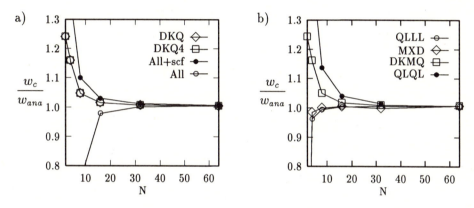

Bild 10: a), b) Konvergenz der Viereckelemente für regelmässige Netze, $l/t = 100$

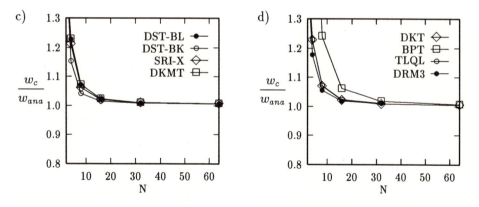

Bild 10: c), d) Konvergenz der Dreieckelemente für regelmässige Netze, $l/t = 100$

Um die Robustheit der Elemente bei nicht regelmässigen Elementformen zu untersuchen, werden die in Bild **11** dargestellten Netze mit entsprechender Verfeinerung verwendet.

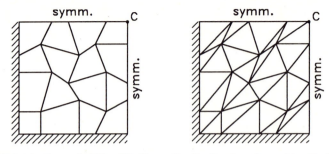

Bild 11: Unregelmäßige FE–Netze für die Quadratplatte, hier N=8

In Bild **12** a-d ist das Konvergenzverhalten für alle diskutierten Elemente dargestellt.

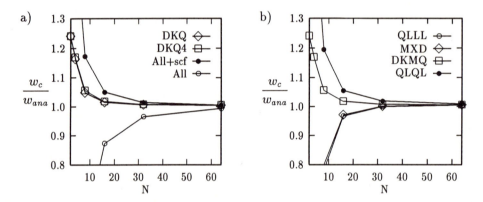

Bild 12: a), b) Konvergenz der Viereckelemente für unregelmässige Netze, $l/t = 100$

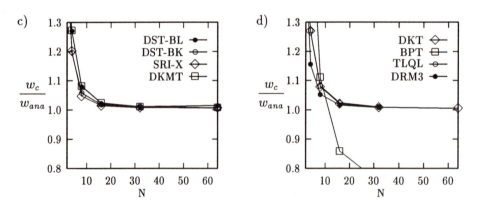

Bild 12: c), d) Konvergenz der Dreieckelemente für unregelmässige Netze, $l/t = 100$

Aus den Konvergenzdiagrammen können folgende Beobachtungen festgehalten werden:

- Alle Elemente bis auf das BPT Element konvergieren unabhängig von der Elementform zur korrekten Lösung.
- Bei regelmässigen Netzen zeigen das QLLL und das MXD Element das beste Konvergenzverhalten. Beide Elemente sind aber etwas empfindlich gegenüber verzerrten Elementformen.
- Das Verhalten des Allmann Elements wird zwar durch die Modifikation des Schubkorrekturfaktors verbessert; dennoch weist es bei weitem das schwächste Konvergenzverhalten auf.
- Das BPT Dreieckelement ist wie erwartet für beliebige Netzformen ungeeignet und wird daher in den folgenden Untersuchungen nicht weiter betrachtet.
- Das QLQL Element ist deutlich schlechter als die Elemente mit ausschließlich Eckknotenfreiwerten, außerdem ist es deutlich ineffizienter. Es ist aber nur mässig empfindlich gegenüber Elementverzerrungen.
- Alle Diskreten Kirchhoff Elemente bzw. Diskreten Kirchhoff–Mindlin Elemente DKQ, DKQ4, DKMQ, DST-BL, DST-BK, DKT, DKMT, TLQL, DRM3 und das SRI-X Element von Xu sind fast völlig unempfindlich gegenüber unregelmässigen Elementformen und zeigen ein sehr gutes Konvergenzverhalten.
- Das leicht bessere Verhalten des DRM3 Elements gegenüber dem TLQL Element ist ausschließlich auf den besseren Lastvektor zurückzuführen.
- Die Elemente mit Seitenmittenknoten QLQL, TLQL und DRM3 sind deutlich ineffizienter als alle sonstigen Elemente und bieten kaum bessere Ergebnisse, daher werden sie bei den folgenden Untersuchungen nicht berücksichtigt.

Mässig dicke Platte

Analog zur dünnen Platte wird ein Vergleich der Elemente für eine mässig dicke Platte mit $l/t = 10$ für die wesentlichen Viereck- und Dreieckelemente mit ausschließlich Eckknotenfreiheitsgraden durchgeführt. Die Lösung wird zur Durchbiegung der dicken Platte normiert. Zum Vergleich sind auch jeweils die Kurven für die Kirchhoff Lösung eingetragen. Diese liegt ca. 15% unterhalb der Lösung für die dicke Platte.

Es ist festzustellen:

- Das DST-BL Element konvergiert beim regelmässigen Netz zu einem ca. 2-3% und beim unregelmässigen Netz zu einem ca. 7% höheren Wert.
- Alle anderen Reissner–Mindlin Elemente konvergieren sehr schnell. Es ist kein qualitativer Unterschied zwischen den QLLL, MXD Elementen und dem DKMQ Element bemerkbar.

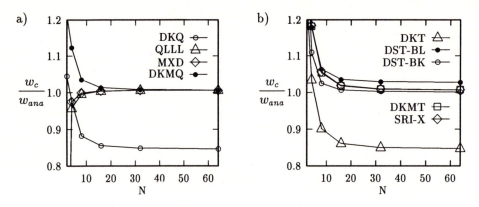

Bild 13: Regelmässige Netze, $l/t = 10$, a) Konvergenz der Viereckelemente
b) Konvergenz der Dreieckelemente

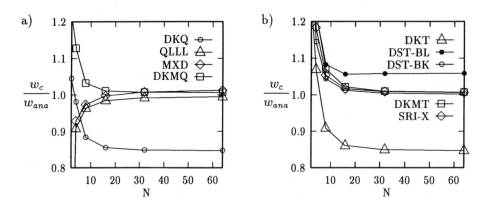

Bild 14: Unregelmässige Netze, $l/t = 10$, a) Konvergenz der Viereckelemente
b) Konvergenz der Dreieckelemente

- Die Sensitivität aller dieser Elemente gegenüber unregelmässigen Elementformen ist sehr gering.
  - Das QLLL Element wird ein wenig steifer; das MXD Element hingegen wird geringfügig zu flexibel.
  - Die Justierung des Faktors beim DST-BK Element macht sich beim gleichförmigen Netz bemerkbar; beim ungleichförmigen Netz ist der Vorteil nur noch gering.

5.2 Gelenkig gelagerte Rhombusplatte nach Morley

Die Platte ist rundum gelenkig gelagert, dünn ($l/t = 100$), besitzt eine Querdehnzahl

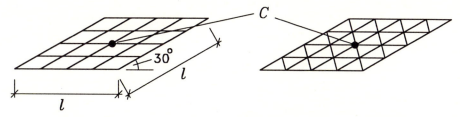

Bild 15: Geometrie und Vernetzung der Morley Platte, hier N=4

$\nu = 0.3$ und wird mit Netzen ähnlich der in Bild **15** dargestellten Formen berechnet. Hierbei ist festzustellen, daß die Vierecke stark von der optimalen Rechteckform abweichen, während die Dreiecke nahezu optimal gleichseitig sind. In den Bilder **16** und **17** sind die Konvergenzkurven für die Mittendurchbiegung und das maximale Moment in Feldmitte bei Verwendung von Vier- und Dreieckelementen aufgetragen. Die Normierung erfolgt jeweils zur analytischen Lösung von Morley [17].

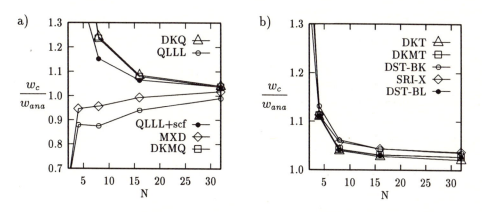

Bild 16: Konvergenz der Verschiebungen in Feldmitte
    a) Viereckelemente
    b) Dreieckelemente

Es ist festzustellen:
- Alle Dreieckelemente konvergieren infolge der sehr guten Elementformen sehr schnell. Dies gilt sowohl für die Verschiebungen als auch für die Momente.
- Das MXD Element zeigt ein ausgezeichnetes Konvergenzverhalten sowohl für die Verschiebungen als auch für die Momente.
- DKQ, DKMQ und QLLL Element zeigen qualitativ ähnliche Konvergenz für die Verschiebungen, bei den Momenten ist das QLLL Element deutlich schlechter.
- Die Modifikation des Schubkorrekturfaktors führt zu einer größeren Flexibilität des QLLL Elements und keiner Verbesserung des Verhaltens bei den Verschiebungen, während die Konvergenz der Momente deutlich verbessert wird.

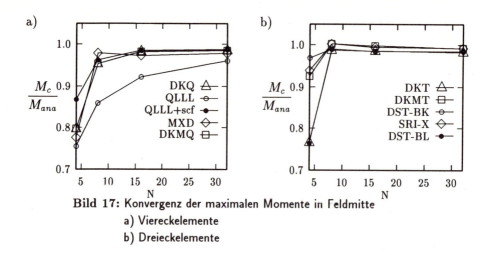

Bild 17: Konvergenz der maximalen Momente in Feldmitte
a) Viereckelemente
b) Dreieckelemente

6 Zusammenfassung und Ausblick

Die Untersuchung neuerer Elemente für Plattenberechnungen erbrachte bezüglich der Eingangs formulierten Ziele der Studie folgende Ergebnisse, die durch mehrere Untersuchungen auch an praktischen Beispielen untermauert wurden:

- Es liegen einige sehr robuste und effiziente Plattenelemente vor, die nur Eckknotenfreiheitsgrade besitzen und daher gut handhabbar sind. Diese Elemente weisen bereits für grobe Netze sehr gute Resultate auf.
- Mit mehreren Elementen lassen sich problemlos dünne wie dicke Platten berechnen. Als Nebenprodukt ergeben sich gleichzeitig Werte für Querkräfte.
- Für die Benutzung in der Praxis sind zu empfehlen
    - Durchgängig für DÜNNE UND DICKE PLATTEN:
        Vierecke: DKMQ und MXD Element sowie mit leichten Abstrichen das QLLL Element
        Dreiecke: DKMT, DST-BK und SRI-X Element sowie mit Einschränkungen bei dicken Platten das DST-BL Element
    - Nur für DÜNNE PLATTEN:
        DKQ und DKQ4 Element für Vierecke sowie das DKT Element für Dreiecke
- Bezüglich Effizienz ist das DKT Element infolge der Möglichkeit der expliziten Formulierung der Steifigkeitsmatrix führend, dies ist allerdings angesichts der Dominanz des Aufwands für die Gleichungslösung von untergeordneter Bedeutung.
- Es wurden wesentliche Erkenntnisfortschritte in der Elemententwicklung erreicht, die insbesondere zu konsistenten Herleitungen der Elemente mit Nebenbedingungen wie der Diskreten Kirchhoff bzw. der Diskreten Reissner–Mindlin Bedingung geführt haben.

- Alle Elemente — das MXD Element in einer Fassung mit erweiterten Dehnungsansätzen — lassen sich auch direkt für nichtlineare Probleme erweitern.

In nächster Zukunft sind keine wesentlichen Verbesserungen einfacher Elemente zu erwarten. Der Schwerpunkt der Aufmerksamkeit bei Plattenberechnungen sollte daher künftig der Modellierung realer Probleme sowie den bei Verwendung der Netzadaptivität deutlich werdenden Problemen mit Singularitäten und Grenzschichten an den Rändern gelten. Hier müssen für eine baupraktische Nutzung insbesondere der Querkraftinformation noch effiziente Lösungen gefunden werden.

Schrifttum

[1] S. Ahmad, B.M. Irons, O.C. Zienkiewicz.: Analysis of thick and thin shell structures by curved finite elements. *Int. J. Num. Meth. Engng.* **2** (S. 419-451), 1970.

[2] D.N. Arnold, R.S. Falk.: A unifomly accurate finite element method for Mindlin–Reissner plate. *IMA Preprint Series No. 307*, Institute for Mathematics and its Applications, University of Minnesota, 1987.

[3] J.L. Batoz, K.J. Bathe, L.W. Ho.: A study of three–node triangular plate bending elements. *Int. J. Num. Meth. Engng.* **15** (S. 1771-1812), 1980.

[4] J.L. Batoz, I. Katili.: On a simple triangular Reissner/Mindlin plate element based on incompatible modes and discrete constrains. *Int. J. Num. Meth. Engng.* **35** (S. 1603-1632), 1992.

[5] J.L. Batoz, P.Lardeur.: A discrete shear triangle nine d.o.f. element for the analysis of thick to very thin plates. *Int. J. Num. Meth. Engng.* **28** (S. 533-560), 1989.

[6] M. Baumann.,K. Schweizerhof, S. Andrussow.: An efficient mixed hybrid 4–node shell element with assumed stresses for membrane, bending and shear parts. *Eng. Comp.* **11** (S. 69-80), 1994.

[7] G. S. Dhatt.: Numerical analysis of thin shells by curved triangular elements based on discrete Kirchhoff hypothesis. *Proc. Sym. on Applications of FEM in Civil Engineering*, Vanderbilt University, Nashville, Tennessee, 1969.

[8] E.N. Dvorkin, K.J. Bathe.: A continuum mechanics based four node shell element for general nonlinear analysis. *Eng. Comp.* **1** (S. 77-88), 1989.

[9] H.C. Huang, E. Hinton.: A nine node Lagrangian Mindlin element with enhanced shear interpolation. *Eng. Comp.* **1** (S. 369-380), 1984.

[10] T.J.R. Hughes, M. Cohen.: The "heterosis" finite element for plate bending. *Comp. Struct.* **9** (S. 445-450), 1978.

[11] J. Jirousek.: Improvement of computational efficiency of the 9 DOF triangular hybrid–Trefftz plate bending element. *Int. J. Num. Meth. Engng.* **23** (S. 2167-2168), 1986.

[12] J. Jirousek, Lan Guex.: The hybrid–Trefftz finite element model and its application to plate bending. *Int. J. Num. Meth. Engng.* **23** (S. 651-693), 1986.

[13] I. Katili.: A new discrete Kirchhoff–Mindlin element based on Mindlin–Reissner plate theory and assumed shear strain fields — Part I: An extended DKT Element for thick-plate bending analysis. *Int. J. Num. Meth. Engng.* **36** (S. 1859-1883), 1993.

[14] I. Katili.: A new discrete Kirchhoff–Mindlin element based on Mindlin–Reissner plate theory and assumed shear strain fields — Part II: An extended DKQ Element for thick–plate bending analysis. *Int. J. Num. Meth. Engng.* **36** (S. 1885-1908), 1993.

[15] W.B. Krätzig, J.W. Zhang.: A simple four–node quadrilateral finite element for plates. *J. Comp. Appl. Math.* **50** (S. 361-373), 1994.

[16] M. Lyly, R. Stenberg.: A stable bilinear element for the Reissner–Mindlin plate model. *Comp. Meths. in Appl. Mech. Engng.* **110** (S. 343-357), 1993.

[17] L.S.D. Morley.: On the constant moment plate bending element. *J. Strain Anal.* **6** (S. 20-24), 1971.

[18] E. Oñate.: A review of some finite element families for thick and thin plate and shell analysis. *Recent Developments in Finite Element Analysis,* CIMNE, Barcelona, 1994.

[19] E. Oñate, M. Cervera.: A general procedure for deriving thin plate bending elements with one degree of freedom per node. *Technical report, E.T.S. Ingenieros de Caminos, Canales y Puertos, Universidad Politécnica de Catalunya,* 1993.

[20] E. Oñate, O.C. Zienkiewicz, B. Suarez, R.L. Taylor.: A general methodology for deriving shear constrained Reissner–Mindlin plate elements. *Int. J. Num. Meth. Engng.* **33** (S. 345-367), 1992.

[21] P. Papadopoulos, R.L. Taylor.: A triangular element based on Reissner–Mindlin plate theory. *Int. J. Num. Meth. Engng.* **30** (S. 1029-1049), 1988.

[22] W. Rust., E. Stein: Multigrid procedure for FE-discretization of discs and plates and convergence acceleration. *Vortrag Tagung "Multigrid Methods" in Oberwolfach,* 1987. Siehe auch Dissertation W. Rust 1991.

[23] J.C. Simo, D.D. Fox, M.S. Rifai.: On a stress resultant geometrically exact shell model. Part II: The linear theory; computational aspects. *Comp. Meth. Appl. Mech. Eng.* **73** (S. 53-92), 1989.

[24] J.H. Stricklin, W. Haisler, P. Tisdale, K. Gunderson.: A rapidly converging triangle plate element. *JAIAA* **7** (S. 180-181), 1969.

[25] R.L. Taylor, F. Auricchio.: Linked interpolation for Reissner–Mindlin plate elements. Part II: A simple triangle. *Int. J. Num. Meth. Engng.* **36** (S. 3057-3066), 1993.

[26] A. Tessler, T.J.R. Hughes.: A three node Mindlin plate element with improved transverse shear. *Comp. Math. Appl. Eng.* **50** (S. 71-101), 1985.

[27] Z. Xu.: A thick–thin triangular plate element. *Int. J. Num. Meth. Engng.* **33** (S. 963-973), 1992.

[28] O.C. Zienkiewicz, D. Lefebvre.: A robust triangular plate bending element of the Reissner–Mindlin type. *Int. J. Num. Meth. Engng.* **26** (S. 1169-1184), 1988.

[29] O.C. Zienkiewicz, R.L. Taylor.: The Finite Element Method. *McGraw Hill, Vol. I, 1989, Vol. II,* 1991.

[30] O.C. Zienkiewicz, R.L. Taylor, P. Papadopoulos, E. Oñate.: Plate bending elements with discrete constraints: New triangular elements. *Comp. Struct.* **35** (S. 505-522), 1990.

[31] O.C. Zienkiewicz, Z. Xu, L.F. Zeng, A. Samuelsson, N.E. Wiberg.: Linked interpolation for Reissner–Mindlin plate elements. Part I: A simple quadrilateral. *Int. J. Num. Meth. Engng.* **36** (S. 3034-3056), 1993.

Stochastische Finite Elemente

Hermann G. Matthies
Germanischer Lloyd, Hamburg

Zusammenfassung

In vielen Gebieten erlangen Untersuchungen, die die räumlich und zeitlich veränderliche Art der Belastungen und der Struktureigenschaften in Betracht ziehen, zunehmende Bedeutung. Die Variabilität wird dabei oft als stochastisch modelliert. Die Anwendung solcher Techniken wird durch die auf der einen Seite weit fortgeschrittenen deterministisch-mechanischen Modellierungs- und Rechenmöglichkeiten und die auf der anderen Seite oft drastischen Verinfachungen des mechanischen Verhaltens oft schwierig. Diese Vereinfachungen sind nötig, um eine Zuverlässigkeitsrechnung überhaupt möglich zu machen. Es ist daher wünschenswert, insbesondere Finite Element Verfahren und stochastische Zuverlässigkeitstechniken koppeln zu können, um realistischere probabilistische Analysen durchführen zu können.

1 Einleitung

Da die FE-Programme, die heutzutage eingesetzt werden, über viele Jahre entwickelt wurden, und es deshalb keinen Sinn macht, extra zur Benutzung der Stochastischen Finite Element Technik ein weiteres FE-Programm erneut zu entwickeln, wurde ein anderer Weg eingeschlagen. Um möglichst unabhängig von den zur Verwendung kommenden FE-Programmen sowie Zuverlässigkeitsprogrammen zu sein, wurde die Entwicklung einer Schnittstelle verfolgt.

2 Deterministische FE-Methode

Im folgenden sollen nur kurz die für das folgende wichtigen Tatsachen rekapituliert werden.

2.1 Generelle Form

Es wird die Vorgehensweise der FE-Methode in der Elastostatik der Einfachheit halber als Beispiel genommen. Deterministisch ist in dem Sinne gemeint daß alle Parameter, die in die FE-Rechnung eingehen, als exakt bekannt angenommen werden. Dies sind einerseits die Lasten, die am Modell angreifen, als auch Materialdaten und geometrische Abmessungen der Struktur. Diese Parameter bezeichnen wir als Basisvariablen und fassen sie zusammen in einem Vektor **x**. Das Ziel einer FE-Rechnung ist es, das Verhalten der Struktur zu ermitteln, dieses Verhalten ist in der Elastostatik gekennzeichnet durch z.B. Verschiebungen, Dehnungen oder Spannungen. Diese Größen werden als Antwortfunktionen bezeichnet. Die Antworten des FE-Programms werden zusammengefaßt in einem Vektor **z**.

Die Anwendung der bekannten Prinzipien in der Statik führt auf ein lineares Gleichungssystem für die Verschiebungen [27]:

$$\mathbf{K}\mathbf{v} = \mathbf{p} \tag{1}$$

Dabei ist **v** der Verschiebungsvektor und **p** der Vektor der äußeren Lasten. Mit **K** wird die Steifigkeitsmatrix der Struktur bezeichnet.

Mit Hilfe der

- Verschiebungen **v** aus Gleichung (1) lassen sich folgende Ausgangsgrößen ermitteln:
- Elementverzerrungen: $\boldsymbol{\varepsilon} = \mathbf{B}\mathbf{v}$
- Elementspannungen: $\boldsymbol{\sigma} = \mathbf{D}\boldsymbol{\varepsilon}$,

wobei **B** die Verformungs-Dehnungs-Matrix und **D** die Dehnungs-Spannungs-Matrix ist.

Der Vektor der Antwortvariablen **z** wird in folgendem als lineare Funktion der Verschiebungen angenommen:

$$\mathbf{z} = \mathbf{A}(\mathbf{x})\mathbf{v} + \mathbf{z}_0(\mathbf{x}). \tag{2}$$

z enthält als Einträge z.B. Verschiebungen, Dehnungen, Spannungen oder andere linear von den Verschiebungen abhängige Antworten.

Nach einer FE-Rechnung ist zu entscheiden, ob die Struktur die gestellten Bedingungen erfüllt oder nicht. Dazu benötigt man Kriterien, und diese sind i.a. eine Funktion $g(\mathbf{z}(\mathbf{x}))$ der Antwortvariablen. Beispiele sind z.B. das Kriterium, daß die Verschiebung in einem Knoten der Struktur kleiner als ein fester Wert v_0 bleiben soll, d.h. also $g(\mathbf{z}) = v_0 - v_i > 0$, oder die Höhe der von-Mises-Vergleichsspannung, welche beschränkt bleiben soll, $g(\mathbf{z}) = \sigma_0 - \sigma_{Mises} > 0$.

Die bis hierher dargestellte deterministische Vorgehensweise bei der Durchführung von FE-Rechnungen ist die zur Zeit übliche im Rahmen der Beurteilung von Strukturen.

2.2 Sensitivitätsanalyse

Mehr Information aus der deterministischen FE-Methode kann man durch die Einbeziehung von Ableitungen der Antwortvariablen **z**, bzw. allgemeiner von Funktionalen der Form $g(\mathbf{z}(\mathbf{x}))$. Mit Hilfe der Komponenten des Gradienten von g nach **x** erhält man Information über die Sensitivität des Funktionals g bzgl. der Basisvariablen x_i (vgl. z.B. [2].

Die einfachste Methode zur Bestimmung von $\nabla_x g$ ist mit Hilfe finiter Differenzen.

Zur vollständigen Bestimmung des Gradienten $\nabla_x g$ sind dann $n+1$ Berechnungen der g-Funktion erforderlich. Da jede Auswertung der g-Funktion eine FE-Rechnung erfordert, ist die Methode der finiten Differenzen nur für wenige Basisvariablen und kleine bis mittlere FE-Modelle vertretbar.

Eine andere, effektivere Methode ist die analytische Berechnung des Gradienten $\nabla_x g$. Mit Hilfe der Kettenregel ergibt sich:

$$\frac{\partial g(\mathbf{z}(\mathbf{x}))}{\partial \mathbf{x}} = \left[\frac{\partial g}{\partial x_1} \cdots \frac{\partial g}{\partial x_i} \cdots \right] = \frac{\partial g}{\partial \mathbf{z}} \frac{\partial \mathbf{z}}{\partial \mathbf{x}}, \tag{3}$$

dabei ist $\nabla_x g$ ein n-dim. Vektor und $\nabla_z g$ ein m-dim. Vektor. Der Gradient $\nabla_z g$ ist im allgemeinen einfach zu ermitteln, da $g = g(\mathbf{z})$ explizit in den Antwortvariablen $\mathbf{z}$ formuliert ist. Es bleibt die Ermittlung der Jacobi-Matrix $\partial \mathbf{z}/\partial \mathbf{x}$. Für diese ergibt sich unter Anwendung der Gleichung (1) für eine Spalte:

$$\frac{\partial \mathbf{z}}{\partial x_i} = \frac{\partial \mathbf{A}}{\partial x_i}\mathbf{v} + \mathbf{A}\frac{\partial \mathbf{v}}{\partial x_i} + \frac{\partial \mathbf{z}_0}{\partial x_i}, \tag{4}$$

wobei

$$\frac{\partial \mathbf{v}}{\partial x_i} = \frac{\partial}{\partial x_i}(\mathbf{K}^{-1}\mathbf{p}) = \mathbf{K}^{-1}(\frac{\partial \mathbf{p}}{\partial x_i} - \frac{\partial \mathbf{K}}{\partial x_i}\mathbf{v}). \tag{5}$$

Setzt man (5) in Gleichung (4) ein, so folgt:

$$\frac{\partial \mathbf{z}}{\partial x_i} = \frac{\partial \mathbf{A}}{\partial x_i}\mathbf{v} + \mathbf{A}\mathbf{K}^{-1}(\frac{\partial \mathbf{p}}{\partial x_i} - \frac{\partial \mathbf{K}}{\partial x_i}\mathbf{v}) + \frac{\partial \mathbf{z}_0}{\partial x_i}, \tag{6}$$

Damit ergibt sich dann insgesamt für den Gradienten $\nabla_x g$:

$$\frac{\partial g}{\partial x_i} = \frac{\partial g}{\partial \mathbf{z}}\frac{\partial \mathbf{A}}{\partial x_i}\mathbf{v} + \frac{\partial g}{\partial \mathbf{z}}\frac{\partial \mathbf{z}_0}{\partial x_i} + \frac{\partial g}{\partial \mathbf{z}}\mathbf{A}\mathbf{K}^{-1} \cdot \left[\frac{\partial \mathbf{p}}{\partial x_i} - \frac{\partial \mathbf{K}}{\partial x_i}\mathbf{v}\right]. \tag{7}$$

Anhand der Gleichung (7) erkennt man, daß zur Bestimmung des Gradienten $\nabla_x g$ insgesamt nur n zusätzliche Lastfälle durchgerechnet werden müssen. Dies ist natürlich eine drastische Reduzierung des Aufwandes im Verhältnis zum finite-Differenzen-Verfahren. Die durch (7) erklärte Methode zur Berechnung des Gradienten wird in der Literatur als direkte Methode definiert (vgl. [9]).

Eine meist noch effektivere Methode zur Berechnung des Gradienten $\nabla_x g$, erhält man aber durch eine Transponierung des letzten Terms in (7).

$$\frac{\partial g}{\partial x_i} = \frac{\partial g}{\partial \mathbf{z}}\frac{\partial \mathbf{A}}{\partial x_i}\mathbf{v} + \frac{\partial g}{\partial \mathbf{z}}\frac{\partial \mathbf{z}_0}{\partial x_i} + \left[\frac{\partial \mathbf{p}}{\partial x_i} - \frac{\partial \mathbf{K}}{\partial x_i}\mathbf{v}\right]^T \cdot \mathbf{K}^{-1}\mathbf{A}^T\frac{\partial g}{\partial \mathbf{z}}^T \tag{8}$$

Diese Methode wird als adjungierte Methode bezeichnet (vgl. z.B. [2]. Zur Ermittlung des letzten Terms in (8) berechnet man zuerst die sogenannten adjungierten Verschiebungen $\boldsymbol{\lambda}$ aus:

$$\mathbf{K}\boldsymbol{\lambda} = \mathbf{A}^T \frac{\partial g}{\partial \mathbf{z}}^T \tag{9}$$

und dann den gesamten letzten Term aus (8) mittels

$$\left[\frac{\partial \mathbf{p}}{\partial x_i} - \frac{\partial \mathbf{K}}{\partial x_i}\mathbf{v}\right]^T \cdot \boldsymbol{\lambda}. \tag{10}$$

Die Ableitungen $\partial \mathbf{A}/\partial x_i, \partial \mathbf{K}/\partial x_i, \partial \mathbf{p}/\partial x_i$ und $\partial \mathbf{z}_0/\partial x_i$ können wegen der Linearität der Differentialoperatoren ähnlich wie die Steifigkeitsmatrix und der Lastvektor aufassembliert werden. Statt der Elementmatrizen werden die Ableitungen dieser Elementmatrizen aufsummiert.

3 Stochastische FE-Methode

Zum Begriff der stochastischen FE-Methode kommt man dadurch, daß man die Basisvariablen x stochastisch modelliert, und dann versucht, stochastische Aussagen über die Antwortvariablen z eines FE-Programms zu ermitteln. Die erste Idee ist dabei die Berechnung von stochastischen Momenten für die Antwortvariablen z. Hierbei werden die Methoden der Sensitivitätsanalyse angewendet (vgl. z.B. [2],[11], [5], [20], [10], [13], [14], [15], [12], [19], [21], [22], [26]).

3.1 Statistische Momente der Antwortvariablen

Die Berechnung der ersten beiden Momente der Antwortvariablen — d.h. Mittelwert und Varianz — ist ein erster Schritt um statistische Informationen über die Antwortvariablen g und z zu erhalten. Diese Methode ist dabei nicht auf den Fall der Statik festgelegt. In [11] sind ebenso Beispiele der Anwendung der Methode auf elastodynamische Probleme zu finden.

Die Berechnung der stochastischen Momente der Antwortvariablen ist näherungsweise möglich durch Anwendung des Erwartungswertoperators auf eine Taylorentwicklung der Antwortvariablen z um den Mittelwert der Basisvariablen $\mathbf{x}_0 := E[\mathbf{x}]$.

$$\mathbf{z}(\mathbf{x}) \approx \mathbf{z}(\mathbf{x}_0) + \frac{\partial \mathbf{z}}{\partial \mathbf{x}}(\mathbf{x} - \mathbf{x}_0) \tag{11}$$

Unter Ausnutzung der Linearität des Erwartungswertoperator erhält man:

$$E[\mathbf{z}] = \mathbf{z}(E[\mathbf{x}]) = \mathbf{z}(\mathbf{x}_0). \tag{12}$$

Für die Varianzen $Var[z_i]$ und die Kovarianzen $Cov[z_i, z_j]$ der Antworten lassen sich ähnliche Approximationen verschiedener Ordnung ermitteln (vgl. z.B. [1], [2]). Die

Näherung erster Ordnung der Varianz läßt sich noch relativ einfach berechnen, aber bei Termen höherer Ordnung kann die Berechnung sehr aufwendig werden. Mit Mittelwert und Varianz lassen sich allerdings schon sehr viel mehr Aussagen machen als nur mit dem Mittelwert, dem üblichen Ergebniss einer deterministischen Analyse.

3.2 Zuverlässigkeit

In der Zuverlässigkeitstheorie werden, wie im deterministischen Fall, Versagenskriterien aufgestellt zur Beurteilung einer Struktur. Eine solche Struktur besteht aus mehreren Komponenten, die jeweils versagen können (vgl. z.B. [16], [24], [23], [18], [4], [7], [1]).

Das Versagen einer Komponente wird definiert durch eine Zustandsfunktion $g(\mathbf{z})$. Der Raum der Antwortvariablen $\mathbf{z}$ wird in zwei Bereiche unterteilt. Der Versagensbereich ist definiert durch $F = \{\mathbf{z}|g(\mathbf{z}) \leq 0\}$, und der Überlebensbereich durch $S = \{\mathbf{z}|g(\mathbf{z}) > 0\}$.

Ein Ziel der Zuverlässigkeitstheorie ist die Berechnung der sogenannten Versagenswahrscheinlichkeit dieser Komponente:

$$P_f = \int_{g \leq 0} f_X(\mathbf{x}) \, d\mathbf{x}, \tag{13}$$

wobei $f_X(\mathbf{x})$ die Verteilungsdichte der Basisvariablen $\mathbf{x}$ ist.

Analytische Lösungen für dieses Integral existieren nur für einfache g-Funktionen und Verteilungsdichten. Numerische Integration mit Quadratur-Regeln ist wegen der meist großen Dimension des Problems (Anzahl von Basisvariablen) und der i.a. nichtlinear von $\mathbf{z}$ abhängigen Funktion $g(\mathbf{z})$ nicht möglich. Monte-Carlo-Methoden sind wegen der üblicherweise geringen Versagenswahrscheinlichkeit nur mit hohem Aufwand anwendbar.

Im weiteren wollen wir der Einfachheit halber annehmen, daß die Basisvariablen stochastisch unabhängig und Normalverteilt sind. Im anderen Falle lassen Sie sich mit Hilfe der Rosenblatt-Transformation auf diesen Fall zurückführen [1].

Eine approximative Methode zur Berechnung von (13) ist die Zuverlässigkeitsmethode erster Ordnung FORM (First Order Reliability Method). Die FORM-Methode ersetzt das Integral in (13) durch das Integral über das von der Tangentialebene an die Versagensfläche $\{\mathbf{z}|g(\mathbf{z}) = 0\}$ im sog. Bemessungspunkt $\mathbf{x}_*$ abgetrennte Gebiet. Der Bemessungspunkt ist dabei der Punkt auf der Versagensfläche, welcher die höchste Wahrscheinlichkeitsdichte hat, d.h. geometrisch gesprochen am dichtesten am Ursprung liegt. Man spricht deshalb auch von dem *wahrscheinlichsten Versagenspunkt*. Die multinormale Verteilung nimmt in den Versagensbereich hinein exponentiell ab.

Die Versagenswahrscheinlichkeit läßt sich damit approximativ berechnen aus

$$P_f \approx P(\boldsymbol{\alpha}^T \mathbf{x} + \beta \leq 0) = \Phi(-\beta). \tag{14}$$

Hier ist $\boldsymbol{\alpha}$ der Normalenvektor der Tangentialebene, $\beta = \|\mathbf{x}_*\|$ der Abstand vom Ursprung — *der Zuverlässigkeitsindex* — und Φ das Standardnormalintegral. Der Wert von β ergibt sich dabei aus der Lösung der folgenden Minimierungsaufgabe:

$$\beta = \|\mathbf{x}_*\| = \min\{\|\mathbf{x}\| \mid g(\mathbf{x}) \leq 0\}. \tag{15}$$

Hieran sieht man deutlich die Ähnlichkeit der FORM-Berechnung und einer Optimierungsaufgabe, z.B. der Minimierung des Gewichts einer Struktur (vgl. z.B. [8, 3]). Die FORM-Methode ersetzt also die Berechnung des Integrals (13) durch die Lösung der Optimierungsaufgabe (15).

Bemerkung: Durch quadratische Entwicklung der g-Funktion um den Bemessungspunkt kann man die Näherung der Versagenswahrscheinlichkeit verbessern. Diese Vorgehensweise wird als Zuverlässigkeitsmethode zweiter Ordnung SORM (*Second Order Reliability Method*) bezeichnet.

Eine weitere Verbesserung von FORM/SORM-Ergebnissen wird durch die ISRM-Methode (*Importance Sampling Reliability Method*) erreicht. Bei dieser wird durch Wahl einer geeigneten Sampling-Dichte um den Bemessungspunkt eine effiziente Monte-Carlo Simulation angewendet.

Hauptaufgabe der Zuverlässigkeitsmethoden mittels FORM/SORM ist die Lösung des Optimierungsproblems (15). Alle effizienten Verfahren benutzen dazu die Gradienten der Zielfunktion $\|\mathbf{x}\|$ sowie der Restriktionen $g(\mathbf{z})$.

3.3 Sensitivität

In der Praxis meist wichtiger als der numerische Wert der Versagenswahrscheinlichkeit — der stark von willkürlichen Entscheidungen abhängen kann und daher meist nur als nomineller Wert gelten kann — ist die Empfindlichkeit des Versagenspunktes und damit zusammenhängender Maße von den Basisvariablen sowie ihren Mittelwerten μ und Varianzen σ.

Mittels eines Sensitivitätssatzes der Optimierungstheorie [3] lassen sich folgende Sensitivitätsfaktoren finden ([1]):

$$\frac{\partial \beta}{\partial \mu_i} = \frac{1}{|g^*|}\frac{\partial g}{\partial x_i} = \alpha_i \tag{16}$$

$$\frac{\partial \beta}{\partial \sigma_i} = \frac{1}{|g^*|}\frac{\partial g}{\partial x_i}x_{i*} = \alpha_i \beta \tag{17}$$

$$\frac{\partial \beta}{\partial \tau_i} = \frac{1}{|g^*|}\frac{\partial g}{\partial \tau_i}. \tag{18}$$

3.4 Weitere Verfahren

Response-Surface-Methoden (vgl. z.B. [17], [5]) sind eine andere Art der Approximation: die Grenzzustandsfunktion $g(\mathbf{z})$ wird approximiert durch eine meist polynomiale

Funktion $\tilde{g}(\mathbf{z})$. Da die Funktion g im allgemeinen nichtlinear ist, ist eine solche Approximation meist nicht sehr gut für einen großen Bereich. Im Rahmen der Zuverlässigkeit reicht es aber, eine gute Approximation von g in der Nähe des Entwurfspunkts zu haben. Daher wird nicht die g-Funktion selber genähert, sondern es wird versucht die Grenzzustandsfläche $g(\mathbf{z}) = 0$ zu approximieren durch $\tilde{g}(\mathbf{z}) = 0$, mit dem Bemühen in der Nähe des Entwurfspunkts einen gute Approximation zu erreichen.

Über die Ermittlung der ersten Momente hinausgehende Information erhält man durch Bestimmung der Verteilungsfunktionen der Antwortvariablen. Falls man die Verteilungsdichte $f_X(\mathbf{x})$ der Basisvariablen $\mathbf{x}$ kennt, wäre es natürlich denkbar, die Verteilungsdichte der Antwortvariablen zu ermitteln. Die Bestimmung solcher Antwortverteilungen kann aber im Zusammenhang mit FE-Rechnungen sehr aufwendig (d.h. rechenintensiv) sein, da häufig Monte-Carlo Simulationen zum Einsatz kommen, die eine sehr hohe Anzahl von Aufrufen des FE-Lösers erfordern. Eine andere Möglichkeit bietet die Methode des "homogenen polynomialen Chaos" [6].

3.5 Stochastische Felder

In deterministischen Berechnungen werden Systemeigenschaften und Lasten als deterministische Felder modelliert. Meistens werden diese Felder als räumlich bzw. zeitlich konstant angenommen. Beispielsweise wird der Elastizitätsmodul einer Platte durch einen einzigen konstanten Wert festgelegt. In Wirklichkeit sind aber die Systemeigenschaften oder die Lasten nicht konstant sondern räumlich variabel und können als stochastich angesehen werden und streuen damit.

Für die Erfassung dieser Streuung sind die Systemeigenschaften und die Lasten als *stochastische Felder* zu formulieren.

Es gibt verschiedene Möglichkeiten der Diskretisierung von stochastischen Feldern $X(r)$ über einem Bereich Ω ($r \in \Omega$). Eine ist die Wahl des Wertes des stochastischen Feldes im geometrischen Mittelpunkt als repräsentativ für den gesamten Bereichs; eine andere ist es, den Mittelwert des Feldes $X(r)$ über den Bereich Ω zu nehmen.

Eine weitere Möglichkeit zur Gewinnung einer guten Diskretisierung eines stochastischen Feldes ist in [6] beschrieben. Dort werden die Eigenwerte und Eigenfunktionen des Kovarianzkerns des stochastischen Feldes berechnet und eine Reihendarstellung des stochastischen Feldes mit Hilfe dieser Eigenfunktionen — die *Karhunen-Loeve Entwicklung* — liefert eine Darstellung mit optimaler Wiedergabe der Korrelationsstruktur diese Feldes.

In den folgenden Beispielen wurden Diskretisierungen nach der Mittelpunktsmethode vorgenommen. Für eine weitergehende Einführung in die Theorie der stochastischen Felder sei auf [25] verwiesen.

4 SFEM-Schnittstelle

Aufbauend auf den vorhergehenden Überlegungen und Anforderungen wurden Datenstrukturen definiert, die die SFEM-Schnittstelle verwendet, um den erforderlichen Datenaustausch zwischen einem FE-Programm und einem Zuverlässigkeits-Programm zu gewährleisten.

Die Schnittstelle wurde entwickelt als eine Menge von Tabellen ähnlich einer relationalen Datenbank. Die Tabellen sind unterteilt in solche, die vom Zuverlässigkeits-Programm zum FE-Programm übertragen werden; solche, die vom FE-Programm zum Zuverlässigkeits-Programm übertragen werden; solche, die benutzt werden für Sensitivitätsberechnungen und solche die für das Darstellen von Berechnungenergebnissen verwandt werden.

5 Numerische Beispiele

5.1 Platte mit Loch

Ein Viertel einer Platte mit einem Loch wurde mit plane-stress-Elementen modelliert. In diesem Beispiel wurde die Plattendicke als stochastisches Feld dargestellt, wobei die stochastische Diskretisierung von der mechanisch-deterministischen abweicht; die stochastischen Elemente sind größer.

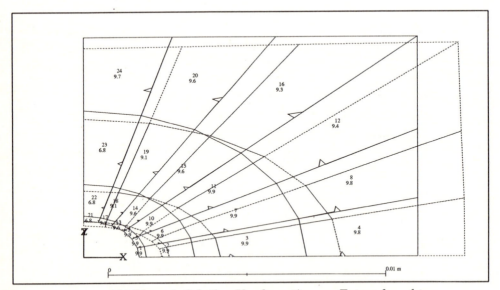

Abbildung 1: Scheibe: Konfiguration am Entwurfspunkt

Die resultierenden 12 stochastischen Variablen wurden lognormal-verteilt angenommen mit Mittelwert 10 mm und einem Variationskoeffizienten von 20% . An der rechten Seite der Platte greift eine konstante Linienlast an. Diese Linienlast ist ebenfalls lognormal-verteilt mit einem Mittelwert von 100 kN/m und einem Variationskoeffizient von 30%. Das folgende Versagenskriterium wurde verwandt:

(v.Mises-Spannung in Element 21) $\leq$ const.

Die Konfiguration am Entwurfspunkt ist dargestellt in Abb. 1, wobei in den Elemnten die Element-Nummer und die Plattendicke in mm gezeigt ist. Es ist erkennbar, daß die Plattendicke im Bereich des "Versagens-Elementes" am oberen Lochrand deutlich reduziert ist.

5.2 Hauptspant eines Binnentankers

Der Hauptspant für einen Binnentanker ist modelliert mit Hilfe von Balkenelementen mit unterschiedlichen Querschnittseigenschaften. Insgesamt fünf Querschnittsflächen der Balken sind als normalverteilte Variablen mit 5% Variationskoeffizient angenommen.

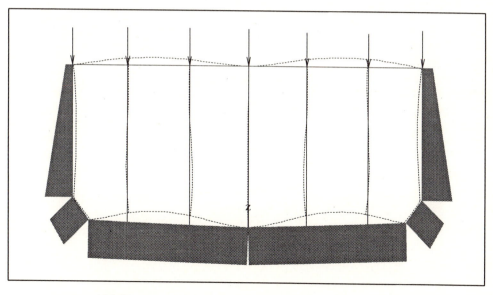

Abbildung 2: Hauptspant: Konfigurationam Entwurfspunkt

Die sieben Decksknotenlasten sind lognormal-verteilt mit Mittelwert 100 kN und 10% Variationskoeffizient. Die hydrostatischen Lastanteile bleiben deterministisch. Die hydrodynamischen Lasten sind einfach als zusätzliche konstante Linienlast auf die beiden Seitenwände angenommen. Diese zusätzlichen Linienlasten sind normal-verteilte stochastische Variablen mit 20% Variationskoeffizient. Als Versagenskriterium wurde verwandt:

(Biegespannung an einer Extremstelle des Balkens im Boden) $\leq$ const.

Das SFEM-Interface führte eine FORM-Berechnung und danach eine Sensitivitätsberechnung durch. Die Konfiguration und Verformung am Entwurfspunkt ist in Abb. 2 dargestellt.

Die Ergebnisse der Zuverlässigkeitsberechnung sind in Tabelle 1 dargestellt. Man kann hier sehen, daß die größte positive Sensitivität bzgl. des Zuverlässigkeitsindex in den Decksknotenlasten 16 und 17 und die größte negative Sensitivität bzgl. der hydrodynamischen stochastischen Last besteht.

Zuverlässigkeitsindex beta = 3.15	
Versagenswahrscheinlichkeit $P_f = 8.11 \cdot 10^{-4}$	
Variable	Sensitivitätsfaktor α
Decklast am Knoten 11	$0.9536 \cdot 10^{-2}$
Decklast am Knoten 12	$-0.5944 \cdot 10^{-1}$
Decklast am Knoten 13	$-0.3302 \cdot 10^{-1}$
Decklast am Knoten 14	$-0.5921 \cdot 10^{-3}$
Decklast am Knoten 16	0.2647
Decklast am Knoten 17	0.3424
Decklast am Knoten 18	$-0.2609 \cdot 10^{-3}$
Querschnittsfläche 1	$-0.4127 \cdot 10^{-1}$
Querschnittsfläche 2	$0.1385 \cdot 10^{-1}$
Querschnittsfläche 3	$0.3924 \cdot 10^{-3}$
Querschnittsfläche 4	$0.2925 \cdot 10^{-3}$
Querschnittsfläche 5	$0.1610 \cdot 10^{-1}$
Seitenlast links	$0.3342 \cdot 10^{-2}$
Seitenlast rechts	-0.8977

Tabelle 1: Hauptspant: Sensitivitäten

Literatur

[1] T. Abdo Sarras, S. Gollwitzer, and R. Rackwitz. Theoretische Grundlagen zur Berechnung der Zuverlässigkeit von Komponenten von Tragwerken mit unsicheren Eigenschaften. Bericht nr. 90/gl-01, RCP, München, December 1990.

[2] T. Abdo Sarras. Zur Zuverlässigkeitberechnung von statisch beanspruchten Tragwerken mit unsicheren Eigenschaften. Berichte zur Zuverlässigkeit der Bauwerke, Laboratorium für den konstruktiven Ingenieurbau (LKI) TU München, München, 1990.

[3] J.S. Arora. *Introduction to Optimum Design*. McGraw-Hill, New York, 1989.

[4] G. Augusti, A. Baratta, and F. Casciati. *Probabilistic Methods in Structural Engineering*. Chapman and Hall, London, 1984.

[5] F. Casciati and L. Faravelli. *Fragility Analysis of Complex Structural Systems.* John Wiley & Sons, New York, 1991.

[6] R.G. Ghanem and P.D. Spanos. *Stochastic Finite Elements: A Spectral Approach.* Springer-Verlag, New York, 1991.

[7] H. Grundmann. Zuverlässigkeit der Bauwerke: Allgemeiner teil. Berichte zur Zuverlässigkeit der Bauwerke, Laboratorium für den konstruktiven Ingenieurbau (LKI) TU München, München, 1989.

[8] R.T. Haftka, Z.Guerdal, and M.P. Kamat, editors. *Elements of Structural Optimization.* Kluwer, Dordrecht, 1990.

[9] C.G. Haug. *Design Sensitivity Analysis.* John Wiley & Sons, New York, 1986.

[10] A. Der Kiureghian and J.-B. Ke. The stochastic finite element method in structural reliability. *Probabilistic Engineering Mechanics*, 3(2):83–91, 1988.

[11] M. Kleiber and T.D.Hien. *The Stochastic Finite Element Method.* John Wiley & Sons, Chichester, 1993.

[12] W.K. Liu, T. Belytschko, and G.H Besterfield. Probabilistic finite element method. In W.K. Liu and T. Belytschko, editors, *Computational Mechanics of Probabilistic and Reliability Analysis*, pp 115–140. Elmepress International, Lausanne, 1989.

[13] W.K. Liu, T. Belytschko, and A. Mani. Probabilistic finite elements for nonlinear structural dynamics. *Computer Methods in Applied Mechanics and Engineering*, 56:61–81, 1986.

[14] W.K. Liu, T. Belytschko, and A. Mani. Random field finite elements. *Intn. J. for Num. Meth. in Engineering*, 23:1831–1845, 1986.

[15] W.K. Liu, A. Mani, and T. Belytschko. Finite element methods in probabilistic mechanics. *Probabilistic Engineering Mechanics*, 2(4), 1987.

[16] H.O. Madsen, S. Krenk, and N.C. Lind. *Methods of Structural Safety.* Prentice Hall, Englewood Cliffs, 1986.

[17] R. Rackwitz. Response surfaces in structural reliability. Berichte zur Zuverlässigkeit der Bauwerke, Laboratorium für den konstruktiven Ingenieurbau (LKI) TU München, München, 1982.

[18] G.I. Schuëller. *Einführung in die Sicherheit und Zuverlässigkeit von Tragwerken.* Verlag von Wilhelm Ernst + Sohn, 1981.

[19] M. Shinozuka and G. Dasgupta. Stochastic finite element methods in dynamics. In *Proceedings of the Third Conference of Dynamic Response of Structures*, pages 44–54, University of California, Los Angeles, 1986. FEM Div./ASCE.

[20] L. Skurt and B. Michel. *Fracture Mechanics, Micromechanics, Coupled Fields*, volume 50 of *FMC-Series*, chapter Stochastische Finite-Elemente Methoden. Akademie der Wissenschaften, Chemnitz, 1990.

[21] J.G. Teigen, D.M. Frangopol, S. Sture, and C.A. Felippa. Probabilistic fem for nonlinear concrete structures. i: Theory. *Journal of Structural Engineering*, 117(9):2674–2689, September 1991.

[22] J.G. Teigen, D.M. Frangopol, S. Sture, and C.A. Felippa. Probabilistic fem for nonlinear concrete structures. ii: Applications. *Journal of Structural Engineering*, 117(9):2690–2707, September 1991.

[23] P. Thoft-Christensen. *Application of Structural Systems Reliability Theory*. Springer-Verlag, Berlin, 1986.

[24] P. Thoft-Christensen and M.J. Baker. *Structural reliability theory and its applications*. Springer-Verlag, Berlin, 1982.

[25] E. Vanmarcke. *Random Fields*. The MIT Press, Cambridge, Massachusetts, 1990.

[26] E. Vanmarcke, M. Shinozuka, S. Nakagiri, and G.I. Schuëller. Random fields and stochastic finite elements. *Structural Safety*, 3:143–166, 1986.

[27] O.C. Zienkiewicz and R.L. Taylor. *The Finite Element Method*. McGraw Hill, London, fourth edition, 1989.

Stochastisch nichtlineare Sicherheitsberechnung von Tragwerken mit der Monte-Carlo-Simulation und finiten Elementen

D. Thieme, Universität Rostock

1. Zusammenfassung

Bei der Ermittlung von Versagenswahrscheinlichkeiten oder Überschreitungswahrscheinlichkeiten vorgegebener Grenzzustände mit der Monte-Carlo-Simulation müssen Tragwerksberechnungen in sehr großer Anzahl wiederholt werden. Sind an dieser Berechnung FE-Modelle beteiligt, dann müssen Methoden gefunden werden, die die Anzahl der FE-Rechnungen möglichst gering halten und dabei die mechanische Modellierung des Tragwerkes nicht verletzen. Ist die Grenzzustandsfunktion linear, dann wir der Rechenaufwand erträglich. Das im Aufsatz beschriebene Vorgehen erlaubt es, auch nichtlineare Grenzzustandsfunktionen in Verbindung mit sehr großen FE-Systemen zu behandeln.

2. Darstellung des Verfahrens

Es ist bekannt, daß die in eine statische oder dynamische Berechnung eingehenden Größen mit gewissen Unsicherheiten behaftet sind, die man in Form von Zufallsgrößen oder Zufallsfeldern berücksichtigen kann. Es ist weiterhin wünschenswert, daß bei der Tragwerksanalyse mit Zufallsgrößen das mechanische Rechenmodell vollständig erhalten bleibt. Die Monte-Carlo-Simulation stellt dafür ein geeignetes Hilfsmittel dar.

Der Grenzzustand des Tragverhaltens wird durch eine sogenannte Grenzzustandsfunktion beschrieben, in die die Zufallsgrößen linear oder nichtlinear eingehen können

$$\begin{array}{ll} g(X_1, X_2, ..., X_n) \leq 0 & \text{Versagen} \\ g(X_1, X_2, ..., X_n) > 0 & \text{kein Versagen.} \end{array} \quad (1)$$

Die in die Grenzzustandsfunktion eingehenden Zufallsgrößen $X_1 ... X_n$, die als Basisvariablen bezeichnet werden, können beliebige Kennwerte der Berechnung sein: Belastungen, Abmessungen, Querschnittswerte (Flächen, Trägheitsmomente) und Materialeigenschaften (Elastizitätsmodul, Querdehnungszahl).

Mit einem mechanischen Modell (Stab, Scheibe, Platte, Schale u.a.) und einem geeigneten Rechenmodell (zum Beispiel finite Elemente) werden in ausgewählten Punkten des Tragwerkes Spannungen, Schnittkräfte, Verformungen, Rißhöhen,

Rißweiten usw. berechnet und zulässigen Werten gegenübergestellt, die selbst Zufallsgrößen sein können (Fließgrenze des Stahles, Druckfestigkeit des Betons).

Der Vergleich der errechneten Werte (etwa aus der FEM) mit den zulässigen Größen wird in der Grenzzustandsgleichung durchgeführt, indem Wahrscheinlichkeiten für das Überschreiten der vorgegebenen Grenzwerte ermittelt werden (Berechnung der Versagenswahrscheinlichkeit).

Für die Berechnung der Versagenswahrscheinlichkeit stehen eine Reihe von Verfahren zur Verfügung. Als ein wirkungsvolles Näherungsverfahren für komplizierte Verhältnisse des Rechenmodells und viele in die Rechnung eingehende Zufallsvariablen hat sich die Monte-Carlo-Simulation erwiesen. Der Vorteil dieses Verfahrens besteht darin, daß das mechanische Rechenmodell voll erhalten bleibt. Es gelten zum Beispiel sämtliche Strategien der FE-Rechnung (etwa Elementeentwicklungen, Vernetzungstechniken, Gleichungslöser usw.). Der Nachteil des Verfahrens besteht darin, daß die Berechnungen in großer Anzahl wiederholt werden müssen.

Auch wenn es gelingt, die Anzahl der Monte-Carlo-Simulationen relativ niedrig zu halten (z.B. 10 000), indem man versucht, unter Verwendung fortgeschrittener Simulationstechniken zusätzliche Informationen in die Berechnung einzufügen, dann bleibt auch diese Größenordnung noch zu hoch, wenn man berücksichtigt, daß bei jeder Simulation ein FE-Gleichungssystem mit zum Beispiel 20 000 Unbekannten gelöst werden muß.

Um den FE-Rechenaufwand zu verringern, kann man statt der exakten Grenzzustandsfunktion eine genäherte Grenzzustandsfunktion $g^*(X1, X2, ..., Xn)$ betrachten, die über nur relativ wenige FE-Rechnungen konstruiert wird und dann als Grundlage für die nachfolgende Simulation dient. Da die genäherten Grenzzustandsflächen (response surface) eine einfache Struktur haben, kann mit ihnen eine hohe Zahl an Simulationen durchgeführt werden und die Genauigkeit des Ergebnisses durch verfeinerte Simulationstechniken [1, 2, 3] gesteigert werden.

3. Lineare Grenzzustandflächen

Ist die Grenzzustandfläche linear, dann kann man sehr einfach eine exakte Ersatzfläche konstruieren, die keine weiteren FE-Rechnungen mehr enthält. Die Betrachtung wird sehr übersichtlich, wenn man für die Darstellung der Ersatzfläche (in Anlehung an die FEM) lineare Formfunktionen verwendet [4]. Sind an der Berechnung n Zufallsgrößen beteiligt, dann benötigt man lediglich $n + 1$ FE-Rechnungen, um die exakte Ersatzfläche zu konstruieren.

Für die nachfolgenden Betrachtungen nichtlinearer Grenzzustandsflächen ist es wichtig, daß die Stützpunkte (Werte der Zufallsgrößen, mit denen die FE-Rechnungen durchgeführt werden) wegen der linearen Struktur frei wählbar sind.

4. Nichtlineare Grenzzustandsflächen

Bei Vorliegen von nichtlinearen Grenzzustandsflächen kann eine Linearisierung in der Form durchgeführt werden, daß die nichtlineare Grenzzustandfläche im Bemessungspunkt durch eine lineare Grenzzustandsfläche ersetzt wird (Bild 1). Die Lage des Bemessungspunktes kann exakt bestimmt werden, wenn die beteiligten Zufallsgrößen normalverteilt sind und die Grenzzustandsfläche linear ist, z. B. [6]. Darauf wird eine Iteration aufgebaut. Mit relativ wenigen Iterationsschritten kann der Bemessungspunkt mit ausreichender Genauigkeit ermittelt werden [4].

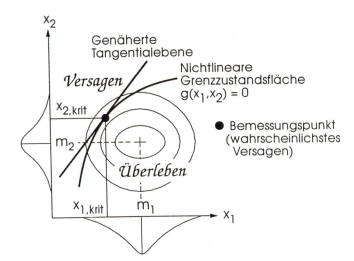

Bild 1
Ersetzen der nichtlinearen Grenzzustandsfläche durch eine genäherte Tangentialebene im Bemessungspunkt im zweidimensionalen Fall

Durch die Linearisierung des Problems können allerdings erhebliche Fehler in die Berechnung hineingetragen werden [3]. Günstiger - aber leider auch rechenaufwendiger - ist es, die Grenzzustandsfunktion nichtlinear zu approximieren [5]. Um den numerischen Aufwand in Verbindung mit der rechenintensiven FEM möglichst gering zu halten, kann man versuchen, mit einem quadratischen Ansatz in Form eines einzigen finiten Elementes (aber jetzt für die Grenzzustandsfunktion - dieses Element berührt nicht die normale Vernetzung des Tragwerkes für die FE-Rechnung, die voll erhalten bleibt) die Grenzzustandsfunktion näherungsweise zu ersetzten.

Eine n-dimensionale Funktion durch ein einziges finites n-dimensionales Element zu ersetzen, kann nur dann erfolgreich sein, wenn nicht der gesamte Bereich der Grenzzustandsfunktion approximiert werden muß. Da nach (1) nur die beiden Zustände "Versagen" bzw. "kein Versagen" von Interesse sind, die durch das Vorzeichen der Grenzzustandsfunktion geklärt sind, und bekannt ist, daß die wesentlichen Anteile der Zufallsvariablen in der Umgebung des Bemessungspunktes liegen, genügt es, nach Bild 2 die Approximation in der Umgebung dieses Punktes durchzuführen.

Es bleibt dann lediglich die angenäherte Ermittlung der Lage des Bemessungspunktes, die nach Abschnitt 3 durchgeführt werden kann. Als finites Element kann für den 2dimensionalen Fall ein Dreieck mit Seitenmittenknoten, für den 3dimensionalen Fall ein Tetraeder mit Knoten in den Ecken und Seitenmitten usw. verwendet werden.

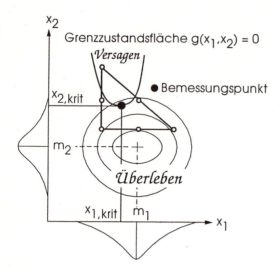

Bild 2
Ersetzen der nichtlinearen Grenzzustandsfunktion in der Umgebung des Bemessungspunktes durch ein einziges finites Element mit quadratischem Ansatz und Eck- und Seitenmittenknoten für den 2dimensionalen Fall zur Approximation der nichtlinearen Grenzzustandsfunktion

Die Anzahl der erforderlichen FE-Rechnungen ergibt sich dann aus

$$r = (n+1)i + n(n-1)/2 + 2n + 1 \qquad (2)$$

mit

r = Anzahl der erforderlichen FE-Rechnungen
n = Anzahl der beteiligten Zufallsgrößen
i = Anzahl der Iterationsschritte zur Berechnung des Bemessungspunktes.

5. Beispiel

Für die in Bild 3 dargestellte stabartige Stahlbetonscheibe sollen folgende Kennwerte gelten:

Determinierte Kennwerte

p = 1500 kN/m^2; H = 1,4 m; L = 4,38 m;   Dicke = 0,15 m;
Höhe der Stahlschicht = 0,02 m;   E-modul des Stahls = 28 10^7 kN/m^2

Stochastische Kennwerte

Zufallsgröße	Bez.	Verteilungstyp	Mittelwert	Standardabweichung
E-Modul Beton	X_2	normal	$3 \cdot 10^7$ /kN/m²/	$0,8 \cdot 10^7$ /kN/m²/
Fließgrenze Stahl	X_1	normal	$125 \cdot 10^4$ /kN/m²/	$30 \cdot 10^4$ /kN/m²/

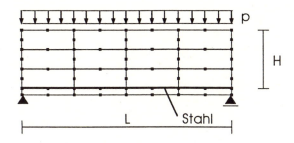

Bild 3
Balkenartige Stahlbetonscheibe mit stochastischem Elastizitätsmodul des Betons und stochastischer Fließgrenze des Stahls und einem angedeuteten FE-Netz

Als ein möglicher Versagenszustand soll ingenieurmäßig das Überschreiten der Fließgrenze des Stahls vorgegeben sein. Daraus folgt die Grenzzustandsfunktion

$$g(X_1, X_2) = X_1 - f(X_2) \qquad (3)$$

In Gleichung (3) stellt $f(X_2)$ die Stahlspannung in der Bewehrungsschicht dar, die aus einer FE-Rechnung ermittelt werden kann. Die Berechnung beginnt mit der Berechnung der Koordinaten des Bemessungspunktes, d. h. der Werte des Elastizitätsmoduls des Betons und der Fließgrenze des Stahls aus den Verteilungsfunktionen, die am wahrscheinlichsten zum Versagen führen und damit die Gleichung (3) negativ machen.

Es wird ein linearer Ansatz für die Grenzzustandsfläche mit den Startwerten in der Umgebung der Mittelwerte der beiden Zufallsgrößen X_1 und X_2 gemacht und daraus werden iterativ die Koordinaten ($x_{1,krit}$ und $x_{2,krit}$) des Bemessungspunktes ermittelt. Den Iterationsfortschritt zeigt folgende Tabelle:

Iteration	$10^{-4} \cdot x_{1,krit}$	$10^{-5} \cdot x_{2,krit}$	erf. FE-Rechnungen
0	125,0	300	0
1	35,2	248	3
2	37,7	232	6
3	38,6	225	9
4	38,9	223	12
5	39,1	221	15
6	39,2	221	18

Mit dem berechneten Bemessungspunkt liegt auch der Bereich fest, indem der Ansatz mit einem dreieckigen Element mit Seitenmittenknoten für die nichtlineare Grenzzustandsfunktion entsprechend Bild 4 gemacht werden kann.

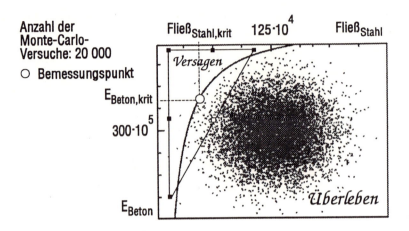

Bild 4 Bemessungspunkt und Lage des finiten Elementes zur Approximation der nichtlinearen Grenzzustandsfunktion

Die Formfunktionen für ein Dreieck mit Seitenmittenknoten mit den Funktionswerten als Unbekannte sind aus der FEM bekannt und werden hier nicht angegeben. Zur Bestimmung der endgültigen Näherungsfunktion des Grenzzustandes werden neben den 18 FE-Rechnungen zur Ermittlung des Bemessungspunktes noch 6 weitere FE-Rechnungen benötigt. In der nachfolgenden Tabelle sind die Versagenswahrscheinlichkeiten aus der genäherten Grenzzustandsfunktion den exakten Versagenswahrscheinlichkeiten gegenübergestellt. In beiden Fällen wurden aber die Stablösungen verwendet, um die Ergebnisse nicht durch unterschiedliche Rechenmodelle zu verfälschen. Weiterhin werden als exakte Ergebnisse für die vorliegenden Zwecke die Berechnungen aus der reinen Monte-Carlo-Simulation bezeichnet.

Monte-Carlo-Simulationen	genäherte Lösung	exakte Lösung
20 000	$2{,}35 \cdot 10^{-3}$	$1{,}6 \cdot 10^{-3}$
200 000	$2{,}49 \cdot 10^{-3}$	$1{,}9 \cdot 10^{-3}$

Literatur

[1] **H. Kahn**: Use of Different Monte Carlo Sampling Techniques, in: H. A. Meyer (Ed.), Symposium on Monte Carlo Methods, John Wiley and Sons, New York, N. Y., 1956, pp. 146-190

[2] **A. Harbitz**: Efficient and Accurate Probability Calculation by Use of the Importance Sampling Technique, in: G. Augustini et al. (Ed.), Proc. 4th Int. Conf. on Applications of Statistics an Probability in Soil and Structural Engineering (ICASP 4), Pitagora, Editrice, Bologna, Italy, 1983, pp. 825-886

[3] **G. I. Schuëller, R. Stix**: A Critical Appraisal of Methods to Determine Failure Probability, Structural Safety, 4 (1987) 293-309

[4] **D. Thieme**: Finite Elemente und Monte-Carlo-Simulation für die Sicherheitsberechnung von Tragwerken. IKM Weimar, 1994, Seite 396-399

[5] **G. I. Schuëller, C. G. Bucher**: Computational stochastic structural analysis. Probabilistic Engrg. Mech. 1991, Part 2, Vol. 6, Nos 3 and 4, pp 134-138

[6] **G. Spaethe**: Die Sicherheit tragender Baukonstruktionen. Springer 1992

Adaptive Vernetzung bei mehreren Lastfällen

N. Rehle und E. Ramm, Institut für Baustatik, Universität Stuttgart

Zusammenfassung

Im Rahmen der Strukturanalyse mit finiten Elementen sind adaptive Methoden in der Lage ein FE–Netz problemangepaßt mit einer vorgegebenen Diskretisierungsgüte zu erzeugen. Sie stoßen insbesondere für praxisnahe Anwendungen häufig auf Skepsis, da sie nur für Probleme mit einem Lastfall als geeignet erscheinen. Erste Untersuchungen deuten jedoch darauf hin, daß herkömmliche adaptive Methoden auch für praxisnahe Problemstellungen mit mehreren Lastfällen sinnvoll eingesetzt werden können.

1 Adaptive Verfahren

Das Herzstück der adaptiven Methoden sind die Verfahren zur Ermittlung des Diskretisierungsfehlers. Fig. 1 zeigt das Schema eines adaptiven Ablaufs für linear elastische Berechnungen in der Implementierung in CARAT (Computer Aided Re-

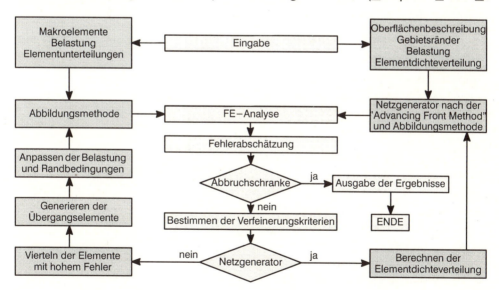

Fig. 1 Schema eines adaptiven Berechnungsablaufs am Beispiel des Programmsystems CARAT

search Analysis Tool [8]): Im ersten Schritt wird an einem groben Startnetz der Diskretisierungsfehler abgeschätzt. Ist er geringer, als ein geforderter Fehler (z. B. 5% in der Energienorm), ist der Rechenlauf nach Ausgabe der Ergebnisse beendet. Andernfalls werden Verfeinerungskriterien berechnet. Sie definieren, welche Elemente zu verfeinern oder zu vergröbern sind. In Abhängigkeit von der gewählten Methode werden entweder die vorhandenen Elemente mit zu großem Fehler unterteilt (Elementunterteilungsstrategie, Fig. 1 linke Seite), oder ein völlig neues FE– Netz automatisch nach den Vorgaben aus der Fehlerermittlung generiert (Neuvernetzungsstrategie, Fig. 1 rechte Seite).

Im folgenden wird auf die Fehlerabschätzung und die herkömmliche Elementunterteilungsstrategie kurz eingegangen. Detaillierte Angaben darüber können in [3,10,12] nachgelesen werden. Die Neuvernetzungsstrategie wird etwas ausführlicher vorgestellt. Nähere Angaben darüber können [9] entnommen werden. Die Abbildungsmethode dient mittels einfach unterteilbarer geometriebeschreibender Makroelemente zur Generierung finiter Elemente [4].

1.1 Fehlerberechnung

Qualitative Aussagen über die Güte der Diskretisierung sind zu einer objektiven Beurteilung der Ergebnisse aus FE–Berechnungen notwendig. Für eine a–posteriori, also im Anschluß an die FE–Berechnung durchgeführte Fehleranalyse stehen in der linearen Elastizitätstheorie eine Vielzahl von Verfahren zur Verfügung [12]. Da die exakte Lösung in der Regel unbekannt ist, muß man sich mit Verfahren zur Abschätzung des Fehlers in einer Norm (z.B. Energienorm) begnügen.

Babuska und Rheinboldt [1] entwickelten einen Fehlerestimator, der die zwischen den Elementkanten auftretenden Spannungssprünge $J(\sigma_h)$ und das Ungleichgewicht im Elementinneren ($Lu_h - f$) berücksichtigt. Sie drücken die statischen Rand– und Übergangsbedingungen und das Residuum der in einem Verschiebungsmodell angenäherten statischen Gleichungen, nämlich die Gleichgewichtsbedingungen aus:

$$\lambda_i^2 = h_i^2 \int_{\Omega_i} [(Lu_h - f)^T(Lu_h - f) d\Omega_i + h_i \int_{\Gamma_i} J(\sigma_h)^T J(\sigma_h) d\Gamma_i$$

h_i ist der Elementdurchmesser.

Alternativ wurde von Zienkiewicz und Zhu [13,14] ein einfach zu implementierender Verfeinerungsindikator entwickelt, der die Differenz von verbesserten Spannungen σ^* aus einer Spannungsglättung zu den herkömmlichen Spannungen σ_h aus der FE–Analyse als Fehlerkriterium berücksichtigt:

$$\lambda_i^2 = \int_{\Omega_i} (\sigma^* - \sigma_h)^T D^{-1} (\sigma^* - \sigma_h) d\Omega_i$$

In obigem Ausdruck ist **D** die Materialmatrix.

Aus der Summe der Elementfehler wird ein Gebietsfehler η ermittelt:

$$\eta = \sqrt{\sum_{i}^{NEL} \lambda_i^2}$$

Der Gebietsfehler kann zur Gesamtenergie des Tragwerks ins Verhältnis gesetzt werden, um einen *geschätzten prozentualen Fehler* für ein FE–Netz zu erhalten.

1.2 Elementunterteilungsstrategie

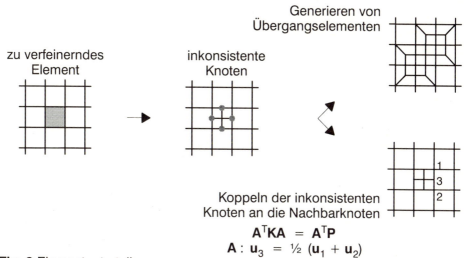

$$A^TKA = A^TP$$
$$A: u_3 = \tfrac{1}{2}(u_1 + u_2)$$

Fig. 2 Elementunterteilung

Auf der linken Seite der Fig. 1 ist die Vorgehensweise der Elementunterteilungsstrategie dargestellt. Dabei werden die Elemente des Ausgangsnetzes geviertelt, die einen zu großen Fehler aufweisen. Zur Vermeidung inkonsistenter Knoten zwischen verfeinerten und unverfeinerten Elementen werden entweder Übergangselemente eingeführt, oder es müssen die freien Knoten geometrisch an ihre Nachbarknoten gekoppelt werden [10]. Nachdem die Belastungen und die Randbedingungen an das verfeinerte FE–Netz angepaßt sind, kann eine erneute FE–Analyse durchgeführt werden. Fig. 2 stellt das erläuterte Vorgehen bei der Elementunterteilung dar.

1.3 Neuvernetzungsstrategie

Das hier beschriebene Verfahren zur automatischen Generierung von FE–Netzen entstammt der Klasse der *Advancing Front Method* [5,6]. Es generiert Dreiecks– und Vierecksnetze für ebene und räumlich gekrümmte Tragwerke [9]. Die Struktur wird durch eine geschlossene, im Gegenuhrzeigersinn orientierte Umrandung definiert, die z. B. aus linearen, quadratischen und kubischen Segmenten oder anderen geometrischen Parametrisierungen besteht. Aussparungen oder Lagerkanten innerhalb des Gebiets können durch weitere geschlossene Segmentzüge im Uhrzeigersinn vorgegeben werden.

1.3.1 Generieren von Dreiecksnetzen

Der Netzgenerierungsprozeß besteht aus zwei getrennten Schritten:

Im ersten Schritt werden Randknoten automatisch in benutzerdefinierten Abständen auf allen Gebietsrändern erzeugt. Die Anzahl der generierten Knoten hängt von der gewünschten Elementgröße ab. Aus den Verbindungskanten benachbarter Randknoten wird die *erste aktive* Front gebildet.

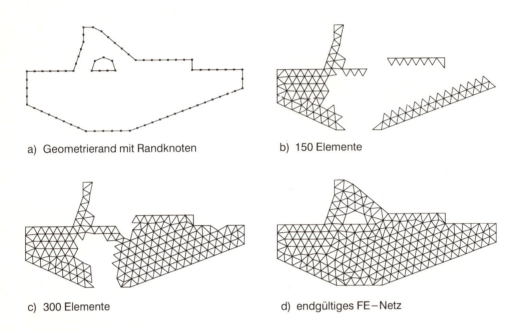

a) Geometrierand mit Randknoten   b) 150 Elemente

c) 300 Elemente   d) endgültiges FE–Netz

Fig. 3 Generieren von Dreieckselementen

Im zweiten Schritt werden die Dreiecke erzeugt. Ein Dreieck ist durch ein aktives Frontelement und einen Knoten im Gebietsinneren definiert. Dieser Knoten wird entweder neu erzeugt, oder er befindet sich so auf einer aktiven Front, daß die Dreiecksbildung zu einem best möglichen Dreieck führt. Nachdem ein Dreieck gebildet ist, wird die aktive Front an die veränderte Geometrie angepaßt, damit an allen Frontelementen neue Dreiecke angeschlossen werden können. Dadurch "wandern" die aktiven Fronten mit fortschreitender Netzgenerierung in das Gebietsinnere.

Die Elementbildung wird solange fortgesetzt, bis im Gebiet keine freie Elementkante mehr existiert, an die ein weiteres Element angeschlossen werden darf; die aktiven Fronten also leer sind.

In Fig. 3 wird ein Dreiecksnetz für ein Dammbauwerk generiert. Die Gebiete sind durch zwei geschlossene Polygonzüge definiert. Nach der Bildung der Randknoten (a), werden die Elemente vom Rand aus in das Innere des Gebiets vorangetrieben (b). Dabei wird jeweils das Element mit der kürzesten Basislänge erzeugt, so daß sich die Neubildung von Elementen meistens in gewissen Bereichen konzentriert (c). Nachdem alle Fronten leer sind, ist das endgültige FE–Netz (d) erzeugt.

1.3.2 Generieren von Vierecksnetzen

Häufig erhalten Vierecksnetze zur Berechnung von strukturmechanischen Problemen aufgrund des besseren Lösungsverhaltens den Vorzug gegenüber den Dreiecksnetzen. Die Generierung reiner Vierecksnetze gestaltet sich jedoch im allgemeinen schwieriger, als die Generierung von Dreiecks- oder gemischten Netzen.

Folgendes Verfahren zur Generierung reiner Vierecksnetze arbeitet grundsätzlich analog zu oben beschriebenem Dreiecksnetzgenerator. Ein Viereck wird aus zwei sukzessiv generierten Dreiecken gebildet. Die Dreiecke sollten möglichst rechtwinklig sein, da zwei rechtwinklige Dreiecke im Idealfall ein Quadrat ergeben; aus zwei gleichseitigen Dreiecken entsteht immer ein verzerrtes Viereck.
In Fig. 4 sind die Teilschritte zur Generierung von Viereckselementen gezeigt.

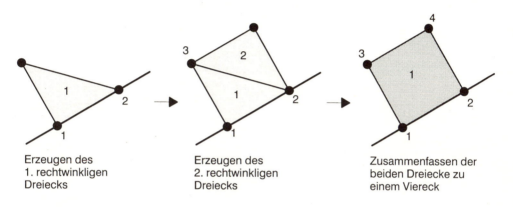

Erzeugen des 1. rechtwinkligen Dreiecks

Erzeugen des 2. rechtwinkligen Dreiecks

Zusammenfassen der beiden Dreiecke zu einem Viereck

Fig. 4 Generieren von Viereckselementen

Unglücklicherweise ist es für beliebige ebene Gebiete nicht immer möglich zwei zusammenhängende Dreiecke zu generieren. Häufig bleiben im Anschluß an die Generierung wenige Dreiecke übrig (Fig. 5a). Ein reines Vierecksnetz kann durch die Unterteilung aller Dreiecke in drei Vierecke nach [2,7] erhalten werden. Aus Kompatibilitätsgründen müssen dann alle generierten Vierecke in vier Vierecke unterteilt werden. Damit alle Elemente im Anschluß an die Elementunterteilung die gewünschte Größe besitzen, werden die Vierecke im ersten Schritt entsprechend größer generiert, was den positiven Nebeneffekt hat, daß zunächst nur ungefähr ein Viertel der benötigten Elemente gebildet werden müssen. Durch ein anschließendes Netzglättungsverfahren ist eine weitere Verbesserung der Elementformen zu erreichen (Fig. 5b).

1.3.3 Anwendung für adaptive Berechnungen

Oben vorgestelltes Netzgenerierungsverfahren aus der Klasse der *Advancing Front Method* ist aufgrund der simultanen Knoten-Elementbildung gut geeignet, adaptive FE-Netze zu generieren. Übergangselemente zwischen groben und sehr fei-

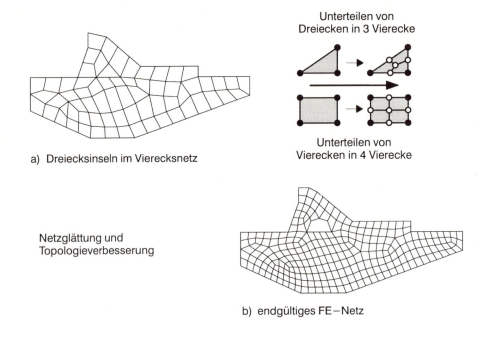

Fig. 5 Unterteilen des FE−Netzes zur Vermeidung von Dreiecken

nen Bereichen entstehen automatisch während der Elementbildung, so daß der Anwender im Anschluß an die Netzgenerierung über ein zulässiges FE−Netz verfügt. In Fig. 1 (rechte Seite) ist der adaptive Iterationsverlauf mit Hilfe der automatischen Netzgenerierung skizziert. Aus der Fehlerabschätzung berechnete Verfeinerungsindikatoren dienen als Ausgangswerte zur Ermittlung verbesserter Elementgrößen für das gesamte Gebiet, die auf den Knotenpunkten des aktuellen FE−Netzes abgelegt werden. Dieses FE−Netz dient als Hintergrundnetz zur Steuerung der Elementgröße für ein neues Netz. Die Generierung des Startnetzes einer adaptiven Be-

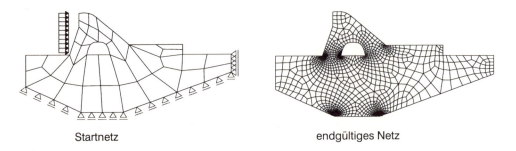

Fig. 6 Adaptiv generiertes FE−Netz

rechnung erfolgt durch ein einfaches Hintergrundnetz, das in der Regel aus einem einzigen Hintergrundelement besteht. Fig. 6 zeigt das Startnetz und das endgültige FE–Netz auf der Basis des Zienkiewicz–Zhu Fehlerindikators.

2 Verfahren zur adaptiven Berechnung mehrerer Lastfälle

Adaptive Methoden sind klar im Vorteil gegenüber herkömmlichen Berechnungen mit sehr feinen FE–Netzen. Für mehrere Lastfälle, die bei praxisnahen Anwendungen häufig verwendet werden, erscheinen sie zunächst als ungeeignet. Erste Untersuchungen [11] deuten jedoch darauf hin, daß mit adaptiven Methoden eine Vielzahl unterschiedlicher Lastfälle berechnet werden kann. Im folgenden sollen einige Vorschläge dazu diskutiert und bewertet werden (Fig. 7). Das in Fig. 7d dargestellte, sehr feine homogene FE–Netz dient zur Verdeutlichung der erwünschten Genauigkeit.

2.1 Generieren eines speziellen FE–Netzes für jeden Lastfall

Bei diesem Vorgehen wird für jeden Lastfall ein maßgeschneidertes FE–Netz generiert. Die Ergebnisse aus der adaptiven Berechnung werden auf ein, allen Lastfällen gemeinsames Grundgitter projiziert. Dort können sie ausgewertet und weiterverarbeitet werden (Fig. 7c).

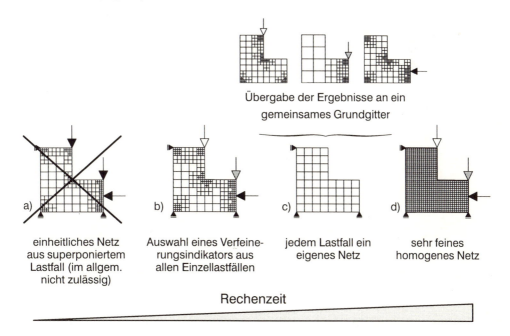

Fig. 7 Behandlung mehrerer Lastfälle

Dieses Vorgehen garantiert für jeden Lastfall eine benutzerdefinierbare Ergebnisqualität. Ein weiterer Vorteil gegenüber einer Berechnung mit einem gleichwertigen homogenen FE−Netz liegt darin, daß jedes einzelne Netz wesentlich weniger Freiheitsgrade besitzt, was nicht zuletzt für die Berechenbarkeit eines Systems sehr wesentlich sein kann. Als Nachteil erweist sich der relativ große Aufwand an Rechenzeit, da für jeden Lastfall in jedem adaptiven Iterationsschritt die Systemsteifigkeitsmatrix erstellt und invertiert werden muß. Hinzu kommt ein gewisser organisatorischer Aufwand in der Vorhaltung mehrerer FE−Netze. Im allgemeinen wird dieses Vorgehen keine allzu große Rechenzeitersparnis gegenüber der Berechnung mit einem gleichwertigen homogenen FE−Netz erzielen.

2.2 Auswahl eines Verfeinerungsindikators aus allen Einzellastfällen

Eine Verringerung des Rechenaufwands kann erreicht werden, wenn jeder Lastfall explizit berücksichtigt wird, das Ergebnis jedoch zu einem, für alle Lastfälle gleichermaßen gültigen FE−Netz führt (Fig. 7b). Im einzelnen wird an einem gemeinsamen adaptiven Netz für jeden Lastfall eine Fehleranalyse durchgeführt. Das endgültige Netz ist gefunden, wenn die Ergebnisqualität für jeden Lastfall ausreicht. Andernfalls muß ein feineres FE−Netz gebildet werden. Zur Ermittlung der maßgebenden Verfeinerungsindikatoren wird z. B. der Mittel− oder der Maximalwert aller Verfeinerungsindikatoren gewählt (siehe auch Fig. 8). Daraus wird in einem weiteren Schritt, wie in Fig. 1 dargestellt, entweder die erwünschte Elementgröße berechnet (Neu-

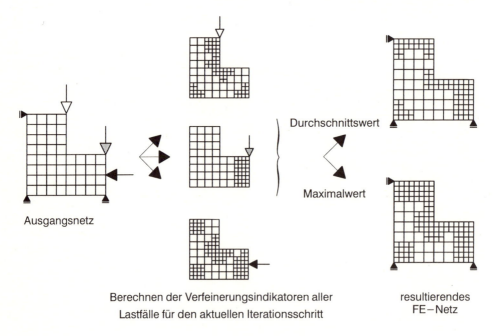

Fig. 8 Erzeugen eines gemeinsamen FE−Netzes

vernetzungsstrategie), oder eine Elementunterteilung durchgeführt (Elementunterteilungsstrategie).

Im allgemeinen kann davon ausgegangen werden, daß ein für alle Lastfälle geeignetes FE-Netz mehr Elemente beinhaltet, als spezielle, für jeweils einen Lastfall zugeschnittene Netze. Elementverfeinerungszonen sind jedoch nicht nur von

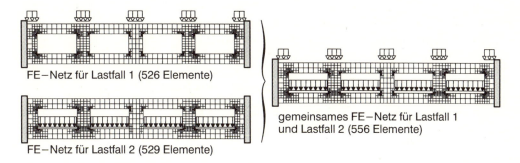

Fig. 9 Adaptive Berechnung eines Vierendeel-Trägers unter zwei Lastfällen

der Last, sondern auch wesentlich von der Geometrie der Struktur bestimmt. Deshalb können für unterschiedliche Lastfälle durchaus ähnliche FE-Netze gebildet werden. Ein kombiniertes FE-Netz aus allen Lastfällen enthält bei den untersuchten Beispielen häufig nur eine unwesentlich höhere Anzahl an Elementen, als die auf nur einen Lastfall spezialisierten Netze (Fig. 9 und Fig. 10).

Für den Vierendeel-Träger in Fig. 9 sind zwei Lastfälle definiert. Im linken Teil der Abbildung wird für jeden Lastfall ein eigenes FE-Netz erzeugt. Das in der rechten Hälfte von Fig. 9 dargestellte FE-Netz ist für beide Lastfälle gleichermaßen geeignet. Das Netz wurde unter der Auswahl des maximalen Verfeinerungsindikators in jedem Iterationsschritt gebildet. Trotzdem enthält es eine nur unwesentlich höhere Anzahl an Elementen (556 Elemente), als die speziellen Netze für jeden einzelnen Lastfall (526 und 529 Elemente).

In Fig. 10 ist ein Rahmen für eine Zuschauertribüne dargestellt. Exemplarisch sind sechs mögliche Lastfälle definiert. Auch bei diesem Beispiel enthält das für alle Lastfälle gültige FE-Netz (Fig. 10g) nicht wesentlich mehr Elemente, als das feinste Netz für nur einen Lastfall (Fig. 10f).

Ein weiterer Vorteil dieses Vorgehens ist, daß nur ein FE-Netz erzeugt und damit in jedem adaptiven Iterationsschritt nur eine Steifigkeitsmatrix erstellt und invertiert werden muß. Da dieses FE-Netz für alle Lastfälle gleichermaßen verwendet werden kann, ist auch die nicht zu unterschätzende Gefahr einer Verwechslung der Netze ausgeschlossen. Da die Ergebnisqualität für jeden einzelnen Lastfall sichergestellt wird, kann im allgemeinen beliebigen Lastfallkombinationen vertraut werden. Für Lastfallkombinationen, die sich in ihrer Wirkung aufheben, werden vereinzelt größere prozentuale Fehlerwerte festgestellt, als für die einzelnen Lastfälle. In diesem Fall sind die zugehörigen Spannungen absolut gesehen sehr gering, so daß der größere Fehler bedeutungslos ist.

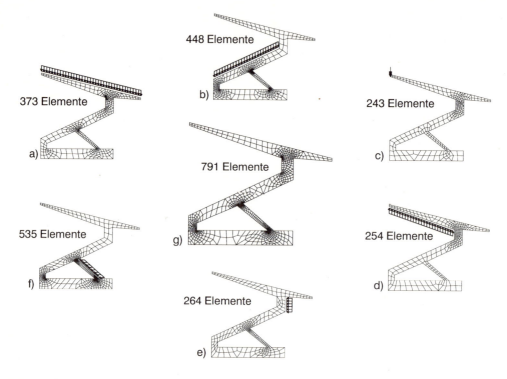

Fig. 10 Adaptive Berechnung einer Tribüne unter sechs Lastfällen a) – f). Gemeinsames Netz für alle Lastfälle g).

2.3 Einheitliches FE–Netz aus superponiertem Lastfall

Eine weitere Einsparung an Rechenzeit könnte erreicht werden, wenn zur Dimensionierung eines adaptiven FE–Netzes alle Lastfälle gemeinsam auf die Struktur aufgebracht würden (Fig. 7a). Dieses Vorgehen ist grundsätzlich unzulässig, da sich unterschiedliche Lastfälle häufig gegenseitig aufheben, oder in ihrer Wirkung beeinträchtigen. Das kann zu einem völlig veränderten Tragverhalten des Systems gegenüber den einzelnen Lastfällen führen. Es ist also darauf zu achten, nur die Lastfälle zur Netzdimensionierung zusammenzufassen, die sich in ihrer Wirkung unterstützen.

3 Zusammenfassung

Adaptive Methoden stellen ein notwendiges Werkzeug zur Berechnung strukturmechanischer Probleme mit hoher Genauigkeit dar. Ihnen ist ein klarer Vorteil gegenüber herkömmlichen Berechnungen mit gleichwertigen homogenen FE–Netzen bezüglich wirtschaftlicher Überlegungen und Qualitätssicherung einzuräumen.

Die automatische Netzgenerierung nach der *Advancing Front Method* ist vor allem durch die Flexibilität in der Generierung der Elemente eine sinnvolle Ergänzung zu den adaptiven Methoden. Im allgemeinen kann eine geforderte Ergebnisqualität bereits nach wenigen Iterationsschritten erreicht werden.

Nach ersten Untersuchungen können auch Strukturen mit einer Vielzahl von unterschiedlichen Lastfällen sehr gut mit adaptiven Methoden berechnet werden. Die beschriebenen Verfahren ermöglichen eine relativ einfache Berücksichtigung mehrerer Lastfälle. Sie können ohne großen Aufwand in herkömmliche Programme für adaptive Berechnungen eingefügt werden.

4 Literatur

1. **Babuska I., Rheinboldt W. C.:** A–posteriori error estimates for the finite element method. Int. J. Num. Meth. Engng., 12 (1978) 1597–1615
2. **Baehmann P. L., Wittchen S. L., Shephard M. S., Grice K. R., Yerry M. A.:** Robust, geometrically based, automatic two dimensional mesh generation. Int. J. Num. Meth. Engng., 24 (1987) 1043–1078
3. **Baumann M.:** Adaptive Finite Element Konzepte zur Analyse von Schalentragwerken. Heft Nr. 13 am Institut für Baustatik der Universität Karlsruhe (1994)
4. **Bletzinger K.–U.:** Formoptimierung von Flächentragwerken. Bericht Nr. 11 des Instituts für Baustatik der Universität Stuttgart (1990)
5. **Lo S. H.:** A new mesh generation scheme for arbitrary planar domains. Int. J. Num. Meth. Engng., 21 (1985) 1403–1426
6. **Peraire J., Vahdati M., Morgan K., Zienkiewicz O. Z.:** Adaptive Remeshing for Compressible Flow Computations. J. Comp. Phys., 72 (1987) 449–466
7. **Rank E., Schweingruber M., Sommer M.:** Adaptive Mesh Generation and Transformation of Triangular to Quadrilateral Meshes. Com. Num. Meth. Engng., 9 (1993) 121–129.
8. **Rehle N.:** Programmsystem CARAT, Eingabebeschreibung Adaptivität. Institut für Baustatik der Universität Stuttgart (1993)
9. **Rehle N., Ramm E.:** Generieren von FE–Netzen für ebene und gekrümmte Flächentragwerke. Bauingenieur 70 (1995)
10. **Rust W.:** Mehrgitterverfahren und Netzadaption für lineare und nichtlineare statische Finite–Element–Berechnungen von Flächentragwerken. Bericht–Nr. F 91/2 am Institut für Mechanik der Universität Hannover (1991)
11. **Schleupen A.:** Tragwerksanalyse mit adaptiven FE–Netzen für mehrere Lastfälle. Diplomarbeit am Institut für Baustatik der Universität Stuttgart (1995)
12. **Stein E., Ohnimus S., Seifert B., Mahnken R.:** Adaptive Finite–Element Diskretisierungen von Flächentragwerken. Bauingenieur 69 (1994) 53–62
13. **Zienkiewicz O. C., Zhu J. Z.:** A Simple Error Estimator and Adaptive Procedure for Practical Engineering Analysis. Int. J. Num. Meth. Engng., 24 (1987) 337–357
14. **Zienkiewicz O. C., Zhu J. Z.:** The superconvergent patch recovery and a posteriori error estimates. Part 1: The recovery technique. Part 2: Error estimates and adaptivity. Int. J. Num. Meth. Engng., 33 (1992) 1331–1382

Anwendung adaptiver Finite-Element-Verfahren auf statische Problemstellungen des Grundbaus

W. Wunderlich, H. Cramer, M. Rudolph und G. Steinl, TU München

Zusammenfassung

Der vorliegende Beitrag behandelt ein adaptives Berechnungsverfahren für nichtlineare statische Problemstellungen des Grundbaus. Das Materialverhalten des Bodens wird darin durch ein elastisch-plastisches Stoffgesetz unter Verwendung der Mohr-Coulombschen Bruchbedingung beschrieben. Die adaptive Berechnung wird mit Hilfe eines Fehlerkriteriums gesteuert, das neben den Spannungsresiduen in den Elementen und auf den Rändern die Größe der Dehnungsinkremente berücksichtigt. Das Netz wird in einer hierarchischen Form durch Teilung der Elemente verfeinert. Dabei müssen die aktuellen Zustandsgrößen zwischen verschiedenen FE-Diskretisierungen übertragen werden. Die Wirkung des adaptiven Verfahrens wird anhand von zwei Beispielen verdeutlicht.

1. Einführung

Neben dem statischen Modell, das bei Problemstellungen des Grundbaus wegen des komplexen Materialverhaltens und des nicht genau bestimmbaren Ausgangszustands immer auf idealisierten Annahmen beruht, sind bei Berechnungen mit Finiten Elementen die verwendeten Algorithmen und vor allem die gewählte Diskretisierung ausschlaggebend für die Zuverlässigkeit der ermittelten Ergebnisse. Im Rahmen des Rechenmodells erfolgt der Entwurf eines Finite-Element-Netzes zumeist intuitiv aufgrund der Erfahrung des berechnenden Ingenieurs. Bei Kenntnis der hoch beanspruchten Bereiche wird dort feiner diskretisiert, wobei jedoch meist keine objektiven Kriterien zur Verfügung stehen. Gegenüber linearen Problemen ist es bei nichtlinearen Aufgabenstellungen noch schwieriger, eine problemangepaßte Diskretisierung zu finden, da Lage und Ausdehnung der kritischen Zonen infolge der Spannungsumlagerungen veränderlich und vom Lastniveau abhängig ist.

Inzwischen sind im Bereich der Forschung für lineare Probleme effektive Verfahren zur Bestimmung objektiver Fehlermaße und auch zur automatischen adaptiven Diskretisierung entwickelt worden, die erheblich zur Qualitätssicherung bei numerischen Berechnungen beitragen können. Diese finden allmählich auch in den in der Baupraxis verwendeten FE-Programmen Eingang. Für nichtlineare Aufgaben, stekken derartige Entwicklungen noch in den Anfängen. Im folgenden werden hier Ansätze eines adaptiven Verfahrens für nichtlineare Berechnungen mit elastisch-plastischem Materialverhalten erläutert, das speziell auf Problemstellungen des Grundbaus ausgerichtet ist.

2. Elastisch–plastisches Materialmodell für den Baugrund

Der Boden zählt zu den kompliziertesten Baustoffen im Bauingenieurwesen. Aufgrund seines geringen elastischen Arbeitsvermögens ist sein Materialverhalten nichtlinear und ausgesprochen komplex. In Berechnungen werden daher Materialmodelle benutzt, die auf idealisierenden Annahmen beruhen. Das hier verwendete Stoffgesetz setzt voraus, daß sich der Boden elastisch–plastisch und isotrop verhält. Im folgenden soll nur ein kurzer Abriß der grundlegenden Beziehungen gegeben werden [1,2,3,4].

Im Rahmen einer Theorie kleiner Deformationen lassen sich die Verzerrungen in einen elastischen und einen plastischen Anteil zerlegen. Für den elastischen Anteil wird eine isotrope Beziehung in inkrementeller Form verwendet:

$$d\varepsilon_{ij} = d\varepsilon_{ij}{}^e + d\varepsilon_{ij}{}^p = E^{-1}{}_{ijkl}\, d\sigma_{kl} + d\varepsilon_{ij}{}^p \ . \qquad (1)$$

Plastische Zustände werden durch eine Fließbedingung mit isotroper Verfestigung modelliert, die im Grenzzustand eine stetige Approximation des Bruchkriteriums von Mohr–Coulomb darstellt. Bild 1 zeigt eine anschauliche Darstellung der Bruch– und Fließfläche im Hauptspannungsraum.

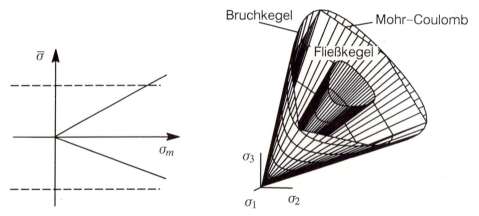

Bild 1: Darstellung der Fließ– und Bruchfläche

Ausgedrückt in Spannungsinvarianten ergibt sich die Fließbedingung in der Form:

$$f = g(\Theta)\bar{\sigma} + \varkappa\,(a_1\sigma_m - a_0) \le 0\ , \qquad \text{mit} \qquad (2)$$

$$\sigma_m = \frac{1}{3}\sigma_{ij}\delta_{ij}: \qquad \text{hydrostatische Spannung,}$$

$$\bar{\sigma} = \sqrt{J_2} = \sqrt{\frac{1}{2}s_{ij}s_{ji}} \ :\ s_{ij} = \sigma_{ij} - \sigma_m\delta_{ij}\ ,$$

J_2 : zweite Invariante des Spannungsdeviators s_{ij},

$g(\Theta)$: Funktion zur Beschreibung der Form der Fließfläche in der Deviatorebene.

$\varkappa$ stellt einen Verfestigungsparameter dar, der die isotrope Aufweitung der Fließfläche beschreibt. Seine Entwicklung wird durch ein Evolutionsgesetz beschrieben, das unter den Bedingungen des Triaxialversuchs zu einer hyperbolischen $\sigma - \varepsilon -$ Beziehung führt. Die plastischen Dehnungen werden durch eine nicht assoziierte Fließregel mit Hilfe eines plastischen Potentials g definiert:

$$d\varepsilon_{ij}{}^p = \frac{\partial g}{\partial \sigma_{ij}} d\lambda \quad , \text{mit} \quad g = f - \overline{a}\, \sigma_m \tag{3}$$

Die angegebenen Gleichungen führen dann zu der üblichen inkrementellen Spannungs-Dehnungs-Beziehung in der Form:

$$d\sigma = C^{ep} d\varepsilon = \left(E - \frac{1}{A} E \frac{\partial g}{\partial \sigma} \frac{\partial f}{\partial \sigma} E \right) d\varepsilon , \tag{4}$$

mit $\quad A = H + \dfrac{\partial f}{\partial \sigma} E \dfrac{\partial g}{\partial \sigma} , \quad H$: plastischer Modul.

3. Finite-Element-Formulierung, Fehler- und Verfeinerungsindikatoren

Grundlage des Finite-Element-Verfahrens bildet das Prinzip der virtuellen Arbeit

$$\int_V \delta\varepsilon_{ij}^T \sigma_{ij}\, dV - \int_V \delta u_i^T \bar{f}_i\, dV - \int_S \delta u_i^T \bar{t}_i\, dS = 0 , \tag{5}$$

das in inkrementeller Form mit Hilfe der oben angegebenen Materialbeziehungen und bereichsweisen Verschiebungsansätzen zu einer üblichen Vorgehensweise im Rahmen der Verschiebungsmethode führt.

Durch Umformung von Gleichung (5) mit Hilfe des Gauß'schen Satzes erhält man die äquivalente Formulierung:

$$-\int_V \delta u_i^T (\sigma_{ij,j} + \bar{f}_i)\, dV + \int_S \delta u_i^T (\sigma_{ij} n_j - \bar{t}_i)\, dS = 0 . \tag{6}$$

Diese verdeutlicht, daß im Rahmen einer FE-Berechnung das Gleichgewicht in den Elementen und auf den Rändern in einem durch die Verschiebungsfunktionen gewichteten Mittel erfüllt werden. Aufgrund der dadurch bedingten Näherung erhält man eine Lösung mit lokalen Fehlern in den Gleichgewichtsbedingungen:

    1. Fehler im Gebiet: $\quad \sigma_{ij,j} - \bar{f}_i = r_i \neq 0$

    2. Fehler am Rand:

        Elementrand: $\quad \sigma_{ij} n_j^+ - \sigma_{ij} n_j^- = J_i \neq 0$

        Gebietsrand: $\quad \sigma_{ij} n_j - \bar{t}_i = J_i \neq 0$

Als Maß für die Größe des Fehlers in einem Element werden in Anlehnung an [5] die L_∞-Normen, d.h. die betragsmäßig größten Werte der Fehler im Element und auf dem Elementrand verwendet:

$$\|\mathbf{r}\|_{L_\infty} = \max_{V_e} |\mathbf{r}| ,$$

$$\|\mathbf{J}\|_{L_\infty} = \max_{S_e} |\mathbf{J}| .$$

Zusätzlich wird zur Definition des Verfeinerungsindikators die Größe der Dehnungsinkremente pro Element als L_1-Norm herangezogen, die quasi ein Maß für die Beanspruchung eines Elements darstellt und gleichzeitig die Steifigkeitsänderungen im System berücksichtigt:

$$C^s = \|\Delta\varepsilon\|_{L_1} = \int_{V_e} |\Delta\varepsilon| dV = \int_{V_e} (\Delta\varepsilon_{ij} \Delta\varepsilon_{ij})^{\frac{1}{2}} dV . \qquad (7)$$

Der Verfeinerungsindikator für ein Element ergibt sich dann durch das Produkt dieser Dehnungsnorm mit den Elementfehlern:

$$\eta^2 = C^s (C_1 h \|\mathbf{r}\|_{L_\infty} + C_2 \frac{h}{h_k} \|\mathbf{J}\|_{L_\infty}) . \qquad (8)$$

Mit h bzw. h_k gehen hier noch die Abmessungen des Elements bzw. der Elementkanten ein. C_1 und C_2 sind Konstanten, die vom Grad der Verschiebungsansätze abhängen. Aufgrund der Größe des Indikators η werden innerhalb der einzelnen Lastschritte die Bereiche bzw. Elemente ausgewählt, die verfeinert werden müssen.

4. Netzverfeinerung und Datentransfer

Das Vorgehen bei der Netzadaption beruht auf einer hierarchischen Verfeinerungsstrategie, d.h. neue Elemente entstehen aus den alten durch Halbierung der Elementkanten. Bei den hier betrachteten ebenen Problemen wird ein Element in vier neue Elemente geteilt. An den Verfeinerungsfronten entstehen zunächst innerhalb des Verfeinerungsprozesses Kanten mit inkonformen freien Knoten, die die Stetigkeitsforderungen für die Verschiebungen verletzen. Diese müssen im nachhinein wieder eingeführt werden, indem die inkonformen Knoten kinematisch an die bestehenden regulären Knoten gekoppelt werden.

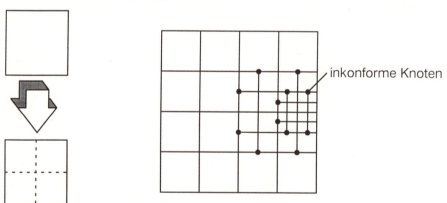

Bild 2: Verfeinerungsstrategie

Da während der Berechnung innerhalb der einzelnen Lastschritte mit verschiedenen verfeinerten Netzen gerechnet wird, müssen die ermittelten Zustandsgrößen jeweils von einem Netz auf das nächste verfeinerte übertragen werden. Dazu gehören neben den Verschiebungen die Spannungen, die Dehnungen und weitere interne Parameter, die z.B. den Verfestigungszustand beschreiben. Diese Größen liegen als diskrete Werte zum Teil an den Knoten und zum Teil an den Integrationspunkten der Elemente vor. Der Vorteil des hier vorgestellten Verfahrens liegt darin, daß sich infolge des hierarchischen Prinzips auf einfache Weise Transferoperatoren finden lassen, mit deren Hilfe diese Größen übertragen werden können.

Für die Übertragung der Verschiebungen können direkt die Interpolationsfunktionen für die Verschiebungsansätze im alten Element verwendet werden. Die Abbildungsvorschrift lautet somit:

$$\hat{\mathbf{u}}^{neu}(\xi,\eta) = \sum_{i=1}^{nkel} N_i(\xi,\eta)\, \hat{\mathbf{U}}_i^{alt} \,, \tag{9}$$

mit $nkel$ = Anzahl der Knoten im Element.

Daten an Knotenpunkten:

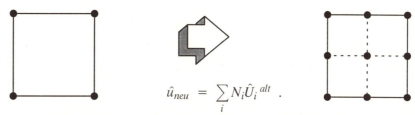

Bild 3: Transfer von Größen an Knotenpunkten

Die Spannungen, Dehnungen und interne Variablen liegen an den Integrationspunkten vor und müssen von dort aus auf die Integrationspunkte in den vier neu entstandenen Elementen übertragen werden. Auch hier lassen sich durch einfache Interpolation zwischen den Integrationspunkten geeignete Transferoperatoren in ähnlicher Form definieren:

$$\hat{\mathbf{z}}^{neu}(\xi,\eta) = \sum_{i=1}^{nip} M_i(\xi,\eta)\, \hat{\mathbf{Z}}_i^{alt} \,, \tag{10}$$

mit nip = Anzahl der Integrationspunkte,

$\mathbf{z} = \{\varepsilon, \sigma, \varkappa\}$, der Vektor der Zustandsgrößen.

Daten an Integrationspunkten:

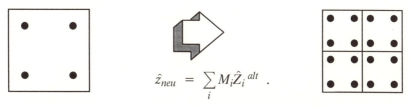

Bild 4: Transfer von Größen an Integrationspunkten

Nach [6] lassen sich diese Transferoperatoren im Sinne einer gemischten FE-Formulierung variationell begründen. Es bedarf aber auf diesem Gebiet noch weitergehender Untersuchungen, die vor allem die bestehenden Ansätze vergleichend gegenüberstellen und Möglichkeiten alternativer Formulierungen aufzeigen.

5. Beispiele

5.1. Vertikal belastetes Streifenfundament auf homogenem Baugrund

Im ersten Beispiel soll anhand eines vertikal belasteten Streifenfundaments gezeigt werden, wie sich Änderungen des Systemverhaltens infolge wachsender Beanspruchung auf kritische Bereiche einer FE-Diskretisierung auswirken. Dies wird anhand der Veränderung der Finite-Element-Netze verdeutlicht, die sich aufgrund des hier beschriebenen adaptiven Verfahrens im Laufe der Belastung ergeben.

Untersucht wird ein starres Streifenfundament auf einem homogenen Baugrund. Ausgehend von einem Anfangsspannungszustand, der sich aus dem Eigengewicht γ und dem Seitendruckbeiwert K_o ergibt, wird die Fundamentbelastung in mehreren Lastschritte aufgebracht. Die Ausgangsdiskretisierung mit quadratischen Viereckelementen ist in Bild 5 dargestellt.

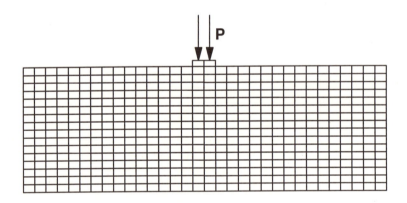

Bild 5: Modellbeispiel Fundament auf Halbraum

Betrachtet man die Entwicklung der Finite-Element-Netze im Verlauf der adaptiven Berechnung, so ist zunächst festzustellen (Bild 6a, 6b), daß das FE-Netz während der ersten Lastschritte in einem größeren Bereich um das Fundament verfeinert wird. Dies ist darin begründet, daß die Ausgangsdiskretisierung insgesamt zu grob gewählt ist, um die lokale Wirkung in Fundamentnähe zu erfassen.

Mit zunehmender Belastung konzentriert sich die weitere Verfeinerung dann auf den Bereich unter dem Fundament (Bild 6c). Diese ist verbunden mit einer gleichzeitigen Ausbreitung der plastischen Zonen, die im weiteren Verlauf der Berechnung auch die verfeinerten Bereiche in der Umgebung des Fundaments beeinflussen.

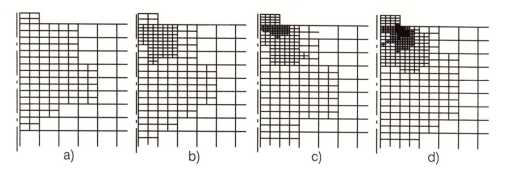

Bild 6: Netzentwicklung im Laufe der Berechnung

Dieses Beispiel macht deutlich, wie wichtig gerade bei nichtlinearen Problemen objektive Kriterien für eine problemangepaßte Diskretisierung mit finiten Elementen sind. Für den Nachweis der Gebrauchstauglichkeit, wie z.B. bei Setzungsberechnungen, können daher adaptive Techniken einen wesentlichen Beitrag zur Steigerung der Zuverlässigkeit von FE-Berechnungen leisten.

5.2. Fundament in Böschungsnähe

Im zweiten Beispiel soll untersucht werden, inwieweit sich das hier beschriebene Verfahren zur Behandlung von Grenztragfähigkeitszuständen eignet. Hierbei ist die Erfassung lokaler Bruchzustände von besonderer Bedeutung. Wie aus Bild 7 hervorgeht, wird ein starres Fundament in der Nähe einer Böschung betrachtet.

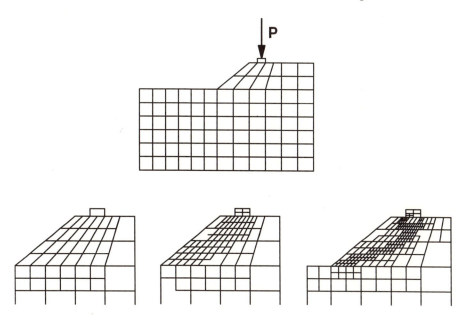

Bild 7: Netzentwicklung bei nicht ausgerichtetem Netz

Der Ausgangszustand der Böschung wird durch den Lastfall Eigengewicht simuliert. In einem zweiten Lastfall wird die eigentliche Fundamentbelastung schrittweise aufgebracht. Die sich im Verlauf der Berechnung ergebenden Netze sind ebenfalls in Bild 7 dargestellt. Daraus ersieht man, daß zu Beginn der Berechnung das FE-Netz im gesamten Bereich der Böschung verfeinert wird, da die Ausgangsdiskretisierung zu grob gewählt war. Im weiteren Verlauf der Belastungsgeschichte konzentriert sich die Verfeinerung auf ein schmales Band, das von den Fundamentecken zum Böschungsfuß reicht und auf einen möglichen Versagensmechanismus in Form einer Gleitlinie hindeutet.

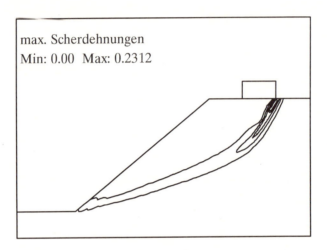

Bild 8: Effektive plastische Dehnung bei nicht ausgerichtetem Netz

Betrachtet man dazu den Verlauf der plastischen Dehnungen im Bild 8, so ist festzustellen, daß die Netzverfeinerung eng mit dem Verlauf der hochbeanspruchten Zonen verknüpft ist. Diese Zonen erstrecken sich im Grenzzustand von der rechten Fundamentecke hin zum Böschungsfuß. Aufgrund der starken Konzentration der Dehnungen im Bereich der rechten Fundamentecke treten in der Darstellung die plastischen Zonen an der linken Fundamentecke nicht in Erscheinung. Dies ist auch darauf zurückzuführen, daß die Dehnungen mit maximal 23,1 % den Gültigkeitsbereich der infinitesimalen Theorie weit übersteigen. Es ist daher erforderlich, bei Untersuchungen von Bruchzuständen eine Formulierung zu verwenden, die in der Lage ist, große Verzerrungen zu beschreiben.

Bei derartig lokal begrenzten Verformungszuständen stellt das Verhalten der jeweils verwendeten Elemente einen weiteren kritischen Punkt dar. Wie Bild 8 zeigt, erfolgt die Ausbreitung der plastischen Zonen etwa in Richtung der Elementdiagonalen. Nun ist bekannt, daß vollständig integrierte Viereckselemente bei Beanspruchung in Richtung der Diagonalen ein zu steifes Elementverhalten wiedergeben. Daher ist es hier erforderlich, eine andere Elementformulierung und/oder ein den Verformungen angepaßtes Netz zu verwenden. Bild 9 zeigt hierbei die Ausgangsdiskretisierung eines entsprechend ausgerichteten Netzes.

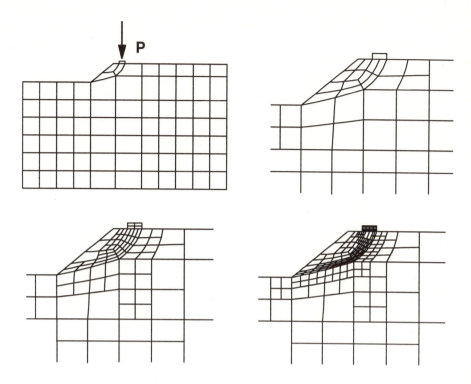

Bild 9: Netzentwicklung bei ausgerichtetem Netz

Auch hierbei entwickelt sich die Diskretisierung ähnlich wie im Falle des nicht ausgerichteten Netzes. Betrachtet man hingegen in Bild 10 den Verlauf sowie die Größe der plastischen Dehnungen im Grenzzustand, so ist zum einen zu erkennen, daß sich die plastischen Dehnungen auf ein breiteres Band verteilen. Die Plastizierungen gehen von beiden Ecken des Fundaments aus und auch am Böschungsfuß setzt eine starke Plastizierung ein. Dabei ist bemerkenswert, daß die maximale Größe der plastischen Dehnungen nur etwa 2,5% beträgt.

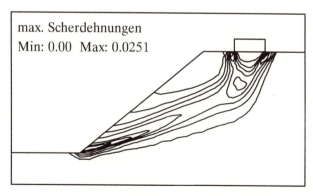

Bild 10: Effektive plastische Dehnung bei ausgerichtetem Netz

Es muß daher noch geprüft werden, welchen Beitrag eine geeignete Elementformulierung im Hinblick auf die Vorhersage der kritischen Last leisten kann. Trotzdem bleibt festzuhalten, daß das vorgestellte Verfahren in der Lage ist, kritische Bereiche bei beliebiger Ausgangsdiskretisierung zu identifizieren und damit einen entscheidenden Anhaltspunkt über die Gestaltung eines problemangepaßten Netzes zu liefern. Hinsichtlich der Elementformulierung sind jedoch noch weitere Untersuchungen erforderlich, um zu genauer quantifizierbaren Werten für den Grenzzustand zu kommen.

Literatur

[1] G. Gudehus: Elastoplastische Stoffgleichungen für trockenen Sand, Ing. Archiv, Vol. 42, 1973, 151–169

[2] H. Cramer: Numerische Behandlung nichtlinearer Probleme der Boden- und Felsmechanik mit elasto-plastischen Stoffgesetzen, Techn.-wissenschaftl. Mitteilungen Nr. 80-5, Institut für Konstruktiven Ingenieurbau, Ruhr-Universität Bochum, 1980

[3] H. Cramer, W. Wunderlich: Numerical treatment of rock-structure interaction problems with combined material laws. In: "Numerical methods for Coupled Problems", E. Hinton, P. Bettess, R. W. Lewis (eds.), Pineridge Press, Swansea 1981, 578–590

[4] Wai-Fah Chen: Constitutive equations for engineering materials, Vol. 2: Plasticity and Modeling, Elsevier Amsterdam, 1994

[5] C. Johnson, P. Hansbo: Adaptive finite element methods in computational mechanics, Comp. Meth. Appl. Mech. Engng., Vol. 101, 1992, 143–181

[6] M. Ortiz, J. J. Quigley: Adaptive mesh refinement in strain localization problems, Comp. Meth. Appl. Mech. Engng., Vol. 90, 1991, 781–804

FEM-Berechnung des Fundamentes der Frauenkirche Dresden[1]

Prof. Dr.-Ing. H. Bergander
Dr.-Ing. W. Jäger

Ingenieurgemeinschaft Frauenkirche Dresden
Prof. Dr.-Ing. Fritz Wenzel, Karlsruhe und Dr.-Ing. Wolfram Jäger, Radebeul

Zusammenfassung

Das Fundament der Frauenkirche Dresden ist ein kompakter dreidimensionaler Körper, der sich baumechanisch nur als solcher realistisch abbilden läßt. Bei der Erarbeitung der Genehmigungsstatik für den Wiederaufbau findet daher auch die Methode der Finiten Elemente Anwendung. In diesem Beitrag wird die Ermittlung der Bodenpressungsverteilung und der Setzungen mit einem inhomogenen 3D-Modell unter Berücksichtigung von Mauerwerk und Baugrund einerseits und des inneren Beanspruchungszustandes im Mauerwerk andererseits vorgestellt. Beide Grundmodelle erhalten eine unterschiedliche Vernetzung, um die Lösung im Rahmen der notwendigen Genauigkeit mit vertretbarem Aufwand an Rechenzeit und Speicherkapazität zu erhalten. Beiden Modellen werden zunächst linear elastische Materialeigenschaften zugrunde gelegt. Anschließend erfolgen auch physikalisch nichtlineare Berechnungen.

1. Einleitung

Die Frauenkirche wurde von dem Dresdner Ratszimmermeister George Bähr in den Jahren 1726 bis 1743 erbaut. Sie nimmt in der Geschichte der sächsischen Metropole und in der Baukunst einen besonderen Platz ein. Die Silhouette der Stadt wurde durch sie unverwechselbar geprägt. Sie gilt als die monumentalste Vertreterin des protestantischen Kirchenbaus und ist ein repräsentatives Beispiel des bürgerlichen Barocks in Deutschland [1].

Am 13. und 14. Februar 1945 zerstörten englische Bomber das Zentrum der bis dahin weitestgehend verschont gebliebenen Stadt Dresden. Die Kirche selbst widerstand dem Bombenhagel, jedoch brannte sie völlig aus. Am Morgen des 15. Februar sank die Kirche infolge der Auswirkungen des Infernos in sich zusammen. Der Einsturz kündigte sich mit leisem Knistern an, die Kuppel neigte sich, rutschte in das Kircheninnere, Kuppel und Außenwände zerbarsten und in Sekundenschnelle war das Bauwerk in einer riesigen Staubwolke ver-

---

1 Die Arbeit entstand im Rahmen der von der Stiftung Frauenkirche Dresden e. V. finanzierten Ingenieurleistungen für den Wiederaufbau.

schwunden [2].

Bis 1990 bildeten die noch stehengebliebenen Ruinenteile und der Trümmerberg ein Mahnmal gegen die sinnlosen Zerstörungen des 2. Weltkrieges. Erste Überlegungen und Bemühungen zum Wiederaufbau im Sinne einer archäologischen Rekonstruktion waren bereits 1948/49 zu verzeichnen [3]. Zur Zeit der politischen Wende erstarkte die Bürgerbewegung zum Wiederaufbau dieses einmaligen Bauwerkes [4]. Erste Schritte zu dessen Verwirklichung konnten gegangen werden. Der Meinungsstreit um den Wiederaufbau wurde von den Befürwortern mit dem Argument des archäologischen Wiederaufbaus gestützt. Die Kirche ist sowohl materiell in Form des eingestürzten Bauwerkes als auch ideell mit den vorhandenen Plänen von Bähr und Zeichnungen aus diesem Jahrhundert noch existent. Damit sind die wichtigsten Voraussetzungen für den Wiederaufbau eines zerstörten Bauwerkes aus denkmalpflegerischer Sicht nach der Charta von Venedig erfüllt [5].

Vom Standpunkt der Statik her sind behutsame Verbesserungen der Bährschen Konstruktion unter Beachtung der erweiterten Erkenntnisse zum Tragverhalten notwendig. In den 20er und 30er Jahren unseres Jahrhunderts hatten erhebliche Rißbildungen umfangreiche Sanierungsmaßnahmen erforderlich gemacht.

Hauptursache der Schäden war die zu starke Beanspruchung der Innenpfeiler durch die Kuppel. Die Ingenieurgemeinschaft Frauenkirche Dresden Prof. Wenzel und Dr. Jäger hat ein Konzept erarbeitet, bei dem eine Kombination aus Druckring und vorgespanntem Stahlzugring den statisch unbestimmten Verband von Innenpfeilern und Außenmauerwerk zugunsten der Innenpfeiler entlastet [6]. Der zusätzlich notwendige Zugring - vom Innenraum und von außen nicht sichtbar - liegt im Bereich des Kuppelanlaufs und ist als verträgliche Zutat im Sinne des Gesamtanliegens zu betrachten.

Das genannte Tragkonzept bildet die Grundlage für die Einschätzung der Beanspruchung des nunmehr freigelegten Gründungskörpers und des Bodens. Das Fundament der im wesentlichen auf einem quadratischen Grundriß stehenden Kirche bildet einen kompliziert geformten Ring mit vielen durch Gewölbe und Grabkammern gebildeten Hohlräumen (Bild 1). Eine klassische Berechnung ist nur möglich, wenn das Fundament infolge der annähernd achtfachen Symmetrie und der auf jedes Achtel eingeleiteten drei Hauptlasten infolge Innenpfeiler, Wand- und Turmscheibe in 24 einzelne Säulen zerlegt wird. Die Berücksichtigung der Interaktion dieser Säulen ist bei diesem Herangehen nicht und die der Hohlraumgeometrie nur grob möglich.

Daher wurde eine wirklichkeitsnähere Analyse des räumlichen Spannungszustandes im Fundament mit der Methode der finiten Elemente angestrebt. Da das Fundament einen dreidimensionalen Körper darstellt, der weder mit dem klassischen eindimensionalen (Säule) noch mit zweidimensionalen Modellen (Scheibe, Schale, Faltwerk) realistisch beschrieben werden kann, wird erst mit der räumlichen Betrachtung eine der Geometrie, Lagerung und Belastung adäquate Modellbildung erreicht.

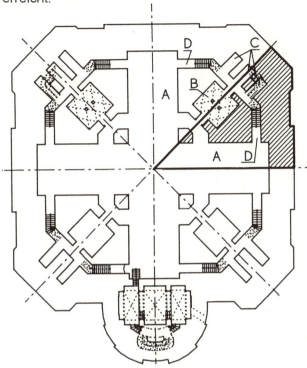

Bild 1: Schnitt durch das Kellermauerwerk (- 4,51 m unter dem Kirchenfußboden mit Hauptgewölben (A), großen (B) und kleinen (C) Grabkammern und Ringgang (D) sowie einem hervorgehobenen Basisachtel)

2. Grundprinzipien der Modellierung

Durch die Nutzung der Achtelsymmetrie des Fundamentes läßt sich ein FEM-Modell entwickeln, das einerseits den Genauigkeitsanforderungen entspricht und andererseits mit den Speicherplatzressourcen der ständig zur Verfügung stehenden Workstation mit einer Festplattenkapazität von 2 GByte auskommt.

Aus den genannten, selbst auferlegten Randbedingungen heraus müssen die Aufgaben der Ermittlung der Verteilung der Pressungen/Setzungen einerseits und der Analyse des Kraftdurchganges durch das Fundament zur Bestimmung der Mauerwerksspannungen mit getrennten Modellen bewältigt werden. Im ersten Problemkreis wird zusätzlich der Boden modelliert. Die ihm zugeordneten Elemente verbrauchen die Rechnerressourcen. Im zweiten Falle muß das Innere des Fundamentmauerwerkes genauer modelliert werden und erfordert mehr Elemente. Aber auch dann muß der Statiker unterscheiden, welche Hohlraumgrößen für die Spannungsverteilung wesentlich und damit zu berücksichtigen sind und welche vernachlässigt werden können, um die Modellgröße in Grenzen zu halten.

Die Berechnung erfolgt mit dem Programmsystem ANSYS 5.0A [7]. Die Geometrie wird ebenfalls mit diesem Programm entwickelt, wobei großer Wert auf die systematische Bildung von Viereckflächen und Hexaedervolumen gelegt wird. Sie sind die Voraussetzung für automatisch erzeugte Netze hoher Qualität, die ausschließlich aus Hexaeder-Elementen bestehen (Bilder 2 und 3).

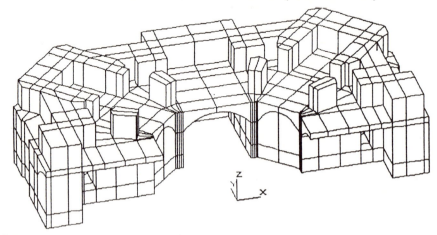

Bild 2: Ausschnitt aus einem Geometriemodell für die Berechnung des Kraftdurchganges

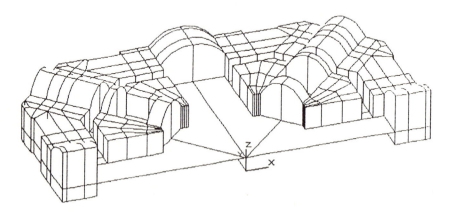

Bild 3: Geometriemodell wie Bild 2, Volumenkörper des aufgehenden Mauerwerks und der oberen Fundamentschicht entfernt, Einblick in Ringgang und große Grabkammern

3. Berechnung der Bodenpressungen und der Setzungen des Fundamentes

Bei der Bestimmung der Verteilung der Pressungen und Setzungen an der Fundamentsohle kann sowohl die innere Geometrie des Fundamentmauerwerkes als auch die Lasteinleitung infolge des aufgehenden Mauerwerks etwas vereinfacht werden.

Bei der inneren Geometrie wird die Wirkung des Ringganges vernachlässigt und das Mauerwerk in diesem Bereich als kompakt betrachtet.

Die Lasteinleitung auf der oberen Fundamentbegrenzungsebene erfolgt durch Einzellasten, die aus einer Faltwerkmodellierung des Kirchenbaus zur Verfügung stehen. Die Einzellasten (Knotenlasten des Faltwerk-FEM-Modells) werden statisch äquivalent auf die geometrisch am besten übereinstimmenden Knoten des Fundamentmodells übertragen. Die statische Gesamtäquivalenz (Betrag der Resultierenden der 3 Hauptlastgruppen infolge Innenpfeiler, Wand- und Turmscheibe und Lage der Resultierenden) ist gewährleistet. Die Lage der ausgewählten belasteten Knoten bestimmt sich aus der inneren Geometrie des Fundamentes. Durch die Konzentration der Lasteinleitung auf die Systemlinien des Faltwerks entstehen im Lasteinleitungsbereich Spannungskonzentrationen, die unrealistisch hohe Werte liefern. Bis zur Ebene der Fundamentsohle sind jedoch die gleichmäßigen Verteilungen gemäß dem Saint-Venantschen Prinzip längst erreicht.

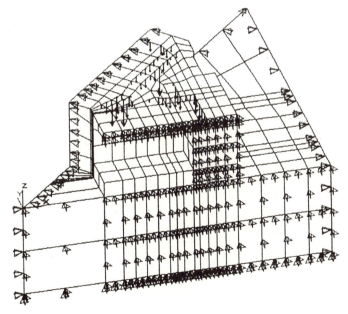

Bild 4: FEM-Modell zur Berechnung von Pressungen und Setzungen mit Lasteinleitung und Lagerungen

Der Baugrund wird ebenfalls durch eine Volumengeometrie beschrieben und mit 3D-Elementen vernetzt (Bild 4). Damit ist die Interaktion des harten deformierbaren Körpers (Mauerwerk) mit dem weichen (Baugrund) erfaßbar. Gemäß dem durch Erkundungen festgestellten Aufbau des Bodens liegt etwa 10 m unter der Fundamentsohle eine inkompressible Pläner-Schicht, die als Lagerung der Flußsand- bzw. -kiesschicht wirkt. Die nicht zu den Symmetrieebenen der Achtelsymmetrie gehörende Begrenzungsebene des Bodens erhält ebenfalls gelagerte Knoten. Die eventuelle Stützwirkung des Baugrundes an den Seiten des Fundamentes wird vernachlässigt, so daß das Modell den ungünstigen Fall freigelegter Fundamente simuliert.

Mauerwerk und Baugrund werden zunächst beide als linear-elastisch betrachtet. Die Elastizitätsmoduli unterscheiden sich sehr stark (Mauerwerk 7000 MN/m², vorbelasteter Flußsand/-kies 100 MN/m²), was zu einigen Übergangsproblemen im FEM-Modell führt.

Als Elemente werden 20-Knoten-Elemente mit 3 Freiwerten pro Knoten verwendet. Das Modell eines Achtels des Fundaments besteht aus 744 Elementen, 4015 Knoten und 12045 Unbekannten, von denen infolge der Lagerungen einschließlich der Symmetriebedingungen 1187 vorgegeben sind. Von den 744 Elementen gehören 412 zum Fundamentmauerwerk und 332 zum Baugrund.

Ausgewertet wurden bei diesem Modell die Pressungen zwischen Fundamentsohle und Baugrund und die Setzungen der Fundamentsohle. Bild 5 zeigt die Pressungsverteilung längs der Diagonalen mit den typischen Kantenpressungen des steifen Fundaments auf weichem Boden.

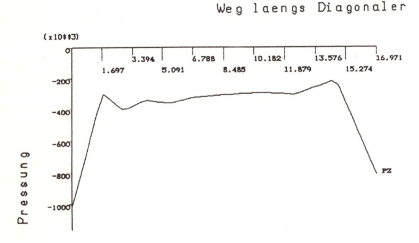

Bild 5: Pressungsverteilung längs der diagonalen Symmetrielinie

Eine wichtige Frage war die nach dem Einfluß des plastischen Fließens des Baugrundes. Daher wurden die Elemente des Baugrundes in einer vergleichenden Rechnung mit dem elastisch-ideal-plastischem Materialmodell nach DRUK-KER-PRAGER betrachtet. Das Baugrundgutachten lieferte die Materialwerte für die Flußsand- bzw. -kiesschicht (Kohäsion 0.0 [2]) und Winkel der inneren Reibung 38.5°). Diese Form der Beschreibung von Materialnichtlinearitäten ist unter den in der ANSYS-Software [7] angebotenen die einzige, die für die Abbildung des Baugrundverhaltens geeignet erscheint. Ein ausführliches Eingehen auf nichtlineare Stoffgesetze in der Geotechnik ist im Rahmen der Untersuchungen mit der zur Verfügung stehenden Software nicht möglich gewesen (vgl. dazu [8], [9]).

Die Vergleichsrechnung zeigte, daß für die spezielle Gründung der Frauenkirche kein nennenswertes plastisches Fließen auftritt:

	Baugrund elastisch	Baugrund el.-plastisch
Max. Setzung [cm]	2.52	2.54
Max. Pressung [MN/m²]	1.05	0.95

Der Grund hierfür liegt in dem großen Winkel der inneren Reibung, dem großen hydrostatischen Druck unter dem Fundament und der begrenzten Größe des fließfähigen Volumens.

4. Berechnung der Spannungen im Fundament

Bei der Berechnung der Spannungen im Fundament wird neben dem Hauptgewölbe und den großen Grabkammern auch der Ringgang als wesentliche Störung angesehen und modelliert. Die kleinen Grabkammern werden weiterhin vernachlässigt. Der Aufwand zu ihrer Modellierung unter Beibehaltung der geordneten Vernetzung durch Hexaeder steht in keinem Verhältnis zu dem erwarteten Informationsgewinn.

Die direkte Einzellasteinleitung in das Fundament verbietet sich bei dieser Problematik, da die hierdurch verursachten Spannungsspitzen in Bezug auf die Fundamenthöhe zu langsam abklingen. Bei einer Einleitung als Druck auf Flächen ist die Erhaltung der statischen Äquivalenz sehr aufwendig. Daher wurden die Vertikallasten in masselose, relativ kurze Modelle des aufgehenden Mauerwerks eingeleitet, die nur die Aufgabe haben, die Vertikaleinzellasten in statisch äquivalente Flächenlasten umzuwandeln. Es reicht aus, ihre Querschnittsform aus der vorhandenen Geometrie des Fundamentkörpers zu entnehmen und sie der realen Geometrie etwas großzügig anzunähern.

---

2 Für die Rechnung mußte für die Kohäsion ein sehr kleiner Wert (0.004 MN/m²) eingesetzt werden, da die Rechnung sonst im 1. Lastschritt divergierte.

Der Baugrund wird nunmehr als Lagerung angesehen. Dadurch wird die Pressungsverteilung wesentlich gröber angenähert. Da die Kantenpressungen als lokale Effekte aber schnell im Inneren des Fundamentes abklingen, ist diese Näherung zu akzeptieren.

Als Elemente werden wieder die höherwertigen 20-Knoten-Elemente mit 3 Freiwerten pro Knoten verwendet. Das Modell eines Achtels des Fundaments besteht bei diesem Modell aus 2206 Elementen, 11428 Knoten und 34284 Unbekannten, von denen infolge der Lagerungen einschließlich der Symmetriebedingungen 1590 vorgegeben sind. Von den 2206 Elementen gehören 1902 zum Fundamentmauerwerk und 304 zum aufgehenden Mauerwerk (Bild 6).

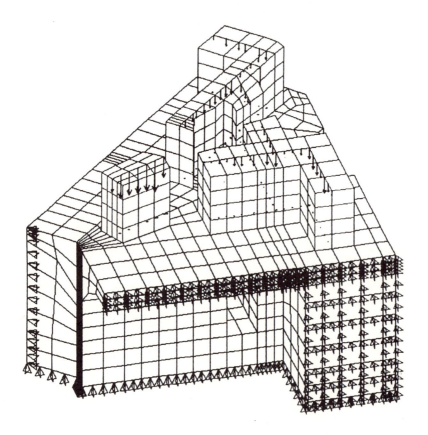

Bild 6: FEM-Modell zur Berechnung der Spannungen im Fundament mit Lasteinleitung und Lagerungen

Das Mauerwerk wird wieder linear elastisch modelliert. Für das Fundamentmauerwerk erfolgt die Eingabe der realen Dichte zur Bestimmung der Lasten infolge Eigenlast, während der Lastanteil des aufgehenden Mauerwerks bereits in den

Vertikallasten enthalten ist.

Ausgewertet wurden bei diesem Modell hauptsächlich die Spannungsverteilung σ_z in verschiedenen Schnittebenen z = const. Diese sind mit der linearen Spannungsverteilung über den Querschnitt dreier vereinzelter Fundamentsäulen nach der elementaren Theorie der schiefen Biegung des eindimensionalen Kontinuums (Balkentheorie) verglichen worden. In jedem Falle lieferte das dreidimensionale zusammenhängende Kontinuum etwas geringere Spannungen als die Balkentheorie.

5. Physikalisch nichtlineare Berechnung der Spannungen im Fundament

Die Auswertung der Hauptspannungen im Fundament nach Abschnitt 4 ergab ein Spannungsniveau von

$$-4.47 \text{ MN/m}^2 < \sigma_3 < \sigma_2 < \sigma_1 < 0.66 \text{ MN/m}^2.$$

Es sind lokal Gebiete vorhanden, in denen Zugspannungen auftreten. Sie werden durch die Biegewirkung des Ringes und lokale Kerbeffekte erzeugt und sind in der Regel normal zur Z-Achse orientiert.

Es ist bekannt, daß Mauerwerk keinen Zug übertragen kann. Deshalb werden Gebiete mit Zugspannungen z. B. in der Kuppel durch Vorspannung mit Stahl in den Druckbereich gebracht. Treten jedoch Zugspannungen dort auf, wo keine Vorspannelemente vorgesehen sind, so erzeugen sie Risse. Der entsprechende Bereich nimmt am Tragprozeß nicht mehr teil.

Die Voraussetzung von linear-elastischem Verhalten ist nur erfüllt, wenn nirgends Zug auftritt. Treten Gebiete mit Zughauptspannungen auf, dann muß entweder der Näherungscharakter der linear-elastischen Modellierung in Kauf genommen oder beim Materialverhalten das Versagen im Zugbereich vorgesehen werden [10].

Der Verzicht auf die Berücksichtigung des Versagens im Zugbereich als einer Nichtlinearität des Mauerwerkes bringt einen bedeutenden Effektivitätsgewinn bei der Abarbeitung der Aufgabe. Die lineare Rechnung ist am wenigsten aufwendig. Sie birgt jedoch die Gefahr einer Fehleinschätzung der Tragfähigkeit in sich.

Die Berücksichtigung des Zugversagens führt dagegen sofort zur aufwendigen physikalisch nichtlinearen Berechnung (inkrementelle Lasteintragung und Iteration im Lastschritt), die außerdem an die Implementierung geeigneter Materialmodelle gebunden ist.

Bei dem Fundament der Frauenkirche besteht die Gefahr einer Fehleinschätzung des Tragverhaltens kaum, denn die vorhandenen Lasten erzeugen überwiegend Druckspannungen. Andererseits ist der räumliche Spannungszustand ein harter Test für die Robustheit der nichtlinearen Materialmodelle und der Solver für die nichtlinearen Systeme. Erfahrungen, die bei der Fundamentberechnung gewonnen werden, lassen sich ohne weiteres auf die einfacheren, überwiegend zweiachsigen Spannungszustände des übrigen Mauerwerks übertragen. Das war das Ziel der nichtlinearen Berechnung.

Das Auftreten von Rissen im räumlich beanspruchten Spannungszustand ist a priori weder vom Ort noch von der Rißrichtung festgelegt. Die Verwendung von eindimensionalen oder Kontaktelementen, die in ANSYS [7] implementiert sind, ist somit für die hier stehende Aufgabe auszuschließen.

Daher kommen unter den Angeboten von ANSYS [7] prinzipiell nur drei Materialmodelle des Kontinuums in Frage, um Zugversagen zu modellieren. Das sind

- die Modellierung des Rißversagens mit einer Rißfläche der Theorie des Betons von Williams und Warnke [7], [11],

- die Begrenzung des Spannungszustandes mit einem elastisch - ideal-plastischen Fließmodell mit einer anisotropen Fließbedingung nach Hill [7] und

- die Begrenzung des Spannungszustandes mit einem elastisch - ideal-plastischen Fließmodell mit einer kegelförmigen Fließbedingung nach Drucker-Prager [7].

Der prinzipielle Unterschied zwischen dem Rißmodell und den beiden ideal-plastischen Modellen besteht darin, daß bei ersterem nach der Rißentstehung auch bei endlicher Zugfestigkeit der Spannungszustand auf Null abfällt, bei den anderen beiden aber (im wesentlichen) auf dem Niveau des Fließbeginns begrenzt bleibt. Durch den extremen Unterschied der Zug- zur Druckfestigkeit beim Mauerwerk ist der Unterschied zwischen einem Spannungszustand auf Niveau der Zugfestigkeit und dem Nullspannungszustand im Vergleich zum Spannungsniveau im Druckzustand belanglos.

Die weiteren Untersuchungen beruhen auf der Druckfestigkeit von 10 MN/m² und der Zugfestigkeit von 0,3 N/mm². Der erste der beiden Werte ist fiktiv und soll gewährleisten, daß der vorhandene Druckspannungszustand ohne Versagen aufgenommen werden kann. Der zweite Wert entspricht etwa der realen Zugfestigkeit des Sandsteinmauerwerkes.

Die beiden plastischen Materialmodelle sind für viele Elemente, unter ihnen für die 8- und 20-Knoten-Hexaederelemente verfügbar, das Betonrißmodell dagegen nur für das (grobe) 8-Knoten-Hexaederelement. Daher wurden zu Vergleichszwecken alle Fundamentmodelle der nichtlinearen Untersuchungen (einschließlich des elastischen Vergleichszustandes) auf das 8-Knoten-Hexaederelement beschränkt.

Ein Achtel des Fundamentes besteht bei diesem Modell aus 6367 Elementen, 8056 Knoten und 24168 Unbekannten, von denen infolge der Lagerungen einschließlich der Symmetriebedingungen 1118 vorgegeben sind. Von den 6367 Elementen gehören 5415 zum Fundamentmauerwerk. Nur sie verfügen über nichtlineare Materialeigenschaften.

Das Betonrißelement zeigte sich aus theoretischer Sicht zunächst als ideal für die zu lösende Aufgabe, auch wenn das gröbere Element in Kauf genommen werden mußte. Auch der Test an der außermittig belasteten Säule (dominant einachsiger Spannungszustand) brachte die erwartete Übereinstimmung mit der analytischen Lösung. Leider versagte das Element (das eigentlich als mit Stahl bewehrtes Element angeboten wird) ohne Bewehrung im dreidimensionalen Zustand. Die elastische Rechnung zeigte, daß bei 53 % der vorhandenen Last erstmals Zugrisse auftreten. Bei 70 % der vorhandenen Last divergierte die Lösung, ohne daß für diesen Vorgang (der auch bei gröberen Vernetzungen ohne qualitative Abweichungen auftrat und daher offensichtlich im Elementverhalten bei einem der drei Varianten Zug-Zug-Zug, Zug-Zug-Druck und Zug-Druck-Druck im Hauptspannungsraum begründet liegt) eine vernünftige, mechanische Erklärung existiert.

Das plastische Modell nach Hill ist wegen der speziellen Implementierung in ANSYS ungeeignet. In ANSYS wird, im Gegensatz zur Implementierungsphilosophie von Drucker-Prager und daher letztlich unverständlicherweise, assoziiertes Fließen und plastische Inkompressibilität gefordert. Hieraus folgen Restriktionen, die einen isotropen Zug-Druck-Unterschied nicht zulassen.

Letztlich bleibt nur das Drucker-Prager Modell übrig. Da bei ihm plastische Kompressibilität und/oder nichtassoziiertes Fließen zugelassen werden, können die Materialkonstanten Kohäsion und innere Reibung formal aus der einachsigen Zug- und Druckfestigkeit bestimmt werden. Die Rechnung konvergierte problemlos. Es zeigten sich alle erwarteten Effekte wie geringe Abweichungen zum elastischen Vergleichszustand und kleine Rißzonen.

[1] Magirius, H.: Zur Gestaltwerdung der Dresdner Frauenkirche. In: Die Dresdner Frauenkirche - Geschichte-Zerstörung-Rekonstruktion. Dresdner Hefte 32, **10** (1992) 4, 4 - 16. Dresdner Geschichtsverein e. V.

[2] **Jäger, W.; Rosenkranz, D.:** Der letzte Trümmerberg Dresdens sagt aus. In: Verbrannt bis zur Unkenntlichkeit. Die Zerstörung Dresdens 1945, hrsgg. v. M. Griebel, Stadtmuseum Dresden. DZA-Verlag: Altenburg 1994.

[3] **Nadler, H.:** Der Erhalt der Ruine der Frauenkirche nach 1945. In: Dresdner Hefte 32, a. o. a. O., 25 - 34.

[4] **Jäger, H.-J.:** Die Bürgerinitiative - Gesellschaft zur Förderung des Wiederaufbaus der Frauenkirche Dresden e. V. In: Dresdner Hefte 32, a. o. a. O., 97-101.

[5] **Köckeritz, W.:** Probleme des archäologischen Wiederaufbaus der Frauenkirche. Dresdner Hefte 32, a. o. a. O., 77 - 82.

[6] **Wenzel, F.:** Der Wiederaufbau der Frauenkirche zu Dresden, T. 1. Bautechnik **70** (1993), Heft 7, 372-378. Der Wiederaufbau der Frauenkirche zu Dresden - Das Tragkonzept, T. 2., Bautechnik **70** (1993), Heft 8, 476-482.

[7] **Kohnke, P. (ed.):** ANSYS User's Manual for Revision 5.0. Vol. IV Theory, Swanson Analysis Systems, Inc., Houston 1992.

[8] **Smoltczyk, U.:** Einsatzmöglichkeiten der FEM in der Grundbaupraxis. In: Finite Elemente-Anwendungen in der Baupraxis, hrsgg. v. J. Eibl, H. Obrecht und P. Wriggers, 35-45. Ernst & Sohn: Berlin 1992.

[9] **Gudehus, G.:** Stoffgesetze. In: Grundbau-Taschenbuch Teil 1, 4. Aufl., hrsgg. v. U. Smoltczyk, 175-203. Ernst & Sohn: Berlin 1990.

[10] **VanGullick, L. A.:** ANSYS Analysis of Monumental Historic Buildings. In: 1994 ANSYS Conference Proceedings, Houston 1994, 4.13 - 4.19.

[11] **William, K. J.; Warnke, E. D.:** Constitutive Model for the Triaxial Behavior of Concrete. Proceedings: International Association for Bridge and Structural Engineering, Vol. 19 Ismes, Bergamo, Italy, 174 (1975).

Grafikgestützte wirtschaftliche Tunnelberechnungen - Leistungsvergleich zwischen Stabstatik und "FE-Methode"

J.-M. Hohberg, IUB Ingenieur-Unternehmung AG Bern,
H.M. Hilber, RIB Bausoftware GmbH, Stuttgart

Zusammenfassung

Dank der heute zur Verfügung stehenden grafischen Ein- und Ausgabehilfen ist der Aufwand für eine Scheibenberechnung nicht viel größer als für eine Stabzugberechnung. Aus methodischer Sicht besitzt das einfache Scheibenmodell (ohne Teilausbruchzustände) den Vorteil, daß es nur einen Vorentspannungsparameter benötigt, während für das Stabzugmodell Annahmen zur Belastung sowie über Art und Steifigkeit der elastischen Bettung zu treffen sind. Das Scheibenmodell liefert nicht nur die Schnittkräfte der Tunnelschale, sondern auch die Setzungen und Verformungen des Bodens und kann mit geringem Aufwand für die Simulierung von Teilausbrüchen ergänzt werden.

1 Einleitung

Der Einstein zugeschriebene Leitsatz: "As simple as possible - but not simpler!", gilt auch bei der numerischen Tunnelberechnung. Es sollte selbstverständlich sein, daß das Berechnungsmodell nach technischen Gesichtspunkten (wie z.B. Überlagerungshöhe, Standzeit, Bauverfahren) gewählt wird. Bewußt oder unbewußt spielen jedoch oft auch nichttechnische Einflüsse hinein, wie z.B.

- die Verfügbarkeit von Programmen und Programmbedienern;
- Erfahrungen (oder Hörensagen) hinsichtlich des Lösungsaufwands;
- Interesse bzw. Abneigung gegenüber geotechnischen Betrachtungen;
- Vermutungen über die Akzeptanz eines Modells beim Prüfingenieur.

Unter dem allgegenwärtigen Zeitdruck gibt man sich leicht mit einer schnellen Lösung zufrieden, weil bei einer umfassenderen Betrachtung Komplikationen befürchtet werden, die einen zum gegebenen Termin mit leeren Händen dastehen lassen würden.

Die Situation bessert sich grundlegend, wenn

- moderne Grafikhilfsmittel so leistungsfähig sind, daß der Aufwand für unterschiedliche Modelle in einer vergleichbaren Größenordnung liegt;

- die benötigten Berechnungsparameter und Annahmen bekannt sind;
- von der Bedienung her kein nennenswerter Unterschied besteht;
- die Vorgehensweise auch dann brauchbare Ergebnisse liefert, wenn die Zeit knapp ist.

Im folgenden Beitrag zeigen wir, daß diese Bedingungen für eine echte Wahl zwischen den Berechnungsmodellen Stabzug und Scheibe inzwischen tatsächlich gegeben sind. Wir beschränken uns dabei auf den bergmännischen Vortrieb; für Tagbautunnel wird auf eine frühere Veröffentlichung verwiesen [1].

2 Fallstudie

2.1 Problembeschreibung

Als Testgeometrie dient ein Maulprofil, wie es zur Zeit für den Lötschbergbasistunnel im Fensterstollen Mitholz ausgeführt wird und mit 5,20 m Ausbruchsradius der Kalotte auch für Verkehrstunnel als typisch gelten kann. Bis zum Erreichen des Felshorizontes ist eine Gehängeschuttablagerung mit bis zu 30 m Firstüberdeckung zu durchörtern. Der Querschnitt wird mit zweifach abgestufter Ortsbrust (Abschlaglänge ca. 1,5 m) aufgefahren und sofort mit Ausbaubögen, zwei Lagen Spritzbeton und Ankerung gesichert. Um die Bewehrungsnetze stoßen zu können, wird die auskragende Schale nicht auf die temporäre Sohle abgestellt. Mit dem Betonieren der definitiven Sohle wird eine dritte Spritzbetonschicht aufgebracht. Die Anker sowie eine Rohrschirmdecke im Portalbereich bleiben im folgenden unberücksichtigt, ebenso eine allenfalls später einzuziehende Innenschale.

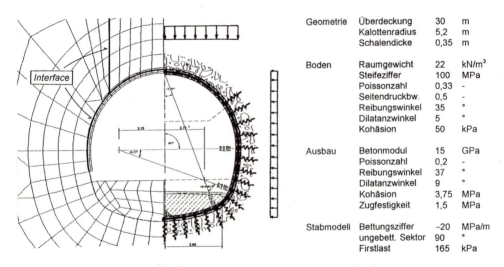

Bild 1. Testbeispiel mit finitem Elementnetz (links kurz vor Ausbruch der Sohle) und Stabzugmodell (für Vollausbruch)

2.2 Modellauswahl

Für die Berechnung stehen im Prinzip vier unterschiedliche Modellklassen zur Verfügung, Bild 2: Das Stabzugmodell (M1), das einfache Scheibenmodell im Vollausbruch (M2), ein ebenes Näherungsverfahren für Teilausbrüche (M3) und das dreidimensionale Volumenmodell (M4). Eine 3-D-Simulation des Vortriebgeschehens bedeutet auch heute noch einen großen Mehraufwand, u.a. weil wegen des nichtlinearen Verhaltens des Bodens das Eintreffen und Voranschreiten der Ortsbrust Schritt für Schritt nachvollzogen werden muß [2]. Wir beschränken uns deshalb auf die Modelle M1 bis M3.

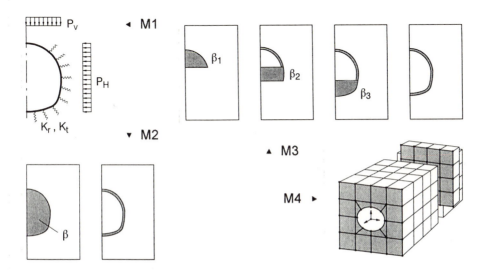

Bild 2. Modellklassen der Tunnelstatik

2.3 Tunnelstatische Hypothesen

Die Bodenscheibe unterliegt einem primären Spannungszustand infolge Überlagerungshöhe und Seitendruck, dessen Verhältnis σ_{h0}/σ_{v0} größer als das der elastischen Querspannung ($\nu / 1-\nu$) ist und auch nicht dem erdstatischen Ruhedruckbeiwert K_0 zu entsprechen braucht. Beim Vortrieb entspannt sich die Bodenscheibe allseitig in den entstehenden Hohlraum hinein, und zwar zum Teil - durch den Faktor β gesteuert - bereits vor Eintreffen der Ortsbrust, in Richtung der Tunnelachse. Nach dem Ausbau wirkt der restliche Teil ($1-\beta$) der Primärspannungen allseitig auf das Verbundsystem aus gelochter Scheibe und Tunnelschale.

Aus der Zeit dickleibiger Mauerwerksauskleidungen, die nicht formschlüssig am Gebirge anlagen, stammen noch Belastungsansätze mit aktiven Erddruckkeilen auf First und Ulmen, bei denen die Sohle i.d.R. als unbelastet angesehen wird.

Bei großer Firstüberdeckung wird die Auflast entsprechend einem Siloeffekt (Formel von Terzaghi) abgemindert, vgl. z.B. [3]. Für H = 30 m ergab dies eine Firstauflast von 25% des Gewichts der Bodensäule: $P_v = 0{,}25\ \gamma \cdot H$.

Für die sofortige Versiegelung der Bodenscheibe unmittelbar hinter der Ortsbrust nehmen die DGEG-Empfehlungen aus dem Jahr 1986 [4] nurmehr einen bestimmten Firstsektor durch eine "Auflockerungslast" belastet an, während der übrige Umfang der Tunnelschale durch den Boden gestützt wird. Dieses Konzept kann auch an der Scheibe verwirklicht werden, entweder durch ein Teilkontinuum oder durch vorgegebene Gleitlinien innerhalb des Bodens (vgl. Bild 1).

3 Computerberechnungen

3.1 Grafische Eingabe

Sowohl das Stabzugmodell wie auch das Scheibenmodell lassen sich in derselben grafischen Benutzeroberfläche (GSE - "graphical system environment") eingeben.[1] Bei der Generierung der Tunnelgeometrie wird der Benützer durch CAD-Funktionen (Teilen, Schneiden und Dehnen von Kurven; Fällen von Loten; Spiegeln, Drehen von Netzteilen u.a.m.) wirksam unterstützt [5]. Die Eingabe der Bettung an krummen Stäben per Mausklick erspart die Berechnung einzelner Knotenfedern von Hand, Bild 3 (oben). Weiterhin können Attribute, wie Bettungsausfall oder plastische Gelenke in der Tunnelschale, angegeben werden [6].

Im Scheibenmodell generiert der Berechnungsingenieur entsprechend die Ausbruchkontur und legt die Makrobereiche fest, Bild 3 (unten). Deren Vernetzung übernimmt der Maschengenerator. In der neuesten Version (GSE 3.0) lassen sich selbst Interface-Elemente (vgl. Bild 1) per Mausklick eingeben, indem beide Seiten als unterschiedliche Teilsysteme definiert und so die Doppelknoten unterscheidbar werden. Randbedingungen, Werkstoffparameter und Teilsysteme für Bauzustände werden ebenfalls grafisch gesetzt.

Der eigentliche Mehraufwand des Scheibenmodells steht in unmittelbarem Zusammenhang mit Mehrleistungen:

- Vernetzung des Tunnelinnenraums zur Modellierung von Teilausbrüchen;
- Unterscheidung von Bodenschichten, Grundwasserspiegel u.a.;
- Eingabe von Bodendiskontinuitäten (Gleitlinien).

Der Zeitbedarf für die komplette Durchführung einer einfachen nichtlinearen Scheibenberechnung (ohne Teilausbrüche) beträgt für einen erfahrenen GSE-Anwender ca. 9 Stunden, gegenüber etwa 5 Stunden für die Stabzugberechnung.

---

[1] Auf einigen Plots steht noch der frühere Name TRIMAS.

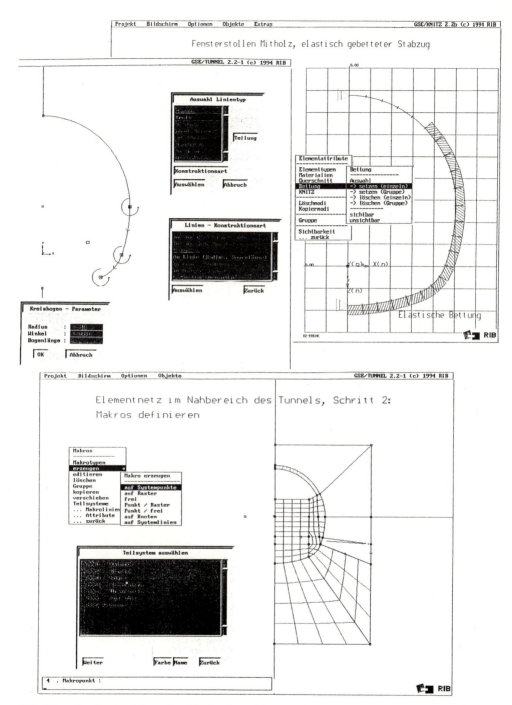

Bild 3. Grafische Eingabe für Ausbruchkontur bzw. gebetteten Stabzug (oben) und Vernetzung der Scheibe (unten)

3.2 Grafische Ausgabe

Aus dem Stabzugmodell erhält man die Schnittkräfte N, M, Q der Tunnelschale sowie die Bettungskräfte. Sie sind als herkömmliche Strichplots wie auch - über den Auswertemodul von GSE - als farbige, individuell beschriftbare Flächenplots darstellbar. Für das Scheibenmodell können ebenfalls Schalenringspannungen über die Dicke der Auskleidung zu Schnittkräften aufintegriert und wie im Stabmodell geplottet werden. Dies ist freilich nur sinnvoll, solange die Schale genügend dünn ist und keine krassen Querschnittsänderungen aufweist. Andernfalls sind - insbesondere bei nichtlinearem Schalenverhalten - mehrere Elementlagen über die Dicke vorzusehen, deren tangentiale Spannungen als Isolinien und Ordinaten entlang beliebiger Schnitte ausgewertet werden, Bild 4.

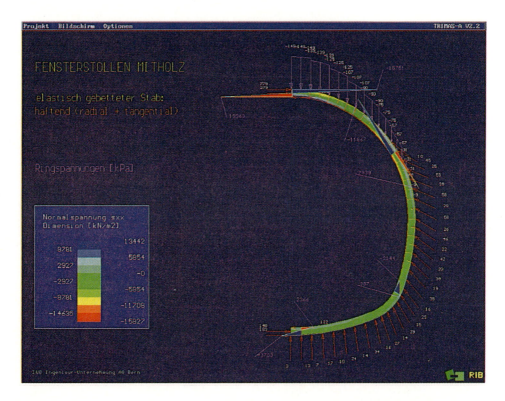

Bild 4. Grafische Ausgabe für ein Stabzugmodel mittels Scheibenelementen

Zusätzlich zu der Beanspruchung der Auskleidung liefert das Scheibenmodell natürlich alle relevanten Informationen über die Bodenscheibe: Hohlraumkonvergenzen und Oberflächensetzungen, Hauptspannungsverhältnisse und plastische Zonen, die quantitativ - mittels plastischer Hauptdehnungen oder als Isolinien ausgewählter Komponenten - ausgewertet werden können. Unter GSE sind diese Darstellungsformen nachträglich konvertierbar.

4 Einfluß unterschiedlicher Modellannahmen

Nach Meinung vieler konstruktiver Bauingenieure führt die Einbeziehung der Boden-Bauwerk-Wechselwirkung zu schwer interpretierbaren, wenn nicht gar willkürlichen Ergebnissen. So geht auch dem Tunnelscheibenmodellen der Ruf voraus, dank vieler Parameter ("Schräubchen") die Ergebnisse nach Belieben hinrechnen zu können. Wie steht es in dieser Hinsicht um das Stabzugmodell?

Bild 5 zeigt bei gleichbleibender Firstauflast P_v den Einfluß unterschiedlicher Annahmen auf die Schalenschnittkräfte. Die geringste Beanspruchung ergibt sich, wenn - für Spritzbeton durchaus realistisch - die tangentiale Lasteintragung und Bettung berücksichtigt werden (Fall d). Vernachlässigt man die tangentiale Kraftübertragung (Fall a), wird die Schale stärker beansprucht. Noch konservativere Ergebnisse resultieren, wenn - inkonsistenterweise - nur die tangentiale Lasteintragung, nicht aber die Bettung berücksichtigt wird (Fall b). Und gestattet man dem Programm, zugbeanspruchte Bettungsfedern auszuschalten (Fall c), sind die Schnittkräfte kaum noch aufnehmbar. Meist wird die Bettung deswegen zugfest angenommen, oder man läßt die Sohlbelastung einfach weg. Im reinen "Auflockerungsmodell" ergibt sich die Schalenbeanspruchung allein aus einer Firstlast und der Bettungsreaktion (bei entsprechender Ovalisierung).

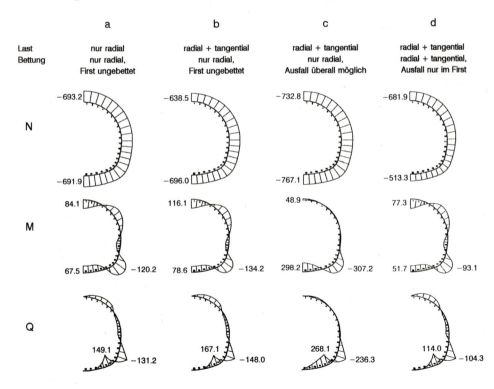

Bild 5. Stabzugberechnungen mit unterschiedlichen Annahmen (Strichgrafik).

5 Transparenz des Scheibenmodells

Im Scheibenmodell lassen sich die unterschiedlichen Annahmen bezüglich des Einbauzeitpunkts, des Seitendruckverhältnisses und des Verbundes zwischen Bodenscheibe und Schale physikalisch konsistent untersuchen. So wirkt z.B. ein im Interface eingegebener Wandreibungswinkel zur Begrenzung tangentialer Mitwirkung gleichermaßen auf belastende und auf stützenden Einflüsse. Bei relativ kleiner plastischer Zone hängen die Schnittkräfte in der Tunnelschale nahezu linear vom Stützlastfaktor β ab; falls erwünscht, kann das Scheibenmodell auf die Schnittkräfte des Stabzugmodells abgestimmt werden: $\beta = P_V / (\gamma \cdot H) = 0{,}25$.

Der gebettete Stabzug kann übrigens jederzeit mit dem Scheibenmodell untersucht werden. Man braucht dazu lediglich das Teilsystem Bodenscheibe auszublenden und die Interface-Elemente von ihrer hohen Kontaktsteifigkeit auf die entsprechende Bettungsziffer zu setzen, vgl. Bild 4. So kann z.B. der Einfluß der Schalengeometrie in schnellen Zwischenrechnungen für sich studiert und dann erst eine elastoplastische Berechnung des Verbundsystems gestartet werden.

Über eine schrittweise Modellverfeinerung, wie z.B.

1. Bodenscheibe durch Interface-Bettung ersetzt
2. Bodenscheibe unter Primärspannung
3. Bodenscheibe elastoplastisch
4. Tunnelschale elastoplastisch (Rißbildung)
5. Verfeinerung stark beanspruchter Schalenbereiche
6. Sensitivitätsstudie mit Teilsicherheitsbeiwerten
7. nötigenfalls Modellerweiterung auf Teilausbrüche

wird nicht nur das Gefühl für das nichtlineare Verhalten des Finite-Element-Modells erworben, sondern es stehen jederzeit Zwischenergebnisse zur Verfügung. Während das Stabzugmodell z.T. Inkonsistenzen inkaufnimmt ("technisches Modell" nach Duddeck [8]), kann das Scheibenmodell durch vortriebbegleitende Messungen zu einer realistischen Entscheidungshilfe kalibriert werden.

6 Vorgehen bei Teilausbrüchen

Abschließend soll noch kurz auf die Modellierung von Teilausbrüchen (Modell M3 in Bild 2) eingegangen werden. Die inneren Teilbereiche repräsentieren nicht nur einen nachlaufenden Strossen-/Sohlenausbruch, sondern simulieren als sogenannter Stützkern auch die Entlastung des betrachteten Kalottenquerschnitts durch die Längstragwirkung von der Ortsbrust auf die weiter hinten liegenden, steiferen Schalenquerschnitte. In unserem Beispiel ergeben sich fünf unterschiedliche Berechnungsquerschnitte ("Bauzustände"), von denen sich die mittleren drei in ihrer Wirkung überlappen. Dazu sind Stützkern und Ausbau als zwei Netzschichten überlagert, z.B. beim Strossenausbruch im Bereich der Ulme (Bild 6).

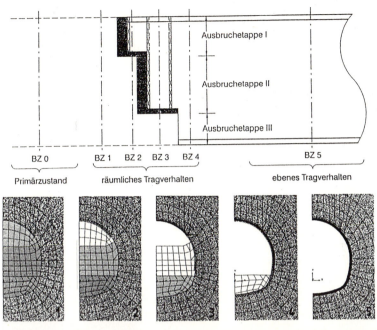
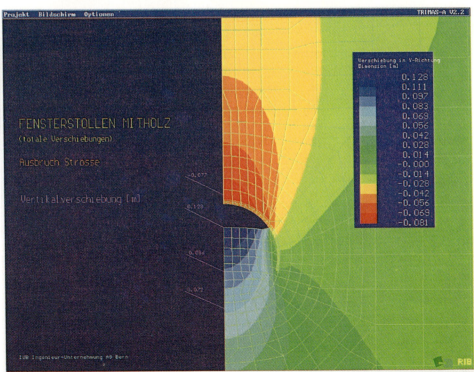

Bild 6. Modellbildung (oben); Vertikalverschiebung im Bauzustand 3 (unten) mit 33% Stützwirkung Strosse und 66% Stützwirkung Sohle

Als Folge dieses Modells hat sich der Boden bereits voll entspannt, bevor die Sohlschale erhärtet ist. Die aus Stabzugmodellen häufig abgeleitete Gefahr des Einstanzens der Kalottenfüße erweist sich als ein Scherband zwischen sich hebendem Kern und gestauchter Hohlraumwandung. Folglich konzentrieren sich die verbleibenden plastischen Zonen hinter den Ulmenfüssen; über dem First treten dagegen nur elastische Verformungen auf. Wird - wie hier geschehen - die Erhärtung der Spritzbetonschale mit dem Baufortschritt berücksichtigt, bleiben die Momente so klein, daß sie im Endzustand vollständig überdrückt werden.

7 Schlußbemerkungen

Der vorstehende kleine Überblick führt vor Augen, daß bei gleichbleibender Firstauflast, allein durch Kombinationen möglicher anderer Annahmen, für das Stabzugmodell sehr unterschiedliche Ergebnisse zustandekommen können. Das Scheibenmodell verfügt - bei relativ geringem Mehraufwand dank leistungsfähiger Grafik - über eine ungleich größere Aussagekraft. Es kann Schritt für Schritt aufgebaut werden, beginnend mit einer der Stabstatik äquivalenten elastisch gebetteten Schale, und ermöglicht so sinnvolle Ergebnisse in kurzer Zeit.

Schrifttum

[1] **Hohberg J.-M.:** Zur Berechnung von Tunneln in offener Bauweise. Seminar Theorie und Praxis numer. Modelle in der Bodenmechanik, Sonthofen/Allgäu 1993. Inst. f. Bodenmech., Felsmech. u. Grundbau der TU Graz, Mitteilungsheft 10, 33-48 (1993).

[2] **Ostermeier B.:** Ein Beitrag zur Erfassung des Vortriebsgeschehens beim Bau von Tunneln in Lockergestein mit Spritzbetonsicherung - Ebene und räumliche Berechnungen. TU München, Berichte aus dem Konstr. Ingenieurbau, Heft 1/91 (1991).

[3] **Maidl B.:** Handbuch des Tunnel- und Stollenbaus, Band II. Glückauf, Essen 1988. Kap. 3 "Standsicherheitsnachweise", 80-127.

[4] **DGEG-Arbeitskreis 10:** Empfehlungen für den Tunnelbau in Ortbeton bei geschlossener Bauweise im Lockergestein. Bautechnik **63**, 331-338 (1986).

[5] GSE - Interaktive grafische Arbeitsumgebung für FEM-Programme, Benutzerhandbuch. RIB Bausoftware GmbH Stuttgart, Vs. 3.0 (1995).

[6] KNITZ - Rahmen nach Theorie 1. und 2. Ordnung, Benutzerhandbuch. RIB Bausoftware GmbH Stuttgart, Vs. 20 (1993).

[7] TUNNEL - Statische Berechnungen des Grund- und Tunnelbaus nach der Methode der finiten Elemente, Benutzerhandbuch. RIB Bausoftware GmbH Stuttgart, Vs. 9.0 (1994).

[8] **Duddeck H.:** Die Ingenieuraufgabe, die Realität in ein Berechnungsmodell zu übersetzen. Bautechnik **60**, 225-234 (1983).

Bemessung von großflächigen, rückverankerten Bodenplatten gegen Auftrieb

Obering. S. Nagelsdiek, Züblin AG Stuttgart
Dipl.-Ing. P.-M. Mayer, Züblin AG Stuttgart

Zusammenfassung

In steigendem Maße werden Bauwerkssohlen zur Sicherung gegen Auftrieb temporär und auch permanent rückverankert. Eine Möglichkeit der Bemessung dieser Platten ist die Berechnung mit einem Finite-Element-Programm auf Basis des Bettungsmodulverfahrens, wobei die Rückverankerungselemente als Einzelfedern simuliert werden können. Anhand eines ausgeführten Beispiels werden die wichtigsten Gesichtspunkte bei der Auswahl des Technischen Modells, der Bestimmung der Randbedingungen und der Berechnungsparameter, der Vordimensionierung und der programmbezogenen Eingabe dargestellt.

1. Einleitung

1.1 Vorbemerkung

Mit der verstärkten Flächennutzung innerstädtischer Bereiche wächst der Bedarf an Parkflächen und an Flächen für die Ver- und Entsorgungseinrichtungen der Gebäude.
Diese Flächen werden in verstärktem Maße, aus Gründen der Raumnot und aus Kosten-/Nutzen-Überlegungen, unterirdisch angelegt. In häufigen Fällen wird auch in das vorhandene Grundwasser eingegriffen, was mit zunehmender Tiefe der Gebäude zur Folge hat, daß die Bauwerkssohlen durch eine Rückverankerung gegen Auftrieb zu sichern sind.

Bild 1: Luftaufnahme der Baustelle

1.2 Beschreibung des Bauvorhabens

Die Friedrichstadt-Passagen stellen eines der größten und anspruchsvollsten Bauvorhaben im zentralen Bereich von Berlin dar. Das städtebauliche Konzept für diesen Gebäudekomplex sieht die Bebauung des Geländes durch drei unabhängige Hochbauten mit unterschiedlicher Architektur vor, die in den Untergeschossen durch die Unterbauung der Taubenstraße und Jägerstraße miteinander verbunden werden.
Das Baugelände befindet sich zwischen der Französischen Straße und der Mohrenstraße sowie zwischen der Friedrichstraße und der angrenzenden Bebauung bzw. der Charlottenstraße auf den Quartieren 205, 206 und 207.

Die Grundfläche beträgt ca. 21.000 m². Der Baukörper besitzt eine Tiefe unter GOK von 15 m, wobei 12 m in das Grundwasser einbinden.
Die Gründung der Gebäude erfolgt durch eine gemeinsame Bodenplatte, die in Bereichen, in denen im Endzustand kein ausreichendes Eigengewicht vorhanden ist, permanent rückverankert wird.
Die Herstellung erfolgt in einer dichten Baugrube. Die Umschließungswände wurden als Dichtwand/Spundwand-System ausgeführt, wobei die Dichtwände bis in den dichtenden Braunkohlehorizont einbinden. Innerhalb der abgedichteten Baugrube wurde eine Restwasserhaltung betrieben.
Zur Einhaltung der, für die Restwasserhaltung durch den Senat der Stadt Berlin genehmigten Wassermenge, war es erforderlich die Bodenplatte als horizontale Baugrubenabdichtung auszuführen.
Hierfür wurde die Bodenplatte vollständig temporär rückverankert und dicht an die Umschließungswände angeschlossen, so daß nach Herstellung der Bodenplatte die Restwasserhaltung abgeschaltet werden konnte.

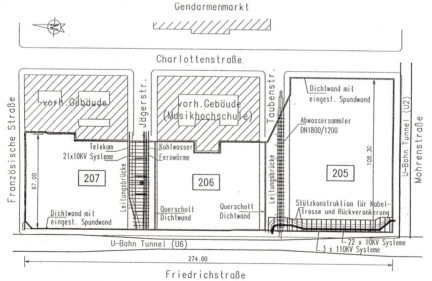

BILD 2: - Lageplan der Baugrube

1.2 Geologische Situation

Der Baugrund besteht aus bodenmechanischer Sicht neben der Auffüllung im wesentlichen aus sechs Schichtpaketen.

	Auffüllung:	bis - 3.0 m
Pleistozän:	Obere Sande:	- 3.0 m bis - 14.0 m
	Oberer Geschiebemergel (nur Q205 und Q206)	-14.0 m bis - 17.0 m
	Untere Sande:	-17.0 m bis - 40.0 m
	Unterer Geschiebemergel:	-40.0 m bis - 42.0 m
Tertiär:	Braunkohle - Ton - Schluff Braunkohle - Sande	ab - 42.0 m

Die aufgeführten Schichten weisen Schwankungen von wenigen Metern auf.

Die oberen Sande sind mitteldicht bis dicht gelagert; der untere Sandhorizont weist eine dichte bzw. in großen Tiefen sehr dichte Lagerung auf. Die Konsistenz des Geschiebemergels ist halbfest.

Der obere Geschiebemergelhorizont konnte nicht als horizontale Abdichtungsschicht verwendet werden, da die Tiefenlage nicht ausreichend ist. Durchgängig vorhanden ist die Braunkohle - Schicht, die in einer Tiefe von ca. 42 m bis 50 m ansteht. In Bild 3 ist ein geologischer Schnitt mit einer repräsentativen Bohrung und ein Querschnitt durch die rückverankerte Bodenplatte dargestellt.

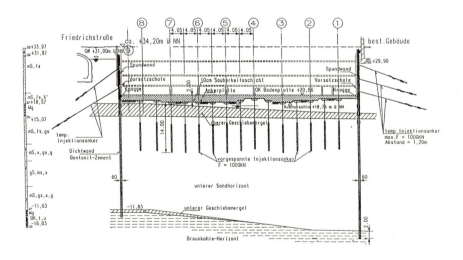

Bild 3: Rückverankerte Bodenplatte und geologische Situation

2. Technisches Modell und Berechnungsverfahren

2.1 Technisches Modell

Für die Berechnung einer Flächengründung muß für die vorgegebnen Randbedingungen ein geeignetes technisches Modell gefunden werden und ein Berechnungsverfahren, das befriedigende Ergebnisse liefert.
Die Ziele einer Berechnung sind zusammengefaßt:
- die Ermittlung der Sohlpressungen und deren Verteilung
- die Ermittlung von Auflagerkräften
- die Ermittlung von Verformungen
- die Ermittlung der Schnittkräfte im Gründungskörper als Grundlage für die Bemessung

Der Berechnung für die Bodenplatte Friedrichstadt-Passagen Berlin lag als technisches Modell eine elastisch gelagerte bzw. elastisch gebettete Platte zugrunde. Die Größe und die Verteilung der Auflast waren vorgegeben; der Überbau wurde als schlaff angesehen, so daß die Sohldruckverteilung nur noch aus den Formänderungsbedingungen der Bodenplatte und des Bodens bestimmt wurde.

2.2 Berechnungsverfahren

Für die Bodenplattenberechnung der Friedrichstadt-Passagen wurden folgende Berechnungsverfahren auf ihre Brauchbarkeit untersucht:

- Steifemodulverfahren
- Bettungsmodulverfahren

Im *Steifemodulverfahren* wird der Baugrund als Kontinuum angesehen und somit eine Kopplung der Einzelfedern erreicht. Die Biegelinie der Konstruktion und die Setzungsmulde sind deckungsgleich.
Eine Möglichkeit, das Steifemodulverfahren mit der FE-Methode zu verbinden, führt zum Einsatz eines zweidimensionalen Finite-Element-Scheibenprogramms. Der Vorteil liegt in der realitätsnahen Erfassung des Baugrundes (Eingabe von Schichtverläufen, tiefenabhängiger Steifemodul, etc.).
Der Einsatz eines 2D-Modells erscheint jedoch nur sinnvoll, bei gleichmäßiger Belastung der Platte und einfachen Geometrien. Da jedoch die Bodenplatte der Friedrichstadt-Passagen größere Lastsprünge und unregelmäßige Lasteintragungspunkte aufweist, konnte eine FEM-Scheibenberechnung die vorhandene Problemstellung nicht vollständig erfassen. Die räumliche Abbildung der Bodenplatte war aufgrund des entstehenden Aufwandes einer dreidimensionalen Berechnung, z.B. Rechenzeiten, für diesen Fall nicht sinnvoll.
Das *Bettungsmodulverfahren* basiert auf einem Durchlaufträger, der auf einer Vielzahl von einzelnen Federn gestützt ist. Die Berechnung der Schnittgrößen erfolgt unter der Annahme, daß die Durchbiegung der Konstruktion gleich der elastischen Verformung des Bodens unterhalb der Konstruktion ist.

Beim Bettungsmodulverfahren wird dem Boden ein elastisches Verhalten unterstellt, das durch unabhängige, zusammendrückbare Federn idealisiert wird. Der Einfluß benachbarter Federn wird nicht berücksichtigt.
Durch den gewählten Federansatz werden für den Untergrund Formänderungsbedingungen eingeführt, die eine hinreichend genaue Berechnung von schlanken und verhältnismäßig weichen Platten zulassen.
In Verbindung mit der FE-Methode können so komplizierteste Geometrien erfaßt und berechnet werden, wobei die elastische Bettung durch Federn in den einzelnen Knoten idealisiert wird.

Die Geometrie, die Auflagebedingungen, sowie die unregelmäßigen Lasteintragungspunkte erforderte die Erfassung der gesamten Bodenplatte der Friedrichstadt-Passagen. Die Platte ist in bezug auf die Grundrißabmessungen als schlank und verhältnismäßig weich anzusehen. Der vorhandene relativ homogene Baugrund erlaubt eine hinreichende genaue Ermittlung des Bettungsmoduls. Das Bettungsmodulverfahrens in Verbindung mit einem Finite-Element - Plattenprogramm erfüllte die Anforderungen und wurde für die Berechnung der Bodenplatte verwendet.

3. Randbedingungen und Berechnungsparameter

3.1 Auswahl des Rückverankerungssystems

Bei einer Wasserdruckbeanspruchung von etwa 120 KN/m^2 bestand an das Rückverankerungssystem die Anforderung bei relativ geringen Verformungen im Gebrauchslastfall eine Zugkraft von ca. 1000 kN aufzunehmen.
Hierfür standen sowohl schlaffe als auch vorgespannte Rückverankerungssysteme zur Verfügung.

Als *schlaffes System* wären Rüttelverpreßpfähle geeignet gewesen, die jedoch aufgrund der erschütterungsempfindlichen Nachbarbebauung nicht verwendet werden konnten.

Zur Ausführung kamen *vorgespannte Injektionsanker,* die wegen ihres definierten Verformungsverhaltens und der Prüfung eines jeden Zugelementes klare Vorteile aufweisen. Die Injektionsanker wurden vor dem Herstellen der Bodenplatte gegen Einzelfundamente vorgespannt, die unter der Bodenplatte angeordnet sind, und über Anschlußbewehrung in die Bodenplatte rückverhängt werden (Bild 4a). Der Vorteil dieser Lösung besteht in der frühzeitigen Prüfung der Anker und darin, daß Perforationen der Bodenplatte durch Ankerdurchführungen vermieden werden.

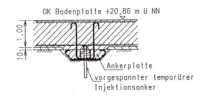
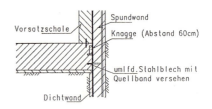

Bild 4a: Detail Ankerkopf   **Bild 4b:** Detail Spundwandanschluß

3.2 Auflagerbedingungen

Für die Auflagerbedingungen der Bodenplatte sind Bauzustand und Endzustand zu unterscheiden.

Im *Bauzustand* steht die Bodenplatte vollständig unter Auftrieb, die Bettung ist Null. Die Platte wird durch die Rückverankerungselemente gehalten, die punktförmige elastische Auflager darstellen. Die Baugrubenumschließung wird als starres Linienlager angesetzt, da die Spundwand in diesem Lastfall keine Vertikalverformungen erfährt. Die Kraftübertragung erfolgt über an die Spundwand angeschweißte Knaggen (Bild 4b).

Im *Endzustand* steht die Bodenplatte ebenfalls unter Auftrieb und wird zusätzlich durch die Bauwerkslasten (Stützen-, und Wandlasten) beansprucht. Die Platte wird als elastisch gebettetes System berechnet. Im Bereich unzureichender Gebäudeauflast werden dauerhafte Rückverankerungselemente, die elastische Punktlager darstellen, angeordnet. Die Bettung in diesen Bereichen ist Null. In einem iterativen Prozess werden diejenigen Bereiche, in denen an den Bettungsfedern Zugkräfte auftreten, ermittelt. In nachfolgenden Rechenlauf wird in diesem Bereich die Bettung zu Null gesetzt.

3.3 Bettungsansatz

Der Bettungsmodul ist keine reine Bodenkenngröße, sondern hängt von dem anstehenden Boden, den Bauwerkslasten und von der Fläche des Gründungskörpers ab.
Nach DIN 4019 wird der Bettungsmodul k_S aus der Setzung im kennzeichnenden Punkt ermittelt.
Ausgangswerte für die Setzungsberechnung, die mit Tafelwerten oder EDV-Unterstützung durchgeführt wird, sind :

- die Geometrie des Gründungskörpers
- der Steifemodul des Bodens
- die Gebäudelasten.

Mit den Ergebnissen der Setzungsberechnung ermittelt sich der Bettungsmodul zu : $\quad k_S = s / \Delta s$

Zur Berücksichtigung der mittragenden Wirkung des anstehenden Bodens neben der Gründungsplatte genügt es nach Dimitrov (2) bei am Rand auftretenden Lasten den doppelten Wert des Bettungsmoduls anzusetzen.

Für die Berechnung der Bodenplatte Friedrichstadt-Passagen Berlin wurde vom Baugrundgutachter ein einheitlicher Bettungsmodul von $k_S = 30$ MN/m³ ermittelt. An den Plattenrändern wurde der Bettungsmodul in 2,0 m breiten Streifen zum Rand hin zunehmend auf 40 bzw. auf 50 MN/m³ erhöht.

3.4 Federsteifigkeit und Vorspanngrade

Die Federsteifigkeit C_N ermittelt sich in Abhängigkeit der zu definierenden Gebrauchslast F_z, der wirksamen Länge L, des Elastizitätsmoduls E und der Querschnittsfläche A des Verankerungselementes und in Abhängigkeit des gewählten Vorspanngrades.

Mit:
$$s = F_z \times L / E \times A, \quad \Delta s = s_{100\%} - s_v$$
$$C_N = F_z / \Delta s$$

Das geplante statische System sieht den dichten und kraftschlüssigen Anschluß der Spundwand an die Bodenplattte vor. Das unterschiedliche Verformungsverhalten von Spundwand und rückverankerter Bodenplatte infolge der Wasserdruckbelastung wurde bei der Wahl der Vorspanngrade berücksichtigt. Im Bereich der Spundwand, die ein starres Auflager darstellte, wurde mit 90% der maximalen Gebrauchslast vorgespannt, in den restlichen Bereichen mit 80 %.
Mit der Teilvorspannung der Injektionsanker von 80% der maximalen Gebrauchslast wird ein weitgehend einheitlicher Ausnutzungsgrad erreicht. Die notwendige Restdehnung bis zur Aufnahme der vollen Gebrauchslast beträgt 10 mm.

Der Ermittlung der Federsteifigkeit bei der Bodenplatte Friedrichstadt-Passagen Berlin lagen folgende Werte zugrunde:

- Gebrauchslast $\quad F_z = 1000$ KN
- wirksame Länge $\quad L = 10,5$ m
- Spannstahl 1570 /1770 (8x 0,6" Litzen)
- $A = 112$ mm², $E = 1,95 \times 10^5$ MN/m
- Vorspanngrad: 80 - 90% der max. Gebrauchslast

4. Vorbemessung der Bodenplatte

4.1 Plattendicke

Die Plattendicke ermittelt sich im wesentlichen aus dem Nachweis gegen Durchstanzen von Einzelstützen. Als Mindestplattendicke wurde d = 1,00 m gewählt. In Abhängigkeit von der Stützengeometrie und der Stützenlast ergaben sich bereichsweise Plattendicken von 1,50 und 2,00 m.

4.2 Ankerraster

Das Ankerraster wird bestimmt durch die resultierende Auftriebskraft und der zu definierenden Gebrauchslast, sowie in gewissem Maße von der Plattengeometrie. Anzustreben ist ein ein möglichst gleichbleibendes Raster.
Bei einer festgekegten Gebrauchslast von 1000 KN ergab sich somit für die Rückverankerung ein Raster von 3,0 x 3,8 m im Quartier 205, ,3,0 x 3,7 m im Quartier 206 und 2,7 x 4,05 m im Quartier 207.
Das gewählte Raster wurde an Teilsystemen bzw. an ebenen Schnitten unter Variation der Vorspanngrade überprüft und angepaßt, so daß eine gleichmäßige Ausnutzung der Anker ereicht wurde.

4.3 Mindestbewehrung

Die Ausführung der Bodenplatte erfolgte als wasserundurchlässige Stahlbetonkonstruktion. Die Ermittlung der Mindestbewehrung zur Rißbreitenbeschränkung erfolgte nach DIN 1045, Abschn. 17.6 bzw. nach Heft 400, DAfStb, für zentrischen Zwang aus Abfließen der Hydratationswärme. Folgende Festlegungen wurden getroffen:

Beton B35, Zement HOZ 35L
Plattenunterseite: w_{cal} = 0,15 mm, c = 7,0 cm
Plattenoberseite: w_{cal} = 0,20 mm, c = 6,0 cm

Die getroffenen Annahmen führten zu folgender Grundbewehrung:
$\varnothing$ 20/12,5 cm an der Oberseite $\triangleq$ 25,1 cm2/m
$\varnothing$ 20/10,0 cm an der Unterseite $\triangleq$ 31,4 cm2/m

5. Programmbezogene Eingabe der Ausgangsdaten

5.1 Verwendete Finite-Element-Typen

Das verwendete Programm APLAT arbeitet mit hybriden Plattenelementen unter Zugrundelegung der Kirchhoff'schen Plattentheorie. Schubverformungen werden nicht berücksichtigt.

In der Elementbibliothek stehen folgende Elemente zur Verfügung:

- *Dreieckiges*, geradlinig berandetes hybrides Plattenelement mit neun Freiheitsgraden und konstanter Plattenstärke

- *Viereckiges*, geradlinig berandetes hybrides Plattenelement mit zwölf Freiheitsgraden und konstanter Plattenstärke

- Geradlinig verlaufendes *Stabelement* zur Erfassung von Unterzügen und Randversteifungen mit sechs Freiheitsgraden und konstantem Querschnitt

- *Stützelement* zur Erfassung von nachgiebiger Lagerung mit drei Freiheitsgraden. Seine Kenngrößen sind Senk- und Drehfederkonstanten.

Basis für die Netzgenerierung sowie für die gesamte graphische Eingabe zur Berechnung der Bodenplatte waren die mit CAD erstellten Schalpäne.
Ausgehend vom vorgegebenen Achssystem der Gebäude mit einem Achsabstand von 8,10 m bzw. 7,55 m wurden *Rechteckelemente* mit einer auf das Achsmaß bezogenen Teilung von 4x6 bzw. 4x5 Elemente als Grundnetz gewählt. Das Grundraster erfaßte das Hauptstützenraster des Hochbaus und die Auftriebsanker. Zur Erfassung der genauen Geometrie und der Lasteintragungspunkte, z. B. die Erfassung von Wänden oder ausserhalb der Achsen stehenden Stützen, wurde das Elementnetz verfeinert. Zur Generierung der Übergangsbereiche wurden *Dreieckselemente* verwendet. Eine Netzverfeinerung direkt unter Stützen wurde nicht vorgenommen. Erfahrungsgemäß ist für die Bemessung der Bodenplatte im stützennahen Bereich der Durchstanznachweis maßgebend und somit die Kenntnis des Momentenverlaufs in unmittelbarer Stützennähe nicht erforderlich.
Zur Berücksichtung der durchgehenden Stahlbetonwände wurden unter den Wänden *Stabelemente* eingeführt, denen eine entsprechende Steifigkeit zugeordnet war. Die Steifigkeit wurde auf die 10-fache Plattensteifigkeit nach oben begrenzt.
Die Auftriebsanker wurden durch *Stützelemente* mit einer entsprechenden Senkfederkonstanten definiert.

Mit den vorhandenen Elementtypen konnte die Geometrie der Bodenplatte ausreichend genau nachvollzogen werden.
Für die FE-Berechnung wurde die Gesamtplatte quartierweise in Einzelabschnitte unterteilt.
Die Unterteilung im Quartier 206 und 207 erfolgte in jeweils zwei Abschnitte mit Einzelgrößen von ca. 55 x 63 m, die sich aus Gründen der vorhandene Plattengeometie, der Rechnerkapazität, der Rechenzeiten und der maximalen Elementanzahl ergaben.
Der Bereich der Bodenplatte Quartier 205 wurde entsprechend den aufgehenden Gebäudeteilen in sechs Abschnitte unterteilt.
Die Abmessungen der Einzelabschnitte betrug etwa 38 x 38 m. Ausschlaggebend für die Einteilung in relativ kleine Abschnitte waren die kernbezogenen

Lastangaben des Tragwerksplaners bzw. die zur Verfügung stehende Bearbeitungszeit.

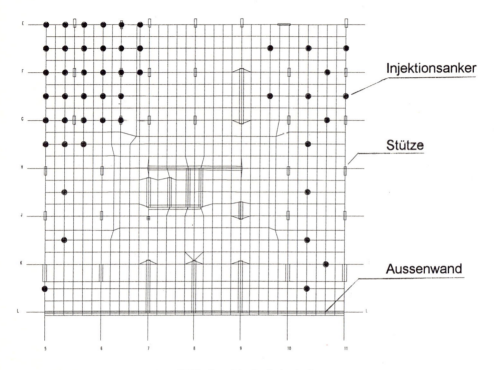

Bild 5: Netzplot der Bodenplatte (Q205 - Kern 4) für den Endzustand

5.2 Lastfälle

Für die Bemessung der Bodenplatte und zur Dimensionierung der temporären und permanenten Rückverankerung wurden folgende Lastfälle unterschieden:

- LF 1: Bauzustand
    - Eigengewicht der Platte und Bau GW = 31,0 m üNN.

Die Platte wird allein durch Wasserdruck belastet. Die Stützung erfolgt an den Rändern durch die Spundwand und durch die temporären Injektionsanker.

- LF 2:   Endzustand
  LF 2.1: max vertikale Gebrauchslasten aus dem LF Vollast
              einschl. seitlicher Erd- und Wasserdrücke und
              HGW - 32,15 m üNN
  LF 2.2: Wind- und Stabilitätslasten
              Überlagerungslastfall zu LF 2.1, sofern sich ungünstige
              Auswirkungen ergeben.

Die Berechnung erfolgt als elastisch gebettete Platte. Zugfedern werden iterativ ausgeschaltet. In Bereichen ungenügender Gebäudeauflast werden permanente Injektionsanker zur Auftriebssicherung angeordnet. Diese Anker werden bereits im Bauzustand genutzt.

- LF 3: Endzustand -
  abgemindertes Eigengewicht (min G) +
  HGW = 32,15 m üNN.

Die Berechnung erfolgt wie im LF 2, jedoch mit entsprechend reduziertem Eigengewicht. Dieser Lastfall wir zur Festlegung der Anzahl und Anordnung der Daueranker benötigt.

Die Lastfälle 1 bis 3 werden unabhängig voneinander betrachtet (ein Rechenlauf). Die Extremwerte der Schnittgrößen und der Auflagerkräfte aus diesen drei Lastfällen werden der weiteren Bemessung zugrunde gelegt.

6. Auswertung der Ergebnisgrößen und Bemessung der Platte

6.1 Auswertung der Ergebnisgrößen

Das verwendete FE-Programm liefert die Ergebnisdaten sowohl in gedruckter als auch in graphischer Form.
Die numerischen Ergebnisse sind je nach Bedarf an- oder abwählbar.
Eine sinnvolle Auswertung erfolgt i.d.R. in graphischer Form. Hierzu zählen die Plots mit Darstellung

- der Plattengeometrie, der Element- und Knotennummerierung, der Lagerbedingungen und der Bettungszahlen
- die Darstellung der Hauptmomente und der Hauptquerkräfte mit Kennzeichnung der Schubspannungsüberschreitung
- die Ausgabe der Bodenpressungen, der Auflagerreaktionen und der Verschiebungen
- die Ausgabe der unteren und oberen Bewehrung.

6.2 Bemessung der Platte

Die *Biegebemessung* erfolgt im Anschluß an die Schnittgrößenermittlung durch das Plattenprogramm nach DIN 1045 für einen Beton B35 und Betonstahl Bst 500. Die Darstellung der Bemessungsergebnisse, (erf.a_{sx} und erf.a_{sy}) erfolgt unter Berücksichtigung der vorgegebenen Grundbewehrung auf Plots. Die Ausgabe erfolgt als Differenz - a_s getrennt für die obere und für die untere Plattenseite.

Zur *Schubbemessung* muß der Querkraftverlauf an ausgesuchten Schnitten von Hand aufgetragen werden. Zur Orientierung und Hilfe zur Festlegung der

Schnitte dient der Querkraftplot. Die Querkräfte sind betragsmäßig dem Listing zu entnehmen.
Die Ermittlung der Schubbewehrung erfolgt von Hand. Die ermittelte Schubbewehrung ist entsprechend der graphischen Darstellung des Querkraftverlaufes anzuordnen. Die Durchstanznachweise sind in Abhängigkeit von der Stützenlast und Stützengeometrie separat, sofern dies nicht in der Vorbemessung erfolgte, durchzuführen.

7. Verformungen

Die *Schwindverkürzungen* der Bodenplatte an den Rändern zur Spundwand waren geringer als 1 mm. Die Schwindbehinderung durch die vorgespannten Fundamentplatten hat sich bezüglich der Dichtigkeit der Anschlußfuge günstig ausgewirkt.
Zur Überprüfung des Setzungsverhaltens der Bodenplatte wurden im Bereich des Quartieres 205 Messpunkte installiert. Gemessen wurde bei unterschiedlichen Rohbauzuständen

- nach dem Herstellen der Bodenplatte
- nach dem Abschalten der Wasserhaltung
- in Zwischenbauzuständen der Rohbauerstellung
- nach Abschluß der Rohbauarbeiten.

Nach Abschalten der Wasserhaltung wurde eine maximale Hebung der Bodenplatte von 13 mm gemessen. Die Differenz zu den rechnerischen Werten gegenüber dem Rechenansatz erklärt sich durch die tatsächlichen Federsteifigkeiten der Injektionsanker, die maßgeblich durch die wirksame Länge bestimmt wird.
Nach Fertigstellung des Rohbaus entspricht die Lage der Platte in etwa wieder der Ausgangssituation. Die Unterschiede zur Berechnung lassen sich durch den fehlenden Bemessungswasserstand (HGW) und die noch nicht erreichte Vollast des Gebäudes erklären.
Die beobachteten Setzungen entsprechen nahezu den vorhergesagten.

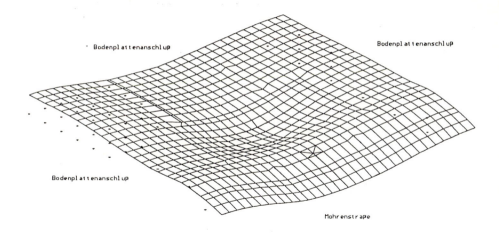

Bild 6: Darstellung der Setzung (Quartier 205 - Kern 4) für den Endzustand

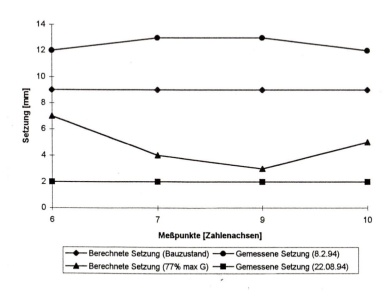

Bild 7: Verformungsverhalten der Bodenplatte (Quartier 205, Achse G)

8. Schlußbemerkungen

Am Beispiel der Bodenplatte Friedrichsstadt-Passagen Berlin konnte gezeigt werden, daß geeignete Verfahren und FE-Programme zur Bemessung von großflächigen, rückverankerten Bodenplatten zur Verfügung stehen.

Ein wesentlicher Punkt ist die Bestimmung der Randbedingungen und der Berechnungsparameter.

Für die vorliegende Geometrie in Verbindung mit den einfachen Bodenverhältnissen, die eine hinreichend genaue Abschätzung des Bettungsmoduls erlauben, hat sich das Bettungsmodulverfahren als geeignet erwiesen, um eine wirtschaftliche Bemessung von Bodenplatten durchführen zu können.

Bild 8: Baugrube Quartier 206 - 205

Literatur:
(1) **T.Schrepfer:** Berechnungdmethoden von Gründungsbauwerken
(2) **Dimitrov:** Der Balken und die Platte als Gründungskörper
(3) **DIN 4019:** Baugrund: Setzungsberechnungen
(4) **RIB Bausoftware GmbH:** APLAT-Handbuch,

Visualisierungsmodelle für Finite Elemente

R. Damrath, Universität Hannover

Zusammenfassung: Im Ingenieurwesen wird das physikalische Verhalten von Festkörpern, Flüssigkeiten, Gasen und Mehrphasensystemen mit finiten Methoden berechnet. Diese Methoden führen insbesondere bei dreidimensionalen Modellen zu einem umfangreichen Datenvolumen. Eine zuverlässige und ingenieurgerechte Beurteilung des physikalischen Verhaltens erfordert die Visualisierung des Modells. Das physikalische Verhalten bei dreidimensionalen Modellen ist nicht nur auf der Oberfläche sondern auch im Innern von wesentlicher Bedeutung. Die Visualisierung des inneren physikalischen Verhaltens wird durch Editieren des visualisierten Modells erreicht. In dem vorliegenden Beitrag wird ein standardisiertes Modell zur editierbaren Visualisierung von dreidimensionalen Finite–Elemente–Strukturen behandelt.

1. Einführung

In der Baupraxis findet die Methode der finiten Elemente eine breite Anwendung bei der Analyse des Tragverhaltens von Baukonstruktionen. Sie wird überwiegend auf ebene Tragwerke wie Rahmen, Scheiben und Platten angewendet. Die Geometrie und das physikalische Verhalten von zweidimensionalen Modellen lassen sich eindeutig und vollständig darstellen. Dieses ermöglicht eine einfache ingenieurgerechte Beurteilung des physikalischen Verhaltens.

Bei dreidimensionalen Finite Elemente Modellen ist die Darstellung der Geometrie und des physikalischen Verhaltens unvollständig. Die Oberfläche eines Modells ist darstellbar, das Innere des Modells ist nicht darstellbar. In Abhängigkeit von der Betrachtung ist ein Teil der Oberfläche sichtbar und der übrige Teil verdeckt. Durch Änderung der Betrachtung kann der verdeckte Teil sichtbar gemacht werden. Die Darstellbarkeit des Inneren des Modells wird durch Editieren des visualisierten Modells erreicht. Das Editieren umfaßt das Selektieren, Entfernen und Einfügen von Elementen. Durch das Entfernen von Elementen an der Oberfläche werden Elemente im Inneren freigelegt und damit sichtbar gemacht. Der Editor muß die Darstellungen der Geometrie und der physikalischen Zustände gleichermaßen unterstützen.

Der Schlüssel für eine ingenieurgerechte Beurteilung des physikalischen Verhaltens von dreidimensionalen Modellen ist die editierbare Visualisierung. In diesem Beitrag wird ein standardisiertes Visualisierungsmodell einschließlich der wesentlichen Methoden und Algorithmen behandelt.

2. Objekte der Visualisierung

Das dreidimensionale Modell besteht aus Volumen–, Flächen–, Linien– und Punktelementen. Bei der Visualisierung wird die Form der Elemente polyederförmig approximiert. Diese Approximation ermöglicht die simpliziale Zerlegung der Elemente. Dadurch wird eine Standardisierung des Visualisierungsmodells erreicht.

Simpliziale Zerlegung: Die Simplexe im dreidimensionalen Raum sind Punkte, Strecken, Dreiecke und Tetraeder. Jeder polyederförmige Körper kann in Simplexe zerlegt werden. Der Zerlegungsprozeß wird nachfolgend für ein Volumenelement beschrieben. Das Volumen des Elementes wird in Tetraeder unterteilt. Die Menge der Tetraeder wird simplizialer Komplex für das Volumen genannt. Die Oberfläche des Volumenelementes wird in seine Randflächen zerlegt. Jede Randfläche mit ihren Kanten und Ecken wird in Dreiecke, Strecken und Punkte unterteilt. Die Menge der Simplexe einer Randfläche wird simplizialer Komplex des Randes genannt. Die Zerlegung der Oberfläche eines Volumenelementes ist schematisch im Bild 1 gezeigt.

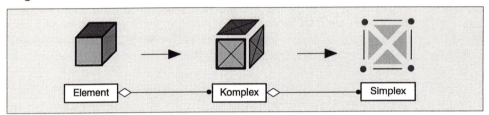

Bild 1: Zerlegung einer Elementoberfläche in Komplexe und Simplexe

Logische Objekte: Die simpliziale Zerlegung führt zu einer hierarchischen Struktur der Objekte des Visualisierungsmodells. Die logischen Objekte sind die Elemente, die Komplexe und die Simplexe. Sie werden bezüglich ihrer Dimension und ihres Typs klassifiziert. Die Elemente des Modells werden von der Anwendung spezifiziert. Die Komplexe und Simplexe werden im Zuge des Visualisierungs- und Editierprozesses erzeugt. Jedes Objekt des Visualisierungsmodells wird bezüglich der Topologie, der Geometrie und der Physik beschrieben.

Topologie: Die Topologie eines Objektes wird durch die Dimension, den Typ, die Folge von Eckpunkten und eine optionale Folge von Zwischenpunkten spezifiziert. Mit dem Typ ist auf Elementebene die Zerlegung in Komplexe und auf Komplexebene die Zerlegung in Simplexe nach vordefinierten Mustern festgelegt. Aus der Topologie der Objekte werden die Nachbarschaftsrelationen im Modell bestimmt. Diese topologischen Relationen sind für die Leistungsfähigkeit des Visualisierungs- und Editierprozesses von grundlegender Bedeutung. Sie werden beispielsweise zur Ermittlung der darstellbaren Randfläche für eine Gruppe von Elementen verwendet.

Geometrie: Die Geometrie eines Objektes wird durch die Koordinaten der Punkte beschrieben, die in der Topologie spezifiziert sind. Für ein Objekt können verschiedene Geometrien definiert sein. Dieses ist beispielsweise zweckmäßig, wenn die verformte und die unverformte Geometrie eines Finite Elemente Modells gleichzeitig dargestellt werden soll. Die Interpolation der geometrischen Form der Objekte erfolgt in Abhängigkeit von den Punktekoordinaten nach einer Interpolationsvorschrift, die durch den Typ des Objekts festgelegt ist. Nach der mathematischen Definition ist die Interpolationsvorschrift für Simplexe linear. Dieses ermöglicht eine außerordentlich schnelle Ausführung von geometrischen Operationen auf Simplexebene im Zuge der Visualisierung.

Physik: Der physikalische Zustand eines Objektes wird durch Tensoren gleicher Stufe an den Punkten beschrieben, die in der Topologie spezifiziert sind. Für ein Objekt werden in der Regel mehrere verschiedene physikalische Zustände wie beispielsweise Lastzustände, Verschiebungszustände und Spannungszustände definiert. Die Interpolation des physikalischen Zustandes erfolgt nach den gleichen Vorschriften wie die Interpolation der geometrischen Form.

Die wesentlichen physikalischen Zustände können mit Tensoren der Stufen 0, 1, 2 beschrieben werden. Jeder Tensor wird durch seine Tensorkoordinaten spezifiziert. Die physikalische Bedeutung eines Tensors wird in der Anwendung festgelegt. Im Zuge des Editierprozesses können aus den spezifizierten Tensoren nach den Regeln der Tensoralgebra neue Tensoren abgeleitet werden. Typische Ableitungen sind die Transformation der Basis, die Hauptrichtungen, die Länge eines Vektors oder die Komponentenselektion. Sie dienen dazu, die ingenieurgerechte Beurteilung der physikalischen Zustände zu unterstützen.

Die graphische Darstellung der physikalischen Zustände der Objekte erfordert die Konvertierung in geometrische Symbole. Typische Symbole für die Tensoren der Stufen 0, 1, 2 sind im Bild 2 gezeigt:

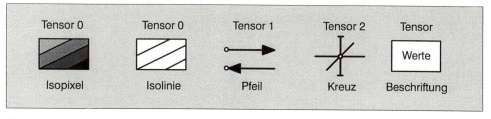

Bild 2: Darstellung physikalischer Zustände

Relationen: Die Topologie, Geometrie und Physik werden jeweils durch Topologieobjekte, Geometrieobjekte und Tensorobjekte beschrieben. Diese Objekte sind für die logischen Objekte assoziativ miteinander zu verknüpfen. Jedem Geometrieobjekt ist ein Topologieobjekt zugeordnet. Jedem Tensorobjekt sind ein Topologieobjekt und ein Geometrieobjekt zugeordnet. Die Verknüpfungen der Objekte sind in Bild 3 gezeigt.

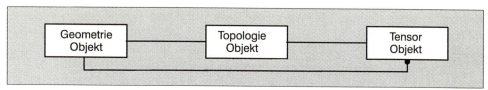

Bild 3: Relationen Topologie–Geometrie–Physik

Bei der Visualisierung von Tensorobjekten durch ihre geoemetrischen Symbole wird die Regel definiert, daß ein Tensorobjekt nur sichtbar ist, wenn das zugehörige

Geometrieobjekt sichtbar ist. Diese Sichtbarkeitsregel ist notwendig, um inkorrekte oder schwer interpretierbare Darstellungen des physikalischen Verhaltens zu vermeiden.

3. Modell der Visualisierung

Die Objekte der Visualisierung für dreidimensionale Körper und ihre Beziehungen untereinander werden in einem objektorientierten Modellschema dargestellt. Das Modellschema ist in Bild 4 gezeigt. Es ist nach inhaltlichen Gesichtspunkten in fünf verschiedene Modellzonen unterteilt.

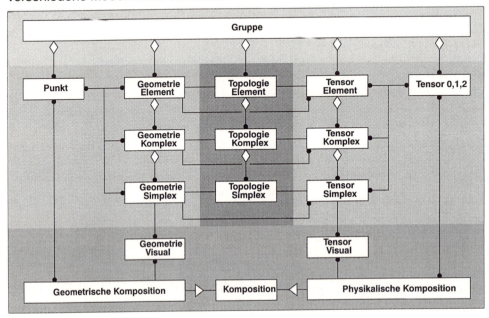

Bild 4: Objektorientiertes Modellschema der Visualisierung

Topologiezone: Die Topologiezone enthält die hierarchische Struktur der Topologieobjekte für die Elemente, die Komplexe und die Simplexe des Modells. Die grundlegende Bedeutung der Topologie ist aus ihrer zentralen Anordnung im Modellschema ersichtlich.

Geometriezone: Die Geometriezone enthält die hierarchische Struktur der Geometrieobjekte für die Elemente, die Komplexe und die Simplexe des Modells. Den Geometrieobjekten sind die Punkte mit ihren Koordinaten zugeordnet, die die geometrische Form der Objekte beschreiben. Die Geometrieobjekte sind assoziativ mit den zugehörigen Topologieobjekten verknüpft.

Physikzone: Die Physikzone enthält die hierarchische Struktur der Tensorobjekte für die Elemente, die Komplexe und die Simplexe des Modells. Den Tensorobjekten sind die Tensoren der Stufen 0,1,2 mit ihren Koordinaten zugeordnet, die den physikalischen Zustand eines Objektes im Sinne eines Tensorfeldes beschreiben. Die Tensorobjekte sind assoziativ mit den zugehörigen Topologie− und Geometrieobjekten verknüpft.

Gruppenzone: Die Topologie–, Geometrie– und Tensorobjekte sowie die Punkte und Tensoren der verschiedenen Stufen können in Gruppen zusammengefaßt werden. Die Gruppen werden in Abhängigkeit von den Anforderungen im Zuge der Visualisierung und des Editierens dynamisch gebildet und nach den Regeln der Mengenlehre behandelt. Dadurch wird der Visualisierungs– und Editierprozeß in standardisierter Form realisiert.

Präsentationszone: Die Visualisierung der Geometrie und Physik des dreidimensionalen Modells erfordert Formate für die graphische Darstellung. Diese Formate sind nicht Bestandteil der Geometrie– und Tensorobjekte sondern als Kontexte in Darstellungsobjekten zusammengefaßt. Diese Darstellungsobjekte werden im Modellschema als Kompositionen bezeichnet. Sie enthalten beispielsweise Angaben für Fenster, Linien– und Flächenattribute, Farbgebungen, Projektionen, Lichtquellen, Maßstäbe sowie Ableitungsvorschriften und Symbole für tensorielle Größen.

Im Zuge der Visualisierung werden nach Maßgabe der Darstellungsformate aus den Geometrie– und Tensorsimplexen die Visualisierungsobjekte erzeugt. Die Visualisierungsobjekte werden im Modellschema als Geometrie– und Tensorvisuals bezeichnet. Sie werden unter Einsatz eines Graphik–Systems ausgegeben.

Funktionalität: Das Modellschema beschreibt nur die logische Struktur des Modells mit den Objekten und den Beziehungen zwischen den Objekten. Es beschreibt nicht die Funktionalität der Visualisierung. Die Funktionalität wird durch die Methoden der Visualisierung festgelegt, die auf die Objekte des Modells angewendet werden.

4. Methoden der Visualisierung

Zur Visualisierung des physikalischen Verhaltens von dreidimensionalen Körpern werden verschiedene Darstellungsmethoden und Editiermethoden verwendet. Die wesentlichen Merkmale dieser Methoden sind nachfolgend beschrieben.

Darstellungsmethoden: Die Kontur der Oberfläche eines Körpers wird als Kantenmodell dargestellt. Die Oberfläche eines Körpers wird als Randmodell dargestellt. Das Innere des Körpers wird durch Schnitte in einem Schnittmodell dargestellt. Diese Darstellungsmodelle können miteinander kombiniert werden. Sie sind am Beispiel eines Würfels mit Isolinien für einen physikalischen Zustand schematisch in Bild 5 gezeigt.

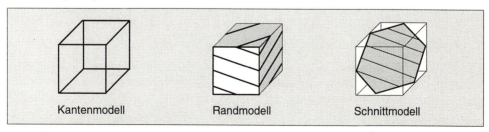

Bild 5: Darstellungsmethoden

Kantenmodell: Das Kantenmodell besteht aus den Elementkanten auf der Oberfläche des Modells. Der Winkel zwischen den Normalen der an einer Kante angrenzenden Flächen kann bei der Erzeugung eines Kantenmodells beschränkt werden. Das Kantenmodell ohne Winkelbeschränkung liefert das Elementnetz an der Oberfläche. Das Kantenmodell mit einer Winkelbeschränkung liefert die Kanten für die signifikanten Knicke der Oberfläche. Das Kantenmodell wird im Modellschema durch Gruppen von eindimensionalen Geometrieobjekten realisiert.

Randmodell: Das Randmodell besteht aus den Flächenelementen der Oberfläche des Körpers einschließlich des physikalischen Verhaltens. Es wird im Modellschema durch Gruppen für die Geometrie— und Tensorobjekte realisiert.

Schnittmodell: Die Schnittflächen durch den Körper werden zweckmäßig durch Isoflächen für eine Funktion mit C_0—Kontinuität im dreidimensionalen Raum beschrieben. Die Funktion wird in allgemeiner Form durch die Funktionswerte an den Elementknoten spezifiziert. Die Geometrie eines Schnittes setzt sich aus den Schnittflächen der geschnittenen Elemente zusammen. Bei den Volumenelementen wird die Schnittfläche über die Simplexzerlegung des Volumens in Tetraeder bestimmt. Jede Schnittfläche durch ein Volumenelement ist ein simplizialer Komplex des Schnittes. Das physikalische Verhalten auf einer Schnittfläche eines Elementes wird durch Interpolation ermittelt. Die Schnittflächen werden im Modellschema durch Gruppen für die Geometrie— und Tensorobjekte realisiert.

Editiermethoden: Eine ingenieurgerechte Beurteilung des physikalischen Verhaltens von dreidimensionalen Modellen erfordert das Editieren der dargestellten Modelle. Die wesentlichen Grundoperationen des Editierens sind das Identifizieren, das Selektieren, das Entfernen und das Einfügen von editierbaren Objekten sowie die partielle Präsentation des editierten Bereiches des Modells. Die editierbaren Objekte sind die Geometrieelemente und die geometrischen Symbole für das physikalische Verhalten. Bei den Editiermethoden werden das elementweise, geometrische und physikalische Editieren unterschieden. Das geometrische und physikalische Editieren kann auf das elementweise Editieren zurückgeführt werden.

Elementweises Editieren: Das elementweise Editieren ist eine einfache und leistungsfähige Methode. Im visualisierten Modell werden sichtbare Elemente selektiert. Die selektierten Elemente können entfernt werden. Die dadurch sichtbar gewordenen Elemente werden in einer Ablage (Clipboard) nach dem Stapelprinzip abgelegt. Wird die Betrachtung des Modells geändert, so bleibt der editierte Zustand erhalten. Die entfernten Elemente können aus der Ablage geholt und in das visualisierte Modell wieder eingefügt werden. Auf diese Weise kann das Modell elementweise abgebaut und wieder aufgebaut werden. Dieser Prozeß ist in Bild 6 schematisch gezeigt.

Geometrisches Editieren: Das elementweise Editieren ist nur auf sichtbare Elemente anwendbar und kann zu einem hohen Editieraufwand führen. Beim geometrischen Editieren werden daher nach Maßgabe topologischer und geometrischer Regeln Elementbereiche selektiert. Hierfür sind geeignete Sätze von Regeln und die zugehörigen Algorithmen zu entwickeln.

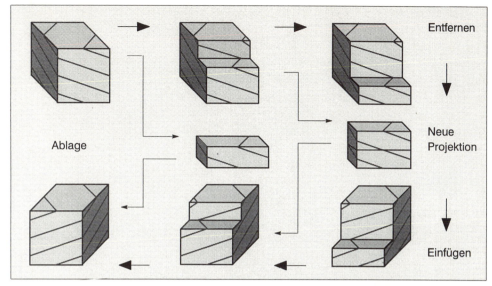

Bild 6 : Elementweises Editieren: Selektieren, Entfernen, Einfügen

Physikalisches Editieren: Beim physikalischen Editieren werden die Elemente nach Maßgabe von Regeln für die Eigenschaften von physikalischen Zuständen selektiert. Dadurch wird das Auffinden von maßgebenden physikalischen Zustandsgrößen unterstützt. Skalare physikalische Zustandsgrößen mit C_0–Kontinuität können auch zur Schnittflächendefinition herangezogen werden. Beispielsweise kann bei einer thermoelastischen Analyse eine Fläche mit konstanter Temperatur als Schnittfläche definiert werden, auf der die zugehörigen Spannungszustände visualisiert werden.

Standardisierung: Die verschiedenen Editiermethoden können in Analogie zu den Desktop–Publishing Systemen standardisiert werden. Die Mengenlehre ist hierfür eine geeignete mathematische Grundlage.

5. Algorithmen der Visualisierung

Die Visualisierung der Geometrie von dreidimensionalen Modellen führt zu den bekannten Problemen der verdeckten Flächen und Kanten. Verschiedene Algorithmen sind hierfür entwickelt worden und in der Literatur veröffentlicht. Sie können in Pixel, Bild und Objekt basierte Algorithmen eingeteilt werden. Für die editierbare Visualisierung sind die Objekt basierten Prioritätsolgorithmen besonders geeignet. In diesem Abschnitt werden die Grundlagen eines leistungsfähigen Prioritätsalgorithmus für Simplexe beschrieben.

Problem: Gegeben ist eine Menge von überschneidungsfreien Simplexen in einem kartesischen Bildkoordinatensystem x, y, z. Die z–Achse ist die Tiefenachse. Die Ebene z = 0 ist die Schirmebene. Die Simplexe werden in Richtung der negativen z–Richtung auf den Schirm projiziert. Gesucht ist die Reihenfolge, in der die projizierten Simplexe gezeichnet werden müssen, damit ein korrektes Bild entsteht. Verdeckte Simplexe im Hintergrund werden durch Simplexe im Vordergrund überzeichnet. Das Bestimmen der zu zeichnenden Simplexfolge aus einer gegebenen Simplexmenge ist eine geometrische Sortieraufgabe.

Das Problem läßt sich für den dreidimensionalen Raum graphisch nur schwer darstellen. Es wird daher in allen nachfolgenden Bildern für den zweidimensionalen Raum mit Strecken als Simplexe gezeigt. Die Strecken sind mit Buchstaben bezeichnet. Die Projektionen der Strecken auf den eindimensionalen Schirm sind aus Gründen der Übersichtlichkeit auseinander gezogen.

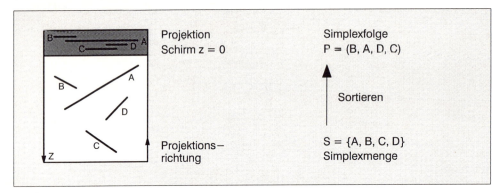

Bild 7 : Sortieren nach Sichtbarkeit

Sichtbarkeitsrelation: Die Sichtbarkeitsrelation bildet die mathematische Grundlage zur Lösung der Sortieraufgabe. Für die Sichtbarkeitsrelation wird das Symbol $\sqsubset$ mit der Bedeutung "wird verdeckt durch" eingeführt. Die Verküpfung $A \sqsubset B$ (lies: Simplex A wird verdeckt durch Simplex B) ist nach Bild 8 wahr, wenn gilt:

> Es existiert ein Strahl parallel zur Achse z, der die Simplexe A und B schneidet. Die Tiefe z_A des Schnittpunktes von A ist kleiner als die Tiefe z_B des Schnittpunktes von B.

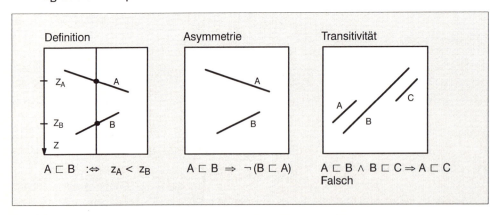

Bild 8: Definition und Eigenschaften der Sichtbarkeitsrelation

Die Sichtbarkeitsrelation ist asymmetrisch, wenn die Simplexe überschneidungsfrei sind. Gilt A⊏B, so gilt B⊏A nicht. Die Sichtbarkeitsrelation ist im allgemeinen Fall nicht transitiv. Aus A ⊏B und B⊏C folgt nicht A⊏C. Da die Transitivität nicht gilt, ist die Sichtbarkeitsrelation keine strenge oder totale Ordnungsrelation. Daher sind die bekannten Sortierverfahren wie beispielsweise QuickSort auf die Simplexmenge mit der definierten Sichtbarkeitsrelation nicht anwendbar.

Lösungsprinzip: Zur Lösung der geometrischen Sortieraufgabe kann das Prinzip der bewegten Ebene verwendet werden. Eine zur Schirmebene parallele Ebene wird von z = 0 in Richtung zur Achse z bewegt. Der Zustand der Simplexe hängt von der aktuellen Position der Ebene ab. Die Simplexe, die von der Ebene verdeckt sind, sind inaktiv. Die Simplexe, die von der Ebene geschnitten werden, sind aktiv. Die Simplexe, die nicht durch die Ebene verdeckt werden, sind passiv.

Die Ebene wird in diskreten Schritten von Station zu Station bewegt. Eine Station ist eine Position der Ebene, an der ein passiver Simplex aktiv wird oder ein aktiver Simplex inaktiv wird. Die Stationen für alle Simplexe werden zuvor bestimmt und bezüglich ihrer Tiefenkoordinate z mit einem schnellen Sortierverfahren wie beispielsweise QuickSort sortiert.

Der Algorithmus wird initialisiert mit einer leeren Folge für die Simplexe. Die Ebene wird von der ersten zur letzten Station bewegt. Wenn ein passiver Simplex an der aktuellen Station aktiv wird, wird der Simplex in die Folge entsprechend der Sichtbarkeitsrelation eingefügt. Das Prüfen der Sichtbarkeitsrelation für den einzufügenden Simplex erfolgt in einer Schleife über alle aktiven Simplexe, die am Ende der Folge stehen. Wenn ein aktiver Simplex inaktiv wird, wird nur sein Status geändert. Nachdem die bewegte Ebene die letzte Station erreicht hat, sind alle Simplexe inaktiv und in der Folge entsprechend der Sichtbarkeitsrelation geordnet.

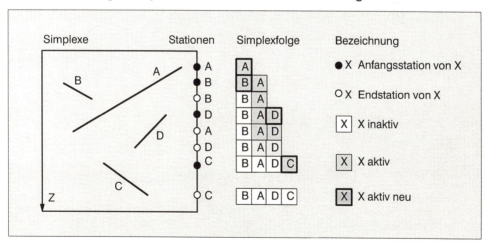

Bild 9: Sortieren nach dem Prinzip der bewegten Ebene

Lösungen: Das Sortieren einer Simplexmenge kann wegen der nicht vorhandenen Transitivitätseigenschaften der Sichtbarkeitsrelation zu Widersprüchen führen. Diese Widersprüche treten bei zyklischen Verdeckungen von Simplexen auf. Eine einfache zyklische Verdeckung ist eine Überschneidung von zwei Simplexen. Bei überschneidungsfreien Simplexen können zyklische Verdeckungen für mehr als zwei Simplexe auftreten. Diese zyklischen Verdeckungen können beim Sortieren erkannt werden. Sie können behoben werden, indem mindestens ein Simplex im Zyklus in weitere Simplexe unterteilt wird.

Lösungsaufwand: Der Rechenaufwand des Sortieralgorithmus hängt maßgebend von der Anzahl der erforderlichen Auswertungen für die Sichtbarkeitsrelation von jeweils zwei Simplexen ab. Bei einer Menge von N Simplexen ist dieser Aufwand im mittleren Fall $O(N\sqrt{N})$. Beim praktischen Einsatz für die editierbare Visualisierung hat sich dieser Algorithmus als leistungsfähig erwiesen.

6. Zusammenfassung

Der vorliegende Beitrag behandelt ein standardisiertes Modell zur editierbaren Visualisierung der physikalischen Verhaltens von dreidimensionalen Finite Elemente Strukturen. Es basiert auf einer simplizialen Zerlegung der Struktur und gliedert sich in die Teilmodelle für die Topologie, die Geometrie, das physikalische Verhalten, die Gruppenbildung und die Präsentation. Der Visualisierungs- und Editierprozeß erfordert leistungsfähige Methoden und effiziente Algorithmen. Das Visualisierungsmodell ist in einer Pilotversion objektorientiert entworfen und implementiert. Die Leistungsfähigkeit des Visualisierungsmodells wurde am Beispiel der statischen Berechnungen einer Talsperre erprobt.

Anerkennung : Die Forschungsarbeiten für die Entwicklung des Visualisierungsmodells wurden von der Deutschen Forschungsgemeinschaft unterstützt und am Institut für Allgemeine Bauingenieurmethoden der Technischen Universität Berlin durchgeführt. Mein Dank gilt Herrn Dipl. Ing. A. Laabs und Herrn Dipl.-Ing. W. Huhnt für die geleisteten Forschungsarbeiten an diesem Projekt. Die Konzepte zur Visualisierung sind stark geprägt durch die enge Zusammenarbeit mit meinem Kollegen Professor Dr. Peter Jan Pahl in den letzten Jahren.

Literatur :

M. Blaha, F. Eddy, W. Lorensen, W. Premerlani, J. Rumbaugh :
Objekt-Oriented Modeling an Design
Prentice Hall, Englewood Cliffs, New Jersey, 1991

N. M Patrikalakis :
Scientific Visualization of Physical Phenomena
Springer Verlag, MIT, Cambridge Massachusetts, 1991

P. J. Pahl :
Die Visualisierung dreidimensionaler Finite Elemente Modelle
IBM Hochschulkongress 1992, Dresden

R. Damrath :
Objekt Based Visualisation of Physical Behaviour
Fifth International Conference on Computing in Civil and Building Engineering, Anaheim, 1993

W. Huhnt, A. Laabs, R. Damrath :
Visualisierung Physikalischer Zustände, DFG-Reports 1992, 1993, 1994

Die Rolle der Finiten Elemente bei der Modellbildung in der Tragwerksplanung

R. Dietrich, Philipp Holzmann AG, Neu-Isenburg

Zusammenfassung

Die Methode der Finiten Elemente hat sich bei der Berechnung von Platten- und Scheibentragwerken zu einem alltäglichen Werkzeug entwickelt. Dabei sind unsachgemäße Bedienung und unzweckmäßige Modellbildung an der Tagesordnung. Um dies einzuschränken, soll im Folgenden an einigen Beispielen aufgezeigt werden, wie eine sinnvolle Modellbildung durchgeführt werden kann.

Flachdecken mit einspringender Ecke und Aussparungen

Auf Bild 1a ist der Grundriß dargestellt: außen Lochfassade und innen vier Treppenhauskerne mit Aufzugschächten. Die Korridore zwischen den Kernen werden elementar berechnet, so daß die Kernzone durch ein rechteckig verlaufendes Linienlager dargestellt werden kann; ebenso wird die Lochfassade mit einem Linienlager abgebildet.

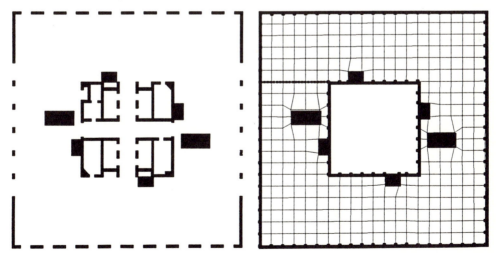

Bild 1a   Bild 1b

Es werden jetzt drei verschiedene Elementrasterwerte (2.60, 1.80 und 1.00 m) vorgegeben und die jeweils zugehörigen Netzeinteilungen erzeugt. In Bild 1b ist die Elementeinteilung für 1.80 m dargestellt und zudem noch der Schnitt eingezeichnet (gestrichelt), an dem der Vergleich der Ergebnisse erfolgen soll.

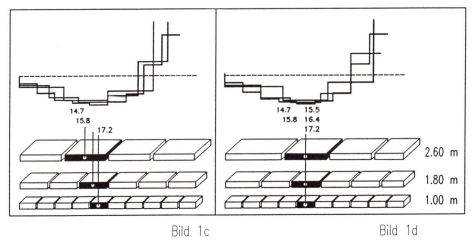

Bild 1c   Bild 1d

Im Bild 1c sind die Bewehrungsgehalte für die drei Rasterwerte als Treppenkurven aufgetragen. Die Schwerpunkte der jeweils mittleren Elemente liegen jedoch nicht übereinander, so daß die Ergebnisse nicht ganz vergleichbar sind. Nach entsprechender Korrektur des Elementnetzes ergeben sich leicht geänderte Werte (Bild 1d). Die feinste Einteilung ergibt scheinbar den größten Wert; berücksichtigt man jedoch die zugehörende Verteilungsbreite (≙ Elementbreite), ergibt sich ein Flächenausgleich. Dies läßt sich noch deutlicher für den Wert an der einspringenden Ecke aufzeigen (Bild 1e), wo der Flächenausgleich einen auf das zweifache ansteigenden Wert egalisiert (Bild 1f).

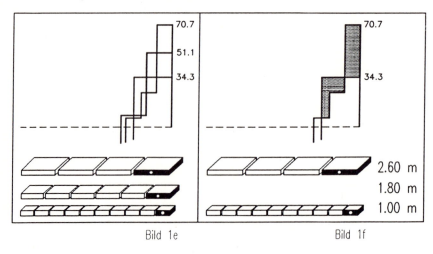

Bild 1e   Bild 1f

Fazit: Die Rastereinteilung sollte mit etwa fünf bis sechs Elementen für eine Stützweite gewählt werden, wobei darauf geachtet werden muß, daß Aussparungen ohne große Verzerrungen des Netzes eingebunden werden können. Die Ergebnisse sind als flächenhaft verteilte Bewehrungsgehalte zu interpretieren und entsprechend umzusetzen.

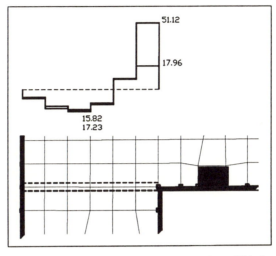

Bild 1g

Hinweis: Wird das Elementraster (Bild 1g) im Bereich der einspringenden Ecke nicht verfeinert, kann bei einer Schnittführung knapp ober- oder unterhalb der Elementkante ein extremer Unterschied zwischen den Ergebnissen auftreten (wenn das Ergebnis im Elementschwerpunkt dargestellt wird).

Abhilfe: Keine Schnittführung an einspringenden Ecken benutzen, sondern Ergebnisausgabe mit Höhenlinien oder Elementknoten verwenden.

Flachdecke mit punktförmiger Stützung

Im Bild 2a ist das Elementraster in den Grundriß eingezeichnet, wobei ganz besonders auf die spezielle Anordnung der Elemente im Bereich der Stützen hingewiesen werden muß (diese Einteilung wurde bereits auf der gleichen Tagung 1988 [1] als ausgesprochen zweckmäßig herausgestellt).

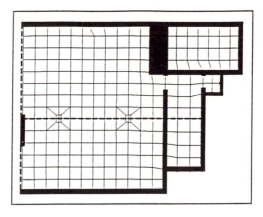

Bild 2a

Es werden wieder drei verschiedene Rasterwerte durchgerechnet (1.20, 0.80 und 0.50 m) und es zeigen sich hier deutlich kleinere Unterschiede an den Extrempunkten (Bild 2b).

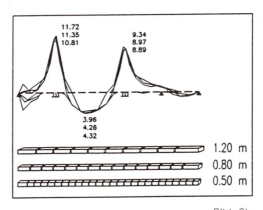

Bild 2b

Fazit: In Bereichen hoher Beanspruchungen sollte eine möglichst problemgerechte Elementeinteilung vorgenommen werden. Das Rastermaß selbst hat dann keinen entscheidenden Einfluß mehr auf die Ergebnisse.

Hinweis: Die vier den Stützenquerschnitt (einschließlich Ausbreitung) darstellenden Elemente sollten elastisch gebettet sein. Wenn die Lagerknoten, die die Wände darstellen, starre Auflager sind, werden durch die Nachgiebigkeit der Bettung die Stützmomente abgemindert (Bild 2c).

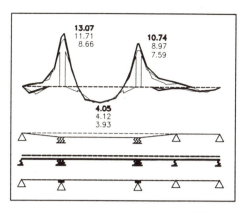

Bild 2c

<u>Abhilfe:</u> Auch die Wandlagerknoten müssen auf Federn stehen, so daß alle Lagerpunkte des Systems die gleiche Durchbiegung aufweisen. (Die Ermittlung der entsprechend zusammenpassenden Federsteifigkeiten muß für jedes Programmsystem aufgrund der unterschiedlichen Ansatzfunktionen der Elemente eigens ermittelt werden.)

<u>Anmerkung:</u> Manche Programmsysteme schlagen Kopplungen der Knotenpunkte im Bereich der Punktstützen vor, was zur Ausblendung der Ergebnisse im unmittelbaren Stützenbereich selbst führen muß. Aus unserer Sicht ist dies wenig transparent und führt in der Regel zu unnötigen Diskussionen.

Bodenplatte elastisch gebettet mit Stützenlasten

Im Bild 3a ist das Elementraster einer Bodenplatte dargestellt, wobei zwei Punktstützen mit ihrer Lastausbreitung (bis zur Plattenmittelfläche) zu erkennen sind.

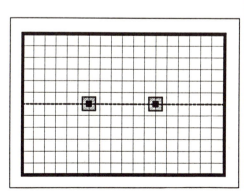

Bild 3a

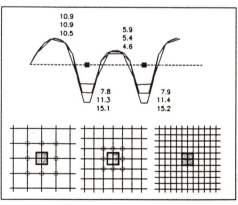

Bild 3b

Es werden jetzt wieder drei Elementraster (2.0, 1.33 und 0.80 m) durchgerechnet, wobei das feinste so gewählt wurde, daß vier Elemente genau den Lastausbreitungsbereich erfassen (Bild 3b). Die Ergebnisse zwischen den Stützen weichen nur geringfügig voneinander ab, wohingegen im Bereich der Lasteinleitung die Werte bis auf das Doppelte ansteigen.

Fazit: Wird eine Flächenlast auf ein Elementraster aufgebracht, so werden Ersatzkräfte ermittelt, die auf die Knoten (durch Kreise gekennzeichnet) der belasteten Elemente aufgebracht werden. Dies führt bei grobem Raster zu deutlich geringerer Lastintensität (die Lastausbreitung wird durch die Knotenlasten erheblich vergrößert).

Abhilfe: Das Elementraster muß so gewählt werden, daß Lastflächen mit hohen Lasten möglichst echt abgebildet werden.

Anmerkung: Bei großen Bodenplatten sollten die hoch belasteten Elemente einzeln vorgegeben werden und das übrige Raster gröber eingeteilt werden. (Darauf wurde ebenfalls in [1] bereits hingewiesen.)

Wandscheibe mit Aussparungen

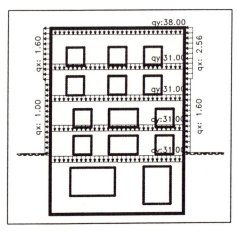 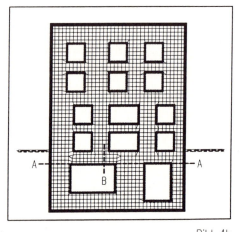

Bild 4a   Bild 4b

Im Bild 4a ist eine Wandscheibe dargestellt, die Belastungen aus den Geschoßdecken und aus Wind erhält. Im Bild 4b ist ein Elementraster eingezeichnet, daß nur von der Vorgabe des Rasterwertes ausgehend automatisch generiert wurde (man beachte die unterschiedliche Elementeinteilung im Bereich der Ecken).

Im Bild 4c sind die Ergebnisse a_{sx} für vier verschiedene Rasterwerte (0.90, 0.70, 0.50 und 0.40 m) aufgetragen. Dabei ist zu bedenken, daß der Riegel über dieser unteren Aussparung (Bildausschnitt unten im Bild 4c) unterschiedlich viel Elemente übereinander aufweist (0.90 = 2; 0.70 = 3; 0.50 = 4; 0.40 = 5). Trägt man die Verteilung der a_{sx}-Werte über die Höhe des Riegels auf (Bild 4d), kann man die Konzentration am unteren Rand gut erkennen.

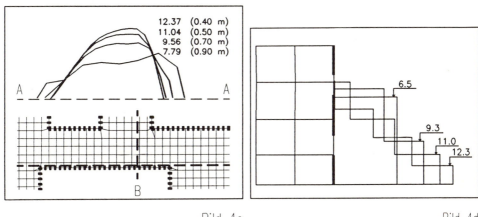

Bild 4c   Bild 4d

Da es sich bei den Ergebnissen um Bewehrung pro Flächeneinheit handelt, ist eine Konvergenz der Ergebnisse zu erkennen.

Fazit: Bei Wandscheiben ist die Elementeinteilung möglichst fein zu wählen, so daß für die Bemessung maßgebende Riegel aus mindestens vier Elementen modelliert sind.

Anmerkung: Es sollte jedoch bei allen Scheibenberechnungen ein Bild der Spannungstrajektorien erzeugt werden, an dem der gesamte Kräfteverlauf (Fachwerkmodell) studiert werden kann. Nur so können ermittelte Bewehrungen auch richtig verankert werden.

[1] **Dietrich, R.:** Finite Elemente im Alltagsgeschäft. Finite Elemente - Anwendungen in der Baupraxis, Vorträge 1988, S. 33. W. Wunderlich, E. Stein, Wilhelm Ernst & Sohn Verlag, Berlin, 1988.

Der Beitrag

Bemessung eines Gebäudes für statische und dynamische Lasten am integralen, finiten 3D-Schalenmodell

wurde von den Autoren kurzfristig zurückgezogen,
deshalb entfallen die Seiten 314 bis 422.

Anwendungen der FE-Methode bei Flachdecken und Gründungskörpern - Erfahrungen und Erkenntnisse

M. Möller, Hochtief AG, Frankfurt a. M.

1. Zusammenfassung

Der Einsatz der FE-Programme stellt dem entwerfenden und bemessenden Ingenieur ein leistungsfähiges Werkzeug zur Verfügung. Infolge der stetig steigenden Rechenleistung der Computer und der Weiterentwicklung der Software ist die FE-Berechnung zum Standard in der täglichen Praxis geworden. Wie zutreffend die erzielten Ergebnisse sind, ist jedoch vom Anwendungsfall abhängig. Bei nichtlinearen Problemen und Fragen der Verträglichkeit sind ingenieurmäßige Näherungen erforderlich. Für die Anwenderpraxis sind ausgereifte Programme wünschenswert, die nichtlineare Berechnungen in Bezug auf das Materialverhalten des Stahlbetons durchführen. Dies gilt insbesondere, wenn man an die Einführung des EC2 denkt, der neben elastischen auch nichtlineare Verfahren zur Schnittgrößenermittlung sowie die Plastizitätstheorie zuläßt.

2. Allgemeines

Der folgende Beitrag zeigt anhand von einigen Beispielen die Anwendung der FE-Methode in der täglichen Praxis eines Ingenieurbüros, hier der Abteilung Technik eines Bauunternehmens.
Die Baupraxis verlangt nach Berechnungsverfahren, die es ermöglichen, Bauwerke mit guter Genauigkeit zu modellieren und dennoch mit wirtschaftlich vertretbarem Aufwand zu berechnen. Um dieses Ziel zu erreichen, sind für die jeweilige Problemstellung die geeignete Berechnungsmethode auszuwählen. Bei den hier vorgestellten Beispielen wurde die FE-Methode gewählt. Durch leistungsfähige Eingabesprachen oder den Einsatz von graphische Generierungsprogrammen ist es auf einfache Art möglich, selbst unregelmäßige Konturen effektiv zu beschreiben. Die drei Beispiele, anhand deren ich Ihnen unsere Erfahrungen und Erkenntnisse aufzeigen möchte, sind die Decken der Commerzbank Erfurt, die Gründung Staustufe Saarbrücken und die Bodenplatte des Forum Frankfurt.

3. Beispiel Commerzbank Erfurt

Der Gebäudekomplex hat Abmessungen von ca. 80 auf 60 m und wird fugenlos hergestellt.

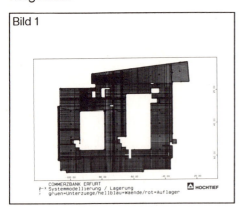

Bild 1

Er besteht aus drei Untergeschossen, dem Erdgeschoß sowie vier Obergeschossen und der darüberliegenden Technikzentrale. Bild 1 zeigt die Elementierung der Decke über dem 3.OG. Die Decken der aufgehenden Geschoße sind als Stahlbetonflachdecken ausgeführt. Die Vertikallastabtragung erfolgt vorwiegend punktweise über quadratische Stützen. Die Deckenränder sind durch statisch mitwirkende Überzüge eingefaßt.
Das Stützenraster variiert zwischen 5.33 und 7.90 m.

3.1 Berechnungsvorgehen

Da die jeweiligen Deckenbereiche ohne Dehnungsfugen ausgeführt werden, bietet sich eine Abbildung der gesamten Decke in einem System an. Für die bei uns verwendeten 486 bzw. 586 Rechnersystemen mit UNIX-Betriebssystem stellt dies kein Problem dar.

So entstehen ca. 100 Einzellastfälle. Um diese effektiv berechnen zu können, werden sie zu maßgebenden Lastfallkombinationen zusammengestellt.

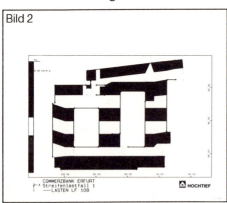
Bild 2

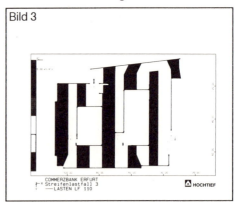
Bild 3

Die Bilder zeigen einige Streifenlastfälle. Durch besondere Kombinationsvorschriften der Einzellastfälle müssen nur etwa 25 Lastfälle ausgewertet werden.

Treten Bereiche auf, die den Streifen nicht eindeutig zugewiesen werden können, so werden diese als Einzellastfälle berücksichtigt.
Als ein Beispiel dafür sei das dreieckförmige Feld über dem rechten Innenhof genannt.

3.2 Berechnungsergebnisse

Das Tragverhalten der Decke wird anhand der beiden folgen Bilder erkennbar. Links sind die Hauptmomente des Deckensystems dargestellt.

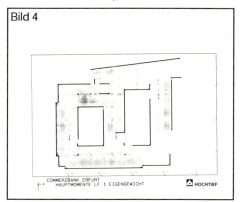

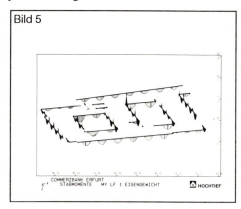

Die Konzentration der Linien ist der Beanspruchung proportional. Will man mittels Handrechnung die EDV-Ergebnisse prüfen, so kann man anhand dieser Darstellung Bereiche finden, die vorwiegend einachsig beansprucht sind und daher leicht mittels eines Ersatzbalkens kontrolliert werden können. Das rechte Bild zeigt die Biegemomente der Überzüge. Die ermittelten Beanspruchungen sind stark von der Modellbildung der Überzüge abhängig. Die Unter- bzw. Überzüge können z. Bsp. als zentrische Balken, als exzentrisch angekoppelte Balken oder sogar als Faltwerksteile modelliert werden.

Bei geringen Unter- bzw. Überzugsabmessungen kann die Decke mit einem zentrischen Balken abgebildet werden. Dies hat den Vorteil, daß eine ebenes System vorliegt, das kurze Rechenzeiten aufweist. Ist der Unter-/ Überzug mehr als doppelt so hoch wie die Decke, so ist die Abbildung als Faltwerk mit exzentrischem Balken anzuraten. Bei sehr hohen Unter- bzw. Überzügen mit $d/d0 < 0.2$ liefert der Ansatz einer starr unterstützten Decke bei kleiner Spannweite gute Ergebnisse.
In Abhängigkeit von der gewählten Vorgehensweise sollte der Einfluß aus der Näherung Niederschlag in der Dimensionierung der Bewehrung finden.

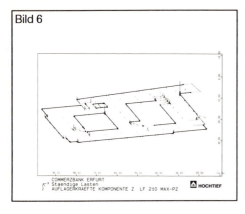 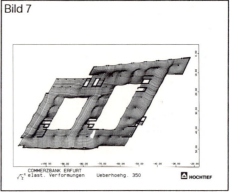

Bild 6 Bild 7

Das linke Bild zeigt uns die Auflagerreaktionen der Decke. Die graphischen Aufarbeitung der Berechnungsergebnisse stellt eine gute Grundlage für die noch folgenden Berechnungsschritte, z. Bsp. die Stützenbemessung, dar. Zur Bemessung der tragenden Wände wäre hier ein Interface hilfreich, welches die Auflagerkräfte direkt in eine Belastungsangabe für die nachfolgenden Rechenprogramme umsetzt. Das rechte Darstellung zeigt uns das Verformungsbild der Decke. Im allgemeinen liefern die Programmsysteme elastische Verformungen. Daher sind diese Ergebnisse nur bedingt aussagekräftig. Erst das Hinzufügen der Anteile aus Rißbildung, Kriechen und Schwinden sowie des Bewehrungsgrades läßt Aussagen über die Gebrauchstauglichkeit zu. Gerade die fugenlose Bauweise mit ihren Zwangsbeanspruchungen in der Deckenebene führt zu kombinierten Platten und Scheibenbeanspruchungen. Die Einflüsse können durch einen Zwangslastfall, der iterativ zu lösen ist, erfaßt werden.

3.3 Resümee

Die Qualität der Berechnungsergebnisse wird durch viele Faktoren beeinflußt. Selbst eine exakte Abbildung der Geometrie ist kein Garant für wirklichkeitsnahe Ergebnisse. Der Werkstoff Stahlbeton läßt wegen seiner zwangsläufigen Streuungen in den Materialgesetzen und der Rißbildung bei höheren Beanspruchungen nur bedingt genaue Ergebnisse zu. Für unsere Modelle können die Gleichgewichtsbedingungen erfüllt werden, die Verformungsbedingungen können wir nur näherungsweise befriedigen. Der Ingenieur sollte daher die erhaltenen Ergebnisse kritisch interpretieren, insbesondere die Verträglichkeitsbedingungen beachten und durch konstruktive Maßnahmen Problemstellen vermeiden.

4. Staustufe Saarbrücken

Die Wehr- und Schleusenanlage Saarbrücken wird als letzte Staustufe im Rahmen des Ausbaus der Saar zwischen Saarbrücken und der Mündung der Mosel gebaut.

Bild 8
Grundriß der Wehranlage
Staustufe Saarbrücken

Die hier vorgestellte Wehranlage umfaßt drei Wehrfelder von je 13 m Feldbreite und drei Pfeiler sowie den Kraftwerkstrennpfeiler. Die Pfeiler werden als begehbare Hohlkörper konstruiert, die die erforderliche Maschinentechnik bergen.
Da sich das Bauwerk in einem Bergsenkungsgebiet befindet, sollte mittels Verformungsberechnungen untersucht werden, ob es den Bewegungen des Untergrundes folgen kann.

4.1 Berechnungsvorgehen

Die beiden folgenden Bilder zeigen uns den Übergang vom Schalplan zum FE-Modell eines Pfeilers.

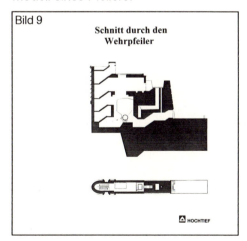

Bild 9
Schnitt durch den Wehrpfeiler

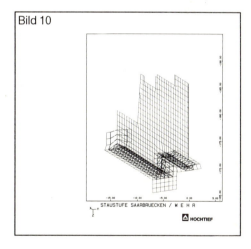

Bild 10

Der Schalplan zeigt in der oberen Bildhälfte einen Schnitt in Längsrichtung. Unten ist ein Querschnitt in mittlerer Höhe aufgetragen. Dort erkennen wir die durchgehenden Außenwände. Das in der Ebene modellierte Teilsystem wurde in das räumliche Gesamtsystem als Faltwerk eingebaut. Mit Hilfe dieses Modells war es möglich, die einzelnen Interaktionen der an der Wehranlage angreifenden Lasten zu untersuchen.

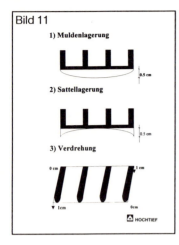

Bild 11
1) Muldenlagerung
2) Sattellagerung
3) Verdrehung

Die Bemessung für die Schnittgrößen in den Bereichen der Hohlquerschnitte erfolgte an herausgeschnittenen Teilsystemen unter Anzatz der gültigen Randbedingungen.

Zur Beurteilung der Beanspruchungen aus Bergsenkung wurden nach den Vorgaben des WSA untersucht :

1) Muldenlagerung / Absenkung im Mittelfeld
   um 0.5 cm
2) Sattellagerung / Absenkung der Randpfeiler
   um jeweils 0.5 cm
3) Verdrehung / Absenkung in Diagonalrichtung
   um je 1 cm

4.2 Berechnungsergebnisse

In einem ersten Schritt wurden die elastischen Verformungen ermittelt, danach wurde durch Variation der Bettung die gewünschte Verformung iterativ eingestellt. Da sich die vorgegebenen Setzungen jedoch nicht schlagartig einstellen, ergibt sich am Bauwerk ein erheblicher Beanspruchungsabbau infolge Kriechen des Betons. Weiterhin muß bei den hohen Zwangsbeanspruchungen für das Bauwerk, der Einfluß des Übergangs von Teilbereichen des Systems in den Zustand II berücksichtigt werden.
Um beide Faktoren in die Berechnung einfließen zu lassen, erfolgte eine Untersuchung der Steifigkeitsabminderung an einem kleineren System.
Die daran ermittelten Faktoren wurden in Form von Steifigkeitsabminderungen in das Hauptsystem übertragen. Die Lösung erfolgte iterativ, da der vorhandene Bewehrungsgehalt Einfluß auf die Steifigkeit hat und diese wiederum bestimmt den erforderlichen Bewehrungsgehalt.

4.3 Resümee

Mit Hilfe der FE-Systeme lassen sich auch Variationen an komplexen Strukturen mit verhältnismäßig geringem Aufwand realisieren. Durch gezielte Änderungen in der Struktur können trotz elastischen Rechenverfahrens, iterativ auch nichtlineare Effekte bedingt angenähert werden.

5. Forum Frankfurt

Das Bauvorhaben Forum Frankfurt besteht aus zwei Hochhaustürmen mit dazwischenliegender Tiefgarage. Das höhere der beiden Gebäude, genannt "POLLUX", erreicht mit seinen 35 Geschossen eine Gesamthöhe von 130m. An diesen Turm angrenzend entsteht ein viergeschossiger Flachbau, der ANNEX. Das Gebäude "Kastor" mit 25 Geschossen erreicht eine Gesamthöhe von 95 m.

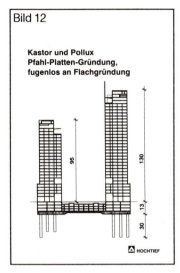

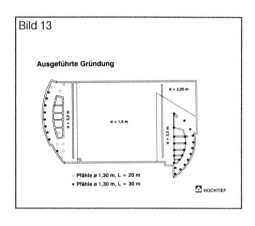

Geleitet von den positiven Erfahrungen z. Bsp. bei dem Messeturm und dem Hochhaus Westendstraße 1, wird hier eine kombinierte Pfahl- Plattengründung, ausgeführt. Während nach DIN 1054 gilt, daß entweder reine Tiefgründungen oder reine Flachgründungen auszuführen sind, werden bei kombinierten Pfahl- und Plattengründungen die Pfähle bis zur Grenztragfähigkeit belastet und gleichzeitig die Bodenplatte zum Lastabtrag herangezogen.
Als besondere Problematik stellt sich bei dem hier vorgestelltem Projekt, die fugenlose Verbindung der mit Pfählen gegründeten Hochhäuser zu der dazwischenliegenden großen flach gegründeten Tiefgarage dar. Durch die mit abtragenden Bereiche des Mittelteils entstehen erhebliche Zwangsbeanspruchungen aus den Differenzsetzungen zwischen Hochhäusern und der leichten Tiefgarage.

5.1 Berechnungsvorgehen

Die beiden Bilder zeigen den Bettungsansatz unter den Gebäuden sowie die Modellierung der Bodenplatte.

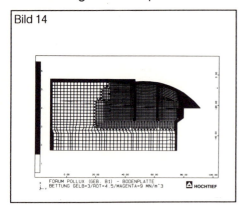

Bild 14

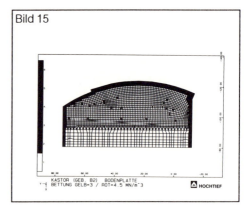

Bild 15

Der Randbereich erhält eine erhöhte Bettung von 4.5 MN/m³. Aufgrund ihrer Geometrie wird der Bereich der Turmspitze mit 9.0 MN/m³ gebettet. Durch die Ausnutzung der Pfähle bis zu ihrer Grenztragfähigkeit können sie in der Berechnung als nach oben gerichtete Kräfte angesetzt werden. Basierend auf der Statik des vom Bauherren beauftragten Ingenieurbüros König und Heunisch wurden von uns für die Bodenplatte zahlreiche Varianten bezüglich Pfahlstellung, Bettung und Dicke untersucht.

Die beiden folgenden Bilder zeigen einen ausgewählten Vertikallastfall.

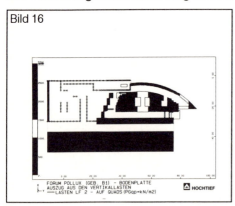

Bild 16

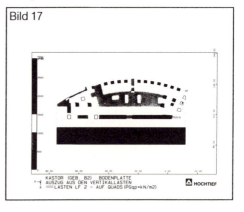

Bild 17

Unter den Kernen im Zentrum von Kastor und Pollux und den Außenwänden treten Lastkonzentrationen auf, daher ist die Anordnung der Pfähle in diesem Bereich besonders günstig.

5.2 Berechnungsergebnisse.

Die beiden Bilder zeigen die Beanspruchungen der Bodenplatten.

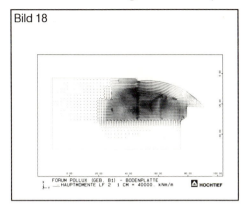

Bild 18

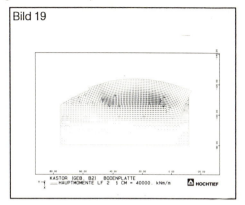

Bild 19

Unter den Kernen treten an der Unterseite der Bodenplatte großflächige Zugspannungen auf.
Bemerkenswert ist der Wechsel des Vorzeichens im Übergangsbereich zur Tiefgarage sowie in der Turmspitze.

Die Ausführung der Bodenplatte ohne Trennfuge zwischen den Hochhäusern und der Tiefgarage bedingt die Gefahr der Schiefstellung der Gebäude.
Um dem entgegenzuwirken, erfolgte eine Konzentration der Pfähle an den jeweiligen, von der Tiefgarage abgewandten, Außenrändern der Bodenplatten. Anhand der beiden Bildern mit den Linien gleicher Setzung wird der Erfolg diese Vorgehens erkennbar.

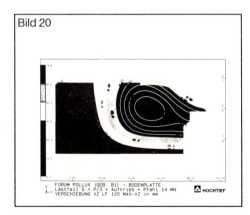

Bild 20

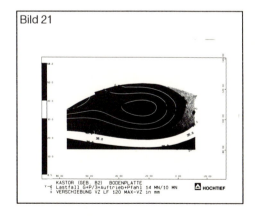

Bild 21

Es ergeben sich etwa die gleichen Setzungslinien im Übergangsbereich zur Tiefgarage sowie am Außenrand.

5.3 Resümee

Die FE-Programme stellen gute Hilfsmittel zur Verfügung um Systemvarianten mit vertretbarem Aufwand zu berechnen. Das Tragverhalten kann so in mehreren Schritten verbessert werden. Gleichzeitig erzielt man in der Regel eine Minimierung der erforderlichen Bewehrung. Auch bei diesem Beispiel gilt, daß die eingeführten Randbedingungen, z. Bsp. die Bettung ganz erheblichen Einfluß auf die Berechnungsergebnisse haben.

FE-Modellierung von Stahlbeton- und Spannbetonkonstruktionen

G. Hofstetter, Universität Innsbruck, und H.A. Mang, Technische Universität Wien

1. Zusammenfassung

Finite Elemente Analysen zur Simulation des nichtlinearen Tragverhaltens von Stahl- und Spannbetonkonstruktionen bis zum Erreichen der Traglast beruhen einerseits auf möglichst wirklichkeitsnahen konstitutiven Modellen für die Baustoffe Beton und Stahl sowie für die Interaktion zwischen diesen beiden Bestandteilen und andererseits auf effizienten und stabilen numerischen Algorithmen. Beginnend mit einem Rückblick auf einige wesentliche, in den vergangenen drei Jahrzehnten experimentell festgestellte, physikalische Phänomene beinhaltet dieser Beitrag einen Überblick über verschiedene Möglichkeiten zur mathematischen Modellierung dieser Phänomene sowie der Implementierung der mathematischen Modelle in Finite Elemente Programme mittels geeigneter numerischer Algorithmen.

2. Physikalische Grundlagen

Von den zahlreichen Versuchen zur Bestimmung des Verhaltens von Beton unter biaxialer Beanspruchung gehören die von Kupfer [1] durchgeführten zu den am öftesten zitierten. Sie bilden die Grundlage für mathematische Modelle zur Beschreibung des Materialverhaltens von Beton für biaxiale Spannungszustände, die in Flächentragwerken vorhanden sind. Abb.1 zeigt Spannungs-Dehnungsdiagramme und die entsprechenden Zusammenhänge zwischen den Spannungen und der volumetrischen Verzerrung für einige ausgewählte Hauptspannungsverhältnisse σ_1^C/σ_2^C (der obere Index C bezieht sich auf den Werkstoff Beton). Den in Abb.1 eingetragenen Punkten der Grenze elastischen Materialverhaltens, des Wendepunktes des Spannungs - volumetrische Verzerrungsdiagramms, des Minimums der volumetrischen Verzerrung und der größten aufnehmbaren Druckspannung entprechen die in Abb.2 dargestellten Kurven für den gesamten Bereich biaxialer Spannungszustände.

Abb.3 zeigt Spannungs-Dehnungslinien, die aus konventionellen dreiaxialen Versuchen an zylindrischen Probekörpern erhalten worden sind [2]. σ_1^C bezeichnet die Druckspannung in axialer Richtung des Probekörpers und σ_r^C die Druckspannung in radialer Richtung. Man erkennt, daß die Festigkeit des Betons bei dreiaxialer Beanspruchung mit wachsendem hydrostatischem Druck zunimmt.

Verschiebungskontrollierte Zugversuche an Betonproben ermöglichen die Erfassung des Entfestigungsbereiches nach Erreichen der Zugfestigkeit. Sie können in Form von Dia-

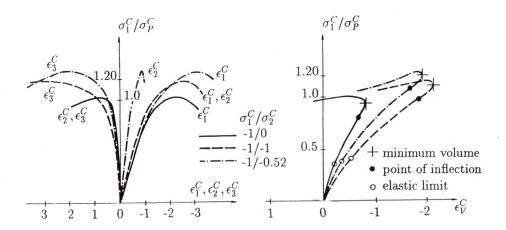

Abbildung 1: Spannungs - Dehnungsdiagramme und Spannungs - volumetrische Verzerrungsdiagramme für einige ausgewählte Hauptspannungsverhältnisse σ_1^C/σ_2^C

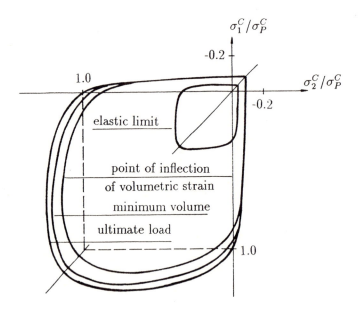

Abbildung 2: Typische Belastungskurven für biaxiale Spannungszustände

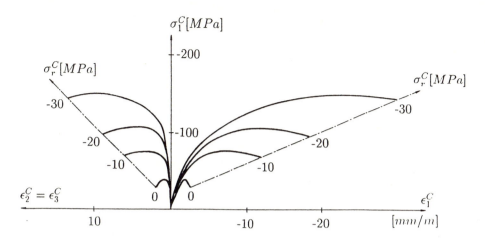

Abbildung 3: Spannungs - Dehnungsdiagramme auf der Grundlage konventioneller dreiaxialer Versuche

grammen mit der Zugspannung als Funktion der Probenverlängerung oder aber als Funktion der Dehnung der Probe ausgewertet werden (Abb.4) [3]. Der wesentliche Unterschied zwischen diesen beiden Arten von Diagrammen liegt darin, daß nur erstere auf eine eindeutige, d.h. von der gewählten Länge des Probekörpers unabhängige Beziehung führt. Der mit zunehmender Probenlänge zunehmend steilere Abfall des Spannungs-Dehnungsdiagramms im Entfestigungsbereich ist eine Folge des „Verschmierens" der von der Probenlänge unabhängigen, lokalen Verformungen über eine größere Probenlänge. Das führt für eine bestimmte Zugspannung im Entfestigungsbereich mit zunehmender Probenlänge auf kleinere Dehnungen. Spannungs-Dehnungsdiagramme im Entfestigungsbereich dürfen deshalb nicht direkt zur Formulierung von Werkstoffgesetzen verwendet werden.

Die Arbeitslinien für den Bewehrungs- und den Spannstahl werden als bekannt vorausgesetzt.

Das Materialverhalten von Stahlbeton wird bekanntlich nicht nur durch die Eigenschaften des Betons und des Bewehrungsstahls bestimmt, sondern auch durch Interaktionen zwischen diesen beiden Materialien. Diese Interaktionen sind vor allem für das Resttragverhalten des gerissenen, bewehrten Betons von Bedeutung. Dabei unterschiedet man zwischen der Verbundwirkung, der Dübelwirkung der Bewehrung und der Verzahnungswirkung an rauhen Rißoberflächen. Verbund ermöglicht die Übertragung von in Bewehrungsrichtung wirkenden Kräften zwischen dem Beton und dem Bewehrungsstahl, während die Dübelwirkung der Bewehrung und die Verzahnungswirkung an rauhen Rißoberflächen zur Übertragung von Schubkräften über Risse hinweg beitragen. Das zuletzt erwähnte Phänomen ist nicht auf Stahlbeton beschränkt. Es ist auch bei unbewehrtem Beton vorhanden.

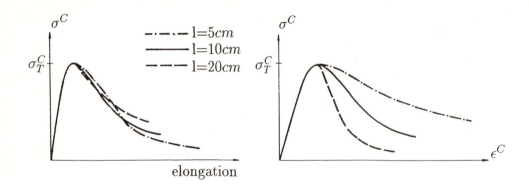

Abbildung 4: Spannungs - Verschiebungsdiagramm und Spannungs - Dehnungsdiagramm für einen verschiebungskontrollierten Zugversuch

3. Mathematische Modelle

Zur Beschreibung des mechanischen Verhaltens von Beton und Stahlbeton wurde in den vergangenen drei Jahrzehnten eine große Anzahl mathematischer Modelle vorgeschlagen. Diese Modelle beruhen auf verschiedenen theoretischen Grundlagen. Die theoretische Grundlage für im Rahmen von Finite Elemente Analysen eingesetzte Materialmodelle ist zumeist entweder die Elastizitäts- oder die Plastizitätstheorie. Die meisten dieser Werkstoffmodelle eignen sich gut zur Beschreibung des Materialverhaltens für eine begrenzte Klasse von Spannungspfaden. Für allgemeinere Spannungspfade führen sie hingegen auf inakzeptable Unterschiede zwischen experimentell festgestelltem und rechnerisch beschriebenem Materialverhalten. [16] enthält eine kritische Beurteilung ausgewählter Materialmodelle.

Werkstoffmodelle auf der Grundlage der Elastizitätstheorie, die durch eine Beziehung zwischen den (totalen) Spannungen σ und den (totalen) Verzerrungen ε gekennzeichnet sind (sogenannte Cauchy-elastische oder hyperelastische Materialmodelle), stellen relativ einfache Erweiterungen linear-elastischer Werkstoffgesetze dar. Sie erlauben keine Berücksichtigung des unterschiedlichen Materialverhaltens bei Be- und Entlastung im nichtlinearen Bereich. Solche Formulierungen werden entweder durch Ersetzen der konstanten Materialparameter in linear-elastischen Gesetzen durch Sehnenmoduln, die als Funktion der Invarianten des Spannungs- oder Verzerrungstensors angegeben werden, erhalten [4], oder als sogenannte äquivalent-einaxiale konstitutive Beziehungen formuliert [5]. Dabei wird Beton als spannungsinduziertes orthotropes Material betrachtet und die Spannungs-Dehnungsbeziehung für jede Hauptrichtung getrennt angegeben.

Im Gegensatz dazu erlauben die in Ratenform gegebenen hypoelastischen Materialmodelle eine unterschiedliche Modellierung des Werkstoffverhaltens bei Be- und Entlastung. Die konstitutiven Beziehungen sind in diesem Fall i.a. zu

$$\dot{\boldsymbol{\sigma}} = \mathbf{C}_T(\boldsymbol{\sigma})\dot{\boldsymbol{\varepsilon}} \quad \text{oder} \quad \dot{\boldsymbol{\sigma}} = \mathbf{C}_T(\boldsymbol{\varepsilon})\dot{\boldsymbol{\varepsilon}} \tag{1}$$

gegeben. Hypoelastische Modelle können ebenfalls entweder in Abhängigkeit der Invarianten des Spanungs- oder Verzerrungstensors [6] oder als äquivalent-einaxiale Beziehungen [7] angegeben werden.

Der Vorteil von auf Invarianten des Spannungs- oder Verzerrungstensors oder auf äquivalent-einaxialen Beziehungen beruhenden nichtlinearen Cauchy-elastischen oder hypoelastischen Materialmodellen liegt in ihrer einfachen Formulierung. Das Materialverhalten wird durch Anpassung der Spannungs-Dehnungsbeziehungen an Versuchsergebnisse ohne Verwendung komplizierter theoretischer Konzepte beschrieben. Als Nachteil ist anzuführen, daß solche Modelle nur unter der Einschränkung, daß die Hauptrichtungen des Spannungstensors (die den Orthotropiehauptrichtungen entsprechen) mit jenen des Verzerrungstensors übereinstimmen, auf objektive, d.h. vom gewählten Koordinatensystem unabhängige Ergebnisse führen [8]. Dies gilt auch für den Fall der Änderung der Richtung der Hauptachsen. In diesem Fall ist jedoch die Änderung der Richtung der Orthotropiehauptachsen aus physikalischen Gründen fragwürdig. Letztere sind ja durch beanspruchungsbedingte Materialdefekte festgelegt.

Auf der Plastizitätstheorie beruhende Materialmodelle erlauben die Bestimmung plastischer Verzerrungen ε^p. Nach einer in den Bereich plastischen Materialverhaltens reichenden Belastung bleiben derartige Verzerrungen auch bei vollständiger Entlastung erhalten. Im Rahmen der Theorie kleiner Verzerrungen werden die totalen Verzerrungen ε additiv in den elastischen Anteil ε^e und den plastischen Anteil ε^p aufgeteilt. Die Abhängigkeit der Verzerrungen von der „Geschichte", die das betreffende Material erlebt hat, wird durch ein Feld von zusätzlichen Variablen – sogenannten inneren Variablen $\boldsymbol{\xi}$ – beschrieben [9]. Diese dienen als Hilfsmittel zur Beschreibung des Verfestigungs- oder Entfestigungsverhaltens des Materials. Da sie irreversibles Materialverhalten beschreiben, müssen die Beziehungen für die inneren Variablen in Ratenform dargestellt werden. Die konstitutiven Beziehungen sind zu

$$\boldsymbol{\sigma} = \mathbf{C} : (\boldsymbol{\varepsilon} - \boldsymbol{\varepsilon}^p) \tag{2}$$

gegeben, wobei $\mathbf{C}$ den Elastizitätstensor bezeichnet. Materialmodelle auf der Grundlage der Plastizitätstheorie sind durch die Formulierung einer Fließfläche oder Fließfunktion

$$f(\boldsymbol{\sigma}, \boldsymbol{\xi}) = 0 , \tag{3}$$

die den Bereich elastischen Materialverhaltens einschließt, einer Fließregel

$$\dot{\varepsilon}^p = \dot{\lambda}\frac{\partial g}{\partial \boldsymbol{\sigma}} \,, \tag{4}$$

die die Rate der plastischen Verzerrungen $\dot{\varepsilon}^p$ bestimmt, und eines Ver- und/oder Entfestigungsgesetzes, das die Veränderung der Fließfläche in Abhängigkeit der inneren Variablen steuert, gekennzeichnet. In (4) legt der Gradient $\partial g/\partial \boldsymbol{\sigma}$ die Richtung des plastischen Flusses fest, der Konsistenzparameter $\dot{\lambda}$ dient als Skalierungsparameter für die Größe von $\dot{\varepsilon}^p$. Deshalb gilt für den Konsistenzparameter $\dot{\lambda} \geq 0$. Letzterer wird zu

$$\dot{\lambda} = \frac{1}{H}\frac{\partial f}{\partial \boldsymbol{\sigma}} : \boldsymbol{\sigma} \tag{5}$$

erhalten [9, 16], wobei H einen plastischen Modul bezeichnet. Für ein verfestigendes Material, d.h. ein Material mit expandierender Fließfläche, gilt $H > 0$, für ein entfestigendes Material, d.h. ein Material mit schrumpfender Fließfläche, gilt $H < 0$. (4) beschreibt eine nichtassoziierte Fließregel, wenn das in dieser Gleichung aufscheinende plastische Potential g nicht mit der Fließfunktion f ident ist. Andernfalls liegt eine assoziierte Fließregel vor. Für ein verfestigendes Material ($H > 0$) erfolgt die Unterscheidung zwischen elastischer Be- oder Entlastung und plastischer Belastung mittels der Belastungskriterien [9, 16]:

$$\begin{aligned}
&f < 0 &&\Rightarrow\ \text{elastische Be- oder Entlastung,} \\
&f = 0 \wedge \frac{1}{H}\frac{\partial f}{\partial \sigma_{ij}}\dot{\sigma}_{ij} < 0 &&\Rightarrow\ \text{elastische Entlastung von einem plastischen Zustand,} \\
&f = 0 \wedge \frac{1}{H}\frac{\partial f}{\partial \sigma_{ij}}\dot{\sigma}_{ij} = 0 &&\Rightarrow\ \text{neutrale Belastung von einem plastischen Zustand,} \\
&f = 0 \wedge \frac{1}{H}\frac{\partial f}{\partial \sigma_{ij}}\dot{\sigma}_{ij} > 0 &&\Rightarrow\ \text{plastische Belastung.}
\end{aligned} \tag{6}$$

Für ein entfestigendes Material ($H < 0$) kann für den Fall $(\partial f/\partial \sigma_{ij})\dot{\sigma}_{ij} < 0$ mit Hilfe von (6) nicht festgestellt werden, ob elastische Entlastung von der Fließfläche oder aber plastische Belastung, d.h. Entfestigung, vorliegt. Diese Unterscheidung ermöglicht das in [10] vorgeschlagene, in Abhängigkeit der Rate der Prädiktorspannung $\dot{\boldsymbol{\sigma}}^{Trial} = \mathbf{C} : \dot{\boldsymbol{\varepsilon}}$ formulierte Belastungskriterium:

$$\begin{aligned}
&f < 0 &&\Rightarrow\ \text{elastische Be- oder Entlastung,} \\
&f = 0 \wedge \frac{\partial f}{\partial \sigma_{ij}}\dot{\sigma}_{ij}^{Trial} < 0 &&\Rightarrow\ \text{elastische Entlastung von einem plastischen Zustand,} \\
&f = 0 \wedge \frac{\partial f}{\partial \sigma_{ij}}\dot{\sigma}_{ij}^{Trial} = 0 &&\Rightarrow\ \text{neutrale Belastung von einem plastischen Zustand,} \\
&f = 0 \wedge \frac{\partial f}{\partial \sigma_{ij}}\dot{\sigma}_{ij}^{Trial} > 0 &&\Rightarrow\ \text{plastische Belastung.}
\end{aligned} \tag{7}$$

4. Problemspezifische Finite Elemente Methoden

Aus dem umfangreichen Themenkreis problemspezifischer Finite Elemente Methoden werden in diesem Beitrag das Projektionsverfahren zur Spannungsermittlung für Materialmodelle auf der Grundlage der Plastizitätstheorie und die numerische Behandlung der Rißbildung im Beton erläutert.

Die zur Beschreibung des Materialverhaltens für den Beton und den Bewehrungsstahl entwickelten Materialmodelle werden mittels geeigneter Algorithmen in ein Finite Elemente Programm implementiert. Dazu müssen aus den differentiellen konstitutiven Beziehungen für hypoelastische oder elasto-plastische Materialmodelle durch numerische Integration entsprechende Beziehungen für die bei nichtlinearen inkrementell-iterativen Finite Elemente Analysen auftretenden endlichen Inkremente von Verzerrungen und Spannungen gewonnen werden. Im Vergleich zu anderen Algorithmen für Werkstoffmodelle auf der Grundlage der Plastizitätstheorie ist das Projektionsverfahren durch eine besonders große Effizienz und unbedingte numerische Stabilität gekennzeichnet. Es besteht im wesentlichen aus zwei Schritten. Im ersten Schritt wird eine elastische Prädiktorspannung σ^{Trial} bestimmt. Letztere ist durch die Annahme elastischen Materialverhaltens im aktuellen Inkrement gekennzeichnet. Folglich entsprechen die plastischen Verzerrungen und die inneren Variablen den konvergierten Werten des vorangegangenen Lastschrittes. Die Prädiktorspannung des Lastschrittes $n+1$ erhält man somit zu

$$\sigma_{n+1}^{Trial} = \mathbf{C} : (\varepsilon_{n+1} - \varepsilon_n^p) \ . \tag{8}$$

Wird die Fließbedingung $f \leq 0$ seitens dieser Prädiktorspannung verletzt, so wird im zweiten Schritt σ^{Trial} auf die Fließfläche projiziert. Zur numerischen Integration wird das implizite Eulersche Verfahren verwendet. Anwendung auf (4) für den Fall einer assoziierten Fließregel, d.h. für $g \equiv f$, ergibt

$$\Delta\varepsilon_{n+1}^p = \Delta\lambda_{n+1} \frac{\partial f_{n+1}}{\partial \sigma_{n+1}} \ . \tag{9}$$

Einsetzen von (9) in die konstitutive Gleichung (2), angeschrieben für das Ende des Lastschrittes $n+1$, und Erfüllung der Fließbedingung $f = 0$ für das Ende des Lastschrittes $n+1$ führen auf

$$\sigma_{n+1} = \sigma_{n+1}^{Trial} - \Delta\lambda_{n+1} \mathbf{C} : \frac{\partial f_{n+1}}{\partial \sigma_{n+1}} \ . \tag{10}$$

Sind die Spannungen für den Lastschritt $n+1$ bekannt, dann kann die Tangentensteifigkeitsmatrix für den nächsten Iterationsschritt im Rahmen der inkrementell-iterativen Vorgangsweise bestimmt werden. Die im Rahmen des Projektionsverfahrens bestimmte, sogenannte konsistente Tangentensteifigkeitsmatrix

$$\mathbf{C}_{T,n+1} = \frac{d\sigma_{n+1}}{d\varepsilon_{n+1}} \tag{11}$$

ist nicht ident mit der von den konstitutiven Gleichungen in Ratenform auf Kontinuumsebene erhaltenen Tangentensteifigkeitsmatrix [11]. Der Unterschied liegt in der Verwendung endlicher Lastschritte im Rahmen einer Finite Elemente Formulierung an Stelle von differentellen Lastschritten auf Kontinuumsebene. Der Unterschied zwischen den beiden Tangentensteifigkeitsmatrizen ist deshalb umso größer, je größer die Lastschritte gewählt werden. Nur die Verwendung der konsistenten Tangentensteifigkeitsmatrix gewährleistet die ausgezeichneten Konvergenzeigenschaften des Newtonschen Iterationsverfahrens zur Erfüllung der globalen Gleichgewichtsbedingungen.

Im Rahmen der Finite Elemente Methode stehen zwei grundsätzlich verschiedene Modelle zur Darstellung von Rissen zur Verfügung. Die diskrete Modellierung von Rissen ist durch Berücksichtigung der Diskontinuität der Verschiebungen an Rissen gekennzeichnet. Bei einer Modellkategorie können Risse nur entlang der Elementsgrenzen berücksichtigt werden. Bei einer anderen werden die Elementsgrenzen dem berechnetem Verlauf der Risse angepaßt. Bei der „verschmierten" Modellierung von Rissen wird auch der gerissene Beton als Kontinuum betrachtet. Dabei werden dem gerissenen Material charakteristische Werkstoffkennwerte zugeordnet. Der kleinste gerissene Bereich entspricht dem einer Stützstelle für die numerische Integration zugeordneten Bereich. Dieses bei weitem am häufigsten verwendete Verfahren zur Rißmodellierung weist den Vorteil auf, daß beliebige Rißrichtungen ohne Neudefinition des Finite Elemente Netzes erfaßt werden können. Das vorliegende Konzept kann auch für Flächentragwerke und dreidimensionale Strukturen eingesetzt werden. Modelle mit verschmierten Rissen können in auf der Elastizitätstheorie beruhende und auf der Plastizitätstheorie basierende Modelle eingeteilt werden. Erstere sind durch Beschreibung des gerissenen Betons als orthotropes Material mit reduzierter Zugfestigkeit in der Richtung normal zu einem Riß gekennzeichnet. Die Richtung eines Risses wird normal zur Richtung einer die Zugfestigkeit überschreitenden Hauptzugspannung angenommen. In älteren Rißmodellen wird bei Überschreiten der Zugfestigkeit in einer Hauptspannungsrichtung die in dieser Richtung wirkende Zugspannung sofort zu Null gesetzt. In [12] wurde jedoch gezeigt, daß diese Vorgangsweise auf netzabhängige Ergebnisse führt. Demgemäß ist die rechnerische Prognose der Ausbreitung von Rissen umso wahrscheinlicher, je feiner das Netz gewählt wird. Die populärste Methode zur Erzielung netzunabhängiger Ergebnisse ist die Einführung eines zusätzlichen Materialparameters in Form der spezifischen Bruchenergie G_f. Sie stellt die während der Entstehung eines Risses pro Flächeneinheit des Risses dissipierte Energie dar. G_f steuert die nach Initiierung eines Risses mit zunehmender Dehnung normal zum Riß erfolgende Abnahme der Zugspannung normal zum Riß.

Die auf der Elastizitätstheorie beruhenden Modelle können weiter unterteilt werden in Modelle mit festen, orthogonalen Rißrichtungen, in Modelle mit festen, nicht-orthogonalen

Rißrichtungen und in Modelle mit rotierenden Rißrichtungen. Bei Modellen mit festen, orthogonalen Rißrichtungen wird angenommen, daß Risse nach ihrer Entstehung ihre Richtung nicht mehr ändern können und daß sie nur in zueinander orthogonalen Richtungen auftreten können. Letztere Annahme steht jedoch im Widerspruch mit der Fähigkeit des gerissenen Betons, durch Verzahnungswirkung Schubspannungen über die Rißufer zu übertragen. Dadurch ändern sich die Hauptspannungsrichtungen, wodurch weitere Risse in einem bestimmten Punkt auch in Richtungen, die nicht orthogonal zu bereits vorhandenen Rissen sind, entstehen können. Dies wurde auch auf experimentellem Weg gezeigt [13]. Diese Inkonsistenz wurde in Rißmodellen mit nicht-orthogonalen Rißrichtungen behoben. Solche Modelle sind jedoch sehr kompliziert, da sie eine größere Anzahl von Rissen pro Stützstelle zulassen und die Informationen über jeden Riß einschließlich des jeweils aktuellen Zustands eines Risses (offen oder geschlossen) gespeichert werden müssen. Die Tendenz der Schließung eines Risses bei Bildung eines neuen Risses in einer vom bereits vorhandenen Riß abweichenden Richtung in einem bestimmten Punkt führte zur Idee der Rißmodelle mit rotierenden Rißrichtungen. Dabei wird nur der jeweils zuletzt aufgetretene Riß in einem Punkt berücksichtigt. Solche Risse sind stets normal zur aktuellen Hauptzugspannungsrichtung und rotieren somit mit der Rotation der betreffenden Hauptspannung. Die Implementierung eines solchen Rißmodells ist wesentlich einfacher als die eines Modells mit festen, nicht-orthogonalen Rißrichtungen. Die Kombination von auf der Elastizitätstheorie beruhenden Rißmodellen mit auf der Plastizitätstheorie basierenden Materialmodellen für den Druckbereich kann zu numerischen Problemen für Materialbereiche gemischter Art (Zug-Druck) führen. Das ist ein Grund dafür, warum die einheitliche Behandlung des Materialverhaltens für alle Bereiche im Rahmen einer Theorie erstrebenswert ist. Eine weitere Motivation für die Anwendung eines auf der Plastizitätstheorie beruhenden Materialmodells sowohl für den Druck- als auch den Zugbereich liegt in der Verfügbarkeit des effizienten und numerisch stabilen Projektionsverfahrens für solche Modelle. Für auf der Plastizitätstheorie beruhende Rißmodelle wird das Kriterium der maximalen Hauptzugspannung (Rankine Kriterium) als Fließfläche verwendet und entweder die Zugfestigkeit gleich Null gesetzt [14] oder aber ein geeignetes Entfestigungsgesetz formuliert [15].

5. Beispiele

Die Anwendung der Materialmodelle und der problemspezifischen Finite Elemente Methoden wird in [16] anhand der Berechnung des nichtlinearen Tragverhaltens sowohl von dickwandigen (dreidimensionalen) Stahlbetonkonstruktionen als auch von Flächentragwerken aus Stahl- und Spannbeton ausführlich erläutert. Die Berechnung letzterer beinhaltet nichtlineare Finite Elemente Analysen eines Kühlturms, einer vorgespannten Zylinderschale mit Randträgern und eines vorgespannten Reaktorsicherheitsbehälters.

[1] **Kupfer H.:** Das Verhalten des Betons unter mehrachsiger Kurzzeitbelastung unter besonderer Berücksichtigung der zweiachsigen Beanspruchung. Deutscher Ausschuß für Stahlbeton, Heft 229, W. Ernst u. Sohn, Berlin (1973).

[2] **Lanig N., Stöckl S., Kupfer H.:** Versuche zum Kriechen und zur Restfestigkeit von Beton bei mehrachsiger Beanspruchung. Deutscher Ausschuß für Stahlbeton, Heft 420, Beuth Verlag, Berlin, 1-81 (1991).

[3] **Van Mier J.G.M.:** Complete Stress-Strain Behavior and Damaging Status of Concrete under Multiaxial Conditions. Proceedings of the International Conference on Concrete under Multiaxial Conditions, RILEM - CEB - CNRS. Presses de'l Université Paul Sabatier, Toulouse, 75-85 (1984).

[4] **Gerstle K.H.:** Simple Formulation of Biaxial Concrete Behavior. ACI-Journal **78**, 62-68, (1981).

[5] **Liu T.C.Y., Nilson A.H., Slate F.O.:** Biaxial Stress-Strain Relations for Concrete. Journal of the Structural Division **98**, ASCE, 1025-1034 (1972).

[6] **Stankowski T., Gerstle K.H.:** Simple Formulation of Concrete Behavior Under Multiaxial Load Histories. ACI-Journal **82**, 213-221 (1985).

[7] **Elwi A.A., Murray D.W.:** A 3D Hypoelastic Concrete Constitutive Relationship. Journal of the Engineering Mechanics Division **105**, ASCE, 623-641 (1979).

[8] **Bažant Z.P.:** Comment on Orthotropic Models for Concrete and Geomaterials. Journal of Engineering Mechanics **109**, 849-865 (1983).

[9] **Lubliner J.:** Plasticity Theory. Macmillan, New York (1990).

[10] **Simo J.C., Hughes T.J.R.:** Elastoplasticity and Viscoplasticity - Computational Aspects. Springer, im Druck.

[11] **Simo J.C., Taylor R.L.:** Consistent Tangent Operators for Rate Independent Elasto-Plasticity. Computational Methods in Applied Mechanics and Engineering **48** 101-118 (1985).

[12] **Bažant Z.P.:** Instability, Ductility, and Size Effect in Strain-Softening Concrete. Journal of the Engineering Mechanics Division **102**, ASCE, 331-344 (1976).

[13] **Vecchio F.J., Collins M.P.:** The Response of Reinforced Concrete to In-Plane Shear and Normal Stresses. Publication No. 82-03, Department of Civil Engineering, University of Toronto, Toronto (1982).

[14] **Crisfield M.A., Wills J.:** Analysis of R/C Panels Using Different Concrete Models. Journal of Engineering Mechanics **115**, 578-597 (1989).

[15] **Feenstra P.H., de Borst R.:** Aspects of Robust Computational Modeling for Plain and Reinforced Concrete. Heron **38**, No.4, Delft (1993).

[16] **Hofstetter G., Mang H.A.:** Computational Mechanics of Reinforced and Prestressed Concrete Structures. Vieweg (1995), im Druck.

Materialmodellierung bei FE-Berechnungen von Stahlbetontragwerken

P.H. Feenstra und R. de Borst, Technische Universität Delft

1. Zusammenfassung

Ein numerisches Modell für das Verhalten von Stahlbeton, in dem allgemein akzeptierte Ideen für die Modellierung von Beton, Bewehrung und Interaktion zwischen beiden Werkstoffen (z.B. durch Schlupf oder Dübelwirkung) konsistent kombiniert worden sind, wird vorgestellt. Die Grundidee ist die Aufspaltung der totalen Spannung in einem Stahlbetonelement in einen Beitrag des unbewehrten Betons, in einen Beitrag der Bewehrung und in einen Beitrag, der der Interaktion zwischen beiden Werkstoffen entspricht. Das Modell ist in einem FE-Programm eingebaut worden und wird anhand ebener Strukturen, die unter Schub beansprucht worden sind, erläutert.

2. Einleitung

Genaue numerische Voraussagen des Verhaltens von Stahlbetonstrukturen sind noch immer sehr schwierig durchzuführen. Das ist im Jahre 1982 noch mal illustriert worden, als die numerischen Simulationen der Experimente von Vecchio und Collins [1] eine sehr große Streuung zeigten. Einige Entwicklungen, die seitdem stattgefunden haben, sind in einer neuen Übersicht [2] zusammengestellt.

In diesem Beitrag wird ein phänomenologisches Modell für Stahlbeton beschrieben, in dem allgemein akzeptierte Ideen für die Modellierung von Beton, Bewehrung und der Interaktion zwischen beiden Werkstoffen auf eine konsistente Art integriert worden sind. Die Grundidee ist die Aufspaltung der totalen Spannung in einem Stahlbetonelement in einen Beitrag des unbewehrten Betons, in einen Beitrag der Bewehrung und in einen Beitrag, der der Interaktion zwischen beiden Werkstoffen entspricht [3,4]. Das Verhalten des unbewehrten Betons ist, nicht nur im Zugbereich, sondern auch im ein- und zweiachsigen Druckbereich, mittels bruchenergiebasierter Formulierungen beschrieben worden. Durch diese Art können Ergebnisse für das Versagen von Strukturen erzielt werden, die unabhängig von der FE-Diskretisierung sind [3,5]. Wenn es Bewehrungsstäbe im Element gibt, wird angenommen, daß die Bruchenergie gleichmäßig über dem Gebiet verteilt wird, das dem Riß zugeordnet ist. Der Abstand zwischen den Rissen ist mit Hilfe der CEB-FIP Empfehlungen geschätzt worden. Die Bewehrung ist mittels eines üblichen elasto-plastischen Modells modelliert worden. Für den Spannungsbeitrag, der der Interaktion zwischen beiden Werkstoffen entspricht, ist ein trilineares Diagramm angenommen worden. Das Modell ermöglicht im Prinzip die Modellierung von Dübelwirkungen. Diese wurden bei den Berechnungen jedoch nicht berücksichtigt. Die Anwendung des Modells auf Stahlbetonscheiben führt zu einer guten Übereinstimmung mit Versuchsergebnissen im Schrifttum.

3. Allgemeine Formulierung

Es wird angenommen, daß das Verhalten von gerissenem Stahlbeton durch eine Superpositionierung der Steifigkeiten von Beton, von Stahl und von einer zusätzlichen Steifigkeit beschrieben werden kann. Dabei repräsentiert die zusätzliche Steifigkeit die Interaktion zwischen Stahl und Beton. Unter dieser Annahme erhält man die folgende Summation von Beiträgen zur totalen Spannung:

$$\sigma = \sigma_c + \sigma_s + \sigma_{ia} \tag{1}$$

Hierbei stellen σ_c den Beitrag des Betons, σ_s den Beitrag des Stahls und σ_{ia} den Beitrag der Interaktionsspannung dar, siehe Bild 1.

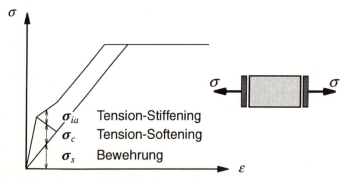

Bild 1: Eine idealisierte Repräsentation des Stoffmodells von Stahlbeton mit der Zerlegung der Spannung in die separaten Anteile des Betons, des Stahls und der Interaktion.

In diesem Beitrag ist das Verhalten von Beton mit Hilfe eines Kontinuummodells modelliert worden. Es wird daher angenommen, daß Begriffe aus der Kontinuumsmechanik verwendet werden können, und daß die Schädigung durch zwei innere Schädigungsvariablen, κ_T für Zug und κ_C für Kompression, repräsentiert werden kann. Diese zwei inneren Variablen können durch die charakteristische Länge h mit dem Energiefreisetzungsgrad verknüpft werden. In FE-Berechnungen ist diese Länge mit der Größe des Elements verknüpft. Eine solche Konzeption wird häufig für Zugbeanspruchung verwendet. Sie ist jedoch bisher nur vereinzelt in Fällen von Schädigung unter Druckspannungen genutzt worden.

Zur Formulierung einer Composite-Grenzfläche sind die Biaxialversuche von Kupfer und Gerstle [6] herangezogen worden. In dieser Grenzfläche gilt die Misessche Fließbedingung für zweiachsige Druckversuche und die von Rankine definierten Fließbedingungen für Zugspannungen:

$$\begin{cases} f_C = \sqrt{3 J_2} - \bar{\sigma}_C(\kappa_C) \\ f_T = \sigma_1 - \bar{\sigma}_T(\kappa_T) \end{cases} \qquad (2)$$

wobei J_2 die zweite Invariante der deviatorischen Spannungen darstellt und σ_1 die größte Hauptspannung.

Die äquivalente Spannungs-Dehnungskurve unter Druck kann mittels mehrerer Funktionen approximiert werden. Allerdings sind diese Formulierungen gewöhnlich nicht auf Energiekonzepten basiert. Hier ist eine parabolische äquivalente Spannungs-Dehnungskurve verwendet worden:

$$\bar{\sigma}_C(\kappa_C) = \begin{cases} \dfrac{f_{cm}}{3} \left(1 + 4 \dfrac{\kappa_C}{\kappa_e} - 2 \dfrac{\kappa_C^2}{\kappa_e^2} \right) & \text{für} \quad \kappa_C < \kappa_e \\ f_{cm} \left(1 - \dfrac{(\kappa_C - \kappa_e)^2}{(\kappa_{uC} - \kappa_e)^2} \right) & \text{für} \quad \kappa_e \leq \kappa_C < \kappa_{uC} \end{cases} \qquad (3)$$

wobei f_{cm} die mittlere Druckfestigkeit des Betons darstellt und κ_C einen inneren Schädigungsparameter. Der endgültige Wert dieses inneren Parameters wird durch

$$\kappa_{uC} = 1.5 \frac{G_c}{h \, f_{cm}} \qquad (4)$$

angegeben. Die Druckfestigkeit wird erreicht bei einer Verzerrung von

$$\kappa_e = \frac{4 f_{cm}}{3 E_c}, \qquad (5)$$

die offensichtlich unabhängig ist von der Elementgröße h. Der Elastizitätsmodul des Betons E_c ist mit Hilfe der CEB-FIP Richtlinien [7] berechnet worden. Für Stahlbeton ist eine Reduktion der Festigkeit von 20% für zweiachsige Zug-Druckspannungszustände beachtet worden [3,8].

Das Verhalten unter Zugspannung ist mit einem linearen, abfallenden Ast modelliert worden:

$$\bar{\sigma}_T(\kappa_T) = f_{ct,m} \left(1 - \frac{\kappa_T}{\kappa_{uT}} \right) \qquad (6)$$

Hierbei ist der Wert des äquivalenten Schädigungsparameters, bei dem keine Zugspannung mehr übertragen werden kann, mit der Bruchenergie unter Zug G_f durch die Elementlänge h verknüpft:

$$\kappa_{uT} = \frac{2 G_f}{h \, f_{ct,m}} \qquad (7)$$

Die Zugfestigkeit des Betons $f_{ct,m}$ ist von der Druckfestigkeit f_{cm} in Übereinstimmung mit den CEB-FIP Richtlinien [7] hergeleitet worden. Wie die Bruchenergie unter Druckbeanspruchung G_c, so ist auch die Bruchenergie unter Zugbeanspruchung ein Materialkennwert, der nach den CEB-FIP Richtlinien [7] aus der Druckfestigkeit f_{cm} und der maximalen Korngröße $d_{\max}$ hergeleitet wird.

In Stahlbeton bilden sich üblicherweise mehrere Risse, bevor sich ein völlig entwickeltes Rißmuster eingestellt hat. Der Abstand zwischen zwei Rissen wird überwiegend durch die Art und Menge der Bewehrungen bestimmt. In diesem Beitrag wird angenommen, daß das Entfestigungsmodell, das für Beton verwendet worden ist, auch auf Stahlbeton zutrifft. Dabei wird bei einem stabilisierten Rißmuster die ganze Bruchenergie über dem Abstand l_s, der einem Riß zugeordnet ist, verteilt. Da die Elementgröße h üblicherweise ein Vielfaches von dem Abstand l_s ist, wird die Energiedissipation in einem Element von

$$G_f^{rc} = \min\left\{G_f, G_f \frac{h}{l_s}\right\} \tag{8}$$

bestimmt. Der Rißabstand l_s ist anhand der CEB-FIP Richtlinien geschätzt worden [3,7].

Das Stoffmodell für Stahlbeton wird klassisch mit Hilfe eines elasto-plastischen Gesetzes formuliert. Mit ρ_p und ρ_q als Bewehrungsprozentsätze in p und q Richtung wird die Steifigkeitsmatrix folgendermaßen aufgestellt:

$$D_s = \begin{bmatrix} \rho_p E_s^{ep} & 0 & 0 \\ 0 & \rho_q E_s^{ep} & 0 \\ 0 & 0 & 0 \end{bmatrix} \tag{9}$$

Dabei ist E_s^{ep} die elasto-plastische Tangentialsteifigkeit der Bewehrung. Die Schubsteifigkeit ist vernachlässigt worden. Der Spannungsbeitrag im globalen x, y Koordinatensystem wird durch die übliche Transformation

$$\sigma_s = [\,T^T(\psi) D_s T(\psi)\,]\,\varepsilon\;, \tag{10}$$

berechnet, wobei ψ den Winkel zwischen der x Richtung und der Hauptrichtung p der Bewehrung bezeichnet.

Wenn sich ein stabilisiertes Rißmuster gebildet hat, werden noch immer Spannungen zwischen Beton und Stahl durch Verbundwirkung übertragen, Bild 1. Dieser zusätzliche Spannungbeitrag wird Interaktionsspannung genannt und ist eine Funktion der Verzerrung in Richtung der Bewehrung. In den Beispielen wird eine trilineare Funktion [9], Bild 2, mit den folgenden Definitionen benutzt:

$$\varepsilon_{c0} = \frac{f_{ct,m}}{E_c} \cos^2 \alpha \tag{11}$$

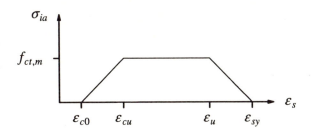

Bild 2: Das angewandte Tension-Stiffening Diagramm.

$$\varepsilon_{cu} = 2\cos^2\alpha \, \frac{G_f^{rc}}{h\, f_{ct,m}} \tag{12}$$

Mit α wird der Winkel zwischen der Bewehrung und der Richtung der größten Hauptspannung bei Rißbildung bezeichnet. Um eine Überschätzung der Zugfestigkeit der Bewehrung σ_{sy} zu vermeiden, ist die Interaktionsspannung reduziert worden, für

$$\varepsilon_s > \varepsilon_u \quad , \quad \varepsilon_u = \varepsilon_{sy} - \frac{f_{ct,m}}{\rho_{s,eff}\, E_s} \tag{13}$$

Die Transformation zum globalen Koordinatensystem vollzieht sich auf eine ähnliche Weise wie bei der Bewehrung:

$$\sigma_{ia} = [\, T^T(\psi)\, D_{ia}\, T(\psi)\,]\, \varepsilon \tag{14}$$

6. Anwendung auf ebenen Stahlbetonstrukturen

Die numerische Simulation von Stahlbetonscheiben ist eine sehr anspruchsvolle Aufgabe. Der Spannungszustand in diesen Scheiben, die am meisten bewehrt sind, ist überwiegend ein zweiachsiger Zug-Druckzustand. In diesem Beitrag sind zwei Scheiben aus einer Reihe von zehn Scheiben analysiert worden, die Maier und Thürlimann [10] an der E.T.H. Zürich experimentell untersuchten. Diese Scheiben wurden zuerst durch eine vertikale Druckkraft belastet. Danach sind sie durch eine horizontale Last bis zum Versagen der Struktur beansprucht worden. Der Versuch sowie die Finite-Element-Diskretisierung sind in Bild 3 dargestellt.

Die Druckfestigkeit beträgt f_{cm} = 27,5 MPa. Die sonstigen Materialparameter für den Beton sind anhand der CEB-FIP Richtlinien bestimmt worden und betragen: E_c = 30.000 MPa, $f_{ct,m}$ = 2,2 MPa, G_f = 0,07 MPa and G_c = 50 MPa. Der Elastizitätsmodul der Bewehrung ist E_s = 200.000 MPa und die Festigkeit f_{sy} wächst von 574 MPa bis 764 MPa, für ε_{sy} = 24,6 · 10^{-3}. Die Bewehrung ist in Bild 3 dargestellt, wobei die folgenden Kennwerte benutzt worden sind: Durchmesser 8 mm, ρ_x = 10,3 · 10^{-3}, ρ_y = 11,6 · 10^{-3} und ρ_F = 11,6 · 10^{-3}. Zur Berechnung sind quadratische Elemente mit einer 3×3 Integration nach Gauß verwendet worden.

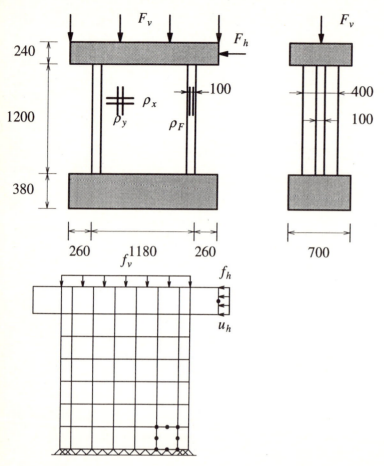

Bild 3: Strukturen S1 und S2 aus dem experimentellen Programm von Maier und Thürlimann [10].

Der Unterschied zwischen den beiden Scheiben ist, daß S2 durch eine höhere Vertikalkraft vorbelastet ist als Scheibe S1, nämlich 1653 kN gegenüber 433 kN. Wie in Bild 4 dargestellt, wird auf diese Weise die Tragfähigkeit der Scheibe S2 erhöht. Es nimmt aber auch die Sprödigkeit zu. Einige numerische Ergebnisse über den Rißverlauf, plastische Verzerrungen und Hauptspannungen sind in Bild 5 und 6 dargestellt. Hierbei sind nur Risse dargestellt, für die $\kappa_T > \frac{1}{2}\kappa_{uT}$ gilt. Die äquivalenten plastischen Verzerrungen sind mit Hilfe eines Dreiecks visualisiert. Die Größe dieses Dreiecks ist proportional zu der plastischen Verzerrung. Bild 4 zeigt, daß der Einfluß des Tension-Stiffening für diese Strukturen klein ist. Die numerischen Analysen werden jedoch leichter durchgeführt, wenn man Tension-Stiffening mitberücksichtigt, weil Rißlokalisierung dann oft vermieden werden kann.

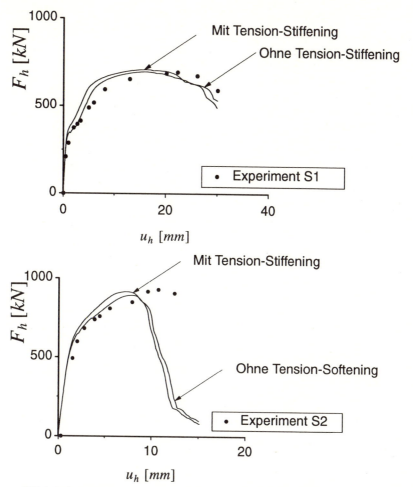

Bild 4: Last-Wegkurven für die Strukturen S1 und S2.

7. Schlußbemerkungen

Ein einfaches, phänomenologisches Modell für Finite-Element-Berechnungen von Strukturen aus Stahlbeton ist vorgestellt worden. Die grundsätzliche Annahme ist die Zerlegung der totalen Spannung in separate Anteile des Betons, der Bewehrung und in einen Anteil, der der Interaktion zwischen beiden Werkstoffen entspricht. Diese individuellen Beiträge sind anhand üblicher und akzeptierter Konzepte formuliert. Das endgültige numerische Modell ist robust und liefert genaue Vorhersagen über das Verhalten von Stahlbetonstrukturen.

Die Autoren danken für die Hilfe bei der Übersetzung ins Deutsch Herrn Dipl.-Ing. F. Hashagen von der Technischen Universität Delft.

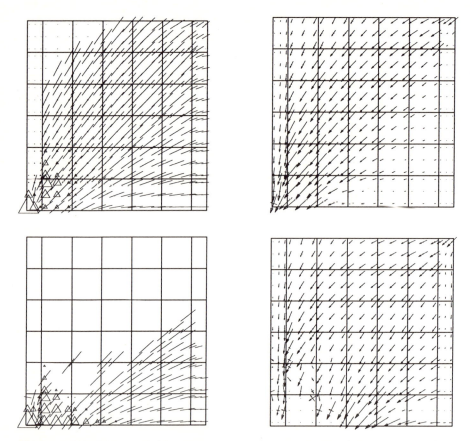

Bild 5: Rißbilder und Hauptspannungsbilder für die Struktur S1. Oben: Verschiebung 10 mm. Unter: Verschiebung 30 mm.

[1] **Vecchio, F.J., Collins, M.P.:** The response of reinforced concrete to in-plane shear and normal stresses. Bericht 82-03, University of Toronto (1982).
[2] **Isenberg, J.:** Finite element analysis of reinforced concrete structures II. ASCE, New York (1993).
[3] **Feenstra, P.H.:** Computational aspects of biaxial stress in plain and reinforced concrete. Dissertation, Delft University of Technology (1993).
[4] **Feenstra, P.H., de Borst, R.:** Constitutive model for reinforced concrete. ASCE J. Engineering Mechanics, für die Veröffentlichung akzeptiert.
[5] **Feenstra, P.H., de Borst, R.:** A composite plasticity model for concrete. Int. J. Solids Structures, für die Veröffentlichung akzeptiert.
[6] **Kupfer, H.B., Gerstle, K.H.:** Behavior of concrete under biaxial stresses. ASCE J. Engrg. Mech. 99, 853-866 (1973).

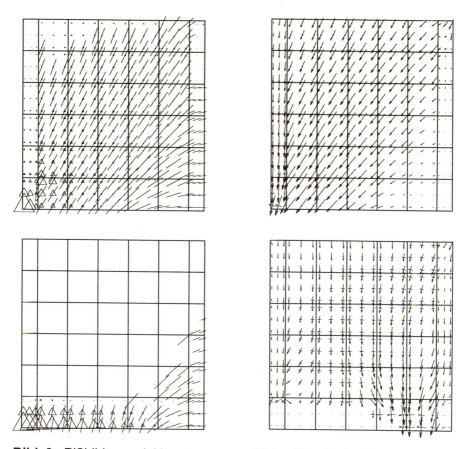

Bild 6: Rißbilder und Hauptspannungsbilder für die Struktur S2. Oben: Verschiebung 5 mm. Unter: Verschiebung 15 mm.

[7] **CEB-FIP:** Model Code 1990. Bulletin d'Information, Lausanne (1990).
[8] **Kollegger, J., Mehlhorn, G.:** Experimentelle Untersuchungen zur Bestimmung der Druckfestigkeit des gerissenen Stahlbetons bei einer Querzugbeanspruchung. Heft 413, Deutscher Ausschuß für Stahlbeton, Ernst und Sohn, Berlin (1990).
[9] **Cervenka, V., Pukl, R., Eligehausen, R.:** Computer simulation of anchoring technique in reinforced concrete beams. Computer Aided Analysis and Design of Concrete Structures, N. Bićanić et al., Pineridge Press, Swansea, s. 1-21 (1990).
[10] **Maier, J., Thürlimann, B.:** Bruchversuche an Stahlbetonscheiben. Bericht 8003-1, Eidgenössische Technische Hochschule, Zürich (1985).

Instationärer Wärme-, Feuchte- und Schadstofftransport in Betonbauteilen
- Numerischer Beitrag zu Schädigungsanalysen -

Niels Oberbeck, Heinz Duddeck, Hermann Ahrens
Institut für Statik, TU Braunschweig

Zusammenfassung

Für die Untersuchung der Betonschädigung durch Feuchte, Schadstoffe und thermische Zustände ist die Verteilung dieser Größen im Baustoff wesentlich. Die Formulierung der gekoppelten Transport- und Speicherprozesse führt auf ein partielles nichtlineares Differentialgleichungssystem in Raum und Zeit. Es wird numerisch mit der FEM gelöst. Das Berechnungsverfahren ist auf beliebige poröse Materialien anwendbar. Die Temperaturabhängigkeit des Wasserdampfhaushalts und Verdampfung bzw. Kondensation machen thermisch-hygrische Kopplungsterme erforderlich. Im Fall wasserlöslicher Schadstoffe und speziell für hygroskopische Salze sind Feuchte- und Schadstoffhaushalt miteinander verknüpft. Diese Kopplungen werden an Versuchsergebnissen verifiziert und an Beispielen veranschaulicht. Praktische Anwendungen sind eine Behälterecke und eine Brückenkappe.

1 Einleitung

Bauwerksschäden durch Feuchte, Schadstoffe und thermische Zustände verursachen jährlich Kosten in Milliardenhöhe. Zur dauerhaften Sanierung, aber auch zur Vorbeugung von Schäden infolge dieser Einwirkungen ist die Kenntnis ihrer räumlichen und zeitlichen Verteilung im Baustoff wesentlich. Experimentelle Untersuchungen auf diesem Gebiet können durch geeignete Berechnungsverfahren in ihrem Umfang reduziert und wesentlich beschleunigt werden. Die rechnerische Beschreibung der instationären Transport- und Speichervorgänge von Wärme, Feuchte und Schadstoffen in Beton ist Thema dieses Beitrags. Im Mittelpunkt steht die gegenseitige Beeinflussung der drei Größen.

2 Grundgleichungen

Der Wärmehaushalt wird durch eine Energiebilanz beschrieben, Feuchte- und Schadstoffhaushalt jeweils durch eine Massenbilanz. Die Bilanzen fordern das Gleichgewicht von gespeicherter, transportierter und verbrauchter oder erzeugter Wärmeenergie bzw. Masse in einem abgeschlossenen Volumen. Für eine allgemeine Zustandsgröße z_i lautet die entkoppelte Bilanzgleichung:

$$\underbrace{c_i \cdot \dot{z}_i}_{Speicherung} + \underbrace{\nabla^T \cdot \boldsymbol{q}_i}_{Leitung} = \underbrace{Q_i}_{Quellen} \quad . \tag{2.1}$$

Wird die Stromdichte durch ein geeignetes Leitgesetz (Wärmeleitung: FOURIER, Diffusion: FICK) ersetzt, so wird die Bilanz durch die Zustandsgröße z_i vollständig beschrieben:

$$c_i \cdot \dot{z}_i - \nabla^T \cdot [\lambda_i \cdot \nabla z_i] = Q_i \,. \tag{2.2}$$

Zur Erfassung der Interaktionen zwischen Wärme, Feuchte und Schadstoff ist jede der Bilanzgleichungen um Kopplungsterme zu erweitern. Diese Ausdrücke beschreiben den Einfluß von Raten und Gradienten der jeweils anderen Zustandsgrößen auf die Speicherung und den Transport. Man erhält ein gekoppeltes Differentialgleichungssystem für das Gebiet $x \in \Omega$ und $t > t_0$:

$$\begin{bmatrix} c_T & c_T^H & c_T^S \\ c_H^T & c_H & c_H^S \\ c_S^T & c_S^H & c_S \end{bmatrix} \cdot \begin{bmatrix} \dot{\vartheta} \\ \dot{\varphi} \\ \dot{\tau} \end{bmatrix} - \begin{bmatrix} \nabla^T \\ \nabla^T \\ \nabla^T \end{bmatrix} \cdot \left\{ \begin{bmatrix} \lambda_T & \lambda_T^H & \lambda_T^S \\ \lambda_H^T & \lambda_H & \lambda_H^S \\ \lambda_S^T & \lambda_S^H & \lambda_S \end{bmatrix} \cdot \begin{bmatrix} \nabla \vartheta \\ \nabla \varphi \\ \nabla \tau \end{bmatrix} \right\} = \begin{bmatrix} Q_T \\ Q_H \\ Q_S \end{bmatrix} \,. \tag{2.3}$$

Die c_i bilden die Kapazitätsmatrix, die λ_i die Konduktivitätsmatrix und die Q_i den Quellvektor. Die Wechselwirkungen zwischen den Haushalten gehen auf den Nebendiagonalen ein. Thermische und hygrische Prozesse sind eng miteinander verknüpft, die entsprechenden Parameter werden in Abschnitt 4 hergeleitet. Die schadstoffbezogenen Kopplungsmechanismen sind von der betrachteten Substanz abhängig. Eine Temperatur-Schadstoff-Interaktion (Koeffizienten c_T^S, λ_T^S, c_S^T, λ_S^T) entsteht z.B. durch die Verdampfung und Kondensation flüssiger Schadstoffe. Dieser Fall wird hier nicht betrachtet. Baupraktisch wichtiger sind wasserlösliche Stoffe und speziell hygroskopische Salze. Für diese Schadstoffe ergeben sich Kopplungsterme mit dem Feuchtehaushalt, s. Abschnitt 5.

Randgleichungen binden das Gebiet an seine Umgebung. Hier gehen Randbedingungen erster Art, Randströme und Übergänge durch Konvektion und - im Fall der Temperatur - durch Strahlung ein. Für die Randbedingungen mit $t > t_0$ und $\bar{x} \in \Gamma$ gilt:

$$z_i - \bar{z}_i = 0 \quad , \quad [\lambda_i \cdot \nabla z_i]^T \cdot n + \alpha_{\ddot{u}i} \cdot [z_i - \bar{z}_{i\infty}] - \bar{q}_{ni} = 0 \,. \tag{2.4}$$

Der Anfangszustand für $t = t_0$ und $x \in \Omega + \Gamma$ vervollständigt die Anfangs-Randwertaufgabe:

$$z_i - \bar{z}_{i0} = 0 \,. \tag{2.5}$$

3 Numerische Aufbereitung

Die Bilanzgleichungen bilden ein gekoppeltes Differentialgleichungssystem in Raum und Zeit. Die Anfangs-Randwertaufgabe ist nur für Sonderfälle analytisch lösbar. Das hier gewählte Konzept zur numerischen Lösung auf Strukturebene mit der FEM ist auf alle differentiellen Problemstellungen anwendbar, s. auch [3].

Zur Linearisierung nach dem Verfahren von NEWTON-RAPHSON ist die konsistente Tangente des Problems zu bilden. Es folgt die Überführung in eine integrale oder schwache Formulierung mit der Methode der gewichteten Residuen. Das Raum-Zeit-Kontinuum ist anschließend zu finitisieren und die Zustandsgrößen durch Ansätze anzunähern. Im Raum werden die Wichtungsfunktionen nach dem Konzept von GALERKIN gewählt, in der Zeit führt die Wahl eines DIRAC-Impulses auf ein Kollokationsverfahren. Man erhält das folgende formalisierte unsymmetrische Gleichungssystem für die FEM:

$$\begin{bmatrix} TT & TH & TS \\ HT & HH & HS \\ ST & SH & SS \end{bmatrix} \cdot \begin{bmatrix} d\Delta\tilde{\vartheta} \\ d\Delta\tilde{\varphi} \\ d\Delta\tilde{\tau} \end{bmatrix} = \begin{bmatrix} r_T \\ r_H \\ r_S \end{bmatrix} . \qquad (3.1)$$

Unbekannte sind die iterativen Zuwüchse der Knotenzustandsgrößen Temperatur, Feuchte und Schadstoffgehalt im Zeitinkrement. Die Wärme- und Massestromdichten werden in einer Nachlaufrechnung aus den Leitgesetzen ermittelt.

4 Temperatur- und Feuchtehaushalt

Für eine makroskopische Beschreibung sind die unterschiedlichen Feuchtetransportmechanismen zusammenzufassen. Es verbleiben der Dampftransport durch Diffusion und die Flüssigkeitsbewegung durch Kapillarleitung [5]:

$$(\psi \cdot u_D)\dot{} + \varrho_w \cdot \dot{u}_v - \nabla^T \cdot \left(\frac{D_D}{\mu} \cdot \nabla u_D\right) - \nabla^T \cdot (\varrho_w \cdot D_w \cdot \nabla u_v) = \bar{Q}_H . \qquad (4.1)$$

Die Materialfeuchte u_v läßt sich mit der Feuchtespeicherfunktion $u_v = f(\varphi)$ in die relative Luftfeuchte φ überführen. Das gleiche gilt mit der allgemeinen Gasgleichung und der Definitionsgleichung für φ,

$$u_D = \frac{p}{RT} \quad ; \quad p = \varphi \cdot p_s(\vartheta) , \qquad (4.2)$$

für den Dampfgehalt u_D. Wegen der Temperaturabhängigkeit des Wasserdampfsättigungsdrucks p_s entstehen bei der Differentiation von u_D in der Feuchtebilanz thermisch-hygrische Kopplungsanteile:

$$\left[\psi \cdot \frac{\varphi}{RT} \cdot \left(\frac{\partial p_s}{\partial \vartheta} - \frac{p_s}{T}\right)\right] \cdot \dot{\vartheta} + \left[\varrho_w \cdot \frac{\partial u_v}{\partial \varphi} + \frac{p_s}{RT} \cdot \left(\psi - \varphi \cdot \frac{\partial u_v}{\partial \varphi}\right)\right] \cdot \dot{\varphi} \qquad (4.3)$$
$$-\nabla^T \cdot \left[\frac{D_D}{\mu} \cdot \frac{\varphi}{RT} \cdot \left(\frac{\partial p_s}{\partial \vartheta} - \frac{p_s}{T}\right) \cdot \nabla \vartheta\right] - \nabla^T \cdot \left[\left(\varrho_w \cdot D_w \cdot \frac{\partial u_v}{\partial \varphi} + \frac{D_D}{\mu} \cdot \frac{p_s}{RT}\right) \cdot \nabla \varphi\right] = \bar{Q}_H .$$

In der Wärmebilanz

$$\varrho c \cdot \dot{\vartheta} - \nabla^T \cdot \left[\hat{\lambda}_{T,tr} \cdot \nabla \vartheta\right] = \bar{Q}_T \qquad (4.4)$$

muß durch feuchteabhängige thermische Koeffizienten berücksichtigt werden, daß die Porenfeuchte die thermische Speicherkapazität ϱc und die Wärmeleitfähigkeit $\hat{\lambda}_T$ erhöht. Die bei Verdampfungs- und Kondensationsprozessen gespeicherte und transportierte Wärme geht durch Multiplikation der Dampfanteile mit der Verdampfungsenthalpie r ein. Die Gleichung für den Wärmehaushalt folgt zu:

$$\left[\varrho c + u_v \varrho_w c_w + r \cdot \varphi \cdot \frac{\psi}{RT} \cdot \left(\frac{\partial p_s}{\partial \vartheta} - \frac{p_s}{T}\right)\right] \cdot \dot{\vartheta} + \left[r \cdot \frac{p_s}{RT} \cdot \left(\psi - \varphi \cdot \frac{\partial u_v}{\partial \varphi}\right)\right] \cdot \dot{\varphi}$$
$$-\nabla^T \cdot \left[\left(\hat{\lambda}_T + r \cdot \frac{D_D}{\mu} \cdot \frac{\varphi}{RT} \cdot \left(\frac{\partial p_s}{\partial \vartheta} - \frac{p_s}{T}\right)\right) \cdot \nabla \vartheta\right] - \nabla^T \cdot \left[r \cdot \frac{D_D}{\mu} \cdot \frac{p_s}{RT} \cdot \nabla \varphi\right] = \bar{Q}_T . \quad (4.5)$$

Die gekoppelte Berechnung eines von HUNDT [4] durchgeführten Austrocknungsversuchs an Betonbalken im Temperaturgefälle nähert die Meßwerte sehr gut an. Bild 1 stellt

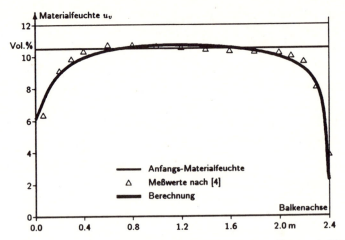

Bild 1: Gemessene und berechnete Feuchteverteilungen über die Balkenlänge nach 550 Tagen.

als Beispiel die berechnete Feuchteverteilung im Balken nach 550 Tagen den Versuchsergebnissen gegenüber. Die Austrocknung am linken Rand ist rein thermisch bedingt und würde durch eine entkoppelte Feuchteberechnung nicht erfaßt, s. auch [6].

5 Feuchte- und Schadstoffhaushalt

Im Begriff "Schadstoffe" sind unterschiedliche gasförmige und flüssige Stoffe zusammengefaßt. Für die rechnerische Beschreibung der Transporterscheinungen eignet sich ein Diffusionsansatz in Form des 1. FICKschen Gesetzes:

$$q_S = -\lambda_S \cdot \nabla \tau . \tag{5.1}$$

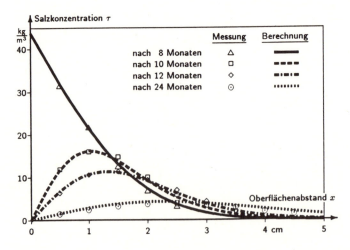

Bild 2: Vergleich gemessener Salzverteilungen aus DAfStb-Heft 384 [1] mit Berechnungsergebnissen.

Durch Variation des Transportkoeffizienten λ_S läßt sich ein großer Bereich der Stoffbewegungen abdecken. Die Verifikation dieses Ansatzes für einen Chlorid-Auswanderungsversuch nach [1] erbrachte eine sehr gute Übereinstimmung von Messung und Berechnung, Bild 2.

Konvektiver Transport in Wasser gelöster Substanzen

In Wasser gelöste Stoffe dringen in nicht wassergesättigten Beton hauptsächlich durch Konvektion mit dem Feuchtestrom ein [7]. Der konvektive Schadstofftransport $q_{S,konv}$ ist daher vom Strom flüssigen Wassers $q_{H,w}$ abhängig:

$$q_{S,konv} = (1 - \beta_F) \cdot \frac{\tau}{\varrho_w \cdot u_v} \cdot q_{H,w} \quad ; \quad q_{H,w} = -\lambda_{H,w} \cdot \nabla\varphi - \lambda_H^S \cdot \nabla\tau . \qquad (5.2)$$

Der Filtrationskoeffizient β_F berücksichtigt, daß Salz-Ionen an den Porenwandungen angelagert und somit dem Transport entzogen werden. Die erweiterten Leitfähigkeiten für den Schadstoffhaushalt folgen zu

$$\lambda_S^H = (1 - \beta_F) \cdot \frac{\tau}{\varrho_w \cdot u_v} \cdot \lambda_{H,w} \quad , \quad \lambda_S = \hat{\lambda}_S + (1 - \beta_F) \cdot \frac{\tau}{\varrho_w \cdot u_v} \cdot \lambda_H^S . \qquad (5.3)$$

Die folgende Versuchssimulation veranschaulicht die Bedeutung dieses "Huckepack"-Transports. Eine 4cm dicke salzfreie Betonprobe wird an ihrer linken Seite zehn Wochen lang einer gesättigten Kochsalzlösung ausgesetzt. Berechnungen mit und ohne Berücksichtigung der Konvektion ergaben die in Bild 3 gezeigten Salzverteilungen. Mit einem Ansatz, der nur Diffusion erfaßt, werden Eindringtiefen und Salzgehalte unterschätzt.

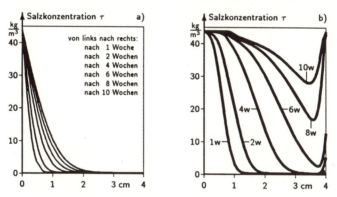

Bild 3: Entwicklung der Salzkonzentration in der Probe
a) nur durch Diffusion   b) durch Diffusion und Konvektion.

Hygroskopische Salze

Hygroskopische Salze verändern das Feuchteverhalten von Baustoffen [2]. Bei einer charakteristischen relativen Luftfeuchte (für Kochsalz $\varphi_{hygr} = 75\%$) nimmt salzhaltiger Beton sprunghaft Feuchte auf, bis ein neuer Gleichgewichtszustand eintritt. Die freie Wassersättigung wird schon bei Luftfeuchten unter 100% erreicht. Beide Effekte nehmen mit der Salzkonzentration zu. Sie lassen sich mit dem Gesetz von RAOULT [2] beschreiben:

$$u_v = \frac{\hat{u}_1}{\hat{u}_2} \cdot \frac{f_2 \cdot \tau}{\varrho_w} \cdot \frac{\varphi_{Lsg}}{\varphi_{H_2O} - \varphi_{Lsg}} . \qquad (5.4)$$

Die Feuchtespeicherfunktion $u_v = f(\varphi)$ ist somit schadstoffabhängig. Die Rate und der Gradient der Materialfeuchte lauten:

$$\dot{u}_v = \frac{\partial u_v}{\partial \varphi} \cdot \dot{\varphi} + \frac{\partial u_v}{\partial \tau} \cdot \dot{\tau} \quad , \quad \nabla u_v = \frac{\partial u_v}{\partial \varphi} \cdot \nabla \varphi + \frac{\partial u_v}{\partial \tau} \cdot \nabla \tau . \tag{5.5}$$

In der Feuchtebilanz entstehen hierdurch zwei Kopplungsterme für die Feuchteleitung und -speicherung infolge von Änderungen der Salzkonzentration. Es ergeben sich die Kopplungskoeffizienten

$$c_H^S = \varrho_w \cdot \frac{\partial u_v}{\partial \tau} - \frac{p_s}{RT} \cdot \varphi \cdot \frac{\partial u_v}{\partial \tau} \quad , \quad \lambda_H^S = \varrho_w \cdot D_w \cdot \frac{\partial u_v}{\partial \tau} . \tag{5.6}$$

Die Berechnung der Feuchteaufnahme zweier Betonproben (Bild 4) verdeutlicht den Einfluß hygroskopischer Salze. Beide Proben haben eine Ausgangsfeuchte von $u_{v0} = 3 \, Vol.\%$ und werden an ihren Stirnseiten Luft mit $\varphi_l = 97\%$ bzw. $\varphi_r = 80\%$ relativer Feuchte ausgesetzt. Eine der Proben ist salzfrei, die andere mit 20 kg/m^3 Natriumchlorid belastet. Bild 4 zeigt die jeweilige Entwicklung der Materialfeuchte über die Dicke. Wegen der Hygroskopizität des Salzes liegt die Gleichgewichtsfeuchte des salzhaltigen Baustoffs bei gleicher relativer Feuchte höher als im salzfreien Beton. Die belastete Probe nimmt daher erheblich mehr Wasser auf.

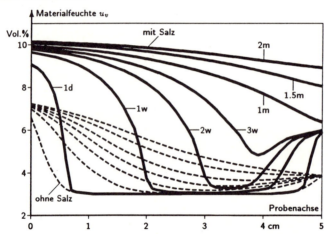

Bild 4: Vergleich der Feuchteaufnahme eines salzbelasteten und eines salzfreien Betons.

6 Anwendungsbeispiele

Behälterecke

Zur Untersuchung des Eindringens von Feuchte und Chlorid in Beton über einen langen Zeitraum wird ein Behälter zur Lagerung von Kochsalzlösung betrachtet, s. Bild 5. Das Behälterinnere und die Unterseite der Sohle sind mit diffusionsdichtem Kunststoff beschichtet. An der Unterkante der Wand ist die Abdichtung auf ganzer Länge schadhaft. Die 30%ige Salzlösung gelangt hier ständig an den Beton.
Die Temperaturverteilung ist schon nach wenigen Tagen praktisch stationär. Die Salzlösung erwärmt den Beton, der von innen nach außen fallende Temperaturgradient führt zu

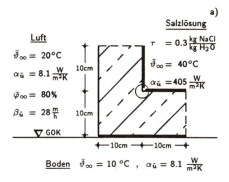
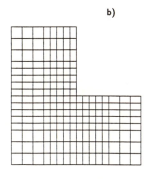

Bild 5: a) Struktur und Umgebungsbedingungen.   b) FE-Diskretisierung.

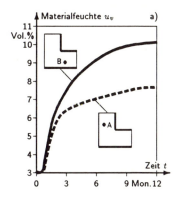
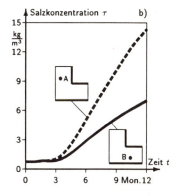

Bild 6: Zeitliche Entwicklung a) der Materialfeuchte b) der Salzkonzentration an zwei ausgewählten Orten in Wand und Sohle.

Dampfdiffusion und beschleunigt ihr Eindringen.

Die Entwicklung der Materialfeuchte ist aus den Bildern 6a und 7 zu ersehen. Von der Schadstelle ausgehend dringt das Wasser zunächst nahezu konzentrisch vor. Mit zunehmender Dauer wird jedoch die Sohle stärker befeuchtet als die Wand. Das Wasser kann an der Unterseite der Sohle nicht durch die Dichtungsbahn entweichen und sammelt sich daher dort. An der Wandoberfläche dagegen verdunstet es, hier stellt sich die Gleichgewichtsfeuchte zur relativen Feuchte der umgebenden Luft ein.

Die Bilder 6b und 8 zeigen die Salzausbreitung im Beton. Das Salz wandert, behindert durch die Filterwirkung des Zementsteins, konvektiv mit dem Wasser ein. In der Wand steigt die Salzkonzentration schneller als in der Sohle. Die Sohle ist zwar feuchter, aber wegen der stauenden Wirkung der Dichtungsbahn sind der Gradient und damit der Strom der Feuchte viel geringer als in der Wand. Hier erhält die Verdunstung an der Oberfläche einen ständigen Nachtransport von Wasser und damit auch von Salz von der Schadstelle her aufrecht.

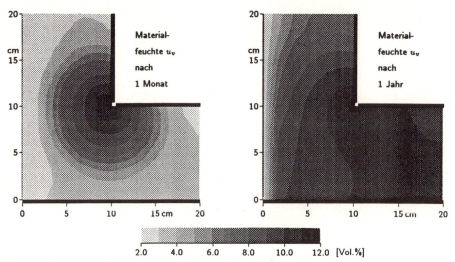

Bild 7: Feuchteverteilung nach einem Monat und nach einem Jahr.

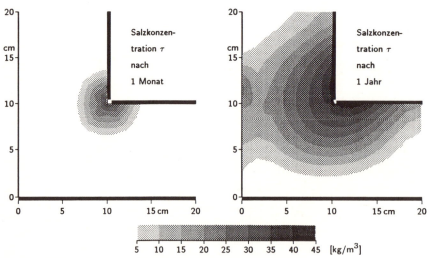

Bild 8: Salzverteilung nach einem Monat und nach einem Jahr.

Brückenkappe

Die Betonkappe einer Straßenbrücke, Bild 9, ist ein der Witterung ausgesetztes Bauteil mit zyklischer Belastung durch das Streuen von Tausalz im Winter.

Die mit den Jahreszeiten wechselnden Umweltbedingungen werden für drei Jahre monatsweise konstant vorgegeben. Ihre Grenzwerte betragen:

$\vartheta_{min} = -10°C$ (Feb.) ; $\vartheta_{max} = 25°C$ (Juli)

$\varphi_{min} = 50\%$ (Juli) ; $\varphi_{max} = 100\%$ (Nov. - Feb.)

$\tau_{min} = 0\ Mas.\%$ (Mai - Okt.) ; $\tau_{max} = 30\ Mas.\%$ (Jan. - Feb.).

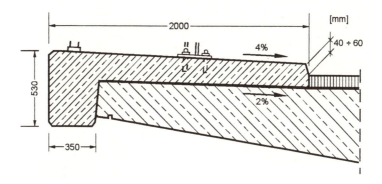

Bild 9: Randausbildung einer Straßenbrücke.

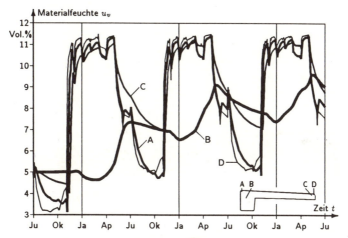

Bild 10: Zeitliche Entwicklung der Materialfeuchte an vier Orten.

Bild 10 zeigt die berechnete zeitliche Entwicklung der Materialfeuchte. Im oberflächennahen Bereich führen die vorgegebenen Witterungsbedingungen zu einer Austrocknung von Mai bis November und anschließend zur Befeuchtung. Im Inneren der Struktur (Punkt B) findet sich dieser Zyklus gedämpft und verzögert wieder. Die Materialfeuchte steigt von Jahr zu Jahr, weil die Befeuchtung durch kapillare Wasseraufnahme leistungsfähiger ist als die Austrocknung durch Verdunstung. Am trockensten ist der Baustoff im Oktober, am feuchtesten im April, Bild 11. Nach dem Winter ist die Betonfeuchte entlang der Oberkante größer als an den übrigen Rändern. Das Tausalz erreicht mit dem Spritzwasser nur die Oberseite der Kappe. In diesem Bereich verstärkt es die Wasseraufnahme.

Die zeitliche Entwicklung der Salzkonzentration in verschiedenen Tiefen, Bild 13, ist der des Feuchtegehalts vergleichbar. Die geringste Salzbelastung herrscht am Ende der frostfreien Zeit im Oktober, Bild 12 oben. Die Auswanderung von Salz-Ionen durch Eigendiffusion wird konvektiv durch die Austrocknung im Sommer unterstützt. Die höchsten Chloridwerte finden sich zum Höhepunkt der Streuperiode im Februar, Bild 12 unten. Die Konzentration nimmt vom Rand nach innen rasch ab. So können schon geringe Unterschiede in der

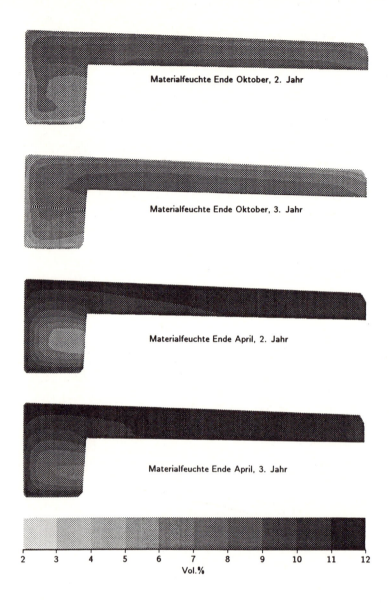

Bild 11: Materialfeuchte am Ende der Monate Oktober und April.

Betondeckung zu lokal sehr verschiedenen Chloridbelastungen der Bewehrung führen.

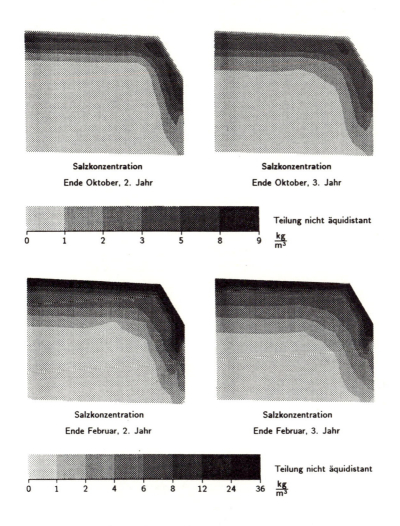

Bild 12: Salzkonzentration am Ende der Monate Oktober und Februar.

Risse

Neben der Porosität sind Risse für die Durchlässigkeit von Beton bestimmend. In [6] wurde das Eindringen einer Salzlösung in der Umgebung von Rissen mit dem bestehenden Berechnungsverfahren untersucht. Als Grundlage dienten Überschlagsberechnungen an einem Kapillarporenmodell mit näherungsweise rechteckigem Rißquerschnitt. Dieser Ansatz ist als Ausgangspunkt für eine mögliche Modellerweiterung zu sehen.

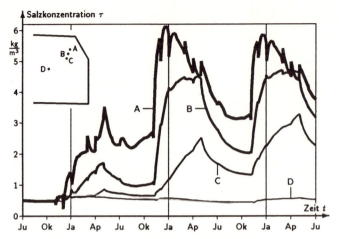

Bild 13: Zeitliche Entwicklung der Salzkonzentration in der Brückenkappe.

7 Ausblick

Zur Bestimmung der Parameter des Berechnungsverfahrens sind instationäre Messungen von Temperatur-, Feuchte- und Schadstoffeldern unter gezielter Variation aller drei Einwirkungen durchzuführen. Weiterhin werden Meßwerte der Feuchtespeicherfunktionen salzbelasteter Baustoffe benötigt. Auch der Einfluß von Rissen ist experimentell zu untersuchen. Die Ergebnisse können direkt in das Verfahren eingebunden werden. Durch Verbindung des vorgestellten Modells mit einer thermomechanischen Analyse jungen Betons [3] stünde ein umfassendes numerisches Instrument zur Schädigungsanalyse von Beton während der Hydratation und im erhärteten Zustand zur Verfügung.

Literaturverzeichnis

[1] FREY, R.: Einwirkungen von Streusalzen auf Betone unter gezielt praxisnahen Bedingungen. Deutscher Ausschuß für Stahlbeton, Heft 384, 1987.

[2] GARRECHT, H.: Porenstrukturmodelle für den Feuchtehaushalt von Baustoffen mit und ohne Salzbefrachtung und rechnerische Anwendung auf Mauerwerk. Dissertation, Karlsruhe, 1992.

[3] HUCKFELDT, J.: Zur Thermomechanik hydratisierender Betons. Bericht Nr. 93-77 aus dem Institut für Statik der TU Braunschweig, 1993.

[4] HUNDT, J.: Zur Wärme- und Feuchtigkeitsleitung in Beton. Deutscher Ausschuß für Stahlbeton, Heft 280, S. 22-41, 1977.

[5] KIESSL, K.: Kapillarer und dampfförmiger Feuchtetransport in mehrschichtigen Bauteilen - Rechnerische Erfassung und bauphysikalische Anwendung. Dissertation, Essen, 1983.

[6] OBERBECK, N.: Instationärer Wärme-Feuchte-Schadstoff - Transport in Beton, Theorie und Berechnung. Bericht Nr. 95-79 aus dem Institut für Statik der TU Braunschweig, 1995.

[7] VOLKWEIN, A.: Untersuchungen über das Eindringen von Wasser und Chlorid in Beton. Dissertation, München, 1991.

Numerisches Modell zur Berechnung von Stahlbetontragwerken unter hohen Dehnungsgeschwindigkeiten und hohem Druck

Prof. Dr.-Ing. Dieter Kraus   Dipl.-Ing. Josef Rötzer
Universität der Bundeswehr München
Lehrstuhl für Massivbau

Zusammenfassung

Im folgenden Beitrag wird eine numerische Methode zur Berechnung des Verhaltens von Beton unter hohem Druck und hohen Dehnungsgeschwindigkeiten vorgestellt. Beanspruchungen in diesen Bereichen können z.B. durch Impact- oder Explosionsbelastung verursacht werden. Zur Erforschung der Stoffgesetze wurden Stahlbetonplatten unter Kontaktladung untersucht. Bei dem verwendeten Berechnungsverfahren wird die Druckausbreitung des Sprengstoffes und die Interaktion mit der Struktur als gekoppelte Berechnung mit einer Euler-Lagrange-Formulierung auf Grundlage der Finite-Differenzen-Methode durchgeführt. Der Beton durchläuft den elastischen und plastischen Bereich und versagt nach Überschreiten der hydrodynamischen Zugfestigkeit oder Erreichen der maximalen Gestaltänderungsarbeit. Zur Berechnung wurde das Programm AUTODYN [1] verwendet.

1. Beanspruchungsbereich und Stoffgesetz

Form, Dauer und Größe der dynamischen Einwirkung auf ein Bauteil kennzeichnen die Belastung und das Materialverhalten. Zur Klassifizierung wird meist die Stoßgeschwindigkeit oder die Dehnungsgeschwindigkeit verwendet. Bis zu einer Geschwindigkeit von 250 [m/s] spricht man vom niedrigen Geschwindigkeitsbereich. Die meisten Probleme in diesem Bereich sind der Strukturdynamik zuzuordnen. Charakteristische Belastungs- und Reaktionszeiten liegen im Millisekundenbereich.
Wenn die Auftreffgeschwindigkeit auf 500 bis 2000 [m/s] steigt sind, für die Untersuchung lokaler Schädigungen, die Stoffgesetze von signifikanter Bedeutung. Diese Vorgänge können zufriedenstellend mit Hilfe der Theorie der Wellenausbreitung beschrieben werden. Typische Belastungs- und Reaktionszeiten liegen im Bereich von Mikrosekunden.
Steigert man die Stoßgeschwindigkeiten weiter auf ca. 2000 bis 3000 [m/s], werden die örtlichen Beanspruchungen so groß, so daß sich die Materialien wie Fluide verhalten und entsprechend beschrieben werden müssen [5].

Bei Geschwindigkeiten über 12000 [m/s] findet eine explosionsartige Verdampfung des Materials der aufeinandertreffenden Körper statt.

Ereignisse	Materialverhalten	Dehngeschwindigkeitsbereich	
	Explosionsstoß - die kollidierenden Körper verdampfen	über 10^8	
Kontaktdetonation 5000 MN/m² ↓	hydrodynamisches Verhalten, die Zusammendrückbarkeit des Materials ist nicht vernachlässigbar	10^8 bis 10^4	Labortest nicht möglich
	fluides Verhalten, lokale Drücke überschreiten die Materialfestigkeiten um ein Vielfaches; Dichte ist ein dominanter Parameter	10^6 bis 10^4	
↑	viskos, jedoch Materialfestigkeit noch signifikant	10^4 bis 10^2	Labortest möglich
Flugzeugabsturz Anprall Gasexplosion Erdbeben Verkehr	ausgeprägt plastisch	10^0 bis 10^2	
	primär elastisch lokal plastisch	kleiner 10^0	

Bild 1: Klassifizierung der dynamischen Einwirkung und des Materialverhaltens

Zur Ermittlung der dynamischen Festigkeit wird als Prüfeinrichtung normalerweise der Split-Hopkinson-Bar verwendet. Mit ihm können für homogene Werkstoffe bei Probendurchmessern von ca. 20 mm Dehngeschwindigkeiten bis 10^3 [1/sec] erreicht werden. Für Beton ist infolge seiner Inhomogenität ein vielfach größerer Probekörper erforderlich [3], an dem die o.g. Dehngeschwindigkeitsbereiche bei weitem nicht erreicht werden.
Bei dynamischen Berechnungen in der Strukturdynamik ist es üblich, das dynamische Materialverhalten durch Erhöhungsfaktoren zu berücksichtigen. Die Ermittlung der Belastung erfolgt meist getrennt von der zu untersuchenden Struktur, man bezeichnet dies als entkoppelte Berechnung.

Diese Vorgehensweise kann beim vorliegenden Problem nicht mehr angewendet werden, da:

- die Verformung und Zerstörung des Bauteils die Größe und Ausbreitung der Belastung erheblich beeinflussen
- die Dehnungsgeschwindigkeiten Größenordnungen erreichen, für die Lasterhöhungsfaktoren nicht verfügbar sind
- bei der Materialbeschreibung die Veränderung der Dichte mit erfaßt werden muß.

Da im zu untersuchenden Beanspruchungsbereich eine labormäßige Untersuchung der Stoffgesetze nicht mehr möglich ist, wurden Sprengversuche an Stahlbetonplatten durchgeführt und die Stoffgesetze mit Hilfe numerischer Nachrechnungen und parametrischer Untersuchungen erforscht.

2. Räumliche und zeitliche Beschreibung

Das verwendete Programm löst die Aufgabenstellung mit der Methode der Finiten-Differenzen auf der Basis einer Euler-Lagrange-Kopplung. Zu jedem Zeitpunkt werden die Erhaltungssätze von Masse, Impuls und Energie gelöst. Die Druckausbreitung wird mit Hilfe einer empirisch gewonnenen Beziehung, der Jones-Wilkins-Lee-Gleichung [1], beschrieben.

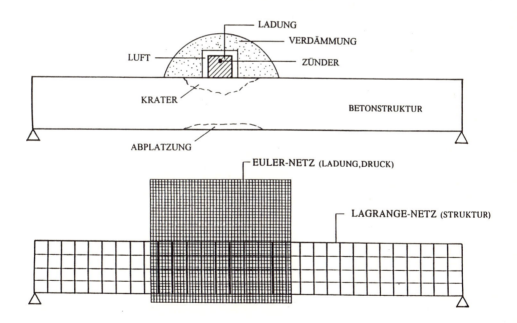

Bild 2: Versuchskörper und Abbildung der Euler-Lagrange-Interaktion

In der Eulerformulierung ist das Netz unverschieblich, das Material bewegt sich durch das Netz. In der Lagrangeformulierung wird das Netz, das die zu untersuchende Struktur beschreibt, unter einer Einwirkung verformt und verzerrt. Bei der Euler-Lagrange-Koppelung wird der im Eulernetz errechnete Druck auf die Ränder, der im Lagrangenetz abgebildete Struktur aufgebracht.

Eine sich ausbreitende Druckwelle ist gekennzeichnet durch einen großen Druckgradienten in einem zeitlich und örtlich begrenzten Bereich. Um diesen charakteristischen Verlauf ausreichend genau abbilden zu können, ist eine sehr kleine Netzweite des Eulernetzes erforderlich. Die Größe eines Elementes wird so klein gewählt, daß der Druck mindestens 50 % des bei der Umsetzung auftretenden maximalen Druckes (Chapman-Jouguet-Druckes) [1] erreicht. Die Länge eines Lagrangeelementes wird auf den vierfachen Wert des Eulerelementes begrenzt. Durch eine geeignete Wahl des Zeitschrittes werden die numerische Stabilität der Berechnung, die Energieerhaltung und die Abbildung der Wellenausbreitungsphänomene erreicht [4].

3. Stoffgesetze für Beton und Stahl

Bisher durchgeführte Berechnungen zeigen, daß im zu untersuchenden Beanspruchungsbereich der Druck im Beton eine Größe von 5,0 GPa (5000 MN/m^2) und die Dehngeschwindigkeit Werte von $4,0 \cdot 10^4$ bis $8,0 \cdot 10^4$ [1/s] erreichen [4].

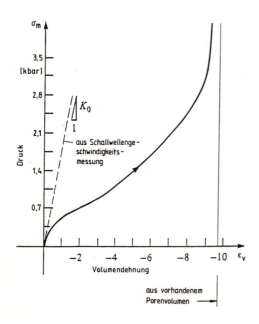

Bild 3: Druck-Dichte-Beziehung für Beton

Für diese Dehngeschwindigkeiten und Drücke ist die klassische Materialbeschreibung nicht mehr praktikabel. Für die weitere Darstellung des Festigkeits- und Verformungsverhaltens ist daher eine Aufteilung der Spannungen und Dehnungen in ihre hydrostatischen und deviatorischen Anteile sinnvoll.

Der hydrostatische Anteil beschreibt den Zusammenhang von hydrostastischem Druck und Volumendehnung (siehe Bild 3). Der deviatorische Anteil beschreibt das Gestaltänderungsverhalten und die Festigkeit des Materials. Bild 4 und 5 zeigen das dreidimensionale Druckversagen von Beton einschließlich der Dehnungsverfestigung.

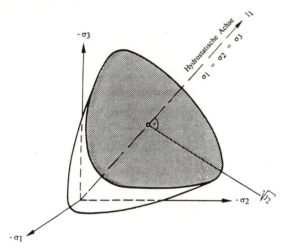

Bild 4: Dreiachsige Festigkeit von Beton

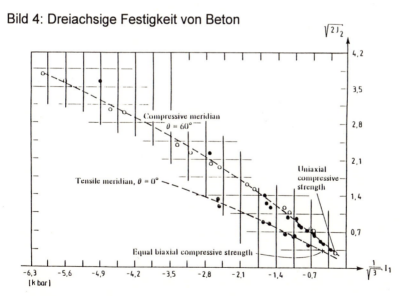

Bild 5: Dreiachsige Festigkeit nach Chen [2]

Die beiden Kurven im Bild 5 zeigen den Druck- und den Zugmeridian, zwei charakteristische Schnitte durch die räumliche Bruchfigur des Bildes 4. Sie können vereinfacht durch eine modifizierte Drucker-Prager-Fließbedingung beschrieben werden. Diese entspricht den Bedingungen 1 und 2 im Bild 6. Die Ergebnisse des Bildes 5 stammen aus statischen Versuchen; für Beton unter dreiachsiger dynamischer Beanspruchung wurden bisher noch keine entsprechenden Daten publiziert.

Der Beton plastiziert beim Erreichen der modifizierten Drucker-Prager-Grenze. Zur Bestimmung der plastischen Verformungsanteile wird das Verfahren des "radial return" [6] verwendet. Der Spannungsvektor wird hierbei senkrecht zur hydrostatischen Achse auf die Fließfläche zurückprojeziert. Dies entspricht einer volumenkonstanten Fließregel. Damit kann zwar die Dilatation nicht beschrieben werden, was für Beton, im Gegensatz zu Böden, keine wesentliche Einschränkung darstellt.

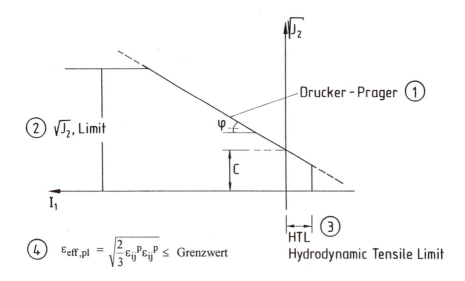

Bild 6: Fließ- und Versagensbedingungen

Das Materialversagen im Bereich großer plastischer Verformungen wird durch eine Gestaltänderungsarbeitshypothese (siehe Bedingung 4 im Bild 6) beschrieben.
Das relativ spröde Zugversagen des Betons kann ausreichend genau durch die hydrodynamische Zugfestigkeit (siehe Bedingung 3 im Bild 6) abgebildet werden.

Für die Bewehrungsstähle gilt eine bilineare elastisch-plastische Beziehung.

4. Vergleich der numerischen Rechnungen mit Versuchen

Die benutzten Stoffgesetze wurden auf ihre Brauchbarkeit hin überprüft. Dies erfolgte durch den Vergleich von Kratervolumen und Abplatzungsvolumen aus der Berechnung mit den Versuchen. Um eine Aussage über die Streuung zu erhalten, wurden je Serie 3 Versuche mit gleichen Randbedingungen (Abmessungen, Betongüte, Bewehrung, Sprengstoffmenge, Verdämmung) durchgeführt. Die Versuchsplatten hatten Abmessungen von 2,0 x 2,0 x 0,3 m; die Festigkeit $f_{c,k}$ lag bei 40 MN/m². Die obere und untere Bewehrung bestand aus 16 mm Stäben im Abstand von 15 cm. Bild 7 zeigt die typischen Schäden einer Versuchsserie. Im Bild 8 sind die Ergebnisse einer Versuchsserie den Berechnungen gegenübergestellt, man erkennt die Streuungen der Berechnungen und der Versuchsserie.

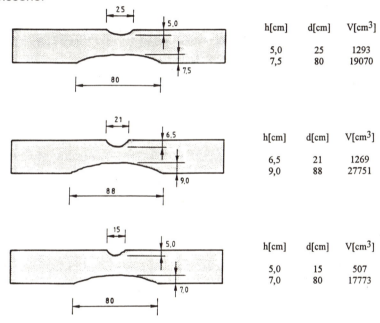

Bild 7: Versuchsserie 0.5 kg PETN verdämmt

Die Ergebnisse können wie folgt zusammengefaßt werden:

- Die verwendete Rechenmethode ist für Untersuchungen im Bereich hochdynamischen Materialverhaltens gut geeignet,
- Die hydrodynamische Zugfestigkeit des Betons (Hydrodynamic Tensile Limit) liegt um den Faktor 5 bis 10 höher als die statische Zugfestigkeit
- Die equivalente plastische Dehnung (Materialversagen im Bereich großer plastischer Verformungen) des Betons liegt zwischen 5 und 10 %; die entsprechenden statischen Werte liegen bei 0,1 bis 0,5 %.

- Die Bedingungen 1 und 2 gemäß Bild 6 haben keinen wesentlichen Einfluß auf die Rechenergebnisse
- Mit diesen Festigkeitsgrenzen und sinnvollen Annahmen für die Druck-Dichte-Beziehung wurde eine zufriedenstellende Übereinstimmung zwischen Berechnung und Versuch erreicht

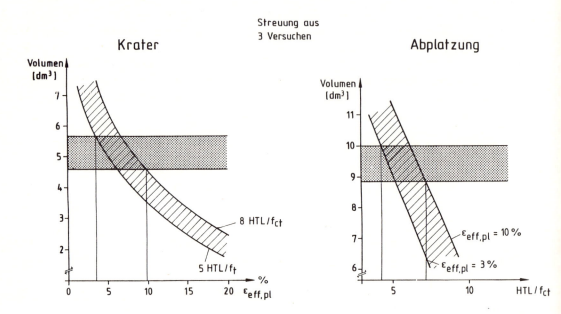

Bild 8: Ergebnisse aus Versuch und Berechnung

[1] AUTODYN TM, Software for Non-Linear Dynamics, Century Dynamics Incorporated, Users Manual, Oakland 1989.

[2] Chen, W.F.: Plasticity in Reinforced Concrete. Mc Graw-Hill: 1982.

[3] Eibl, J., Ivanyi G.: Studie zum Trag- und Verformungsverhalten von Stahlbeton. Heft 260 des DAfStb. Ernst & Sohn, Berlin 1976.

[4] Kraus, D.; Rötzer, J.; Thoma, K.: The Effect of High Explosive Detonations on Concrete Structures. Post-SMIRT Impact IV Symposium, August 1993 Berlin, in Nuclear Engineering and Design 150 (1994) Seite 309 - 314.

[5] Rötzer, J.: Stoffgesetz für Beton unter hohem Druck und hohen Dehnungsgeschwindigkeiten. Dissertation, Universität der Bundeswehr München, in Vorbereitung.

[6] Wilkins, M. L.: Calculation of elastic-plastic flow. UCRL-7322 Lawrence Livermore Laboratory 1981.

FE-Berechnung oder Stabwerkmodelle?

Kurt Schäfer, Universität Stuttgart

Zusammenfassung:

Nach einer kurzen Darstellung von Grundlagen der Methode der Stabwerkmodelle werden einige Unzulänglichkeiten und Probleme bei der Anwendung linearer FE-Berechnungen auf Stahlbetontragwerke an Hand von Stabwerkmodellen aufgezeigt. Aus der Diskussion der Unterschiede beider Berechnungsverfahren und ihrer Anwendungsgebiete ergibt sich, daß die FEM und die Methode der Stabwerkmodelle sich sehr gut ergänzen - erstere eignet sich hervorragend zur Erfassung des globalen Tragverhaltens und für Bereiche mit geringen Spannungsgradienten, letztere hat ihre Stärke besonders bei den für FE schwierigen Diskontinuitäten und den mit einer praktikablen Bewehrungsführung zusammenhängenden Problemen. Die Stabwerkmodelle eignen sich besonders für den Entwurf und die Bemessung von Details und zur unabhängigen Kontrolle und Ergänzung von FE-Berechnungen. Ein hervorragender Vorteil der Modelle liegt in ihrer Anschaulichkeit.

1. Einleitung

Oftmals werden lineare FE-Programme gutgläubig und schematisch für Probleme angewendet, für die sie keine brauchbaren Lösungen liefern können, weil die stofflichen Besonderheiten des Verbundbaustoffes Stahlbeton nicht berücksichtigt sind: die Rißbildung und dadurch verursachte Steifigkeitsänderungen, die Kanalisierung der Zugspannungen in den meist orthogonal angeordneten Bewehrungssträngen, die Plastizierung des Betons und Bewehrungsstahls bei hohen Beanspruchungen, der Verbund und die erforderlichen Verankerungslängen von Bewehrungsstäben. Diese Mängel kommen besonders in Bereichen mit Singularitäten zur Geltung, also in Auflagerbereichen oder konzentrierten Lasteinleitungen, bei plötzlichen Querschnittsänderungen, einspringenden Ecken und anderen geometrischen Unregelmäßigkeiten. In solchen Fällen ist viel Erfahrung und Sachkenntnis nötig, um die FEM-Ergebnisse zu ergänzen und in eine sichere Konstruktion umzusetzen.

Zuverlässiger und für das Verständnis des Tragverhaltens solcher Problembereiche äußerst hilfreich sind (evtl. zusätzliche) Untersuchungen mittels Stabwerkmodellen. Diese liefern insbesondere für die Diskontinuitäten (D-Bereiche) von Stabtragwerken einfache, durchsichtige Lösungen. Die Methode der Stabwerkmodelle kann aber ebenso auf Scheiben und auf räumliche Tragwirkungen in massigen Betonkonstruktionen angewendet werden; denn sie wurde - aufbauend auf den plastizitätstheoretischen Züricher Arbeiten - auf Anregung von Prof. Schlaich in Stuttgart für die Anwendung auf beliebige Tragwerksformen und Tragwerksbereiche von Konstruktionsbeton verallgemeinert und durch Bemessungsvorschläge für die Stäbe und deren Knoten ergänzt [13]. Die Stabwerkmodelle haben inzwischen Eingang in den CEB-FIP Model-Code 1990 und in die neue Euronorm EC 2 für Betontragwerke gefunden ([7, 8]). Einige Charakteristika der Methode werden nachfolgend kurz dargelegt, die ausführlichsten Darstellungen findet man in [4, 11, 12].

2. Die Grundzüge der Methode der Stabwerkmodelle

Den Stabwerkmodellen liegt der Gedanke zugrunde, die Druckspannungsfelder im Beton durch gerade Druckstäbe zu repräsentieren, die etwa in Richtung der mittleren Hauptdruckspannung liegen, und die Zugspannungsfelder durch gerade Zugstäbe zu ersetzen, die an den Stellen und in den Richtungen einer nach baupraktischen Gesichtspunkten angeordneten Bewehrung liegen. Die Zugstäbe des Modells haben also gleich die richtige Richtung, und die sonst nötige Umrechnung von Spannungen oder Schnittgrößen in die Bewehrungsrichtungen entfällt deshalb.

Eine zumindest grobe Orientierung des Stabwerkmodells, vor allem seiner Druckstäbe, an dem Spannungsbild einer linear elastischen Berechnung ist zweckmäßig, um die Verträglichkeitsbedingungen näherungsweise zu befriedigen und um die Modelle auch für die Gebrauchszustände verwenden zu können. Hierbei sind grobmaschige FE-Berechnungen der Hauptspannungen oder der Lastpfade sehr hilfreich [2, 3]. Die Hauptspannungen und die Lastpfade stellen zugleich wichtige Hilfsmittel für die Modellfindung dar. Eine weitere wichtige Modellierungshilfe ist die Abwandlung häufig wiederkehrender Modelle für typische D-Bereiche [4]. Das Modellieren kann auch mit Computerunterstützung im interaktiven Betrieb vorgenommen werden [3].

Nachdem die Stabkräfte am Modell für die wirkliche Bewehrungsführung ermittelt und alle Modellstäbe und Knoten für diese Kräfte bemessen sind, erfüllt das so bemessene Tragwerk den unteren Grenzwertsatz der Plastizitätstheorie; es ist also sicher. Für die Bemessung der Druckfelder und Knotenbereiche unter Berücksichtigung der Rißbildung und mehraxialer Spannungszustände sind in den Stuttgarter Publikationen praktische Vorschläge über Festigkeiten, Standardknoten und deren Bemessung entwickelt worden, die teilweise auch in die europäischen Normen übernommen wurden. Diese Regeln können auch in Ergänzung zu FE-Berechnungen verwendet werden.

Es ist zweckmäßig und für das globale Verständnis des Tragverhaltens aufschlußreich, das Tragwerk vor dem Modellieren in **B**- und **D**-Bereiche zu unterteilen. Sie unterscheiden sich dadurch, daß für sie die **B**ernoulli Hypothese vom Ebenbleiben der Querschnitte brauchbar ist bzw. daß eine **D**iskontinuität der Belastung oder Geometrie vorliegt. Schlaich und Weischede, die diese Begriffe prägten, haben mit dem Prinzip von DeSaint-Venant gezeigt, wie man die Ausdehnung der D-Bereiche, in denen die üblichen Bemessungsverfahren nicht gelten, ermitteln kann [1].

Außerdem ermittelt man bei Stabtragwerken vorweg die Schnittgrößen mit den üblichen statischen Systemen und bemißt die B-Bereiche mittels Fachwerkmodell oder nach Norm. Es sind dann nur noch für die D-Bereiche Modelle zu entwickeln (falls nicht auch dafür bekannte Standardmodelle verwendet werden können). Da die konzentrierten Knoten Engstellen des Kraftflusses in D-Bereichen darstellen, reduziert sich die Bemessung solcher Bereiche darauf, die wenigen konzentrierten Knoten nach den Regeln für typische Knoten zu bemessen und die Zugkräfte der Modellzugstäbe durch Bewehrung abzudecken [4].

3. Ein D-Bereich als Beispiel

Betrachten wir beispielsweise den Bereich des abgesetzten Auflagers eines Balkens in Bild 1a. Das Hauptspannungsbild aus der linearen FE-Berechnung vermittelt zunächst einen Einblick in das generelle Tragverhalten, es kann aber die Besonderheiten des Stahlbetons nicht erfassen. Eine elementweise Ermittlung der erforderlichen Bewehrung in zwei orthogonalen Richtungen, wie sie von vielen gängigen Bemessungsprogrammen vorgenommen wird, liefert im Bereich der unteren Ecke 2 keine wesentliche Bewehrung; an der Ecke selbst sind ja auch alle Spannungen theoretisch gleich Null. Gehen wir davon aus, daß aus baupraktischen Gründen nur orthogonale Bewehrung, keine Diagonalbewehrung, eingelegt wird (Bild 2b), dann offenbart das dazu passende Stabwerkmodell in Bild 2a, daß in dieser Ecke eine vertikale Zugkraft wirkt, die genau so groß ist, wie die Auflagerkraft, und daß an der Ecke beginnend eine Gurtzugkraft von gleicher Größenordnung längs des unteren Randes durch Bewehrung abzudecken ist.

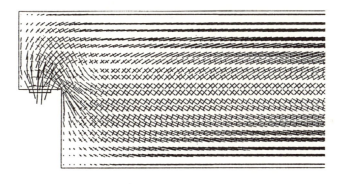

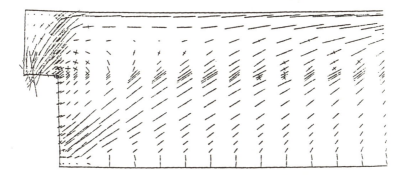

Auch in einigem Abstand vom Balkenende, etwa am rechten Rande des hier dargestellten Trägerbereiches, ist die aus der linearen FE-Berechnung sich ergebende Gurtzugkraft noch um etwa 20 % zu gering, weil damit das in den Versuchen festgestellte "Versatzmaß" nicht erfaßt werden kann. Das Fachwerkmodell, das über Mörsch, Ritter und Hennebique mehr als hundert Jahre zurückverfolgt werden kann und bis heute die Grundlage der Balkenbemessung bildet, erklärt dies mechanisch in einfachster Weise. Die Vergrößerung der Zuggurtkraft ist zur Erhaltung des Gleichgewichts nötig, wenn für die diagonalen Zugspannungen vertikale Bügel angeordnet werden. Aus der linearen FE-Berechnung erhält man stattdessen eine Horizontalbewehrung im Bereich der Nullinie, die zumindest bei Platten und niedrigen Balken unzweckmäßig ist.

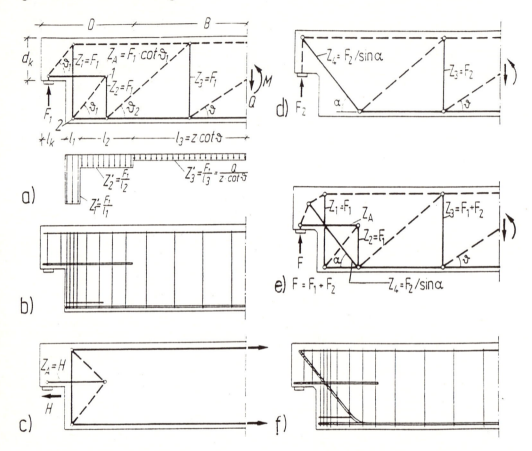

Bild 2: Balken mit abgesetztem Auflager a) Stabwerkmodell und Bügelkräfte für senkrechte Aufhängebewehrung b) zugehörige Bewehrung c) Modell für Horizontalkraft am Lager d) Modell bei Schrägbewehrung e) Kombination der Modelle für senkrechte Aufhängebewehrung und Schrägbewehrung f) zugehörige Bewehrung

Kehren wir von dem in den Normen ausführlich behandelten B-Bereich des Balkens zu dem eigentlich heiklen D-Bereich am Balkenende zurück; denn dort liegt wegen der konzentrierten Auflagerkraft und der einspringenden Ecke eine starke statische und außerdem noch eine geometrische Diskontinuität vor, in der die üblichen Bemessungsverfahren nicht gelten. Im vorliegenden Falle erstreckt sich der D-Bereich - wie fast immer bei Balken - ungefähr so weit von der Diskontinuität weg, wie der Balken hoch ist.

Die geometrische Singularität an der einspringenden Ecke führt bekanntlich zu unendlich großen Spannungen, welche in der FE-Berechnung - abhängig von der Größe der gewählten Elemente - zu mehr oder weniger großen Spannungen verschmiert werden. Diese müssen nun zur Ermittlung der horizontalen und vertikalen Bewehrung in die Bewehrungsrichtungen transformiert werden, was manche Programme automatisch erledigen, und sie müssen zu Kräften integriert werden. Bei m Stabwerkmodell erübrigt sich beides.

Die Länge der Horizontalbewehrung von der einspringenden Ecke aus nach rechts gemessen würde von gläubigen Programmanwendern aus dem Verlauf der Zugkräfte entlang der Bewehrung zu kurz festgelegt, von unbedarften Normenanwendern womöglich gar gleich der Verankerungslänge gewählt werden. Das Stabwerkmodell in Bild 2a zeigt klar, wie weit der Schwerpunkt der Verankerungslänge (der "Knoten" 1) mindestens hinter der Ecke liegen muß, wenn, wie üblich, die "Aufhängebewehrung" Z_1 gleich der Auflagerkraft gewählt wird. Die Bewehrung ist dann noch um die halbe normgemäße Verankerungsänge über den Verankerungsschwerpunkt hinaus zu führen.

Abgewandelte Stabwerkmodelle zeigen, daß man die Länge der Horizontalbewehrung ab der Ecke verkürzen kann, wenn die "Aufhängebewehrung" verstärkt wird und daß die unvermeidliche Reibungskraft im Auflager diese Vertikalbewehrung zusätzlich beansprucht. Die zusätzlich zur üblichen "Schubbewehrung" erforderliche Verikalbewehrung im D-Bereich ist, wie die Verteilung der Bügelkräfte im Bild 2a zeigt, ohnehin größer als die meistens abgedeckte Auflagerkraft.

Aus der linearenFE-Berechnung ergibt kurz vor dem Auflager eine wesentlich geringere Zugkraft der Horizontalbewehrung als in der Ecke. In Wirklichkeit ist die Zugkraft der Horizontalbewehrung von der Ecke bis zum Lager fast konstant und muß ab der Vorderkante des Auflagers auf sehr kurze Länge verankert werden, was wegen der beschränkten Verbundfestigkeit mit gerade endenden Stäben praktisch nicht möglich ist. Die mit der Verankerung von Bewehrungsstäben verbundene Problematik kann eine linear-elastische Berechnung für homogenes Material nicht wiedergeben. Ebenso vernachlässigt eine ebene Berechnung des Tragwerks die Konzentration der Betondruckspannungen auf die Bewehrungsstäbe und die daraus folgenden Querzugspannungen (senkrecht zur Bildebene), welche die Tragfähigkeit des Auflagerknotens maßgeblich mitbestimmen.

Die relativ geringe Zugkraft der FE-Berechnung über dem Auflager erklärt sich aus der ganz anderen Tragwirkung, die der linearen Berechnung zugrunde liegt. Das Hauptspannungsbild 1a zeigt klar die bevorzugte diagonale Spannungsrichtung an der einspringenden Ecke. Eine punktweise örtliche Abdeckung dieser Spannungen durch orthogonale Bewehrung, wie sie in den kommerziellen Programmen durchgeführt wird, bleibt nicht immer ohne Einfluß auf die anderen Tragwerksbereiche! Das aus dem Stabwerkmodell ablesbare und oben diskutierte abweichende Tragverhalten des gerissenen Stahlbetons wird durch die Berechnung mit nichtlinearen Stoffgesetzen bestätigt (Bild 1b).

Wählt man dem Spannungsbild 1a folgend statt der senkrechten Aufhänge-bewehrung eine Diagonalbewehrung in der einspringenden Ecke, dann paßt dazu das Modell in Bild 2d. Auf eine Bewehrung an den Bauteilrändern wird man aber tunlichst nicht verzichten. Nun erhebt sich die Frage, für welchen Anteil der Zugspannungen oder Anteil der Auflagerkraft diese Bewehrung zu bemessen ist. Diese Frage kann keine Spannungsanalyse, auch keine Berechnung mit nichtlinearen Materialgesetzen beantworten. Deren Antwort würde von der gewählten Bewehrungsaufteilung abhängen. Die Entscheidung muß der Konstrukteur im Einzelfall treffen (oder ein anderer trifft sie für ihn ohne Kenntnis des speziellen Falles pauschal beim Programmieren). Der Konstrukteur hat dabei einen beträchtlichen Entscheidungsspielraum, den er für eine einfachere Bewehrungsführung oder eine bessere Rissebegrenzung nutzen kann. Das Bild 2e zeigt die Kombination beider Modelle und Bild 2f die entsprechende Bewehrungsanordnung.

4. Einige Unterschiede zwischen linearer FEM und Stabwerkmodellen

Da die ungeheure Leistungsfähigkeit der linearen FEM in der täglichen Bemessungspraxis intensiv - mitunter übertrieben - genutzt und ihre Vorteile deshalb bekannt sind, sei es dem Verfasser hier gestattet, bei der FEM mehr die Nachteile bzw. die falsche Anwendung und bei den in der Praxis zu selten angewendeten Stabwerkmodellen mehr die Vorteile hervorzuheben.

Ein bereits in dem obigen Beispiel diskutierter Unterschied liegt darin, daß die Anwenderprogramme von linearen Stoffgesetzen ausgehen und deshalb die Besonderheiten des Verbundbaustoffes Stahlbeton nicht berücksichtigen können, während dies mit den Stabwerkmodelle möglich ist. Diese können von einem sachkundigen Anwender entsprechend den Rißrichtungen im Beton und den praktischen Erfordernissen der Bewehrungsführung gewählt werden.

Die Unzulänglichkeiten der Ergebnisse aus linearen FE-Berechnungen können zwar im allgemeinen von einem geschulten und verständnisvollen Anwender "konstruktiv" oder durch Detailanalysen kompensiert werden; die Flut der Daten - bisher nur wenig eingedämmt durch plots -., ihre häufige Richtigkeit, die sauberen Ausdrucke und die Schnelligkeit, mit der eine EDV-Berechnung abgewickelt wird, verführen aber zur Oberflächlichkeit. Allzuleicht wird dann bei der Umsetzung von FE-Berechnungen in Bewehrungspläne das Problem der Krafteinleitung in die Bewehrung übersehen. Wer kennt oder reflektiert schon die vielen Annahmen, die in den Programmen und Eingabewerten versteckt sind? Solange die prüffähige (Hand)-Berechnung einer Scheibe oder Platte noch ein Verständnis ihres Tragverhaltens erforderte, konnte sie nur von Ingenieuren mit den entsprechenden Kenntnissen erstellt werden. Mit einem FEM-Programm liegt diese Hemmschwelle heute sehr tief und die Häufigkeit einer falschen oder fehlenden Interpretation der Ergebnisse ist entsprechend groß.

Je komplexer und weniger durchsichtig die Computerberechnungen werden, desto wichtiger sind komplementäre Möglichkeiten zur Kontrolle der black-box-Ergebnisse und die Veranschaulichung des Tragverhaltens durch leicht verständliche, anschauliche Modelle. Dafür eignen sich die Stabwerkmodelle unbestritten in hervorragender Weise.

Der Verfassser hat beispielsweise bei der Prüfung einer Stahlbeton-Wandscheibe, deren Bewehrung wegen zahlreicher großer Öffnungen elementweise mit einem EDV-Programm ermittelt wurde, festgestellt, daß eine über zwei Stockwerke durchgeführte starke Stützenbewehrung unmittelbar unter der lasteinleitenden Decke auf Druck, darüber aber ebenso voll auf Zug ausgenutzt war. Dazu müßte über die Höhe des Deckenunterzuges von 80 cm zweimal die zulässige Kraft der Bewehrungsstäbe von 25 mm Durchmesser eingeleitet werden können, was aber nach DIN 1045 eine Verankerungslänge von 2 Metern erfordert. Einfache Stabwerkmodelle veranschaulichen die Lastabtragung des aufgehängten Lastanteils (Bild 2) und legen außerdem die Frage nahe, ob diese (Um)Wege der Lastabtragung überhaupt zweckmäßig sind. Eigentlich kann und müßte der Programmanwender solche Probleme bei der Durchsicht der Ergebnisse von EDV-Berechnungen erkennen; die Erfahrung zeigt allerdings, daß die Ausdrucke häufig unreflektiert in Bewehrungspläne übernommen werden.

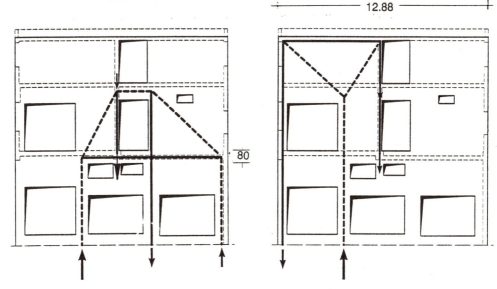

Bild 3: Zwei Stabwerkmodelle für die Abtragung der aufgehängten Anteile der MittelträgeAuflagerkräfte in einer Wandscheiber mit großen Öffnungen

Ein weiterer wesentlicher Unterschied zwischen FE-Berechnungen (auch nichtlinearen) und Stabwerkmodellen liegt darin, daß die Stabwerkmodelle mit integralen Größen, nämlich Kräften, arbeiten, während die FEM punktuelle Größen, meistens Spannungen, liefert. Integrale Größen sind bekanntlich viel weniger variabel und weniger sensibel bezüglich örtlicher Unregelmäßigkeiten oder Fehlern und deshalb auch viel übersichtlicher und einfacher zu handhaben. Diesen Vorteil nutzt man beispielsweise auch bei der üblichen statischen Berechnung von Stabtragwerken, indem man Schnittgrößen M, N, Q ermittelt, die ja Spannungsintegrale sind.

Man ermittelt diese, ohne die punktuell sehr verschiedenen Materialien, Spannungszustände, Rißbildung usw. im einzelnen zu berücksichtigen. Erst danach werden bei der Bemessung an den maßgebenden Stellen die lokalen Spannungen unter Berücksichtigung realistischer Stoffgesetze berechnet. Niemand würde auf den Gedanken kommen, in einem Rahmentragwerk die Spannungen an jeder Stelle und in verschiedenen Schichten der Stäbe elementweise auszurechnen und darzustellen. Man würde "vor lauter Bäumen den Wald nicht mehr sehen".

Etwas ähnliches geschieht aber bei den FE-Berechnungen. Der Wust an lokalen Daten verstellt leicht den Blick auf das Wesentliche und das Ganze. Die bei FE-Berechnungen ausgegebenen Momente oder Normalkräfte werden zwar auch als Schnittgrößen bezeichnet, sie sind aber auf die Länge bezogen und haben die Eigenschaften von Tensoren 2. Ordnung wie die Spannungen. Diese kann man sich (wenn überhaupt) nur sehr viel schlechter vorstellen als Kräfte, die als Vektoren sehr einfach dargestellt, in andere Richtungen zerlegt und bezüglich ihres Gleichgewichts überprüft werden können. Die Stabwerkmodelle arbeiten mit solchen Vektoren.

Zur Anschaulichkeit der Stabwerkmodelle trägt außerdem ihre Verwandtschaft mit Kraftflußbildern bei (Bild 4) [3]. Der sichtbar gemachte Verlauf einer Kraft von ihrer Quelle (Lastangriff) durch das Tragwerk hindurch bis zur Mündung (Lager) ähnlich einer Partikelströmung stellt eine sehr robuste, fehlerunempfindliche Möglichkeit zur Kontrolle der Standsicherheit des Gesamttragwerks dar. Oft genügt schon ein Blick auf das Stabwerkmodell, um zu erkennen, wo Lücken im Kraftfluß einer unzulänglichen Bewehrungsführung und wo Ungleichgewichte oder Probleme mit der Verankerung bestehen.

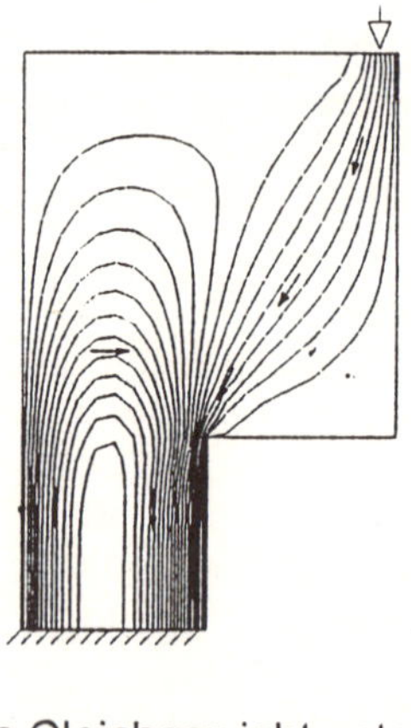

Bild 4: Fluß der Vertikalkräfte in einer Scheibe, abgeleitet aus der Analogie zu einer Partikelströmung

Während bei der Methode der Stabwerkmodelle das Gleichgewicht unter Berücksichtigung der gewählten Bewehrungsanordnung befriedigt und damit die Standsicherheit gesichert wird, führen die "Umlagerungen" durch Rißbildung und vor allem die Umsetzung der FE-Berechnungsergebnisse in eine praktikable Bewehrungsanordnung mitunter zu erheblichen Verletzungen des Gleichgewichts. Aus diesem Grunde sollten gemäß [5] das globale Gleichgewicht einer mit linearer FEM berechneten Konstruktion und die Bewehrungsverankerungen in den Knoten unabhängig überprüft werden.

Die oftmals als Nachteil gesehene Vielfalt möglicher Stabwerkmodelle für dasselbe Bauteil hat ihre Ursache im Verhalten des Stahlbetons; sie ist auch bei nichtlinearen FEM-Berechnungen vorhanden, weil das Tragverhalten von Betonkonstruktionen sehr von der angenommenen Bewehrungsführung abhängt. Die lineare Elastizitätstheorie, die ja auch den gebräuchlichen FE-Programmen zugrunde liegt, gelangt nur deshalb zu eindeutigen Lösungen, weil sie diese Abhängigkeiten ignoriert. Die oftmals als "Schlauheit des Materials" bezeichnete Fähigkeit der Tragwerke, sich an mehr oder minder willkürlich ermittelte oder gar an angenommene Schnittgrößenverteilungen anzupassen, sofern nur Gleichgewicht möglich ist, deckt viele Fehler zu. Bei Diskontinuitäten, wie sie durch die Einleitung großer konzentrierter Kräfte entstehen, kann eine schematische Umsetzung von linearen FE-Berechnungen allerdings zu katastrophalen Fehlern führen, wie auch der von Reineck auf der FEM '95 dargestellte Untergang einer Bohrplattform gezeigt hat.

Prinzipiell kann man die Stäbe der Stabwerkmodelle ebenfalls als finite Elemente auffassen. Das Modellnetz unterscheidet sich vom üblichen FE-Netz neben seiner Grobheit allerdings insofern beträchtlich, als seine Stäbe bereits die Kraftrichtungen und damit auch einen wesentlichen Teil der statischen Problemlösung darstellen. Entsprechend aufwendig ist manchmal die Modellfindung. Sie setzt eine gründliche Auseinandersetzung mit der Methode voraus, was eigentlich ebenso für die sachgemäße Anwendung von FE-Programmen gilt oder gelten sollte (siehe oben!)

5. Anwendungsgebiete für FEM und Stabwerkmodelle

Grundsätzlich eignen sich Stabwerkmodelle für alle Tragwerke aus Beton im gerissenen Zustand II, wo die Zugkräfte von Bewehrung oder vorgespannter Bewehrung aufgenommen werden müssen. Sofern der Beton im wesentlichen ungerissen bleibt, also in den Gebrauchszuständen, oder wenn die Rißlast ermittelt werden soll, ist die lineare FEM das weit bessere Werkzeug. Wenn die Stabwerkmodelle, wie gefordert, an der Elastizitätstheorie ausgerichtet sind, können damit aber auch die inneren Kräfte im Gebrauchszustand im allgemeinen ausreichend genau ermittelt werden.

Ebenso ist die lineare FEM im allgemeinen eine ausreichende Grundlage für die Bemessung im Zustand II, wenn die berechneten Zugkräfte an der richtigen Stelle und mit Verständnis für die Eigenheiten des Stahlbetons durch Bewehrung abgedeckt werden; denn auch die lineare Elastizitätstheorie erfüllt den 1. Grenzwertsatz der Plazitizitätstheorie, liefert also eine "auf der sicheren Seite liegende" Lösung. Problematisch sind allerdings die konzentrierten Knoten, insbesondere diejenigen mit Bewehrungsverankerungen. Das globale Tragverhalten und die inneren Kräfte in stetigen Bereichen werden von der linearen FE-Berechnung im allgemeinen sehr gut wiedergegeben. Die FEM ermöglicht auch die schematische Berechnung geometrisch sehr komplizierter Tragwerke, für welche die Entwicklung von Stabwerkmodellen schwierig und nur auf der Grundlage einer FE-Berechnung möglich ist.

Nichtlineare FE-Berechnungen, - im Moment noch viel zu aufwendig und schwierig in der Anwendung für die tägliche Baupraxis - werden viele der oben genannten Mängel, die im Verhalten der Baustoffe begründet sind, überwinden. Aber gerade für diese realistischen Berechnungen wird man eine Vorermittlung der Bewehrung benötigen und überschlägliche Kontrollen durchführen. Dazu bieten sich die Stabwerkmodelle an.

Kennt man ein einigermaßen zutreffendes Stabwerkmodell - die Modele wiederholen sich glücklicherweise in der Praxis sehr oft mit kleinen Variationen -, dann können auf dieser Grundlage jetzt schon mit verhältnismäßig geringem Aufwand (wenige Stabelemente) auch nichtlineare Berechnungen des Last-Verformungsverhaltens von Scheibentragwerken mit realistischen Stoffgesetzen des Betons und Bewehrungsstahls am PC durchgeführt werden [2, 14]. Dabei läßt sich das Ausgangsmodell noch mittels Energiekriterien optimieren.

Auf Grund der diskutierten Eigenheiten sind Stabwerkmodelle vor allem auf folgenden Gebieten anwendbar:

ALS LEHRMODELLE UND ENTWURFSHILFE:

Zur Schulung des Verständnisses für das Tragverhalten, zur Erklärung von Konstruktionsregeln, ja sogar als Grundlage eines konsistenten Bemessungskonzeptes für den Konstuktionsbeton Isind Stabwerkmodelle .hervorragend geeignet [6]. Ihre Anschaulichkeit und Übersichtlichkeit macht sie auch zu einer wichtigen Entwurfshilfe für die Tragwerksplanung und die Detailausbildung

ZUR BEMESSUNG DER D-BEREICHE VON STABTRAGWERKEN:

Bemessung und konstruktive Durchbildung von Auflagerbereichen, Lasteinleitungen, Spannkraftverankerungen, Konsolen, Rahmenecken, Querschnittssprüngen, Öffnungen in Balken und anderen Unstetigkeiten der Geometie oder Belastung [9, 10, 12]. Auf diesem Gebiet sind die Stabwerkmodelle der linearen FEM weit überlegen.

ZUR BEMESSUNG VON SCHEIBEN:

a) Kontrolle und Ergänzung einer linearen FE-Berechnung, insbesondere an den Singularitäten (Auflagerknoten u.ä.)

b) Veranschaulichung des wesentlichen Tragverhaltens im gerissenen Zustand II für die zweckmäßige Anordnung der Bewehrung

c) Vollständige, unabhängige Bemessung und konstruktive Duchbildung von Scheiben, wie z. B. Brückenquerschotten, Wandscheiben, Deckenscheiben.

d) Vorbemessung oder Kontrolle der Bewehrung für eine in der Zukunft vielleicht wirtschaflich mögliche nichtlineare FE-Berechnung.

e) Als besonders schnell zu rechnendes FE-Netz für überschlägliche nichtlineare Berechnungen.

FÜR RÄUMLICHE TRAGWERKE:

a) Lückenlose Verfolgung und Veranschaulichung der Lastabtragung in Faltwerken aus Wänden und Decken, z. B. beim Nachweis der Gebäudeaussteifung für Horizontallasten.

b) Vollständige Bemessung und konstruktive Durchbildung geometrisch einfacher Bocktragwerke, wie z. B. Pfahlkopfplatten.

Das Beispiel eines räumlichen Stabwerkmodells für die Pfahlkopfplatte einer Tribünenüberdachung, das auf der FEM '95 vorgetragen wurde, ist in [12] ausführlich dargestellt und wird hier aus Platzgründen nur mit dem Bild 5 wiedergegeben. Viele weitere Beispiele sind in den umseitig genannten Quellen enthalten.

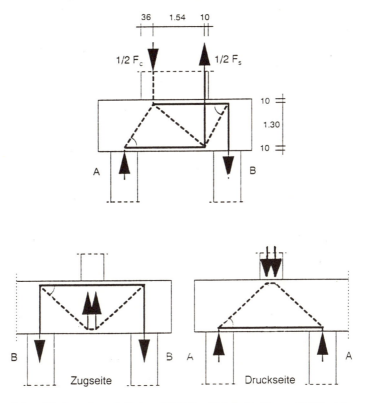

Bild 5: Räumliches Stabwerkmodell einer Pfahlkopfplatte im Querschnitt und zwei Längsschnitten

6. Stabwerkmodelle und FEM

Wie die obigen Ausführungen zeigen, eignen sich die Stabwerkmodelle gerade in den Anwendungsbereichen, in denen die lineare FEM Schwierigkeiten hat oder überhaupt keine brauchbaren Lösungen liefern kann, nämlich in Bereichen mit statischen und geometrischen Singularitäten und bei herstellungstechnisch oder materialbedingter starker Anisotropie, wie sie beispielsweise durch Rißbildung des

Betons oder die Konzentration und Ausrichtung der Zugkräfte in Bewehrungssträngen entsteht. Während die lineare FEM das globale Tragverhalten und stetig verteilte Beanspruchungen gut wiedergibt und keine Probleme mit der Richtung der Druckspannungen hat, ist die Methode der Stabwerkmodelle realistischer hinsichtlich der Modellierung der Zugkräfte, die ja aus baupraktischen Gründen in geraden, meist parallel zu den Bauteilrändern angeordneten Bewehrungsstäben verlaufen. Vor allem liefert sie die Integrale der Zugspannungen an den singulären Knoten und damit auch die in diesen hoch beanspruchten Bereichen zu verankernden Kräfte.

Die Stabwerkmodelle kondensieren den Kraftfluß (mitunter recht grob), die FEM liefert viel (meistens auch viel überflüssige) punktuelle Information. Die beiden Methoden ergänzen sich vortrefflich, und sie gestatten meistens auch eine unabhängige Kontrolle.

Die Antwort auf die im Titel gestellte Frage "Stabwerkmodelle oder FEM ?" lautet also: "Stabwerkmodelle **und** FEM". Wir brauchen beide!

[1] Schlaich, J.; Weischede, D.: Manual for Detailing of Concrete Structures. CEB-Bull.150, Paris, Jan. 1982
[2] Rückert, J.: Entwicklung eines CAD-Programmsystems zur Bemessung von Stahlbetontragwerken mit Stabwerkmodellen. Diss. Institut für Tragwerksentwurf und -konstruktion. Univ. Stuttgart, 1992
[3] Fonseca, J.: Zum Bemessen und Konstruieren von Sstahlbetonplatten und -scheiben mit Lastpfaden. Diss. Institut für Tragwerksentwurf und -konstruktion. Univ.Stuttgart 1995
[4] Schlaich, J.; Schäfer, K.: Konstruieren im Stahlbetonbau. Beton-Kalender 1993, Teil II, S. 327-486
[5] IABSE: Structural Concrete. Summarizing Statement of the IABSE Colloquium Stuttgart, April 1991. Structural Engineering International 3/91
[6] Schlaich, J., Schäfer, K.: A Concept for the Consistent Design of Structural Concrete. CEB-Bulletin dInformation Nr. 178/179, S. 291ff, 1986
[7] Schäfer, K.: Anwendung der Stabwerkmodelle (EC 2-Abschnitte 2.5.3.6.3 und 2.5.3.7). In: "Bemessungshilfsmittel zum Eurocode 2, Teil 1, DAfStb-Heft 425, Beuth Verlag, Berlin
[8] Schäfer, K.; Schlaich, J.: Konstruieren im Stahlbetonbau. Fachseminar Europäische Normung im Beton- und Stahlbetonbau, 29.09. und 06.10.1993, Stuttgart
[9] Jennewein, M.; Schäfer, K.: Standardisierte Nachweise von häufigen D-Bereichen. DAfStB Heft 430, Beuth Verlag GmbH, Berlin, 1992
[10] Hottmann, U.: Das Bemessen von Öffnungen in Balken und Scheiben mit Stabwerkmodellen.. Diss. Inst. f. Tragwerksentwurf und -konstruktion. Univ. Stuttgart 1995. Als DAfStb-Heft geplant.
[11] Schäfer, K.; Schlaich, J.; Mitarbeiter: The Design of Structural Concrete', IABSE-Workshop 01.-04.03.1993, New Delhi/India. Report and Report Supplement. 2 Bände.
[12] Schäfer, K.; Schlaich, J.; Mitarbeiter: Verschiedene Veröffentlichungen zum Weiterbildungsseminar "Konstruktionsbeton - Bemessen und Konstruieren mit Stabwerkmodellen". 07./08. Okt. 1993, Institut für Tragwerksentwurf und -konstruktion, Univ. Stuttgart
[13] Schäfer, K.: Stabwerkmodelle in Forschung und Lehre, in Normung und Praxis: Stand der Entwicklung. Tagungsband zum 30. Forschungskolloquium des DAfStb, S. 15-27, Institut für Tragwerksentwurf und -konstruktion, Univ. Stuttgart
[14] Sundermann, W.: Tragfähigkeit und Tragverhalten von Stahlbeton-Scheibentragwerken. Diss. Inst. f. Tragwerksentwurf und -konstruktion. Univ. Stuttgart 1994

Kopplung von Platten-, Scheiben- und Balkenelementen = das Problem der "voll mittragenden Breite"

H. Bechert und A. Bechert, Stuttgart

1. Zusammenfassung

Bei Berechnung von Bauwerken mit Hilfe von gekoppelten Platten-, Scheiben- und Balkenelementen gibt es das Problem der "voll mittragenden Breite" nicht mehr. Die Tragwerke werden für die einzelnen Einwirkungen genauer untersucht, was nicht nur für den Materialverbrauch, sondern auch für die Dauerstandfestigkeit von Bedeutung ist. Der Berechnungsaufwand ist bei Einarbeitung nicht größer.

Bei der Durchführung der Berechnungen hat unser Mitarbeiter, Herr Dr.-Ing. Timm Garbsch mitgewirkt. Dafür besten Dank!

2. Einleitung

Exzentrisch ausgesteifte Flächentragwerke sind in allen Konstruktionsarten und Werkstoffkombinationen denkbar, wobei die Tragwirkung der Schalenhaut bzw. der Platte bei ebenen Konstruktionen durch die sog. "voll mittragende Breite" erfaßt wird, z.B. [1] [2] [3].

Im Stahlbetonbau ist der Plattenbalken das dafür charakteristische Bauelement. Im Brückenbau ist auch bei Hohlkästen auf die "Einschnürung" der Plattenbreiten zu achten.

F. Dischinger hat in seinem Beitrag im Taschenbuch für Bauingenieure [4] Formeln (Bild 1) angegeben.

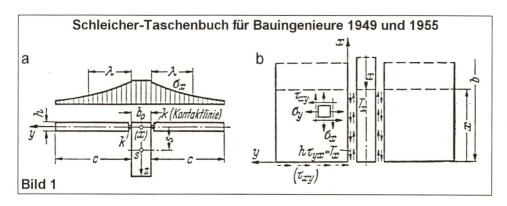

Bild 1

zu Bild 1

Zahlentafel der mitwirkenden Breite λ als Funktion der Plattenbreite c

$c =$	0,05	0,10	0,15	0,20	0,25	0,30	0,35	0,40	0,45	0,50	L
Gl. (95) $\lambda =$	0,984	0,938	0,870	0,788	0,702	0,620	0,544	0,477	0,420	0,371	$\cdot c$
Gl. (95a) $\lambda =$	0,983	0,936	0,867	0,789	0,710	0,635	0,568	0,509	0,459	0,416	$\cdot c$
Gl. (95b) $\lambda =$	0,983	0,934	0,864	0,783	0,701	0,624	0,556	0,496	0,446	0,403	$\cdot c$
Gl. (96) $\lambda =$	0,497	0,492	0,482	0,469	0,453	0,435	0,415	0,394	0,373	0,351	$\cdot c$
Gl. (96a) $\lambda =$	0,498	0,494	0,486	0,476	0,463	0,448	0,431	0,413	0,394	0,374	$\cdot c$

Für Hochbauten finden sich in DIN 1045 § 25 (Ausgabe Nov. 1959) noch Werte für "beiderseitige" und "einseitige" Plattenbalken (Bild 2).

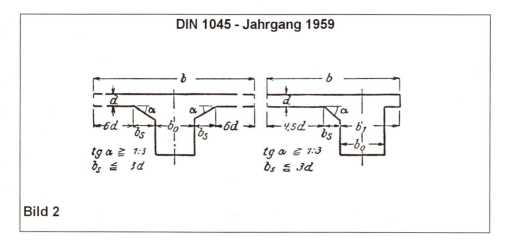

Bild 2

Für die Bemessung und für die Ermittlung der statischen Unbekannten waren jedoch unterschiedliche Breiten einzuführen. In der Ausgabe "Juli 1988" dieser Norm sind keine Angaben mehr enthalten.

Für Betonbrücken und auch für Stahl-Beton-Verbundkonstruktionen liefert DIN 1075 (Ausgabe April 1981) umfangreiche Vorgaben für die "voll mittragende Breite" sowohl für Biegung als auch für Normalkraft, z. B. aus Vorspannung (Bild 3).

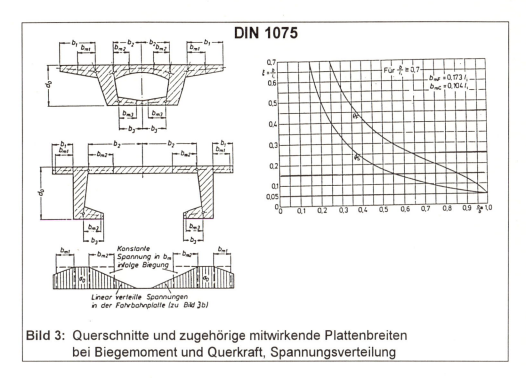

Bild 3: Querschnitte und zugehörige mitwirkende Plattenbreiten bei Biegemoment und Querkraft, Spannungsverteilung

Alle genormten Vorgaben sind mehr oder minder grobe Annäherungen, in die die Biegesteifigkeit der Platte u. W. bisher nicht in die Berechnung einbezogen wurde. Neben Werkstoffkennwerten und Bedingungen der Struktur bestimmt vor allem bei Biegung das Momentenbild die "voll mittragende Breite". So wird diese bei Innenstützen durch die ausgeprägte Momentenspitze stark eingeschnürt. Bei Vorspannung breitet sich der Normalkraftanteil von den Ankerstellen her aus.

Es ist daher zumindest für die Beurteilung der Gebrauchsfähigkeit von Interesse, die sich tatsächlich einstellenden Beanspruchungen zu kennen.

Hierfür stehen FEM-Programme, wie z. B. Infograph Version 4.23, zur Verfügung. Damit können räumliche Strukturen durch Kopplung von Platten-, Scheiben- und Balkenelementen dargestellt und untersucht werden.

3. Beispiel 7 Heft 192 DAfStb: Plattenbalkenbrücke - 2stegig - vorgespannt

Bisher werden Plattenbalkenbrücken als Trägerroste - ein ebenes Tragwerk - idealisiert. Die Einzelstäbe in Haupttragrichtung haben i. d. R. gleichbleibende Steifigkeiten für Biegung und Torsion. Die Fahrbahnplatte wird in Querträger aufgespalten. Bei schiefen Systemen ergeben sich in den Endbereichen relativ unübersichtliche Systeme. Die Berechnung und Nachbereitung ist mit viel Handrechnung verbunden.

Aus verschiedenen Teilsystemen müßen zugehörige Schnittgrößen ermittelt und superponiert werden. Da sich viele Bearbeiter über die Gültigkeit der Modellierung wenig Gedanken machen, ergeben sich immer wieder Diskussionen. Die Modellierung trifft i.w. nur die Verhältnisse für Biegung in den Feldern. Die Aussagen für Torsion sind schon mit Vorsicht zu behandeln. Umsomehr gilt das für Biegung und Torsion in den Endbereichen, in denen sich ein räumliches Tragwerk durch die exzentrische Lage der Fahrbahnplatte als Platte und Scheibe einstellt.

In der neuen Bearbeitungsweise nach Bild 4 wird aus den Geometriedaten das FEM-System generiert. Als Element dient ein hybrides 3- oder 4knotiges Schalenelement mit je 6 Freiheitsgraden pro Knoten. Es bildet die Platte in Querrichtung ab und wirkt gleichzeitig als Scheibenelement für die exzentrisch angekoppelten Haupt- und Endquerträger.

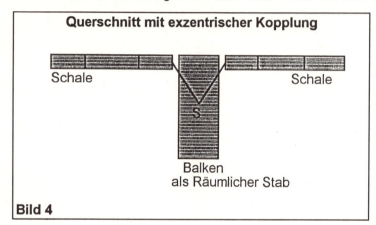

Bild 4

Die für die Abbildung der Platte in Querrichtung erforderliche Netzfeinheit reicht bei den in unserem Programm verwendeten Scheibenelementen auch für die Abbildung der Scheibentragwirkung aus. Dies sollte jedoch bei den verschiedenen FE-Programmsystemen durch Beispielberechnungen verifiziert werden.

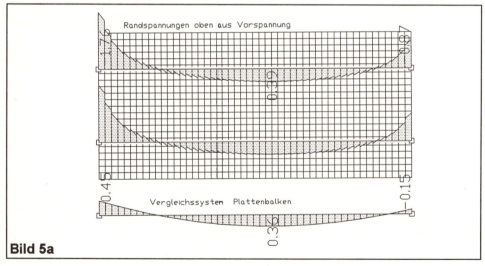

Bild 5a

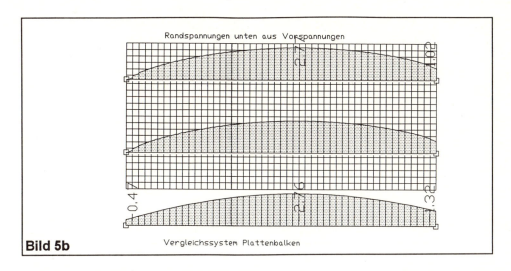

Bild 5b

Die Bilder 5 a und 5 b zeigen die Verläufe der Randspannungen. Wenn man die im Heft 192 vorhandenen Unstimmigkeiten eliminiert ergibt sich eine hinreichende Übereinstimmung beider Rechnungen. Die Werte im Feldbereich werden exakt ermittelt, auch die Spitzen im Einspannbereich werden ausreichend abgebildet.

4. Beispiel 3 Heft 192 DAfStb: Durchlaufträger über 8 m + 12 m unter Gleichlast

Bei diesem System ist zu erwarten, daß sich über der Innenstütze die "voll mittragende Breite" stark einschnürt. Aus der daraus resultierenden Steifigkeitsabminderung im Stützbereich ergeben sich Momentenumlagerungen in die Feldbereiche.

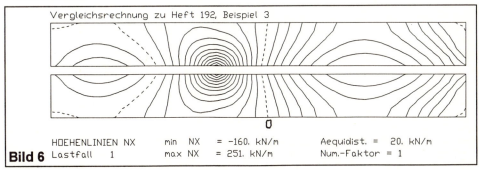

Bild 6

Bild 6 zeigt einen Höhenlinienplot der Normalspannungen Nx. Das in Heft 192 iterativ berechnete System kann durch räumliche Abbildung mit einem einmaligen Rechenlauf berechnet werden.

5. Beispiele aus der Praxis : Schiefer, zweistegiger Plattenbalken

Das Brückenbauwerk BW40 bei Leipzig, ein 38 m weit gespanntes Plattenbalkensystem mit 2,10 m Bauhöhe und einer Schiefe von 65 gon wurde als Gesamtsystem abgebildet. Das Gesamtsystem besteht aus 1643 Elementen und 581 Koppelbedingungen. Das Gleichungssystem hat bei einer Bandbreite von 336 und 1,6 Millionen Koeffizienten eine Größe von 12 MB und kann daher auf heutigen Rechnern mit 80 Lastfällen in weniger wie 2 Stunden durchgerechnet werden.

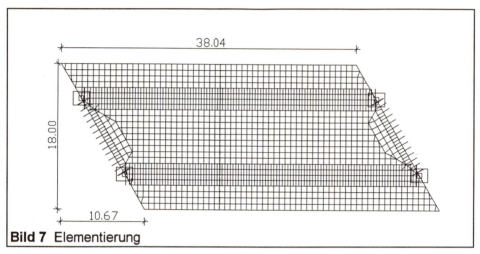

Bild 7 Elementierung

Aus Bild 7 ersieht man die Elementierung des Gesamtsystems. Sie wurde so fein gewählt, daß auch die Ergebnisse für die Plattenschnittkräfte in Querrichtung genau ermittelt werden. In Bild 8 und 9 werden die Normalkraftverläufe in der Fahrbahnplatte dargestellt. Man sieht, daß die Normalkräfte aus Vorspannung (Bild 9) in Feldmitte fast vollständig verteilt sind. Die Normalkräfte aus Eigengewicht (Bild 8) nehmen mit der Entfernung vom Steg noch stark ab.

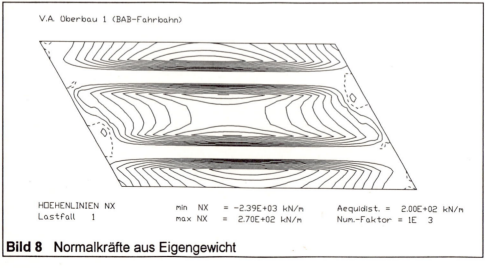

Bild 8 Normalkräfte aus Eigengewicht

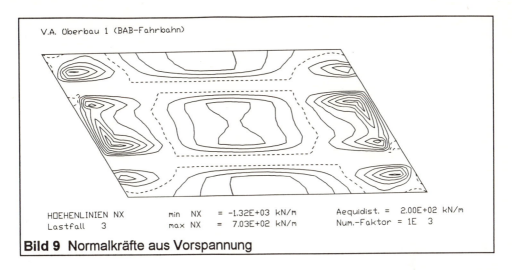

Bild 9 Normalkräfte aus Vorspannung

Alle Schnittkraftermittlungen und Bemessungen können an einem System durchgeführt werden. Zum jeweiligen Lastfall gehört immer die richtige mitwirkende Breite. Trotz der erzeugten Datenmenge kann daher bei den heute möglichen Techniken zur Visualisierung von einem übersichliche System gesprochen werden.

Räumlicher Hohlkasten mit aufgeweitetem Endbereich als Plattenbalkenquerschnitt

Im Zuge der Planung der Neckarbrücke Hafen Süd wurde das Endfeld als räumliches System untersucht. Die Freivorbaubrücke ging im Endfeld in einen gevouteten Hohlkastenquerschnitt über, der im letzten Drittel in ein stark aufgeweitetes Plattenbalkensystem überging. Bild 10 zeigt die Systemgenerierung.

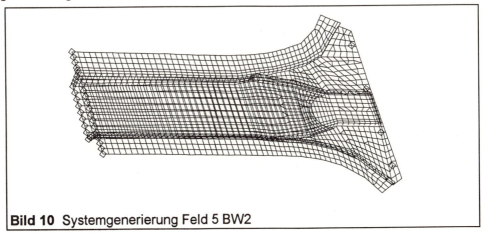

Bild 10 Systemgenerierung Feld 5 BW2

Mit diesem System konnten die Bemessungsschnittgrößen in den Übergangsbereichen ermittelt werden, die bei Anwendung von Näherungsverfahren nur ungenau hätten ermittelt werden können. Ein weiterer Vorteil ergab sich im Zuge der Herstellung dieses Feldes. Da ein sehr weiches Lehrgerüst eingesetzt wurde und die Brücke in 2 Abschnitten betoniert wurde, mußte ein Zwischensystem U-Querschnitt mit der Frischbetonlast der Platte untersucht werden. Dieser Zustand könnte nach dem Löschen des Layers mit den Fahrbahnplattenelementen und Kopplung der Stahlträger der Schalung mit dem System in kurzer Zeit berechnet werden.

[1] **Koepcke W., Dennecke G.:** Die mitwirkende Breite der Gurte von Plattenbalken. Heft 192, DAfStb, Berlin (1967)

[2] **Schmidt H., Born W.:** Die Mitwirkung breiter Gurte in Balkenbrücken mit veränderlichem Querschnitt. Verlag W. Ernst & Sohn, Berlin (1978)

[3] **Wunderlich W., Kilner G., W. Ostermann:** Modellierung und Berechnung von Deckenplatten mit Unterzügen. Bauingenieur 69, 381-390 (1994)

[4] **Schleicher F.:** Taschenbuch für Bauingenieure. Springer-Verlag, Berlin (1949)

Konstruktion mit CAD am Beispiel von Straßenbrücken

Dr. Christian Schliephake, HOCHTIEF HN Sachsen, Dresden
Bardo Racky, HOCHTIEF Software GmbH, Frankfurt

1. Zusammenfassung

Der Vortrag stellt die Anwendung von CAD-Software im Bereich des Entwurfs und der Konstruktion von Brückenprojekten vor.

Am konkreten Ausführungsbeispiel einer sechsfeldrigen Straßenbrücke wird die Verarbeitung der Entwurfsgrundlagen (Trasse, Gradiente, Querneigung sowie Regelquerschnitt und dessen variabler Verlauf in Längsrichtung) gezeigt.

Bei der anschließenden Berechnung beliebiger Konturlinien können Längs- und Querschnitte, ebene und räumliche Ansichten erzeugt werden.

Damit ist die Grundlage für die weitere Bearbeitung zum fertigen Ausführungsplan geschaffen.

Durch die Anwendung von CAD können erhebliche Rechenarbeiten, die insbesondere bei komplizierten Linienführungen und Querschnittsveränderungen sehr zeitaufwendig sind, dem Computer übertragen werden. Damit wird der Zeitaufwand zum Erstellen der räumlichen Geometrie einer Brücke beträchtlich reduziert. Unverträglichkeiten der Überbaugeometrie sowie der vorgesehenen Schalung und Rüstung mit Lichtraumprofilen oder bestehenden Bauten können frühzeitig festgestellt werden und mit dem Planungsbeteiligten abgestimmt werden.

2. Vortrag

Sowohl die Statik als auch die Konstruktion von Brückenbauwerken unterliegen in der heutigen Zeit einer Komplexität, die nur in ganz wenigen Fällen eine sach- und termingerechte technische Bearbeitung mit Taschenrechner und Klothoidentabellen noch erlaubt.

Dies liegt zum einen an dem Bestreben der Planer, Brücken optimaler in bestehende Landschaftsverhältnisse einzupassen, so daß die einfachen Tragwerksgeometrien in den Hintergrund gedrängt werden. Der gerade Balken oder Durchlaufträger mit gleichen Feldweiten ist nur noch in seltenen Fällen anzutreffen. Zum anderen besteht die Notwendigkeit der ausführenden Unternehmen, aus wirtschaftlichen Gründen Überbauten in mehreren Bauphasen herzustellen, die alle einen Einfluß auf die statische Berechnung und die Ausführungsplanung haben.

Diesen Umständen haben die Ingenieurbüros und die technischen Abteilungen der Bauunternehmen Rechnung getragen und setzen zur technischen Bearbeitung von Brückenprojekten weitgehend EDV ein.

Während auf dem Gebiet der Statik schon seit den 70er Jahren mehrere leistungsfähige Programme auf dem Markt sind, wird der Bereich der Konstruktion im Bauwesen erst seit wenigen Jahren durch CAD unterstützt.

HOCHTIEF setzt seit 1983 CAD ein und entwickelt seit 1985 eigene Software auf der Basis von unicad.

Auf diese Weise ist eine ganze Familie von CAD-Programmen entstanden, die sowohl intern bei HOCHTIEF, als auch extern vielseitig im Einsatz sind und den Ingenieur bei seiner täglichen Arbeit unterstützen. Unter anderem wurde ein Konstruktionsprogramm entwickelt, welches sowohl für Straßenplanung, für die Entwicklung der Geometrie von Brücken als auch von Tunnelbauwerken verwendet wird.

Ausgehend von den Trassierungsparametern, dem Gradientenverlauf, den Querneigungsbändern und den entlang der Trasse definierten Regelquerschnitten kann der Bearbeiter mit dem Programmodul interaktiv die räumliche Geometrie des Bauwerks erzeugen, aus welcher dann Absteckpläne, Koordinatenlisten, Querschnittspläne, Schalpläne und Deckenbücher erstellt werden.

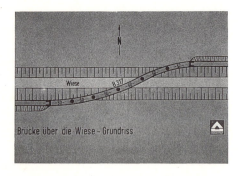

Im folgenden möchten Herr Racky und ich Ihnen dieses Programm kurz vorstellen, und zwar anhand eines konkreten Beispiels, einer Straßenbrücke über die Wiese bei Lörrach. HOCHTIEF wurde 1987 mit dem Bau des Verwaltungsentwurfs beauftragt. Die Wiese ist ein Nebenfluß des Rheins, welcher aus Gründen des Hochwasserschutzes in früheren Jahren künstlich ausgebaut wurde. Parallel zur Wiese verläuft die neue B 317, die das Brückenbauwerk vom südlichen auf das nördliche Flußufer überführt. Die Trasse war demzufolge eine Wendeklothoide. Die Gradiente mußte zwei Randbedingungen erfüllen. Zum einen durfte aus landschaftschutztechnischen Gründen die Überbaufläche nicht wesentlich höher als die Krone der parallel verlaufenden Hochwasserschutzdämme ausgebildet werden, zum anderen sollte die Unterkante des Überbaus unter dem Aspekt des Hochwasserabflußquerschnitts eine Mindesthöhe nicht unterschreiten. Beide Bedingungen zusammen ergaben eine sehr schlanke Konstruktion, die auf wenigen Pfeilern abgesetzt ist.

Der Überbau ist als einzelliger Hohlkasten über sechs Felder von 50 - 60 m Länge bei 334 m Gesamtlänge konzipiert. Die Bauhöhe des Hohlkastens beträgt im Bereich der Flußüberquerung 2,70 m und nimmt zu den Widerlagern hin über zwei Felder auf der Südseite und über ein Feld auf der Nordseite linear auf 2,30 m ab.

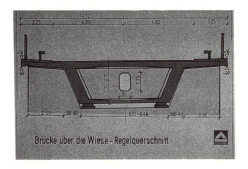

Wir möchten Ihnen jetzt online die Konstruktion der Brücke mit Hilfe des Rechenprogramms demonstrieren. Sie werden rechts auf der Leinwand die Projektion der Tätigkeit von Herrn Racky am Computer sehen können, links zeigen wir Ihnen im Dia die der Konstruktion zugrunde liegenden Daten zusammengefaßt, so wie sie auch den Entwurfsplänen entnommen werden können. Die Eingabe der Daten erfolgt menügesteuert, die Eingabe von Trasse, Gradiente und Querneigung können sie am linken sowie am unteren Bildrand verfolgen.

Beginnen wir mit der Aufnahme der Trasse. Zunächst wird ein Trassenfile definiert. Unter Zuweisung einer Kilometrierung wird dann der Trassenanfangspunkt im Koordinatensystem der Zeichnungswelt festgelegt.

Anschließend werden der Reihe nach die Trassierungselemente konstuiert. Die maßgebenden Parameter, wie Elementtyp, d.h. Kreis, Gerade oder Klothoide, Anfangswinkel, Länge des Elementes, Radius am Anfang des Elementes, Richtung der Krümmung bezogen auf die positive Kilometrierung sowie die Progression der Krümmung werden interaktiv eingegeben.

Unsere Trasse besteht zunächst aus einer links gekrümmten Klothoide mit zunehmender Krümmung, einem Kreis, einer Wendeklothoide und abschließend wieder aus einem Kreis.
Die Trassierungsparameter, die in der Skizze im linken Bild dargestellt sind, werden vom Bearbeiter direkt aus den Entwurfsplänen abgelesen und eingegeben.

Die graphische Darstellung in vorgegebenen Intervallen ermöglicht eine sofortige Kontrolle und gegebenenfalls Korrektur.

Die fertig erstellte Trasse wird im definierten Trassenfile abgelegt und kann zur weiteren Bearbeitung herangezogen werden.

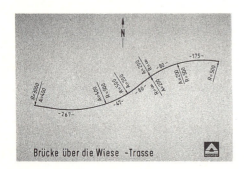

Brücke über die Wiese - Trasse

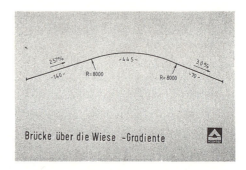

Brücke über die Wiese - Gradiente

Sinngemäß wird mit der Gradiente verfahren: Definition eines Gradientenfiles, Zuweisung des Anfangskilometers, höhenmäßige Fixierung eines Anfangspunkts und anschließend Eingabe der Elemente Gerade, Kuppe oder Wanne.

In unserem Beispiel steigt die Gradiente zunächst linear mit 2,57 %, anschließend folgt eine Kuppe mit dem Radius 8000 m und schließlich wieder ein linear mit 3,0 % fallendes Element.

Auch hier erfolgt sofort wieder die Kontrolle über die graphische Ausgabe.

Auf die gleiche Weise wird das Querneigungsband erstellt. Im vorliegenden Fall beginnt die Querneigung mit 2,5 % in Richtung Norden fallend, steigt dann im Bereich der ersten Klothoide auf 4,6 %, die im Bereich des Kreisbogens beibehalten werden. Anschließend wechselt die Querneigung korrespondierend zur Wendeklothoide von + 4,6 % auf - 4,6 % und bleibt auf diesem Niveau im Bereich des abschließenden Kreisbogens.

Auf diese Weise sind jetzt alle aus den Entwurfsplänen entnommenen Informationen über Trasse, Gradiente und Querneigung verarbeitet und in entsprechenden Files abgelegt worden.

Kommen wir nun zur eigentlichen Konstruktion. Wir benutzen zunächst die eben erzeugte Trasse, um den Absteckplan für das Bauwerk zu erstellen. Zu diesem Zweck wird die Trasse zuerst beschriftet, anschließend werden auf der Trasse die Achsen der Unterbauten an entsprechender Stelle definiert.

Die Unterbauten selbst haben wir in diesem Fall schon separat konstruiert und in Zellen abgelegt. Sie sehen das Widerlagerfundament, die aufgehenden Bauteile des Widerlagers, sowie das Pfeilerfundament mit aufgehendem Pfeiler. Entlang der Trasse werden die Unterbauten in den Achspunkten plaziert. Zunächst das Widerlagerfundament in der Achse A, anschließend die aufgehenden Bauteile des Widerlagers, danach die fünf Brückenpfeiler in den Achsen B, C, D, E und F sowie das Widerlager in Achse G. Das geht hier sehr einfach, da sämtliche Unterbauten orthogonal zur Trasse orientiert sind.

In anderen Fällen, wie z.B. bei schiefwinkligen Widerlagern, müssen die Unterbauten mit Parallelen zur Trasse und deren Schnitt mit schiefwinkligen Achsen erst konstruiert werden.

Auch diese Konstruktionen sind mit Hilfe des Programms leicht durchführbar. Die Koordinaten beliebiger Konturpunkte können unmittelbar durch Anklicken festgestellt werden, und die erstellte Zeichnung somit zum Absteckplan komplettiert werden.

Wenden wir uns nun dem Überbau zu. Beim Überbauquerschnitt bleiben entlang der gesamten Trasse die Fahrbahnplatte sowie die Stegaußenkontur konstant. Der gesamte Querschnitt pendelt entsprechend der vorgegebenen Querneigung um die Gradiente, wobei lediglich auf der jeweiligen Tiefseite der Fahrbahnoberfläche das Gegengefälle im Bereich der Floßrinne ausgebildet wird. Die Variation der Bauhöhe erfolgt über relatives Anheben der Bodenplatte gegenüber der Fahrbahn. Die Stege sind in der Nähe der Stützen und Widerlager zur Aufnahme der Schubbeanspruchung nach innen angevoutet.

In der Bearbeitung wird zunächst ein Referenzquerschnitt konstruiert, oder, falls schon ein ähnlicher Querschnitt in der Datensammlung vorliegt, dieser einfach zugewiesen.

Anschließend wird durch Festlegung der Lage der Trasse und der Höhe der Gradiente in Bezug auf diesen Querschnitt ein lokales Koordinatensystem definiert. Die Konturpunkte des Querschnitts werden numeriert und anschließend können Definitionen der Variation der Konturpunkte in Abhängigkeit von der Kilometrierung beschrieben werden.

Hierbei können Punkte direkt zu anderen Punkten, oder auch zum Koordinatenursprung, sprich Trasse und Gradiente, in Beziehung gesetzt werden.

Diese Abhängigkeiten können auch ineinander geschachtelt werden, wobei das Programm eventuelle Widersprüche oder nicht zulässige Schleifen prüft.

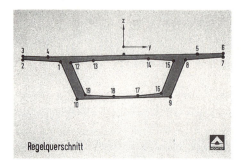

Im vorliegenden Fall werden zunächst alle Punkte mit dem Querneigungswert um den Koordinatenursprung gedreht, wobei die Punkte 3 und 6 jedoch stets mit konstanter Höhe an die Floßrinnen 4 und 5 gekoppelt sind.

Anschließend werden die Punkte 9, 10, 16, 17, 18 und 19 relativ zu den gedrehten Punkten 1 und 8 verschoben, wodurch die Veränderung der Querschnittshöhe erreicht wird. Die Anvoutung der Stege erfolgt durch Definition der Verschiebung der Innenkonturpunkte gegenüber der Außenkontur. Die Eingabe dieser Definitionen zeigen wir Ihnen hier aus Zeitgründen nicht, sondern gleich die Berechnung mit den vorab eingegebenen Daten.

Die Berechnung erfolgt unter der Zuweisung der vorhin erzeugten Trasse, der Gradiente und des Querneigungsbandes. Ergebnisse sind die Darstellung des Querschnitts an bestimmten Stationen.

Als nächstes führen wir Ihnen die Berechnung von Längsschnitten des Überbaus vor.

Hier zunächst die Untersicht der Fahrbahnplatte: Die Punktreihen 1, 8, 12, 15 werden als Schnittkanten, die Punktreihen 2, 7, 13, 14 als Ansichtskanten, 4, 5 als verdeckte Kanten zugewiesen. Den berechneten Punkten wird ein Numerierungsschema zugeteilt, welches eine eindeutige Identifikation sowohl in Bezug auf den Querschnitt, als auch auf die Stationierung zuläßt. Für alle berechneten Punkte werden Koordinatenlisten und Höhenlisten programmintern verwaltet, die dann zur Feinabsteckung bzw. als Deckenbuch für die Einrichtung der Schalung und der Abziehlehren dienen. Jetzt braucht unser Computer schon etwas länger für die Berechnung. Immerhin werden Höhe und Lage von insgesamt etwa 1.300 Punkten ermittelt, in die entsprechenden Dateien abgespeichert und die Kontur auf dem Bildschirm dargestellt.

Als nächstes zeigen wir Ihnen noch die Längsansicht der Brücke von Norden. Hier werden die Punktreihen 1, 2, 3, 10 als Ansichtskanten, die Punktreihen 12 und 19 als verdeckte Kanten angegeben. Schnittkanten gibt es in dieser Darstellung nicht. in den Linien 3, 10 werden die Höhen sämtlicher berechneter Punkte in der Zeichnung angeschrieben.

Meine Damen und Herren, Sie sehen, daß die vollständige 3-dimensionale Geometrie des Überbaus mit Hilfe des Konstruktionsprogrammes erfaßt werden kann und je nach den Belangen der weiteren Planbearbeitung in einzelnen Darstellungssequenzen verarbeitet werden kann. Auch 3-dimensionale Darstellungen der berechneten räumlichen Kontur sind möglich. Sie sehen hier die 3-dimensionale Ansicht der Brücke von Westen aus der Vogelperspektive im Rechenmodell.

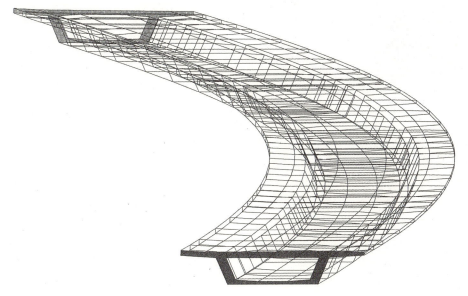

3. Schlußwort

Meine Damen und Herren,
wir hoffen, Ihnen einen kleine Einblick in die Anwendung von Konstruktionssoftware im Brückenbau gegeben zu haben. Mit dem vorgestellten Programm sind bei HOCHTIEF allein vom technischen Büro der Niederlassung Frankfurt ca. 20 Brücken bearbeitet worden. Die Brücke über die Wiese haben wir deshalb für die Demonstration ausgewählt, weil wir, bedingt durch ihre elegante Linienführung und durch ihren relativ einfachen Querschnitt, Ihnen die Möglichkeiten der Software auch in der Kürze der Zeit sehr einprägsam zeigen konnten. Das vorgestellte Programm wird von HOCHTIEF Software GmbH vertrieben und befindet sich auch außerhalb des Hauses HOCHTIEF bereits vielfach im Einsatz.

Probleme und Grenzen bei der FE - Modellierung von Deckenplatten

Carsten Hein, Kai-Uwe Oberdieck,
Ingenieurbüro für Tragwerksplanung Dipl. - Ing. P. Lieberum

Zusammenfassung

Der Beitrag untersucht die Auswirkungen von Elementtyp und Definition der Randbedingungen auf die Ergebnisse einer FEM-Berechnung am Beispiel einer Deckenplatte, die mit verschiedenen Elementarten und Lagerungsbedingungen berechnet wurde. Die Ergebnisse, aber auch der Eingabe- und Rechenaufwand, sind miteinander verglichen worden und einer „Handrechnung" gegenübergestellt. Es wird gezeigt, daß nicht alles, was programmtechnisch machbar ist, auch sinnvoll erscheint. Dem anwendenden Ingenieur werden Hinweise zur Interpretation der Berechnungsergebnisse gegeben, um die Berechnungsverfahren in der Praxis besser einsetzen zu können.

Einleitung

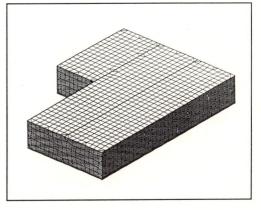

Im Verlauf der letzten Jahre hat die Methode der finiten Elemente in der Baupraxis mehr und mehr an Bedeutung gewonnen. Dies liegt zum einen an der rasanten Entwicklung der Hardware im Personal Computer Bereich und zum anderen an der zunehmend benutzerorientierten Software. Wollte man vor zehn Jahren etwa ein kompliziertes System berechnen, so war man auf Rechneranlagen angewiesen, die i. d. R. dem „gewöhnlichen" Ingenieurbüro nicht zur Verfügung standen. Wer in der glücklichen Lage war mit einer ausreichenden Rechnerkapazität ausgestattet zu sein, sah sich mit Programmen konfrontiert, die dem Anwender ein großes Maß an Kenntnissen nicht nur aus der Theorie der FEM abverlangte. Die Systemeingabe war oft umständlich, unüberschaubar und schlecht zu kontrollieren. Mit dem heute üblichen PC-Standard lassen sich problemlos Platten- oder Scheibensysteme mit 5000 Elementen und mehr berechnen. Die heute gängigen grafischen Eingabeoberflächen erscheinen einem jahrelangen Anwender der „alten" Programme wie ein Kinderspiel.

Diese Entwicklung birgt aber auch Probleme und Gefahren. Gebräuchliche Stabwerksprogramme lösen die Systeme nach bekannten Verfahren analytisch. Sie liefern in allen Bereichen eine, der zugrundeliegenden Theorie entsprechende, exakte Lösung. Die verschiedenen Bemessungsverfahren sind direkt auf die daraus resultierenden Ergebnisse anwendbar. Bei der Methode der finiten Elemente handelt es sich um ein Näherungsverfahren, bei dem die Qualität der Lösung von verschiedenen Parametern abhängig ist. Die möglichen Parameter sind im wesentlichen Art und Größe der Elemente, sowie die Definition der Randbedingungen. Anhand eines fiktiven Beispiels soll gezeigt werden, welchen Einfluß die Modellierung und Elementart auf die Ergebnisse hat. Die richtige Wahl der Elementgröße bildet hierbei ein eigenen Themenbereich, auf den in dieser Arbeit nicht weiter eingegangen wird (für alle Berechnungsbeispiele wurde eine einheitliche mittlere Elementkantenlänge von 0,59 m gewählt). Bild 1 zeigt das gewählte System, das im wesentlichen drei häufig vorkommende Details beinhaltet, die bei FEM - Berechnungen Probleme bereiten:

- ein auf Stahlbetonstützen gelagerter Unterzug
- eine punktgestützte Platte
- eine einspringende Wandecke

Diese drei Stellen sollen im weiteren Verlauf mit vier unterschiedlich modellierten Systemen untersucht und ihre Ergebnisse miteinander verglichen werden.

Die erste der vier Versionen stellt die einer Minimaleingabe dar. Die Stahlbetonwände sowie der Unterzug werden als starre und gelenkige Linienlager definiert, die Stütze wird zu einem wiederum starr gehaltenem Lagerpunkt. Die zweite Version unterscheidet sich zur ersten in der Definition der Lager: Es werden Auflagerfedersteifigkeiten eingegeben, die die Wandeinspannung und die vertikale Nachgiebigkeit der Lager berücksichtigen. In der dritten Version wird die Linienlagerung unter dem Unterzug aufgegeben. An ihre Stelle treten Stabelemente. An der Stütze wird die Punktlagerung durch eine der Geometrie der Stütze entsprechende Lagerung ersetzt. In der vierten und letzten Version wird das gesamte System mit Wänden, Unterzug und Stütze als dreidimensionales Faltwerk eingegeben. Bild 2 zeigt das statische System der Versionen 1 bis 3.

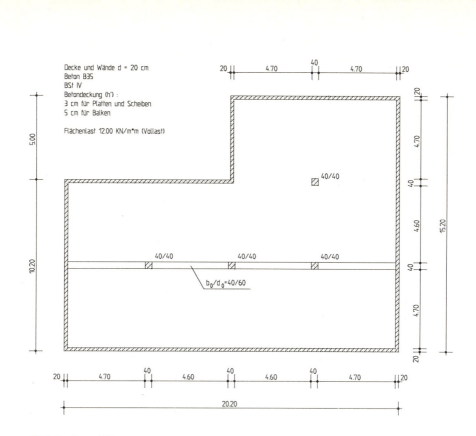

Bild 1: Grundriß

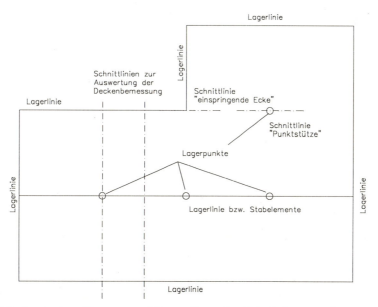

Bild 2: Statisches System und Darstellung der Schnittführung für die Auswertung

Auswertung

Deckenplatte als Zweifeldsystem mit Randeinspannung

An der Handrechnug gemessen zeigt nur die Version 1 unbefriedigende Ergebnisse im Feld, da in dieser Version die Wandeinspannung nicht berücksichtigt worden ist. Alle anderen Versionen ermitteln die Rand- und Feldmomente annähernd gleich. Beim Moment über der Stütze sind zwei Punkte zu berücksichtigen. Da es sich hier um eine Singularitätsstelle handelt, ist die Genauigkeit der Ergebnisse stark abhängig von der gewählten Elementgröße. Bei sehr kleinen Elementen würde sich ein betragsmäßig großer Wert über der Linienlagerung ergeben, der bei einer Bemessung eine zu hohe Bewehrung liefern würde. Erzeugt man bei der Eingabe sog. Fixgeraden (Zwangspunkte für die Netzgenerierung) über den Unterzugrändern, so erhält man bei der Bemessung die Ergebnisse am Plattenanschnitt (siehe Bild 3).
Bei den Versionen 2 bis 4 ist ein Kräfteverlauf zu beobachten, der bei der Handrechnung völlig unberücksichtigt bleibt. Wegen der Nachgiebigkeit des Unterzuges entzieht sich dieser in Feldmitte der Last und verringert so den Kontinuitätszuschlag für die Mittelstützung in diesem Bereich. Das Stützmoment über dem Unterzug in Feldmitte fällt daher kleiner aus als das der Handrechnung. Über dem Auflager des Unterzuges hingegen konzentrieren sich die Lasten, das Stützmoment wird größer, wie in Bild 4 zu erkennen ist. Zusätzlich fließen Lasten in der Umgebung der Stützen direkt ins Auflager und werden nicht über den Balken „spazierengeführt". Über der Stütze entsteht ein mehrachsiges Tragverhalten, das in diesem Bereich natürlich auch zu einer entsprechend höheren Bewehrung führt. Bild 5 und 6 zeigen dieses unterschiedliche Tragverhalten der Versionen 1 und 3 anhand der Konturflächen des maximalen Hauptmomentes. Betrachtet man die Richtungen der Hauptmomente, so erkennt man in Version 1 im Stützbereich des Unterzuges auf der gesamten Länge zum Rand parallele Momentenvektoren. Bei Version 3 hingegen ändern sie im Bereich der Stützen ihre Richtung und schwenken auf diese ein. Während sich in Version 1 ein nahezu konstantes Stützmoment einstellt, läßt sich in Version 3 über den Stützen eine deutliche Erhöhung der Plattenmomente feststellen. Die Versionen 2 und 4 zeigen qualitativ das gleiche Momentenbild wie die Version 3, die Darstellung der Momente kann deshalb entfallen. Auf diesen Kräfteverlauf wird bei der Betrachtung des Balkens noch einmal näher eingegangen.

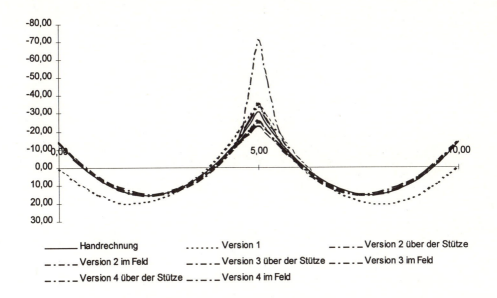

Bild 3: Verlauf der Biegemomente in der Platte. Das größere Feldmoment der Version 3 und der „Ausreißer" der Version 2 über der Stütze sind deutlich zu erkennen.

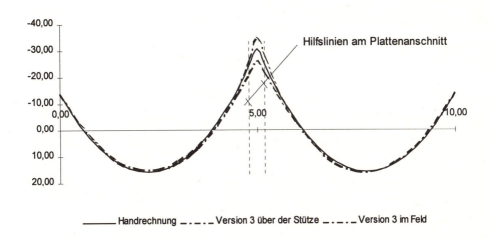

Bild 4: Verlauf der Biegemomente in der Platte. Version 3 über der Stütze und im Feld zeigen das angesprochene Tragverhalten. Die Handrechnung liegt in der Mitte. Die gestrichelten Linien geben die Lage der Hilfslinien für den Plattenanschnitt an.

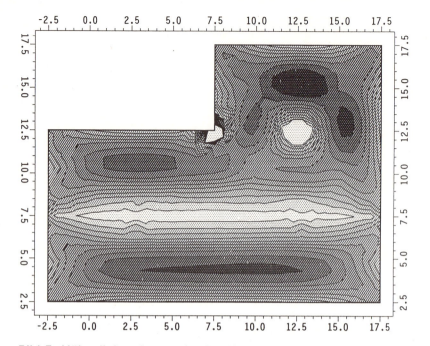

Bild 5: Höhenlinien der maximalen Hauptmomente, Version 1

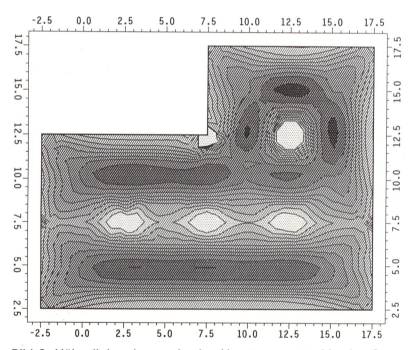

Bild 6: Höhenlinien der maximalen Hauptmomente, Version 3

Punktgestützte Platte und einspringende Wandecke

Bei diesen ausgeprägten Singularitätsstellen zeigt sich ein sehr großer Einfluß der Eingabeparameter. Eine echte Punktstützung führt bei der FEM-Berechnung zu einem großem Moment und folglich auch zu einer sehr hohen Bewehrung über der Stütze. Eine Interpretation durch den anwendenden Ingeneur ist hier unumgänglich. Wird jedoch die Punktstützung, wie in den Versionen 3 und 4, in eine der Stützengeometrie ensprechnde Lagerung aufgelöst (hier: 4-Punktlagerung in den Eckpunkten der Stütze), gleichen sich die Berechnungsergebnisse der Näherungslösung nach Heft 240 so sehr an, daß eine direkte Übernahme der Bemessungsergebnisse aus der FEM möglich ist (siehe Bild 7). An der einspringenden Wandecke gibt es keine Lösung der Handrechnung. Gewöhnlich werden die dort auftretenden Momente durch eine konstruktive Bewehrung in Höhe der Feldbewehrung bzw. durch eine Rißbewehrung abgedeckt. Ein Vergleich der Ergebnisse zeigt aber auch hier, daß bei einer elastischen Stützung die Größe des Momentes deutlich zurückgeht. Eine Berücksichtigung der Wände als Faltwerk, wie in Version 4, bewirkt jedoch kaum eine Verbesserung. Dieses Ergebnis zeigt besonders deutlich, daß die Randbedingungen durch eine elastische Linienlagerung ausreichend genau beschrieben sind (siehe Bild 8).

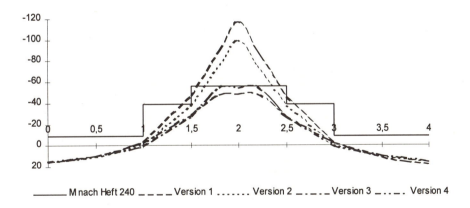

———— M nach Heft 240 ———— Version 1 .... Version 2 —·—·— Version 3 —··—··— Version 4

Bild 7: Plattenmomente über der Einzelstütze

Momente an der einspringenden Wandecke

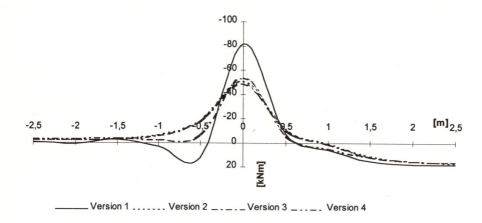

——— Version 1 ······· Version 2 _._._ Version 3 _.._.. Version 4

Bild 8: Plattenmoment an der einspringenden Ecke

Stahlbetonunterzug $b_0/d_0 = 40 / 60$ cm

Stabelemente in Plattenprogrammen führt zu Problemen bei der Berücksichtigung der Steifigkeiten des entstehenden Plattenbalkens. Im vorliegenden Fall wurde die Methode des „Plattensystems mit Träger mit Reststeifigkeit" angewandt. In diesem Zusammenhang sei auf den Artikel von Casimir Katz und Joachim Stieda: „Praktische FE-Berechnungen mit Plattenbalken", erschienen in Bauinformatik 1/92, hingewiesen, der sich mit diesem Thema ausführlich auseinandersetzt.

Die Bemessung des Unterzuges entspricht bei der FEM - Berechnung nicht der Handrechnung wenn der Unterzug wie in Version 3 oder 4 vom Programm mitbemessen wird. Das schon bei der Platte angesprochene Tragverhalten zeigt sich auch hier sehr deutlich. Die Elastizität des Unterzuges führt zu einer Lastumlagerung in Richtung der Stütze, es stellen sich um ca. 17 % geringere Stütz- und Feldmomente ein. Aus den Ergebnissen des Faltwerks lassen sich leider keine brauchbaren Schnitt- bzw. Bemessungsgrößen für den Unterzug ablesen. Das verwendete Programm führt in diesem Bauteil eine Scheibenbemessung durch. Es berechnet eine Bewehrung, die seitlich und über die Höhe angeordnet ist. Diese läßt sich mit einer Balkenbewehrung nicht vergleichen. Interessant ist aber eine Betrachtung der Verformungen. Die Handrechnung untersucht ein an allen Stützungen gelenkiges System. Es ergibt sich eine sehr große Durchbiegung im ersten Feld und eine deutlich kleinere im Innenfeld. Version 1 läßt nur eine Aussage auf die von Ihr ausgegebene Unterzugbelastung zu. Hierbei entspricht die Auflagerreaktion unter der Linienlagerung der Belastung der Handrechnung, die bei diesem einfachen System jetzt folgen müßte. Bei der Version 2 ist die Linie unter dem Unterzug elastisch und relativ weich gelagert. An den Stellen der Stützen ist eine, im Verhältnis dazu, starre Lagerung eingegeben, was an den Übergangsstellen zu Ungenauigkeiten in der Berechnung führt. Die Annahmen, die für die Auflagerbettung gemacht werden, sind zudem sehr vage und entsprechen nur entfernt dem Tragverhalten des realen Systems, sodaß eine weitere Belastung des Unterzuges mit den Auflagerreaktion aus diesem System als sehr unsicher und schlecht nachvollziehbar erscheint. Sie kann nicht empfohlen werden. In der Version 3 gehen die Durchbiegungen im 1. Feld stark zurück, vergrößern sich jedoch im 2. Feld. Das liegt zum einen an der schon beschriebenen Entlastung des Unterzuges und zum anderen an der nur teilweisen Einspannung in die Wand, die hier rechnerisch nur über die Höhe der Platte berücksichtigt ist. Bei einer Verdrehung des Randpunktes würde sich aber der Unterzug zusätzlich gegen die Wand abstützen. Version 4 kann als einziges System diesen Einfluß richtig erfassen und führt folglich zu einer ausgeglicheneren Durchbiegung in den ersten beiden Feldern (siehe Tabelle 1).

	Handrechnung	Version 3	Version 4
M_1 [kNm]	100,1	86,5	xx
as (M_1) [cm²]	6,93	5,60	xx
w [mm]	0,55	0,48	0,41
M_2 [kNm]	68,6	56,6	xx
as (M_2) [cm²]	4,51	3,60	xx
w [mm]	0,27	0,33	0,37
M_A [kNm]	-168,6	-135,5	xx
Bem.-Moment	-133,4	-101,0	xx
as [cm²]	9,1	6,6	xx
Q_A links	-146,2	-152,0	xx
as Bü	3,92	4,00	xx

Tabelle 1: Gegenüberstellung der Balkenbemessung

Fazit

Von allen gerechneten Systemen bietet die Version 3 die brauchbarsten Ergebnisse, auch unter Berücksichtigung des Eingabe- und Rechenaufwands.
In der Version 1 sind die Randbedingungen zu ungenau beschrieben. Bei der Deckenbemessung ist sowohl im Feld als auch über der Stütze eine zu hohe Bewehrung errechnet worden. Die aus diesem System hervorgehende Unterzugbelastung ist aufgrund der fehlenden Wandeinspannung zu groß. An der einspringenden Wandecke und über der Stütze sind die Spitzenwerte so hoch, daß hier keine sinnvolle Auswertung der Ergebnisse möglich ist.
Version 2 bietet in Bezug auf die Deckenbemessung eine gute Lösung. Der Einfluß der Randeinspannungen wird berücksichtigt und durch die elastischen Vertikallager werden die Singularitätsstellen an der einspringenden Ecke und über der Punktstütze „entschärft". Eine Auswertung der Ergebnisse für den Unterzug ist hier aber nicht möglich.
Version 4 ist dem Verformungsverhalten in der Realität am nächsten, hat aber entscheidene Nachteile: Der Eingabeaufwand steigt um ein Vielfaches, da eine grafische Eingabeoberfläche für dreidimensionale Faltwerke nicht zur Verfügung steht. Die Beschreibung des Systems wird dadurch aufwendig und fehleranfällig. Der Rechenaufwand vergrößert sich mit dem Faktor 5 und die Menge der Arbeitsdaten verzehnfacht sich. Zudem ist eine Auswertung des Unterzuges nicht möglich, da das Programm für Faltwerke keine Stabschnittgrößen ausgibt.

Die Berechnungsergebnisse haben gezeigt, daß die Methode der finiten Elemente im allgemeinen ein brauchbarer Lösungsansatz ist, um komplizierte Systeme zu berechnen bzw. deren Tragverhalten zu untersuchen. Der Anwender muß sich dabei aber bewußt sein, daß die Ergebnisse seines Programms immer von den ingenieurmäßigen Vorgaben abhängig sind. Lösungen an den einzelnen Knoten der angesprochenen Problemstellen können grundsätzlich in Frage gestellt werden, die Ergebnisse sind nicht absolut zu betrachten, sondern bedürfen an vielen Stellen einer Interpretation. Im Zweifelsfalle sollten einzelne Parameter geändert und die Auswirkung auf die Ergebnisse beobachtet werden. Ein blindes Vertrauen in die Programme führt unweigerlich zu Fehlern. Werden die oben genannten Punkte jedoch berücksichtigt, so bietet die FEM gute Möglichkeiten und wird sich weiterhin in der Praxis behaupten können.

Computersimulation des dynamischen Antwortverhaltens von windbelasteten Großbrücken im Traglastbereich

Dr.-Ing. I. Kovacs, Büro für Baudynamik Stuttgart

Zusammenfassung

Der böige Wind stellt für Großbrücken häufig den Dimensionierungslastfall dar. Das für die Auslegung dieser Brücken üblicherweise angewandte spektralanalytische Nachweisverfahren arbeitet mit vereinfachenden Ansätzen und verfälscht dadurch die Traglast. Das hier vorgestellte Simulationsverfahren ist in der Lage sowohl die komplexe Interaktion zwischen Strömung und schwingendem Körper als auch das nichtlineare Steifigkeitsverhalten des Tragsystems zu berücksichtigen. Die Simulation wird unter γ-fachen Windlasten geführt. Die Tragsicherheit wird über die statistische Auswertung der Simulationsergebnisse nachgewiesen.

1   Allgemeines

C-BRIDGE und S-BRIDGE sind Programmpakete zur Simulation des nichtlinearen Schwingungsverhaltens von Schrägkabel- und Hängebrücken unter Windbelastung. Für die beiden Großbrückenarten ist der böige Wind im allgemeinen Dimensionierungsfall. Die Programme ermöglichen eine feine Optimierung und Bemessung dieser Bauwerke.

Der Anlaß der Programmentwicklung war, daß die konventionelle Windbemessung dieser Brücken heute noch mit der Methode der Spektralanalyse - und damit zwangsläufig mit vereinfachenden Ansätzen - geschieht. Entscheidend von diesen Ansätzen sind die *Linearisierungen* und die *volle oder teilweise Vernachlässigung der Interaktionen* zwischen Strömung und schwingendem Brückenkörper. Sie führen häufig zu Überbemessungen. Das ist ein Handicap dieser Bauwerkstypen, deren Ingenieurbearbeitung in besonderem Maße von der, hinter dem komplexen Verhalten meist verborgenen, statisch-dynamischen Gutmütigkeit profitieren könnte. Es geht hierbei nicht alleine um den Verzicht auf die Ausnutzung der plastischen Umlagerungen. Durch die Vereinfachungen werden auch andere, noch wichtigere Wirkungen vernachlässigt, z.B. die gutmütige Nichtlinearität der Windkräfte bei Schräganblasung, die das Versagen nachhaltig hinauszögert, Bild 1.

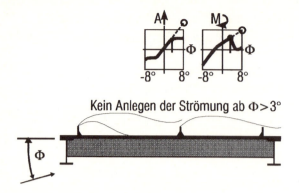

Bild 1
Beispiel aus der Praxis: das aus der Spektralanalyse abgeleitete Versagen unter γ-fachen Lasten sollte in einem solchen Deformationszustand stattfinden, bei welchem die Windkräfte in Wirklichkeit wesentlich unter den linear extrapolierten Kurven liegen

Im Unterschied zur spektralanalytischen Methode, behandeln C-BRIDGE und S-BRIDGE das Problem im Zeitbereich, d.h. sie führen den Nachweis der Tragsicherheit auf dem direkten Weg, ohne spektrale Abstraktionen.

Das Verfahren kann in wenigen Sätzen wie folgt charakterisiert werden:

- Die Grundlage der im Nachweis berücksichtigten Belastung ist der natürliche Wind in seiner ursprünglichen Erscheinungsform als **zeitlich-räumliches Geschehen**. Er wird im ersten Schritt des Verfahrens mathematisch nachgebildet.

- Im zweiten Schritt des Verfahrens wird das Antwortverhalten des Bauwerks unter γ-fachen Lasten berechnet. Das bedeutet eine $\sqrt{\gamma}$-fache Verzerrung der Windgeschwindigkeit. Die Windströmung liefert hier jedoch nicht nur die angreifende Kraft, sondern auch das Medium, in welchem die Antwort der Brücke stattfindet. **Die Windkraft wird als eine Folge der Interaktion zwischen schwingendem Brückenkörper und Strömung betrachtet**.

  Die γ-fache Last erlaubt andererseits auch die Berücksichtigung des komplexen **nichtlinearen-interaktiven Steifigkeitsverhaltens** des Bauwerks.

- Im letzten Schritt erfolgt eine **statistische Auswertung** der Ergebnisse in Anlehnung an die Wahrscheinlichkeitstheorie. Sie hängt von der aktuellen Fragestellung ab: ist die Brücke sicher genug? Wieweit kann der Querschnitt oder die Bewehrung reduziert werden? Daraus erkennt man, daß die Programme zur Optimierung eines Entwurfs angewendet werden können.

Die Programme sind zum überwiegenden Teil in FORTRAN 77 geschrieben. Sie laufen derzeit unter MS-DOS und 32-bit Extendern, eine Portierung nach OS/2, WindowsNT und UNIX ist möglich.

Die Programme bedienen sich verschiedener vorbereiteter Dateien, die das Antwortverhalten eines Brückenquerschnitts oder -abschnitts in verschiedenen Situationen beschreiben. Diese sind entweder von fremden Programmen erstellt (schiefe Biegung in Zustand 2 unter angemessener Berücksichtigung des Mitwirkens des Betons im Zugbereich) oder von Messungen abgeleitet (stationäre und instationäre Windkräfte) und gehen in parametrisierter Form in die Programme ein.

Bei der Entwicklung des Verfahrens haben wir uns mit den folgenden sehr speziellen Problemen auseinandersetzen müssen:

- Fragen der zeitlich-räumlichen Windsimulation;

- Fragen der Simulation der instationären Anströmungs- und Bewegungsverhältnisse, Planen von Windkanaluntersuchungen und Einsetzen deren Ergebnisse;

- Wahrscheinlichkeitstheoretische Fragen, z.B. das Umsetzen des für lineare Berechnungen vorgeschriebenen Sicherheitskonzeptes für nichtlineare Verhältnisse.

2   Simulation des Windablaufs

Das Verfahren lehnt sich an dem in den meisten internationalen Vorschriften verankerten Nachweismodell an, wonach die Brücke die *zu erwartenden* kritischsten 10 Minuten ihrer z.B. 50-jährigen Lebenszeit mit γ-facher linearer Sicherheit übersteht. Diese Sicherheit soll nun, nachdem es sich hier um zufällige Abläufe handelt, *statistisch* abgesichert werden; daraus folgt, daß der Nachweis hier über eine Serie von möglichen kritischen 10-Minuten-Abläufen erfolgen muß. Es ist offen, wie groß diese Serie sein soll. Eine größere Anzahl erhöht die statistische Konfidenz der Ergebnisse, was in die Berechnung eingeht. Andererseits kostet sie mehr Rechenzeit. Die statistisch sinnvolle Anzahl der untersuchten Abläufe liegt bei der heutigen Leistungsfähigkeit der PC-s bei 10 bis 11.

Bei der Simulation eines einzelnen 10-Minuten-Ablaufs bedienen wir uns dann des üblichen Windmodells, wonach die Windgeschwindigkeiten als die Summe eines zeitlich konstanten und eines überlagerten zeitlich-räumlich veränderlichen Anteils - des **10-min-Mittels** und der **Turbulenzen** - beschrieben werden kann, Bild 2.

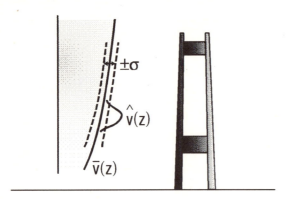

Bild 2:
Windmodell, bestehend aus dem konstanten 10-min-Windprofil und den überlagerten, zeitlich veränderlichen Turbulenzen

Hiervon war das 10-min-Windprofil eine Grundlage der Spektraluntersuchungen und wird unverändert in die Simulation übernommen. Die Turbulenzen sind hingegen Zufallsereignisse, die nur durch statistische Eigenschaften charakterisiert sind:

- durch die **Spektren**, die die Größe und die Frequenz der Windschwankungen beschreiben;

- durch die **Kohärenzen**, die die räumliche Ausdehnung der Böen angeben und

- durch die **Phasenverhältnisse**, die die zeitliche Folge des Antreffens der Böen an verschiedenen Teilen des Bauwerks charakterisieren.

Bild 3: Momentaufnahme von einem künstlichen 2D-Turbulenzablauf auf einer 600 x 200 m² großen vertikalen Fläche quer zur Hauptwindrichtung. Die hellen Farben zeigen die Böenentwicklung in der Hauptwindrichtung, die Verzerrung des Netzes die Querkomponenten

Diese statistischen Eigenschaften, bzw deren standort-typischen Parameter werden durch den synthetischen Turbulenzgenerator der Programme in solche Windabläufe umgesetzt, die am gegebenen Standort möglich sind und tatsächlich einmal so ablaufen könnten. Die mathematische Apparatur des Turbulenzgenerators kombiniert dabei, entsprechend dem statistisch-zufälligen Charakter des natürlichen Windes, die statistischen Parameter mit Zufallselementen.

Der Generationsalgorythmus ist auf homogene Turbulenzverhältnisse ausgelegt. In Wirklichkeit liegt im unteren Grenzschichtbereich immer ein stark inhomogenes Turbulenzfeld vor. Die inhomogene Generierung geht über eine Transformation der reellen Knotengeometrie des Bauwerks in eine solche fiktive Geometrie vor sich, in welcher homogene Turbulenzbedingungen herrschen.

3 Simulation des Antwortablaufs

3.1 Allgemeines

Im nächsten Rechengang werden, Zeitschritt für Zeitschritt, die dynamischen Reaktionen der Brücke auf die simulierten Windabläufe berechnet.

Der Antwort-Ablauf wird über eine Zeitintegration der Bewegungsgleichungen gewonnen. Im Zuge dieser Zeitintegration ermittelt das Programm, zu jedem Zeitpunkt, alle momentanen inneren und äußeren Kräfte und läßt diese als Einzelimpulse auf die Massen des Systemmodells wirken. Hieraus und aus dem momentanen Bewegungszustand des Systems ergeben sich alle Deformationen des nächsten Zeitschritts.

Die besondere Effektivität des Verfahrens liegt, wie schon einleitend gesagt, in der Ausnutzung des komplexen Antwortverhaltens der Struktur. Das Verfahren **lebt** gerade von dieser Komplexität bzw von der hinter ihr meist verborgenen Gutmütigkeit.

Entscheidende Bedeutung kommt hierbei den aus der Interaktion von schwingendem Körper und Strömung hervorgehenden Windkräften zu.

3.2 Die instationäre Windkraft

Der Ausgangspunkt der Ermittlung der auf den windanfälligen Brückenbalken wirkenden Windkräfte ist die **quasistationäre Windkraft** bzw deren Kraftkoeffizient CW_0, Bild 4:

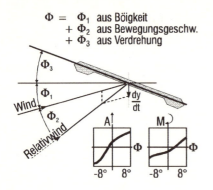
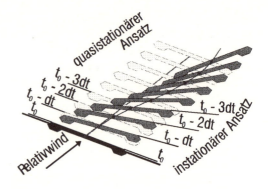

Bild 4:
Die momentane Position des Brückenkörpers in der Strömung ist die Grundlage der quasi-stationären Kraftberechnung

Bild 5:
Der quasistationäre Ansatz geht davon aus, das der Körper in der Strömung auf einer geradlinigen Bahn parallel verschoben wird. In Wirklichkeit ist die Bahn gekrümmt

CW_0 ist von dem momentanen Anblaswinkel Φ nichtlinear abhängig. In der Summe von Φ repräsentieren die Komponenten Φ_2 und Φ_3 die Deformationen des Bauwerks, durch sie wird die Windkraft beeinflußt. Der quasistationäre Ansatz berücksichtigt also die Strömung-Körper-Interaktion in vereinfachter Form.

Die CW_0-Diagramme für die Kraftkomponenten - hauptsächlich für den Auftrieb und für das Torsionsmoment - werden mittels sehr feiner Messungen im Windkanal erstellt, und für das Rechenprogramm in Form einer polygonalen Näherung in Dateien bereitgestellt. Es handelt sich hier um statische Kraftmessungen an einem verschieden schräg eingestellten, unbeweglichen Sektionsmodell. Die Versuche werden in einer, an den tatsächlichen Turbulenzverhältnissen angepassten fein-turbulenten Strömung durchgeführt, da die feinen Turbulenzen starken Einfluß auf die Windkräfte haben.

Nach dem quasistationären Ansatz wird die momentane Windkraft so berechnet, als wenn die momentane relative Position des Körpers zu der Strömung in der Zeit unverändert wäre. Es wird also näherungsweise angenommen, daß **der Körper im Luftstrom in der vorausgehenden Zeit eine gerade Bahn beschrieben hat**. In Wirklichkeit ist die Bahn jedoch nicht gerade, sondern gekrümmt, Bild 5.

Durch die Krümmung der im Luftstrom beschriebenen Bahn wird die auf den Körper wirkende Luftkraft verändert. So ergeben sich z.B. gekrümmte Stromlinien, durch welche die Druckverhältnisse in der Luft modifiziert werden. Je nach

Wellenlänge der Bahn verändert sich außerdem der für die viskose Luft zur Verfügung stehende Luftraum, in welchem sie die auf den Körper übertragenen Kräfte "verarbeiten muß"; die Kraftgröße wird meist kleiner, es treten Phasenverschiebungen auf. Diese Effekte sind bei Großbrücken sehr deutlich. Durch die Phasenverschiebungen treten z.B. Flattern oder andere instabile Deformationen auf.

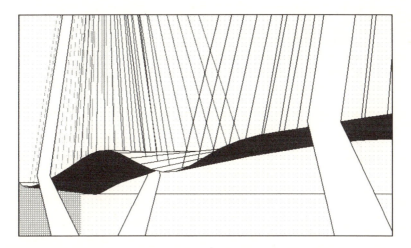

Bild 6: Momentaufnahme vom Deformationsablauf. Es treten kurzfristig dynamische Instabilitäten auf, die in Kauf genommen werden dürfen

Zur Demonstration zeigen wir eine Momentaufnahme vom Deformationsablauf einer sehr scharf ausgelegten, aber noch tragsicheren Brücke, bei welcher wir - unter $\sqrt{\gamma}$-fachen Windgeschwindigkeiten - bereits ansatzweise Instabilitäten zugelassen haben. Bei der Verfolgung des Deformationsablaufs erkennt man die kurzen Anfachungsperioden an den delphinartigen Bewegungen, die sich danach bald wieder beruhigen. Diese kritischen Anfachungen können nur durch die Berücksichtigung der gekrümmten Luftbahnen, also durch die instationären Windkraftansätze bemerkt und erfaßt werden.

C-BRIDGE und S-BRIDGE verfolgen deshalb zu jedem Zeitpunkt die vergangene Bewegung der Brücke und schließen aus dieser auf die Modifikationen der stationären Windkräfte. Dazu sind im wesentlichen die aktuellen Taylor-Komponenten der Φ-Verläufe für Böigkeit, Vertikal- und Torsionsschwingungen erforderlich:

$$\Phi_k(t) \approx \Phi_k(t_0) + \dot{\Phi}_k(t_0) \cdot (t - t_0) + \frac{1}{2} \cdot \ddot{\Phi}_k(t_0) \cdot (t - t_0)^2 \qquad , k = 1,2,3$$

Es gilt bei Anwendung dieser Komponenten

$$CW \approx CW_0 + \sum_{1+2+3} dCW_k\left(\Phi_k, \dot{\Phi}_k, \ddot{\Phi}_k, \Omega_k\right)$$

Ω ist ein Näherungswert für die Kreisfrequenz des Bewegungsablaufs, er dient zur Abschätzung des Luftraums, in welchem das Kraftgleichgewicht wiederhergestellt ist.

Die komponentenweise Verfolgung der Modifikationen ist deshalb wichtig, weil sie zum Teil an den Bewegungen gekoppelt sind (k = 2 und 3), die von sich aus schon instabil werden können. Die Komponente 3 bewirkt z.B. eine direkte Dämpfung oder Anfachung der Torsionsschwingung, die auch dann nicht untergehen darf, wenn z.B. die Komponente aus der Böigkeit wesentlich größer ist. Dies ist einsichtig, da die Böigkeit zufällig ist und daher nicht anfachend wirken kann. Eine auch nur geringe negative Dämpfung der Torsionsschwingung führt dagegen zu Instabilitäten.

Die instationäre Reaktion eines umströmten Querschnittes wird im Vorfeld, mittels Windkanalversuche geklärt. Es handelt sich dabei um Sektionsmodellversuche in fein turbulenter Strömung, die entweder über Kraftmessung an einem geführt bewegten Modell oder über Abklingmessung am freischwingenden Modell erfolgen kann. Die Messungen werden systematisch für mehrere Anblaswinkelwerte und Windgeschwindigkeiten durchgeführt. Das Ergebnis ist ein zweidimensionales Feld mit komplexen (= phasenverschobenen) Kraftwerten, das in parametrisierter Form in die Berechnung eingeführt wird.

3.3 Grafische Kontrollen

Die Arbeit mit den Simulationsprogrammen wird durch graphische Hilfsprogramme erleichtert.

Die Antwortvorgänge können während der Laufzeit über den *Graphic Debugger* kontinuierlich vefolgt werden, Bild 7.

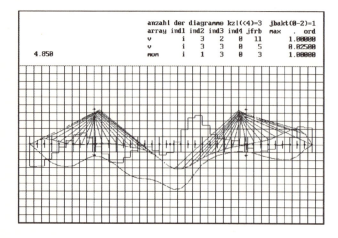

Bild 7: Graphic Debugger.

Die Schnittkraftverläufe werden bei laufender Berechnung kontrolliert

Graphic Debugger kann je nach Bedarf ein- oder ausgeschaltet werden. Er ist ein Mittel zum Erkennen von Eingabefehlern - er übernimmt also gewissermaßen die Debugger-Aufgabe - , von Fehlentwicklungen oder von den Umständen eines Versagens. Der Anwender kann alle relevanten Kraft- oder Bewegungsdaten oder andere Zwischenergebnisse in Diagrammform zeitschrittweise verfolgen, er kann Vergleiche machen oder die Plausibilität prüfen. Die Diagramme können jederzeit durch neue Typen ersetzt werden.

Bild 8:
Deformation Display

Das *Deformation Display*, Bild 8, zeichnet den momentanen Deformationszustand des schwingenden Bauwerks in perspektivischer Form auf. Er unterstützt und ergänzt die Funktion des Graphic Debuggers.

4 Auswertungen

Der Nachweis der Tragsicherheit wird durch die Auszählung der Versagensfälle geführt. (Versagensfall wird bezeichnet, wenn ein Simulationsablauf wegen Überbelastung, d.h. wegen einer über die Bruchlast gehenden Schnittkraft - vorzeitig abgebrochen werden muß). Es ist evident, daß Versagensfälle bei Simulationen unter γ-fachen Lasten zulässig sind. Eine unendliche Serie von Simulationsabläufe dürfte z.B. eine Versagensquote von ca 50 % aufweisen; es wäre dann zu erwarten, daß die Schnittkräfte unter γ-fachen Lasten gerade die Grenze zum Versagen erreichen.

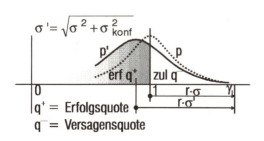

Bild 9:
Bei niedriger Anzahl der Abläufe wird die Konfidenz kleiner und die Streuung der Ergebnisse größer. Die erforderliche Sicherheit wird dadurch gewährleistet, daß eine niedrigere Versagensquote zugelassen wird

Im Falle einer beschränkten Zahl von Simulationen wird eine niedrigere Versagensquote zugelassen, Bild 9. Dadurch wird kompensiert, daß die Untersuchungsergebnisse wegen der niedrigeren statistischen Konfidenz zusätzlich unscharf sind.

Bei sukzessiver Optimierung einer Brücke sind Zwischenergebnisse interessant, um die momentanen Tragreserven richtig einschätzen und sinnvoll reduzieren zu können, Bild 10.

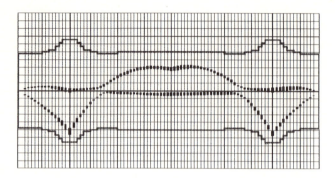

Bild 10

Vergleich der Schnittkräfte und der Bruchschnittkräfte beim Optimierungsverfahren

Es werden deshalb die maximalen Schnittkräfte eines jeden Ablaufs ausgesucht und mit den Tragfähigkeiten des Entwurfs verglichen. Das Beispiel in Bild 10 zeigt, daß die Tragreserven in weiten Bereichen der Brücke hoch sind und im nächsten Entwurfsschritt wesentlich reduziert werden können.

5   Zu den Weiterentwicklungen

Die Kabelschwingungen sind momentan nicht erfaßt. Wir haben vor, die Programme durch realistische, „schwingungsfähige" Kabelelemente zu ergänzen. Es ist zunächst nur ein Kabelmodell zur Berücksichtigung der wichtigsten Endpunkt-Erregungen geplant (Koppelschwingungen, Parametererregung erster Art).

Die Karmansche Wirbelerregung wird zur Zeit in Form einer zusätzlichen periodischen Kraft berücksichtigt. Eine verbesserte Modellierung unter zusätzlicher Beachtung des Locking-Effektes ist vorgesehen.

Literatur:

1   Kovács, I., Svensson, H. und Jordet, E. (1992). „Analytical aerodynamic investigation of cable-stayed Helgeland bridge". ASCE, Journal of Structural Engineering, Jan. 1992
2   Kovács, I. (1994). „Synthetic wind for investigations in time-domain". ASCE, Structures Congress, Atlanta, Apr. 1994

Simulation von Gebäudeschwingungen - Aspekte der Gebrauchs- und Tragfähigkeit

A. Burmeister

DELTA-X GmbH Ingenieurgesellschaft, Stuttgart
Dr.-Ing. A. Burmeister
Prof. Dr.-Ing. E. Ramm

1. Zusammenfassung

Zur Problemstellung, Tragwerke hinsichtlich zeitabhängiger Einwirkungen zuverlässig auszulegen, wird am Beispiel von großvolumigen, flüssigkeitsgefüllten Tanks unter Erdbebenbeanspruchung ein Weg aufgezeigt, welcher es gestattet, aufbauend auf der Antwortspektrenmethode, die hydrodynamische Belastung im Rahmen von 3D-FE-Analysen zu berücksichtigen.
Die Simulation von Gebäudeschwingungen unter real auftretenden zeitabhängigen Einwirkungen ist mit verfeinerten Rechenmodellen und Analysen im Frequenz- bzw. Zeitbereich erfolgreich, wenn die Zusammenhänge zwischen Anregungsmechanismen und Strukturantwort bei der Umsetzung in das Rechenmodell beachtet werden. Dies wird am Beispiel eines Druckstuhls unter komplexen Anregungsmechanismen und einer Gebäudedecke unter Maschinenanregungen veranschaulicht.

2. Stehende flüssigkeitsgefüllte Tanks unter Erdbebeneinwirkung

Behälter für die Lebensmittelindustrie werden in beachtlichen Stückzahlen z.B. nach Südamerika oder Fernost exportiert und sind häufig nicht nur für Eigen- und Betriebslasten sondern auch für Erdbebeneinwirkungen zu dimensionieren. Sie bestehen aus Edelstahl, werden direkt auf Stahlbetonfundamenten oder auf Stahlbetonunterkonstruktionen aufgelagert und am Fuß verankert (Bild 1). Die hier behandelten Tanks weisen in der Regel ein Höhen/Radius-Verhältnis > 3 auf. Ein für die Analyse von zylindrokonischen Tanks typisches finite Element-Rechenmodell ist im Bild 2 dargestellt.
Prinzipiell können die durch Erdbebeneinwirkung verursachten Beanspruchungen der Tankwand mit Hilfe von transienten Analysen zusammen mit spektrenkompatiblen Zeitverläufen und unter Berücksichtigung der Fluid-Struktur-Interaktion berechnet werden. Diese gestalten sich relativ aufwendig und stellen hohe Anforderungen an die Hard- und Software. Demgegenüber ist die Anwendung

des Antwortspektrenverfahrens /3/, /4/ nicht nur besonders einfach sondern wird auch durch zahlreiche Regelwerke unterstützt /2/, /3/, /4/. Mit Hilfe von quasistatischen Ersatzlasten für die hydrodynamisch aktivierten Flüssigkeitsdrücke kann die Erdbebenwirkung im Rahmen der detaillierten 3D-FE-Spannungsanalyse wie ein gewöhnlicher Lastfall (Eigengewicht, Temperatur, Innendrücke, Wind etc.) behandelt werden. Unsicherheiten bei Eingangsgrößen sind durch entsprechende Wahl der Ersatzbeschleunigungen oder Baugrundfaktoren klein zu halten.

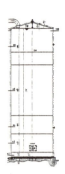
Flachbodentank

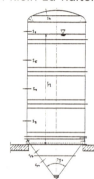
zylindrokonischer Behälter

Bild 1: Typische Tankformen

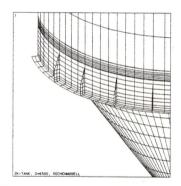

Bild 2: Zylindrokonischer Tank, Finite Element-Rechenmodell

Wichtige Hilfsmittel bei der Ermittlung der erwünschten quasistatischen Erdbebenlasten finden sich in /1/, /2/. Das gekoppelte Fluid-Struktur-Problem von Flachbodentanks wird mit Hilfe von Ersatzmassen für das Schwappen (SL) bzw. für die gekoppelte Tank-Fluid-Schwingung (D) und den Starrkörperanteil (B) beschrieben. In Diagrammform werden die Größen und Höhenlagen der Ersatzmassen sowie Beteiligungsfaktoren und Hilfswerte für die Berechnung der Eigenfrequenzen angegeben. Zusammen mit Beschleunigungsspektren können nach /4/ die maximalen Beschleunigungen und daraus das Umsturzmoment MM bzw. analog die horizontalen Erdbebenersatzlasten ΣH_E ermittelt werden.

$$MM = [(M_{SL}\,A_{SL}\,h_{SL})^2 + (M_D\,A_D\,h_D)^2 + (M_B\,A_B\,h_B)^2]^{0.5} \qquad (1)$$

$$\Sigma H_E = [(M_{SL}\,A_{SL})^2 + (M_D\,A_D)^2 + (M_B\,A_B)^2]^{0.5} \qquad (2)$$

Nach /1/ ist zudem die Berücksichtigung der vertikalen Bebeneinwirkung möglich. Als Lehrsche Dämpfungsmaße werden für Schwappen 0% bzw. für den Interaktionsanteil 2% empfohlen /1/.

In die maximale Erdbebenbeschleunigung gehen die standortbedingte Freifeldbeschleunigung (a_0), Baugrundeinflüsse (κ) und für die Bauwerkssicherheit relevanten Aspekte (Betriebsdauer, Personen- bzw. Objektschutz) ein. Je nach Normspektrum kann es zudem erforderlich werden, Erhöhungsfaktoren für stählerne Konstruktion (ν) anzusetzen. Sofern die Behälter nicht unmittelbar auf Fundamenten ruhen, sind in Abhängigkeit von der tatsächlichen Lagerungssituation ggfl. zusätzliche Einflüsse der Unterkonstruktion (z.B. Stahlbeton-Decken auf Einzelstützen) oder Baugrundeinflüsse auf die Lage der Eigenfrequenzen zu berücksichtigen. Hierzu können separate Ersatzmodelle (Bild 3), welche auf die wesentlichen Tragwerksteile beschränkt bleiben, in Verbindung mit Berechnungen nach dem Antwortspektrenverfahren eingesetzt werden.

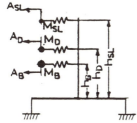

$A_{SL} = \Gamma_{SL}\,a_{SL}$ $a_{SL} = S_{aSL}\,a_0\,\kappa\,\alpha\,\nu$
$A_D = \Gamma_D\,a_D$ $a_D = S_{aD}\,a_0\,\kappa\,\alpha\,\nu$
$A_B = a_H$ $a_H = a_0\,\kappa\,\alpha\,\nu$

Bild 3: Ersatzmodell (Prinzipdarstellung)

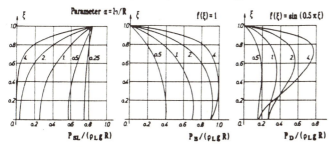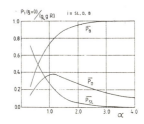

Bild 4: Druckverteilungen, aus /1/

Mit Hilfe eines über die Behälterhöhe konstanten und mit der Umfangskoordinate linear veränderlichen Ersatzdruckes, der bei kommerziellen Programmsystemen bequem einzugeben ist, können sowohl das Umsturzmoment nach Gl. (1) und die resultierende Erdbeben-Horizontallast nach Gl. (2) eingestellt werden. Dies ist unter Beachtung der in Bild 4 dargestellten Druckverteilungen bzw. der ebenfalls angegebenen Zusammensetzung des Gesamtdrucks für die interessierenden

Höhen/Radien-Verhältnisse als gute Näherung anzusehen.
Damit liegt eine Lastidealisierung vor, die es gestattet, den Lastfall Erdbeben im Rahmen der FE-Spannungsanalyse wie betriebliche Lasten zu behandeln. Hierauf können in gewohnter Weise Spannungs- und Stabilitätsnachweise aufgesetzt und die Verankerung dimensioniert werden.

3. Stahlbeton-Druckstuhl unter Maschinenanregung

Auf Analysen zur Beurteilung der Gebrauchsfähigkeit und Festigkeit soll am Beispiel eines Stahlbeton-Druckstuhles eingegangen werden, welcher durch den Betrieb der auf ihm angeordneten Druckmaschinen und deren Antriebsmotoren dynamisch belastet wird.

Der in Bild 5 dargestellte Betonstuhl wird durch 9 hintereinander angeordnete einfeldrige Querrahmen gebildet, wobei die Fußpunkte der Stiele in einer Pfahlkopfplatte eingespannt sind.

Während auf der in negativer z-Richtung auskragen Platte die Antriebsmotoren der Druckeinheiten sowie des Falzapparats FE01 angeordnet sind, trägt der mittlere Tischbereich die Maschinen. Letztere sind u.a. durch längslaufende Stahltraversen untereinander verbunden.

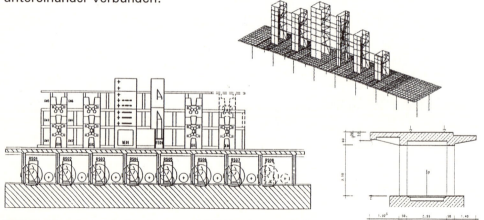

Bild 5: Druckstuhl, Struktur und FE-Rechenmodell

Zur Simulation des Strukturverhaltens wird ein detailliertes dreidimensionales FE-Modell erstellt, welches sowohl den Druckstuhl (Balken- und Schalenelemente) als auch die darauf angeordneten Maschineneinheiten mit ihren Antriebsmotoren umfaßt.

Die Maschinen werden mittels Punktmassen mit translatorischer und rotatorischer Trägheit abgebildet, welche in den Maschinenschwerpunkten angeordnet sind. Gleichzeitig werden die sehr steifen Seitenscheiben der Maschinen und die die Maschinen untereinander verbindenden Längs-Traversen mit Hilfe masseloser Schalen- bzw. Balkenelemente abgebildet.

Die Massenträgheitsmomente werden unter der vereinfachenden Annahme berechnet, daß die Gesamtmasse gleichmäßig über das Volumen der als Quader idealisierten Maschinengehäuse verteilt ist. In Ihrer Lage gehalten werden die so beschriebenen Punktmassen wieder durch masselose Balkenelemente großer Steifigkeit.

Vergleichende Studien zum Eigenschwingungsverhalten zeigten, daß eine wirklichkeitsnahe Simulation des dynamischen Strukturverhaltens die Berücksichtigung aller Maschinenträgheiten und die Verbindung der einzelnen Einheiten untereinander voraussetzt. Die Aussagekraft von Rechenmodellen, welche den Drucktisch detailliert und nur die Maschinenträgheiten vereinfacht berücksichtigen (Punktmassen translatorischer Trägheit an den Maschinen-Fußpunkten), bleibt auf die drei tiefsten Eigenformen bzw. -frequenzen beschränkt.

Von den in Bild 6 exemplarisch wiedergegebenen Eigenformen (1. und 23.) stellt die erste eine "globale Form" dar, bei welcher die Platte inklusive der Maschinen nur translatorisch verformt wird (reine Längsschwingung). Die zweite und dritte Eigenform stellen Drehschwingungen um eine Vertikalachse des Stuhls dar, wobei die Drehachse bei der zweiten Eigenform am Ende und bei der dritten näherungsweise in der Mitte des Stuhls liegt. Oberhalb der globalen Moden werden höhere Schwingungsformen festgestellt, bei welchen auch die Platte Biegeschwingungen ausführt. Vereinfacht ausgedrückt nimmt die Welligkeit der Biegeformen mit höher werdenden Frequenzen zu (vgl. die 23. Eigenform in Bild 6).

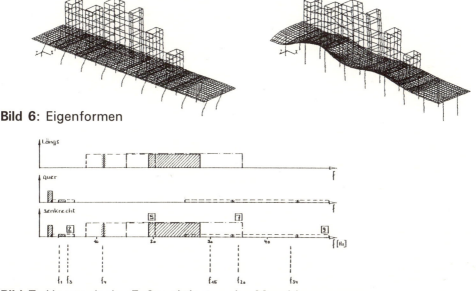

Bild 6: Eigenformen

Bild 7: Harmonische Fußpunktlasten der Maschinenanregung

Zur Ermittlung der Deformationen und Beanspruchungen aus den dynamischen Maschinenlasten werden Frequenzganganalysen mit nachlaufenden Schnittgrößenberechnungen durchgeführt.

Berücksichtigung finden die Vertikalkomponenten der Unwuchterregung aus den Antriebsmotoren und die von der Maschinendrehzahl abhängigen Fußpunktlasten der Maschineneinheiten. Letztere werden vom Druckmaschinen-Hersteller /5/ frequenzabhängig nach Betrag und Richtung vorgegeben (schraffierte Bereiche in Bild 7). Für die Frequenzganganalysen werden die Frequenzbereiche auf der sicheren Seite so erweitert, daß sie einander überlappen (Bild 7).

Im Rahmen der bereichsweise durchgeführten Frequenzganganalysen mit nachfolgender Schnittgrößenermittlung wird auf der Grundlage von Messungen ein Lehrsches Dämpfungsmaß von 1.1% bei 31.5 Hz (massenproportionale Rayleigh-Dämpfung) berücksichtigt. Weiterhin wird Phasengleichheit aller Fußpunkterregungen angenommen und die Laststellungen und -richtungen affin zu den im jeweiligen Frequenzbereich angetroffenen Eigenformen gewählt. Die entsprechenden Einstellungen können für tiefe Frequenzen - aufgrund der Überschaubarkeit der Eigenformen - anschaulich vorgenommen werden. Für höhere Frequenzen ist zur Bestimmung der extremale Beanspruchungen eine Variation der Laststellung und -richtung unumgänglich. Zur Ermittlung der bauteilbezogenen extremalen Beanspruchungen sind innerhalb der auf die Frequenzgangberechnungen aufgesetzten Spannungsanalysen mehrere Phasenwinkel der Verschiebungslösung zu betrachten.

Die extremalen Schnittgrößen der einzelnen Frequenzbereiche werden für die unterschiedlichen Tragwerksteile jeweils betragsmäßig zu oberen Grenzwerten der Beanspruchungen aus dynamischen Maschinenlasten überlagert. Die aus der Superposition mit den Beanspruchungen aus den statischen Lasten erhaltenen Gesamtbeanspruchungen des Druckstuhls werden der Überprüfung der Standsicherheit zugrundegelegt.

Infolge der dynamischen Lasten ergeben sich Beanspruchungssteigerungen, die bis zu 75% der Eigengewichts-Schnittgrößen erreichen können. Der genannte Maximalwert tritt bei der Querkraft in den Stützen in Stuhlquerrichtung auf. Hierfür sind inbesondere die Erregungen im erweiterten Frequenzbereich 2 bzw. die ersten 3 Eigenformen verantwortlich.

Zur Bewertung mechanischer Schwingungen (harmonische und Schwingungsgemische) von Maschinen, werden in der VDI-Richtlinie 2056 Bemessungshilfen angegeben. Als maßgebliche Größen werden dort die Effektivwerte der Schwinggeschwindigkeit (effektive Schnellen) herangezogen. Die auf verschiedene Maschinengruppen abgestimmten Bewertungsdiagramme liefern für die Stufen "gut", "brauchbar", "noch zulässig" und "unzulässig" jeweils frequenzabhängige maximal zulässige Wegamplituden. Die Grenzen zwischen diesen Bewertungsstufen werden durch konstante Effektivwerte der Schwinggeschwindigkeit definiert. Im doppelt logarithmischen Frequenz-Wegamplituden-Raster (Bild 8) verlaufen die Bewertungsgrenzen geradlinig.

Für den der Gruppe G (Großmaschinen) zugeordneten Drucktisch werden zur Bewertung nach der VDI-Richtlinie 2056 die an den Punkten der Eigenfrequenzen quadratisch überlagerten (Quadratwurzel aus der Summe der Amplitudenquadrate) Verschiebungsamplituden der einzelnen Berechnungen bzw. Varianten in das doppelt

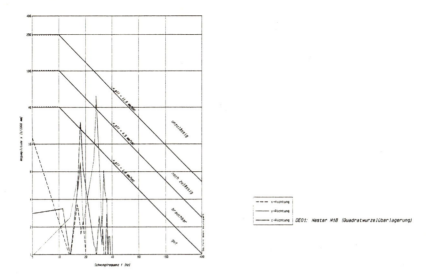

Bild 8: Einhüllende Frequenzgänge, Bewertung nach VDI-Richtlinie 2056

logarithmische Raster der Richtlinie eingetragen. Zwischen den Frequenzen mit überlagerten Einzelamplituden werden lineare Verbindungslinien eingezeichnet und für die drei Raumrichtungen die einhüllenden Frequenzgänge des Bildes 8 erhalten. An den Maschinenfußpunkten ergibt sich bei ca. 26 Hz eine extremale Wegamplitude von 0.052 mm in vertikaler Richtung und eine maximale Schwinggeschwindigkeit von 8.5 mm/s bzw. eine maximale effektive Schnelle von 5.9 mm/s.
Somit ist festzuhalten, daß der Grenzwert der effektiven Schnelle (11.0 mm/s) im gesamten Frequenzbereich nicht überschritten bzw. der "unzulässige" Bereich nicht erreicht wird.

4. Gebäude zur Leiterplattenproduktion

Bei dem in Stahlbeton-Fertigteilbauweise errichteten Produktionsgebäude war die Frage zu beantworten, inwiefern der gleichzeitige Betrieb von Bohrmaschinen und Belichter - beide auf der Decke über EG - der Leiterplattenproduktion Grenzen setzt. Zusätzlich war die in ca. 100 m Entfernung vorbeifahrende S-Bahn als äußere Einwirkung zu berücksichtigen.
Für den Belichter waren Oktavspektren der zulässigen Beschleunigungen am Aufstellort vorgegeben. Sie sollten zur Bewertung der Gebrauchsfähigkeit der Tragkonstruktion herangezogen werden.
Mit der Zielsetzung, dasselbe Rechenmodell für die Simulation des lokalen Verhaltens der Decke über EG wie auch zur Beschreibung der globalen Gebäudeantwort zu verwenden, wird die angesprochene Decke detailliert abgebildet und für die übrigen Geschosse lediglich die für das Gesamtverhalten maßgeblichen Steifigkeits- und

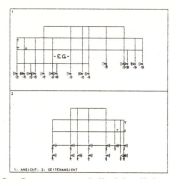
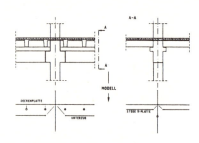

Bild 9: Gesamtmodell, Idealisierung der Fertigteilkonstruktion

Massenverhältnisse berücksichtigt. Bild 9 zeigt das Gebäudemodell und die Umsetzung der Fertigteilkonstruktion mit aufgelegter Ortbetonschicht in das FE-Rechenmodell. Für die Ortbetonschicht werden vierknotige Schalenelemente, für die Stege der π-Platten und die Unterzüge werden Balkenelemente mit Berücksichtigung des Versatzes der Systemlinien verwendet. Vertikale Tragglieder (Stützen, Kerne) werden ebenfalls mittels Balkenelementen abgebildet, wobei die Anbindung der Decken an die Aufzugsschächte im Modell mit Hilfe von Koppelbedingungen realisiert wird. Die Massen der Rohbaukonstruktion sind explizit, diejenigen der Maschinen und des Ausbaues (Fußbodenaufbau, abgehängte Installationsleitungen etc.) sind verschmiert berücksichtigt.

Die Modalanalyse liefert die ersten drei Eigenformen (globale Moden) oberhalb 3 Hz. Infolge der Unsymmetrie des Gebäudes im Grundriß sind die Verdrehungen um die Hochachse mit den Verschiebungen in Längs- bzw. Querrichtung gekoppelt. Oberhalb 7 Hz werden nahezu reine Biegeformen der Decke über EG angetroffen. Im wesentlichen ab der 7. Eigenform ergeben sich gekoppelte Schwingungen der Bereiche "Belichter" und "Bohrmaschinen" (Bild 10).

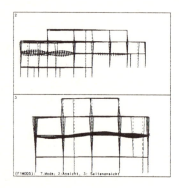
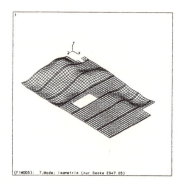

Bild 10: 7. Eigenform

Im Rahmen der zur Ermittlung von Beschleunigungen am Aufstellort des Belichters durchgeführten transienten Analysen wird für die Anregung durch die Bohrmaschinen ein zur 7. Eigenform affiner Einschaltzustand der Bohrmaschinen gewählt. So werden nur die Maschinen des im Bild 11 mit "Eurodrill" bezeichneten Bereiches als eingeschaltet angenommen. Ausgegangen wird von einer harmonischen Erregung, wobei auf der sicheren Seite Phasengleichheit für sämtliche Bohrmaschinen vorausgesetzt wird.

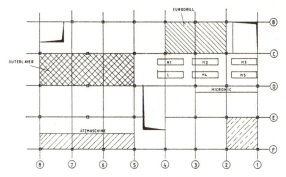

Bild 11: Maschinenanordnung auf der Decke über EG, Einschaltzustand

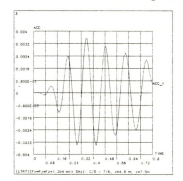

Bild 12a: Beschleunigungs-Zeitverlauf aus Bohrmaschinen

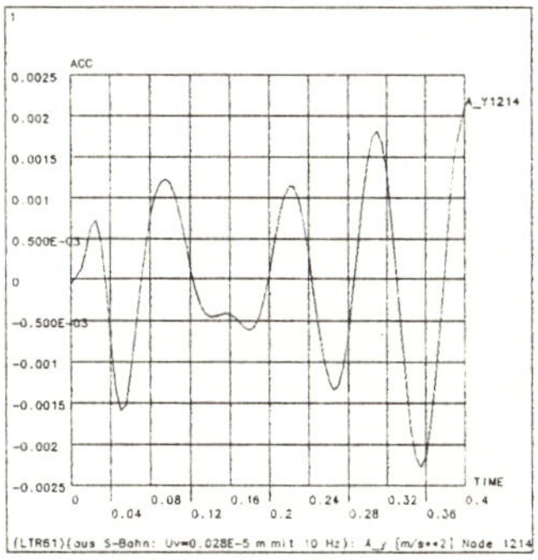

Bild 12b: Beschleunigungs-Zeitverlauf aus S-Bahn

Bild 12a zeigt den zeitlichen Verlauf der Vertikalbeschleunigungen im Bereich des Belichters. An der Frequenz von 7.9 Hz ist die Schwingung in der 7. Eigenform ablesbar. Das entsprechende Ergebnis für die Anregung durch die S-Bahn ist in Bild 12b dargestellt. In Ermangelung bodendynamischer Kennwerte und angesichts des komplexen Zusammenhangs zwischen örtlichen Gegebenheiten, wie z.B. Gleisform oder -aufbau bzw. Fahrgeschwindigkeit und Emissionspegel /7/ und unter Berücksichtigung der bei Entfernungen von mehr als 30 m deutlichen Dominanz der 10 Hz-Schwingung /7/, /8/, /9/ wird aufbauend auf /10/ von einer Schwinggeschwindigkeitsamplitude von 0.018 mm/s bei einer charakteristischen Frequenz von 10 Hz ausgegangen. Im Hinblick auf die Erfassung von Deckenresonanzen werden die Gebäudefußpunkte in vertikaler Richtung phasengleich erregt. Die hierbei vernachlässigten Phasenunterschiede zwischen den einzelnen Fußpunkterregungen liefern Strukturantworten auf der sicheren Seite, wobei nach /10/ von einer "Sicherheit" von ca. 1.4 bis 2.0 auszugehen ist.

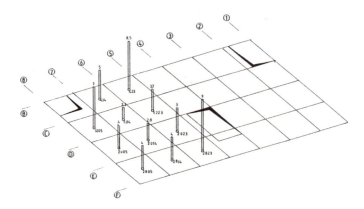

Bild 13: Ortsabhängige maximale Vertikalbeschleunigungen

Die in Bild 13 dargestellten ortsabhängigen Maximalwerte der Vertikalbeschleunigungen (mm/s^2) liefern wichtige Entscheidungshilfen bei der Festlegung des Maschinen-Aufstellortes.

5. Literatur

/1/ K. Scharf, F.G. Rammerstorfer, F.D. Fischer: The Scientific Background of the Austrian Recommendations for Earthquake Resistant Liquid Storage Tank Design, 4th International Conference on Soil Dynamics and Earthquake Engineering, October 23-26, 1989, Mexico City, Mexico

/2/ M.J.N. Priestley (Ed.): Seismic Design of Storage Tanks, Recommendations of a Study Group of the New Zealand National Society for Earthquake Engineering, December, 1986

/3/ E. Ramm, A. Burmeister, K. Schweizerhof: Zum Nachweis der Erdbebensicherheit nach DIN 4149 (neu) - Grundlagen und Anwendungen Baustatik, Baupraxis, Ruhr-Universität Bochum, 15./16.3.1984

/4/ F.P. Müller, E. Keintzel: Erdbebensicherung von Hochbauten, Ernst & Sohn, Berlin 1984

/5/ MAN Roland-Spezifikation: D/Plan-Nr.: 36435a

/6/ VDI-Richtlinien 2056

/7/ J. Melke, u.a.: Schienengebundene Systeme im Stadtverkehr - Ihre Schwingungsemission und der Umweltschutz, VDI-Berichte Nr. 381, 1980

/8/ G. Hölzl: Körperschall- bzw. Erschütterungsausbreitung an Schienenverkehrswegen, Eisenbahntechnische Rundschau 31, H. 12, 1982

/9/ G. Hölzl, G. Fischer: Körperschall- bzw. Erschütterungsausbreitung an oberirdischen Schienenverkehrswegen, Eisenbahntechnische Rundschau 34, H.6, 1985

/10/ L. Auersch, B. Ebner: Erschütterungsimmissionen in Gebäuden, eine Parameterstudie und meßtechnische Untersuchungen zur Deckenresonanz, Bautechnik 65, 1988

FE-Berechnungen als Entwurfsgrundlage von LNG-Lagertanks bei dynamischen Belastungen

G. Liebich und J. Böhler, Dyckerhoff & Widmann AG, München

1. Zusammenfassung

Flüssiggastanks werden verstärkt an erdbebengefährdeten Standorten geplant. Für Parameterstudien zur Erarbeitung von Entwurfsgrundlagen wurden mit Stimmgabel-Modell und Vier-Massen-Schwinger überschaubare FE-Modelle entwickelt, die die wesentlichen Struktureinflüsse - Innen- und Außentank, Flüssigkeitsfüllung, Gründung, mögliche Erdbebenisolierung - ausreichend genau erfassen und zu überprüfbaren Ergebnissen führen. Sie ermöglichen auch die Vorentscheidung über die Notwendigkeit einer seismischen Isolierung. Schließlich wird mittels eines nichtlinearen Ein-Massen-Schwingers abgeschätzt, wie sich das Abheben des Stahlinnentanks auf Kräfte und Verformungen unter Erdbeben auswirkt.

2. Einleitung

Immer mehr Länder nutzen Erdgas als Energieträger. Es kann durch Abkühlung auf -162°C verflüssigt werden, wodurch sich das Volumen auf etwa 1/600 verringert (Liquified Natural Gas). Die hierzu benötigten Lagertanks bestehen bei modernen Anlagen wie in Senderian Berhad in Brunei (Bild 1) aus einem vorgespannten Betonaußentank und einem freistehenden Stahlinnentank mit dazwischenliegender Wärmeisolierung. Bei Versagen des Stahlinnentanks erfüllt der Spannbetonaußentank

Bild 1: LNG-Tank in Brunei

die Funktion eines flüssigkeits- und gasdichten Auffangbehälters.
Häufigste Ursache derartiger Störfälle ist die Belastung aus Erdbeben. Der ständig wachsende Bedarf an Lagerkapazität macht den Bau von LNG-Tanks zunehmend auch in Gebieten mit erhöhtem Erdbebenrisiko erforderlich. Damit wächst

das Gefahrenpotential, und die Forderung nach einer sicheren Auslegung dieser Anlagen bei seismischen Belastungen gewinnt an Bedeutung. Hierzu gehören auch der Einsatz von Erdbebenisolatoren und die Überprüfung ihrer Wirkung auf alle Teile des Tanksystems.

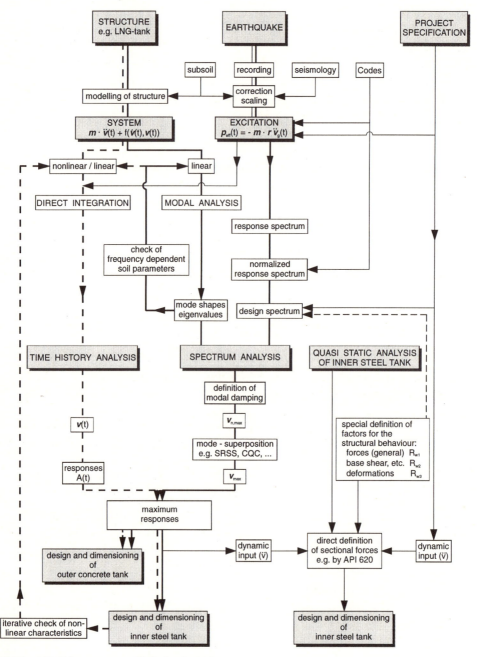

Bild 2: Flußdiagramm zur Erdbebenberechnung

In Bild 2 sind mögliche Vorgehensweisen bei einer Erdbebenanalyse schematisch dargestellt:
- Time-History-Analyse
- Antwortspektrenmethode
- Quasi-statische Berechnung.

In einigen Erdbebenvorschriften [2], [3] werden semiempirische Verhaltensfaktoren zur Reduktion der am elastischen System errechneten Erdbebenwirkungen angewendet. (R_{w1} für Kraftwirkungen, R_{w3} für Verformungen). Die theoretische Begründung solcher Faktoren durch Duktilitäten des Systems, insbesondere beim Stahlinnentank und bei eventuell angeordneten Schwingungsisolatoren zwischen Außentank und Gründung, machen die Einbeziehung physikalischer Nichtlinearitäten in die dynamischen Berechnungen erforderlich.

Obwohl heutzutage dank leistungsfähiger Programme eine komplette 3D-Modellierung von Tank, Flüssigkeit und Gründung mittels finiter Elemente prinzipiell möglich ist, kann der praktisch tätige Ingenieur auf einfache FE-Modelle nicht verzichten. Zum einen gestatten sie einen besseren Einblick in die grundsätzlichen Mechanismen, zum anderen bedürfen die an großen und komplexen Systemen gewonnenen Ergebnisse unbedingt der Kontrolle durch überschaubare FE-Modelle. Diese verringern auch den zeitlichen und damit finanziellen Aufwand der Berechnung, was insbesondere im Entwurfsstadium und bei Parameterstudien wichtig ist.

3. Aufbau eines modernen LNG-Tanks

Bild 3: Prinzipieller Aufbau eines LNG-Tanks

Heute werden ausschließlich sog. Full-Containment-Systeme gebaut, bei denen der Innentank als primärer und der Außentank als sekundärer Behälter für den Störfall wirken. Der Außentank erfüllt zusätzlich die Schutzfunktion gegen äussere Einflüsse (z.B. Terroranschläge, Explosionsdruckwelle). Bild 3 zeigt den prinzipiellen Aufbau für den Fall der Flachgründung. Die wesentlichen Bauelemente sind:
- der Stahlbetonaußentank mit
  - dünner Bodenplatte und dickerem Ringfundament unter der Tankwand,
  - vorgespannter, zylindrischer Außenwand,
  - vorgespanntem Ringbalken am oberen Wandende,
  - Stahlbetondach in Form einer Kugelschale,

- der Stahlinnentank aus 9% Nickelstahl mit
  - einer dünnen inneren und einer dicken äußeren Bodenplatte,
  - Tankwand aus unterschiedlich dicken Blechringen mit horizontalen Aussteifungen,
  - gegründet auf einem Stahlbetonring und einer Foamglasisolierung,
- die Wärmeisolierung, bestehend aus
  - Foamglas am Boden,
  - Perlite und Mineralwolle im Ringspalt zwischen Innen- und Außentank,
  - Mineralwolle auf der abgehängten Decke.

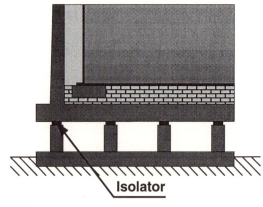

Bild 4: Anordnung der Isolatoren

In Bild 4 ist die Flachgründung mit Schwingungsdämpfern dargestellt. Diese isolierten Tanks werden gewöhnlich aufgeständert, was den Vorteil hat, daß die Isolatoren beobachtet, ggf. ausgewechselt werden können.

4. Erdbeben-Anregung

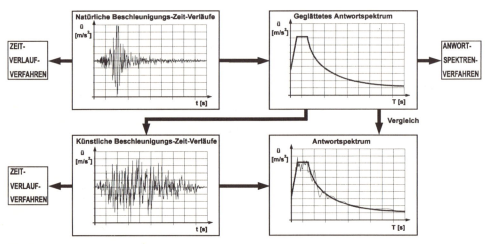

Bild 5: Erdbeben-Anregung

Zur Beschreibung der Anregung sind die folgenden Möglichkeiten üblich (Bild 5):
- Beschleunigungs-Zeit-Verläufe in Form von
  - Schrieben tatsächlich aufgetretener Erdbeben,
  - künstlich erzeugten Schrieben,
- Bemessungs-Spektren mit frequenzabhängigen Beschleunigungswerten.

Beide Arten der Anregung sind standortspezifisch festzulegen. Anregungen in mehreren Richtungen (horizontal x, y und vertikal z) sind gleichzeitig zu berücksichtigen, wobei die Wirkungen der verschiedenen Richtungen gegebenenfalls modifiziert werden müssen. Die Anwendung von Spektren hat den Vorteil, daß sie alle erwartbaren Erdbeben einschließen, so daß nur eine einzige Berechnung erforderlich wird. Allerdings muß in diesem Fall dem System linear-elastisches Verhalten unterstellt werden. Dagegen müssen bei Untersuchungen mit Zeit-Verläufen mehrere Schriebe verwendet werden, z.B. vier natürliche und ein künstlicher, wobei als Auslegungsergebnisse Umhüllende zu bilden sind. Zeit-Verläufe sind zwingend erforderlich, wenn nichtlineares Bauteilverhalten berücksichtigt werden soll, da in diesem Fall die Systemreaktionen nur mit der Time-History-Methode berechnet werden können.

5. Das Stimmgabel-Modell

Bei diesem FE-Modell (Bild 6) werden Innen- und Außentank durch je einen Stab abgebildet, die an ihrem Fußpunkt die gleiche Beschleunigung erfahren. Die Unterteilung der Stäbe erfolgt nach den üblichen Regeln, es ist jedoch darauf zu achten, daß die Stab-Elemente die Verformungseigenschaften der Zylinderschalen von Innen- und Außentank zutreffend beschreiben.

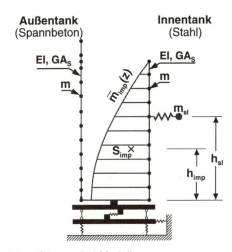

Bild 6: Stimmgabel-Modell

Wichtig für das System ist die Abbildung des Flüssiggases. Da es keine Eigensteifigkeit besitzt, sind nur seine Masse und seine Dämpfung von Interesse. Die Aufteilung der Masse erfolgt nach üblichen Verfahren, beschrieben z.B. in der TID-7024 [1], wobei zwei Anteile gebildet werden, eine fest mit dem Tank verbundene Masse und eine schwappende Masse (sloshing), die über eine Feder im oberen Bereich mit der Tankwand gekoppelt ist. Die fest verbundene Masse wirkt in parabolischer Verteilung mit Nullpunkt an der Flüssigkeitsoberfläche auf die Tankwand ein und wird anteilig den Knotenmassen zugeschlagen.

Die Modellierung der evtl. vorhandenen Schwingungsisolatoren erfolgt über eine horizontal angeordnete linear-elastische, gedämpfte Feder, die die Summe der Einzelsteifigkeiten der einzelnen Isolatoren bildet.

Die Boden-Bauwerks-Wechselwirkung wird durch drei Federn unter der Fundamentplatte beschrieben.

Zur Beurteilung einer modalen Berechnung werden in erster Linie die Eigenfor-

men herangezogen (z.B. nach Bild 7). Sie geben Auskunft darüber, ob
- die Abbildung plausibel ist oder Systemdaten falsch eingegeben oder ermittelt wurden,
- eine ausreichende Zahl von Eigenwerten für die Berechnung gewählt wurde,
- welche Systemteile wie stark an den einzelnen Eigenschwingungen beteiligt sind,
- wie dicht die Eigenformen beieinander liegen.

Bild 7 zeigt in der ersten Eigenform die schwappende Flüssigkeitsmasse (ca. 0.13 Hz). Nur sie allein wird hier angeregt. Die zweite Eigenform ist die der linear-elastischen Isolatoren, auf denen das Bauwerk horizontal verschoben wird (ca. 0.5 Hz). Die Bauwerksstruktur wird praktisch nicht angeregt. Erst die dritte Eigenform (ca. 3.5 Hz) zeigt eine Anregung des inneren Stahltanks, die vierte eine weitere des Stahltanks und eine Kippung des Außentanks (ca. 6.3 Hz) auf dem elastisch angenommenen Untergrund.

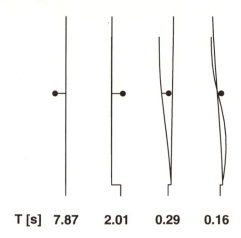

Bild 7: Eigenformen des isolierten Stimmgabel-Modells

Der Anregungsbereich von Erdbeben liegt zwischen 0.5 Hz und ca. 30 Hz mit maximalen Überhöhungswerten bei ca. 2 Hz bis 10 Hz. Die Beschränkung auf vier Eigenformen ist deshalb meist nicht ausreichend.

Nach dieser Überprüfung, die sinnvollerweise auch bei Modellen vorgenommen werden sollte, für die eine direkte Integration vorgesehen ist, erfolgt die Eingabe der Belastung über das Spektrum und die Berechnung und Ausgabe der Antworten.

In Bild 8 sind die ersten vier Eigenschwingzeiten des isolierten und des nicht isolierten Systems gegenübergestellt: Die Periode der schwappenden Flüssigkeit ist mit 7.8 s in beiden Systemen nahezu gleich groß und vom Lager unbeeinflußt. Die Perioden der zweiten Eigenform unterscheiden sich erheblich. Beim isolierten System schiebt sich hier die Eigenform der weichen Isolatoren mit 2 s zwischen die nachfolgenden Eigenformen der Bauwerksstruktur, die in ihrer Höhe zunächst leicht verändert werden, sich aber mit sinkender Periode wieder nähern. Geht man mit der zweiten Periode in das Antwortspektrum, so sieht man, daß sie beim nicht isolierten System im Bereich maximaler Anregung liegt, beim isolierten Tank jedoch im nicht angeregten Bereich. Über die Beteiligungsfaktoren der einzelnen Eigenformen schlägt der Einfluß der zweiten Eigenform erheblich auf die Gesamtantwort durch.

Isolierte Tanks sind damit in der Lage, größere Erdbebenbeschleunigungen abzutragen als nicht isolierte Tanks. Erkauft wird der Vorteil geringerer Kräfte mit größeren Verschiebungen, was zu konstruktiven Problemen führen kann. Einschränkend muß hierzu jedoch gesagt werden, daß diese Aussage für sehr steife und steife Böden gilt. Bei sehr weichen Böden kann der Einsatz solcher Lager dagegen die Beanspruchungen der Baustruktur erhöhen.

	Periode T [s]	
	isoliert	nicht-isoliert
1. Eigenform	7.87	7.83
2. Eigenform	2.01	0.37
3. Eigenform	0.29	0.19
4. Eigenform	0.16	0.15

Bild 8: Grundfrequenzen des nicht isolierten und des isolierten Systems

6. Das Vier-Massen-Modell

Der Einfluß der Nichtlinearität der Erdbebenisolatoren kann mit dem nachstehend beschriebenen einfachen FE-Modell abgeschätzt werden. Das Modell beinhaltet die in Bild 9 dargestellten Massen. Die Isolatoren werden durch die Feder zwischen Fundamentplatte und Außentank abgebildet. Die Feder zwischen Außentank und impulsiver Masse ersetzt die Steifigkeit des Stahlinnentanks. Die Gründungsplatte ist über die schon für das Stimmgabelmodell beschriebenen Bodenfedern mit der Erde verbunden.

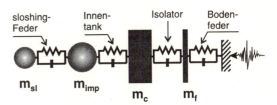

m_{sl} Sloshing - Masse

m_{imp} Impulsive Masse + Innentankmasse

m_c Masse des Außentanks

m_f Masse der Fundamentplatte

Bild 9: 4-Massen-Modell

Berechnungsverfahren oder Formeln zur Ermittlung der Steifigkeiten der genannten Federn finden sich in der Literatur. Das gilt auch für die Feder der Schwingungsisolatoren. Sie ist dadurch ausgezeichnet, daß für sie nichtlineares Materialverhalten mittels einer Hystereseschleife in die Berechnungen einbezogen werden kann. Für unsere Berechnungen haben wir eine aus Versuchen stammende Schleife verwendet und idealisiert - siehe Bild 10. Elastomerlager weisen als Besonderheit an den Schleifenenden ein Ansteigen der Kraft bei weiteren Verformungen auf, während im Mittelbereich ein eher lineares Verhalten vorherrscht. Das Lager wird also steifer, wenn die Beanspruchungen über einen bestimmten Bereich hinaus anwachsen.

Ein Vergleich der linearen, modalen Berechnungen am Stimmgabel-Modell einerseits und den nichtlinearen am 4-Massen-Modell andererseits unter Anwendung jeweils der Time-History-Methode zeigt die gute Übereinstimmung beider Modelle, wobei für einen solchen Vergleich auch mit einer dem linearen Lagerverhalten angenäherten Hystereseschleife ohne Endaufbiegungen gerechnet wurde. Ein Vergleich dieser gekappten Schleife mit der kompletten Hystereseschleife zeigt sehr deutlich den Einfluß dieser Endversteifungen der Lager.

7. Nichtlineare Verformungen des Stahlinnentanks

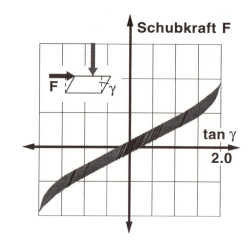

Bild 10: Hystereseschleife der Gummilager

Im Falle eines Erdbebens stellt der Stahlinnentank das schwächste Glied des Systems dar. Es stellt sich die Frage, inwieweit durch Berücksichtigung des elastoplastischen Arbeitsvermögens des hochwertigen Nickelstahles zusätzliche Tragfähigkeitsreserven mobilisiert werden können, welche Verhaltensfaktoren R_w > 1 begründen.

Wichtigstes Kriterium für die Auslegung des Stahltanks ist das Beulen der Tankwand unter Kippbelastung bei Erdbebenbeanspruchung. Der Tank hebt unter Verformung des Bodenblechs teilweise von seiner Aufstandsfläche ab, die Ringzug- und Normalspannungen in der gedrückten Tankwand steigen an [4]. Kommt es zum Beulen, so bildet sich der in Bild 11 dargestellte "Elefantenfuß".

Der Zusammenhang zwischen Kippmoment M und lotrechter Druckspannung σ in der Tankwand gemäß API 620 [2] ist in Bild 12

Bild 11: Beulversagen des Stahltanks in Form des sog. Elefantenfußes

dargestellt. Ist kein Kippmoment vorhanden (a), wirkt nur die aus dem Wandgewicht resultierende geringe Druckspannung. Steigt das Kippmoment an, wächst die Spannung linear bis zum Punkt (b). Hier beginnt der Tank abzuheben. Bei weiterer Steigerung des Moments wächst die Druckspannung stark an, bis sie im Punkt (c) die kritische Beulspannung σ_u erreicht.

Vorschriften wie die API 620 gestatten eine quasi-statische Erdbebenberechnung am elastischen System und berücksichtigen plastische Reserven dadurch, daß sie die in eine elastische Berechnung einzuführende Beanspruchung aus Erdbeben vorab um einen Verhaltensfaktor R_w in der Größenordnung von 4 bis 8 reduziert. Über die Größe der hierzu gehörigen Verformungen werden jedoch keine Aussagen gemacht. Um sie in grober Näherung abzuschätzen, haben wir den abhebenden Stahlinnentank in einem ersten Schritt

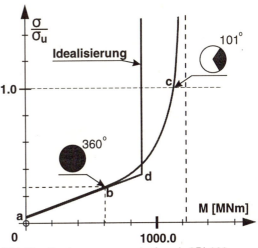

Bild 12: Beulspannungsverlauf nach API 620

durch eine Berechnung als nichtlinearen Ein-Massen-Schwinger analysiert. Für eine konkrete Tank-Geometrie wurde die Beulspannungskurve nach API 620 aufgestellt und bilinear idealisiert (Bild 12). Über diese Bilinearität wurde das Fließplateau einer bilinear-elastischen (bi-el) und einer elasto-plastischen Feder mit Hysterese (el-pl) definiert (F = 68 MN). Außerdem wurde eine unbegrenzt elastische Feder ohne Fließplateau (li-el) untersucht. Die elastische Federsteifigkeit (C = 7650 MN/m) beschreibt die Verformungen der nicht abhebenden Zylinderschale des Tanks (Bild 13). Die Anregung erfolgte über einen künstlich generierten Beschleunigungs-Zeit-Verlauf, der dem Antwortspektrum des Uniform Building Codes 91 [3] nahekommt. Die maximale Grundbeschleunigung PGA wurde zunächst so bestimmt, daß die nichtlineare Feder gerade noch unterhalb des Fließplateaus bleibt, d.h. kein nennenswertes Abheben des Tanks erfolgt (PGA_{el} = 0.05g). Die hierzu gehörige Federverformung beträgt 9 mm. Anschließend wurden die Verformungen für eine Grundbeschleunigung von 0.4g = $8 \cdot PGA_{el}$ ermittelt. In Bild 14 sind die größten Horizontalverformungen u_{max} für die 3 untersuchten Federcharakteristiken dargestellt. Aufgrund einfacher geometrischer Überlegungen läßt

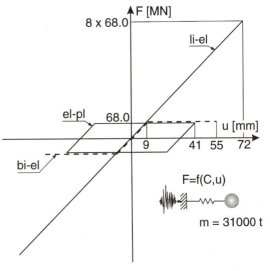

Bild 13: Federcharakteristiken und Einhüllende der Kraft-Weg-Pfade für PGA = 0.4g

sich den Werten u_{max} das in Bild 14 angegebene Abhebemaß Δ zuordnen. Es zeigt sich, daß die durch Vorgabe eines Fließplateaus bewirkte Verringerung der dynamischen Kräfte auf 1/8 der linear elastischen Werte (entsprechend einem Verhaltens- bzw. Abminderungsfaktor von R_{w1} = 8) für die Verformungen nicht gilt. Diese nehmen für PGA = 0.4g von u_{max} = 9 mm auf 41 mm (el-pl) bzw. 55 mm (bi-el) zu. Bezogen auf die am linear elastischen System errechneten Werte (72 mm) ergibt sich somit für die Verformungen nur ein Abminderungsfaktor von R_{w3} = 1.3 (bi-el) bzw. R_{w3} = 1.8 (el-pl). Die realistische Einschätzung und konstruktive Berücksichtigung nicht nur der Kräfte, sondern auch der Verformungen im Erdbebenfall ist eine wesentliche Randbedingung für den Bauwerksentwurf. Mit der Anwendung eines einheitlichen Verhaltensfaktors R_w auf die Ergebnisse einer elastischen Rechnung läßt sich diese Anforderung in der Regel nicht erfüllen.

Außerdem ist zu berücksichtigen, daß sowohl die Absolutwerte von R_{w1} und R_{w3} als auch deren Verhältnis vom jeweiligen Accelerogramm abhängig sind.

8. Folgerungen

Parameterstudien an einfachen FE-Modellen sind gut geeignet, um die wesentlichen Einflußfaktoren auf die dynamische Auslegung von LNG-Tanks in einem ersten Schritt abzuschätzen und die Notwendigkeit evtl. erforderlicher umfangreicherer Analysen zu erkennen und diese zu definieren.

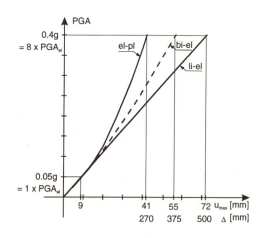

Bild 14: Max. Verformungen des Stahlinnentanks

9. Literatur

[1] **TID-7024**, Nuclear Reactors and Earthquakes, Chapter 6, ´Dynamic Pressure on Fluid Containers´.U.S. Atomic Energy Commission, Devision of Reactor Development, Washington D.C., distr. by National Technical Information Service

[2] **API 620**, Design and Construction of Large, Welded, Low-Pressure Storage Tanks, Appendix L, 8th edition, June 1990, American Petroleum Institute, Washington

[3] **UBC 1991**, Uniform Building Code, Part III - Earthquake

[4] **P. K. Malhotra, A. S. Veletsos,** (1994), Uplifting Response of Unanchored Liquid-Storage Tanks, J. Struct. Engrg., ASCE, 120(12), 3525-3547

Fahrt eines Fahrzeugs über eine Brücke: FEM-Berechnung - Dynamische Messung

Dr.-Ing. W. Baumgärtner, Techn. Univ. München
Dipl.-Ing. U. Fritsch, Straßenbauamt Nürnberg

Zusammenfassung Zur FE-Beschreibung einer Brücke mit darüberfahrendem Fahrzeug (MDOF) wird unter Verwendung des NASTRAN-Programmsystems eine Methode angewandt, bei der die zeitveränderliche Kopplung über eine Lagrange'sche Nebenbedingung eingebaut wird. Numerische Probleme bei der Berechnung einer räumlichen Brückenstruktur werden vorgestellt. Die Berechnungsergebnisse dienen der Interpretation von dynamischen Messungen, die an einer Brücke durchgeführt wurden. Als Beispiel wird die errechnete dynamische Antwort infolge einer Anregung durch die Fahrbahnrauhigkeit mit dem dynamischen Anteil von gemessenen Spannungen verglichen.

1. Einführung

An der Strombrücke der BAB Brücke über die Donau bei Fischerdorf, Baujahr 1991, wurden im Auftrag der Autobahndirektion Südbayern vom Lehrstuhl für Baumechanik in den letzten Jahren dynamische Messungen unter laufendem Verkehr durchgeführt. Das Tragwerk der Brücke besteht aus zwei Längsträgern (Kastenquerschnitt in Verbundbauweise), die über Querträger und Hänger mit einem Stabbogen (Stahl) verbunden sind (vgl. Bild1). Nather(94) gibt eine ausführliche Beschreibung.

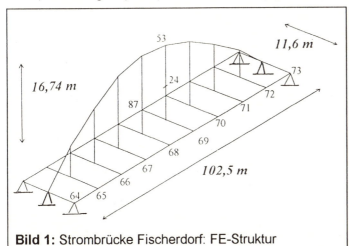

Bild 1: Strombrücke Fischerdorf: FE-Struktur

Das Ziel des ersten Schritts unserer Untersuchungen war die Ermittlung des statischen und dynamischen Verhaltens des Bauwerks mithilfe dynamischer Messungen. Damit konnten die Strukturparameter eines FE-Modells der Brücke so angepaßt werden, daß die unteren

Eigenfrequenzen und Eigenformen aus Messung und Berechnung gut übereinstimmen (Baumgärtner, Waubke (93)).

In einem zweiten Schritt wird versucht, aufgrund des verbesserten FE-Modells und weiterer Auswertungen von dynamischen Messungen, auf die Parameter der Verkehrsanregung, wie Fahrzeugmassen, Überfahrtgeschwindigkeiten und dynamische Überhöhungsfaktoren sowie den Einfluß der Fahrbahnrauhigkeit, zurückzuschließen.

Zur Berechnung von stabförmigen, i.a. nur eben belasteten Tragstrukturen unter Berücksichtigung des überfahrenden Fahrzeugs als elastisches System existiert eine Reihe von Veröffentlichungen zB Schütz(88), Drosner(89), Chatterjee et al(94). Daneben gibt es wenig Literatur, bei der ein mehrdimensionales Tragwerk berücksichtigt wird zB Huang et al(92), Humar et al(95).

2. FE-Berechnungen (Fritsch(94))

2.1 FE-Formulierung

Für die Brücke Fischerdorf muß aufgrund der exzentrischen Verkehrsbelastung und der speziellen Tragwirkung für Vergleichsberechnungen zur Interpretation der Messungen ein räumliches System untersucht werden. Eine standardmäßige FE-Beschreibung einer Struktur (Brücke) mit ortsveränderlich angekoppelten Massen (Fahrzeug) führt auf Massen- und Steifigkeitsmatrizen die zeitveränderlich sind.

Auf der Grundlage des Programmsystems NASTRAN wurde von Cifuentes(86, 89) eine Methode gezeigt, bei der die Differenz zwischen der vertikalen Verschiebung des Fußpunkts des Fahrzeugs u(t) und der orts- und zeitabhängigen Verschiebung des Kontaktpunkts der Struktur y(x(t)) als geometrische Nebenbedingung g(y,u) in die Variationsgleichung (1) eingeführt wird. y(x,t) kann dargestellt werden als Summe aus den Produkten der Knotenpunktsverschiebungen $y_i(t)$ und lokaler Einflußfunktionen $A_i(x_i)$, die für konstante Fahrgeschwindigkeiten als $A_i(t)$ geschrieben werden können (2). Der Lagange'sche Faktor F in der Gleichung für die Lagrange'sche Funktion (3) entspricht der Koppelkraft zwischen Fahrzeug und Brücke.

$$\delta I = \int_{t_0}^{t_1} \delta(T-V)\,dt = \int_{t_0}^{t_1} \delta L\,dt = 0 \qquad (1)$$

$$g(y_i, u) = u - \sum_{i=1}^{n} A_i \cdot y_i = 0 \qquad (2)$$

$$L(y_i, \Theta_i, \dot{y}_i, \dot{\Theta}_i, u, \dot{u}, F) = f(y_i, \Theta_i, \dot{y}_i, \dot{\Theta}_i, u, \dot{u}) + F \cdot g(y_i, u) \qquad (3)$$

Damit läßt sich die Matrizen-DGL nach Bild 2 herleiten. Entsprechend der NASTRAN Notation soll „s" die Ableitung nach der Zeit t, d/dt, darstellen. Die oberste Diagonal-Untermatrix zeigt die Systemmatrix der Brückenstruktur. Die vierte Diagonal-Untermatrix kennzeichnet die Systemmatrix des Fahrzeugs. Die untersten Zeilen entsprechen den geometrischen Nebenbedingungen, hier für ein zweiachsiges Fahrzeug. Die Zeilen mit den 1-Diagonalmatrizen müssen eingeführt werden um den aktuellen Werten der Ansatzfunktionen Verschiebungsgrößen zuzuordnen. Aufgrund der beschriebenen Ableitung erhält man einen durch die Verformungsgrößen der letzten Zeilen erweiterten „Last"vektor auf der rechten Seite der DGL, einen erweiterten Vektor der „Verformungs"größen und wegen der Nullwerte auf der Diagonalen der untersten Zeilen eine positiv semidefinite Gesamtmatrix. Diese Nullwerte mußten für den Gleichungslöser in NASTRAN auf der Diagonalen durch -10^{-10} ersetzt werden. Daraus ergaben sich numerische bedingte „Einschwingvorgänge" für die Kontaktkraft F. Dieses Problem konnte dadurch behoben werden, daß der statische Anteil von F als äußere Last auf die rechte Seite gebracht wurde.

$$\begin{bmatrix} M_B \cdot s^2 + K_B & 0 & 0 & 0 & 0 \\ 0 & \begin{smallmatrix} 1 & & \\ & \ddots & \\ & & 1 \end{smallmatrix} & 0 & 0 & 0 \\ 0 & 0 & \begin{smallmatrix} 1 & & \\ & \ddots & \\ & & 1 \end{smallmatrix} & 0 & 0 \\ 0 & 0 & 0 & M_K \cdot s^2 + C_K \cdot s + K_K & \begin{smallmatrix} 1 & 0 \\ 0 & 1 \\ 0 & 0 \\ 0 & 0 \\ 0 & 0 \\ 0 & 0 \end{smallmatrix} \\ 0 & 0 & 0 & \begin{smallmatrix} 1 & 0 & 0 & 0 & 0 & 0 \\ 0 & 1 & 0 & 0 & 0 & 0 \end{smallmatrix} & \begin{smallmatrix} -10^{-10} & 0 \\ 0 & -10^{-10} \end{smallmatrix} \end{bmatrix} \cdot \begin{bmatrix} y_i \\ -- \\ \Theta_i \\ y_{101} \\ \vdots \\ y_{121} \\ y_{201} \\ \vdots \\ y_{221} \\ u_1 \\ u_2 \\ z_{A1} \\ z_{A2} \\ z_1 \\ z_2 \\ F^1_{dyn} \\ F^2_{dyn} \end{bmatrix} = \begin{bmatrix} \sum y \cdot F \\ ----- \\ 0 \\ A^1_1 \\ \vdots \\ A^1_{21} \\ A^2_1 \\ \vdots \\ A^2_{21} \\ 0 \\ 0 \\ 0 \\ 0 \\ 0 \\ 0 \\ \sum y_i \cdot y_{100+i} \\ \sum y_i \cdot y_{200+i} \end{bmatrix}$$

Bild 2: Matrizen DGL, Brücke mit Fahrzeug

Die Zeitunabhängigkeit der Gesamtmatrix wurde erkauft zu Lasten einer Kopplung der erweiterten „Last"- und „Verschiebungs"vektoren. NASTRAN bietet die Lösungsmöglichkeit durch Iteration in jedem Zeitschritt. Eine erste Anwendung auf das Modell der Brücke Fischerdorf wurde von Collignon/Roux (94) gezeigt.

2.2 Modellierung eines Fahrzeugs

Das Fahrzeugmodell wird als eigene dynamische Struktur modelliert. Für eine numerische Auswertung wurde ein zweiachsiges Fahrzeug mit 4 Freiheitsgraden verwendet, Bild 3.

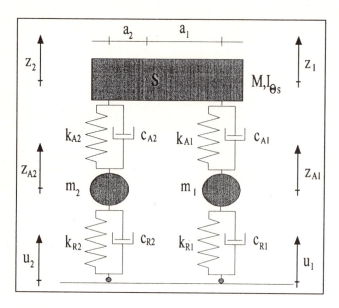

Bild 3: Modell für ein 22 to Fahrzeug

2.3 Fahrbahnrauhigkeit

Die Rauhigkeit der Fahrbahnoberfläche ist meist der wesentliche Einflußfaktor für die dynamische Anregung der Brücke infolge Fahrzeugüberfahrt(vgl Green et al(95) Schütz(90), Coussy et al(89)). Bei der angewandten FE-Methode kann eine Funktion für die Oberflächenrauhigkeit bzw Höhensprünge (zB Fahrbahnübergänge) in die Lagrange'sche Nebenbedingung eingebaut werden.

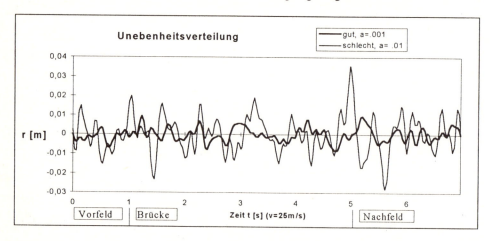

Bild 4: Unebenheit der Fahrbahn (7 sec bzw 175 m)

Ein Vorfeld der Brücke mit rauher Oberfläche bewirkt, daß ein Fahrzeug im eingeschwungenen Zustand auf die Brücke fährt, sodaß dieser Einfluß auf die dynamische Anregung der Brücke untersucht werden kann.

Die Fahrbahnrauhigkeit kann angenähert als Summe von cos Funktionen, deren Phasenverschiebungen als Zufallszahlen zwischen 0 und 2π generiert sind, beschrieben werden. Die Frequenzen und Amplituden wurden in Abhängigkeit eines Unebenheitskoefizienten a aus der Leistungsspektraldichte abgeleitet.

In Bild 4 wird die Fahrbahnrauhigkeit in Abhängigkeit von der Zeit, für zwei Unebenheitskoefizienten, die in den Beispielrechnungen verwendet wurden, gezeigt. Für die konstante Fahrgeschwindigkeit von 25 m/s ergeben sich für die 3 Teilbereiche: Vorfeld 1 s bzw 25 m, Brücke 4.1 s bzw 102.5 m und Nachfeld 1.9 s bzw 47.5 m.

3. Gegenüberstellung: Berechnung - Messung

3.1 Berechnung

Für einen Vergleich mit Messungen an einer Stelle des 4. Querträgers wurden die Spannungen an einer entsprechenden Stelle des FE-Modells für das in Bild 3 gezeigte Fahrzeug ermittelt. Die Ergebisse für unterschiedliche Rauhigkeiten in Bild 5 zeigen bereits den starken Einfluß auf den dynamischen Anteil der Spannung.

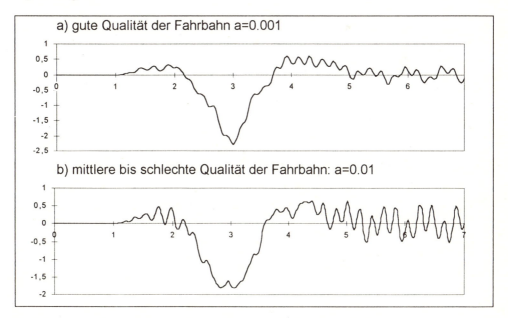

Bild 5: berechnete Spannungen (N/mm^2) an einem Querträger

Die Berechnung wurde mit 70000 Zeitschritten an einer Workstation durchgeführt.

3.2 dynamische Messungen

Am betrachteten Bauwerk wurden bereits vor Verkehrsübergabe 40 Dehnungsmeßstreifen angebracht. Diese dienten einer Messung unter statischen Lasten (Nather(94)) und wurden später für dynamische Messungen verwendet (Waubke/Baumgärtner(93)). Der eigentliche Zweck der dynamischen Messungen war die Kontrolle des für die Berechnung gewählten Tragsystems (zB Einspanngrad der Hänger) und der Steifigkeiten (zB Längsträger, Verbundbauweise) und die Ermittlung von Spannungskollektiven damit die Nutzungsdauer bezüglich einer Materialermüdung realitätsnäher abgeschätzt werden kann. Außerdem wurden Programme, die am Lehrstul für Baumechanik entwickelt wurden, eingesetzt, um in situ eine permanenten Analyse der Frequenzspektren und einer Spannungsklassierung hinsichtlich der maximalen statischen Werte und der dynamischen Überhöhung durchzuführen.

In Bild 6a ist ein Ausschnitt eines Meßschriebes aufgetragen. Mit Hilfe des statischen Anteils (Bild 6b) läßt sich ein zugehöriges Fahrzeuggewicht berechnen. Mit der Annahme einer konstanten Überfahrgeschwindigkeit läßt sich unter Verwendung der statischen Einflußlinie die Fahrzeuggeschwindigkeit ermitteln.

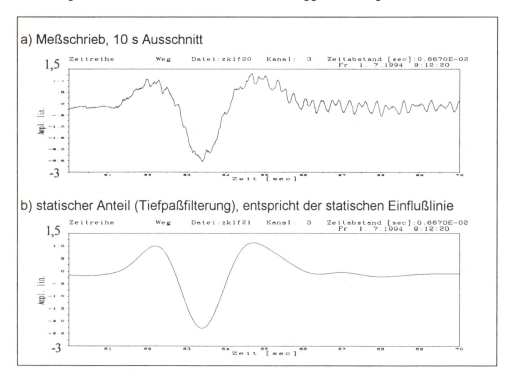

Bild 6: gemessene Spannungen (N/mm^2) am Querträger 4 (v ca. 20 m/s

3.3 dynamische Spannungsanteile (Berechnung - Messung)

In Bild 7 werden die dynamischen Anteile aus einer FE-Berechnung unter Annahme einer guten Qualität der Fahrbahnoberfläche und aus einer Messung gegenübergestellt. Für das Fahrzeug, das während der Messung über die Brücke fuhr, liegen keine weiteren Angaben bezüglich Achszahl und Charakteristik der Achsaufhängung vor, sodaß ein Rückschluß auf die Fahrbahnqualität noch verfrüht wäre. Dazu sollten noch Messungen unter Verwendung von Fahrzeugen mit bekannten Kenndaten durchgeführt werden.

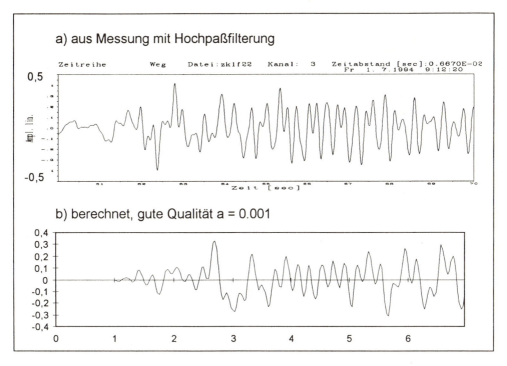

Bild 7: Spannungen, dynamischer Anteil

4. Zusammenfassung, Ausblick

Das für die Spannungsberechnungen eingesetzte Verfahren nutzt Standard-FE-Software und hat damit den Vorteill, daß die Strukturelemente des Fahrzeuges und des Bauwerks in einem weiten Bereich variiert werden können. Damit gewinnt man ein Hilfsmittel, um Effekte die sich bei Messungen unter Verkehr ergeben, erklären zu können.

Als nächste Schritte sind geplant, Fahrzeugmodelle mit mehreren Achsen bzw räumliche Modelle mit Einzelrädern zu entwickeln und die Achsaufhängungen als nichtlineare Federn mit hysteretischem Verhalten zu beschreiben.

Der Messung von Achslasten unter laufendem Verkehr wird auf europäischer Ebene, wegen der Öffnung der Ländergrenzen, zunehmend Gewicht beigemessen. Nachdem Brücken unter Verkehr meist ein lineares Übertragungsverhalten zeigen, eignen sie sich sehr gut zum Einsatz als "Waage". Im Vergleich zu Meßverfahren welche in den Straßenbelag eingebaut werden, erlauben Brückenmessungen, wie in Abschnitt 3 gezeigt, wesentlich bessere Aussagen zum dynamischen Verhalten. Es werden derzeit in Zusammenarbeit von mehreren europäischen Ländern Projekte geplant, um sog. WIM (Weigh In Motion) Verfahren hinsichtlich ihrer Aussagegenauigkeit weiterzuentwickeln.

Permanente dynamische Messungen mit gleichzeitiger Analyse und Bewertung der Meßsignale (real-time) können eingesetzt werden um realistische Aussagen zu den Bauwerksbeanspruchungen infolge Verkehr, Wind und Temperatur zu erhalten. Diese Ergebnisse können zB zur Beurteilung der Verkehrsentwicklung und als Bezugsgrößen zur Wartung und Inspektion von Bauwerken genutzt werden. Nachdem der finanzielle Aufwand für die Beurteilung älterer Bauwerke im Vergleich zu Neubauten stark an Bedeutung gewinnt, sind zunehmend Verfahren, wie experimentell dynamische Verfahren zur Kalibierung von FE-Modellen, gefragt, mit denen das wirklichkeitsnahe Tragverhalten eingeschätzt werden kann. Von der "Deutschen Gesellschaft für Zerstörungsfreie Prüfung, DGZfP" ist geplant, im Sommer '95 ein Merkblatt "Automatisierte Dauerüberwachung im Ingenieurbau-Dynamikmessungen" zu veröffentlichen. Dieses Merkblatt soll einem größeren Kreis von interessierten Ingenieuren, die sich mit der Beurteilung und Wartung von Bauwerken beschäftigen, den Zugang zu den modernen Verfahren des "intelligenten" Bauwerks-"Monitoring" erleichtern.

Literatur

Baumgärtner W., Waubke H.: Service life estimation of Bridges - based on permanent stress measurements. Bridge management 2 „Inspection, maintenance, assesment and repair". London: Telford 1993.

Chatterjee P. K., Datta T. K., Surana C. S.: Vibration of Continous Bridges under Moving Vehicles. Journal of Sound and Vibration (1994), 169 (5), pp. 619-632.

Cifuentes A. O., Herting D. N.: Transient Response of a Beam to a Moving Mass Using a Finite Element Approach. Innovative Numerical Methods in Engineering, Proceedings of the 4th International Symposium. Georgia Institute of Technology (Atlanta) 1986, Springer Verlag Berlin, pp. 533-539.

Cifuentes A. O.: Dynamic Response of a Beam excited by a Moving Mass. Finite Elements in Analysis and Design. 5 (1989) 237-246.

Collignon O., Roux S.: Dynamische Reaktion einer Brücke infolge eines überfahrenden Einmassenschwingers, FEM-Modellierung (NASTRAN). Diplomarbeit, Lehrstuhl für Baumechanik, TU München, 1994.

Coussy O., Said M., van Hoove J.-P.: The Influence of Random Surface Irregularities on the Dynamic Response of Bridges under Suspended Moving Loads. Journal of Sound and Vibration (1989), 130 (2), pp. 313-320.

Deutsche Gesellschaft für Zerstörungsfreie Prüfung. Merkblatt über „Automatisierte Dauerüberwachung im Ingenieurbau - Dynamikmessungen". Entwurf 1995.

Drosner S.: Beitrag zur Berechnung der dynamischen Beanspruchung von Brücken unter Verkehrslasten. Dissertation 1989. Heft 16 der Schriftenreihe Stahlbau, RWTH Aachen.

Fritsch U.: Dynamische Berechnungen eines räumlichen Brückenmodells für eine LKW-Überfahrt unter Berücksichtigung von Fahrbahnunebenheiten. Diplomarbeit Nr. 57, Lehrstuhl für Baumechanik, TU München 1994.

Green M. F., Cebon D., Cole D. J.: Effects of Vehicle Suspension Design on Dynamic of Highway Briges. Journal of Structural Engineering. Vol. 121, No.2, Feb 1995, pp. 272-282.

Huang D., Wang T. L., Shahawy M.: Impact Analysis of Continous Multigirder Bridges due to Moving Vehicles. Journal of Structural Engineering. Vol. 118, No.12, December 1992, pp. 3427-3442.

Humar J. L., Kashif A. H.: Dynamic Response Analysis of Slab-Type Bridges. Journal of Structural Engineering. Vol. 121, No.1, Jan 1995, pp. 48-62.

Hwang E.-S., Nowak A. S.: Simulation of Dynamic Load for Bridges. Journal of Structural Engineering. Vol. 117, No.5, May 1991, pp. 1413-1434.

Nather F.: Donaubrücke Fischerdorf - Strombrücke. Bauingenieur 69 (1994).

Schütz K. G.: Untersuchung des gekoppelten Schwingungssystems Brücke-Fahrzeug-Tilger unter besonderer Berücksichtigung von Fahrbahnunebenheiten. Dissertation 1988, Heft 24, Mitteilungen aus dem Lehrstuhl für Stahlbau, TU München.

Schütz K. G.: Verkehrslasten und deren Wirkung auf Straßenbrücken. Habilitation 1990, Heft 26, Mitteilungen aus dem Lehrstuhl für Stahlbau, TU München.

Waubke H., Baumgärtner W.: Traffic load estimation by long-term measurements. IABSE Colloquium Copenhagen 1993 „Remaining structural capacity", Report 67.

Parallele Algorithmen und Hardware für Berechnungsverfahren des Ingenieurbaus

P. Wriggers und S. Meynen
Institut für Mechanik, TH Darmstadt

In der Praxis treten immer öfter Probleme auf, die nach immer größeren Rechenleistungen und –kapazitäten verlangen. Als Beispiele seien die Berechnung komplizierter Strukturen im Ingenieurbau, wie Bohrinseln, die Optimierung von Tragwerken oder die Berücksichtigung von nichtlinearen Werkstoffverhalten genannt. Die klassischen seriellen Rechner werden zwar immer schneller und leistungsfähiger, aber diese Entwicklung ist durch die zugrunde liegenden physikalischen Gesetzmäßigkeiten begrenzt. Daher sind neue Rechnertechnologien für großmaßstäbliche numerische Simulationen erforderlich. Neben den schon etablierten Vektorrechnern wurden in den letzten Jahren weltweit sowohl unterschiedliche parallele Rechnerarchitekturen als auch zugehörige neue parallele Lösungsstrategien entwickelt.

1 Hardware

Gegenüber den seriellen Maschinen sind die vektoriellen und die parallelen Architekturen in der Lage, numerische Simulationen schneller durchzuführen. Vektorrechner können Vektoroperationen parallel abarbeiten, allerdings werden die Teile des Programms, die sich nicht vektorisieren lassen, seriell bearbeitet. Die Vektorrechner haben daher genau wie die seriellen Rechner – wenn auch eine viel größere – limitierte Leistung. Erst bei parallelen Rechnerarchitekturen ist diese Grenze nicht mehr vorhanden, da im optimalen Fall ein doppelt so großes Problem mit der doppelten Prozessoranzahl in der gleichen Zeit bearbeitet werden sollte. Es gibt im allgemeinen drei unterschiedliche Hardwarekonzepte in der Parallelverarbeitung, die hier kurz vorgestellt werden sollen. Dabei werden die positiven $\oplus$ und negativen $\ominus$ Aspekte der einzelnen Vorgehensweisen beleuchtet.

1. **Workstation–Cluster:** Vorhandene leistungsstarke Workstations, die über ein Netzwerk miteinander verbunden sind, können zur parallelen Verarbeitung herangezogen werden.

    $\oplus$ Es entstehen kaum zusätzliche Hardwarekosten, da die Rechner in vielen Büros bereits existieren. Software zur Kommunikation zwischen den Rechnern wurde bereits entwickelt und steht in standardisierter Form zur Verfügung. (z. B. PVM = parallel virtuel maschine)

⊖ Beim Betrieb kann es durch andere Netzwerkbenutzer zu Störungen der Kommunikation kommen, was die Effektivität der parallelen Simulation stark vermindert. Weiterhin wirkt sich eine starke Schwankung in der Leistungsfähigkeit der am Netz angeschlossenen Workstations negativ auf die gleichmäßige Gesamtauslastung aus. Zur Zeit sind die Standardnetzwerke noch zu langsam.

2. **Workstation–Cluster mit schneller Kommunikation:** In dieser Konfiguration sind die Workstation in einem Gehäuse untergebracht und durch Switches miteinander verbunden.

⊕ Die einzelnen Komponenten sind wie Workstations einzeln einsetzbar, wobei der Benutzer das gewohnte Betriebssystem benutzt. Durch einen speziellen Kommunikationsbaustein (Switch) wird eine schnelle Kommunikation gewährleistet. Diese Lösung bietet durch leistungsfähige Knoten gleicher Bauart große Speicherkapazitäten.

⊖ Dies ist eine teure Lösung, da jeder Knoten einen vollständigen "High–End" Rechner mit eigenem Betriebssystem und Festplatte darstellt und der Kommunikationsbaustein noch keine Standardlösung ist. Daher kommen eher moderate Prozessorzahlen zur Anwendung.

3. **Multiprozessor–Systeme:** Mehrere Prozessoren werden direkt über physikalische Links miteinander verbunden, wobei die einzelnen Knoten keine eigene Festplatte besitzen. Es gibt unterschiedliche Arten von Multiprozessor–Systemen, wie SIMD (Single Instruction Multiple Data) und MIMD (Multiple Instruction Multiple Data), weiterhin aber auch Parallelrechner, bei dem die Prozessoren auf einen gemeinsamen Speicher zugreifen.

⊕ Kurze und schnelle Kommunikationswege über die Links, sowie ein auf die Kommunikation ausgerichtetes Betriebssystem, das verschiedene Topologien realisieren kann.

⊖ Durch das spezielle Betriebssystem ist nicht alle Software verfügbar. Die serielle Nutzung der einzelnen Knoten ist nicht vorgesehen, so daß der Rechner nur im parallelen Betrieb angewendet werden kann.

Welche Art der parallelen Architekturen zur Anwendung kommt, hängt auch sehr stark von der Aufgabenstellung ab. Insbesondere ist entscheidend, wie hoch die Kommunikationsleistung im Vergleich zur Rechenleistung sein muß. So benötigt die Methode der finiten Elemente sehr viel Kommunikation bei der Lösung des Gleichungssystems, was an der Kopplung innerhalb der Struktur liegt. Bei der Bildverarbeitung ist der Kommunikationsaufwand relativ gering zur Rechenleistung, da eine deutlichere Trennung der Teilgebiete vorliegt.

2 Software

Bei der Parallelisierung können die alten Programmstrukturen nicht direkt übernommen werden, was für alle drei vorgenannten Hardwarekonzepte gilt. Dies heißt, daß neue Algorithmen entwickelt werden müssen, um Parallelrechner effizient einsetzen zu können. Für die Methode der finiten Elemente befinden sich diese aber noch in der Erprobungsphase, es gibt noch keine Standard–Software, wie sie z. B. in einigen Programmbibliotheken in den klassischen Sprachen wie C, Fortran usw. für die lineare Algebra vorliegen. Die Software für Parallelrechner ist jedoch bereits soweit entwickelt, daß diese Rechner in den Standardsprachen wie C und Fortran programmierbar sind. Weiterhin gibt es von den jeweiligen Herstellern Tools wie Routinen zur Kommunikation zwischen den einzelnen Rechnern. Eine wesentliche Komponente bei FE–Berechnungen stellt die Gleichungslösung dar. Da direkte Löser aufgrund ihres hohen Kommunikationsaufwandes für Parallelrechner nicht sehr effektiv sind, sind iterative Lösungsstrategien zur Lösung der Gleichungssysteme heranzuziehen. Diese erfordern neben einer geringeren Kommunikation auch weniger Speicherplatz, so daß diese auch im verstärkten Maße für serielle Programme eingesetzt werden. In den letzten Jahren sind eine Vielzahl von parallelen Lösungsalgorithmen mit dem Ziel entstanden, die Anzahl der zur Gleichungslösung notwendigen Operationen in Richtung $O(N)$ (mit N - Anzahl der Gleichungen) zu minimieren. Dabei wurden Verfahren entwickelt, die zum Beispiel auf den konjugierten Gradienten, den Mehr–Gitter–Methoden oder den hierachischen Basen aufbauen.

3 Parallelisierung eines FE-Programms

Die Parallelisierung eines FE-Programms soll hier am Beispiel von FEAP [1] (**F**inite **E**lement **A**nalysis **P**rogram) dargestellt werden. Dabei wird das Konzept der Gebietszerlegung ohne überlappende Ränder verfolgt, siehe Abbildung 1. Es lassen sich so auch leicht unterschiedliche Materialen in den einzelnen Teilgebieten darstellen. Weiterhin läuft eine Kommunikation nur über die äußeren Knoten ab, während die inneren nur für die jeweiligen Prozessoren relevant sind. Bei dem Programm FEAP wurde dieser Zugang über ein Grobnetz realisiert, das über das zu diskretisierende Gebiet gelegt wird. Jedes Grobnetzelement repräsentiert ein Teilgebiet, welches genau einem Prozessor zugeordnet wird. Auf diesem findet dann die Netzgenerierung und Assemblierung der Steifigkeitsmatrix ohne Kommunikation statt. Dabei ist bei der Aufteilung des Netzes in Grobnetzelemente auf die Loadbalance zwischen den einzelnen Prozessoren zu achten, so daß die Anzahl der Elemente und damit die der Unbekannten pro Prozessor ungefähr gleich groß ist. Eine Weiterentwicklung ist eine automatische Lastenverteilung, die bei unterschiedlicher Belastung der Prozessoren Elemente zwischen diesen verschiebt.

FEAP besitzt die Möglichkeit einer interaktive Bearbeitung, die sich einer Makrosprache bedient. Diese Besonderheit sollte bei der Parallelisierung erhalten bzw. genutzt werden. Dazu waren die folgenden Schritte notwendig:

1. **Aufbereitung der Ein– und Ausgabe**
2. **Parallele Netzgenerierung**
3. **Parallele Assemblierung der Steifigkeitsmatrizen**
4. **Gleichungslöser**

Aufbereitung der Ein- und Ausgabe: Da massiv parallele Systeme keine Ein- und Ausgabefiles für jeden Prozessor erlauben, wird eine Eingabedatei von dem Prozessor P^0 eingelesen und an alle anderen verschickt. Danach wird diese Datei parallel von allen Prozessoren abgearbeitet, wobei sie am Anfang eine globale Beschreibung des Problems durch eine Grobstruktur enthält und damit den Topologiezusammenhang zwischen den Prozessoren. Die Grobnetzelemente stellen die Teilgebiete dar. Danach werden dann die lokalen Eingabedaten definiert, zum Beispiel den Diskretisierungsgrad des Netzes sowie knotenorientierte Lasten und Randbedingungen, die nur von dem Transputer eingelesen werden, für den die Daten relevant sind, siehe Bild 1.

Nachdem die lokale Problemdefinition abgeschlossen ist, folgt schließlich ein allgemeiner Teil, in dem neben den Materialparametern auch koordinatenorientierte Lasten und Zwangsbedingungen angegeben werden können.

Bei der Bearbeitung verteilt der Prozessor P^0 die eingebenen Makros an alle anderen, im Gegenzug nimmt er die Ausgabedaten entgegen und schreibt sie in die Ausgabedatei. Die graphische Aufarbeitung der Ausgabedaten wird auf jedem Prozessor parallel ausgeführt, diese Daten werden dann komprimiert an den Prozessor P^0 geschickt, der sie zusammenbaut und auf den Bildschirm des Hostrechners ausgibt.

Parallele Netzgenerierung: Im Vergleich zu der seriellen Version von FEAP sind bei der Netzgenerierung auf dem Teilgebiet die geringsten Unterschiede zu finden, da keine Kommunikation erforderlich ist und dies vollständig parallel abläuft. Um eine Zerlegung der Steifigkeitsmatrix, wie sie zum Beispiel in [10] verlangt wird, ohne Umsortierungsprozeß direkt zu erhalten, wird von der herkömmlichen Numerierung abgewichen. So werden zunächst die Eckknoten, dann die Knoten C entlang der Koppelränder und schließlich die inneren Knoten I numeriert. So erhält man folgende Form der Steifigkeitsmatrizen, die eine unterschiedliche Behandlung der Knoten aufgrund der Kommunikation erlaubt:

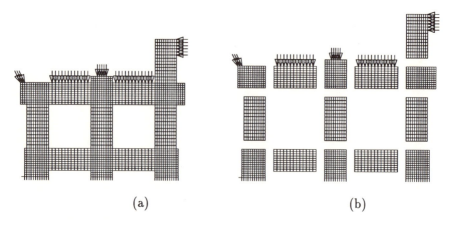

Abbildung 1: Belastete Struktur, beispielhafte Aufteilung des Netzes auf vierzehn Prozessoren nach dem Prinzip der Gebietszerlegung (b)

$$\mathbf{K}_p = \begin{bmatrix} \mathbf{K}^C & \mathbf{K}^{CI} \\ \mathbf{K}^{IC} & \mathbf{K}^I \end{bmatrix}_p$$

Parallele Assemblierung der Steifigkeitsmatrizen: Da eine nichtüberlappende Gebietszerlegung verwendet wird, ist auch hier weder bei der Erstellung der Elementsteifigkeitsmatrizen noch bei deren Assemblierung Kommunikation erforderlich, so daß dieser Prozeß in natürlicher Weise parallel abläuft. Sollen allerdings Probleme mit materieller Nichtlinearität oder mit adaptiver Netzverfeinerung gerechnet werden, sind eventuell Maßnahmen zum Lastenausgleich erforderlich, da sich die Lastverteilung auf den einzelnen Prozessoren ändern kann.

Gleichungslöser: Bei dem Gleichungslöser sind die eigentlichen Unterschiede zu der seriellen Version zu finden. Die Kopplung der Teilgebiete wird durch einen geeigneten Gleichungslöser erreicht. Hier wird dazu ein paralleles CG-Verfahren benutzt, wobei die Wahl des Vorkonditionierers von besonderer Bedeutung ist. Neben den "klassische" Vorkonditionierern wie die Skalierung mit der Diagonalen der Steifigkeitsmatrix, polynomiale und elementweise Vorkonditionierung, unvollständige Cholesky Zerlegung sowie Vorkonditionierung durch einige Jacobi-Iterationen soll ein paralleler Schur-Komplement-Vorkonditionierer für das CG-Verfahren vorgestellt werden.

4 Gleichungslöser

Betrachtet man die Gleichungssysteme, die bei der Behandlung von Problemen mit der FEM entstehen, so stellt man fest, daß diese große, wenn auch schwach besetzte Koeffizienten-Matrizen besitzen. Dies gilt insbesonderen bei 3-dimensionalen Applikationen in der Strukturmechanik. Um iterative Löser effizient einsetzen zu können, müssen Matrix-Vektor-Produkte optimiert werden, dazu benötigt man eine kompakte Speicherung, bei der nur Elemente gespeichert werden, die ungleich Null sind. Es zeigt sich, daß sich das Verfahren der konjugierten Gradienten (CG) sehr gut für die Parallelisierung eignet [10]. Es ist weiterhin bekannt, daß das CG-Verfahren auf vorkonditionierte Gleichungssysteme angewendet werden muß, da die Konvergenz stark von der Kondition der Matrix abhängt. Daher beeinflußt die Entwicklung eines effizienten Vorkonditionierers die Konvergenzgeschwindigkeit und die Robustheit des iterativen Verfahrens enorm. Hier sei angemerkt, daß die Kondition der Matrix zum einen von der Problemstellung, aber auch von den Elementansätzen abhängt.
Bei nichtlinearen Problemstellungen, die mit der Methode der finiten Elemente gelöst werden sollen, wird der iterative Löser in ein Newtonverfahren eingebettet, wobei in jedem Schritt ein lineares Gleichungssystem zu lösen ist.

Paralleles CG-Verfahren

Die parallele Version des Verfahrens der konjugierten Gradienten ist ähnlich der seriellen. Es treten einige Matrix-Vektor- und Vektor-Vektor-Produkte auf, bei denen Kommunikation erforderlich ist. Ausgegangen wird von der vorher beschriebenen Methode der Gebietszerlegung, das heißt, die Steifigkeitsmatrix **K** wird in n unabhängige Teile aufgespalten:

$$\mathbf{K} = \sum_{p=1}^{n} \mathbf{B}_p^T \mathbf{K}_p \mathbf{B}_p \ . \tag{1}$$

Hier sind **B** eine Boolesche Koinzidenzmatrix, n die Anzahl der Transputer und $\mathbf{K}_p$ die lokale Steifigkeitsmatrix, welche nur auf dem entsprechenden Transputer p aufgestellt und gespeichert wird. Ebenso läßt sich das Matrix–Vektor–Produkt parallelisieren:

$$\mathbf{K}\mathbf{u} = \sum_{p=1}^{n} \mathbf{B}_p^T \mathbf{K}_p \mathbf{B}_p \ \mathbf{B}_p^T \mathbf{u}_p \ . \tag{2}$$

Die Einführung der Booleschen Matrizen dient hier der kompakten Darstellung in Matrizenform. Man beachte aber, daß diese Matrizen im Rechner nie erzeugt werden müssen, da die entsprechenden Größen auch über Indexfelder zugeordnet werden können.

Vorkonditionierer

Wie erwähnt, hat die Konditionszahl $\kappa(\mathbf{A})$ der Koeffizientenmatrix **A** des Gleichungssystems $\mathbf{A}\mathbf{x} - \mathbf{b} = \mathbf{0}$ einen Einfluß auf die Genauigkeit bei direkten und auf die Konvergenz bei iterativen Gleichungslösern: Je kleiner die Konditionszahl $\kappa(\mathbf{A})$ ist, desto besser konvergiert das iterative Lösungsverfahren. Ein Vorkonditionierer muß also mit dem Ziel konstruiert werden, die Kondition der Matrix **A** zu verbessern. Auf Parallelrechnern mit verteiltem Speicher ist es nicht sinnvoll, eine globale Vorkonditionierung vorzunehmen, sondern diese lokal auf den einzelnen Teilgebiete durchzuführen. Einige Möglichkeiten der Vorkonditionierung sind zum Beispiel:

- Diagonale Skalierung [4]

- einige Jacobi–Overrelaxations–Schritte [5]

- Polynomiale Vorkonditionierung [6]

- unvollständige Cholesky Vorkonditionierung (IC) [2]

- modifizierte unvollständige Cholesky Vorkonditionierung (MIC) [7]

- Schur-Komplement-Vorkonditionierung [10]

- Mehrgittermethoden [7, 8]

- hierachische Basen [9]

Zu diesen Vorkonditionierern gibt es viele Veröffenlichungen, aus denen die oben angegebenen Literaturangaben nur stellvertretend aufgeführt sind. Welche Art der Vorkonditionierung angewendet wird, ist sehr stark vom gestellten Problem abhängig.

Schur–Komplement Vorkonditionierer:

Von den oben aufgezählten Verfahren soll hier eines genauer vorgestellt werden, das recht robust ist, dafür aber die Rechengewindigkeit von verfeinerten, problemangepaßten iterativen Lösern nicht erreicht. Die Methode basiert auf einer Schur–Komplement Vorkonditionierung über die Koppelränder C und einen direkten Löser für die inneren Knoten I. Das Verfahren ist ausführlich in Meyer und Meisel [11] beschrieben. Dabei wird die besondere Knotennumerierung innerhalb der Teilgebiete benötigt, siehe Abschnitt 3, die eine Steifigkeitsmatrix mit der Struktur

$$\mathbf{K}_p = \begin{bmatrix} \mathbf{K}^C & \mathbf{K}^{CI} \\ \mathbf{K}^{IC} & \mathbf{K}^I \end{bmatrix}_p \qquad (3)$$

liefert. So kann die Steifigkeitsmatrix eines Teilgebietes auf den Prozessor p in der folgenden Form dargestellt werden:

$$\mathbf{K}_p = \begin{pmatrix} \mathbf{I} & \mathbf{K}^{CI}\mathbf{K}^{-I} \\ \mathbf{0} & \mathbf{I} \end{pmatrix} \begin{pmatrix} \mathbf{S} & \mathbf{0} \\ \mathbf{0} & \mathbf{K}^I \end{pmatrix} \begin{pmatrix} \mathbf{I} & \mathbf{0} \\ \mathbf{K}^{-I}\mathbf{K}^{IC} & \mathbf{I} \end{pmatrix} \qquad (4)$$

wobei $\mathbf{S}$ die Schur-Komplement-Matrix darstellt.

$$\mathbf{S} = \mathbf{K}^C - \mathbf{K}^{CI}\mathbf{K}^{-I}\mathbf{K}^{IC} \ . \qquad (5)$$

Ist ein geeigneter Vorkonditionierer $\mathbf{V}^C$ für die Schur-Komplement-Matrix $\mathbf{S}$ und $\mathbf{V}^I$ für die innere Matrix $\mathbf{K}^I$ gefunden, so erhält man mit

$$\mathbf{C}_p = \begin{pmatrix} \mathbf{I} & \mathbf{K}^{CI}\mathbf{V}^{-I} \\ \mathbf{0} & \mathbf{I} \end{pmatrix} \begin{pmatrix} \mathbf{V}^C & \mathbf{0} \\ \mathbf{0} & \mathbf{V}^I \end{pmatrix} \begin{pmatrix} \mathbf{I} & \mathbf{0} \\ \mathbf{V}^{-I}\mathbf{K}^{IC} & \mathbf{I} \end{pmatrix} \qquad (6)$$

einen positiv definiten Vorkonditionierer für $\mathbf{K}_p$.

5 Numerische Beispiele

Im Folgenden sollen zwei Beispiele vorgestellt werden: An einer Scheibe mit Loch unter einachigem Zug wird der Einfluß der Vorkonditionierer auf die Iterationszahlen gezeigt, die das CG–Verfahren zur Lösung des Gleichungssystems benötigt. Im zweiten Beispiel soll auf die in Abbildung 1 dargestellte Struktur zurückgegriffen werden, um die Effizienz der Parallelisierung anhand von zwei Größen, dem Speed–Up und dem Scale–Up, zu überprüfen.

Die Scheibe mit Loch ist in Abbildung 2 a dargestellt, zur Berechnung ist nur ein Viertel diskretisiert worden, die Belastung erfolgt verschiebungsgesteuert. Es wurden Elemente mit elastisch–plastischem Materialverhalten mit linearer isotroper Verfestigung und der Fließbedingung nach von Mises verwendet. Die Materialparameter wurden zu $E = 70000$ N/mm^2, $E_t = 2000$ N/mm^2, $Y_0 = 243$ N/mm^2 und $\nu = 0.2$ gewählt. Die Abmessungen betragen 36 * 20 mm.

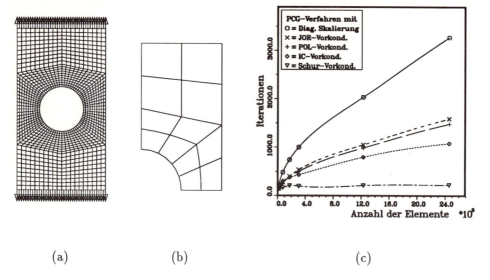

(a) (b) (c)

Abbildung 2: Scheibe mit Loch unter einachsigem Zug, beispielhafte Aufteilung des Netzes auf 12 Prozessoren (b), Einfluß der unterchiedlichen Vorkonditionierer (c)

Das unterschiedliche Verhalten der verschiedenen Vorkonditionierer bei wachsender Elementanzahl ist in Abbildung 2 c deutlich zu erkennen. Einzig der Schur–Komplement Vorkonditionierer zeigt ein annähernd konstantes und damit unabhängiges Verhalten gegenüber der Anzahl der Elemente. Somit ist er gut für den Einsatz auf Parallelrechnern geeignet.

Um Aussagen über die numerische Effizienz der Parallelisierung machen zu können, führt man zwei Kenngrößen ein, den Speed-Up und den Scale-Up. Das Verhalten des parallelen Lösers soll anhand der in Abbildung 1 dargestellte Struktur untersucht werden. Das Problem wurde auf 16, 32 und 64 Prozessoren gerechnet, wobei die Anzahl der Unbekannten für das Gesamtproblem je nach Diskretisierungsstufe zwischen 14112 und 215168 lag. Dabei wurde die Struktur des Netzes nicht geändert.
So wurde einmal das Problem mit konstanter Gesamtgröße (14112 und 53792) auf un-

Speed-Up				
N_{Proc}	n_p	$\sum n$	n_p	$\sum n$
16	882		3362	
32	462	14112	1722	53792
64	242		882	

Scale-Up				
N_{Proc}	n_p	$\sum n$	n_p	$\sum n$
16		14112		53792
32	882	28224	3362	107584
64		56448		215168

Tabelle 1 + 2: Speed–Up und Scale–Up, N_{Proc} ist die Anzahl der Prozessoren, n_p die Anzahl der Unbekannten pro Prozessor und $\sum n$ die Gesamtanzahl der Unbekannten.

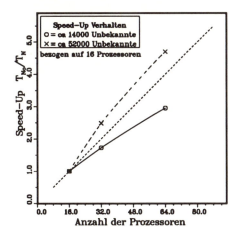 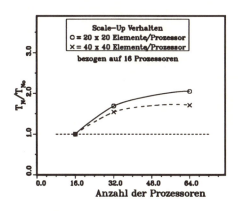

Abbildung 3: Speed-Up Abbildung 4: Scale-Up

terschiedlich viele Prozessoren aufgeteilt, wie in Tabelle 1 zu sehen ist. Zum Anderen wurde ein Problem mit wachsender Anzahl der Unbekannten so auf eine steigende Anzahl von Transputern verteilt, daß die Last auf den Prozessoren konstant blieb (882 und 3362 Unbekannte pro Transputer), siehe Tabelle 2.

Der Speed–Up beschreibt die Güte der Parallelisierung:

$$Sp(n) = \frac{\text{Rechenzeit mit 1 Prozessor}}{\text{Rechenzeit mit } n \text{ Prozessoren}} = \frac{T_1}{T_{n_0}} \frac{T_{n_0}}{T_n}$$

Im Idealfall verläuft die Kurve entlang einer Parallelen zur 45°–Linie. Anschaulich bedeutet dies, daß mit der doppelten Prozessorenanzahl ein Problem theoretisch in der halben Zeit gelöst werden kann. In Realität führen Verluste durch die Kommunikation aber zu höheren Zeiten. Der Nachteil dabei ist, daß bei steigender Anzahl der Prozessoren die Last auf den einzelnen immer geringer wird, bis dies schließlich zu Effizienzverlusten durch mangelnde Auslastung der einzelnen Knoten kommt. So werden in Abbildung 3 auch nur 16 bis 64 Prozessoren verglichen. Der Effizienzverlust ist an der unteren Kurve deutlich zu erkennen, da dort bei 64 Prozessoren nur noch ca 242 Unbekannte auf den einzelnen Knoten zu lösen sind, so daß die Zeiten für die Kommunikation verstärkt ins Gewicht fallen. Hier sind alle Zeiten auf eine Rechnung mit 16 Prozessoren bezogen, so daß diese Werte auf der 45°–Linie liegen.

Ein weiteres Kriterium ist der Scale–Up, der als Index dafür benutzt werden kann, wie gut die Vorkonditionierung und die Kommunikation bei steigender Prozessorzahl funktionieren:

$$Sc(n) = \frac{n * l \text{ Unbekannte auf } n \text{ Prozessoren}}{l \text{ Unbekannte auf 1 Prozessor}} = \frac{T_{n_0}(l)}{T_1(l)} \frac{T_n(l*n)}{T_{n_0}(l*n)}$$

Dazu wird ein Problem mit wachsender Zahl der Unbekannten wird auf ebenfalls wachsender Prozessorzahl gerechnet, so daß die Last pro Transputer konstant bleibt. Im

Idealfall sollen sich die Rechenzeiten ebenfalls nicht erhöhen. Da das CG–Verfahren nicht unabhängig von der Netzweite ist, die sich aber bei Scale–Up verringert, kann man eine Verschlechterung mit steigender Anzahl der Unbekannten des Gesamtproblems feststellen, vergleiche Abbildung 4.

In beiden Abbildungen ist der Faktor T_{n_0}/T_1 unbekannt, allerdings wird der qualitative Verlauf der Kurven dadurch nicht beeinflußt. Als Hardware stand ein Parsytec Superluster mit 64 Knoten mit je 8 MB Hauptspeicher zur Verfügung.

Literatur

[1] Zienkiewicz, O.C., und Taylor, R.L., The Finite Element Method, 4th edition, Vol. 1 + 2, McGraw Hill, London, 1988

[2] Papadrakakis, M., Solving Large-Scale Linear Problems in Solid and Structural Mechanics, in Solving Large-Scale Problems in Mechanics, J. Wiley & Sons, Chichester, 1993

[3] Nour-Omid, B. und Parlett, B.N., Element Preconditioning Using Splitting Techniques, in SIAM J. Sci. Stat. Comput., Vol 6, No 3, July 1985

[4] Schwarz, H.R., Methode der Finiten Elemente, B.G. Teubner, Stuttgart, 1980

[5] Törnig, W., Numerische Methoden für Ingenieure und Physiker, Band 1, Springer Verlag, Berlin Heidelberg New York, 1979

[6] Saad, Y., Practical Use of Polynomial Preconditionings for the Conjugate Gradient Method, in SIAM J. Sci. Stat. Comput., Vol 6, No 4, October 1985

[7] Hackbusch, W., Iterative Lösung großer schwachbesetzter Gleichungssysteme, Teubner Studienbücher, 1991

[8] Rust, W., Mehrgitterverfahren und Netzadaption für lineare und nichtlineare statische Finite–Element–Berechnungen von Flächentragwerken, Forschungs- und Seminarberichte aus dem Bereich der Mechanik der Universität Hannover, 1991

[9] Yserantant, H., Hierarchial bases of finite element spaces in the discretization of nonsymmetric elliptic boundary value problems, Math. Comp., No 35, 39–49, 1985

[10] Meyer, A., A parallel preconditioned conjugate gradient method using domain decomposition and inexact solvers on each subdomain, Computing 45, 1990.

[11] Meisel, M. und Meyer, A., Implementierung eines parallelen vorkonditionierten Schur-Komplement CG-Verfahrens in das Programmpaket FEAP, Preprint TU Chemnitz, SPC 92 2, 1995

Produktmodellierung für die integrierte Tragwerksplanung

U. Rüppel, CIP GmbH Darmstadt und U. Meißner, TH Darmstadt

1. Zusammenfassung

Für die verteilten Organisationen des Bauwesens ist die DV-Integration der beteiligten Fachbereiche zur durchgängigen Gestaltung der Planungs-, Ausführungs- und Nutzungsprozesse notwendig. Die Anwendung der Produktdatentechnologie zur Erstellung digitaler Bauwerksmodelle ist dazu ein neuer erfolgversprechender Ansatz. Im vorliegenden Beitrag wird eine Einführung und Anwendung der Produktmodellierung gegeben. Am Beispiel der Tragwerksplanung werden Produktmodelle vorgestellt, die die fachlichen Sichten der Planungsbeteiligten repräsentieren. Deren Anwendungsmöglichkeiten und die daraus resultierenden Vorteile für die Ingenieurpraxis werden mit typischen Beispielen verdeutlicht.

2. Einsatz von DV-Werkzeugen in der Tragwerksplanung

Die Verfügbarkeit moderner Telekommunikationstechnologien eröffnen für den Informationsaustausch zwischen den beteiligten Fachplanern neue Möglichkeiten auf der Basis digitaler Informationen. Fachplaner nutzen gemäß ihrer fachspezifischen Aufgaben im Bauplanungsprozeß unterschiedliche Software. So werden im Bereich der Entwurfsplanung und der Tragwerksplanung verschiedene CAD-Systeme eingesetzt. Auch für die Strukturanalyse finden unterschiedliche Berechnungsprogramme Verwendung. In dieser heterogenen Softwareumgebung ist der Austausch von Informationen essentiell notwendig. Wurden in der Vergangenheit Informationen hauptsächlich in Form von Plänen (Strichgrafiken) mit Hilfe des Informationsträgers Papier ausgetauscht, so ergeben sich nun durch die Nutzung digitaler Datenträger und elektronischer Übertragungsmittel weitergehende Möglichkeiten.
Eine grundlegende Weiterentwicklung kann erreicht werden, wenn der gesamte Entwurfsprozeß eines Bauwerkes als Gestaltung eines Produktes aufgefaßt wird. Produktmodelle können digital durch objektorientierte Informationsmodelle erfaßt werden, wenn eine geeignete Modellrepräsentation gewählt wird. Jeder Fachplaner stellt dabei ein Teilproduktmodell gemäß seinem spezifischen Aufgabenbereich auf. Der Datenaustausch basiert dann auf dem Austausch konsistenter Teilproduktmodelle [Rüppel, 1994]. Damit werden das komplette Bauwerk beschreibende

Produktinformationen ausgetauscht. Da jeder Fachplaner die für ihn notwendigen Produktinformationen direkt nutzen kann, führt dies zu einer erheblichen Qualitätsverbesserung des Bauplanungsprozesses. Weiterhin läßt sich durch die digitale Datenhaltung die Informationsdichte des Datenaustausches erhöhen und die Planungssicherheit verbessern. Im Gegensatz zum Maschinenbau werden im Bauwesen vorwiegend Unikate erstellt. Die Teilproduktmodelle müssen daher ein sehr breites Spektrum von Produkten abdecken. Daraus ergeben sich besondere Anforderungen an die Flexibilität der zu entwickelnden Teilproduktmodelle und der zugehörigen Verwaltungssysteme.

Im Rahmen dieses Beitrags werden drei Teilproduktmodelle der Tragwerksplanung und das zugehörige objektorientierte Modellmanagement-System **ObjektManager** vorgestellt. Diese bilden die Grundlage zur Integration verschiedener Applikationen der heterogenen Software-Umgebung des Tragwerksplaners.

3. Produktmodellierung im Bauwesen

Ein Produktmodell ist im allgemeinen die Spezifikation von beschreibenden Informationen in allen Entwicklungsphasen eines Produktes in einer einheitlich strukturierten, digital verarbeitbaren Darstellung [Grabowski, Anderl, Poly, 1993]. Das Modell stellt dabei die vollständige Abstraktion der abzubildenden Realität unter Verwendung aller modelldefinierenden Annahmen dar. Wegen des Gültigkeitsbereiches der Modellannahmen existiert i. allg. eine Vielzahl von aufeinander aufbauenden Modellen für verschiedene Modellierungsstufen und -zwecke.

Traditionell werden Modelle auf Papier in Form von technischen Zeichnungen (Bild 1) abgebildet. Diese Technologie ist als Grundlage zur Bildung von konsistenten Informationsmodellen denkbar ungeeignet, da beim Austausch von Strichinformationen die semantischen Zusammenhänge verlorengehen und erhebliche Informationsverluste auftreten. Produktmodelle dürfen daher ihrem Wesen nach nicht nur aus "digitalisierten" Dokumenten traditioneller Art bestehen.

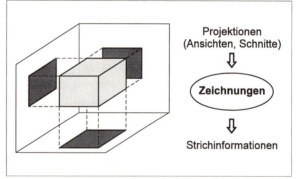

Bild 1: Traditionelle Modellbildung

Im Bauwesen erfolgt die Modellbildung unter den spezifischen Anforderungen der beteiligten Fachplaner. Gemäß den Leistungsphasen nach HOAI geschieht die Bildung der Teilmodelle mit wachsendem Detaillierungsgrad angepaßt an den Planungsfortschritt. Die vollständige Abbildung eines Teilmodells in einer strukturierten, rechnerverarbeitbaren Form wird als Teilproduktmodell bezeichnet [Rüppel, 1994]. Die Summe aller Teilproduktmodelle stellt das Produktmodell für das Bauwerk dar. Die Gesamtheit der am Bau beteiligten Fachplaner spiegelt sich in der Summe der Teilproduktmodelle wider. Die Kommunikation zwischen den Fachplanern wird über den Austausch von Teilproduktmodellen vollzogen. Die Produktmodellierung umfaßt prinzipiell den gesamten Lebenszyklus eines Bauwerkes. Das Produktmodell muß ganzheitlich angelegt sein, da unterschiedliche fachliche Sichten auf das Produkt unterstützt werden sollen. Diesbezüglich wird auch häufig der Begriff des "Integrierten Produktmodells" verwendet. Die Vorgehensweise zur Produktmodellierung ist bei der internationalen Normung in der ISO 10303 (Product Data Representation and Exchange bzw. STEP [STEP, 1993]) festgelegt. Zunächst wird dort hauptsächlich der Bereich des Produktdatenaustausches berücksichtigt.

Bei der Entwicklung eines Produktmodells sind alle Bereiche der Produktdatenverarbeitung zu berücksichtigen: Produktdatenspeicherung, Produktdatenverwaltung, Produktdatenarchivierung, Produktdatentransformation und Produktdatenaustausch.

4. Teilprozesse und Teilproduktmodelle der Tragwerksplanung

Im iterativen Entwurfsprozeß werden vom Tragwerksplaner in Zusammenarbeit mit den anderen Fachplanern Konstruktionsmodelle erarbeitet (Bild 2), die im Hochbau i.d.R. auf den Entwurfsplänen des Architekten basieren. Die Sicherheitsnachweise der stati-

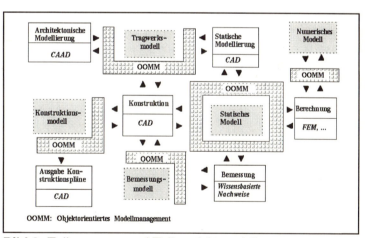

Bild 2: Teilprozesse und Teilproduktmodelle in der Tragwerksplanung

schen Berechnungen und der Bemessungen werden dazu in interaktiv modifizierender Weise solange berücksichtigt, bis eine optimale Lösung für den Tragwerksentwurf erreicht ist. Die Komplexität dieses Entwurfsprozesses erfordert eine Aufteilung in Teilprozesse. Der gesamte Entwurfsprozeß der Tragwerksplanung wird deshalb in fünf Teilprozesse mit zugeordneten Teilproduktmodellen gegliedert (Bild 2).

4.1 Das Tragwerksmodell

Die architektonische Modellierung umfaßt die Erstellung eines 3D-Gebäudemodells mit CAAD. Die digitalen Gebäudemodelldaten sind für die Tragwerksplanung jedoch im wesentlichen nur hinsichtlich der tragenden Bauteile mit ihrer Topographie und Topologie sowie ihren Materialien von Bedeutung. Das Tragwerksmodell (Bild 3) wird vom Tragwerksplaner aus dem dreidimensionalen Gebäudemodell fachlich verantwortlich entwickelt. Das Tragwerksmodell besteht aus Bauteilen, die hinsichtlich Geometrie, Material und strukturellem

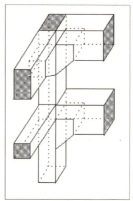

Bild 3: Das Tragwerksmodell

Aufbau vollständig beschrieben werden. Weiterhin ist die Möglichkeit vorgesehen, jedem Bauteil beschreibende Informationen in Form von Texten anzuhängen. Diese können nach dem Datenaustausch in Form eines Hypertextes zu Informationszwecken abgerufen werden. Für die Modellierung der Bauteile im Tragwerksmodell wurde eine neue Methodik eingeführt: die Bauteile werden in flexibler Weise aus geometrischen Grundkomponenten zusammengesetzt. Diese geometrischen Gundkomponenten werden als Bauteilprimitive bezeichnet. Mit Bauteilprimitiven können beliebige orthogonale Bauteilgeometrien dargestellt werden. Mit dieser parametrisierten 2½D-Modellierungstechnik kann ein hoher Prozentsatz der im allgemeinen Hochbau auftretenden Bauteiltypen modelliert werden.

Die Beschreibung des Tragwerksmodells mit der neutralen Spezifikationssprache EXPRESS [EXPRESS, 1993] ist in [Rüppel, 1994] ausführlich dargestellt. Das Tragwerksmodell kann mit der CAD-Funktionalität des ObjectManagers interaktiv in das Statische Modell überführt werden, womit eine konsistente statische Modellbildung erfolgt.

4.2 Das Statische Modell

Die Grundlage des Statischen Modells sind statische Teilsysteme, die aus den Informationen des Tragwerksmodells fachlich verantwortlich abgeleitet werden müssen. Ein statisches Teilsystem ist die mechanische Abstraktion eines oder mehrerer Bauteile unter Verwendung aller relevanten mechanisch-mathematischen

Annahmen. Im Statischen Modell werden nur diejenigen Bauteile durch statische Teilsysteme repräsentiert, die für die Standsicherheit und Funktionsfähigkeit des Tragwerks benötigt werden. Die Topographie der statischen Teilsysteme besteht für Stäbe, Scheiben und Platten aus Systemmittelgeometrien mit Querschnittsinformationen an diskreten Punkten (Bild 4). Im Statischen Modell sind Lasten mit beliebigen Lastangriffsverteilungen zugelassen. Dabei sind nur äußere Lasten zu spezifizieren, die nicht von angekoppelten Bauteilen herrühren. Die Lastweiterleitung wird durch die topologische Verknüpfung der Teilsysteme gewährleistet. Dazu sind Übergangsbedingungen für die Kopplung der Kinematen anzugeben. Randbedingungen sind im Sinne von Lagerungsbedingungen zu spezifizieren. Die Rand- und Übergangsbedingungen müssen so formuliert werden, daß die geometrische Verträglichkeit und Lastweiterleitung gekoppelter Teilsysteme modelliert werden kann. Dadurch kann ein automatischer Lastabtrag simuliert werden. Die für die Berechnung notwendigen Materialeigenschaften und mechanischen Systemeigenschaften werden den statischen Teilsystemen zugeordnet. Auch die Modellierung von Verbundquerschnitten wird unterstützt. Die durch eine statische Berechnung ermittelten maßgebenden Zustandsgrößen können diskreten Punkten der statischen Teilsysteme zugeordnet werden.

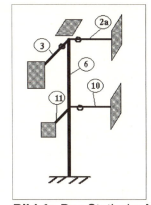

Bild 4: Das Statische Modell

Die Beschreibung des Statischen Modells mit der neutralen Spezifikationssprache EXPRESS [EXPRESS, 1993] ist in [Rüppel, 1994] ausführlich dargestellt. Das Statische Modell kann vom ObjektManager über STEP-Schnittstellen an statische Berechnungsprogramme übergeben werden, die das Gesamtsystem oder ausgewählte Teilsysteme analysieren und die ermittelten Zustandsgrößen zurückliefern. Bei FEM-Programmen erfolgt in diesem Falle die Diskretisierung auf der Seite des Berechnungsprogramms.

4.3 Das Numerische Modell

Die Diskretisierung für FEM-Programme kann jedoch auch wahlweise innerhalb des ObjektManagers vorgenommen werden. Dadurch wird das Statische Modell durch interaktive Benutzerführung in ein diskretisiertes System überführt. Die statischen Teilsysteme werden mit einem automatischen Netzgenerator in finite Elemente für Stäbe, Scheiben, Platten, Faltwerke unterteilt, wobei auf den Kopplungsrändern interaktive Vorgaben für die Kompatibilität der Netzdichte vorzunehmen sind. Mit der CAD-Funktionalität des ObjektManagers kann das Numerische Modell in seinen

Details (z.B. lokale Bezugssysteme, exzentrische Anschlüsse) bearbeitet werden, damit ein konsistentes Modell für die Berechnung entsteht. Die bei der numerischen Modellierung (Bild 5) erzeugten Daten werden im Numerischen Modell gespeichert. Das Numerische Modell kann vom ObjektManager über STEP-Schnittstellen an FEM-Berechnungsprogramme übergeben werden, die dann die Berechnung ausführen. Als Ergebnis liefert die numerische Analyse lastfallabhängige Zustandsgrößen, die in das Numerische Modell zurückübertragen werden müssen.

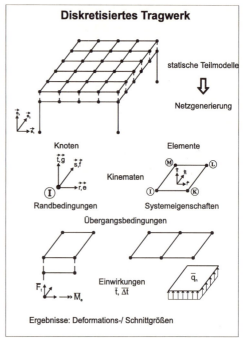

Bild 5: Das Numerische Modell

5. Die Systemintegration durch den ObjektManager

Jeder Teilprozeß besteht aus einer modellerzeugenden und einer modellverwaltenden Komponente (Bild 2). Die modellerzeugende Komponente umfaßt die interaktive Produktmodellierung durch den Fachingenieur. Die modellverwaltende Komponente beinhaltet das objektorientierte Teilproduktmodell mit dem zugeordneten objektorientierten Modellmanagement. Diese Strukturierung gewährleistet die Nutzung verfügbarer Softwareprodukte, die sich als Werkzeuge auf dem Markt bewährt haben (CAD-Systeme für Architektur und Tragwerksplanung sowie Berechnungs- und Bemessungsprogramme), so daß eine sinnvolle Integration des Tragwerksplanungsprozesses erfolgen kann. Da eine umfassende Produktmodellierung mit heterogenen Softwareprodukten nicht möglich ist, wurde mit dem ObjektManager der Ansatz verfolgt, die Modelle in objektorientierter Form zu generieren und mit einem objektorientierten Modellmanagement zu verwalten. Dazu werden die objektorientierten Teilproduktmodelle für das Tragwerksmodell, das Statische Modell und das Numerische Modell zur Verfügung gestellt.

Zur Gewährleistung einer herstellerunabhängigen und durchgängigen Unterstützung der DV-Werkzeuge der Tragwerksplanung müssen die Ein- und Ausgabeinformationen neutral formuliert sein. Die auf dem Markt verfügbaren DV-Werkzeuge weisen solche STEP-Schnittstellen meistens nicht auf, weil die internationale Norm

ISO 10303 zur Produktmodellierung noch nicht eingehalten bzw. akzeptiert ist. Um diesen strategischen Nachteil in der Software-Technologie zu beseitigen, werden von der EU gegenwärtig verschiedene FuE-Vorhaben durchgeführt, z. B. ATLAS, COMBINE, COMBI, CIM-STEEL etc. Für die durchgängige Unterstützung des Tragwerksplaners wurde deshalb ISO-konform ein neues Werkzeug entwickelt, das den Informationsfluß zwischen den Teilprozessen unterstützt und verwaltet. Der Informationsaustausch erfolgt dabei mit neutralen Austauschdateien in STEP-Syntax zur Realisierung der Teilproduktmodelle. Das ganzheitliche Management der Teilproduktmodelle wird durch die Funktionalität des Objekt-Managers (Bild 6) gesichert. Dieses neue CAD-System für Tragwerksplanung und Statik basiert auf der folgenden

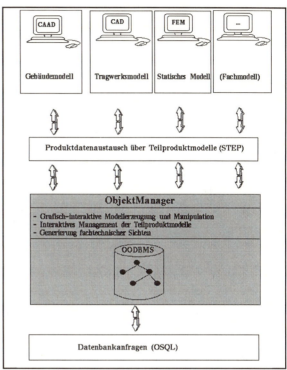

Bild 6: Funktionalität des ObjektManagers

objektorientierten Basistechnologie: Informationsmodellierung mit EXPRESS [EXPRESS, 1993], Programmimplementierung mit C++, Datenschnittstellen der Teilproduktmodelle in STEP [STEP, 1993], Modellverwaltung mit dem OODBMS ObjectStore.

Die Leistungsfähigkeit des ObjektManagers für die Baupraxis wurde an typischen Anwendungen des allgemeinen Hochbaus im Wechselspiel mit marktgängigen anderen Software-Produkten des Bauwesens erprobt.

6. Anwendungsbeispiel

Als durchgängiges Anwendungsbeispiel wird im folgenden die auf Teilproduktmodellen basierende Integration der Objekt- und Tragwerksplanung am Beispiel des ISYBAU-Referenzprojektes Arbeitsamt Freiburg vorgestellt. Ein Teilbereich des gesamten Gebäudes, das 4. OG im Bauabschnitt d, ist im CAAD-System RIBCON der Fa. RIB, Stuttgart, in Bild 7 dargestellt. Die Bauteile des Gebäudemodells werden mit dem selbst entwickelten Postprozessor RIBCON_STEPOUT [Niestroj, 1993] in die Struktur des Tragwerksmodells konvertiert und in eine neutrale Austauschdatei in STEP-Syntax geschrieben. Das Tragwerksmodell wird in den ObjektManager der Fa. CIP GmbH, Darmstadt, eingelesen (Bild 8).

Mit der grafischen Benutzungsoberfläche des ObjektManagers kann der Tragwerksplaner das Tragwerksmodell in allen Details visualisieren, um so die vom Architekten entworfene Tragstruktur auf Widerspruchsfreiheit prüfen zu können (Bild 8).

Das gesamte Tragwerksmodell kann vom Tragwerksplaner mit der CAD-Funktionalität des ObjektManagers nach fachspezifischen Gesichtspunkten überarbeitet werden, bevor es oder seine Teilsysteme der statischen Berechnung zugeführt werden. Aus dem Tragwerksmodell erfolgt durch die interaktive mechanische Modellbildung das Statische Modell nach den Kriterien des Tragwerksplaners. Die Generierung des Statischen Modells wird mit Hilfe des ObjektManagers wie folgt durchgeführt:

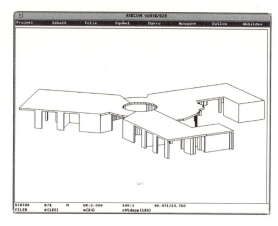

Bild 7: Perspektivische Ansicht des 4. OG in RIBCON

- Aus den Bauteilgeometrien des Tragwerksmodells werden automatisch die Systemprimitive für statische Teilsysteme erzeugt.
- Die Kopplungsbedingungen zwischen den Teilsystemen werden aus der Topologie der Bauteile generiert. Der ObjektManager erzeugt mit der automatischen Generierung einen Vorschlag, der vom Benutzer interaktiv in seinen Details nachbereitet werden kann.
- Äußere Belastungen sind interaktiv zu spezifizieren.

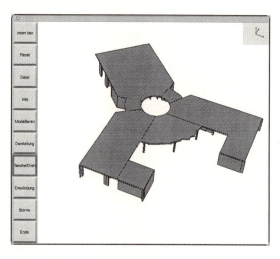

Bild 8: Tragwerksmodell des 4. OG im ObjektManager

Belastungen aus angekoppelten Teilsystemen werden vom ObjektManager automatisch auf der Grundlage der kinematischen Übergangsbedingungen weitergeleitet.

In Bild 9 ist das Ergebnis der Generierung der statischen Teilsysteme aus dem Tragwerksmodell des 4. OG dargestellt. Dieser Vorschlag ist vom Tragwerksplaner mit dem ObjektManager nach statischen Gesichtspunkten zu überarbeiten. Zur Berechnung wird das Statische Modell der Decke über dem Untergeschoß ausgewählt und in eine neutrale Austauschdatei in STEP- Syntax geschrieben.

Für das FEM-Flächenträgerberechnungsprogramm 4HALFA der Fa. PCAE, Hannover, wurde

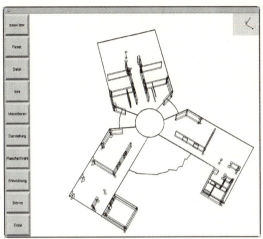

Bild 9: Generiertes Statisches Modell im ObjektManager

der Präprozessor 4HALFA_STEPIN entwickelt, der die neutrale STEP-Beschreibung von Statischen Modellen in das systemspezifische Eingabeformat von 4HALFA konvertiert. Nach dem Einlesen wird das System (Bild 10) der Decke in 4HALFA diskretisiert, und die Verschiebungs- und Schnittgrössen werden berechnet. Aufgrund der Randbedingungen werden außerdem die Lagergrößen der Decke ermittelt.

Nach der Berechnung und dem Wiedereinlesen der maßgebenden Zustandsgrößen der Decke in den ObjektManager können dann die berechneten Lagerkräfte aufgrund der Übergangsbedingungen automatisch als Lasten auf die Unterzüge weitergeleitet werden (automatischer Lastabtrag). Mit Unterstützung des ObjektManagers werden auf diese Weise alle Bauteile des Gebäudes berechnet. Nach der Berechnung und der Bemessung werden die dimensionierten Bauteile mittels einer

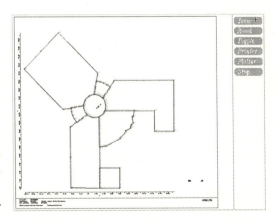

Bild 10: Statisches Modell der Decke über 4. OG in 4HALFA

STEP-Austauschdatei an ein CAD-System der Tragwerksplanung zur Erstellung von Schal- und Bewehrungsplänen weitergeleitet. Prototypisch wurde der Präprozessor UNICAD_STEPIN für das CAD-System UNICAD der Fa. HOCHTIEF Software GmbH, Frankfurt, entwickelt, der die Bauteile des Tragwerksmodells geschoßweise einliest. Das so in UNICAD eingelesene Untergeschoß (Bild 11) dient als Grundlage für die Erstellung von Schal- und Bewehrungsplänen.

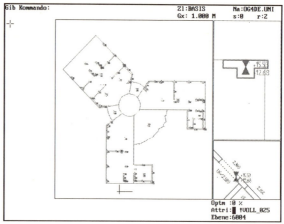

Bild 11: 4. OG in UNICAD

Der ObjektManager integriert so eine heterogene Software-Umgebung, verwaltet die fachspezifischen Teilproduktmodelle, bedient die erforderlichen STEP-Schnittstellen und schafft für den Tragwerksplaner eine einheitliche Benutzerumgebung zur durchgängigen Projektbearbeitung.

Literatur

[STEP, 1993]
  STEP: "Standard for the Exchange of Product Data". ISO 10303 -41, -42, -43, 1993

[EXPRESS, 1993]
  EXPRESS: "The EXPRESS Language Reference Manual". ISO 10303 - 11, 1993

[Grabowski, Anderl, Poly, 1993]
  Grabowski, H.; Anderl, R.; Poly, A.: Integriertes Produktmodell. Berlin, Wien Zürich, Beuth-Verlag 1993

[Niestroj, 1993]
  Niestroj, Chr.: Objektorientierte Analyse für den bauteilorientierten Datenaustausch von der Objekt- zur Tragwerksplanung. Bericht Nr. 1/93 des Instituts für Numerische Methoden und Informatik im Bauwesen der TH Darmstadt, 1993

[Rüppel, 1994]
  Rüppel, U.: Objektorientiertes Management von Produktmodellen der Tragwerksplanung. Bericht Nr. 1/94 des Instituts für Numerische Methoden und Informatik im Bauwesen der TH Darmstadt, 1994

Die Produktmodellierungsmethode für die durchgängige Bearbeitung
Architektenplanung - Tragwerksplanung - Detaillierung

Thomas Fink, Byron Protopsaltis, SOFiSTiK GmbH Oberschleißheim
Peter Katranuschkov, Raimar J. Scherer, Technische Universität Dresden

Zusammenfassung

EDV-Methoden werden heute sehr stark für die verschiedenen Aufgaben der Bauwerksplanung eingesetzt. Eine Integration dieser Aufgaben ist jedoch nur begrenzt vorhanden, jede Teilaufgabe wird meistens mit eigens dafür entwickelter Software und Verfahren bearbeitet. Hierbei ist zu erwähnen, daß der frühe Entwurfsprozeß noch wenig durch Software unterstützt wird.

Integration kann durch verschiedene Ansätze erreicht werden. Wir haben uns sowohl für eine direkte Integration als auch für eine sehr offene indirekte Integration entschieden. Erstere hat den Vorteil, daß sie sehr effizient, aber starr ist. Sie eignet sich ausgezeichnet für sehr nahe beieinanderliegende Prozesse besonders innerhalb der gleichen Planungsphase, wie z.B. FE-Netzgenerierung, Tragwerksanalyse und grafische Ergebnispräsentation. Die indirekte Integration, erlaubt die Integration unterschiedlicher Werkzeuge und unterschiedlicher Phasen, jedoch mit dem Nachteil eines erhöhten Transformationsaufwands. Außerdem muß ein klar definiertes Gebäudemodell in Form eines Produktmodells vorliegen. Als Beispiel dieser Integration haben wir die Verknüpfung von Architekturentwurf und Tragwerksplanung untersucht.

1. Integrationsmethoden

Einer der Ansätze für die Integration ist, die verschiedenen Verfahren und Softwarewerkzeuge unter einem Softwaresystem zu vereinigen. Sie kann auch als direkte Integration bezeichnet werden. Sie ist die am weitesten verbreitete Methode, da sie einige attraktive Vorteile aufweist. Erstens ist die Integration sehr effizient, da nur die Daten ausgetauscht werden, die aktuell benötigt werden, und der Datenaustausch direkt, ohne Zwischenschritte erfolgt. Die Datenaustauschzeit ist damit minimal. Zweitens erfordert die direkte Integration keine aufwendigen Konzepte und keine aufwendigen Methoden. Die Austauschstrukturen sind klar und eindeutig. Der Nachteil ist jedoch, daß die Integration statisch ist, d.h. sie ist nur für die aktuellen Softwarewerkzeuge gültig, für die sie implementiert wurde. Die Implementation der Integration kann teilweise stark in die bestehenden

Softwarewerkzeuge hineinreichen. Änderungen in der internen Datenstruktur eines der Softwarewerkzeuge erfordert eine Überarbeitung der Integration.

Ein anderer Ansatz ist die Integration durch Kommunikation [1, 15]. Die zu integrierenden Softwarewerkzeuge bleiben hierbei intern unverändert. Die Integration kann beliebige Softwarewerkzeuge umfassen; die Werkzeuge sind austauschbar. Kommunikation setzt aber voraus, daß eine Sprache existiert, die mehr umfaßt als eine Datenaustauschkonvention. Sie muß eine Mächtigkeit und Struktur aufweisen, die es erlaubt, das Gebäude in all seinen Entwurfsphasen und Konstruktionsgesichtspunkten zu beschreiben. Eine solche Sprache ermöglicht es, das Gebäude in einem Modell abzubilden. Dieses Modell wird verallgemeinert Produktmodell genannt. Das Produktmodell umfaßt mehr als das Gebäudemodell, es beinhaltet auch die frühen Entwurfsphasen, die Gebäudeerstellung und die Gebäudeverwaltung, bis hin zum Umbau, zur Erneuerung und zum geplanten Abbruch, einschließlich der Verwertung der Materialien. Dieses globale Denken und Planen über den gesamten Lebenszyklus eines Produkts ist in einigen anderen Branchen, wie z.B. der Automobilindustrie, schon eine Selbstverständlichkeit. Ein weiterer Unterschied zwischen den beiden Integrationsmethoden liegt in den Softwarewerkzeugen, die damit integriert werden können. Mit der direkten Integration kann ohne weiteres eine horizontale Integration verwirklicht werden, während eine vertikale Integration nur über die indirekte Integration erreicht werden kann.

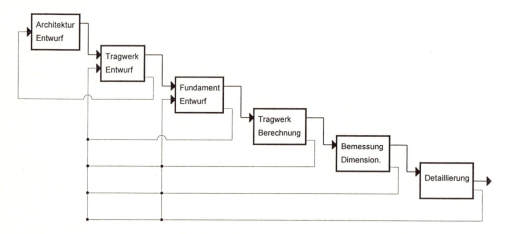

Abb. 1   Vereinfachtes Prozeßmodell der untersuchten Prozeßkette
         Architekturplanung bis Detaillierung von Stahlbetonbauteilen

Die horizontale Integration, d.h. über die verschiedenen Disziplinen in der gleichen Planungsphase, ist der derzeitige Stand der Entwicklung. Ein Schwerpunkt der Arbeiten liegt auf der Integration der Planeingabe- und Detaillierungsphase.
Die vertikale Integration über die Lebenszyklenphasen und hier besonders über die Entwurfsphasen ist noch Gegenstand der Forschung, denn sie erfordert ein dynamisches, sich entwickelndes Produktmodell, in dem die bisher noch implizit und

daher statisch modellierten Eigenschaften explizit und damit veränderbar beschrieben werden [15].

Wir haben uns bei der untersuchten Prozeßkette Architektur - Detaillierung (Abb. 1) für die Anwendung beider Methoden entschieden. Die direkte Integrationsmethode wird dort angewandt, wo eine sehr kurze Datenaustauschzeit erforderlich ist. Dies ist immer der Fall, wenn grafisch-interaktives Arbeiten vorliegt und sehr große Datenmengen ausgetauscht werden müssen. Als Technik bot sich an, die Layer-Struktur, die heute von allen CAD-Werkzeugen bereitgestellt wird, sowie die Attributtechnik, die ebenfalls von den meisten CAD-Werkzeugen zur Verfügung gestellt wird, einzusetzen. Die direkte Integration kommt bevorzugt für die lokale Integration zum Einsatz, die sich durch eine gleichbleibende Produktphase und durch eine einheitliche Disziplin auszeichnet. In unserem Fall ist dies die Prozeßkette interaktive Tragsystem- und Lastbestimmung, automatische Netzgenerierung und grafische Kontrolle, numerische Tragwerksanalyse und grafische Ergebnispräsentation sowie die Stahlbetondetaillierung mit grafischer Kontrolle und Unterstützung durch ein wissensbasiertes Assistentensystem.

Die indirekte Integration wird hingegen dort angewendet, wo mehrere Softwarewerkzeuge involviert sind, wie es beim Entwurfszyklus Architektur - Fundamentplanung - Tragwerksplanung der Fall ist, oder wo sehr unterschiedliche Disziplinen interagieren, wie Architektur und Tragwerksplanung, oder wo die Gebäudestruktur noch großen Änderungen unterworfen ist, wie bei den frühen Entwurfsphasen der Architektur und der Tragwerksplanung. In diesen Fällen würde die direkte Integration entweder einen enormen Implementierungsaufwand erfordern, um alle denkbaren Fälle abzudecken, oder aber Einschränkungen bedingen, die nicht vertretbar sind.

Weiterhin war es unser Ziel, die Tragwerksanalysesoftware für beliebige Kombination mit anderen Softwarewerkzeugen offen zu halten, ohne daß zusätzlicher Programmieraufwand entsteht. Dies ist nur mit einer Schnittstelle für die indirekte Integration erfüllbar, vorausgesetzt, daß hierfür eine Standardisierung existiert bzw. zu erwarten ist. Mit der entstehenden ISO-Norm 10303 (STEP) [5] ist eine entsprechende Standardisierung in Vorbereitung, so daß es sich lohnte, neben der direkten Integration eine Testimplementierung für die indirekte Integration vorzunehmen, um frühzeitig Erfahrung zu sammeln.

2. Produktmodell

Unter einem Produktmodell versteht man die komplette Beschreibung des Produkts, d.h. des Bauwerks, hinsichtlich seiner Gestalt, seiner technischen Funktion, seiner Materialien und seiner Herstellung. In jüngster Zeit wurde der Produktmodellansatz auf den gesamten Lebenszyklus des Produkts ausgeweitet. Er umfaßt nunmehr auch die Unterhaltung, Erneuerung und den Abbruch des Gebäudes, einschließlich der Materialverwertung bzw. der -deponierung. All diese Daten in einer zentralen Datenbank zu halten, mag eventuell für einen Gesamtplaner, der gleichzeitig Produzent ist und die Produktwartung in einem Konzern vereint, Sinn machen, wie es z.B.

in der Automobilindustrie der Fall ist. In der Bauindustrie sind die Aufgaben hingegen stark unter unabhängigen Unternehmen verteilt, die in Form von Arbeitsgemeinschaften und Unterauftragnehmern zeitlich begrenzte Joint Ventures eingehen. Daher ist es für die Bauindustrie naheliegend, von vornherein von einem verteilten Datenbanksystem auszugehen [8, 13], das vorteilhaft objekt-orientiert ist [12] und das durch ein Managementsystem zu einem virtuellen Gesamtsystem verknüpft wird, in Analogie zum Management des Generalplaners bzw. Projektmanagers. Die einzelnen Beteiligten werden somit zu einem virtuellen Unternehmen vereinigt. Die Vielfalt der Aufgaben und ihre ausgeprägte Dezentralisierung erfordern eine Produktmodellstruktur, die stark von der Produktmodellstruktur anderer Branchen abweichen kann.

Bei einem Produktmodell muß man wie bei einer Datenbank zwischen dem generischen und dem instantierten Modell unterscheiden. Das generische Produktmodell entspricht der Datenbankstruktur und kann zusätzlich auch Konstruktionswissen, z.B. aus den Normen, bereitstellen, während das instantierte Produktmodell der mit den Bauwerksdaten gefüllten Datenbank entspricht.

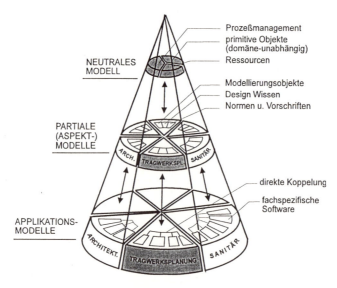

Abb. 2   Prinzipieller Aufbau des Produktmodells (aus [15])

Die unterschiedlichen und unabhängigen Disziplinen im Bauwesen haben zu einer Vielfalt von Methoden und Techniken und damit zu Softwarewerkzeugen geführt, die es bei der Integration zu erhalten gilt. Dabei ist es nicht ausreichend, neben dem Kernmodell, d.h. dem neutralen Modell (s. Abb. 2), disziplinorientierte Partialproduktmodelle einzuführen, sondern diese Partialproduktmodelle sind weiterhin in applikationsorientierte Produktmodelle aufzuweiten. Die Gesamtheit dieser Teilmodelle bildet das Produktmodell. Die hierarchische Struktur ist wichtig, um eine gezielte Datenreduktion in den verbindenden Teilen, den partiellen Produktmodellen und dem Managementteil im neutralen Produktmodell zu erreichen [15].

Die von uns untersuchte Prozeßkette Architektur - Tragwerksplanung - Detaillierung ist ein Beispiel hierfür [3, 8, 9, 10, 13]. Architektur und Konstruktiver Ingenieurbau bilden zwei verschiedene Partialmodelle. Der Bereich des Konstruktiven Ingenieurbaus ist weiter unterteilt in die Anwendungsbereiche Geotechnik und Fundamentplanung, Tragwerksplanung und Tragwerksanalyse, Bemessung und Detaillierung. Die letzteren Prozeßphasen sind zusätzlich für die verschiedenen Baustoffe aufgesplittet. An diese Anwendungsmodelle können nun mit einem vertretbaren und vor allem überschaubaren Aufwand vorhandene Softwarewerkzeuge angekoppelt werden. Wir haben dies mit der Softwarekette SOFiSTiK exemplarisch durchgeführt. Ein Vorschlag für den Bereich Stahlbau wurde z.B. von [2] erarbeitet.

3. Interdisziplinarität

Einer speziellen Betrachtung bedarf die Integration unterschiedlicher Disziplinen, denn die Objekte, d.h. die Bauteile bzw. Funktionseinheiten, können in den verschiedenen Disziplinen ohne weiteres sehr unterschiedlich definiert sein. Am Beispiel der Architektur und der Tragwerksplanung kann dies einfach verdeutlicht werden. Das Gebäudemodell ist in der Architektur raumorientiert, während es hingegen in der Tragwerksplanung bauteilorientiert ist, wobei die Bauteile wiederum zu tragenden Funktionseinheiten zusammengefaßt sind (s. Abb. 3).

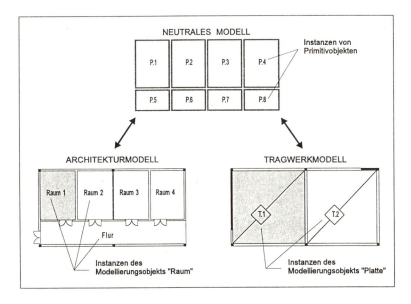

Abb. 3 Transformation einer Decke vom raumorientierten Architekturmodell in ein bauteilorientiertes Tragwerksmodell (aus [14])

Damit ist nicht immer eine 1:1-Transformation zwischen den Objekten bzw. den Modellierungsobjekten des partiellen Architekturproduktmodells und des partiellen Tragwerkproduktmodells möglich. Wir haben uns entschieden, diese Transformation durch eine geeignete Zerlegung der domäneabhängigen Modellierungsobjekte in neutrale Unterobjekte, die wir als Primitivobjekte bezeichnen, wieder in eine 1-zu-1-Transformation, nun der Primitivobjekte, zurückzuführen [14]. Die Bestimmung der Primitivobjekte kann automatisch erfolgen, indem die in beiden Domänen von den Anwendern bestimmten Modellierungsobjekte auf der Basis ihrer topologischen Eigenschaften zu übereinstimmenden Primitivobjekten zerlegt werden. Im einfachen Fall kann das eine 1:1-Relation sein, z.B.:

Modellierungsobjekt BALKEN (im Tragwerksmodell) → Primitivobjekt LINE (im neutralen Modell),

aber auch über einen mehrstufigen Mustervergleich zu einer 1:N-Relation führen. Wie Abb. 3 zeigt, korrespondiert z.B. das Plattenobjekt T.1 im Tragwerksmodell mit einem komplexen Objekt FACE_BOUND im neutralen Modell, das in den vier Primitivobjekten (P.1-P.4) vom Typ SUBFACE_PATCH zerlegt wird. Die Art dieser Zerlegung hängt von den benötigten Modellierungsobjekten in jedem Fachbereich ab und wird üblicherweise während der Planung in immer mehr Primitivobjektinstanzen verfeinert. Die Typen der möglichen Primitivobjekte sind jedoch vordefiniert und bleiben unverändert. Eine weitere Stufe der Automatisierung, an der wir zur Zeit arbeiten, ist es, Vorschläge für die Tragwerks-Modellierungsobjekte durch ein wissensbasiertes Assistentensystem generieren zu lassen [3, 4]. Dies erfordert geeignetes Grundfachwissen aus der Tragwerkslehre zu formalisieren.

4. Direkte Integration

Die direkte Integration wird von uns für die Modellierung des Tragwers angewandt [10]. Sie umfaßt die Prozeßkette FE-Netzgenerierung auf vorgegebenen Tragwerks-modellierungsobjekten - Lastgenerierung - Visualisierung des FE-Netzes und der Tragwerksmodellierungsobjekte (einschließlich der Randbedingungen) - Tragwerks-analyse - Visualisierung der Tragwerksanalyseergebnisse - Bemessung - Detaillierung mit Unterstützung durch Visualisierung der Bemessungsergebnisse (s. Abb. 4).

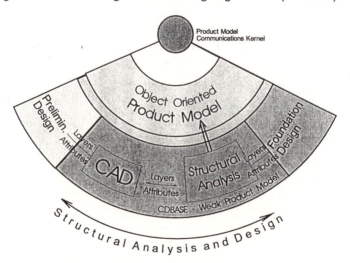

Abb. 4   Direkte Integration der Tragwerksplanung als lokale Integration innerhalb des Produktmodells (aus [10])

Die direkte als auch die indirekte Integration der Berechnungswerkzeuge von SOFiSTiK in eine allgemeine CAE-Umgebung werden durch die interne zentrale Datenbank CDBASE, die als doppelt indizierte relationale Datenbank konzipiert ist und Schnittstellensprachen in Fortran und C besitzt, wesentlich unterstützt. In dieser Datenbank werden alle Informationen gespeichert, die für die Tragwerksanalyse und die anschließende Bemessung notwendig sind. Dies sind nicht nur die Elementtopologie, Randbedingungen und Materialien, sondern auch alle Ergebnisse für die Bemessung, die von den einzelnen Berechnungswerkzeugen für die verschiedenen Bauzustände erzeugt werden.

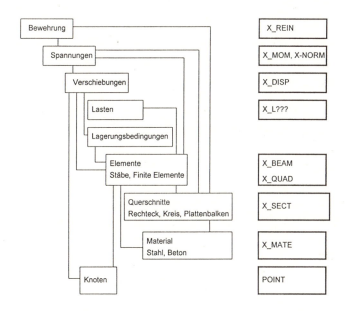

Abb. 5   Hierarchische Repräsentation der CDBASE- Information und ihre Relationen (links) und die entsprechende Layer-Zuordnung (rechts)

Die Datenbank unterstützt komplizierte physikalische Prozesse wie Bauzustände und nichtlineare Tragwerksanalysen. Sie ist so an die Methoden der Softwarewerkzeuge angepaßt, daß sie sehr schnelle Zugriffszeiten ermöglicht, was bei der Analyse von großen Strukturen von wesentlicher Bedeutung ist. Sie ist weiterhin multi-user-fähig und vor allem vom Betriebssystem unabhängig konzipiert. Von wesentlicher Bedeutung für die Integration ist, daß die relationale Architektur es ermöglicht, die gespeicherte Information in einer logischen hierarchischen Struktur zu repräsentieren und die Daten zu Objekteinheiten zu strukturieren (s. Abb. 5).

Hiermit ist ein Teil der direkten Integration, der sich auf die numerischen Werkzeuge der Tragwerksanalyse und Bemessung bezieht, schon gegeben. Der zweite Teil der direkten Integration bezieht sich auf die grafisch interaktive Eingabe des Tragsystems und der Lasten sowie die grafische Präsentation der erzeugten Ergebnisse. Hierfür ist ein CAD-System mit seiner vollen Editierfunktionalität anzukoppeln, so daß ein unbeschränkter Zugriff auf die Daten der internen Datenbasis entsteht und deren Modifikation möglich ist. Die Funktionen des CAD-Systems sind jedoch auf die CAD-interne Datenbasis, die CAD-Zeichnungsdatei, und nicht auf eine externe Datenbank abgestimmt. Daher ist es notwendig, die Daten, die grafisch zu repräsentieren sind, als geometrische Daten in der CAD-internen Datenbank als CAD-Entities zu speichern. Alle nichtgrafisch repräsentierbaren Daten werden als Attribute (Extended Entity Data) an die geometrischen Daten in der CAD-internen Datenbank angehängt. Die meisten dieser Daten können als alphanumerische Information (Text) in der grafischen Darstellung direkt oder über Dialogboxen repräsentiert werden. Das bedeutet, daß alle für den Benutzer relevanten Daten redundant gespeichert und somit bei allen Änderungen sofort gegenseitig auf den neuesten Stand gebracht werden müssen, um die Multi-User-Funktionalität der Datenbank zu erhalten. Tragwerkselemente, wie z.B. Knoten, werden zusätzlich als geometrische Punkte, FE-Schalenelemente als 3D-Flächen und Stabelemente als Polylinien gespeichert. Die Abbildung der Tragwerksdatenbank in die Zeichnungsdatei muß eindeutig und zu jeder Zeit konfliktfrei sein.

Mit Hilfe der Layer-Technik ist es leicht möglich, mehrere unabhängige Tragwerkssysteme, Lastbilder als auch verschiedene Tragwerkselementstrukturen (FE-Netze etc.) gleichzeitig in einer Zeichnungsdatei sehr einfach und benutzerfreundlich zu verwalten. Der Anwender kann sehr leicht zwischen den Systemen umschalten, sie übereinander oder mit der Fenstertechnik nebeneinander legen und kann sich so eine ausgezeichnete Übersicht verschaffen und seinen Tragwerks- und Lastbildentwurf kontrollieren. Somit ist das ursprüngliche Ziel der Layer, die Gruppierung von grafischen Daten, zur Gruppierung von funktionellen Daten verallgemeinert worden. Voraussetzung ist jedoch, daß die funktionellen Daten in grafischen Daten abbildbar sind oder über grafische Daten (mit Hilfe der Attribute) repräsentiert werden können. Die hier verwendete Layerstruktur beinhaltet eine Topologie wie 'wer' Autor, 'wo' Lokalisation, 'was' Bauabschnitt usw. Die Attribute können in Kategorien unterteilt werden. Diese sind Identifikations-, Relations- und Bezeichnungsattribute [6]. Eine weitere Unterteilung nach Disziplinen ist wichtig. In der Tragwerksplanung wurden folgende Attributklassen verwendet: a) Identifikationsattribute, z.B. für Stabelemente und Elemente für elastische Bettung, b) Relationsattribute, z.B. für Materialnummer und Querschnittsnummer, c) Materialattribute, z.B. für Beton und Stahl. Die eindeutige Zuweisung von grafischen Elementen in der Tragwerksplanung wird durch den Layernamen erreicht. Der Layername ist das Ergebnis der Kombination des Namens der Datenbasis, der Berechnung und des Namens des Elementes. Der Name aller Layer, die Informationen über die statische Berechnung enthalten, fängt mit dem Buchstaben X (wie eXchange - Austausch) an. Weitere zwei Buchstaben sind für die Unterscheidung z.B. des Stockwerks in drei-dimensionalen Systemen. Daher resultiert das folgende Format für die Layerbezeichnung für ein statisches System (s. auch Abb. 5):

```
X__????_Datenbasisname
X                : Standard-Buchstabe für den Austausch-Layer
 _               : Kann eine beliebige Nummer enthalten
  ????           : Element-Identifizierung
  Datenbasisname : Name der Datenbasis, bis zu 8 Buchstaben
```

Generierte Elemente werden automatisch entsprechenden Layern zugeordnet. Damit wird der Anwender vom Eingabeaufwand entlastet. Um eine Harmonisierung mit anderen Applikationen zu ermöglichen, können die voreingestellten Layernamen vom Anwender beim Datenaustausch über eine Alias-Name-Datei in andere Namen abgebildet werden.

Für die grafisch-interaktive Generierung des Tragwerksystems mit semi-automatischer oder wahlweise mit vollautomatischer 4-Eckelementen-Netzgenerierung nach adaptiven Methoden ist die Strukturierung der Daten nach Modellierungsobjekten, wie sie für die Produktmodellierung notwendig sind, sehr hilfreich. Modellierungsobjekte sind z.B. Stäbe (Unterzüge), Wände, Plattendecken, Pfähle und Stützen.

Die FE-Netzgenerierung ist unentbehrlich für die statische Berechnung. Keine andere Disziplin außer der Tragwerksplanung jedoch interessiert sich für das FE-Netz. Daher werden die FE-Informationen auch nicht über das Produktmodell weiter kommuniziert, denn das FE-Netz kann jederzeit aus den Produktmodelldaten mittels des Netzgenerators wieder erzeugt werden.

Die automatische Netzgenerierung ist daher sehr wichtig für die praktische Anwendung der FE-Methode. Zwei Arten der automatischen Netzgenerierung sind implementiert. Die Standard (mapped mesh) und die freie vollautomatische (free mesh) Netzgenerierung. Die erste Methode verlangt, daß der Anwender die Tragstruktur in einfache Bereiche einteilt, die über eine isoparametrische Abbildung vernetzt werden. Der Vorteil dieses Verfahrens sind gut strukturierte Netze. Ein großer Nachteil ist jedoch, daß keine optimierten Netze in beliebige Gebiete generiert werden können.

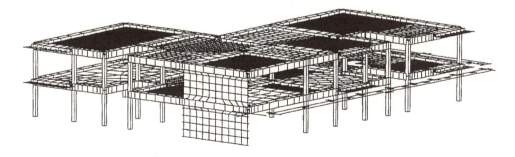

Abb. 6 Grafische Generierung des statischen Systems mit standardardisierter (obere Deckenplatten) sowie automatischer Netzgenerierung (untere Deckenplatten) und Belastung. Jedes polygonale Plattenelement wird aus dem Produktmodell übernommen (Modelling Object).

Der Hauptvorteil der freien vollautomatischen Netzgenerierung ist, daß Netze an beliebig umrandete Polygonflächen erzeugt werden können, die sehr stark in ihrer Dichte variieren dürfen. Der hier verwendete Netzgenerator ist eine adaptive Netztechnik mit einer späteren Transformation zu vierknotigen Elementen nach [11, 16]. In beiden Verfahren geschieht die Numerierung der Knoten und Elemente sowie die Optimierung der Steifigkeitsmatrix automatisch.

Die grafische interaktive Systemmodellierung und deren Modifikation beinhalten die weiteren folgenden Möglichkeiten:

– Übernahme möglichst vieler Informationen aus dem Produktmodell. Das statische System kann daher direkt auf einem Schalplan generiert werden.
– Alle Materialdaten werden automatisch aus dem Produktmodell übernommen.
– Grafisch-interaktive Generierung von Belastung und Randbedingungen.
– Grafisch-interaktive Generierung aller Typen von Elementen.
– Bandweitenoptimierung.
– Direkter grafischer Zugriff zur statischen Datenbasis.

Der Benutzer hat zu jedem Zeitpunkt die Möglichkeit, grafisch das FE-Netz und die Struktur zu kontrollieren und modifizieren. Er wird durch eigens dafür entwickelte Dialogboxen unterstützt. Die Software übernimmt alle trivialen Überprüfungen. Die generierten, ausschließlich vierknotigen Elemente erfüllen alle Voraussetzungen für eine numerisch stabile Berechnung. Das generierte FE-Netz berücksichtigt geometrische Unstetigkeiten, welche die Genauigkeit der Berechnung beeinflussen könnten.

5. Indirekte Integration

Die indirekte Integration erfordert ein klar definiertes, allgemein akzeptiertes Produktmodell und eine entsprechende Modellierungssprache, um die grundlegende Anforderung eines allgemein anerkannten, für jeden zugänglichen Integrationssystems zu erfüllen. Dies bedingt, daß ein Produktmodell nicht von einem einzelnen entwickelt werden kann, sondern die Aufgabe eines Normungsgremiums, bevorzugt eines internationalen Gremiums, sein muß. Die Entwicklung von Methoden und Verfahren für die Produktmodellierung sowie deren Implementierung ist hingegen die Aufgabe von Forschungsinstituten und Softwareherstellern.

Die Entwicklung eines standardisierten Produktmodells für einen standardisierten Produktdatenaustausch erfolgt durch das ISO Technical Committee 184/SC4 mit der Norm ISO 10303[5]. Diese ISO-Norm gliedert sich in mehrere Teile: a) grundlegende Definition (Teil 1) und Produktmodellierungssprache (EXPRESS) sowie deren grafische Repräsentation (EXPRESS-G) in Teil 11, b) allgemeine Produktmodellteile wie Maßeinheiten, Materialbeschreibung in den Teilen 41 und folgende, c) grundlegende für alle Ingenieurdisziplinen gültige Anwendungsteile (Application Protocols) wie FE-Analyse oder Kinematik in den Teilen 101 und folgende, und d) die speziellen, branchenspezifischen Anwendungsteile wie Schiffbau oder Anlagenbau in den Teilen 201 und folgende. Die entsprechenden branchenspezifischen Teile für das Bauingenieurwesen sind derzeit in der Anfangsphase. Unsere Testimplementation konnte sich daher nur auf die unter a) bis c) genannten Teile stützen, während die branchenspezifischen Teile neu entwickelt werden mußten [1], die aber inzwischen als Grundlage für die entstehenden branchenspezifischen Teile der ISO 10303 verwendet werden.

Für den gesamten Bereich der Architektur, der Tragwerks- und Fundamentmodellierung und der Stahlbetondetaillierung galt es, das entsprechende Partialproduktmodell zu entwerfen. Dies konnte natürlich nur beispielhaft, orientiert am Schwerpunkt des ESPRIT-Projekts COMBI [1, 3, 6, 8 - 10, 13], der auf der Tragwerks- und Fundamentmodellierung lag, erfolgen. Daher wurde das Architektur-Partialproduktmodell nur teilweise entwickelt [7].
Die entwickelten Partialmodelle in Form von EXPRESS-G-Schemata sind in [1] vollständig wiedergegeben.

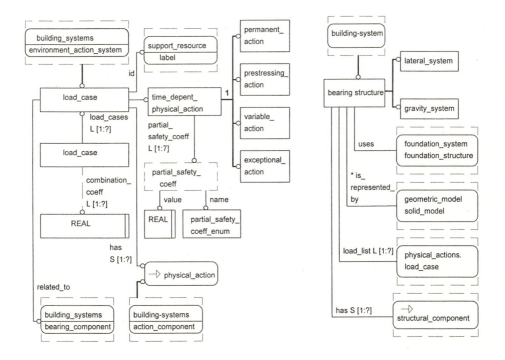

Abb.7 Eingangs-EXPRESS-G-Diagramme der Schemata Physical_Actions (links) und Structural_System (rechts)

Für das Kernmodell (Abb. 2) wurden die Schemata: Building_Project, Building_System und Topology entwickelt sowie die Teile 41 - 45 von ISO 10303 übernommen und teilweise für die Bauingenieurbelange erweitert. Für die partialen Produktmodelle wurden die Schemata Architectural_System, Site_System und Structural_System entwickelt.

Das Structural_System, in dem 67 Modellierungsobjekte definiert sind, umfaßt insgesamt 14 EXPRESS-G-Teil-Diagramme, von denen das Eingangsdiagramm in Abb.7 vereinfacht wiedergegeben ist. Daraus ist zu ersehen, daß das Tragsystem von uns in die zwei Teiltragsysteme für die vertikale und die horizontale Lastabtragung unterteilt wurde, wobei die beiden Teiltragsysteme sich geometrisch natürlich überlagern dürfen. Die beiden Teilsysteme setzen sich aus Komponenten (physikalische Bauteile) und Komponentenverbindungsteilen (evtl. nichtphysikalische Elemente) zusammen, die auch als größere Einheiten, als structural_assembly bezeichnet, verwendet werden können, wie z.B. Rahmen, Fachwerke etc. Das Tragwerk-Partialproduktmodell kann auch, wie die Beispiele zeigen, als Tragwerkselement-Bibliothek angesehen werden. In Abb. 7 ist weiterhin das Eingangs-Schema für das Lastmodell dargestellt, das mit physical_actions bezeichnet ist. Es ist verknüpft mit dem Schema structural_system mit der Relation "related to" und besteht aus load_cases, die zu load_combinations zusammengefaßt werden können. Insgesamt besteht das Last-Partialproduktmodell aus fünf EXPRESS-G-Teil-Diagrammen, in denen 28 Modellierungsobjekte definiert sind.

Aus den EXPRESS-G-Diagrammen können direkt EXPRESS-Beschreibungen abgeleitet werden. Erst in der EXPRESS-Beschreibung, in der auch die Attribute der Objekte sichtbar werden, ist die Produktmodellstruktur vollständig. Aus der EXPRESS-Beschreibung können in einem zweiten Schritt, z.B. automatisch mittels Softarewerkzeugen, die Datenaustauschschnittstellen in beliebigen Programmiersprachen generiert werden. Der Datenaustausch des instantierten Produktmodells erfolgt über diese Schnittstellen in einer konventionellen Datei, die z.B. im ASCII-Format beschrieben wird.

Für die Applikations-Produktmodellteile wurden im Rahmen von COMBI die vier Schemata Foundation_System, Preliminary_Design, Structural_Analysis und RC-Detaillierung entwickelt. Das Applikations-Produktmodell definiert die Schnittstelle zu den Applikations-Softwarewerkzeugen. Das bedeutet, daß die interne Datenstruktur des Softwarewerkzeuges nicht zwingend objekt-orientiert aufgebaut sein muß, wie das oben beschriebene CAD-System zeigt. Es müssen nur alle Informationen des Applikations-Produktmodells bedient werden können. Eine objekt-orientierte Struktur ist jedoch hilfreich, wie es sich bei der Tragwerksdatenbank CDBASE zeigte. Das Schema Structural_Analysis_APM enthält folgende Objekte: Materialobjekte für Beton, Stahl und Boden, Querschnittsobjekte für standardisierte Querschnittsformen, Lastobjekte, Tragwerkselementobjekte, Objekte für die Ergebnisse der Tragwerksanalyse, wie z.B. Zug- und Druckspannungen, Dehnungen, Verformungen, Knicklängen etc.

Dieses Applikations-Produktmodell ist ganz spezifisch für das zu integrierende Softwarewerkzeug zu entwickeln; es definiert die Schnittstelle des Softwarewerkzeugs zum Produktmodell. In ihm wird festgelegt, in welchem Umfang das Softwarewerkzeug integriert wird, d.h.in welchem Umfang Informationen des Produktmodells von den Softwarewerkzeugen genutzt und für das Produktmodell erzeugt werden können. Dies entscheidet somit der Softwarehersteller.

6. Schlußbemerkungen

Die Tragwerksplanung, unterstützt durch die grafisch-interaktive Bearbeitung mittels CAD, sind wichtige Prozesse des Gebäudeentwurfs. Die Integration dieser Prozesse innerhalb eines Produktmodells ist in zwei Stufen realisiert worden. Zum einen würde eine direkte und damit schnelle Verbindung zwischen der numerischen Tragwerksanalysesoftware und einem CAD-System geschaffen. Diese Verbindung kann als schwaches domänespezifisches Produktmodell gedeutet werden. Diese Integration beansprucht keine Allgemeingültigkeit. Mit Hilfe solcher lokalen, nicht standardisierten Integrationen ist es den Softwareanbietern aber möglich, sehr effiziente lokale Integrationen für ihre Software-Produktpalette anzubieten und die so integrierten Softwarewerkzeuge einzeln oder auch als Ganzes an das allgemeine Produktmodell durch geeignete Applikations-Produktmodellteile anzubieten.

Mit der Implementierung einer Testversion für die indirekte Integration, d.h.für jedes Softwarewerkzeug wurde ein Applikations-Produktmodell und damit eine Schnittstelle zum allgemeinen Produktmodell entwickelt, konnte gezeigt werden, daß vorhandene Softwarewerkzeuge ohne Einschränkungen in ein Produktmodell integrierbar sind. Die Änderungen beschränken sich hierbei auf die Implementierung einer Schnittstelle, die durch das Applikations-Produktmodell vorgeschrieben wird. Der Eingriff in die vorhandene Software ist damit minimal, und der Softwarehersteller entscheidet über die Mächtigkeit seiner Schnittstelle und damit über den Grad der Integration seiner Software.

7. Danksagung

Die hier durchgeführten Arbeiten werden von der Europäischen Union über das ESPRIT-Projekt Nr. 6609, COMBI seit Oktober 1993 gefördert. Das Projekt wird geleitet von Dr. P. Andrä und Prof. R. J. Scherer. Als Partner sind beteiligt: Leonhard & Andrä, Stuttgart; TU Dresden, Lehrstuhl für Computeranwendung im Bauwesen; Schmidt-Schicketanz und Partner, München; D'Appolonia, Genua; SOFiSTiK, Athen und General Construction Company, Athen.

8. Literatur

[1] **E. Ammermann, R. Junge, P. Katranuschkov** (1993): Concept of the Object-Oriented Product Model, Parts I and II, Esprit III, Project No. 6609 COMBI - Report A2, TU Dresden Lehrstuhl für Computeranwendung im Bauwesen

[2] **H. W. Haller** (1994): Projektschnittstelle Stahlbau, Dissertation an der Universität Stuttgart, Institut für Stahlbau und Holzbau

[3] **M. Hauser, D. Sandner**: COMBI: KB-Tool for Structural Preliminary Design, 1st European Conference on Product and Process Modelling in the Building Industry, Dresden 1994, Ed. R. J. Scherer, Balkema, 1995

[4] **M. Hauser, R. J. Scherer:** Using Self-Organizing Objects for Design, 1st European Conference on Product and Process Modelling in the Building Industry, Dresden 1994, Ed. R. J. Scherer, Balkema, 1995

[5] **ISO DIS 10303-1** (1992 - 1995): Product Data Representation and Exchange - Part 1,11,21,41-45, 101ff, 201 ff: Overview and Fundamentals Principles, ISO TC 184/SC4, NISTIR, Gaithersburg, MD

[6] **R. Junge, E. Ammermann** (1994): Concept of the Layer and Attribute Structure, Esprit III, Project No. 6609, COMBI - Report B2, TU Dresden Lehrstuhl für Computeranwendung im Bauwesen

[7] **R. Junge, Th. Liebich, E. Ammermann:** Product Modelling for Application, 1st European Conference on Product and Process Modelling in the Building Industry, Dresden 1994, Ed. R. J. Scherer, Balkema, 1995

[8] **P. Katranuschkov** : COMBI: Integrated Product Model, 1st European Conference on Product and Process Modelling in the Building Industry, Dresden 1994, Ed. R. J. Scherer, Balkema, 1995

[9] **M. Mangini, G. Varosio, E. Parker**: COMBI: KB-Tool for Foundation Design, 1st European Conference on Product and Process Modelling in the Building Industry, Dresden 1994, Ed. R. J. Scherer, Balkema, 1995

[10] **B. Protopsaltis**: COMBI: Integrated Structural Analysis, 1st European Conference on Product and Process Modelling in the Building Industry, Dresden 1994, Ed. R. J. Scherer, Balkema, 1995

[11] **E. Rank and M. Schweingruber:** Adaptive mesh generation and transformation of triangular to quadrilateral meshes (1994) Comm. Appl. Num. Methods

[12] **Rumbaugh, M. Blaha, W. Premerlani, F. Eddy, W. Lorensen (1991):** Object Oriented Modeling and Design, Prentice Hall, Englewood Cliffs, NJ

[13] **R. J. Scherer:** COMBI: Objectives and Overview, 1st European Conference on Product and Process Modelling in the Building Industry, Dresden 1994, Ed. R. J. Scherer, Balkema, 1995

[14] **R. J. Scherer, P. Katranuschkov** : Architecture of an Object-Oriented Product Model Prototype for Integrated Building Engineering, Computing in Civil and Building Engineering, Ed. L. S. Cohen, ASCE Publ., 393 - 400, New York, 1993

[15] **J. Scherer, P. Katranuschkov** (1994): Integration sollte mehr sein als reiner Datenaustausch, Festschrift Prof. Mang und Professor Steinhardt, Januar 1994

[16] **Schweingruber and E. Rank** (1993): Adaptive Mesh Generation for Triangular or Quadrilateral Elements

[17] **SOFiPLUS** - CAD System für Planung und Statik, SOFiSTiK GmbH, (1994) Oberschleißheim

Integrierte Tragwerksplanung mit CAD-Technik

P. Osterrieder, BTU Cottbus
H.-W. Haller, Haller Industriebau, Villingen-Schwenningen

1 Zusammenfassung

Die Entwicklungstendenzen beim EDV-Einsatz in der Tragwerksplanung weisen gegenwärtig zwei Schwerpunkte auf.
- Insbesondere auf Drängen der Anwender bemühen sich Softwareentwickler um einen verbesserten Datentransfer zwischen Anwenderprogrammen auch verschiedener Hersteller.
- Um Daten in graphischer Form einzugeben und/oder zur Aufbereitung und Nachbearbeitung graphischer Ergebnisse wird künftig eine graphische Benutzeroberfläche mit CAD-Technik fester Bestandteil von technischer Software sein.

2 Datentransfer und Produktmodellierung

2.1 Stand

Anwender von technischer Software fordern verstärkt, daß für die Tragwerksplanung relevante Projektdaten, die innerhalb eines Programmes erzeugt wurden, in jedes andere Programm ohne weitere manuelle Eingabe übernommen werden können. Die Vorteile daraus für die Planungspraxis sind offensichtlich.
- Schaffung eines Standards für den Datenaustausch zwischen den am Planungsprozeß Beteiligten
- Reduzierung des Zeitaufwandes durch einmalige Eingabe mehrfach benötigter Daten
- Elimination potentieller Fehlerquellen infolge mehrfacher Dateneingabe

In Arbeitsgruppen der Softwarefirmen und Anwender sowie im Rahmen von Forschungsprojekten werden deshalb mit der Zielstellung einer breiten Akzeptanz - **Schnittstellenstandards** für die Normierung des Datenaustauschs zwischen verschiedenen Softwareklassen formuliert. Die Entwickler dieser Standards erwarten, daß alle Hersteller von Software für Planung und Fertigung von Tragwerken in ihren Programmen entsprechende Werkzeuge zur Verfügung stellen, mit denen Planungsdaten auf der Grundlage der vorgelegten Definitionen gelesen und geschrieben werden können.

Der Deutsche Stahlbau-Verband hat in diesem Sinne durch den Arbeitskreis EDV Schnittstellenempfehlungen für den bilateralen Datenaustausch zwischen den in

Bild 1a dargestellten Bereichen erarbeitet und veröffentlicht (z.B. [DSTV91] und [DSTV93]).

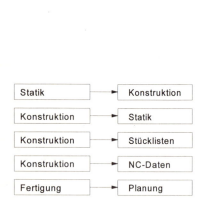

Bild 1a) **Einzelschnittstellen** Bild 1b) **Produktmodell**

2.2 Entwicklung

Aus der Erkenntnis, daß mit zunehmendem Softwareeinsatz die Anzahl von Einzelschnittstellen überproportional anwächst und daß demzufolge Daten innerhalb verschiedener Schnittstellen vermehrt redundant auftreten, zielt die weitere Entwicklung beim integrierten EDV-Einsatz auf die in Bild 1b gezeigte zentrale Produktbeschreibung ([HALL94],[LPM93]). Grundgedanke des **Produktmodells** war zunächst die Vorstellung, alle von Planung über Errichtung und Erhaltung bis hin zum Abbruch eines Bauwerkes anfallenden Daten unabhängig von Bauweise und Bauwerkstyp zu speichern. Im Zuge der Realisierung von Produktmodellen erfolgte eine Beschränkung auf die Bereiche Planung, Fertigung und Errichtung von Tragwerken des Hochbaus. Für die Strukturierung eines Produktmodelles und die zum Datenaustausch zugehörige Projektschnittstelle lassen sich folgende Grundsätze ableiten.

❑ Globalstruktur

Die Globalstruktur des Produktmodelles ergibt sich aus den sogenannten Teilmodellen, welche zur Beschreibung der in Bild 1b bezeichneten Planungsbereiche u.w. erforderlich sind. Gegenwärtig sind dies insbesondere die Bereiche Planungsvorgaben (z.B. Rasterdaten), AVA (z.B. LV-Positionen), Statik, Konstruktion und Fertigung.

Bild 2 zeigt die in [HALL94],[LPM93] realisierten Teilmodelle und aus Bild 3 ist der Zusammenhang zwischen den Teilmodellen Statik und Konstruktion zu erkennen.

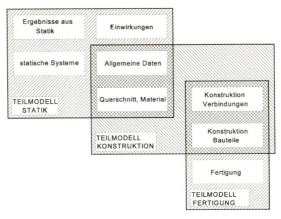

Bild 2 Teilmodelle

Das Teilmodell Statik liefert mit den Systemlinien und eventuell bereits vorhandenen Querschnittsinformationen die Rohkonstruktion für die konstruktive Durcharbeitung in beliebigen CAD-Programmen.

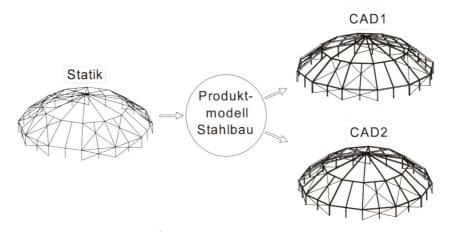

Bild 3 Zusammenhang zwischen Teilmodell Statik und Rohkonstruktion

❏ Unterstruktur
Um eine logische oder physikalische Strukturierung innerhalb der Teilmodelle zu ermöglichen sind teilmodellneutrale Strukturelemente erforderlich. Damit können Bauteile zu logischen oder physikalischen Gruppen zusammengefaßt werden. Baugruppen können somit einmal definiert und anschließend durch Referenzieren mehrfach eingefügt werden. Auch lassen

sich damit Bauteile z.B. für Ausschreibungszwecke zu Ausschreibungspositionen zusammenfassen. Für die statische Berechnung werden damit Teile des statischen Gesamtsystems als Teilsysteme deklariert und berechnet.

❑ Bau- bzw. baustoffspezifische Beschreibung

Im Unterschied zu den auf einer reinen Geometriebeschreibung basierenden CAD-Austauschformaten (z.B. DXF oder STEP-2DBS [STEP89]) liegt einem Produktmodell ein **parametrischer** Beschreibungsansatz

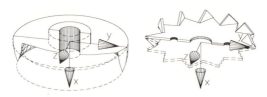

Bild 4 Dübel besonderer Bauart

zugrunde. Dies bedeutet, daß anstelle expliziter geometrischer Abmessungen für den Bereich des Bauwesens eindeutige, standardisierte (auf der Grundlage von Normen, Regelwerken oder von allgemein akzeptierten Industriestandards) Bezeichnungen zur Bauteilbeschreibung verwendet werden. In diesem Sinne sind z.B. warmgewalzte I-Träger im Stahlbau oder Dübel besonderer Bauart (siehe Bild 4) für Holztragwerke statt durch geometrische Abmessungen durch die entsprechenden Kurzbezeichnungen zu identifizieren. Zur richtigen Plazierung solcher Bauteile innerhalb eines Bauwerkes sind diese mit festdefinierten Einfügungskoordinatensystemen zu versehen. Nur solche Daten, die nicht oder gegenwärtig nicht parametrisch beschreibbar sind, sollten mittels **expliziter** Angabe der entsprechenden Geometriegrößen in den Strukturen übertragen werden. Da davon ausgegangen werden muß, daß das ´Standardisierungsniveau´ - die Fähigkeit Bauteile oder Verbindungsmittel anhand einer Kennung eindeutig zu identifizieren - unterschiedlich hoch ist bei verschiedenen Softwareherstellern, sind zunächst in der Schnittstelle für bestimmte Bauteile auch beide Möglichkeiten vorzusehen.

Neben Unterschieden in der Materialbeschreibung läßt insbesondere auch die Tatsache der baustoffabhängigen Bauteil- und Fertigungsparameter zunächst eine getrennte baustoffspezifische Produktmodellformulierung für die Bereiche Stahlbau, Holzbau, Verbundbau, Massivbau, u.s.w. sinnvoll erscheinen. Die spätere Zusammenführung der verschiedenen Modelle ist zu beachten.

❏ Vollständige, feature-basierte 3D-Bauteilbeschreibung
Im Hinblick auf Entwicklungen sowohl bei Konstruktions(CAD-)programmen wie auch bei Software zur Steuerung von Fertigungsmaschinen im Bereich des Bauwesens kommt für das Produktmodell nur eine vollständige 3D-Beschreibung in Betracht. Die heute vielfach eingesetzten CAD-Programme bestehen i.d.R. aus einer allgemeinen CAD-Grundsoftware und einer darauf aufbauenden Branchenapplikation. Die wichtigsten Bestandteile dieser Grundsoftware sind die graphischen Grundelemente sowie die Werkzeuge zur Bearbeitung dieser Grundelemente. Die Branchenapplikationen enthalten aus den Grundelementen zusammengesetzte bauspezifische und werkstoffabhängige Komponenten und darauf bezogene Bearbeitungsfunktionen zum effektiven Konstruieren ganzer Bauteile und Anschlüsse. Dies bedeutet, daß zunehmender Anwenderkomfort (Ausnutzung der Möglichkeiten und Besonderheiten einer speziellen Bauweise) die Entwicklung getrennter Systeme für den Stahlbetonbau, den Holzbau sowie den Stahlbau bedingen.

Die in den meisten CAD-Grundpaketen enthaltenen Beschreibungsformen von Körpern sind die CSG(Constructive Solid Geometry)-Methode und die B-REP(Boundary Representation)-Methode. Die CSG-Beschreibung stellt beliebige Körper durch Grundkörper (Primitive) und Boolsche Verknüpfungsoperationen dar. Bei der B-REP-Methode besteht ein Körper aus Flächen, welche die Außenkontur definieren.

Obwohl sich mit beiden Methoden nahezu beliebig komplexe Bauteile in ihrer Form beschreiben lassen, weisen beide beim Einsatz für das Produktmodell eines Bauwerks entscheidende Mängel auf. So reicht meist die Beschreibung der Geometrie eines Bauteiles alleine nicht aus, um eine branchenspezifische Fertigung und Montage zu ermöglichen. Deshalb wird in [HALL94] und [LPM93] die feature-basierte Produktbeschreibung [KRAU92] gewählt. Hierbei wird das Bauteil durch bauspezifische Grundformen beschrieben, die durch baustoffspezifische Operationen - Features - verändert werden (Bild 5).

Features bestehen neben den geometrischen Aussagen aus zusätzlichen, fertigungsabhängigen Informationen. Ein Schraubenloch im Stahlbau z.B., welches bei der CSG-Methode nur aus einem zu subtrahierenden Zylinder besteht, enthält bei der feature-basierten Modellierung auch Angaben darüber, wie es erzeugt wurde (Stanzen, Bohren oder Brennen). Eine Oberflächenbehandlung kann mit den o.g. herkömmlichen Verfahren überhaupt nicht beschrieben werden. Oberflächenfeatures für den Stahlbau oder Holzbau benötigen Informationen über die Art der Beschichtung und die einzusetzenden Verfahren.

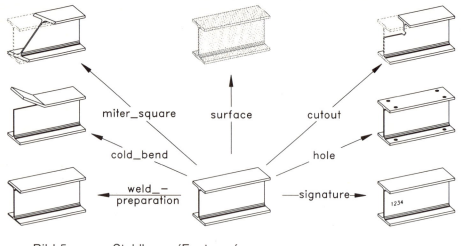

Bild 5   Stahlbau - 'Features'

Entsprechend den branchenspezifischen Lösungen bei CAD-Programmen zeigt sich somit auch bei der Produktmodellierung die Notwendigkeit nicht nur die Bauteile selbst sondern auch deren Bearbeitung branchen- und werkstoffspezifisch zu beschreiben.

❑ Eindeutige Beschreibung des Endzustandes eines Bauwerks bezüglich Planung und Fertigung
Von den Fertigungseinrichtungen benötigte Fertigungsvorgaben sind nicht Bestandteil der Schnittstelle. Informationen dieser Art sind vielmehr von den Entwicklern von Software zur Fertigungssteuerung aus den physikalischen Bauwerksdaten abzuleiten. Gleiches gilt für die bei der Materialbestellung erforderlichen Rohmaße.

❑ Redundanzfreiheit
Die Forderung nach einer völligen Redundanzfreiheit ist allerdings nicht realisierbar, da Planungsdaten in den Teilmodellen häufig sowohl in idealisierter Form (z.B. innerhalb der statischen Berechnung) als auch in Form einer reinen Geometriebeschreibung (für Konstruktion und Fertigung) anfallen. Wegen häufig beabsichtigter Abweichungen der idealisierten Daten von den realen Größen sind diese nicht in jedem Falle aus den physikali-schien Bauwerksdaten ableitbar.

❑ Keine Funktionalität
Funktionale oder logische Verknüpfungen zwischen den Daten des deskriptiven Produktmodelles (z.B. Zugriffskompetenzen oder die Auswirkungen von Änderungen auf andere Bauteile oder Teilmodelle oder die Notwendigkeit

zur Neuberechnung bei Änderungen der Konstruktion, wenn das statische System geändert wurde) sind nicht Bestandteil des Modelles und durch die jeweiligen Anwenderprogramme zu veranlassen. Unter Beachtung laufender Forschungsprojekte zur Anwendung objektorientierter Datenbanken im Bauwesen ist eine spätere Fortschreibung des Produktmodelles unter Einschluß von Funktionalität vorstellbar.

❏ Formaler Aufbau, Erweiterbarkeit und Abwärtskompatibilität

Das Produktmodell besteht formal aus sogenannten Entities mit - bezüglich Anzahl und Anordnung - festgelegten Attributen. Wie aus der Definition für das Entity ´STRUCTURE´ in Bild 6 ersichtlich, sind Attribute nicht nur einfache Variable sondern auch Zeichenfolgen, Listen beliebiger Länge oder auch Enumerationsvariable mit vordefinierten Werten.

!STRUCTURE			
Attribute	Nr	Typ	Inhalt
NR	[1]	int	lfd. Nummer
DATE	[2]	dat	Datum
TYP	[3]	enum	Stufe 1 - Strukturart
WI	[4]	enum	Stufe 2 - Strukturart
BEZ	[5]	string	Bezeichnung
(ENT)	[6]	Liste	Liste mit Verweisen auf Entities für Positionen und Bearbeitungen

Bild 6 Definition Entity !STRUCTURE

Das Produktmodell ist so zu strukturieren und die Syntax für das Lesen und Beschreiben der Schnittstelle so zu regeln, daß eine Fortschreibung innerhalb der Teilmodelle und um zusätzliche Teilmodelle ermöglicht wird. Dies ist erforderlich, um die Funktionalität der Schnittstelle auch während der Weiterentwicklung zu gewährleisten. Erweiterungen insbesondere im Hinblick auf branchenspezifische Daten sind dazu zunächst horizontal zu strukturieren. Dies bedeutet, daß zur parametrischen Beschreibung gegenwärtig im Rahmen der Schnittstelle nicht bekannter Bauteile oder Bearbeitungsvorgänge vorhandene Attribute inhaltlich um die benötigten Bezeichnungen und Begriffe zu erweitern sind. In einer späteren Phase ist zu prüfen, ob gegebenenfalls neue Strukturen erforderlich oder vorhandene Strukturen bezüglich der Anzahl und Bedeutung der Attribute zu ändern sind. Ein Vorgehen dieser Art sichert Abwärtskompatibilität, d.h. bestehende, 'alte' Datensätze können weiterhin gelesen und interpretiert werden.

- STEP(Standard for the Exchange of Product Model Data)-Kompatibilität
  Im Hinblick auf Bestrebungen zur Schaffung eines internationalen Standards für den Datenaustausch basiert die formale Beschreibung des Produktmodell auf [ISO10303]. Produktmodelle sind unter Verwendung der Sprache EXPRESS zu entwickeln und die Elemente in einem physikalischen File-Format abzubilden. Zur inhaltlichen Beschreibung kann STEP derzeit nicht verwendet werden, da gegenwärtig anwendungsabhängige Basismodelle (Application Resources) für die gewünschte bauspezifisch-parametrische Darstellungsweise noch fehlen.

- Bedienung vorhandener, bilateraler Schnittstellen
  Da nicht zu erwarten ist, daß alle Softwarehersteller, die gegenwärtig bilaterale Schnittstellen beschreiben mit der Vorlage der Produktmodellierung ihre Programme umgehend aktualisieren, sollten für eine beschränkte Übergangszeit bewährte, herkömmliche Schnittstellen aus dem Produktmodell bedient werden. Solche sind z.B. die oben erwähnten, durch den DSTV definierten Schnittstellen für Statik, CAD und NC-Steuerung, aber auch das in vielen CAD-Programmen beschriebene STEP-2DBS-Format [STEP89] oder das bei öffentlichen Ausschreibungen i.d.R. verwendete GAEB-Format [GAEB90] zur Übergabe von Leistungsverzeichnissen.

- Baustoffspezifisches Produktmodell

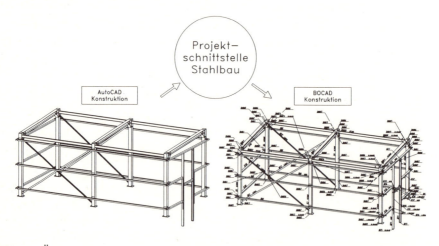

Bild 7 Übertragung einer Stahlkonstruktion zwischen CAD-Programmen

Sowohl im Produktmodell nach [HALL94] als auch in dem im paneuropäischen Eureka-Forschungsprojekt CIMsteel [LPM93] erarbeiteten Produktmodell LPM (Logical Product Model) werden momentan ausschließlich stählerne Stabtragwerke des Stahlhochbaus behandelt (Bild 7).

Im Rahmen eines ebenfalls durch die EU geförderten Forschungsprojektes erstellen gegenwärtig Planer, Fertigungsbetriebe, Softwarefirmen und Maschinenhersteller ebenfalls ein Produktmodell für die Entwurfs-, Tragwerks- und Fertigungsplanung von Zimmermannskonstruktionen (Bild 8) und Ingenieurholzbauten.

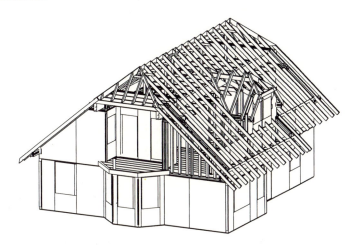

Bild 8 Produktmodell einer Zimmermannskonstruktion

Es zeigt sich hierbei, daß zum einen im Holzbau eine weitgehende Parametrisierbarkeit insbesondere im Bereich der Verbindungstechniken möglich ist, andererseits zum jetzigen Zeitpunkt solche Bezeichnungsstandards jedoch zum größten Teil nicht existieren.

Auch für Stahlbetontragwerke werden gegenwärtig im Rahmen von Forschungsprogrammen mit objektorientierten Ansätzen Produktmodelle entwickelt.

3 CAD-Technik für graphische Benutzerdialoge

Einen zweiten Schwerpunkt bei der Softwareentwicklung bilden die graphischen Oberflächen mit CAD-Funktionalität für Pre- und Postprozessing. Unter Beachtung der entsprechenden Entwicklungen in der Softwaretechnik ist es erforderlich, den Begriff CAD zu präzisieren und zu aktualisieren. Gegenwärtig als Softwarepaket zur konstruktiven Bearbeitung von Tragwerken verstanden, stellt CAD aus methodischer Sicht eine graphische Datenbearbeitung auf hoher Ebene dar, also ein

Instrument oder eine Technik, welche nicht nur bei der konstruktiven Bearbeitung (heute als CAD bezeichnet) sondern auch in nahezu allen übrigen Planungsphasen einsetzbar ist.

In diesem Sinne bieten z.B. die Hersteller universeller, bauwerksneutraler FE-Pakete seit längerem Module zur graphischen Netzerstellung insbesondere von 2D- und 3D-Konstruktionen an. Neuerdings sind solche Softwarebausteine auch unter der Bezeichnung ´graphische Editoren´ in den anwendungsspezifischen Statiksoftwarepaketen zu finden. Hierbei steht dem Anwender eines Programmes zur statischien Berechnung eine CAD-Oberfläche zur Verfügung, mit der in vereinfachter Weise nicht nur die System- und Querschnittsinformationen sondern auch Lastangaben im Rahmen eines graphischen Dialoges generiert und editiert werden können. Bild 9 zeigt das damit innerhalb eines ebenen Stabwerksprogrammes erzeugte statische System einer Hängebrücke.

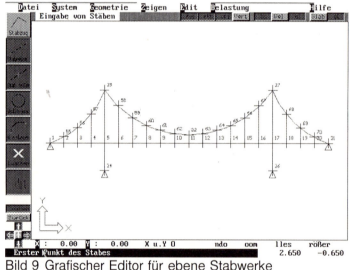

Bild 9 Grafischer Editor für ebene Stabwerke

Weiterhin finden sich Eingabemodule mit Graphikunterstützung auch in den Softwarepaketen für die Arbeitsvorbereitung und die Maschinensteuerung. Selbst Textverarbeitungsprogramme verfügen heute fast durchweg über Zeichnungsmodule zur kompletten Erzeugung oder auch nur zur graphischen Nachbearbeitung von Darstellungen. Im Zusammenhang mit der oben erläuterten durchgängigen EDV-Bearbeitung bei der Produktmodellierung zeichnen sich neue Softwareprodukte zur Generierung idealisierter Daten, z.B. statischer Systeme aus den Konstruktionsdaten ab. CAD-Technik wird dabei speziell in Form von Editierfunktionen die Grundlage eines interaktiven Graphikdialoges bilden. Auch in Bemessungs- und Nachweisprogrammen für Querschnitte und Anschlüsse verwenden inzwischen Entwickler CAD-Technik zur graphikunterstützten Eingabe sowie zur Darstellung der Ergebnisse.

Generell ist festzustellen, daß mit wachsender Funktionalität der interaktiven, graphischen Dialoge diese Programmteile alle wesentlichen Merkmale eines CAD-Grundsystems aufweisen. Während für die formale Gestaltung der Dialoge mit dem Anwender über Menüs und Dialogboxen der von IBM entwickelte SAA-Standard verbindliche Vorgaben liefert, exisitieren derartige Festlegungen für die inhaltliche Gestaltung bislang nicht. Daraus ergibt sich für die Zukunft die Forderung nach einer, auch in diesem Bereich einheitlichen - standardisierten - Benutzerführung. Standardisierung bedeutet formal Einheitlichkeit bezüglich Befehlshierarchie, Befehlsnamen, Befehlsoptionen und gebenenfalls bezüglich der Standardvorgaben. Eine Vereinheitlichung ist auch denkbar bezüglich der Symbole für Ikonen und Piktogramme. In einschlägigen Arbeitsausschüssen wird seit einiger Zeit auch die Frage einheitlicher Layernamen und -belegung diskutiert. Die Art der Befehlsan-steuerung und der Befehlseingabe darf hierdurch nicht eingeschränkt werden und sollte weiterhin wahlweise über Kommandozeile, Menüs oder Ikonen möglich sein.

Als Vorstufe einer eventuellen Standardisierung sind zunächst CAD-Funktionen zu strukturieren und klassifizieren. Die Sichtung verschiedener Systeme unter diesem Aspekt ergibt folgende Grobstruktur.

a) Generierung zusammengesetzter Objekte aus Grundelementen
b) Modifizieren vorhandener komplexer Objekte
c) Darstellung der Objekte
d) Hilfsbefehle

Infolge der Vielfalt der mit CAD-Technik zu behandelnden Problemen mit z.T. völlig unterschiedlichen graphischen Objekten kann es jedoch keine durchgängig einheitliche Befehlsführung geben. So sind graphische Objekte in einfachen Zeichnungsprogrammen z.B. Linien und Kreise, in Konstruktionsprogrammen hingegen komplette Bauteile wie Träger und Bleche und in Statikprogrammen Knoten, statische Elemente oder Lasten. Daraus ergibt sich die Forderung nach einer 3-stufigen Standardisierung.

In Stufe 1 sollte zunächst unter Beachtung des Gesamtspektrums ein Minimalstandard für alle CAD-Applikationen formuliert werden. Dies erscheint ohne Einschränkung möglich für die o.g. Funktionsgruppen c) und d). Die Befehle *Löschen, Kopieren, Spiegeln, Drehen, Vergrößern und Verkleinern* der Befehlsgruppe b) finden sich in Statik- und Konstruktionsprogrammen und dienen zur Modifizierung von Objekten hinsichtlich der Lage im Raum und der Größe, nicht jedoch bezüglich der Form. Sie sind somit applikations- und objektunabhängig und in Stufe 1 standardisierbar.

Standardisierungsstufe 2 umfaßt applikationsunabhängige Funktionen für spezielle Objekte. So sind z.B. die Befehle *Kürzen* und *Verlängern* sowohl auf das Zeichnungsobjekt Linie als auch auf das Konstruktionsobjekt Träger anwendbar. Im Zuge objektorientierter Programmierung und Benutzerführung ist diese Standardisierungsstufe schrittweise auf nahezu alle Editierfunktionen für beliebige Objekte ausweitbar. In der Stufe 3 ist schließlich bei Beschränkung auf eine spezielle Applikationsebene - nur Konstruktion, nur Entwurfsplanung oder nur Statik - die am weitesten gehende Standardisierung möglich. Graphische Grundelemente in Zeichnungsprogrammen sind *Linie, Kreis, Bogen, Ellipse* und *Text*. Für die Applikationsebene der Statikprogramme sind dies z.B. die Bausteine *Knoten, Elemente, Knoten-* und *Elementlasten* und für Konstruktionsprogramme *Träger, Bleche* u.s.w. Schließlich sind erst in dieser Stufe die oben genannten Features zur werkstoffspezifischen Be-arbeitung von Bauteilen standardisierbar bei Beschränkung auf die Applikations-ebene Konstruktion für Stahlbau oder Holzbau oder Stahlbeton.

Schrifttum

[DSTV91] Standardbeschreibung von Stahlbau-Teilen für die NC-Steuerung
           Deutscher Stahlbau-Verband, Köln, 1991.
[DSTV93] Schnittstellenkonvention Statik-CAD
           Deutscher Stahlbau-Verband, Köln, 1993.
[HALL94] Ein Produktmodell für den Stahlbau
           Dissertation H.-W. Haller, Universität Karlsruhe, 1994.
[ISO10303] ISO DIS 10303, Product Data Representation and Exchange
           TC 184/SC4 N151, 1992
           Part 11: The EXPRESS Language Rference Manual
           Part 21: Implementation Methods
[LPM93]   Logical Product Model, Version 3.3, CIMsteel Project
           The University of Leeds (UK), Department of Civil Engineering.
[KRAU92] Krause, F.-L., Kramer, S., Rieger, E., Featurebasierte Produktentwicklung, ZwF87 (1992), S.247-251
[STEP89] STEP-2DBS, Eine Schnittstelle zum Austausch zeichnungsorientierter CAD-Daten im Bauwesen, Version 1.0, Mai 1989
           (zu beziehen durch RIB e.V., Stuttgart)
[GAEB90] Gemeinsamer Ausschuß Elektronik im Bauwesen, Regelungen für den Datenaustausch Leistungsverzeichnis, Juni 1990
           Beuth Verlag GmbH, Köln

Fachübergreifendes Planen mit CAD als Grundlage für sinnvolle FE-Modelle

Leonhard Obermeyer, OBERMEYER PLANEN + BERATEN München

Der Veranstalter will dieses engbegrenzte Thema der Tagung *Finite Elemente in der Baupraxis* auch auf verwandte Gebiete ausdehnen. Als Planer mit langjähriger EDV- / CAD-Erfahrung streben wir die gesamtplanerische Bearbeitung von Projekten aus dem Baubereich an. Erst dadurch werden die Vorzüge gegenüber früher leichter erkennbar, das Bauen erfolgt zeitgemäßer und die Produkte erreichen mehr Qualität.

Mein Vortrag wird den heutigen Stand dieser faszinierenden Technik aufzeigen, der mit den Ergebnissen aus unserem Alltag begründet wird. Vielfache Konflikte begleiten noch diese Entwicklung, wenn solitäre Lösungen in eine fachübergreifende Planung überzuführen sind, denn diese Technik von heute bietet dem Nutzer weit mehr als er im Alltag verarbeiten kann oder auch will. Es ist nicht ratsam, ihn allzu oft mit Neuheiten zu belasten.

1. Basis neuer Planungsmethoden

1.1. In drei Jahrzehnten ist die EDV zu einem unentbehrlichen Arbeitsmittel geworden. Mehrere Komponenten haben diese Entwicklung gefördert:

- Das Arbeitsgerät (PC oder Workstation) ist preiswert und leistungsfähig.

- Durch den Netzverbund bietet sich ein Datentausch auch über Ortsgrenzen hinaus an, was die so notwendige Zusammenarbeit ermöglicht.

- Die vielfachen Angebote einer Basis-Software reduzieren sich auf wenige anspruchsvolle, was den Datenverbund erleichtert.

- Die zwischenzeitlich zur Verfügung stehenden Schnittstellen dienen als Brücke zu anderen Systemen, die allerdings nicht konfliktfrei arbeiten.

1.2. Die rasche, oftmals überstürzte Weiterentwicklung ist nicht problemfrei.

- Augenblicklich bietet sich ein unsicherer Markt dadurch an, weil Hard- und Software zu neuer Qualität ausholen, obwohl die derzeitigen Strukturen noch unzureichend von der Praxis genützt werden.

- Zur graphischen Basis-Software bietet der Markt, je nach deren Bekanntheit, eine Fülle von Aufsatzprodukten an und führt zu speziellen Lösungen, was die unverzichtbare Systemgleichheit nicht immer fördert.

1.3. Der Anwender als Problem:

- Entscheidend für den Erfolg von heute ist eher der Nutzer als das Werkzeug. Ihm obliegt es, diese Technik durch Schulung sich nicht nur anzueignen, sondern auch fortzuschreiben. Schon in wenigen Jahren verändert sich die Basis dergestalt, daß ein kontinuierlicher Lernprozeß nötig ist, um die beruflichen Anforderungen erfüllen zu können.

- Schließlich ist der Ausbildung dringend anzuraten, eine Informatikschulung für den Praktiker in die Grundausbildung aufzunehmen und auch die *datenmäßige Zusammenarbeit mit allen einschlägigen Fachbereichen zu lehren*.

Im folgenden wird unser Planen mit dem Computer und dem Wissen von heute aus meinem Hause beschrieben. Alle Darstellungen und meine Ausführungen sind der täglichen Arbeit entnommen. Die dabei gewonnenen Erkenntnisse sind richtungsweisend für unser Planen und Konstruieren von Morgen.

2. Solitäre Planungsbeiträge

Solange noch die wesentliche Planbearbeitung am Reißbrett erfolgt, fehlt der Zwang zur *einheitlichen Datenbasis*. Erst dadurch wird aber die erwünschte Datendurchgängigkeit erreicht, was allerdings noch lange auf sich warten lassen wird. Offensichtlich ist das sich Lösen von gewohnten oder liebgewordenen Arbeitsmethoden mit zunehmender beruflicher Praxis schwieriger, als es vorauszusehen war. So werden spezielle Fragen auch weiterhin noch unabhängig von fachübergreifenden Systemen gelöst.

2.1. FE-Modelle

Der unverkennbare Fortschritt durch den Computer zeigt sich allein schon im raschen Lösen komplexer Rechenvorgänge, also umfangreicher Gleichungssysteme. Sie gaben der FE-Methode einen unerwarteten Auftrieb; im Vergleich dazu sind die Untersuchungen von früher nur als Näherungen einzustufen.

- Im *Massivbau* wird das Modell aus der Objektplanung gewonnen, ohne vorher auf die Geometrie z. B. des Grundrisses Einfluß nehmen zu können, so wie dies unter 3.2 beschrieben wird. Allenfalls dienen die Daten des Entwurfs- oder Werkplanes vom Architekten zur Festlegung des FE-Netzes. Nur unzureichend wird dadurch auf eine optimierte Struktur des Tragsystems geachtet, zu Lasten einer sinnvollen Modellierung und einer ausgewogenen Konstruktion. (Bild 1)

- Der *Tunnelbau* hat durch FE-Modelle eine ganz entscheidende Förderung erfahren, weil die heterogene Umgebung nach Maßgabe sorgfältiger Bodenuntersuchungen wirklichkeitsnäher als jemals zuvor erfaßt und untersucht werden kann. Selbst wenn Gleichungssysteme mit vielen tausend Unbekannten entstehen, werden Spannungen, Schnittkräfte und Verformungen nicht nur für den Endzustand, sondern auch für die verschiedenen Bauphasen errechnet, denn deren Risiken überschreiten mitunter die des Endzustandes. (Bild 2 + 3)

- Die *Bauphysik* ermöglicht die Hülle unserer Bauten zeitgemäßer zu gestalten, indem Widersprüche mit dem Energiehaushalt aufgedeckt werden. FE-Modelle erlauben die Bestimmung des Wärmestrom- und Temperaturverlaufes. Somit können Baumängel künftig frühzeitig erkannt und die Bauteile darauf hin optimiert werden. Der Wärmehaushalt erfährt keine Störung zu Lasten der Behaglichkeit, weil dadurch die lästigen feuchten Ecken und die Bildung von Schimmelpilzen eliminiert werden. *(Bilder 4 + 5)*

Doch der Aufwand kann immens werden. So ist der Temperaturverlauf in verschiedenen Zeitspannen und Feuchtigkeitsrelationen zu untersuchen. Solange dann die Probleme noch zweidimensional behandelt werden können, ist die Übersichtlichkeit noch gewahrt. Schwieriger, doch lösbar, ist die Untersuchung im Volumen-Modell. *(Bild 4 + 5)*

Darüber hinaus wäre eine Überleitung vom stationären auf instationären Betriebszustand möglich.

- Eingriffe in das *Grundwasser* werden heute und künftig behutsamer vorgenommen als in vergangener Zeit, weil dieses Gut nicht unbegrenzt zur Verfügung steht und somit als Lebensgrundlage zu schützen ist.

Mehr als früher dringt die gebaute Umwelt in immer größere Tiefen vor, so daß der Grundwasserhorizont dadurch gestört wird. Dies besonders in den Städten, wo mehrere Tiefgeschosse von Gebäuden oder Trassen für Massenverkehr wahre Barrieren darstellen. Derartige Einflüsse lassen sich durch FE-Modelle annähern. Die Analogie gelingt umso besser, je wirklichkeitsnäher der Ist-Zustand der umgebenden Medien in die Strukturen einfließen kann.

Auf besondere Weise sind Trinkwassereinzugsgebiete für die Versorgung der Bevölkerung zu schützen. Nahe Vorfluter dürfen die Wasserqualität nicht beeinflussen. Auch hier können FE-Modelle schon im Planungsstadium über Wahl und Standort von Brunnen Auskunft geben. *(Bild 6)*

2.2. Rechenmodelle verwandter Art

Aufwendige Rechenprozesse bieten vielfach Lösungen an für Einflüsse, die vor dem Zeitalter des Computers nur aus der Erfahrung oder aus Näherungsrechnungen abzuschätzen waren.

- *Ingenieurvermessung*
Sobald Planungen in die Landschaft eingreifen, erweist sich eine wirklichkeitsnahe, mathematische Darstellung als notwendig, wenn hieraus neben der Trasse des Verkehrsweges auch bauliche Anlagen wie Tunnel, Brücken usw. zuverlässig einzuplanen sind. Auch die der Topographie ist auf verständliche Weise darzustellen.

Mit dem DGM (Digitales Geländemodell) gelingt dies. Aus den Geländeaufnahmen (terrestrisch oder durch Fotogrammetrie) errechnet sich das Geländemodell. Die Genauigkeit im Dezimeterbereich hängt von der Qualität der Feldaufnahmen und der aufwendigen Rechenverfahren und des DGM-Algorithmus ab *(Bild 7)*.

- *Energietechnik*
40 % unseres End-Energieverbrauches liegen in der Verantwortung von Architekten und Ingenieuren der Technischen Gebäudeausrüstung. Außerdem ist die Beschränkung der CO_2-Emission zu beachten.

Mit einer thermischen Gebäudesimulationsrechnung lassen sich die Raumtemperaturen in Abhängigkeit der Außentemperatur ermitteln, so daß der Verlauf innerhalb eines definierten Zeitraumes (Tag, Jahr = 8.760 Std.) dargestellt werden kann. *(Bild 8)*

Auf gleiche Weise sind die Temperaturverhältnisse in komplexen Fassadensystemen zu berechnen, z. B. einer hinterlüfteten Vorsatzfassade.

- *Beleuchtungsstudien*

Um spezielle Anforderungen an die Ausleuchtung schon im Planungsstadium zu erhalten, können leistungsfähige Systeme zur Tageslichtoptimierung herangezogen werden. In dieser Betrachtung sind Bauform, Nutzungsanforderung und Energieeinsparung von Bedeutung.

Bei Messehallen ist Ausleuchtung beim Auf- und Abbau nur mit Tageslicht erwünscht, während im Messebetrieb das Tageslicht stört, weil der Aussteller die Helligkeit seiner Exponate speziell bestimmen will. *(Bild 9)*

Dabei ist zu klären, ob sich kostenaufwendige Oberlichtbänder einsparen lassen, wenn die notwendige natürliche Ausleuchtung durch verglaste Rauchabzugsöffnungen erreicht wird.

- *Verkehrslärm*

Es beginnt mit der Abschätzung der Lärmquelle, wobei Straße, Eisenbahn und Flugzeug unterschiedlich zu betrachten sind. Viele Komponenten gelangen auf den Prüfstand.

Nur selten reicht dies aus, so daß der Lärmausbreitung große Bedeutung beigemessen wird. Bei Überschreitung zumutbarer Grenzen sind bauliche Maßnahmen zu ergreifen.

Der Gesetzgeber hat diese möglichen Belastungen durch Verordnungen festgeschrieben, auch die Art der Ermittlungen der Schallbelastungen. *(Bild 10)*

Im Rahmen einer Umweltverträglichkeitsuntersuchung sind die Belastungen zu quantifizieren, aufzuzeigen und zu bewerten, insbesonders bei Veränderungen durch neue Verkehrswege.

3. Fachübergreifendes Planen mit CAD

All diese Beiträge fördern ohne Zweifel die Qualität der gebauten Umwelt, deren Ergebnisse in die Planungen mit aufzunehmen sind. Es fehlt aber das

Zusammenfassen in *eine Datenbasis*, die dann eine Direktübertragung der Resultate erlaubt bzw. in die Planungsabstimmung mit aufnimmt (3.2).

Erst mit CAD (Computer-aided design) ist diese wünschenswerte Basis gefunden. Der Zwang zu diesem integrierten System ergibt sich schon aus der Arbeitsteilung bei der Planung. Immer mehr Sonderfachleute sind nötig, um die Anforderungen an zukunftsweisende Bauten zu erfüllen. CAD kann diese einzelnen Beiträge konfliktfrei zusammenführen.

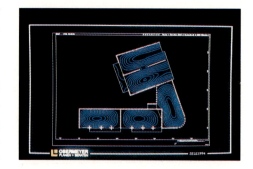

Bild 1: Durchbiegung nach FE-Berechnung

Den neuen Aufgaben entsprechend muß der Arbeitsplatz des Planers ausgestattet sein. Die vielseitigen Einflüsse sind mit den bisherigen Instrumenten, vorwiegend mit dem Reißbrett, unbefriedigend zu verarbeiten.

Der Computer, der diese Veränderung in der Planung herausfordert, ist in diesen Jahren erst zur Regelausstattung für alle die geworden, welche die Vorzüge erkennen und auch nutzen, um Leistung und Qualität deutlich anzuheben.

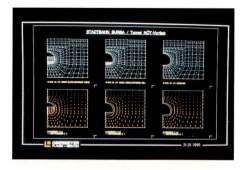

Bild 2: 2-gleisiger Stadtbahntunnel:
Ausbruch in 3 Arbeitsgängen:
Kalotte, Strosse, Sohle
Netzdarstellung und Hauptspannungen

Der Markt bietet eine Fülle brauchbarer Software, auch solche, die sich von der Masse abhebt und auf wenige, dafür aber weitverbreitete Systeme zielt. Dann ist über gängige Schnittstellen ein Datentausch zwar möglich, aber für die Praxis wenig gebrauchsfähig.

Diese angebotenen Werkzeuge über-

Bild 3: 2-gleisiger Stadtbahntunnel:
Vertikal- und Horizontalspannungen

steigen häufig noch die Aufnahmefähigkeit und Bereitschaft der Planer. Ein erstrebenswerter, störungsfreier Datenfluß wird noch lange auf sich warten lassen. Der Eingriff in gewohnte Denkweisen und Arbeitsabläufe ist doch so bedeutend, daß die konfliktfreie Anwendung der kommenden Generation vorbehalten bleiben muß.

Trotzdem läßt der Fortschritt der Technik keine Konsolidierung zu, weil Hard- und Software sich stürmisch weiterentwickeln. Ob der Mensch diesen Neuerungen auch unmittelbar folgen kann oder will, muß angezweifelt werden.

3.1. CAD in allen Planungsbereichen

Wenn auch der Hochbau am meisten mit CAD in Verbindung gebracht wird, so sind in anderen Fachbereichen nicht minder spektakuläre Erfolge aufzuzeigen.

In der *Verkehrsinfrastruktur* dienen für die Planung von Straße und Eisenbahn praxiserbrobte Aufsatzprodukte zu den gängigen graphischen Basissystemen. Es beginnt mit der Grobtrassierung, die dann bis zur baureifen Planung entwickelt wird. Dabei verlangen vor allem die Rechtsverfahren, wie Raumordnung und Planfeststellung, eine sorgfältige Aufbereitung der Pläne, wie sie am Reißbrett nicht möglich ist.

In die Planung sind gleichfalls mehrere Fachbereiche wie Brücken-, Tunnel- und Landschaftsplanung einzubinden.

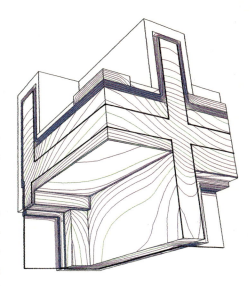

Bild 4: Thermische Bauphysik
3-dimensionale Berechnung mit 47.770 Unbekannten,
18.000 Isothermen als Ergebnis

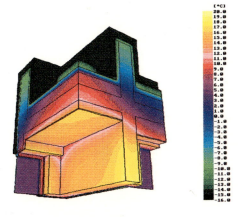

Bild 5: Thermische Bauphysik:
Temperaturverlauf im Winter innerhalb der Konstruktion

Bevor aber die konkrete Bauplanung beginnt, ist die beabsichtigte Maßnahme auf Umweltverträglichkeit in aufwendigen Studien zu überprüfen.

3.2. Fachübergreifendes Planen bei OBERMEYER PLANEN + BERATEN

Ein sich konkret abzeichnendes Planen und Konstruieren kann ich aus eigener Erfahrung skizzieren, wie es derzeit noch mehr Wunsch als Wirklichkeit ist. Grundlagen sind die Arbeiten aus dem eigenen Haus, die auf 15 Jahre Entwicklung bei CAD und 30 Jahre mit EDV zurückreichen.

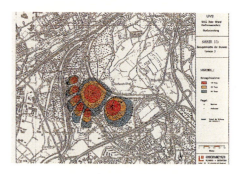

Bild 6: Auswirkung von Trinkwasserentnahme bei Stillegung eines Vorfluters

Der derzeitige Stand am Ende des Betriebssystems MS-DOS soll an einem Hochbauprojekt vorgestellt werden, den engagierte Mitarbeiter in vieljährigem Bemühen und mit viel Phantasie entwickelt haben und die für Neuerungen stets aufgeschlossen sind.

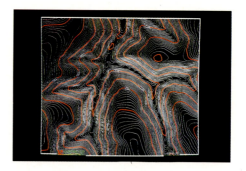

Bild 7: Digitales Geländemodell - Höhenschichtlinien

Auch im eigenen Hause ist der Architekt als Objektplaner - er bestimmt die Arbeitsweise der gesamten Planung - nur bedingt bereit, auf CAD schon im Vorentwurf einzusteigen. Der unverkennbare Vorteil läge aber in der Anregung zu modularer Ordnung, im Gegensatz zum Reißbrett. Außerdem entwickeln sich die folgenden Planungsstufen, Entwurf, Werkplanung und Details aus den jeweils vorausgehenden, wenn die *Grundsätze einer Selektierung* der Zeichnungen vorgegeben und auch strikt eingehalten werden. Es erübrigt sich also der am Reißbrett übliche Planungsneubeginn beim Maßstabswechsel, wenn die Geometrie

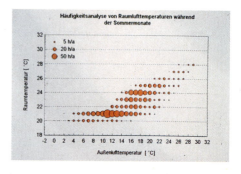

Bild 8: Raumtemperatur ohne Klimatisierung

(Bild 11) vom übrigen "Beiwerk" (Bemaßung *(Bild 12)*, Beschriftung *(Bild 13)*) getrennt ist (Layer). Allerdings ist mehr Disziplin als früher gefragt. Dann können die Planungsgrundlagen für die Fachplaner aus den vorhandenen Daten abgeleitet und über Netze auf deren Datenstationen überspielt werden.

Auf diese Weise wird der Planungs-Wirrwarr von früher eingeschränkt und die lästigen Widersprüche der Vergangenheit aus uneinheitlichen Planungsphasen eliminiert.

Bild 9: Hallenausleuchtung ohne Sonnenschein und Oberlicht

Der Grundsatz, *einmal* gewonnene Daten durchgängig für alle Beteiligten verwendungsfähig fortzuschreiben, ist ehern und nicht diskussionsfähig.

Erst in mehreren, nicht selten in vielen, Planungsschritten gelingt es, alle Beiträge der Fachplaner widerspruchsfrei einzuarbeiten. Dann erst erhält die Planung durch CAD eine neue Qualität, weil damit das früher bekannte Durcheinander verschwindet. Allerdings muß konsequent auf CAD geplant werden. Jede, noch so kleine Änderung ergibt eine neue Planausfertigung. Die Rasierklinge gehört der Vergangenheit an.

Bild 10

Weiterhin löst jede Änderung in einem Gewerk einen neuen Abstimmungsprozess mit allen Planungsbeteiligten aus, der mühsam ist und häufig zu Kompromissen an der Qualität zwingt sowie Kosten und zeitliche Behinderungen auslöst. Dabei verlangt gerade die Einplanung der Technischen Gebäudeausrüstung besondere Aufmerksamkeit.

Am Anspruchvollsten gestaltet sich die Gewinnung des Schalplanes für das Tragwerk aus den vorhandenen Daten. Der Werkplan des Architekten beschreibt den Fußboden und die Decke eines Geschosses. Der Schalplan dient der Rohbauherstellung. Er hat die Decke und den Anschluß des darunterliegenden Geschosses zum Inhalt, also aus Bestandteilen zweier Ebenen. *(Bild 14)*

Nicht selten ist der Planer mit vielen Änderungen belastet. Bei der heutigen Zielvorstellung glauben Auftraggeber durch gleichzeitiges Planen und Bauen Zeit und Kosten zu sparen, was aber die Planungssicherheit schwer belasten und den Erfolg infrage stellen kann.

Aus den so entstandenen Werkplänen dienen Layer für die Fachplanungen wie Grundriß *(Bild 15)*, Raumluft *(Bild 16)*, Elektro *(Bild 17)* und Überlagerung. *(Bild 18)*

Diese Unterlagen dienen dann der Ausführung. *(Bilder 15 - 18)*

Aus Zeitgründen kann dieser Planungsstand, was aber richtig wäre, kaum Grundlage für die *Ausschreibung* sein. In der Regel ist es schon der Entwurf. Es fehlt daher vielseitiges Wissen aus der Werkplanung. Damit wird die Ausführung mit vielen Ungereimtheiten belastet, die jedoch bewußt in Kauf genommen werden. Man riskiert damit die unerfreulichen Konflikte bei der Ausführung.

Bild 11: Modell: Grundriß = maßstabsneutral

Bild 12: Bemaßung

Bild 13: Beschriftung

3.3. Datenweitergabe für die Ausführung

Die hier beschriebene CAD-Planung bietet weitere Vorteile an, die noch kaum oder selten genutzt werden. Der *ausführenden Industrie* stünden Planunterlagen als Daten zur Verfügung wie Schalplan, Auszüge der Technischen Anlagen, also Raumluft *(Bild 16)*, Heizung, Sprinkler, Elektro *(Bild 17)*, Telekommunikation usw., um hieraus Schalungs-, Werkstatt- und Montagezeichnungen ableiten zu können.

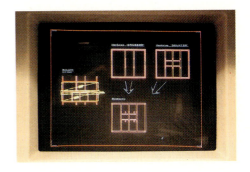

Bild 14: Aus 2 Werkplänen wird der Schalplan für die dazwischenliegende Decke gewonnen

Es empfiehlt sich, nur die Geometrie, also ohne Beschriftung und Bemaßung zu übergeben, um hieraus Pläne in verschiedenen Maßstäben erstellen zu können. Diese Datendurchgängigkeit spart an Planungskosten und hebt die Qualität. *(Bilder 15 - 18)*

3.4. Bestandsdaten

Betrieb und Unterhalt der baulichen Anlagen unserer Zeit sind aufwendig und beanspruchen einen globalisierten Planungsbestand, der ausreichende Informationen für alle Veränderungen liefert und Auskunft für die Vermarktung geben kann. Dieses Planwerk kann zwar aus den vorhandenen Daten abgeleitet werden, allerdings mit anderer Zielsetzung.

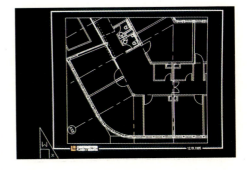

Bild 15: Layer: Teilausschnitt Grundriß

Für diese *"Gebrauchsanweisung der Immobilie"* fehlt noch jede Erfahrung, was eine solche globalisierte Planung aussagen soll und auch die Einsicht für eine zusätzliche Leistung, die weder zeit- noch kostenlos erbracht werden kann.

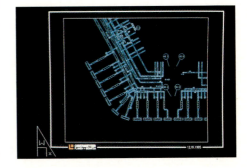

Bild 16: Layer: Raumluft

4. Besonderheiten

- *3D:*

  Hard- und Software erlauben schon im Stadium der Vorplanung, Modelle aus Daten zu erarbeiten, um dem künftigen Nutzer sein Bauwerk realistisch von außen und innen vorzuführen. Doch diese Technik verlangt gestalterisches Geschick und den Umgang mit großen Datenmengen.

- *2D:*

  Die konkrete Bauplanung unter Einbeziehung aller Fachbereiche ist schon mit 2D reichlich aufwendig, so daß wir dem Umstieg auf 3D, ausgenommen für die Visualisierung, in nächster Zukunft wenig Chancen einräumen.

5. Erkenntnisse für die Zukunft

CAD und die begleitenden Einzellösungen, wie z. B. FE-Methoden und Rechenmodelle verwandter Art, verbessern die Chance auf eine bessere Planungsqualität. Die Werkzeuge stehen gebrauchsfähig zur Verfügung, das Angebot leistungsfähiger Produkte wird fortwährend zu niedrigeren Preisen erweitert. Diese allzu schnelle Entwicklung bringt nicht nur Vorteile, sondern belastet in vielen Fällen die Praxis. Der Anwender wird permanent mit Neuerungen überhäuft anstelle das Bekannte erst behutsam aufzuarbeiten; besonders dann, wenn Femdplaner mitwirken, was zur Regel gehört.

All diese Veränderungen muß *der Mensch* verarbeiten, ohne dabei sein Fachwissen aus dem Auge zu verlieren. Von ihm wird Bereitschaft zur Weiterbildung erwartet. Nur so können die beachtlichen Kosten im Betrieb reduziert werden, wozu der Markt uns zwingen wird.

Wenn dann noch die *Ausbildung* eine EDV- / CAD-Unterweisung als zentrales Lernziel ansieht, ist der künftige Planer für die Praxis besser gerüstet als heute, wenn er erst im Berufsleben mit neuen Arbeitsmethoden konfrontiert wird. Vor allem aber ist der Zwang zur Zusammenarbeit von Architekten und Ingenieuren aller einschlägigen Fachrichtungen schon im Studium anzuraten und das fachübergreifende Planen und Konstruieren zu lehren.

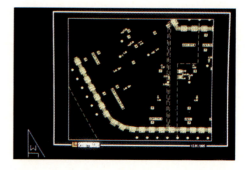

Bild 17: Layer Elektro

Bild 18: Überlagerung: Layer 15 - 17

Materialmodelle in der Geotechnik und ihre Anwendung

von Pieter A. Vermeer, Stuttgart

Nach einer kurzen Beschreibung des Mohr-Coulombschen Stoffgesetzes werden die Möglichkeiten und Einschränkungen dieses Materialmodells anhand von vier Problemen aus dem Erd- und Grundbau erläutert. In den ersten zwei Analysen handelt es sich um erfolgreiche Anwendungen des Mohr-Coulombschen Modells, während Einschränkungen in den letzten beiden Anwendungen betont und auch Ergebnisse von anderen Modellen gezeigt werden.

1. Einführung

Heute ist ein Entwicklungsstand in der Boden- und Felsmechanik erreicht, der dadurch gekennzeichnet ist, daß Dissertationen kaum noch ohne Anwendung numerischer Methoden zustande kommen, und zur Lösung von Verformungsproblemen wird dann vor allem die Finite-Element-Methode eingesetzt. Diese Methode ist natürlich nicht nur von Bedeutung für die universitäre Forschung, sondern auch für die Praxis im Bereich des Erd-, Grund- und Felsbaus. Die Vorteile dieser Methode für den ganzen Bereich der Geotechnik wurden schon von meinem Vorgänger (Smoltczyk, 1991) beschrieben, dessen Lehrstuhl ich übernommen habe.

Trotz der Forschungsarbeit in den Universitäten und trotz ihrer Vorteile wird die FE-Methode in der Praxis noch wenig benutzt. Smoltczyk (1991) stellt hierzu fest, daß die FE-Methode im praktischen Grundbau nicht im Regelfall, sondern im Sonderfall eingesetzt wird. M.E. erfordert jedes Verfahren einigermaßen Erfahrung, und ein ziemlich komplexes Verfahren wie die FEM erfordert sogar eine umfangreiche Erfahrung im Bereich der Diskretisierung und im Bereich der Parameterbestimmung des Stoffgesetzes. Solange die Methode nur selten benutzt wird, kann die Erfahrung nicht aufgebaut werden, und so verzögert sich der Eintritt der FE-Methode in die Praxis.

Warum braucht die FE-Methode so viel Zeit, bevor sie sich in der Praxis durchsetzt? Obwohl es hierzu bestimmt mehrere Gründe gibt, möchte ich das Problem des Stoffgesetzes speziell nennen und Gudehus (1991) zitieren: In der Regel müssen wir Geomaterialien so hinnehmen, wie sie im Baugrund vorkommen. Ihre Eigenschaften sind im allgemeinen schwieriger als diejenigen der bekannten Baustoffe. Dies wirkt sich auf die Zahl und Bestimmung der Stoffkennwerte und auf die Durchführung von FEM-Berechnungen aus.

Zwanzig Jahre Erfahrung mit der Anwendung der FEM in der Grundbaupraxis haben mich auch zu der Schlußfolgerung gebracht, daß das komplizierte Bodenverhalten die Anwendung der FEM in der Geotechnik beträchtlich gehemmt hat. Vor allem in den letzten Jahren hat es dementgegen einen Aufschwung gegeben wegen der Akzeptanz des relativ einfachen Mohr-Coulombschen Stoffgesetzes als Ausgangsmodell der Bodenmechanik. Anhand einiger Erd- und Grundbauprobleme sollen Möglichkeiten und Einschränkungen dieses Modells gezeigt werden.

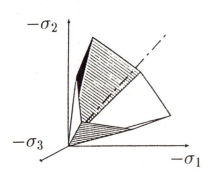 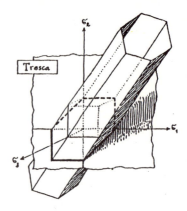

Bild 1. Coulombsche Fließfläche für c=0 und Trescascher Spezialfall für φ=0.

2. Das Mohr-Coulombsche Ausgangsmodell

Der wichtigste Stoffansatz für Boden stammt von Coulomb (1773) und fußt auf dem linearen Gesetz für trockene Reibung. Nach Einführung des Cauchyschen Spannungsbegriffs konnte Rankine (1857) die Coulombsche Bruchbedingung einwandfrei formulieren. Erst viel später gab Shield (1955) dann eine konsequente räumliche Darstellung dieser Fließbedingung an. Bild 1 zeigt diese Darstellung im Hauptspannungsraum.
Statt der Coulombschen Pyramide findet man in der Literatur auch den von Drucker und Prager (1952) vorgeschlagenen Halbkegel, dieser Ansatz jedoch widerspricht allen Experimenten; die Versuchsergebnisse von Goldscheider (1979) ergeben eine Pyramide, und Lade (1984) erhält eine annähernde glatte Fließfläche. Der Unterschied zwischen den beiden letzten Ansätzen ist sehr klein, deshalb können beide in der Praxis benutzt werden. Da alle analytisch gelösten Bruchprobleme der Bodenmechanik sich auf die pyramidische Fließfläche beziehen, bevorzugt der Autor diese Bedingung auch für elasto-plastische Stoffgesetze; anderenfalls lassen sich die resultierenden FE-Programme im Bereich von Bruchproblemen schlecht überprüfen.
Die Bruchbedingung erfordert als Bodenparameter die Kohäsion c und den Reibungswinkel φ. Da diese Parameter allgemein mit Hilfe des Mohrschen Spannungskreises ermittelt werden, spricht man meistens von der Mohr-Coulombschen-Bruchbedingung.

Drucker und Prager haben im Jahr 1952 nicht nur eine irreführende Fließbedingung in die Bodenmechanik eingeführt, sondern auch die Idee der assozierten Fließregel. Diese Idee hat sich in den siebziger Jahren jedoch nicht bewährt, und derzeit wird die Bruchbedingung fast immer mit einer nicht-assozierten Fließregel kombiniert. Daraus ergibt sich ein neuer Bodenparameter: der Dilatanzwinkel ψ, der für bindige Böden praktisch gleich null ist und auch für lockere nichtbindige Böden fast null ist. Für dichte Sande und Kiese können jedoch Werte von 15 Grad erreicht werden und dann kann dieser Parameter bei manchen Problemen auch eine wichtige Rolle spielen. Bislang wurde der Dilatanzwinkel mit einer ebenen Verformung verbunden und deswegen aus speziellen Laborversuchen ermittelt. Später wurde von Vermeer und De Borst (1984) eine Ermittlung mit Hilfe des Triaxialversuchs eingeführt.

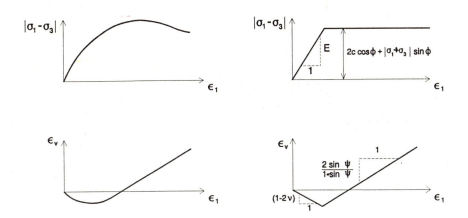

Bild 2. Ergebnisse eines Triaxialversuches an dichtem Sand und ihre Idealisierung nach dem Mohr-Coulombschen Modell.

Das Mohr-Coulombsche Materialmodell ist eine reine Verknüpfung von Bruchplastizität, wie oben angedeutet, und linearer Elastizität. Damit ergibt sich eine bilineare Modellierung der Ergebnisse eines Triaxialversuches. In diesem klassischen Laborversuch der Geotechnik wird eine zylindrische Bodenprobe bei einem konstanten radialen Druck (σ_3) axial belastet (σ_1). Bild 2 zeigt links die üblichen Versuchsergebnisse für einen dichten nichtbindigen Boden und auf der rechten Seite die bilineare Modellierung nach dem Mohr-Coulombschen Stoffgesetz. Aus dem Druckdiagramm, oben in Bild 2, läßt sich ein Elastizitätsmodul (E) errechnen, und aus dem Volumendehnungsdiagramm ergibt sich eine Querdehnungszahl (ν). N.B. In der Geotechnik wird meistens nicht die Querdehnung (ε_3) aufgetragen; stattdessen wird die Volumendehnung (ε_v) als Funktion der Axialdehnung (ε_1) gezeigt. Daraus ist es unmittelbar ersichtlich, inwieweit es sich um einen dilatanten Boden handelt.

In manchen Computerprogrammen wird nicht der Elastizitätsmodul (E) benutzt sondern der Schubmodel (G), der sich aus dem Elastizitätsmodul des Triaxialversuchs errechnen läßt. Statt eines Triaxialversuches wird in der Geotechnik häufig ein Oedometerversuch durchgeführt zur Bestimmung des Steifemoduls (E_s). Der Schubmodul läßt sich auch aus dem Steifemodul des Oedometerversuches errechnen. Auf Grund der Elastizitätstheorie gilt

$$G = \frac{1}{2(1+\nu)} E \quad , \quad G = \frac{1-2\nu}{2(1-\nu)} E_s$$

Von den Materialparametern (c,ϕ,ψ,G,ν) her schließt das Mohr-Coulombsche Modell hervorragend beim üblichen Bodengutachten an, da die wichtigsten Parameter (c,ϕ,G) im Bodengutachten meistens angegeben werden. Der Schubmodul wird zwar nicht direkt im Bodengutachten angegeben, sondern indirekt durch den Steifemodul. Damit ergibt sich auch der Vorteil, daß Parameter benutzt werden, mit denen geotechnische Ingenieure sich einigermaßen auskennen. Die zwei folgenden Beispiele zeigen erfolgreiche Anwendungen des Mohr-Coulombschen Modells.

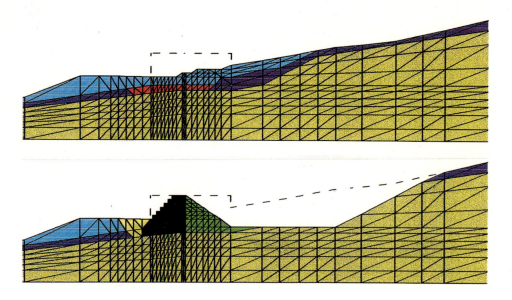

Bild 3. FE-Netz mit mehreren Bodenarten für Simmersbergerr Wasserrückhaltebecken.

3. Regenwasserrückhaltebecken Simmerberg im Westallgäu

Vor einigen Jahren wurde vom Abwasserverband Rothach ein Regenrückhaltebecken neben der B 308, auch bekannt als die Queralpenstraße, geplant. Bild 3 zeigt den Querschnitt; oben die alt Situation und unten den neuen Querschnitt Der Untergrund besteht aus mächtigen Moränenkiesablagerungen aus der letzten Wurm-Eiszeit und einer darüberliegenden dünnen Schicht aus bindigem Hanglehm. Unter der Bundesstraße steht eine Auffüllung an. Die lehmige Deckschicht ist ungesättigt und kann ohne Rücksicht auf Porenwasserdrücke betrachtet werden, wobei sich in dem verlehmten Moränenkies ein freier Grundwasserspiegel einstellt und deshalb der Porenwasserdruck mit der Tiefe ansteigt. In der neuen Geometrie gibt es an der Bundesstraße entlang einen aufgeschütteten Erddamm und dahinter das geplante Erdbecken. Vor allem der Aufbau des Abschlußdammes zwischen der Bundessstraße und dem Becken ist kompliziert, da es sich um steile Böschungen handelt. Hier wurde von dem Grundbauberater Dr.-Ing .G. Ulrich für die straßenseitige Böschung ein treppenartiger Gabionenverbau auf kalk-zementverfestigtem Moränenkies geplant. Zur Behinderung der Wasserdurchlässigheit wurde mitten in den Damm eine Spundwand eingebaut.

Zur Bestimmung der Setzungen und Standsicherheit des Dammes wurde vom Grundbauinstitut Ulrich die hier erwähnte Finite Elemente Analyse durchgeführt. Da es kaum weichen Boden gab -es wurde nur etwas Torf abgebaut-, wurde nur das Mohr-Coulombsche Modell benutzt. Die Analyse startet mit dem natürlichen Gelände als Eigenspannungszustand, wobei auch Anfangsporenwasserdrücke eingegeben werden. Danach vollzieht die Analyse dann den Aushub des Beckens durch Ausschaltung der Elemente im Aushubbereich nach. Die dritte Berechnungsstufe betrifft das Gewicht des Dammes, also die Einschaltung von extra Elementen für den Abschlußdamm. Als vierte Stufe wurde der Einstau des Beckens durchgeführt.

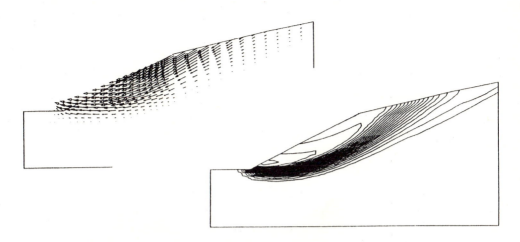

Bild 4. Errechnete Verschiebungsraten und ihre Isolien beim Böschungsbruch.

Im Einstau fällt die Grundwasserlinie vom maximalen Einstauziel entlang der Dichtwand bis auf die Höhe der straßenseitigen Drainage ab und folgt von dort dem bisherigen Grundwassergefälle. Im Kern des Dammes ergab sich so ein Wassersprung von etwa 10 m und damit eine horizontale Last von 500 kN pro laufendem Meter Damm, die eine Verschiebung von etwa 6 cm ergab.

Obwohl der neue Trend die Anwendung von Partialsicherheitsbeiwerten ist, wird in der Geotechnik meistens noch ein Gesamtsicherheitsfaktor berechnet. Der klassische Sicherheitsfaktor für Böschungen stammt von Fellenius (1927) und basiert auf dem Quotient der vorhandenen zur erforderlichen Scherfestigkeit. Die erforderliche Scherfestigkeit kann dadurch in einer FE-Berechnung bestimmt werden, indem man die Kohäsion und den Reibungswinkel numerisch so weit erniedrigt, bis der Damm versagt (Zienkiewicz, 1975). Nach DIN 4084 soll es einen Sicherheitsfaktor $F_s>1,4$ geben. Die Berechnung ergab hier $F_s=1,5$ für den Abschußdamm; ohne Spundwand würde die Dammstandsicherheit bis auf $F_s=1,16$ unter den geforderten Wert von 1,4 sinken. Die Böschung auf der Hangseite des Beckens ist interessant, da die FE-Analyse hier einen klassische Bruchmechanismus aufzeigt, siehe hierzu Bild 4. Beim Bruch rutscht eine Scholle nach unten über eine annähernd kreisförmige Gleitfläche. Mit einem relative groben Netz ergibt die FE-Methode natürlich keine richtige Verschiebungsdiskontinuität, aber die Bilder 4a und 4b zeigen trotzdem eine Konzentration der Verformung in einem kreisförmigen Streifen.

Dieses Problem zeig eine Charakteristik der Geotechnik, nämlich eine Vielfalt von verschiedenen Materialien. Eingabedaten wurden festgestellt für Moränenkies, Hanglehm, Torf, Auffüllung und Filterkies. Für diese Probleme braucht man deswegen nicht nur Stoffgesetze mit wenigen Parametern, sondern auch noch Parameter, mit denen der Bodengutachter sich auskennt, damit er auf Grund seiner Erfahrung einige Werte eingeben kann; es wäre viel zu teuer, alle Parameter auf Grund von Laborversuchen zu bestimmen. Wenn man bestehende Stoffgesetze in diesem Sinne überprüft, muß festgestellt werden, daß derzeit nur das Mohr- Coulombsche Modell genügend praxisnah ist.

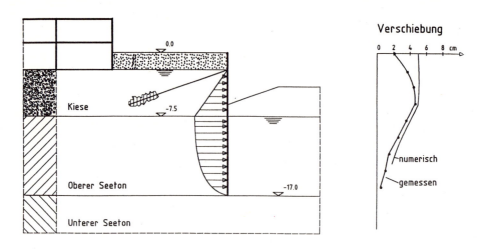

Bild 5. Verbaukonstruktion der Starnberger Baugrube mit wirksamem Porenwasser auf der Spundwand und Verschiebungen der Spundwand.

4. Rückverankerte Spundwand in Weichem Starnberger Seeton

Mit Hilfe analytischer Lösungen der Elastizitätslehre kann ein Geotechniker vertikale Setzungen infolge vertikaler Auflasten in gutem Maße prognostizieren, aber er braucht die Methode der Finite Elemente für die Erfassung horizontaler Verschiebungen. Dieses Verfahren ist besonders dann notwendig, wenn es sich um vertikale Setzungen durch eine horizontale Belastung handelt. Bild 5 zeigt beispielsweise die horizontale Belastung einer Spundwand durch Grundwasserabsenkung. Dadurch ergeben sich eine fast horizontale Verschiebung der Wand und vertikale Setzungen hinter der Wand. Bei der im Bild 5 dargestellten Verbaukonstruktion handelt es sich um eine mit Verpreßankern verankerte Spundwand einer Baugrube. Durch den ersten Aushub hat es hier nur kleine Verschiebungen gegeben, aber nach der Grundwasserabsenkung ergaben sich erhebliche Verschiebungen und unzulässig große Setzungen der Bebauung in der Nachbarschaft. Deshalb wurde von Stauber (1994), unter Betreuung von Herrn Dipl.-- Ing. P. Gollub der Fa. Bauer, eine FE-Analyse durchgeführt. Der folgende Kurzbericht stützt sich in hohem Maße auf ihre Arbeit, und für Einzelheiten sei deswegen auf Stauber (1994) verwiesen. Es handelt sich um eine erfolgreiche Anwendung des Mohr-Coulombschen Modells.

Zur Modellierung des Bodens wurden 15-knotige Dreieckselemente angewendet, und kompatibel zu diesen Volumenelementen wurden 5-knotige Balkenelemente für die biegesteife Spundwand eingesetzt. Das Gleiten vom Boden an der Wand entlang wurde mit 10-knotigen Trennflächenelementen simuliert. Statt dieser Reihe von hochwertigen Elementen hätten hier beispielsweise auch 6-knotige Volumenelemente, 3-knotige Balkenelemente oder 6-knotige Trennflächenelemente benutzt werden können (Vermeer, 1994). Die Balkenelemente wurden hier nicht nur für die Spundwand gewählt, sondern auch für das Gebäude neben der Baugrube. Wegen der Aneinanderreihung der einzelnen Verpreßanker ergibt sich hier eine drei-dimensionale Geometrie, die jedoch zu einer zwei-dimensionalen Geometrie idealisiert wurde.

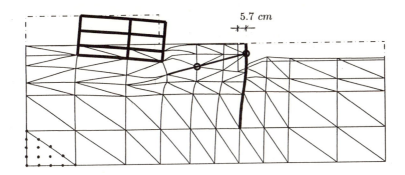

Bild 6. Errechnete Verschiebungen bei der Starnberger Baugrube.

Dabei wurden die Verpreßkörper am Ende der Anker ersetzt durch ein flexibles Geotextilelement, d.h. zugfeste Elemente, die u.a. für die Modellierung von im Boden eingebrachten Kunststoffbahnen angewandt werden. Die Verbindung mit der Spundwand wird mit einem Ankerelement zwischen den zu verbindenden Knoten erzeugt.

Die Herstellung von Bauten in weichem tonigen Boden ist fast immer mit einhergehenden Setzungen verbunden. Dabei wird zwischen den fast sofortigen Setzungen unmittelbar nach dem Bau und den Zeitsetzungen infolge Auspressung von Porenwasser, d.h. Konsolidation, unterschieden. Obwohl weiche Böden im allgemeinen ein sogenanntes "Kappe-Modell" erfordern, können die sofortigen Verschiebungen beim undrainierten Materialverhalten noch recht gut mit dem Mohr-Coulombschen Modell erfaßt werden. Die Bestimmung der Materialparameter erfordert jedoch auch hier einen großen Aufwand, zumindestens wenn Setzungen und Verschiebungen zuverlässig prognostiziert werden sollen. Die in situ-Messung der undrainierten Scherfestigkeit mit Hilfe der Flügelsondierungen ist hier sehr geeignet und wurde auch durchgeführt. Darüber hinaus braucht man Laborversuche oder In-Situ-Messungen zur Bestimmung des Schubmoduls. Die Errechnung des Schubmoduls aus dem Steifemodul ist für das undrainierte Materialverhalten von weichen Böden im allgemeinen nicht zu empfehlen.

5. Plattendruckversuch auf lockerem Sand

Im Straßenbau werden zur Beurteilung der Tragfähigkeit einer Auffüllung häufig Plattendruckversuche durchgeführt, und deswegen ist es interessant, diesen Versuch auch numerisch durchzuführen. In diesem Abschnitt wird der ganz konkrete Plattendruckversuch von Bild 7 betrachtet. Der Behälter wurde in einer Versuchshalle aufgestellt und mit locker gelagertem Sand gefüllt ($\phi= 30$). Die geringe Dichte des Sandes geht auch daraus hervor, daß relativ große Verschiebungen gemessen wurden; 20 mm bei einer Sohlpressung von nur 100 kPa.

Da die Setzung im Verhältnis zum Plattendurchmesser beträchtlich ist, ändert sich die Geometrie dieses Randwertproblems erheblich während des Versuchs, und damit ergibt sich geometrische Nichtlinearität. Unter Berücksichtigung der geometrischen Nicht-

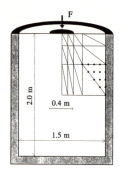 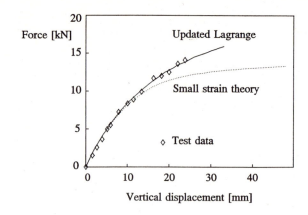

Bild 7. Plattendruckversuch in einem Behälter mit FE-Ergebnissen der Setzungslinie.

linearität ergab die FE-Analyse die "updated-Lagrange"-Kurve in Bild 7. Ohne Berücksichtigung der Änderung der Geometrie wurde die "small strain"- Kurve gefunden, die schlechter wird, je tiefer die Platte in den Sand penetriert. Die geometrische Nichtlinearität erzeugt in diesem Fall eine Zunahme mit der Tiefe, obwohl der gesamt Effekt der geometrischen und materiellen Nichtlinearität eine durchgehende Abminderung der Steifigkeit zur Folge hat.

Die in Bild 7 gezeigten Kurven wurden nicht mit Hilfe des Mohr-Coulombschen Ausgangsmodells erreicht, sondern mit einem verbeserten Modell (Brinkgreve, 1994), da das Ausgangsmodell für dieses Problem Unzulänglichkeiten aufzeigt, wegen der Annahme eines konstanten Steifemoduls. Oedometerversuche ergaben für diesen Sand $E_s/\sigma_0 = 200\ (\sigma/\sigma_0)^{0,5}$ mit $\sigma_0=100$ kPa. Bei einem Anstieg der Sohlpressung im Bereich $25<\sigma<100$ kPa kann noch einigermaßen mit einem konstanten Steifemodul gerechnet werden, da Es in diesem Bereich nur von 10 bis 20 MPa zunimmt. Eine Berechnung mit einem Mittelwert von 15 MPa ergibt im Bereich $25<\sigma<100$ noch eine akzeptable Annäherung der Meßwerte in Bild 7, jedoch nicht im Anfangsbereich der Kurve. Im Gesamtbereich $1<\sigma<100$ kPa steigt der Steifemodul von 2 auf 20 MPa, und dann kann selbsverständlich nicht mehr der ganze Verlauf der Setzungskurve mit einem konstanten Wert des Steifemoduls errechnet werden.

6. Konsolidation von weichen Böden

Nach der Erörterung des druckabhängigen Steifemoduls soll nun die Zusammendrükkung oder lieber Konsolidation von weichen Tonschichten betrachtet werden. Da die Steifigkeit weicher Böden sehr gering ist, erzeugen Aufschüttungen auf einem solchen Untergrund große Setzungen, die numerisch prognostiziert werden sollen. Als Illustration einer solchen Aufschüttung soll die Anschlußrampe der Brienenoord-Brücke unmittelbar östlich von Rotterdam betrachtet werden. Diese Brücke wurde 1965 gebaut, und vor wenigen Jahren wurde ihre Breite verdoppelt.

Bild 8 zeigt einen Querschnitt durch den Straßendamm. Die dunkle Farbe bezeichnet den Sand des bestehenden Dammes, und die helle Farbe bezeichnet die neue Aufschüttung zur Verbreiterung der Straßenbahn. Darunter stehen Torf- und Ton-

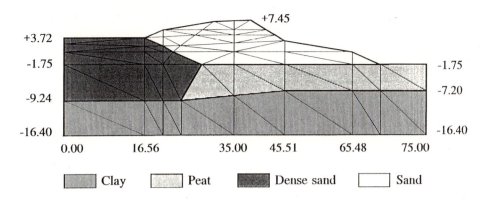

Bild 8. Verbreiterung eines Straßendammes auf weichem Untergrund.

schichten bis zu eine Tiefe von 16 m an. Ab dieser Tiefe gibt es dichten Sand, und deswegen wurde hier der Unterrand des Elementennetzes gewählt. Für dieses Erweiterungsprojekt wurde eine beträchtliche Anzahl von Bohrungen und Drucksondierungen ausgeführt, um Daten für die verschiedenen Bodenarten zu erhalten. Aus allen Schichten wurden Proben für Laborversuche entnommen. Vorberechnungen wurden wie üblich aufgrund eindimensionaler Kompression und Konsolidation durchgeführt.

Finite-Element-Berechnungen wurden wegen der horizontalen Verschiebungen ausgeführt. Es bestanden große Sorgen, daß die Verschiebungen Rißbildungen in der bestehenden Straße hervorrufen könnte. Genauso wie in der Realität wurde auch in der FE-Analyse stufenweise vorgegangen, indem Lage für Lage die Elemente der neuen Aufschüttung eingeschaltet wurden. Berechnungen wurden durchgeführt aufgrund des Mohr-Coulomschen Stoffgesetzes und aufgrund eines erweiterten Stoffgesetzes; einem "Kappe-Modell, das speziell für weiche Böden entwickelt wurde. Beide Modelle ergaben ganz ähnliche vertikale Setzungen, und einen Maximalwert von ca. 2,7 m, der auch gemessen wurde. Diese Ähnlichkeit wiederholte sich jedoch nicht bei den horizontalen Verschiebungen. Hier führt das Mohr-Coulombsche Modell zu viel zu großen Verschiebungen von etwa 1,2 m. Das Kappe-Modell ergab dementgegen realistische Werte um die 0,4 m.

7. Schlußbemerkungen

Seit der Gründung der Bodenmechanik durch Terzaghi benutzt man in diesem Fachgebiet Formeln aus der linearen Elastizitätstheorie für die Verschiebungen. Ebenfalls benutzt man vereinfachte Verfahren der Plastizitätstheorie für Tragfähigkeitsnachweise, indem die Mohr-Coulombsche Bruchbedingung als "Grundgesetz" angenommen wird. Durch eine reine Verknüpfung der Elastizität und der Bruchplastizität bekommt man ein Stoffgesetz, mit dem der Geotechniker sich im Grunde genommen schon auskennt; er hat jedenfalls schon Erfahrung mit den wichtigsten Modellparametern dieses Mohr-Coulombschen Modells. In der Geotechnik ist eine solche Erfahrung unentbehrlich, da der Untergrund aus mehreren Schichten besteht und fast immer einige Parameter abgeschätzt werden müssen.

Der Name "Ausgangsmodell" macht schon klar, daß dieses Stoffgesetz nicht generell einsetzbar ist; dieses wurde in den zwei letzten Beispielen dieses Artikels erläutert, indem auch erweiterte Materialmodelle benutzt wurden. Es soll noch betont werden, daß die Einschränkungen des Ausgangsmodells nur beispielsweise erwähnt worden sind.

Genauso wie das Ausgangsmodell sind auch hochwertigere Materialmodelle von Einschränkungen gekennzeichnet. Andere Modelle präsentieren sich als hochwertig, sind es aber nicht, da sie beispielsweise wie das modifizierte Cam-Clay-Modell viel zu hohe Scherfestigkeiten zulassen. Des weiteren gibt es auch Phänomene wie Scherfugenbildung und Rißbildung, die im Rahmen von einer FE-Analyse überhaupt noch nicht beherrschbar sind und vorerst im Bereich der Forschung liegen.

8. Literatur

Brinkgreve, R.B.J. (1994): Geomaterial Models and Numerical Analysis of Softening. Dissertation Delft University of Technology.

Coulomb, C.A. (1773): Sur une application des regles de maximis a quelques problemes de statique relatifs a l'architecture. Mem. acad. sci. savants etrangers 7, Paris (1776).

Drucker, D.C. and Prager, W. (1952): Soil Mechanics and Plastic Analysis or Limit Design. Quart. Appl. Math. 10, p. 157.

Fellenius, W. (1927): Erdstatische Berechnungen mit Reibung und Kohäsion unter Annahme kreiszylindrischer Gleitflächen. Verlag Ernst und Sohn, Berlin.

Goldscheider, M. (1976): Grenzbedingung und Fließregel von Sand. Mechanics. Research Communications 2, S. 463.

Gudehus, G. (1991): Was können Finite Elemente im Grundbau nützen ? Finite Elemente Anwendungen in der Baupraxis (Herausgeber: J. Eibl, H. Obrecht, P. Wriggers), S. 35-45. Verlag Ernst & Sohn, Berlin.

Lade, P.V. (1984): Failure Criterion for Frictional Materials. Mechanics of Engineering Materials (eds C.S. Desai and R.H. Gallagher), p. 385-402. John Wiley & Sons Ltd, New York.

Rankine (1857) M.W.: On the stability of loose earth. Trans. Roy. Soc. 147 p. 9-27

Shield, R.T. (1955): On Coulomb's law of failure in soils. J. Mech. Phys. Solids 4, p.10

Smoltczyk, U. (1991): Einsatzmöglichkeiten der FEM in der Grundbaupraxis. Finite Elemente Anwendungen in der Baupraxis (Herausgeber: J.Eibl, H.Obrecht, P. Wriggers), S. 35-45. Verlag Ernst & Sohn, Berlin.

Stauber, K. (1994): Nachrechnung von Verformungen und Schnittgrößen an ausgeführten Verbaukonstruktionen im Seeton mit dem FEM-Program PLAXIS. Diplomarbeit an der Fachhochschule Biberach. Betreuung von W. Ast und P. Gollub (Fa. Bauer).

Vermeer, P.A. and De Borst, R. (1984): Non-associated Plasticity for Soils, Concrete and Rock. HERON 29, No. 3, p. 1-64..

Vermeer, P.A. et al. (1993): The "PLAXIS" Finite Element Code for Soil and Rock Plasticity. A.A.Balkema Verlag, Rotterdam.

Zienkiewicz, O.C., Humpheson, C. & Lewis, R.W. (1975): Associated and Non-asso ciated Visco-plasticity and Plasticity in Soil Mechanics. Geotechnique 25, 4, p. 671

Erfahrungen bei der baupraktischen Anwendung der FE-Methode bei Platten- und Scheibentragwerken

A. Konrad, FH München - W. Wunderlich, TU München

Zusammenfassung

Anhand baupraktischer Beispiele wird die Modellbildung von Flächentragwerken und die Beurteilung zugehöriger Finite-Element-Berechnungen behandelt. Es wird gezeigt, daß die Modelle für das statische System, die Berechnung und die Bemessung so aufeinander abzustimmen sind, daß sie das Tragverhalten wirklichkeitsnah beschreiben und daß zusätzlich der Näherungscharakter des Verfahrens zu beachten ist. Beispiele dafür sind: die linien- und punktförmige Lagerung von Deckenplatten mit Öffnungen, die Abbildung von Unterzügen sowie starr und elastisch gelagerte Scheibentragwerke mit Aspekten ihrer Bemessung.

1. Einführung

Die Methode der Finiten Elemente hat sich in der Baupraxis rasch durchgesetzt. Die zur Behandlung baupraktischer Problemstellungen erforderlichen Programmsysteme und die hierzu notwendige Rechnerleistung sind inzwischen jedem Tragwerksplaner zugänglich. Das zugehörige Grundwissen hat sich jedoch nicht in gleicher Weise verbreitet.

Viele Anwender meinen, die mit Stabwerksprogrammen gesammelten Erfahrungen auf Finite-Element-Programme für Flächentragwerke übertragen zu können, ohne sich weitere Gedanken über die Genauigkeit der erhaltenen Näherungslösung machen zu müssen, oder versuchen gar, die Programme als 'black box' einzusetzen. Wie sich immer wieder zeigt und wie auch die Beispiele dieses Beitrages verdeutlichen, ist eine solche Vorgehensweise völlig ungeeignet, um das wirkliche Tragverhalten eines Bauwerkes ingenieurgemäß zu erfassen. Vielmehr hat der Anwender fundierte Kenntnisse der Grundlagen und Methodik mitzubringen, um die Ergebnisse verantwortungsbewußt beurteilen zu können. Dazu gehört zweifellos auch eine gewisse Erfahrung in der Anwendung der FE-Methode, die sich naturgemäß beim täglichen Einsatz dieses Ingenieur-Handwerkszeuges herausbildet. Inbesondere bei der Modellierung der Tragwerke ist es notwendig, für die Behandlung wiederholt auftretender Problemstellungen praxisorientierte, einfache Vorgehensweisen zu entwickeln.

Mit den folgenden Beispielen von Flächentragwerken soll versucht werden, die Modellbildung zu verdeutlichen und Hinweise zu geben, wie Berechnungen mit finiten Elementen und deren Ergebnisse zu beurteilen sind.

2. Allgemeine Gesichtspunkte der Modellbildung

Beim Entwurf eines Tragwerkes werden unterschiedliche Stufen der Modellbildung verwendet. Diese sind am Beispiel der Auflagerung einer Platte auf einer Stütze in Bild 1 dargestellt.

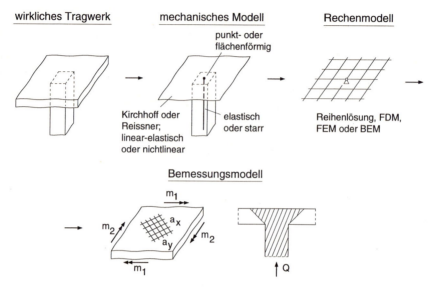

Bild 1: Stufen der Modellbildung

Zunächst wird das zu erstellende Tragwerk über eine Reihe von Annahmen auf ein mechanisches Modell abgebildet. Dieses muß das Trag- und Verformungsverhalten des wirklichen Tragwerkes soweit beschreiben, daß zuverlässige Aussagen zur Tragsicherheit und Gebrauchsfähigkeit möglich sind.
Zur numerischen Lösung der Grundgleichungen des mechanischen Modells wird dieses in ein finites Rechenmodell übergeführt. Mit dessen Hilfe müssen die für die Bemessung erforderlichen Zustandsgrößen bestimmt werden. Außerdem ist vom Rechenmodell zu verlangen, daß die Genauigkeit der ermittelten Lösung abgeschätzt werden kann. Falls das Rechenmodell auf Annahmen des mechanischen Modelles empfindlich reagiert, sind Grenzbetrachtungen durchzuführen.
Schließlich verwendet das Bemessungsmodell die durch das Rechenmodell ermittelten Zustandsgrößen, um die Nachweise der Tragfähigkeit und Gebrauchstauglichkeit zu führen. Insbesondere im Stahlbetonbau können Diskrepanzen zwischen den verschiedenen Modellen auftreten. So wird beim mechanischen Modell meist linear-elastisches, beim Bemessungsmodell nichtlineares Materialverhalten vorausgesetzt. Die Beurteilung dieser Unstimmigkeiten gehört zur Bemessung des Tragwerkes. Außerdem muß geklärt werden, in welcher Weise die bei einer elastischen FE-Rechnung sichtbar werdenden Spannungsspitzen geglättet werden dürfen.

Die verschiedenen Stufen der Modellbildung sind möglichst gut aufeinander abzustimmen. Die Auswertung einer Finiten-Element-Berechnung allein reicht für die Beurteilung einer Tragkonstruktion nicht aus.

3. Plattentragwerke

3.1 Elementansatz und Diskretisierung

Im Rahmen des Rechenmodells hängt die Genauigkeit einer Untersuchung mit finiten Elementen vor allem von der Netzeinteilung und der Art des Ansatzes ab. Ein erster Anhaltspunkt für die erforderliche Diskretisierung ist die Kenntnis des Funktionsverlaufs (konstant, linear, parabolisch), den das verwendete Element für die Weg- und Kraftgrößen aufgrund des Ansatzes beschreiben kann. Da der qualitative Verlauf der Zustandsgrößen häufig aus Erfahrung bekannt ist, ergibt sich daraus ein erster Vorschlag zur Wahl des Elementnetzes.
Unabhängig davon sollte der Anwender die Leistungsfähigkeit der von ihm verwendeten Elemente an einfachen Problemstellungen testen und den erforderlichen Diskretisierungsaufwand feststellen. Beispiele dazu gehören ebenso wie ausführliche Angaben zum Elementansatz in jede Programmbeschreibung.
Falls Unsicherheiten hinsichtlich der erforderlichen Diskretisierung bestehen, ist das Ergebnis durch eine Kontrollrechnung mit einem feineren Netz zu überprüfen. Die zur Zeit noch im Forschungsstadium befindliche, auf einer Fehlerabschätzung beruhende (halb-)automatische Netzverfeinerung (Netzadaption) wird dies zukünftig erleichtern.

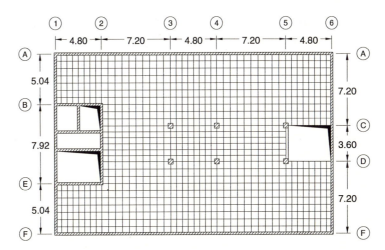

Bild2:
Beispiel einer Deckenplatte

Als Beispiel sei die in Bild 2 dargestellte Deckenplatte behandelt, die im Zuge einer baustatischen Prüfung zu beurteilen war. Im Großteil der Feldbereiche ist das gewählte FE-Netz fein genug, um den Verlauf der Zustandsgrößen ausreichend beschreiben zu können. Für die Bereiche zwischen den Stützen in Achse 3 und

4, an der einspringenden Ecke und der Auflagerung der Platte auf die Stützen gilt dies nicht. Dazu werden später weitere Hinweise gegeben.

3.2 Linienlagerung

Die Untersuchung von Plattentragwerken kann auf der Theorie schubstarrer Platten (nach Kirchhoff) oder schubelastischer Platten (nach Reissner/Mindlin) basieren. FE-Berechnungen führen dabei prinzipiell zu den gleichen Unterschieden wie die analytische Lösung. Da bei der Theorie nach Kirchhoff den drei Schnittgrößen eines Plattenrandes nur zwei unabhängige Verformungsgrößen gegenüberstehen, ist die Einführung der Kirchhoff'schen Ersatzquerkraft notwendig. Im Platteninnern liefern beide Theorien gleichwertige Ergebnisse.

Die Theorie schubelastischer Platten kennt zwei Arten der Linienlagerung. Bei einer <u>weichen Lagerung</u> (soft support) ist nur die vertikale Verformung behindert. Von einer <u>harten Lagerung</u> (hard support) spricht man, wenn zusätzlich die Verdrehung um die Normale zum Plattenrand verhindert wird. Die beiden Arten der Lagerung führen insbesondere im Bereich der Auflager zu unterschiedlichen Ergebnissen.

Abgesehen davon kann die Lagerung starr oder elastisch ausgebildet werden. Die Federkonstanten ergeben sich dabei aus dem Verformungsverhalten der darunter liegenden Konstruktion.

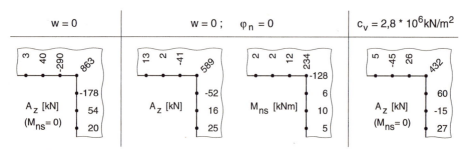

Bild 3: Einspringende Ecke B2 - Auflagerreaktionen

Für das Beispiel der Deckenplatte (Bild 2) werden die Auflagerreaktionen an der einspringenden Ecke B2 für eine weiche, harte und elastische Lagerung nach der Theorie von Reissner/Mindlin berechnet und in Bild 3 verglichen.

Die vertikalen Knotenkräfte der weichen und harten Lagerung unterscheiden sich erheblich. Die Erklärung dieser scheinbaren Diskrepanz ist aus Bild 4 ersichtlich: Bei der Ermittlung der Auflagerkraft sind entsprechend den Randbedingungen von Kirchhoff die Querkraft und die Ableitung des Drillmomentes zu berücksichtigten. Da dies bei diskreten Knotenreaktionen schlecht möglich ist, empfiehlt sich generell die Verwendung einer weichen Lagerung.

Die elastische Lagerung führt im Vergleich zur starren Lagerung zu einer Verringerung der Auflagerkräfte des Eckbereiches und einer Umverteilung der Momente in der Deckenplatte. Bei einer wirklichkeitsnahen Wahl der Bettungswerte werden dadurch die realen Verhältnisse besser erfaßt. Eventuell sind Grenzbetrachtungen durchzuführen.

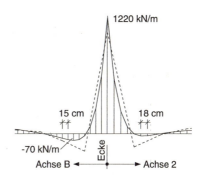

Bild 4:
Einfluß des Drillmomentes auf die Auflagerkraft

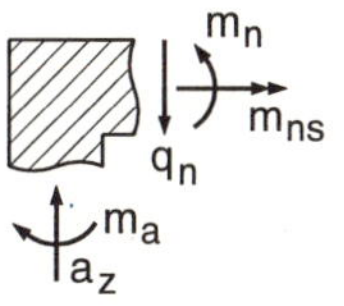

$$a_z = q_n + \frac{dm_{ns}}{ds}$$

$$m_a = m_n$$

Bild 5:
Einspringende Ecke B2 - Auflagerkraft bei unterschiedlicher Diskretisierung ($c_v = 2{,}8 \cdot 10^6$ kN/m^2)

Bild 5 zeigt, wie sich die Auflagerkraft ändert, wenn im Bereich der einspringenden Ecke eine vierfach feinere Netzeinteilung verwendet wird. Die Annäherung an die tatsächliche Lösung führt zu einer Glättung des Funktionsverlaufes.

3.3 Lagerung auf Einzelstützen

In Bild 6 sind verschiedene Möglichkeiten zur Modellierung der Auflagerung einer Platte auf einer Einzelstütze dargestellt.
Die räumliche Abbildung des Auflagerbereiches (Fall a) beschreibt das wirkliche Tragwerk am besten, ist jedoch für die praktische Anwendung zu aufwendig und kommt deswegen nur als Vergleichslösung zur Beurteilung der anderen Modelle in Frage. Fall b) und c) sind wegen der behinderten Verdrehung des Stützenkopfes nur für symmetrische Verhältnisse von Geometrie und Belastung geeignet. Die flächige, federnde Auflagerung der Platte (Fall c) beschreibt die elastische Einspannung in die Stütze. Die Nachgiebigkeit des Stützenkopfes kann über die Plattendicke im Bereich der Stütze gesteuert werden. Die Modelle e) bis g) berücksichtigen, daß die Einspannung der Innenstützen in die Deckenplatte oft vernachlässigt wird. Während im Fall e) der Kopfbereich der Stütze als starr angenommen wird, versucht man mit Modell f) die Nachgiebigkeit des Stützenkopfes zu beschreiben. Die am Stützenrand liegenden Knoten des FE-Netzes sind mit dem gelenkig gelagerten Auflagerknoten kinematisch gekoppelt. Die Nachgiebig-

keit des Stützenkopfes wird über die Plattendicke im Bereich der Stütze gesteuert.
Die Abbildung der Stütze als Punktlagerung (Fall g) stellt das einfachste Modell dar. Da die flächige Lagerung im Bereich der Stütze überhaupt nicht erfaßt ist, führt die analytische Lösung zu einer Singularität. In diesem Fall ergeben sich nur dann brauchbare Bemessungsschnittgrößen, wenn auf eine zu feine Netzeinteilung verzichtet und die Spannungsspitze nicht zu stark herausgearbeitet wird, vgl. z.B. Ramm/Müller [1]. Der für einen bestimmten Elementansatz erforderliche Diskretisierungsgrad ist durch einen Vergleich mit bekannten Lösungen festzustellen.

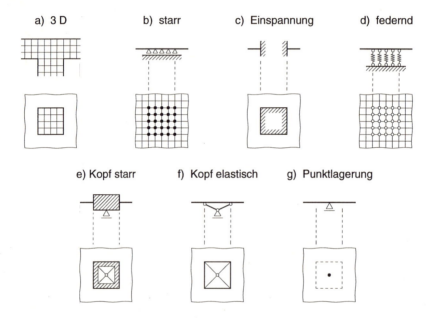

Bild 6: Modellierung Einzelstütze - Platte

Die neben einer größeren Deckenöffnung liegende Stütze C5 aus Bild 2 stellt ein Beispiel dar, bei dem das einfache Modell der Punktlagerung nicht ausreicht.
Wie Bild 7 zeigt, ist das ursprünglich gewählte FE-Netz zu grob, um die geometrischen Unterschiede zwischen den Fällen A und B zu beschreiben. Beim vorliegenden Beispiel wäre die unzureichende Diskretisierung auch daran zu erkennen, daß sich die Ergebnisse an den Grenzen benachbarter Elemente um bis zu 50 % unterscheiden.
Die Auflagerung der Platte wird daher in Form eines 'starren Kopfes' (Bild 6e) abgebildet und das Netz soweit verfeinert, daß die geometrischen Besonderheiten darstellbar sind. Der erforderliche Diskretisierungsgrad wird durch eine schrittweise Netzverfeinerung ermittelt.

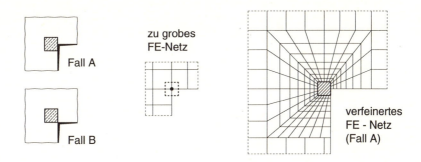

Bild 7: Stütze neben einer Deckenöffnung - FE-Netz

Bild 8 zeigt die in den Fällen A und B erforderliche Stützbewehrung sowie die Querkraft im Abstand von 0,5 × h zum Stützenrand, deren Verteilung für den Durchstanznachweis von Interesse ist. Aus dem Verlauf dieser Größen ist ersichtlich, daß die Lastabtragung im wesentlichen in Richtung einer Stützendiagonale erfolgt. Da die FE-Rechnung im Vergleich zur Bemessungspraxis des Stahlbetonbaues zu 'Spannungsspitzen' führt, darf bei der Wahl der Stützbewehrung in geeigneter Weise gemittelt werden.

Eine mit dem Modell des 'elastischen Kopfes' (Bild 6f) durchgeführte Rechnung ergibt bereichsweise eine Verringerung der Stützbewehrung von ca. 20 %. Der Querkraftverlauf ändert sich im wesentlichen nicht.

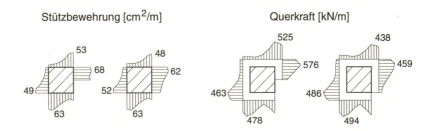

Bild 8: Stütze neben einer Deckenöffnung - Punktlagerung, Kopf starr

Die später tatsächlich ausgeführte Deckenplatte ist im Bereich der Deckenöffnung durch Randunterzüge verstärkt. Die damit geschaffene Möglichkeit zur Lastumlagerung verbessert die Tragsicherheit der Konstruktion wesentlich.

Bei der Untersuchung der veränderten Situation (Bild 9) tritt die Schwierigkeit auf, daß bei einer Verfeinerung des FE-Netzes im Bereich der Stütze keine klar definierten Auflagerknoten für die Unterzüge vorhanden sind. Die auf dem Stützenrand liegenden Knoten sind daher derart kinematisch gekoppelt, daß sie auch in der verformten Lage in einer Ebene liegen. Damit sich die Wirkungslinie der

Stützenkraft frei einstellen kann, sind die Elemente im Bereich der Stütze elastisch gebettet. Die Unterzüge sind biegesteif mit dem Stützenrand verbunden.

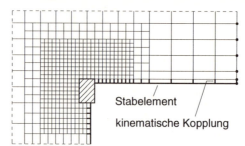

Bild 9:
Deckenöffnung
mit Randunterzügen

3.4 Unterzüge

Die Behandlung von Unterzügen erfordert eine besondere Abstimmung von Rechen- und Bemessungsmodell.

Im Rahmen der Plattentheorie können nur zentrisch zur Plattenmittelfläche angeordnete Balken berücksichtigt werden. Der exzentrische Anschluß von Unterzügen führt zu einer zusätzlichen Scheibenbeanspruchung der Platte. Platten mit Unterzügen sind daher als Faltwerke zu betrachten.

Näherungsweise läßt sich die Berechnung eines Faltwerkes jedoch vermeiden, wenn die Steifigkeit eines zentrisch angeordneten Balkens so gewählt wird, daß die Durchbiegungen der Platte denen des Faltwerkes entsprechen. Dies gelingt über das Modell der mitwirkenden Plattenbreite: Die Breite des Druckgurtes eines Plattenbalkens wird so gewählt, daß für eine über dem Steg angeordnete Belastung die nach der Navier'schen Biegetheorie ermittelte Durchbiegung des Plattenbalkens mit der des Unterzuges im tatsächlich vorhandenen Faltwerk übereinstimmt. (Dies ist gleichbedeutend damit, daß die im Druckgurt vorhandene maximale Normalspannung von Faltwerk und Plattenbalken gleich groß sind.)

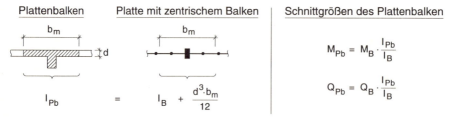

Bild 10: Abbildung von Unterzügen

Die für die FE-Rechnung benötigte Biegesteifigkeit des zentrischen Balkens ist nach Bild 10 so zu wählen, daß die innerhalb der mitwirkenden Plattenbreite b_m liegende Biegesteifigkeit von Platte und zentrischem Balken mit der des Plattenbalkens übereinstimmt.

Für die Bemessung sind nun nicht die durch die FE-Berechnung bestimmten Schnittgrößen des zentrischen Balkens maßgebend, sondern die des Plattenbalkens.
Diese lassen sich wegen der Gleichheit der Verschiebungen von zentrischem Balken und Plattenbalken einfach dadurch bestimmen, daß man die Schnittgrößen des zentrischen Balkens im Verhältnis der Biegesteifigkeiten von Plattenbalken und zentrischem Balken umrechnet. Dabei ist zu beachten, daß sich die mitwirkende Plattenbreite entlang der Stabachse ändert.
Bei niedrigen Unterzügen sind die für die Bemessung maßgebenden Schnittgrößen des Plattenbalkens um den Faktor 3 bis 4 größer als die des zentrischen Balkens. Dies ist manchen Anwendern nicht bewußt und kann zu fehlerhaften Bemessungen führen.
Das beschriebene Modell liefert sowohl für die Schnittgrößen der Platte als auch des Plattenbalkens eine sehr gute Übereinstimmung mit Faltwerksberechnungen. Weitere Hinweise zur Modellierung von Deckenplatten mit Unterzügen können z.B. [3] entnommen werden.

4. Scheibentragwerke

4.1 Elementansatz und Diskretisierung

Zum Elementansatz und zur Diskretisierung von Scheibentragwerken sind grundsätzlich die gleichen Anmerkungen zu machen wie bei Plattentragwerken.

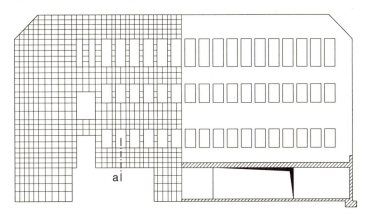

Bild 11: Lochfassade

Zusätzlich ist darauf hinzuweisen, daß die von den meisten kommerziellen Programmen verwendeten bilinearen Elemente relativ steif sind und Biegeverformungszustände schlecht beschreiben können. Zur Erzielung brauchbarer Ergebnisse ist ein verhältnismäßig feines FE-Netz erforderlich. Ein zu grobes Netz liefert zu geringe, auf der unsicheren Seite liegende Verschiebungen und unzutreffende Schnittgrößen.

Dies soll am Beispiel der in Bild 11 dargestellten Lochfassade, die ebenfalls Gegenstand einer baustatischen Prüfung war, gezeigt werden.

Die Rechenerfahrung mit einfachen Scheibensystemen gibt einen ersten Hinweis darauf, daß das gewählte FE-Netz zu grob ist, vor allem im Bereich der Brüstungsbänder. Diese Ansicht würde sich bei einem Vergleich der an den Grenzen benachbarter Elemente auftretenden Ergebnisse bestätigen. Viele Programmsysteme erlauben jedoch nur die Ausgabe von geglätteten Zustandsgrößen und lassen eine Darstellung des aus der Approximation folgenden, unstetigen Funktionsverlaufes nicht zu. Dies erschwert die Beurteilung der Ergebnisse, weil die an den Elementgrenzen auftretenden Sprünge der Zustandsgrößen einen zuverlässigen Indikator für die Größe des Diskretisierungsfehlers liefern.

Im vorliegenden Fall wurde zur Beurteilung der Ergebnisse eine Vergleichsrechnung mit einem doppelt feinen Netz durchgeführt. Die mit den beiden unterschiedlichen Netzen ermittelten Biegemomente des Schnittes a-a sind in Bild 12 gegenübergestellt.

Da eine weitere Halbierung des Knotenabstandes die Knotenanzahl auf ca. 17000 gesteigert hätte, wurde die Untersuchung mit dem in Bild 12 dargestellten Stab-Scheiben-Modell fortgesetzt. Die Brüstungsbänder wurden dabei als Biegestäbe abgebildet, die mit den anschließenden Scheibenbereichen kinematisch gekoppelt sind. Um die Knotenanzahl nicht unnötig zu erhöhen, wurde die Diskretisierung bereichsweise variiert. Die in Bild 12 enthaltenen Zahlenwerte geben die Verfeinerung gegenüber dem Netz von Bild 11 an.

Das mit dem ursprünglichen Modell errechnete Biegemoment von 240 kNm liegt etwa 20 % unter dem zu erwartenden tatsächlichen Wert von ca. 290 kNm.

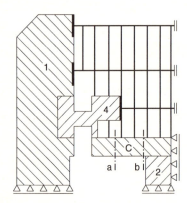

Biegemoment in Schnitt a-a

	Unterteilungsgrad	M [kNm]
Scheibe (Bild 11)	1	240
	2	282
Stab-Scheiben-Modell	C = 1	262
	C = 2	281
	C = 4	287

Bild 12: Stab-Scheiben-Modell

Beim vorliegenden Beispiel darf nicht übersehen werden, daß die Fensterpfeiler teilweise Zugglieder sind, bei denen von einem Übergang in den gerissenen Zustand II ausgegangen werden muß. Eine entsprechende Reduktion der Steifigkeiten führt zu einer erheblichen Umlagerung der Schnittgrößen. Das Biegemoment im Schnitt b-b nimmt beispielsweise um ca. 20 % zu.

4.2 Lagerung

Scheiben sind im Vergleich zu Platten relativ steife Tragglieder und reagieren auf Änderungen der Auflagerbedingungen empfindlich. Der Modellierung der Auflagersituation und -steifigkeit sowie der zutreffenden Berücksichtigung von Auflagerverschiebungen kommt daher eine entscheidende Bedeutung zu.
Zur Verdeutlichung dieses Sachverhaltes wurden die Auflagerkräfte der in Bild 13 dargestellten Scheibe für unterschiedliche Lagerungsbedingungen ermittelt. Die vollkommen starre Lagerung beschreibt die unterschiedliche Nachgiebigkeit der unterstützenden Bauteile unzutreffend, ist aber besser als die gleichzeitige Verwendung von starren und elastischen Lagern, bei der die Nachgiebigkeit der elastischen Lager im Vergleich zu den starren Auflagern überschätzt wird. Der Wirklichkeit am nächsten kommt die elastische Ausbildung aller Lager. Falls Unsicherheiten hinsichtlich der anzusetzenden Steifigkeiten bestehen, lassen sich diese durch Grenzbetrachtungen beseitigen.

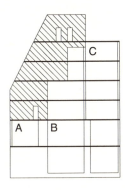

Auflagerkräfte [kN]

	A	B	C
alle Auflager starr	583	2547	990
Auflager C elastisch	-77	3734	463
alle Auflager elastisch	202	3226	692

Bild 13: Unterschiedliche Lagerung von Scheiben

Die unterschiedliche Modellierung der Auflagerbereiche einer Scheibe führt nicht nur zu einer Änderung der Auflagerkräfte, sondern auch der Schnittgrößen. Um das Auftreten unrealistischer Gewölbetragwirkungen auszuschließen, sollte darauf geachtet werden, daß die Auflagerung nicht zu starr angenommen wird.

4.3 Bemessungsmodell

Den Bemessungsalgorithmen verschiedener Programmsysteme liegt folgender Gedankengang zugrunde: Die am Modell einer homogenen, elastischen Scheibe ermittelten Schnittgrößen werden in Zug- und Druckspannungsfelder zerlegt und die auftretenden Zugkräfte durch Bewehrung abgedeckt, z.B. nach Baumann. Die Tatsache, daß das nichtlineare Materialverhalten des Stahlbetons und die daraus resultierende Steifigkeitsverteilung nicht beachtet werden, rechtfertigt man damit, daß das geschilderte Vorgehen nach dem statischen Grenzwertsatz der Plastizitätstheorie auf der sicheren Seite liegt.

Das beschriebene Bemessungsmodell geht von einem gleichmäßigen Spannungszustand aus und vernachlässigt die Verankerungslänge der Bewehrung. Dies hat zur Folge, daß in Gebieten mit größeren Spannungsänderungen und in den Verankerungszonen der Bewehrung unbefriedigende Ergebnisse auftreten. Deswegen sind im Bereich von Diskontinuitäten, wie Auflagern, einspringenden Ecken, Öffnungen, Rahmenecken, Einleitungsstellen von Einzelkräften, etc. gesonderte Betrachtungen durchzuführen. Dazu bieten sich z.B. Stabwerksmodelle [2] an.

5. Schluß

Die behandelten Beispiele zeigen, daß der Entwurfsprozess bausteinartig in Stufen ablaufen muß und durch verschiedene Modelle - von denen das Rechenmodell nur eines ist - in überschaubare Teile gegliedert werden sollte. Diese sind in bezug auf die zugrundeliegenden Annahmen und Näherungen aufeinander abzustimmen. Die getroffenen Vereinfachungen können dazu führen, daß die Modelle die Wirklichkeit nicht ausreichend oder unzutreffend beschreiben. Deshalb ist bei jeder Anwendung konkret zu prüfen, ob alle für das Tragverhalten relevanten Einflüsse berücksichtigt sind.

Dabei ist besonders zu beachten, daß wesentliche Einflußfaktoren der verschiedenen Modelle in der Regel nicht übereinstimmen. Die im Stahlbetonbau üblichen Unterschiede im Materialverhalten von mechanischem Modell und Bemessungsmodell sind ein Beispiel dafür, daß derartige Diskrepanzen hinnehmbar sind, wenn sie durch entsprechende Zusatzüberlegungen abgesichert werden. Ein anderes Beispiel sind die Unterzüge von Deckenplatten, für die eine zuverlässige Bemessung nur möglich ist, wenn die zwischen den Modellarten auftretenden Unterschiede klar herausgearbeitet und die Modelle aufeinander abgestimmt werden.

Zu beachten ist in jedem Fall, daß die Finite-Element-Methode nur Näherungswerte liefert, die von der Netzeinteilung und dem verwendeten Elementansatz abhängen. Die Güte der Ergebnisse ist daher in jedem Fall abzuschätzen.

Literatur

[1] Ramm, E., Müller, J.: Flachdecken und Finite Elemente - Einfluß des Rechenmodells im Stützenbereich. In: Finite Elemente - Anwendungen in der Baupraxis. Berlin: Ernst & Sohn, (1985) 86-95

[2] Schlaich, J., Schäfer, K.: Konstruieren im Stahlbetonbau. In: Betonkalender 1993, Teil II. Berlin: Ernst & Sohn, 327-486

[3] Wunderlich, W., Kiener, G., Ostermann, W.: Modellierung und Berechnung von Deckenplatten mit Unterzügen. Bauingenieur 69 (1994) 381-390

STRUCTURAL CONCRETE IN CALIFORNIA
— Analysis Models and New Developments —

Frieder Seible, Ph.D., P.E., Professor of Structural Engineering
University of California, San Diego

ABSTRACT

The need for analytical models which can predict the complete load-deformation behavior and failure limit state of concrete structures is particularly important in the structural design and assessment for the earthquake load case. Due to the unknown intensity and ground motion characteristics for a given site, the earthquake load case has to be assumed to exercise the structure well beyond its essentially elastic range. Any meaningful collapse prevention requires analytical models which can predict and/or trace the local formation of mechanisms and the global collapse of the structure in order to establish realistic design and detailing criteria against this critical limit state and to provide functionality or damage control information for small and moderate earthquake excitations. Analytical modeling issues for concrete structures under earthquake loads are discussed and analysis results are compared with full-scale experimental validation tests.

1. INTRODUCTION

Recent earthquakes in California such as Loma Prieta 1989 (M 7.0), see Fig. 1, and Northridge 1994 (M 6.7) have repeatedly demonstrated the vulnerability of inadequately detailed concrete structures to seismic excitations [1].

FIG 1. Collapses of the Cypress Viaduct, Oakland, California, 1989

While current design guidelines for concrete structures in seismic zones address most of the encountered vulnerability, a large number of concrete structures exist which were built to less stringent design requirements and are in need of retrofitting to survive the next earthquake.

In order to implement reliable retrofit strategies to existing concrete structures, a detailed vulnerability assessment based on the current state of the structure and on the most probable seismic demand needs to be performed which requires special analytical tools which are not commonly used for the design of new structures.

These tools can be characterized as diagnostic analysis models which must be able to determine both seismic demands and available capacities. On the demand side, these models must be able to accommodate non-coherent multi-support ground excitations, soil-structure interaction, highly nonlinear movement joint characteristics, cyclic strength and stiffness degradation, hysteretic energy absorption of any shape or form, as well as structure-to-structure interaction of separate structural systems in order to provide a most probable force and more importantly deformation demand of critical structural members for any deterministic or probabilistic earthquake ground motion.

Since concrete structures cannot be designed economically to withstand the critical design level earthquake within the elastic range, damage is expected even in structures designed to current codes. Thus, capacity determination models are needed which can reliably predict all force and deformation limit states of critical elements and of the complete structural system, including the ultimate systems collapse mechanism and the associated displacement and force limits.

Finally, a third group of analysis models is needed to assess the effectiveness of retrofit measures which typically consist of the addition of structural elements in the form of overlays, casings or structural concrete additions [2], to determine the modified response capacities based on the interaction of existing structural concrete components and added retrofit elements.

The complexity of the analytical models employed can vary both for the demand and the capacity determination from simple design models in the form lumped parameter models with few degrees of freedom, structural component models which describe the geometric domain and the response characteristics of components and subsystems, to detailed finite element models [3], which utilize special elements developed to describe critical deformation and failure modes [2].

The type and complexity of analytical models needed to predict complete force-deformation characteristics for concrete structures under earthquake loads is demonstrated in the following on the example FE-models developed to characterize the cyclic performance of reinforced concrete masonry buildings under simulated seismic loads [4].

FIG 2. Full-Scale 5-Story Reinforced Concrete Masonry Research Building

2. THE REINFORCED MASONRY RESEARCH PROGRAM

As part of the NSF sponsored TCCMAR (Technical Coordinating Committee for Masonry Research) program, a full-scale 5-story reinforced concrete masonry research building, see Fig. 2, was tested at UCSD [5] to validate new design concepts and analysis models for masonry buildings in seismic zones. To predict and diagnose the full-scale simulated seismic load test, and to conduct subsequent parameter studies, a 3-D finite element program has been developed and calibrated against full-scale substructure assembly tests.

Approximately one half of the lateral resistance of the 5-story full-scale masonry research building, (see Figs. 2 and 3), can be attributed to the two masonry walls; the other half comes from coupling effects of the floor slabs. Consequently, it is essential to develop a nonlinear model not only for reinforced and grouted masonry walls, but also for hollow core prestressed and topped floor planks. The components of the analytical model are briefly described in the following along with their individual application to predict or diagnose component tests. Finally, both floor and wall component models, are combined to predict the 5-story full-scale research building response.

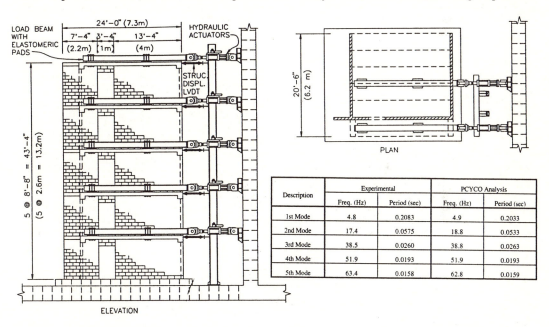

Description	Experimental		PCYCO Analysis	
	Freq. (Hz)	Period (sec)	Freq. (Hz)	Period (sec)
1st Mode	4.8	0.2083	4.9	0.2033
2nd Mode	17.4	0.0575	18.8	0.0533
3rd Mode	38.5	0.0260	38.8	0.0263
4th Mode	51.9	0.0193	51.9	0.0193
5th Mode	63.4	0.0158	62.8	0.0159

FIG 3. Full-Scale Reinforced Concrete Masonry Research Building, Geometry and Dynamic Characteristics

3. THE FINITE ELEMENT MODEL

While many nonlinear FEM programs have been developed to analyze individual components such as beams, columns, wall panels or joints, very few allow the investigation of sub-assemblages of structural components such as coupled walls, flanged walls, walls with openings, and even fewer allow the complete modeling of the actual 3-D wall and floor system interaction. In order to minimize the computational requirements for the nonlinear analysis of a complete masonry building, the structural components can be arranged in the three Cartesian planes connected only by translational compatibility requirements. Thus component interaction is accounted for through the dominant shear lag effect while out-of-plane bending in the walls is ignored.

On the component level, the analysis model PCYCO (Program for CYclic COncrete analysis) [6], includes the following dominant phenomenological aspects of reinforced concrete/masonry behavior: cracking of concrete, yielding and strain-hardening of reinforcing steel, nonlinear steel stress-strain behavior including Bauschinger effect, crushing of concrete, tension stiffening behavior of reinforced concrete following cracking, material anisotropy due to orientation of mortar joints, stress-induced anisotropy and confinement effects. On the structural system level the analytical model includes: a 3-D element domain, shear lag effects in wall flanges, shear lag and coupling effects in floor slabs, precast prestressed composite hollow core plank response characteristics, along with the interaction of all the above.

3.1 Element Description

The PCYCO element library consists of two element types illustrated in Fig. 4. The 4- to 8-node in plane shear wall element (Fig. 4a) is a rectangular plane stress element, utilizing the isoparametric interpolation functions. The kinematics of the 4-node linear elements were modified with additional incompatible displacement modes to improve the bending behavior. Reinforcement is overlaid and may be modeled either as a smeared layer of steel uniformly distributed over the element domain or as discrete bars.

The slab element (Fig. 4b) is a 9-node Lagrangian isoparametric layered plate element including membrane forces, modeling both the out-of-plane bending and the in-plane diaphragm action of a floor. In order to model the precast prestressed hollow core floor system of the 5-story research building, the element can model the unidirectional voids, the composite topping, the partial prestressing in the plank and conventional reinforcement. The bending action is based on the Reissner-Mindlin formulation for plates.

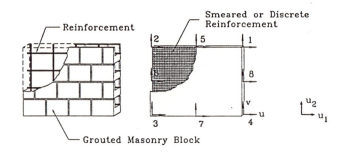

a) Wall Element

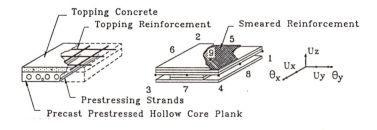

b) Floor Slab Element

FIG 4. PCYCO Element Library

Both element types are based on Darwin and Pecknold's bi-axial, orthogonally, anisotropic constitutive model for reinforced concrete/masonry and Collins and Vecchio's Modified Compression Field Theory. This model can be classified as a tensile-strength, smeared, rotating crack model. In compression, confinement effects can be included by increasing the peak compressive stress and corresponding strain, and by decreasing the steepness of the falling branch of the stress/strain curve.

3.2 Applications

Numerous parametric studies and comparisons to experimental tests have been performed [4]. The first example illustrates how the model was applied as a predictive and diagnostic tool, to analyze a single-story flanged wall test conducted at UCSD. The second example demonstrates how the voided plank model was validated. The final example is a prediction of the initial base shear vs. top displacement behavior of the TCCMAR full-scale 5-story masonry research building being tested at the time this paper was written.

First, the masonry wall model was tested against a flanged wall experiment, see Fig. 5. For the web in compression, the initial stiffness and failure mode were captured well, however the peak strength and displacement were poorly predicted. During the experiment, abrupt cracking across the width of the flange at clearly defined load levels allowed accurate measurements of the masonry cracking stresses. It was found that these stresses were three times greater than assumed in the pre-test analysis. A post-test diagnostic analysis incorporated these higher cracking stresses, reduced tension stiffening, and additional confinement effects along the wall base, and showed improved correlation.

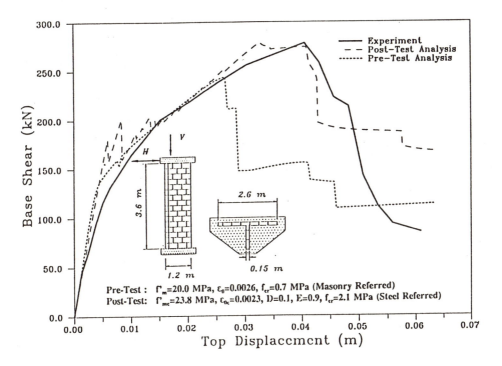

FIG 5. Analytical and Experimental Comparison of the Flanged Wall Test

Second, two prestressed precast hollow core planks were tested in double bending in order to validate the slab model. The test set-up along with the experimental and analytical monotonic load-displacement comparison is shown in Fig. 6.

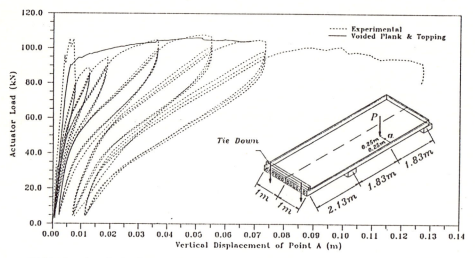

FIG 6. Analytical and Experimental Results of the Double Plank Test

In the 5-story full-scale building, Fig. 7 shows the pre-test predicted and initial experimental load displacement time-history envelope for simulated seismic load tests. Initial stiffness (see Fig. 3 for dynamic characteristics), cracking an yield limit states were predicted fairly well,

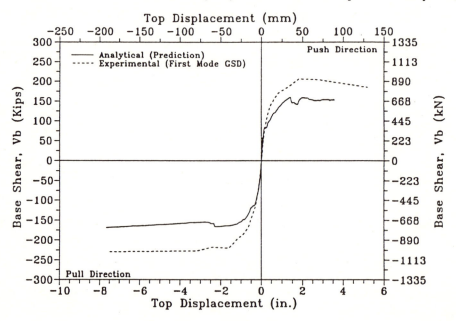

FIG 7. Comparison of Predicted Analysis and First Mode GSD Base-Shear vs. Top Displacement Envelopes

however the lateral capacity was under-estimated, which can be attributed to unconfined compression toe assumptions at the wall bases as well as the omission of the coupling effects of the load distribution beam in the present analytical model, which can account for an estimated 110 kN experimental base shear overstrength. Finally, Fig. 8 depicts the post-test analysis and complete experimental load-deformation envelope to demonstrate that with realistic parameter adjustments based on materials tests and test observations, force capacities can quite accurately be traced whereas the correct prediction of ultimate deformation limit states still poses significant analytical problems.

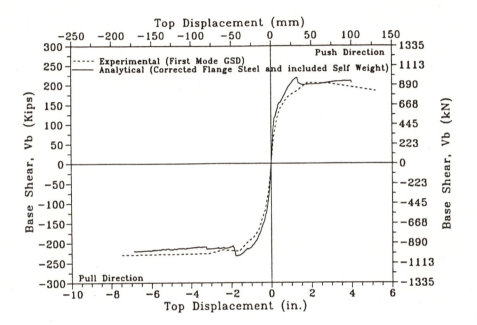

FIG 8. Comparison of Corrected-Predicted Analysis and First Mode Base-Shear vs. Top Displacement Envelopes.

4. NEW DEVELOPMENTS — Polymer Matrix Composites for Seismic Retrofit

Subsequent to the original seismic load test, the research building was repaired with carbon fabric overlays and epoxy matrix to the first two-story structural walls with fiber orientation in the horizontal direction to eliminate shear deformations in wide open diagonal cracks [7]. The repaired full-scale reinforced concrete masonry building was retested using the same simulated seismic load history applied to the original research building.

A direct comparison of the base shear vs. top displacement test results in Fig. 9 shows that the repair measures using advanced composites overlays improved the seismic deformation capacity by a factor of two, by reducing both, shear deformations, and premature compression toe failures through enhanced toe confinement. Analytical models which can (1) characterize the advanced composite polymer matrix overlays, and (2) predict their interaction with the existing concrete structure at all behavior limit states are currently under development.

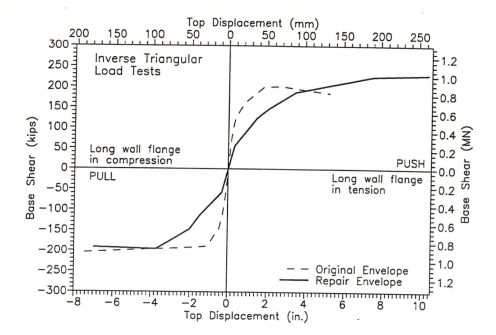

FIG 9. Comparison of Base Shear Envelopes from Original and Repair Tests

5. CONCLUSION

Comparisons of the discussed nonlinear FE model with numerous full-scale experimental results have shown that the accuracy of the model is satisfactory to predict force capacity limit states, but that further development is needed to accurately model all deformation and collapse limit states. A well calibrated nonlinear FE model can be used as a predictive and a diagnostic research tool to investigate the dominant nonlinear response of complete reinforced concrete/masonry structures, but has limitations as a useful design tool unless special structural component design models are developed.

REFERENCES

[1] Priestley, M.J.N., Seible, F., Uang, C.M., "The Northridge Earthquake of January 17, 1994 – Damage Analysis of Selected Freeway Bridges," University of California, San Diego, Structural Systems Research Project Report No. SSRP-94/06, Feb. 1994, 260 pp.

[2] Seible, F., Latham, C.T., "Nonlinear Analytical RC - Models for the Development of Bridge Deck Overlay Design Criteria," Eng. Structures Jnl, Vol. 13, No. 2, Apr. 1991, pp. 97-105.

[3] Kürkchübasche, A., Seible, F., Hegemier, G., Priestley, M.J.N., Kingsley, G., "The U.S.-TCCMAR Full-Scale Five-Story Masonry Research Building Test: Part IV - Predictive & Diagnostic Analyses," University of California, San Diego, Structural Systems Research Project Report No. SSRP-94/04, Jan. 1994, 243 pp.

[4] Kingsley, G.R., Seible F., Kürkchübasche, A., "Predictive & Diagnostic Analysis Models for Masonry Buildings," <u>Proceedings of the 10th World Conference on Earthquake Engineering</u>, Vol. 8, pp 4569-4574, Madrid, Spain, 1992.

[5] Igarashi, A., Seible, F., Hegemier, G.A., "Predictive & Diagnostic Analysis Models for Masonry Buildings," <u>Proceedings of the 10th World Conference on Earthquake Engineering</u>, Vol. 5, pp 2653-2658, Madrid, Spain, 1992.

[6] Kürkchübasche, A.G., Seible. F., "Pcyco - Program for Cyclic Analysis of Concrete Structures; User Reference Guide," University of California, San Diego, <u>Structural Systems Research Project Report No. SSRP-94/07</u>, Jan. 1994, 55 pp.

[7] Weeks, J. Seible, F., Hegemier, G., & Priestley, M.J.N., "The U.S.-TCCMAR Full-Scale Five-Story Masonry Research Building Test: Part V - Repair & Retest," University of Calif., San Diego, <u>Structural Systems Research Project Rpt No. SSRP-94/05</u>, Jan, 1994, 115 pp.

ALPHABETISCHES VERZEICHNIS DER VERFASSER

Ahrens, Hermann, Professor Dr.–Ing. 453
Bachmaier, Thomas, Dipl.–Ing. 83
Baumgärtner, Werner, Dr.–Ing. 541
Bechert, Heinrich, Professor Dr.–Ing. 485
Bechert, Achim, Dipl.–Ing. 485
Bergander, Helge, Professor Dr.–Ing. 359
Beucke, Karl, Dr.–Ing. 21
Borst, Rene de, Professor Dr.–Ing. 443
Braschel, R., Dr. techn. 103
Böhler, Joachim, Dipl.–Ing. 531
Bulenda, Thomas, Dr.–Ing. 201
Burmeister, Albrecht, Dr.–Ing. 521
Cervenka, Vladimir, Dr. 269
Cramer, Harald, Dr.–Ing. 349
Damrath, Rudolf, Professor Dr.–Ing. 395
Dietrich, R., Dr.–Ing. 405
Duddeck, Heinz, Professor Dr.–Ing. Dr.–Ing. E.h. 453
Eckstein, Ulrich, Dr.–Ing. 243
Eibl, Josef, Professor Dr.–Ing. 1
Feenstra, P.H., Dr.–Ing. 443
Fink, Thomas, Dipl.–Ing. 571
Firmenich, Berthold, Dipl.–Ing. 21
Fischer, Manfred, Professor Dr.–Ing. 145
Fritsch, U., Dipl.–Ing. 541
Gebbeken, Norbert, Dr.–Ing. habil. 125
Grabe, Waltraud von, Professor Dr.–Ing. 277
Haas, Wolfgang, Dr.–Ing. 73
Haller, Hans–Walter, Dr.–Ing. 585
Hauptmann, Ralf, Dipl.–Ing. 297
Hein, Carsten, Dipl.–Ing. 501
Henkel, Fritz–Otto, Dr.–Ing. 413

Hilber, Hans, Dr.–Ing. 371
Hoffmann, Andreas, Dr.–Ing. 113
Hofstetter, Günther, Professor Dr.–Ing. 433
Hohberg, Jörg–Martin, Dr. sc. techn. 371
Holzer, Stefan, Dr.–Ing. 21
Jäger, Wolfram, Dr.–Ing. 359
Jagusch, J., Dipl.–Ing. 125
Janz, Ulrich, Dipl.–Ing. 135
Kaliske, M., Dipl.–Ing. 125
Katranuschkov, Peter, Dipl.–Ing. 571
Katz, Casimir, Dr.–Ing. 43
Klein, Dietrich, Dr.–Ing. 413
Kluger, Jens, Dipl.–Ing. 113
Knippers, Jan, Dr.–Ing. 201
Kollegger, Johann, Dr.–Ing. 287
Konrad, Albert, Professor Dr.–Ing. 619
Kovacs, Imre, Dr.–Ing. 511
Krätzig, Wilfried B., Professor Dr.–Ing. Dr.–Ing. E.h. ... 243
Kraus, Dieter, Professor Dr.–Ing. 465
Krebs, Albert, Professor Dr.–Ing. 31
Kuhlmann, Ulrike, Dr.–Ing. 191
Lieberum, Peter, Dipl.–Ing. 501
Liebich, Gerhard, Dipl.–Ing. 531
Lukas, I., Dipl.–Ing. 223
Mang, Herbert, Professor Dr. techn. 433
Matthies, Hermann G., Dr.–Ing. 317
Mayer, Peter–Michael, Dipl.–Ing. 381
Mehlhorn, Gerhard, Professor Dr.–Ing. 253
Meißner, Udo, Professor Dr.–Ing. 561
Meskouris, Konstantin, Professor Dr.–Ing. 243
Meynen, S., Dipl.–Ing. 551
Michalowsky, W., Dipl.–Ing. 91
Möller, M., Dipl.–Ing. 423
Müller, Heinz, Professor Dr.–Ing. habil. 113

Nagelsdiek, Siegfried, Dipl.–Ing. (FH) 381
Oberbeck, Niels, Dipl.–Ing. 453
Oberdieck, Kai–Uwe, Dipl.–Ing. 501
Obermeyer, Leonhard, Dr.–Ing. 597
Ohnimus, Stephan, Dipl.–Phys. 177
Osterrieder, Peter, Professor Dr.–Ing. 585
Peil, Udo, Professor Dr.–Ing. 155
Pellar, Alfred, Dipl.–Ing. 31
Peters, Klaus, Dr.–Ing. 213
Pfingst, Ulrich, Dipl.–Ing. 91
Protopsaltis, Byron, Dr.–Ing. 571
Racky, Bardo, Dipl.–Ing. 493
Ramm, Ekkehard, Professor Dr.–Ing. 337
Rehle, Norbert, Dipl.–Ing. 337
Reineck, Karl–Heinz, Dr.–Ing. 63
Rötzer, Josef, Dipl.–Ing. 465
Rothert, Heinrich, Professor Dr.–Ing. Dr.–Ing.E.h. 125
Rothmann, Lutz, Dipl.–Ing. 287
Rudolph, Martin, Dipl.–Ing. 349
Rüppel, Uwe, Dr.–Ing. 561
Runte, Thomas, Dipl.–Ing. 31
Sailer, Steffen, cand. ing. 201
Schade, Dieter, Professor Dr.–Ing. 53
Schäfer, Kurt, Professor Dr.–Ing. 473
Scherer, Raimar J., Professor Dr.–Ing. 571
Schleicher, Wolfram, Dr.–Ing. 167
Schliephake, Christian, Dr.–Ing. 493
Schneider, Werner, Dipl.–Phys. 233
Schulz, Jens–Uwe, Dipl.–Ing. 287
Schweiger, Willy, Professor Dr.–Ing. 135
Schweizerhof, Karl, Professor Dr.–Ing. 297
Seible, Frieder, Professor Dr.–Ing. 631
Stein, Erwin, Professor Dr.–Ing. Dr. Sc. h.c. 177
Steinl, Georg, Dipl.–Ing. 349

Thieme, Diethard, Professor Dr.–Ing. 329
Thiele, R., Professor Dr.–Ing. 233
Tompert, Klaus, Dr.–Ing. 11
Triwiyono, Andreas, Dipl.–Ing. 253
Tworuschka, Hartmut, Dipl.–Ing. 277
Vermeer, Pieter, Professor Dr.–Ing. 609
Weber, Burkhard, Priv. Doz. Dr.–Ing. 91
Wittek, Udo, Professor Dr.–Ing. 223
Wölfel, Horst–P., Professor Dr.–Ing. 413
Wriggers, Peter, Professor Dr.–Ing. 551
Wunderlich, Walter, Professor Dr.–Ing. 349, 619
Zahlten, Wolfhard, Dr.–Ing. 243
Zhu, Jianzhong, Dr.–Ing. 145

STICHWORTVERZEICHNIS

Adaptivität 177, 337
Analyse, nichtlineare 145
. – dynamische 511, 521, 531, 541, 631
. – geometrisch nichtlineare 201, 233, 531
. – materiell nichtlineare 1, 113, 253, 269, 277, 349, 371, 433
. – probabilistische 317
Ansatzordnung, niedere 297
Antwortverhalten, dynamisches 511, 631
Assemblierung, parallele 551
Auftriebsverankerung 381
Bauwerksmodellierung 21, 31
Bettungsmodulverfahren 381
Bodenplatten 381
Bruchenergie 269, 277
Brücken 167, 191, 493, 511, 541, 631
CAD–FEM–Koppelung 21, 31, 73, 91, 103, 155, 213, 493, 585, 597
Cam Clay Model 609
Composite–Struktur 125
Computersysteme 551
Datenbank, (–pool) 21, 561, 571
Detonation 465
DIN 1045 485
DIN 1075 485
DIN 4133 233
Diskontinuitäten 501
Drucker–Prager–Materialgesetz 359, 465
Dübelwirkung 277, 433, 443
Dynamik 413, 511, 521, 531, 541
Editieren 395
Elemente, spannungshybride 53
Erdbebenbeanspruchung 521, 631

Euler–Lagrange–Formulierung 465
Eurocode EC2 .... 1, 83, 423, 473
Faltwerke 145
Faltwerkselemente, hybride 113
Faltwerksstruktur 191
Faserverbundstruktur 125
FE–Berechnung, allgemeine ... 405, 413, 423, 493, 501, 531, 541, 619
–, stochastische 317, 329
FE–Methode, Grenzen der 43
FE–Modelle, nichtlineare 243
. – 3D bzw. räumliche 395, 413
FE–Software, Anforderungen an 43
Fehlerabschätzung 177, 337
Feuchtecharakteristik 453
Frauenkirche 359
Full–Scale–Model 631
Gebäudeschwingung 521
Geotechnik 349, 359, 371, 381, 423, 609
Gewölbewirkung 287
Gleichungslöser 551
Grenzzustandsflächen 329
Grossbrücken 511
Grundbau 349, 359, 453, 609
Hohlkastenträger 493
Hopfield–Netz 135
Imperfektionen, aufgebrachte 201
Integrierte Gesamtplanung 103, 597
Integriertes Nachweissystem 91
Integrierte Tragwerksplanung 63, 73, 83, 91, 155, 561, 571, 585, 597
Interaktion Bauwerk–Baugrund 11
Interpretation von Rechenergebnissen 11, 31, 43
Knotengleitungsfreiheitsgrade 113
Kopplung, Last– Verschiebungsvektoren 541
Korrosion 453

Lasten, dynamische	413, 531, 541
Lastgeneratoren, intelligente	83
Lastfallkombinationen	83, 337
Layereinteilung	73
Ljapunov–Funktion	135
Maschenweite	405
Massivbau	31, 53, 63, 243, 253, 269, 277, 287, 473, 485, 493, 501, 619
Materialmodell	269, 359, 433, 443, 465,
. – elastisch–plastisch	349
. – plastisch	609
Materialverhalten, nichtlineares	1, 113, 287, 349, 433, 443
Mitwirkende Plattenbreite	485
Modellbildung	167, 191, 395, 405, 413, 423, 501
Mohr Coulomb Modell	609
Monte–Carlo–Simulation	329
Netzgenerierung	21, 405
. – adaptive	177, 337
Netzkuppeln	201
Neuronale Netze	135
Neuvernetzungsstrategie	337
Objektorientierte Formulierung	91
Offshore–Plattform	63
Orthotrope Schichten	125
Parallelalgorithmen	551
Plattenbalkenträger	485
Plattenberechnung	297, 619
Produktmodellierung	561, 585
. – objektorientierte	561, 571
Programmbausteine	213
Prüfingenieur	11
Räumliche Tragwerksmodelle	11, 73
Rahmentragwerk	31
Rebar–Konzept	125
Rissbild	243, 269, 443

Schalenmodell	243, 413
Scheibengleitungseffekte	113
Scheibenberechnung (−modell)	371, 405, 619
Schnittstellen	155, 585
Schwingung, maschinenangeregt	521
. − winderregte	511
Sensitivitätsanalyse	317
Sicherheitskonzept	83
Simpliziale Zerlegung	395
Softwarefehler	43
Softwarekonzepte	155, 551, 561, 571, 585
Spannbeton	433
Spline−Funktion	145
Stabilitätsverhalten	167
Stabilitätsversagen	201
Stabstatik	371
Stabwerkmodelle	63, 473
Stahlbau	91, 103, 155, 167, 201, 233, 541, 585
Stahlbeton	1, 53, 63, 269, 277, 433, 443, 465, 473, 571
. −decken, punktgestützte	287
. −schalen, dünne	243
. −säulen	253
Stahlblechkonstruktionen	145
Stahlbrücken	167
Stahlkamine	233
Stahlverbundbrücken	223
Steifemodulverfahren	381
Stochastische FE−Berechnung	317, 329
Strukturfreiheitsgrade	135
Superpositionsprinzip	243
Tankbehälter	521, 531
Temperaturtransport	453
Trägerrost	167
Traglastberechnung	277

Traglastverfahren	53
Tragverhalten, nichtlineares	223, 531
Tragwerksmodellierung	167, 423, 501, 561, 619
Transiente Berechnung	521
Tunnelberechnung	371
Verbundbau	125, 191, 213, 223
Verbundbrücken	541, 191
. – vorgespannte	213
Verbundmodell	191, 223
Verbundtragverhalten	223, 433
Visualisierungsmodelle	395
Wendelbewehrung	253
Windkanalversuch	103
Windlasten, Simulation	511